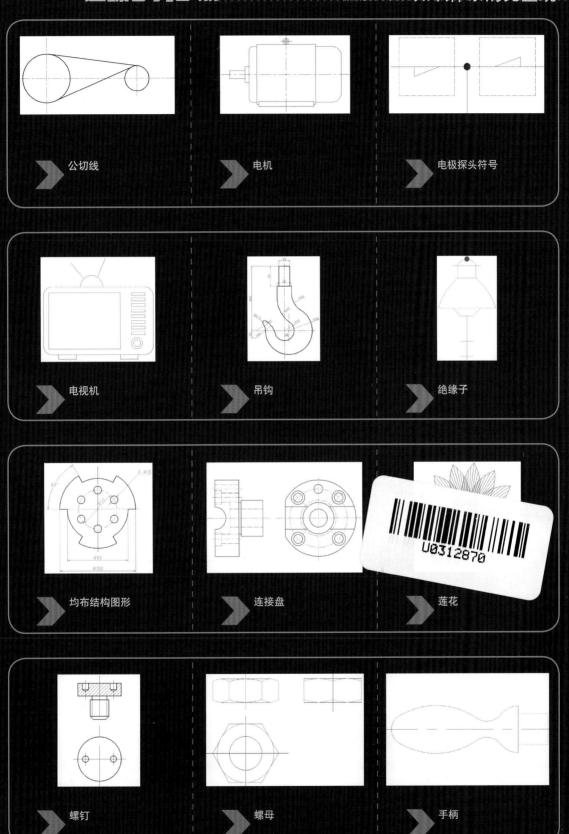

公切线

电机

电极探头符号

电视机

吊钩

绝缘子

均布结构图形

连接盘

莲花

螺钉

螺母

手柄

# AutoCAD 2014
## 中文版 超级学习手册

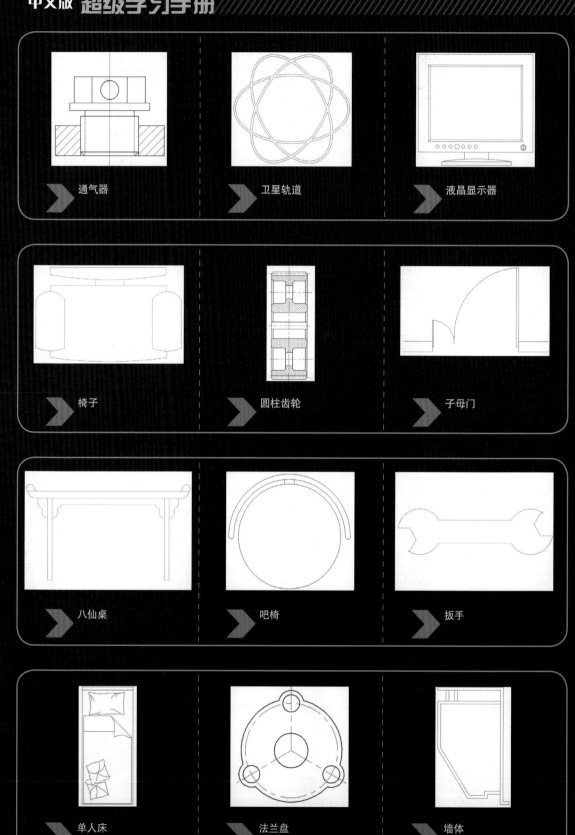

通气器

卫星轨道

液晶显示器

椅子

圆柱齿轮

子母门

八仙桌

吧椅

扳手

单人床

法兰盘

墙体

轴承座

观察阀体三维模型

三维平面

茶壶

吸顶灯

小凉亭

写字台

圆柱滚子轴承

足球门

叉拨架

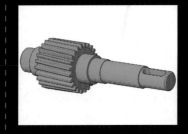
齿轮轴

阀杆

绘图模板　　　　脚踏座　　　　六角形拱顶

马桶　　　　密封圈　　　　三通管

弯管接头　　　　轴　　　　锥齿轮

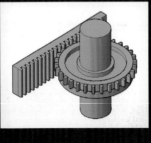

齿轮齿条传动

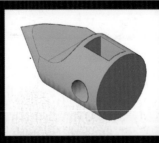
顶针

法兰盘

AutoCAD 2014
中文版 超级学习手册

# AutoCAD 2014

中文版 超级学习手册

黄志刚 朱爱华 编著

人民邮电出版社

北 京

**图书在版编目（CIP）数据**

AutoCAD 2014中文版超级学习手册 / 黄志刚，朱爱华编著. -- 北京 ：人民邮电出版社，2014.6
ISBN 978-7-115-35309-2

Ⅰ．①A… Ⅱ．①黄… ②朱… Ⅲ．①AutoCAD软件—手册 Ⅳ．①TP391.72-62

中国版本图书馆CIP数据核字(2014)第081963号

内 容 提 要

　　本章重点讲解了 AutoCAD 2014 中文版在产品设计中的应用方法与技巧。全书共 19 章，分别讲解了 AutoCAD 2014 的基本概念与基本操作、基本二维图形、基本绘图设置、精确绘图、平面图形的编缉、文字与表格、图案填充、块以及属性、二维图形的绘图设置、集成化绘图工具、尺寸标注、快捷绘图工具、三维绘图基本知识、绘制三维表面、创建三维实体和实体编缉等内容。在讲解的过程中，注意由浅入深，从易到难。全书解说详实，图文并茂，语言简洁，思路清晰。每一章的知识点都配有案例讲解，使读者对知识点有更进一步地了解，并在每章最后配有巩固练习实例，使读者对全章的知识点能综合运用。

　　为了方便广大读者更加形象直观地学习此书，随书附赠多媒体光盘，其中包含由作者亲自配音讲解的全书实例操作过程的录屏 AVI 文件，以及书中实例的源文件。

◆ 编　　著　黄志刚　朱爱华
　　责任编辑　俞　彬
　　责任印制　彭志环　杨林杰

◆ 人民邮电出版社出版发行　　北京市丰台区成寿寺路 11 号
　　邮编　100164　　电子邮件　315@ptpress.com.cn
　　网址　http://www.ptpress.com.cn
　　北京隆昌伟业印刷有限公司印刷

◆ 开本：787×1092　1/16
　　印张：37.5　　　　　　　彩插：2
　　字数：917 千字　　　　　2014 年 6 月第 1 版
　　印数：1 - 4 000 册　　　2014 年 6 月北京第 1 次印刷

定价：79.00 元（附光盘）

读者服务热线：**(010)81055410**　印装质量热线：**(010)81055316**
反盗版热线：**(010)81055315**
广告经营许可证：京崇工商广字第 0021 号

# P R E F A C E

# 前　言

　　AutoCAD 是 Autodesk 公司推出的，集二维绘图、三维设计、渲染及通用数据库管理和互联网通信功能为一体的计算机辅助绘图软件包。自 1982 年推出 1.0 版本后，经多次版本更新和性能完善，现已发展到 AutoCAD 2014 版本，它不仅在机械、电子和建筑等工程设计领域得到了广泛的应用，也在地理、气象和航海等特殊图形的绘制领域，甚至乐谱、灯光、幻灯和广告等领域也得到了多方面的应用，目前已成为微机 CAD 系统中应用最为广泛的图形软件之一。

　　本书的编者都是各高校多年从事计算机图形教学研究的一线人员，他们具有丰富的教学实践经验和教材编写经验。多年的教学工作使他们能够准确地把握学生与读者的心理与实际需求。在 AutoCAD 2014 最新版面市之际，编者根据读者工程应用学习的需要编写了此书，本书汇集了他们的经验与体会，贯彻着他们的教学思想，希望能够为广大读者的学习起到良好的引导作用，同时为广大读者自学提供一个简洁有效的终南捷径。

　　本书重点介绍了 AutoCAD 2014 中文版在产品设计中的应用方法与技巧。全书共 19 章。分别介绍了 AutoCAD 2014 的基本概念与基本操作、基本二维图形、基本绘图设置、精确绘图、平面图形的编辑、文字与表格、图案填充、块以及属性、二维图形的绘制与编辑、集成化绘图工具、尺寸标注、快捷绘图工具、三维绘图基础知识、绘制三维表面、创建三维实体和实体编辑等内容。在讲解的过程中，注意由浅入深，从易到难。全书解说详实，图文并茂，语言简洁，思路清晰。每一章的知识点都配有案例讲解，使读者对知识点有更进一步地了解，并在每章最后配有巩固练习实例，使读者对全章的知识点能综合运用。

　　本书所有实例操作需要的原始文件和结果文件以及上机实验实例的原始文件和结果文件都在随书光盘的"源文件"目录下，读者可以复制到计算机硬盘下参考和使用。

　　除利用传统的纸面讲解外，随书还配送了多媒体学习光盘。光盘中包含全书讲解实例和练习实例的源文件素材，以及全程实例动画同步 AVI 文件。为了增强教学的效果，更进一步方便读者的学习，作者亲自对实例动画进行了配音讲解，利用作者精心设计的多媒体界面，读者可以随心所欲，像看电影一样轻松愉悦地学习本书。

　　本书由华东交通大学的黄志刚和朱爱华主编，华东交通大学的沈晓玲、槐创锋、孟飞、钟礼东参与了部分章节的编写，其中黄志刚执笔编写了第 1 章～第 7 章，朱爱华执笔编写了第 8 章～第 11 章，沈晓玲执笔编写了第 12 章～第 13 章，槐创锋笔编写了第 14 章～第 15 章，孟飞执笔编写了第 16 章～第 17 章，钟礼东执笔编写了第 18 章～第 19 章，胡仁喜、刘昌丽、康士廷、孟培、杨雪静、张日晶、卢园、闫聪聪、王敏、王培合、王义发、甘勤涛、王玉秋、王玮等在资料的收集、整理、校对方面也做了大量的工作，在此向他们表示感谢！

1

由于时间仓促，作者水平有限，疏漏之处在所难免，希望广大读者登录网站 www.sjzsanweishuwu.com 或发邮件到 win760520@126.com 提出宝贵的批评意见。

作者

2013 年 11 月

# C O N T E N T S

# 目　　录

# 第1章

# AutoCAD 基础

　　本章将循序渐进地讲解有关 AutoCAD 2014 绘图的基础知识，如何设置图形的系统参数和样板图，以及建立新的图形文件和打开已有文件的方法等。本章主要内容包括绘图环境设置、工作界面、绘图系统配置和文件管理等。

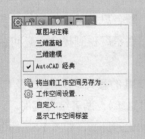

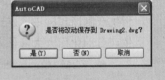

# 1.1　概述

AutoCAD 是计算机 CAD 系统中应用最广泛和普及的图形软件，几乎覆盖了工程应用甚至人们日常生活中的各个方面，在机械、电子和建筑等工程设计领域，AutoCAD 已经成为首屈一指的辅助设计软件，而对地理、气象、航海等特殊图形的绘制，甚至在乐谱、灯光、服装设计和广告等其他领域，AutoCAD 也得到了广泛的应用。

## 1.1.1　发展历程

AutoCAD 自 1982 年推出 V1.0 版至今已有三十多年的发展历史了，其中版本不断地更新，于 2013 年推出了 AutoCAD 2014，其主要版本更新过程如图 1-1 所示。

图 1-1　发展历程

## 1.1.2　相关概念

随着计算机技术的进步，AutoCAD 由原来的 DOS 操作环境，演变到 AutoCAD 2008 完全应用于 Windows 操作环境中。从 R14 版开始不再支持 DOS 操作系统，也不必再考虑一大堆命令，操作上灵活生动了许多。

● CAD（Computer Aided Design）：计算机辅助设计。它扮演着制图革命者的角色，淘汰了传统的制图工具，将设计制图的工作转移到计算机上进行，不仅提高了绘图的效率，也提高了图形的精确性与编辑图形的方便性，同时，大大节省了保存图文件的空间。目前被广泛应用于机械制图、工程规划流程图、电子电路图、土木营建、室内设计及其他相关领域，如图 1-2 所示。

● CAE（Computer Aided Engineering）：计算机辅助分析。它把由 CAD 设计或组织好的模型，凭借计算机辅助分析软件仿真设计成品的一些性质，如结构强度的力学分析、热传导效能分析或流体力学上的分析等，利用这些分析结果事先对原设计加以修正，以节省设计变更的次数及开发时间，还可以减少试作原型的投资成本，如图 1-3 所示。

● CAM（Computer Aided Manufacture）：计算机辅助制造。顾名思义就是把计算机应用于生产制造过程中，以达到监视与控制的目的，这不仅可以使产品精密度得到提高，还可由于生产自动化而大大降低人力成本，如图 1-4 所示。

● CIM（Computer Integrated Manufacture）：计算机整合制造。CIM 的意义是以 CAD 及 CAM 为主要架构，再辅以 MIS（Management Information System 管理信息系统），两者结合使用，整合可用资源（数据库），然后利用网络结合各种资源，达到流程充分自动化的目的，如图 1-5 所示。

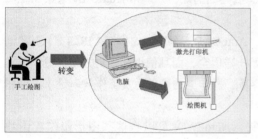

图 1-2　CAD 过程

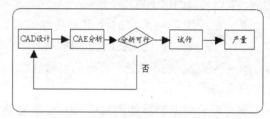

图 1-3　CAE 过程

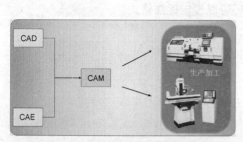

图 1-4　CAM 过程

图 1-5　CIM 过程

　　最近很热门的 PDM（Product Data Management 产品数据管理）系统也属于 CIM 重要的应用工具。

　　认识以上几个常见名词，对 CAD 的意义与扮演的角色应该会有进一步地了解，由于计算机充分应用于工程上，使得一项产品由概念、设计，到制成成品，节省了相当多的时间和成本，而且产品品质更精良，这就是为什么要把一般传统的生产制造流程改为计算机辅助制造流程的主要原因，如图 1-6 和图 1-7 所示。

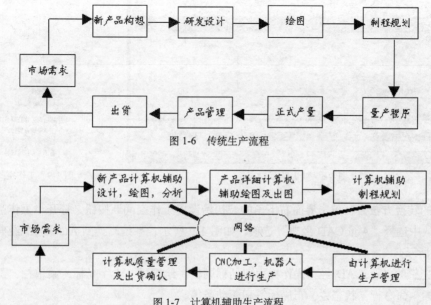

图 1-6　传统生产流程

图 1-7　计算机辅助生产流程

CAD 对设计或生产有如此大的帮助，到底是怎么办到的呢？以应用 AutoCAD 来绘制视图为例，大略可归纳出下列几个重点：

- 在绘图区域用到的绘图工具都包含在 AutoCAD 当中，如圆（CIRCLE）、椭圆（ELLIPSE）、橡皮擦（ERASE）、栅格（GRID）等样样俱全，而且使用起来更方便、更快速。
- 不仅绘制图形快速，图形的编辑也相当容易，操作上的简易性及工作效率是手工绘图望尘莫及的。
- 对于常用的零件图或符号不必重复绘制，AutoCAD 可以将这些图形制作成图块（BLOCK），在使用时直接插入到图形中，既方便又效率高。在分秒必争的时代里，这无疑是节约成本的最佳利器。
- 在图形绘制的过程中，可直接查询视图上任何一点的坐标位置、测量距离、角度、周长、计算复杂面积等，都是轻而易举的事，这是手工制图无法比拟的。
- 可直接标注尺寸，并且自动计算长度，还可以设定标注格式。
- 提供彩色线条显示，层次分明易于阅读。
- 对于空间的节省及携带或保存的方便性也是毋庸置疑的。

# 1.2 操作界面

AutoCAD 的操作界面是 AutoCAD 显示和编辑图形的区域。启动 AutoCAD 2014 后的默认界面（草图与注释）如图 1-8 所示。这个界面是 AutoCAD 2009 以后出现的新界面风格，为了便于讲解和使用过 AutoCAD 2009 及以前版本用户学习本书，本书使用 AutoCAD 经典风格的界面进行介绍。

图 1-8 默认界面

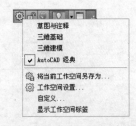

图 1-9 工作空间转换

具体的转换方法是：单击界面右下角的"初始设置工作空间"按钮，打开"工作空间"选择菜单，从中选择"AutoCAD 经典"选项，如图 1-9 所示；系统转换到 AutoCAD 经典界面，如图 1-10 所示。

一个完整的 AutoCAD 经典操作界面包括标题栏、绘图区、十字光标、菜单栏、工具栏、坐标系图标、命令行、状态栏、布局标签和滚动条等。

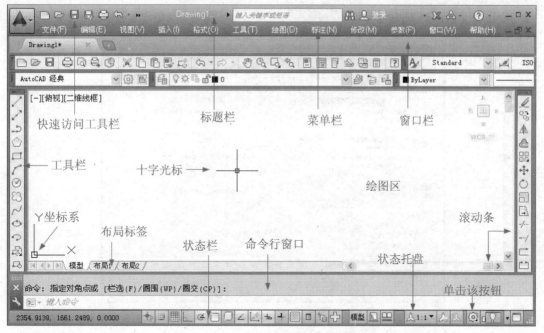

图 1-10 AutoCAD 2014 中文版经典操作界面

## 1.2.1 标题栏

在 AutoCAD 2014 中文版绘图窗口的最上端是标题栏。在标题栏中，显示了系统当前正在运行的应用程序（AutoCAD 2014）和用户正在使用的图形文件。在用户第 1 次启动 AutoCAD 时，在 AutoCAD 2014 绘图窗口的标题栏中，将显示 AutoCAD 2014 在启动时创建并打开的图形文件的名称 Drawing1.dwg。

## 1.2.2 绘图区

绘图区是指在标题栏下方的大片空白区域，绘图区域是用户使用 AutoCAD 绘制图形的区域，用户设计一幅图形的主要工作都是在绘图区域中完成的。

在绘图区域中，还有一个作用类似光标的十字线，其交点反映了光标在当前坐标系中的位置。在 AutoCAD 中，将该十字线称为光标，AutoCAD 通过光标显示当前点的位置。十字线的方向与当前用户坐标系的 $x$ 轴、$y$ 轴方向平行，十字线的长度系统预设为屏幕大小的 5%，如图 1-10 所示。

### 1. 修改图形窗口中十字光标的大小

对于光标的长度，系统预设为屏幕大小的 5%，用户可以根据绘图的实际需要更改其大小。改变光标大小的方法如下。

在绘图窗口中选择工具菜单中的选项命令，屏幕上将弹出系统配置对话框。打开"显示"选项卡，在"十字光标大小"区域中的编辑框中直接输入数值，或拖动编辑框后的滑块，即可以对十字光标的大小进行调整，如图 1-11 所示。

此外，还可以通过设置系统变量 CURSORSIZE（光标大小）的值，实现对其大小的更改。方法是在命令行中（具体位置如图 1-10 所示）输入：

```
命令: CURSORSIZE↙
输入 CURSORSIZE 的新值 <5>:
```

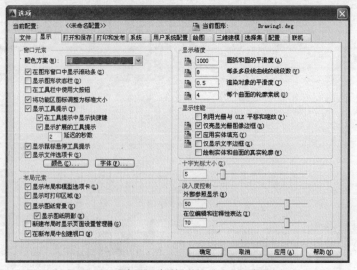

图 1-11 "选项"对话框中的"显示"选项卡

在提示下输入新值即可。默认值为 5%。

### 2. 修改绘图窗口的颜色

在默认情况下，AutoCAD 的绘图窗口是黑色背景、白色线条，这不符合绝大多数用户的习惯，因此修改绘图窗口的颜色是大多数用户都需要进行的操作。

修改绘图窗口颜色的步骤如下。

（1）选择"工具"下拉菜单中的"选项"命令打开"选项"对话框，进入如图 1-11 所示 "显示"选项卡，单击"窗口元素"区域中的"颜色"按钮，将打开如图 1-12 所示的"图形窗口颜色"对话框。

（2）单击"图形窗口颜色"对话框中"颜色"字样右侧的下拉箭头，在打开的下拉列表中，选择需要的窗口颜色，然后单击"应用并关闭"按钮，此时 AutoCAD 的绘图窗口变成了窗口背景色，通常按视觉习惯选择白色为窗口颜色。

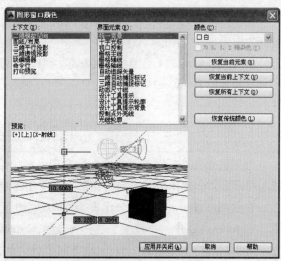

图 1-12 "图形窗口颜色"对话框

# 1.2.3 坐标系图标

在绘图区域的左下角，有一个箭头指向图标，称为坐标系图标，它表示用户绘图时正使用的坐标系形式，如图 1-10 所示。坐标系图标的作用是为点的坐标确定一个参照系。详细情况将在后面内容中介绍。根据工作需要，用户可以选择将其关闭。方法是选择菜单中的"视图"→"显示"→"UCS 图标"→"开"命令，如图 1-13 所示。

图 1-13　"视图"菜单

# 1.2.4　菜单栏

在 AutoCAD 绘图窗口标题栏的下方是 AutoCAD 的菜单栏。同其他 Windows 程序一样，AutoCAD 的菜单也是下拉形式的，并在菜单中包含子菜单。AutoCAD 的菜单栏中包含 12 个菜单："文件"、"编辑"、"视图"、"插入"、"格式"、"工具"、"绘图"、"标注"、"修改"、"参数"、"窗口"和"帮助"，这些菜单几乎包含了 AutoCAD 的所有绘图命令。在后面的章节中将围绕这些菜单展开讲述，具体内容在此处略。一般来讲，AutoCAD 下拉菜单中的命令有以下 3 种。

**1. 带有小三角形的菜单命令**

这种类型的命令后面带有子菜单。例如，打开"绘图"菜单，选择其下拉菜单中的"圆"命令，屏幕上就会进一步下拉出"圆"子菜单中所包含的命令，如图 1-14 所示。

**2. 打开对话框的菜单命令**

这种类型的命令，后面带有省略号。例如，打开菜单栏中的"格式"菜单，选择其下拉菜单中的"文字样式（S）..."命令，如图 1-15 所示。屏幕上就会打开对应的"文字样式"对话框，如图 1-16 所示。

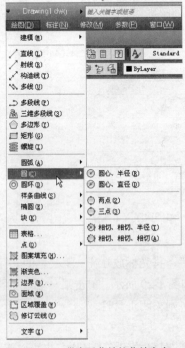

图 1-14　带有子菜单的菜单命令

图 1-15　打开相应对话框的菜单命令

### 3．直接操作的菜单命令

这种类型的命令将直接进行相应的绘图或其他操作。例如，选择"视图"菜单中的"重画"命令，系统将刷新显示所有视口，如图 1-17 所示。

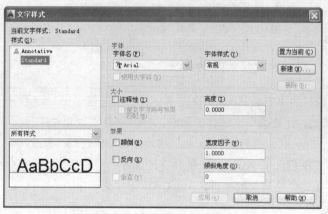

图 1-16 "表格样式"对话框      图 1-17 直接选择菜单命令

## 1.2.5 工具栏

工具栏是一组图标型工具的集合，把光标移动到某个图标上，稍停片刻即在该图标一侧显示相应的工具提示，同时在状态栏中，显示对应的说明和命令名。此时，单击图标也可以启动相应命令。在默认情况下，可以见到绘图区顶部的"标准"工具栏、"图层"工具栏、"特性"工具栏以及"样式"工具栏，如图 1-18 所示，和位于绘图区左侧的"绘图"工具栏，右侧的"修改"工具栏和"绘图次序"工具栏，如图 1-19 所示。

图 1-18 默认情况下出现的工具栏

图 1-19 "绘图"、"修改"和"绘图次序"工具栏

### 1．设置工具栏

AutoCAD 2014 的标准菜单提供了几十种工具栏，将光标放在任一工具栏的非标题区，单击鼠标右键，系统会自动打开单独的工具栏标签，如图 1-20 所示。单击某一个未在界面显示的工具栏名，系统将自动在截面打开该工具栏；反之，则关闭工具栏。

### 2．工具栏的"固定"、"浮动"与"打开"

工具栏可以在绘图区"浮动"如图 1-21 所示，此时可关闭该工具栏，也可以拖动"浮动"

工具栏到图形区边界，使它变为"固定"工具栏。也可以把"固定"工具栏拖出，使它成为"浮动"工具栏。

图 1-20 单独的工具栏标签

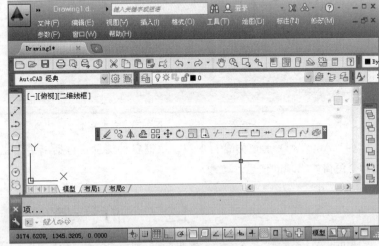

图 1-21 "浮动"工具栏

在有些图标的右下角带有一个小三角，按住鼠标左键会打开相应的工具栏；按住鼠标左键，将光标移动到某一图标上然后松手，该图标就为当前图标。单击当前图标，选择相应命令，如图 1-22 所示。

图 1-22 "打开"工具栏

## 1.2.6 命令行窗口

命令行窗口是输入命令名和显示命令提示的区域，默认的命令行窗口布置在绘图区下方，是若干文本行，如图 1-10 所示。对命令行窗口，有以下几点需要说明。

（1）移动拆分条，可以扩大与缩小命令行窗口。

（2）可以拖动命令行窗口，布置在屏幕上的其他位置。默认情况下布置在图形窗口的下方。

（3）对当前命令行窗口中输入的内容，可以按【F2】键用文本编辑的方法进行编辑，如图 1-23 所示。AutoCAD 文本窗口和命令窗口相似，它可以显示当前 AutoCAD 进程中命令的输入和执行过程，在执行 AutoCAD 某些命令时，它会自动切换到文本窗口并列出有关信息。

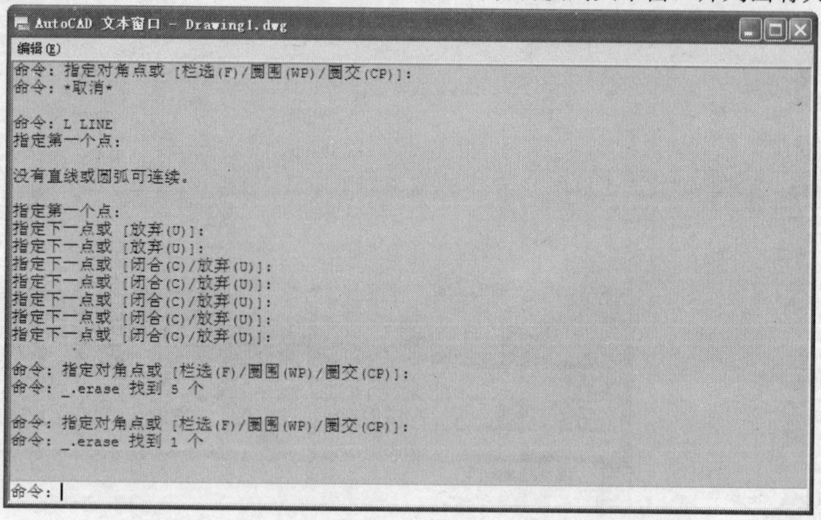

图 1-23　文本窗口

（4）AutoCAD 通过命令行窗口，反馈各种信息，包括出错信息。因此，用户要时刻关注在命令窗口中出现的信息。

## 1.2.7　布局标签

AutoCAD 系统默认设定一个模型空间布局标签和"布局 1"、"布局 2"两个图样空间布局标签。在这里有两个概念需要解释一下。

### 1．布局

布局是系统为绘图设置的一种环境，包括图样大小、尺寸单位、角度设定和数值精确度等，在系统预设的 3 个标签中，这些环境变量都按默认设置。用户可以根据实际需要改变这些变量的值，具体方法将在后面的内容中介绍，在此暂且从略。用户也可以根据需要设置符合自己要求的新标签，具体方法也在后面的内容中介绍。

### 2．模型

AutoCAD 的空间分为模型空间和图样空间。模型空间是通常使用的绘图环境，而在图样空间中，用户可以创建叫作"浮动视口"的区域，以不同视图显示所绘图形。用户可以在图样空间中调整浮动视口并决定所包含视图的缩放比例。如果选择图样空间，则可打印多个视图，用户可以打印任意布局的视图。在后面的内容中，将专门详细地讲解有关模型空间与图样空间的有关知识，需要注意学习体会。

AutoCAD 系统默认打开模型空间，用户可以单击选择需要的布局。

## 1.2.8　状态栏

状态栏在屏幕的底部，左端显示绘图区中光标定位点的坐标 $x$、$y$、$z$，在右侧依次有"推断约束"、"捕捉模式"、"栅格显示"、"正交模式"、"极轴追踪"、"对象捕捉"、"三维对象捕捉"、"对象捕捉追踪"、"允许/禁止动态 UCS"、"动态输入"、"显示/隐藏线宽"、"显示/隐藏透明度"、"快捷特性"、"选择循环"和"注视监视器"15 个功能开关按钮，如图 1-24 所示。单击这些开关按钮，可以对这些功能进行开关操作。

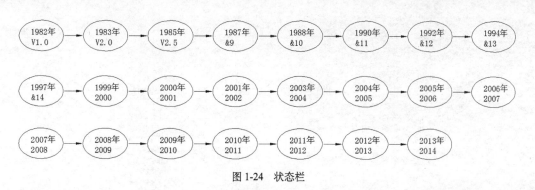

图 1-24　状态栏

## 1.2.9　滚动条

在 AutoCAD 的绘图窗口中，在窗口的下方和右侧还有用来浏览图形的水平和竖直方向的滚动条。单击滚动条或拖动滚动条中的滑块，用户就可以在绘图窗口中按水平或竖直两个方向浏览图形。

## 1.2.10　状态托盘

状态托盘包括一些常见的显示工具和注释工具，包括模型空间与布局空间转换工具，如图 1-25 所示，通过这些按钮可以控制图形或绘图区的状态。

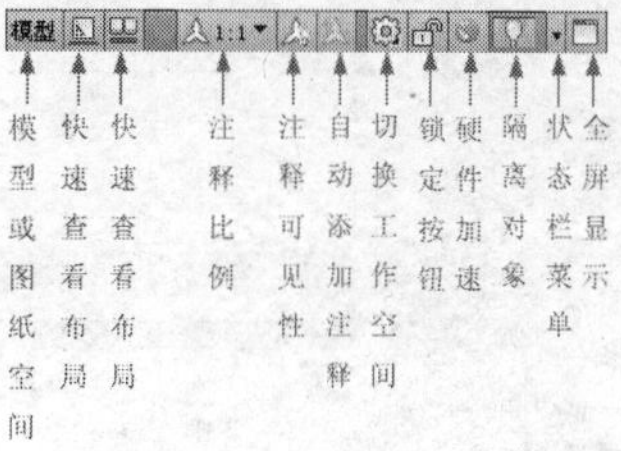

（1）模型或图纸空间：在模型空间与布局空间之间进行转换。

（2）快速查看布局按钮：快速查看当前图形在布局空间中的布局。

（3）快速查看图形按钮：快速查看当前图形在模型空间中的图形位置。

图 1-25　状态托盘工具

（4）注释比例按钮：单击注释比例右下角的小三角符号，弹出注释比例列表，如图 1-26 所示，可以根据需要选择适当的注释比例。

（5）注释可见性按钮：当图标变亮时表示显示所有比例的注释性对象，当图标变暗时表示仅显示当前比例的注释性对象。

（6）自动添加注释按钮：注释比例更改时，自动将比例添加到注释对象。

（7）切换工作空间按钮：进行工作空间转换。

（8）工具栏/窗口位置锁：控制是否锁定工具栏或图形窗口在图形界面上的位置。

（9）硬件加速按钮：设定图形卡的驱动程序以及设置硬件加速的选项。

（10）隔离对象按钮：当选择隔离对象时，在当前视图中显示选定对象，所有其他对象都暂时隐藏；当选择隐藏对象时，在当前视图中暂时隐藏选定对象，所有其他对象都可见。

（11）状态栏菜单下拉按钮：单击该下拉按钮，如图 1-27 所示，可以选择打开或锁定相关选项的位置。

（12）全屏显示按钮：该选项可以清除 Windows 窗口中的标题栏、工具栏和选项板等界面元素，使 AutoCAD 的绘图窗口全屏显示，如图 1-28 所示。

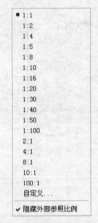

图 1-26　注释比例列表　　　　　　　　　　图 1-27　工具栏/窗口位置锁右键菜单

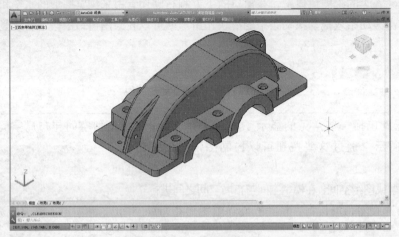

图 1-28　全屏显示

## 1.2.11　快速访问工具栏和交互信息工具栏

### 1．快速访问工具栏

该工具栏包括"新建"、"打开"、"保存"、"另存为"、"打印"、"放弃"、"重做"和"工作空间"等几个最常用的工具。用户也可以单击本工具栏后面的下拉按钮设置需要的常用工具。

### 2．交互信息工具栏

该工具栏包括"搜索"、Autodesk360、Autodesk Exchange 应用程序、"保持连接"和"帮助"等几个常用的数据交互访问工具。

## 1.2.12　功能区

包括"默认"、"插入"、"注释"、"参数化"、"视图"、"管理"、"输出"、"插件"和 Autodesk 360 等几个功能区，每个功能区集成了相关的操作工具，方便用户使用。用户可以单击功能区选项后面的　按钮控制功能的展开与收缩。

打开或关闭功能区的执行方式如下。

命令行：RIBBON（或 RIBBONCLOSE）

菜单栏："工具"→"选项板"→"功能区"

# 1.3　设置绘图环境

在 AutoCAD 中，可以利用相关命令对图形单位和图形边界进行具体设置。

## 1.3.1　图形单位设置

### 1．执行方式

命令行：DDUNITS（或 UNITS）

菜单栏："格式"→"单位"

### 2．操作步骤

执行上述命令后，系统打开"图形单位"对话框，如图 1-29 所示。该对话框用于定义单位和角度格式。

### 3．选项说明

（1）"长度"与"角度"选项组

指定测量的长度与角度以及当前单位和当前单位的精度。

（2）"插入时的缩放单位"下拉列表框

控制使用工具选项板（如 DesignCenter 或 i-drop）拖入当前图形块的测量单位。如果块或图形创建时使用的单位与该选项指定的单位不同，则在插入这些块或图形时，将对其按比例缩放。插入比例是源块或图形使用的单位与目标图形使用的单位之比。如果插入块时不按指定单位缩放，可以选择"无单位"。

（3）"输出样例"

显示用当前单位和角度设置的例子。

（4）"光源"下拉列表框

控制当前图形中光度控制光源的强度测量单位。

（5）"方向"按钮

单击该按钮，系统弹出"方向控制"对话框，如图 1-30 所示，可以在该对话框中进行方向控制设置。

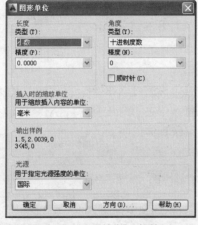

图 1-29　"图形单位"对话框

图 1-30　"方向控制"对话框

## 1.3.2 图形边界设置

**1．执行方式**

命令行：LIMITS

菜单栏："格式"→"图形界限"

**2．操作步骤**

命令行提示如下：

命令：LIMITS↙
重新设置模型空间界限：
指定左下角点或 [开(ON)/关(OFF)] <0.0000,0.0000>:（输入图形边界左下角的坐标后回车）
指定右上角点 <12.0000,9.0000>:（输入图形边界右上角的坐标后回车）

**3．选项说明**

（1）开（ON）

使绘图边界有效。系统在绘图边界以外拾取的点视为无效。

（2）关（OFF）

使绘图边界无效。用户可以在绘图边界以外拾取点或实体。

（3）动态输入角点坐标

它可以直接在屏幕上输入角点坐标，输入了横坐标值后，按【,】键，接着输入纵坐标值，如图 1-31 所示。也可以按光标位置直接单击以确定角点位置。

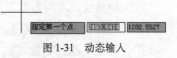

图 1-31 动态输入

# 1.4 配置绘图系统

由于每台计算机所使用的显示器、输入设备和输出设备的类型不同，用户喜欢的风格及计算机的目录设置也不同，所以每台计算机都是独特的。一般来讲，使用 AutoCAD 2014 的默认配置就可以绘图，但为了使用用户的定点设备或打印机，以及提高绘图的效率，AutoCAD 推荐用户在开始作图前先进行必要的配置。

**1．执行方式**

命令行：PREFERENCES

菜单栏："工具"→"选项"

快捷菜单：选项（在绘图区单击鼠标右键，系统打开右键菜单，其中包括一些最常用的命令，如图 1-32 所示。）

**2．操作步骤**

执行上述命令后，系统自动打开"选项"对话框。用户可以在该对话框中选择有关选项，对系统进行配置。下面只就其中主要的几个选项卡做一下说明，其他配置选项，在后面用到时再做具体说明。

图 1-32 "选项"右键菜单

## 1.4.1 显示配置

在"选项"对话框中的第 2 个选项卡为"显示"，该选项卡控制 AutoCAD 窗口的外观，如图 1-11 所示。该选项卡可以设定屏幕菜单、滚动条显示与否、固定命令行窗口中文字行数、

AutoCAD 的版面布局设置、各实体的显示分辨率，以及 AutoCAD 运行时的其他各项性能参数的设定等。前面已经讲述了屏幕菜单设定、屏幕颜色和光标大小等知识，其余有关选项的设置读者可参照"帮助"文件学习。

　　　在设置实体显示分辨率时务必记住，显示质量越高，即分辨率越高，计算机计算的时间越长，所以千万不要将其设置得太高。显示质量设定在一个合理的程度上是很重要的。

## 1.4.2　系统配置

在"选项"对话框中的第 5 个选项卡为"系统"，如图 1-33 所示。该选项卡用来设置 AutoCAD 系统的有关特性。

### 1．"三维性能"选项组

设定当前 3D 图形的显示特性，可以选择系统提供的 3D 图形显示特性配置，也可以单击"特性"按钮自行设置该特性。

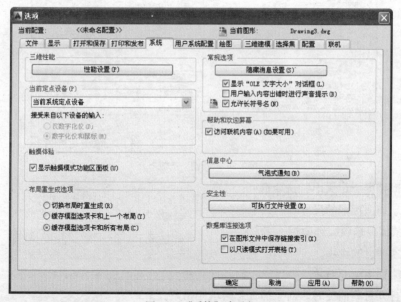

图 1-33　"系统"选项卡

### 2．"当前定点设备"选项组

安装及配置定点设备，如数字化仪和鼠标。具体如何配置和安装，可以参照定点设备的用户手册。

### 3．"常规选项"选项组

确定是否选择系统配置的有关基本选项。

### 4．"布局重生成选项"选项组

确定切换布局时是否重生成或缓存模型选项卡和布局。

### 5．"数据库连接选项"选项组

确定数据库连接的方式。

### 6. "帮助和欢迎屏幕"选项组

确定访问联机内容。

## 1.4.3　绘图配置

在"选项"对话框中的第 7 个选项卡为"绘图",如图 1-34 所示。该选项卡用来设置对象绘图的有关参数。

### 1. "自动捕捉设置"选项组

设置对象自动捕捉的有关特性,可以从以下 4 个复选框中选择一个或几个:"标记"、"磁吸"、"显示自动捕捉工具栏提示"和"显示自动捕捉靶框"。可以在"自动捕捉标记颜色"的下拉列表框中选择自动捕捉标记的颜色。

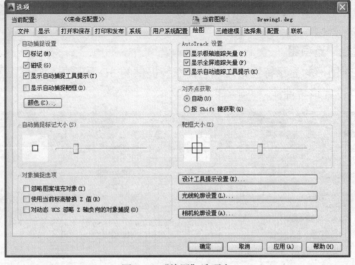

图 1-34 "绘图"选项卡

### 2. "自动捕捉标记大小"选项组

设定自动捕捉标记的尺寸。

### 3. "对象捕捉选项"选项组

指定对象捕捉的选项。

(1) 忽略图案填充对象

指定在打开对象捕捉时,对象捕捉忽略填充图案。

(2) 使用当前标高替换 $z$ 值

指定对象捕捉忽略对象捕捉位置的 $z$ 值,并使用为当前 UCS 设置的标高的 $z$ 值。

(3) 对动态 UCS 忽略 $z$ 轴负向的对象捕捉

指定使用动态 UCS 期间对象捕捉忽略具有负 $z$ 值的几何体。

### 4. AutoTrack 设置

控制与 AutoTrack™行为相关的设置,此设置在启用极轴追踪或对象捕捉追踪时可用。

(1) 显示极轴追踪矢量

当极轴追踪打开时,将沿指定角度显示一个矢量。使用极轴追踪,可以沿角度绘制直线。极轴角是 90° 的约数,如 45°、30° 和 15°。

在三维视图中,也显示平行于 UCS 的 $z$ 轴的极轴追踪矢量,并且工具提示基于沿 $z$ 轴的方向显示角度的+z 或−z 可以通过将 TRACKPATH 设置为 2 来禁用"显示极轴追踪矢量"。

（2）显示全屏追踪矢量

控制追踪矢量的显示。追踪矢量是辅助用户按特定角度或与其他对象特定关系绘制对象的构造线。如果选择此选项，对齐矢量将显示为无限长的线。

可以通过将 TRACKPATH 设置为 1 来禁用"显示全屏追踪矢量"。

（3）显示自动追踪工具提示

控制自动追踪工具提示和正交工具提示的显示。工具提示是显示追踪坐标的标签。（AUTOSNAP 系统变量）

5．"对齐点获取"选项组

设定对齐点获得的方式，可以选择自动对齐方式，也可以按【Shift】键获取方式。

6．"靶框大小"选项组

可以通过移动尺寸滑块来设定靶框大小。

## 1.4.4　选择配置

在"选项"对话框中的第 9 个选项卡为"选择集"，如图 1-35 所示。该选项卡用来设置对象选择的有关特性。

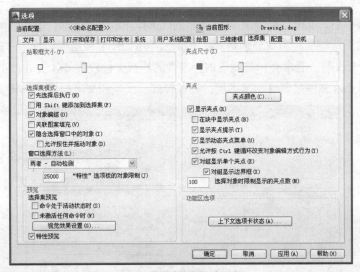

图 1-35　"选择集"选项卡

1．"拾取框大小"选项组

该选项组设定拾取框的大小。用户可以拖动滑块改变拾取框大小，拾取框大小显示在左边的显示窗口中。

2．"选择集模式"选项组

该选项组设置对象选择模式，可从以下选项中选择一个或几个："先选择后执行"、"用 Shift 键添加到选择集"、"允许按住并拖动对象"、"隐含选择窗口中的对象"、"对象编组"、"关联图案填充"。

3．"预览"选项组

当拾取框光标滚动过对象时，亮显对象。PREVIEWEFFECT 系统变量可控制亮显对象的外观。

4．"夹点尺寸"选项组

该选项组设定夹点的大小。用户可以拖动滑块改变夹点大小，夹点大小显示在左边的显示窗口中。所谓"夹点"，就是利用钳夹功能编辑对象时显示的可钳夹编辑的点。

**5."夹点"选项组**

该选项组设定夹点功能的有关特性，可以选择是否启用夹点和在块中选择夹点。在"未选中夹点颜色"、"选中夹点颜色"、"悬停夹点颜色"和"夹点轮廓颜色"下拉列表框中可以选择相应的颜色。

## 1.5 文件管理

本节将介绍有关文件管理的一些基本操作方法，包括新建文件、打开文件、保存文件、删除文件、密码与数字签名等，这些都是 AutoCAD 2014 最基础的知识。

### 1.5.1 新建文件

**1. 执行方式**

命令行：NEW 或 QNEW

菜单栏："文件"→"新建"

工具栏：标准→新建

**2. 操作格式**

执行上述命令后，系统打开如图 1-36 所示的"选择样板"对话框，在文件类型下拉列表框中有 3 种格式的图形样板，后缀分别是.dwt，.dwg，.dws 的 3 种图形样板。一般情况下，.dwt 文件是标准的样板文件，通常将一些规定的标准性的样板文件设成.dwt 文件；.dwg 文件是普通的样板文件；而.dws 文件是包含标准图层、标注样式、线型和文字样式的样板文件。

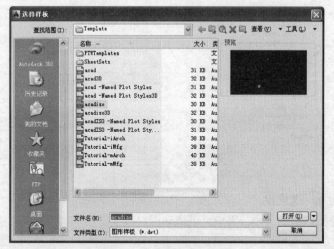

图 1-36 "选择样板"对话框

### 1.5.2 打开文件

**1. 执行方式**

命令行：OPEN

菜单栏："文件"→"打开"

工具栏：标准→打开

### 2. 操作格式

执行上述命令后，打开"选择文件"对话框，如图 1-37 所示。在"文件类型"列表框中用户可选择.dwg 文件、.dwt 文件、.dxf 文件和.dws 文件。.dxf 文件是用文本形式存储的图形文件，能够被其他程序读取，许多第 3 方应用软件都支持.dxf 格式。

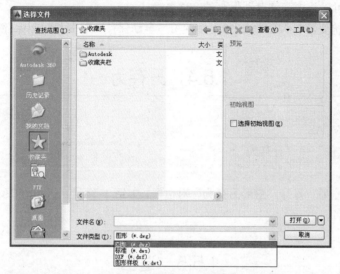

图 1-37　"选择文件"对话框

## 1.5.3　保存文件

### 1. 执行方式

命令行：QSAVE(或 SAVE)

菜单栏："文件"→"保存"

工具栏：标准→保存

### 2. 操作格式

选择上述命令后，若文件已命名，则 AutoCAD 自动保存；若文件未命名（即为默认名 drawing1.dwg），则系统打开"图形另存为"对话框，如图 1-38 所示，用户可以命名保存。

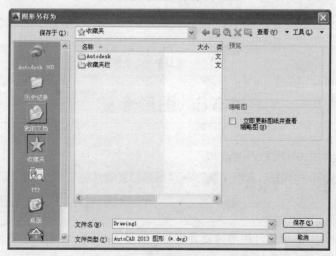

图 1-38　"图形另存为"对话框

为了防止因意外操作或计算机系统故障导致正在绘制的图形文件的丢失，可以对当前图形文件设置自动保存。步骤如下：

（1）利用系统变量 SAVEFILEPATH 设置所有"自动保存"文件的位置，如：D:\HU\。

（2）利用系统变量 SAVEFILE 存储"自动保存"文件名。该系统变量存储的文件名文件是只读文件，用户可以从中查询自动保存的文件名。

（3）利用系统变量 SAVETIME 指定在使用"自动保存"时多长时间保存一次图形。

## 1.5.4　另存为

### 1．执行方式

命令行：SAVEAS

菜单栏："文件"→"另存为"

### 2．操作格式

执行上述命令后，打开"图形另存为"对话框，如图 1-38 所示。AutoCAD 用另存名保存，并把当前图形更名。

## 1.5.5　退出

### 1．执行方式

命令行：QUIT 或 EXIT

菜单栏："文件"→"关闭"

按钮：AutoCAD 操作界面右上角的"关闭"按钮✕

### 2．操作格式

命令：QUIT✓（或 EXIT✓）

选择上述命令后，若用户对图形所作的修改尚未保存，则会出现图 1-39 所示的系统警告对话框。单击"是"按钮系统将保存文件，然后退出；单击"否"按钮系统将不保存文件。若用户对图形所作的修改已经保存，则直接退出。

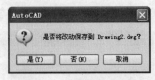

图 1-39　系统警告对话框

## 1.5.6　图形修复

### 1．执行方式

命令行：DRAWINGRECOVERY

菜单栏："文件"→"图形实用工具"→"图形修复管理器"

### 2．操作格式

命令：DRAWINGRECOVERY✓

选择上述命令后，系统打开图形修复管理器，如图 1-40 所示。打开"备份文件"列表中的文件，可以重新保存，从而进行修复。

图 1-40　图形修复管理器

# 1.6　基本输入操作

在 AutoCAD 中，有一些基本的输入操作方法，这些基本方法是进行 AutoCAD 绘图的必备基础知识，也是深入学习 AutoCAD 功能的前提。

## 1.6.1　命令输入方式

AutoCAD 交互绘图必须输入必要的指令和参数。有多种 AutoCAD 命令输入方式（以画直线为例），如下所述。

### 1．在命令窗口输入命令名

命令字符可不区分大小写。例如：命令：LINE✓。执行命令时，在命令行提示中经常会出现命令选项。如输入绘制直线命令 "LINE" 后，命令行中的提示为：

命令：LINE✓
指定第一点：（在屏幕上指定一点或输入一个点的坐标）
指定下一点或[放弃(U)]：

选项中不带括号的提示为默认选项，因此可以直接输入直线段的起点坐标或在屏幕上指定一点，如果要选择其他选项，则应该首先输入该选项的标识字符，如 "放弃" 选项的标识字符 "U"，然后按系统提示输入数据即可。在命令选项的后面有时候还带有尖括号，尖括号内的数值为默认数值。

### 2．在命令窗口输入命令缩写字

如 L（Line）、C（Circle）、A（Arc）、Z（Zoom）、R（Redraw）、M（More）、CO（Copy）、PL（PLINE）和 E（Erase）等。

### 3．选取绘图菜单直线选项

选取该选项后，在状态栏中可以看到对应的命令说明及命令名。

### 4．选取工具栏中的对应图标

选取该图标后在状态栏中也可以看到对应的命令说明及命令名。

### 5．在命令行打开右键快捷菜单

如果在前面刚使用过要输入的命令，可以在命令行打开右键快捷菜单，在 "近期使用的命令"子菜单中选择需要的命令，如图 1-41 所示。"近期使用的命令"子菜单中储存最近使用的六个命令，如果经常重复使用某个6 次操作以内的命令，这种方法就比较快速简洁。

**6．在绘图区单击鼠标右键**

如果用户要重复使用上次使用的命令，可以直接在绘图区单击鼠标右键，系统立即重复执行上次使用的命令，这种方法适用于重复执行某个命令。

图 1-41　命令行右键快捷菜单

## 1.6.2　命令执行方式

有的命令有两种执行方式，通过对话框或通过命令行输入命令。如指定使用命令窗口方式，可以在命令名前加短划线来表示，如"-LAYER"表示用命令行方式选择"图层"命令。而如果在命令行输入"LAYER"，系统则会自动打开"图层"对话框。

另外，有些命令同时存在命令行、菜单和工具栏 3 种执行方式，这时如果选择菜单或工具栏方式，命令行会显示该命令，并在前面加一条下划线，如通过菜单或工具栏方式选择"直线"命令时，命令行会显示"_line"，命令的执行过程与结果与命令行方式相同。

## 1.6.3　命令的重复、撤销和重做

**1．执行方式**

命令行：UNDO

菜单栏："编辑"→"放弃"

工具栏：标准→放弃 ◁

快捷键：Esc

已被撤销的命令还可以恢复重做。单击一次只能恢复撤销的最后一个命令。

**2．执行方式**

命令行：REDO

菜单栏："编辑"→"重做"

工具栏：标准→重做 ▷

该命令可以一次执行多重放弃和重做操作。单击 UNDO 或REDO 列表箭头，可以选择要放弃或重做的操作，如图 1-42 所示。

图 1-42　多重放弃或重做

**3．选项说明**

（1）命令的重复

在命令窗口中输入 Enter 键可重复调用上一个命令，无论上一个命令是完成了还是被取消了。

（2）命令的撤销

在命令执行的任何时刻都可以取消和终止命令的执行。

## 1.6.4　坐标系统与数据的输入方法

**坐标系**

AutoCAD 采用两种坐标系：世界坐标系（WCS）与用户坐标系。用户刚进入 AutoCAD 时

的坐标系统就是世界坐标系，是固定的坐标系统。世界坐标系也是坐标系统中的基准，绘制图形时多数情况下都是在这个坐标系统下进行的。

### 1．执行方式

命令行：UCS

菜单栏："工具"→"UCS"

工具栏："标准"工具栏→坐标系

AutoCAD 有两种视图显示方式：模型空间和图样空间。模型空间是指单一视图显示法，一般情况下使用的都是这种显示方式；图样空间是指在绘图区域创建图形的多视图。用户可以对其中每一个视图进行单独操作。在默认情况下，当前 UCS 与 WCS 重合。图 1-43a 所示为模型空间下的 UCS 坐标系图标，通常放在绘图区左下角处；也可以指定它放在当前 UCS 的实际坐标原点位置，此时出现一个十字，如图 1-43b 所示。图 1-43c 所示为布局空间下的坐标系图标。

a　　　　　　　b　　　　　　　c

图 1-43　坐标系图标

### 2．数据输入方法

在 AutoCAD 中，点的坐标可以用直角坐标、极坐标、球面坐标和柱面坐标表示，每一种坐标又分别具有两种坐标输入方式：绝对坐标和相对坐标。其中直角坐标和极坐标最为常用，下面主要介绍一下它们的输入。

（1）直角坐标法：用点的 $x$、$y$ 坐标值表示的坐标。

例如，在命令行中输入点的坐标提示下，输入"15，18"，则表示输入了一个 $x$、$y$ 的坐标值分别为 15 和 18 的点，此为绝对坐标输入方式，表示该点的坐标是相对于当前坐标原点的坐标值，如图 1-44a 所示。如果输入"@10，20"，则为相对坐标输入方式，表示该点的坐标是相对于前一点的坐标值，如图 1-44c 所示。

（2）极坐标法：用长度和角度表示的坐标，只能用来表示二维点的坐标。

在绝对坐标输入方式下，表示为："长度<角度"，如"25<50"，其中长度表为该点到坐标原点的距离，角度为该点至原点的连线与 $x$ 轴正向的夹角，如图 1-44b 所示。

在相对坐标输入方式下，表示为："@长度<角度"，如"@25<45"，其中长度为该点到前一点的距离，角度为该点至前一点的连线与 $x$ 轴正向的夹角，如图 1-44d 所示。

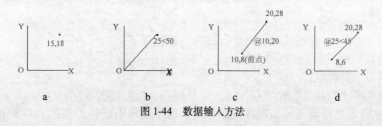

a　　　　　　　b　　　　　　　c　　　　　　　d

图 1-44　数据输入方法

### 3．动态数据输入

单击状态栏上的▦按钮，系统打开动态输入功能，可以在屏幕上动态地输入某些参数数据，例如，绘制直线时，在光标附近，会动态地显示"指定第一点"以及后面的坐标框，当前显示的是光标所在位置，可以输入数据，两个数据之间用逗号隔开，如图 1-45 所示。指定第一点后，系统动态显示直线的角度，同时要求输入线段长度值，如图 1-46 所示，其输入效果与"@长度<角度"方式相同。

图 1-45　动态输入坐标值　　　　　　　　图 1-46　动态输入长度值

下面分别讲述点与距离值的输入方法。

### 1．点的输入

绘图过程中，常需要输入点的位置，AutoCAD 提供了如下几种输入点的方法。

（1）用键盘直接在命令窗口中输入点的坐标。直角坐标有两种输入方式：$x, y$（点的绝对坐标值，如 100，50）和@ $x, y$（相对于上一点的相对坐标值，如：@ 50，−30）。坐标值均相对于当前的用户坐标系。

极坐标的输入方式为：长度<角度（其中，长度为点到坐标原点的距离，角度为原点至该点连线与 $x$ 轴的正向夹角，如 20<45）或@长度<角度（相对于上一点的相对极坐标，如@50<−30）。

（2）用定标设备移动光标，单击在屏幕上直接取点。

（3）用目标捕捉方式捕捉屏幕上已有图形的特殊点（如端点、中点、中心点、插入点、交点、切点和垂足点等，详见第 4 章）。

（4）直接输入距离：先用光标拖曳出橡筋线确定方向，然后输入距离。这样有利于准确控制对象的长度等参数。

### 2．距离值的输入

在 AutoCAD 命令中，有时需要提供高度、宽度、半径和长度等距离值。AutoCAD 提供了两种输入距离值的方式：一种是用键盘在命令窗口中直接输入数值；另一种是在屏幕上拾取两点，以两点的距离值定出所需数值。

## 1.6.5　实例——绘制线段

**绘制步骤**

1．绘制一条 20mm 长的线段。命令行提示与操作如下：

```
命令:LINE ↙
指定第 1 点: (在屏幕上指定一点)
指定下一点或[放弃(U)]:
```

2．这时在屏幕上移动光标指明线段的方向，但不要单击确认，如图 1-47 所示，然后在命令行输入 20，这样就在指定方向上准确地绘制了长度为 20mm 的线段。

图 1-47　绘制直线

## 1.6.6　透明命令

在 AutoCAD 中有些命令不仅可以直接在命令行中使用，还可以在其他命令的执行过程中插入并执行，待该命令执行完毕后，系统继续执行原命令，这种命令称为透明命令。透明命令一般多为修改图形设置或打开辅助绘图工具的命令。

上述 3 种命令的执行方式同样适用于透明命令的执行，如下所示。

```
命令: ARC✓
指定圆弧的起点或 [圆心(C)]:'ZOOM✓(透明使用显示缩放命令 ZOOM)
>>（执行 ZOOM 命令）
正在恢复执行 ARC 命令。
指定圆弧的起点或 [圆心(C)]:(继续执行原命令)
```

## 1.6.7　按键定义

在 AutoCAD 中，除了可以通过在命令窗口输入命令、单击工具栏图标或单击菜单项来完成外，还可以使用键盘上的一组功能键或快捷键，通过这些功能键或快捷键，可以快速实现指定功能，如按【F1】键，系统调用 AutoCAD 帮助对话框。

系统使用 AutoCAD 传统标准（Windows 之前）或 Microsoft Windows 标准解释快捷键。有些功能键或快捷键在 AutoCAD 的菜单中已经指出，如"粘贴"的快捷键为"Ctrl+V"，这些只要用户在使用的过程中多加留意，就会熟练掌握。快捷键的定义见菜单命令后面的说明，如"粘贴(P) Ctrl+V"。

## 1.7　图形的缩放与平移

图形的缩放与平移是经常用到的显示工具。

## 1.7.1　实时缩放

AutoCAD 为交互式的缩放和平移提供了可能。有了实时缩放，就可以通过垂直向上或向下移动光标来放大或缩小图形。利用实时平移（下节介绍），能单击和移动光标重新放置图形。

在实时缩放命令下，可以通过垂直向上或向下移动光标来放大或缩小图形。

**1．执行方式**

命令行：ZOOM
菜单栏："视图"→"缩放"→"实时"
工具栏：标准→实时缩放

### 2．操作格式

按住"选择"按钮垂直向上或向下移动。从图形的中点向顶端垂直地移动光标就可以放大图形一倍，向底部垂直地移动光标就可以将图形缩小50%。

# 1.7.2　放大和缩小

放大和缩小是两个基本的缩放命令。放大图像能观察细节称之为"放大"；缩小图像能看到大部分的图形称之为"缩小"，如图 1-48 所示。

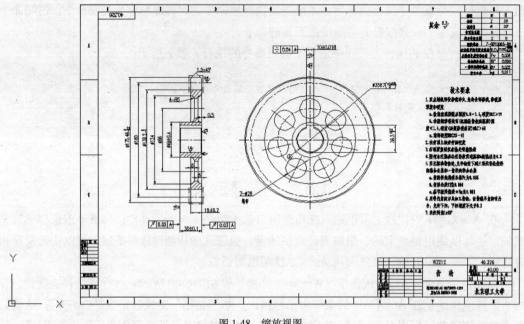

图 1-48　缩放视图

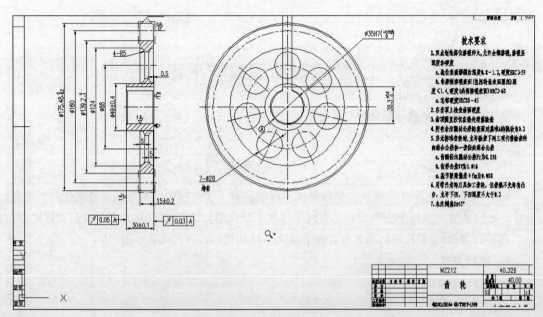

图 1-48　缩放视图（续）

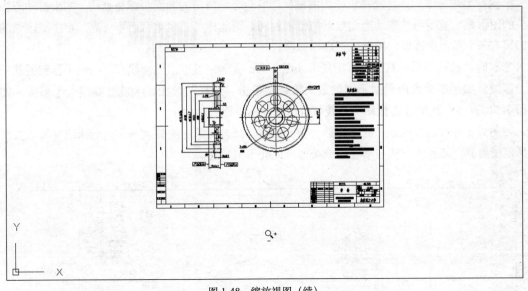

图 1-48　缩放视图（续）

### 1. 执行方式

菜单栏："视图"→"缩放"→"放大（缩小）"

### 2. 操作格式

选择菜单中的"放大（缩小）"命令，当前图形相应地自动进行放大或缩小。

## 1.7.3　动态缩放

如果"快速缩放"功能已经打开，就可以用动态缩放改变画面显示而不产生重新生成的效果。动态缩放会在当前视区中显示图形的全部。

### 1. 执行方式

命令行：ZOOM

菜单栏："视图"→"缩放"→"动态"

工具栏：标准→"缩放"下拉工具栏→动态缩放 🔍 （如图 1-49 所示）

缩放→动态缩放（如图 1-50 所示）

图 1-49　"缩放"下拉工具栏

图 1-50　"缩放"工具栏

### 2. 操作格式

命令: ZOOM✓

指定窗口的角点，输入比例因子 (nX 或 nXP)，或者[全部(A)/中心(C)/动态(D)/范围(E)/上一个(P)/比例(S)/窗口(W)/对象(O)] <实时>: D✓

执行上述命令后，系统弹出一个图框。选取动态缩放前的画面呈绿色点线。如果要动态缩放的图形显示范围与选取动态缩放前的范围相同，则此框与白线重合而不可见。重生成区域的四周有一个蓝色虚线框，用以标记虚拟屏幕。

这时，如果线框中有一个×出现，如图 1-51a 所示，就可以拖动线框而把它平移到另外一个区域。如果要放大图形到不同的放大倍数，单击"选择"按钮，×就会变成一个箭头，如图 1-51b 所示。这时左右拖动边界线就可以重新确定视区的大小。

另外，还有窗口缩放、比例缩放、中心缩放、缩放对象、缩放上一个、全部缩放和最大图形范围缩放，其操作方法与动态缩放类似，此处不再赘述。

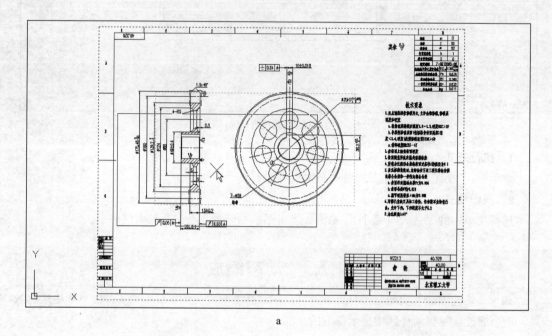

a

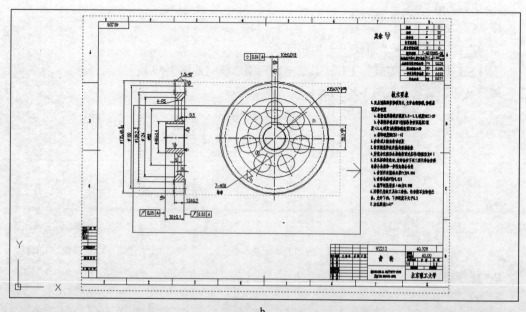

b

图 1-51　动态缩放

## 1.7.4　实时平移

### 1．执行方式

命令行：PAN

菜单栏："视图"→"平移"→"实时"

工具栏：标准→实时平移🖐

### 2．操作格式

选择上述命令后，单击"选择"按钮，然后移动手形光标就平移图形了。当移动到图形的边沿时，光标就变成一个三角形显示。

另外，在 AutoCAD 中，为显示控制命令设置了一个右键快捷菜单。在该菜单中，用户可以在显示选择执行的过程中，透明地进行切换。

## 1.7.5　实例——查看图形细节

查看图 1-52 中的图形细节。

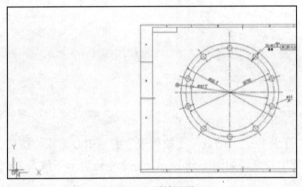

图 1-52　原始图形

**绘制步骤**

1．单击"标准"工具栏中的"实时平移"按钮，单击并拖曳光标将图形向左拉，如图 1-53 所示。

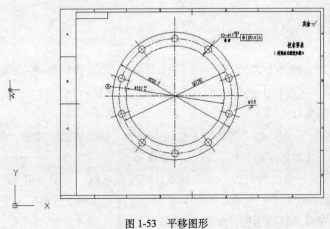

图 1-53　平移图形

2．单击鼠标右键，选择右键快捷菜单中的"缩放"命令，如图 1-54 所示。绘图平面出现缩放标记，向上拖动光标，将图形进行实时放大，结果如图 1-55 所示。

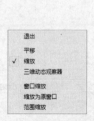

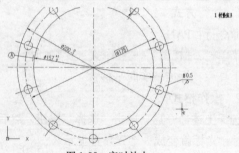

图 1-54　右键快捷菜单　　　　　　　　　　　　　　图 1-55　实时放大

3．单击"标准"工具栏上"缩放"下拉列表中的"窗口缩放"按钮，用光标拖曳出一个缩放窗口，如图 1-56 所示。单击确认，窗口缩放结果如图 1-57 所示。

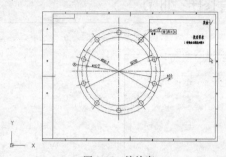

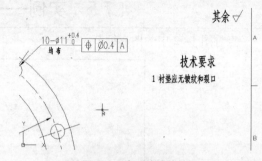

图 1-56　缩放窗口　　　　　　　　　　　　　　图 1-57　窗口缩放结果

4．单击"标准"工具栏上"缩放"下拉列表中的"中心缩放"按钮，在图形上要查看大概位置，指定一个缩放中心点，如图 1-58 所示。在命令行提示下输入 2X 为缩放比例，缩放结果如图 1-59 所示。

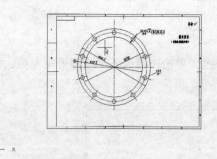

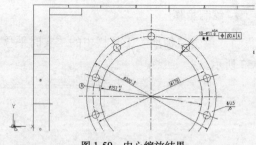

图 1-58　指定缩放中心点　　　　　　　　　　　　图 1-59　中心缩放结果

5．单击"标准"工具栏上的"缩放上一个"按钮，系统自动返回上一次缩放的图形窗口，即中心缩放前的图形窗口。

6．单击"标准"工具栏上"缩放"下拉列表中的"动态缩放"按钮，这时，图形平面上会出现一个中心有小叉的显示范围框，如图 1-60 所示。

7．单击鼠标左键，会出现右边带箭头的缩放范围显示框，如图 1-61 所示。拖动光标，可以看出，带箭头的范围框大小在变化，如图 1-62 所示。释放鼠标，范围框又变成带小叉的形式，可以再次按住鼠标左键平移显示框，如图 1-63 所示。

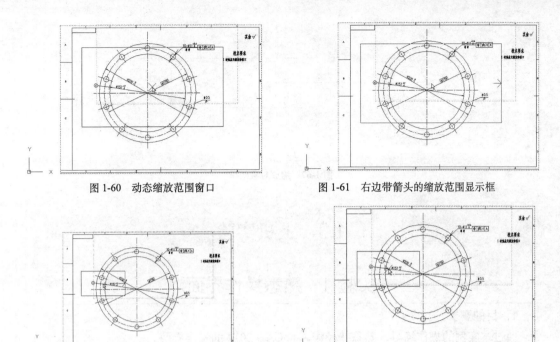

图 1-60　动态缩放范围窗口　　　　　　　图 1-61　右边带箭头的缩放范围显示框

图 1-62　变化的范围框　　　　　　　　　图 1-63　平移显示框

按【Enter】键，则系统显示动态缩放后的图形，结果如图 1-64 所示。

8．单击"标准"工具栏上"缩放"下拉列表中的"全部缩放"按钮，系统将显示全部图形画面，最终结果如图 1-65 所示。

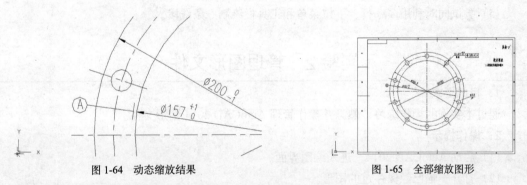

图 1-64　动态缩放结果　　　　　　　　　图 1-65　全部缩放图形

9．单击"标准"工具栏上"缩放"下拉列表中的"缩放对象"按钮，并框选如图 1-66 中箭头所示的范围，系统进行对象缩放，最终结果如图 1-67 所示。

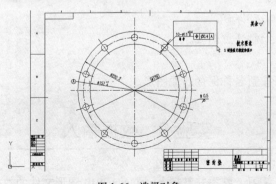

图 1-66　选择对象

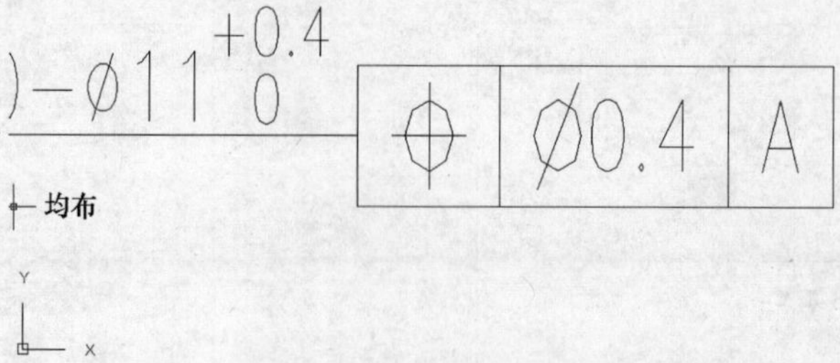

图 1-67　缩放对象结果

# 1.8　上机实验

## 实验 1　熟悉操作界面

### 1．目的要求

通过本实例的操作练习，熟悉并操作 AutoCAD 2014 的操作界面。

### 2．操作提示

（1）启动 AutoCAD 2014，进入绘图界面。

（2）调整操作界面大小。

（3）设置绘图窗口颜色与光标大小。

（4）打开、移动和关闭工具栏。

（5）尝试同时利用命令行、下拉菜单和工具栏绘制一条线段。

## 实验 2　管理图形文件

### 1．目的要求

通过本实例的操作练习，熟悉并操作管理 AutoCAD 2014 图形文件。

### 2．操作提示

（1）启动 AutoCAD 2014，进入绘图界面。

（2）打开一幅已经保存过的图形。

（3）进行自动保存设置。

（4）进行加密设置。

（5）将图形以新的名称保存。

（6）尝试在图形上绘制任意图线。

（7）退出该图形。

（8）尝试重新打开按新名称保存的原图形。

## 实验 3　数据输入

### 1．目的要求

通过本实例的操作练习，熟悉并掌握 AutoCAD 2014 图形文件的数据输入。

## 2．操作提示

（1）在命令行输入"LINE"命令。

（2）输入起点的直角坐标方式下的绝对坐标值。

（3）输入下一点的直角坐标方式下的相对坐标值。

（4）输入下一点的极坐标方式下的绝对坐标值。

（5）输入下一点的极坐标方式下的相对坐标值。

（6）用光标直接指定下一点的位置。

（7）单击状态栏上的"正交"按钮，用光标拉出下一点的方向，在命令行输入一个数值。

（8）按【Enter】键结束绘制线段的操作。

# 实验 4　查看零件图的细节

**操作提示：**

如图 1-68 所示，利用平移工具和缩放工具移动和缩放图形。

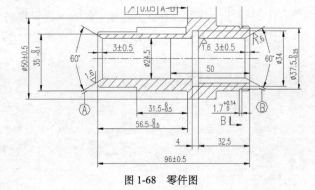

图 1-68　零件图

# 第 2 章

# 图层设置

　　AutoCAD 提供了图层工具，它可以对每个图层规定其颜色和线型，并把具有相同特征的图形对象放在同一图层上绘制。这样绘图时不用分别设置对象的线型和颜色，不仅方便绘图，而且保存图形时只需存储其几何数据和所在图层即可，因而既节省了存储空间，又可以提高工作效率。本章将对有关图层的知识以及图层上颜色和线型的设置进行介绍。

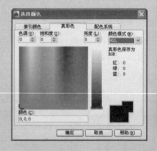

# 2.1　设置图层

图层的概念类似投影片，将不同属性的对象分别放置在不同的投影片（图层）上。例如，将图形的主要线段、中心线和尺寸标注等分别绘制在不同的图层上，每个图层可设定不同的线型和线条颜色，然后把不同的图层堆栈在一起成为一张完整的视图，这样可使视图层次分明，方便图形对象的编辑与管理。一个完整的图形就是由它所包含的所有图层上的对象叠加在一起构成的，如图 2-1 所示。

图 2-1　图层效果

## 2.1.1　利用对话框设置图层

AutoCAD 2014 提供了详细直观的"图层特性管理器"对话框，用户可以方便地通过对该对话框中的各选项及其二级对话框进行设置，从而实现创建新图层、设置图层颜色及线型的各种操作。

### 1．执行方式

命令行：LAYER

菜单栏："格式"→"图层"

工具栏：图层→图层特性管理器

执行上述操作后，系统打开如图 2-2 所示的"图层特性管理器"对话框。

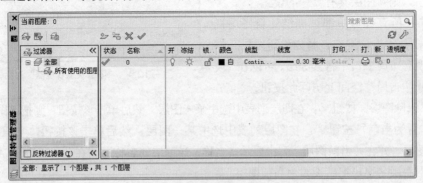

图 2-2　"图层特性管理器"对话框

### 2．选项说明

（1）"新建特性过滤器"按钮 ：单击该按钮，可以打开"图层过滤器特性"对话框，如图 2-3 所示。从中可以基于一个或多个图层特性创建图层过滤器。

（2）"新建组过滤器"按钮 ：单击该按钮可以创建一个图层过滤器，其中包含用户选定并添加到该过滤器的图层。

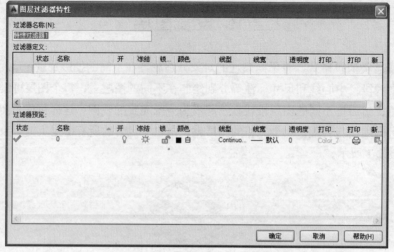

图 2-3 "图层过滤器特性"对话框

(3)"图层状态管理器"按钮：单击该按钮，可以打开"图层状态管理器"对话框，如图 2-4 所示。从中可以将图层的当前特性设置保存到命名图层状态中，以后可以再恢复这些设置。

(4)"新建图层"按钮：单击该按钮，图层列表中出现一个新的图层名称"图层 1"，用户可使用此名称，也可改名。要想同时创建多个图层，可在选中一个图层名后，输入多个名称，各名称之间以逗号分隔。图层的名称可以包含字母、数字、空格和特殊符号，AutoCAD 2014 支持长达 255 个字符的图层名称。新的图层继承了创建新图层时所选中的已有图层的所有特性(颜色、线型和开/关状态等)，如果新建图层时没有图层被选中，则新图层具有默认的设置。

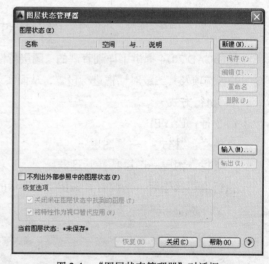

图 2-4 "图层状态管理器"对话框

(5)"在所有视口中都被冻结的新图层视口"按钮：单击该按钮，将创建新图层，然后在所有现有布局视口中将其冻结。可以在"模型"空间或"布局"空间上访问此按钮。

(6)"删除图层"按钮：在图层列表中选中某一图层，然后单击该按钮，则把该图层删除。

(7)"置为当前"按钮：在图层列表中选中某一图层，然后单击该按钮，则把该图层设置为当前图层，并在"当前图层"列中显示其名称。当前层的名称存储在系统变量 CLAYER 中。另外，双击图层名也可把其设置为当前图层。

(8)"搜索图层"文本框：输入字符时，按名称快速地过滤图层列表。关闭图层特性管理器时并不保存此过滤器。

(9)"状态行"：显示当前过滤器的名称、列表视图中显示的图层数和图形中的图层数。

(10)"反向过滤器"复选框：勾选该复选框，显示所有不满足选定图层特性过滤器中条件的图层。

(11) 图层列表区：显示已有的图层及其特性。要修改某一图层的某一特性，单击它所对应的图标即可。用鼠标右键单击空白区域或利用快捷菜单可快速选中所有图层。列表区中各列的含义如下：

1）状态：指示项目的类型，有图层过滤器、正在使用的图层、空图层和当前图层 4 种。

2）名称：显示满足条件的图层名称。如果要对某图层修改，首先要选中该图层的名称。

3）状态转换图标：在"图层特性管理器"对话框的图层列表中有一列图标，单击这些图标，可以打开或关闭该图标所代表的功能，各图标功能说明如表 2-1 所示。

表 2-1                                              图标功能

| 图　示 | 名　称 | 功 能 说 明 |
|---|---|---|
| ♀/♀ | 开/关闭 | 将图层设定为打开或关闭状态，当呈现关闭状态时，该图层上的所有对象将隐藏不显示，只有处于打开状态的图层会在绘图区上显示或由打印机打印出来。因此，绘制复杂的视图时，先将不编辑的图层暂时关闭，可降低图形的复杂性。图 2-5 所示为尺寸标注图层打开和关闭的情形 |
| ☼/✳ | 解冻/冻结 | 将图层设定为解冻或冻结状态。当图层呈现冻结状态时，该图层上的对象均不会显示在绘图区上，也不能由打印机打出，而且不会执行重生（REGEN）、缩放（EOOM）和平移（PAN）等命令的操作，因此若将视图中不编辑的图层暂时冻结，可加快执行绘图编辑的速度。而♀/♀（开/关闭）功能只是单纯地将对象隐藏，因此并不会加快执行速度 |
| 🔓/🔒 | 解锁/锁定 | 将图层设定为解锁或锁定状态。被锁定的图层，仍然显示在绘图区，但不能编辑修改被锁定的对象，只能绘制新的图形，这样可防止重要的图形被修改 |
| 🖨/🖨⊘ | 打印/不打印 | 设定该图层是否可以打印图形 |

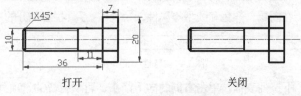

打开　　　　　　　　　　　　　　关闭

图 2-5　打开或关闭尺寸标注图层

4）颜色：显示和改变图层的颜色。如果要改变某一图层的颜色，单击其对应的颜色图标，AutoCAD 系统则打开如图 2-6 所示的"选择颜色"对话框，用户可从中选择需要的颜色。

5）线型：显示和修改图层的线型。如果要修改某一图层的线型，单击该图层的"线型"项，系统打开"选择线型"对话框，如图 2-7 所示，其中列出了当前可用的线型，用户可从中选择需要的线型。

6）线宽：显示和修改图层的线宽。如果要修改某一图层的线宽，单击该图层的"线宽"对话框，打开"线宽"对话框，如图 2-8 所示，其中列出了 AutoCAD 设定的线宽，用户可从中进行选择。其中"线宽"列表框中显示可以选用的线宽值，用户可从中选择需要的线宽。"旧的"

图 2-6　"选择颜色"对话框

显示行显示前面赋予图层的线宽，当创建一个新图层时，采用默认线宽（其值为 0.25），默认线宽的值由系统变量 LWDEFAULT 设置；"新的"显示行显示赋予图层的新线宽。

图 2-7　"选择线型"对话框　　　　　　　图 2-8　"线宽"对话框

7）打印样式：打印图形时各项属性的设置。

　　　　合理利用图层，可以事半功倍。在开始绘制图形时，就预先设置一些基本图层。每个图层锁定自己的专门用途，这样做只需绘制一份图形文件，就可以组合出许多需要的图样，需要修改时也可针对各个图层进行。

## 2.1.2　利用工具栏设置图层

　　AutoCAD 2014 提供了一个"特性"工具栏，如图 2-9 所示。可以利用工具栏下拉列表框中的选项，快速地查看和改变所选对象的图层、颜色、线型和线宽特性。"特性"工具栏上的图层颜色、线型、线宽和打印样式的控制增强了查看和编辑对象属性的功能。在绘图区选择任何对象，都将在工具栏上自动显示它所在图层、颜色和线型等属性。"特性"工具栏各部分的功能有以下几点。

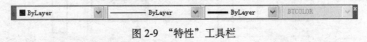

图 2-9　"特性"工具栏

　　（1）"颜色控制"下拉列表框：单击右侧的向下箭头，可从打开的选项列表中选择一种颜色，使之成为当前颜色，如果选择"选择颜色"选项，系统打开"选择颜色"对话框以选择其他颜色。修改当前颜色后，不论在哪个图层上绘图都采用这种颜色，但对各个图层的颜色没有影响。

　　（2）"线型控制"下拉列表框：单击右侧的向下箭头，可从打开的选项列表中选择一种线型，使之成为当前线型。修改当前线型后，不论在哪个图层上绘图都采用这种线型，但对各个图层的线型设置没有影响。

　　（3）"线宽控制"下拉列表框：单击右侧的向下箭头，可从打开的选项列表中选择一种线宽，使之成为当前线宽。修改当前线宽后，不论在哪个图层上绘图都采用这种线宽，但对各个图层的线宽设置没有影响。

　　（4）"打印类型控制"下拉列表框：单击右侧的向下箭头，可从打开的选项列表中选择一种打印样式，使之成为当前打印样式。

　　　　如果通过"特性"工具栏设置了具体的绘图颜色、线型或线宽，而不是采用"随层"设置，那么在此之后用 AutoCAD 绘制出的新图形对象的颜色、线型和线宽均会采用新的设置，不再受图层颜色、图层线型或图层线宽的限制，但建议采用 Bylayer（随层）。

# 2.2 颜色、线型与线宽

用户可以单独为新绘制的图形对象设置颜色、线型与线宽。

## 2.2.1 颜色的设置

AutoCAD 绘制的图形对象都具有一定的颜色，为使绘制的图形清晰明了，可把同一类的图形对象用相同的颜色绘制，而使不同类的对象具有不同的颜色以示区分。为此，需要适当地对颜色进行设置。AutoCAD 允许用户为图层设置颜色，为新建的图形对象设置当前颜色，还可以改变已有图形对象的颜色。

### 1. 执行方式

命令行：COLOR

菜单栏："格式"→"颜色"

### 2. 操作格式

命令：COLOR✓

单击相应的菜单项或在命令行输入 COLOR 命令后按【Enter】键，AutoCAD 将打开图 2-6 所示的"选择颜色"对话框。也可在图层操作中打开此对话框，具体方法上节已讲述。

### 3. 选项说明

（1）"索引颜色"标签：打开此标签，可以在系统所提供的 255 色索引表中选择所需要的颜色，如图 2-10 所示。

（2）"真彩"标签：打开此标签，可以选择需要的任意颜色，如图 2-11 所示。

图 2-10 "索引颜色"标签

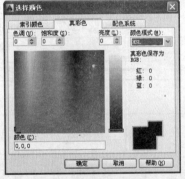

图 2-11 "真彩色"标签

在此标签的右边，有一个"颜色模式"下拉列表框，默认的颜色模式为 HSL 模式，即如图 2-11 所示的模式。如果选择 RGB 模式，则如图 2-12 所示。在该模式下选择颜色方式与 HSL 模式下类似。

（3）"配色系统"标签：打开此标签，可以从标准配色系统（如 Pantone）中选择预定义的颜色，如图 2-13 所示。

提示

如果通过"选择颜色"对话框设置了某一具体颜色，那么在此之后所绘图形对象的颜色总为该颜色，不再受图层颜色的限制。但建议将绘图颜色设为 ByLayer（随层）。

图 2-12　RGB 模式　　　　　　图 2-13　"配色系统"标签

## 2.2.2　图层的线型

在国家标准中对机械图样中使用的各种图线的名称、线型、线宽以及在图样中的应用作了规定，如表 2-2 所示，其中常用的图线有 4 种，即粗实线、细实线、虚线和细点画线。图线分为粗和细两种，粗线的宽度 b 应按图样的大小和图形的复杂程度，在 0.5～2 之间选择，细线的宽度约为 b/2。

表 2-2　　　　　　　　　　　　　图线的线型及用途

| 图线名称 | 线　　型 | 线　　宽 | 主　要　用　途 |
|---|---|---|---|
| 粗实线 | —————— | b | 可见轮廓线，可见过渡线 |
| 细实线 | —————— | 约 b/2 | 尺寸线、尺寸界线、剖面线、引出线、弯折线、牙底线、齿根线和辅助线等 |
| 细点画线 | — · — · — | 约 b/2 | 轴线、对称中心线和齿轮节线等 |
| 虚线 | - - - - - | 约 b/2 | 不可见轮廓线和不可见过渡线 |
| 波浪线 | ∿∿∿ | 约 b/2 | 断裂处的边界线和剖视与视图的分界线 |
| 双折线 | ⌇⌇ | 约 b/2 | 断裂处的边界线 |
| 粗点画线 | ━ ·━ ·━ | b | 有特殊要求的线或面的表示线 |
| 双点画线 | — ·· — ·· — | 约 b/2 | 相邻辅助零件的轮廓线、极限位置的轮廓线、假想投影的轮廓线 |

### 1. 在"图层特性管理器"中设置线型

按照上节讲述的方法，打开"图层特性管理器"对话框，如图 2-2 所示。在图层列表的线型项下单击线型名，系统则打开"选择线型"对话框，如图 2-14 所示。单击"加载"按钮，打开"加载或重载线型"对话框，如图 2-15 所示。

图 2-14　"选择线型"对话框

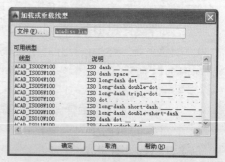

图 2-15　"加载或重载线型"对话框

### 2．直接设置线型

用户也可以直接设置线型。

命令行：LINETYPE

在命令行输入上述命令后，系统将打开"线型管理器"对话框，如图 2-16 所示。对话框中主要项的功能如下。

1．"线型过滤器"选项组

设置过滤条件。可以通过其中的下拉列表框在"显示所有线型"和"显示所有使用的线型"等选项之间选择。设置过滤条件后，AutoCAD 在线型列表框中只显示满足条件的线型。

"线型过滤器"选项组中的"反转过滤器"复选框用于确定是否在线型列表框中显示与过滤条件相反的线型。

2．"隐藏细节"按钮

单击该按钮，AutoCAD 在"线型管理器"对话框中不再显示"详细信息"选项组部分，同时按钮变成了"显示细节"。

3．"详细信息"选项组

（1）"名称"、"说明"文本框。

显示或修改指定线型的名称与说明。在线型列表中选择某一线型，它的名称和说明会分别显示在"名称"和"说明"文本框中。

（2）"全局比例因子"文本框。

设置线型的全局比例因子，即所有线型的比例因子。用各种线型绘图时，除连续线外，每种线型一般都由实线段、空白段或点等组成。线型定义中定义了这些小段的长度，当在屏幕上显示或在图纸上输出的线型不合适时，可以通过改变线型比例的方法放大或缩小所有线型的每一小段的长度。全局比例因子对已有线型和新绘图形的线型均有效，也可以用 LTSCALE 命令更改线型的比例因子。

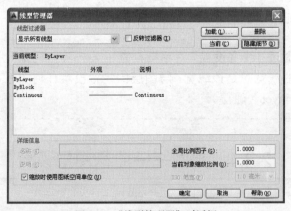

图 2-16　"线型管理器"对话框

> 改变线型的比例后，各图形对象的总长度不会因此改变。

（3）"当前对象缩放比例"文本框。

设置新绘图形对象所用线型的比例因子。通过该文本框设置了线型比例后，所绘图形的线型比例均为此线型比例，利用系统变量 CELTSCALE 也可以实现此设置。

如果通过"线型管理器"对话框设置了某一具体线型，那么在此之后所绘图形对象的线型总为该线型，与图层的线型没有任何关系，但建议将绘图线型设为 Bylayer（随层）。

## 2.2.3　设置线宽

### 1．执行方式
命令行：LWEIGHT
菜单栏："格式"→"线宽"

### 2．操作格式
命令：LWEIGHT✓
单击相应的菜单项或在命令行输入 LWEIGHT 命令后按【Enter】键，AutoCAD 将打开图 2-17 所示的"线宽设置"对话框。

### 3．选项说明
对话框中各主要项的功能如下。
（1）"显示线宽"复选框
确定是否按用户设置的线宽显示所绘图形（也可以通

图 2-17　"线宽设置"对话框

过单击状态栏上的 ➕ （显示/隐藏线宽）按钮，实现是否使所绘图形按指定的线宽来显示的切换）。
（2）"默认"下拉列表框
设置 AutoCAD 的默认绘图线宽。
（3）"调整显示比例"滑块
确定线宽的显示比例，通过对应的滑块调整即可。

如果通过"线宽设置"对话框设置了某一具体线宽，那么在此之后所绘图形对象的线宽总是该线宽，与图层的线宽没有任何关系，但建议将绘图线宽设为 Bylayer（随层）。

## 2.2.4　实例——曲柄图层设置

图 2-18 所示为曲柄图形设置图层。

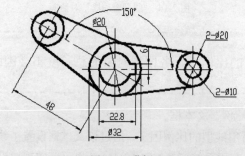

图 2-18　曲柄

**绘制步骤**

1. 选择菜单栏中的"格式"→"图层"命令，打开"图层特性管理器"对话框。

2. 单击"新建"按钮创建一个新层，把该层的名称由默认的"图层 1"改为"中心线"，如图 2-19 所示。

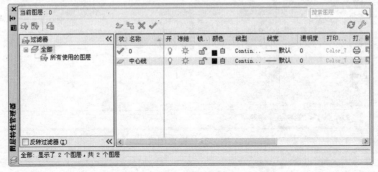

图 2-19　更改图层名

3. 选择"中心线"层对应的"颜色"选项，打开"选择颜色"对话框，选择红色为该层颜色，如图 2-20 所示。确认后返回"图层特性管理器"对话框。

4. 选择"中心线"层对应的"线型"项，打开"选择线型"对话框，如图 2-21 所示。

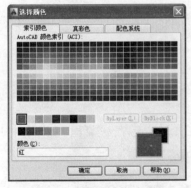

图 2-20　"选择颜色"对话框

图 2-21　"选择线型"对话框

5. 在"选择线型"对话框中，单击"加载"按钮，系统打开"加载或重载线型"对话框，选择 CENTER 线型，如图 2-22 所示。确认退出，在"选择线型"对话框中选择 CENTER（点画线）为该层线型，确认返回"图层特性管理器"对话框。

6. 选择"中心线"层对应的"线宽"选项，打开"线宽"对话框，选择 0.09mm 线宽，如图 2-23 所示。确认退出。

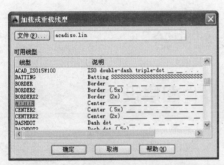

图 2-22　"加载或重载线型"对话框

图 2-23　"线宽"对话框

7．用相同的方法再建立两个新层，分别命名为"轮廓线"和"尺寸线"。"轮廓线"层的颜色设置为黑色，线型为 Continuous（实线），线宽为 0.30。"尺寸线"层的颜色设置为蓝色，线型为 Continuous，线宽为 0.09。同时，让 3 个图层均处于打开、解冻和解锁状态，各项设置如图 2-24 所示。

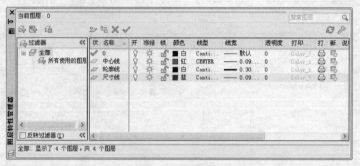

图 2-24　设置图层

# 2.3　随层特性

### 1．执行方式
命令行：SETBYLAYER
菜单栏："修改"→"更改为 Bylayer"

### 2．操作格式
命令：SETBYLAYER✓
选择对象或[设置(S)]:

### 3．选项说明
如果选择"设置（S）"选项，AutoCAD 会弹出"SetByLayer 设置"对话框，如图 2-25 所示。

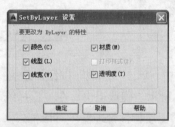

图 2-25　"SetByLayer 设置"对话框

从对话框中选择要更改为随层的特性后，选中对应的复选框即可。

# 2.4　上机实验

## 实验 1　机械零件图层设置

### 1．目的要求
如图 2-26 所示，本例是一个典型的机械零件，包含中心线、尺寸线和轮廓线 3 种不同的图线。通过学习本例，读者要掌握设置图层的方法与步骤。

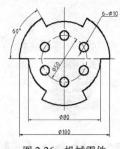

图 2-26 机械零件

## 2. 操作提示

（1）创建 3 个新图层。

（2）设置不同图层的颜色、线型和线宽。

# 实验 2　别墅平面图图层设置

## 1. 目的要求

如图 2-27 所示，本例是一个典型的建筑图形，由于图线繁多，为了方便有序绘制，可以设置如图 2-28 所示的不同图层。通过本例，读者要掌握设置图层的方法与步骤。

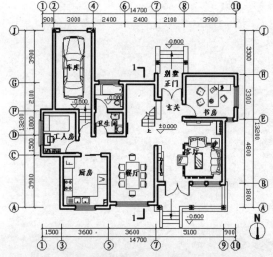

图 2-27 别墅的首层平面图

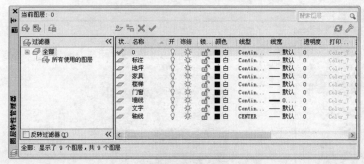

图 2-28 图层设置

## 2. 操作提示

（1）创建不同新图层。

（2）设置不同图层的颜色、线型和线宽。

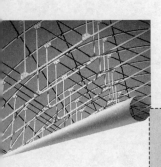

# 第3章

## 简单的二维绘图命令

二维图形是指在二维平面空间绘制的图形,主要由一些图形元素组成,如点、直线、圆弧、圆、椭圆、矩形、多边形、多段线、样条曲线和多线等几何元素。AutoCAD 提供了大量的绘图工具,可以帮助用户完成二维图形的绘制。本章主要内容包括直线、圆和圆弧、椭圆和椭圆弧、平面图形以及点等。

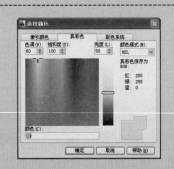

# 3.1　直线类命令

直线类命令包括直线段、射线和构造线。这几个命令是 AutoCAD 中最简单的绘图命令。

## 3.1.1　直线段

### 1．执行方式

命令行：LINE（快捷命令：L）

菜单栏："绘图"→"直线"

工具栏：绘图→直线

### 2．操作步骤

命令行提示与操作如下：

命令:LINE↙

指定第一个点:输入直线段的起点坐标或在绘图区单击指定点

指定下一点或 [放弃(U)]:输入直线段的端点坐标，或单击光标指定一定角度后，直接输入直线的长度

指定下一点或 [放弃(U)]:输入下一直线段的端点，或输入选项"U"表示放弃前面的输入；单击鼠标右键或按【Enter】键，结束命令

指定下一点或 [闭合(C)/放弃(U)]:

输入下一直线段的端点，或输入选项"C"使图形闭合，结束命令

### 3．选项说明

（1）若采用按【Enter】键的方法响应"指定第一个点"提示，系统会把上次绘制图线的终点作为本次图线的起始点。若上次操作为绘制圆弧，按【Enter】键响应后绘出通过圆弧终点并与该圆弧相切的直线段，该线段的长度为光标在绘图区指定的一点与切点之间线段的距离。

（2）在"指定下一点"提示下，用户可以指定多个端点，从而绘出多条直线段。但是，每一段直线是一个独立的对象，可以进行单独的编辑操作。

（3）绘制两条以上的直线段后，若采用输入选项"C"的方法响应"指定下一点"提示，系统会自动连接起始点和最后一个端点，从而绘出封闭的图形。

（4）若采用输入选项"U"的方法响应提示，则删除最近一次绘制的直线段。

（5）若设置正交方式（单击状态栏中的"正交模式"按钮 ），只能绘制水平线段或垂直线段。

（6）若设置动态数据输入方式（单击状态栏中的"动态输入"按钮 ），则可以动态输入坐标或长度值，效果与非动态数据输入方式类似。除了特别需要，以后不再强调，而只按非动态数据输入方式输入相关数据。

## 3.1.2　实例——折叠门

绘制如图 3-1 所示的折叠门。

图 3-1 折叠门

 **绘制步骤**

**1.** 单击"绘图"工具栏中的"直线"按钮 ✐ ，命令行提示与操作如下：

命令: LINE✓（在命令行输入"直线"命令 LINE，不区分大小写）
指定第 1 点: 0,0✓
指定下一点或 [放弃(U)]: 100,0✓
指定下一点或 [放弃(U)]: 100,50✓
指定下一点或 [闭合(C)/放弃(U)]: 0,50✓
指定下一点或 [闭合(C)/放弃(U)]: ✓（结果如图 3-2 所示）
命令: _line （单击"绘图"工具栏中的"直线"按钮 ✐）
指定第一点: 440,0✓
指定下一点或 [放弃(U)]: @-100,0✓（相对直角坐标数值输入方法，此方法便于控制线段长度）
指定下一点或 [放弃(U)]: @0,50✓
指定下一点或 [闭合(C)/放弃(U)]: @100,0✓
指定下一点或 [闭合(C)/放弃(U)]: ✓（结果如图 3-3 所示）

图 3-2 绘制左门框　　　　　　　　　　　　图 3-3 绘制右门框

命令: ✓（直接按【Enter】键表示执行上一次执行的命令）
LINE 指定第 1 点: 100,40✓
指定下一点或 [放弃(U)]: @60<60✓（相对极坐标数值输入方法，此方法便于控制线段长度和倾斜角度）
指定下一点或 [放弃(U)]: @60<-60✓
指定下一点或 [闭合(C)/放弃(U)]: ✓
命令: L✓（在命令行输入 LINE 命令的缩写方式 L）
LINE 指定第一点: 340,40✓
指定下一点或 [放弃(U)]: @60<120✓
指定下一点或 [放弃(U)]: @60<210✓
指定下一点或 [闭合(C)/放弃(U)]: u✓（表示上一步执行错误，撤销该操作）
指定下一点或 [放弃(U)]: @60<240✓（也可以单击状态栏上"动态输入"按钮 ✒ ，在光标位置为 240°时，
动态输入 60，如图 3-4 所示，下同）
指定下一点或 [闭合(C)/放弃(U)]: ✓（按【Enter】键结束直线命令）

**2.** 最终结果如图 3-1 所示。

图 3-4 动态输入

## 3.1.3　构造线

### 1．执行方式

命令行：XLINE（快捷命令：XL）

菜单栏："绘图"→"构造线"

工具栏：绘图→构造线

### 2．操作步骤

命令行提示与操作如下：

命令：XLINE↙

指定点或 [水平(H)/垂直(V)/角度(A)/二等分(B)/偏移(O)]: 指定起点 1

指定通过点：指定通过点 2，绘制一条双向无限长直线

指定通过点：继续指定点，继续绘制直线，如图 3-3（a）所示，按【Enter】键结束命令

### 3．选项说明

（1）执行选项中有"指定点"、"水平"、"垂直"、"角度"、"二等分"和"偏移" 6 种方式绘制构造线，分别如图 3-5a～图 3-5f 所示。

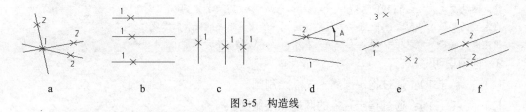

| a | b | c | d | e | f |

图 3-5　构造线

（2）构造线模拟手工作图中的辅助作图线。用特殊的线型显示，在图形输出时可不作输出。应用构造线作为辅助线绘制机械图中的三视图是构造线的最主要用途，构造线的应用保证了三视图之间"主、俯视图长对正，主、左视图高平齐，俯、左视图宽相等"的对应关系。图 3-6 所示为应用构造线作为辅助线绘制机械图中三视图的示例。图中细线为构造线，粗线为三视图轮廓线。

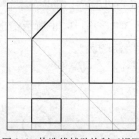

图 3-6　构造线辅助绘制三视图

## 3.1.4　射线

### 1．执行方式

命令行：RAY

菜单栏："绘图"→"射线"

### 2．操作步骤

命令行提示如下：

命令：RAY↙

指定起点：（给出起点）

指定通过点：（给出通过点，画出射线）

指定通过点：（过起点画出另一射线，按【Enter】键结束命令）

## 3.2 圆类命令

圆类命令主要包括"圆"、"圆弧"、"圆环"、"椭圆"以及"椭圆弧"命令，这几个命令是 AutoCAD 中最简单的曲线命令。

### 3.2.1 圆

**1. 执行方式**

命令行：CIRCLE（快捷命令：C）

菜单栏："绘图"→"圆"

工具栏：绘图→圆⊙

**2. 操作步骤**

命令行提示与操作如下：

命令：CIRCLE↙

指定圆的圆心或 [三点(3P)/两点(2P)/切点、切点、半径(T)]：指定圆心

指定圆的半径或 [直径(D)]：直接输入半径值或在绘图区单击指定半径长度

指定圆的直径 <默认值>：输入直径值或在绘图区单击指定直径长度

**3. 选项说明**

（1）三点（3P）：通过指定圆周上 3 点绘制圆。

（2）两点（2P）：通过指定直径的两端点绘制圆。

（3）切点、切点、半径（T）：通过先指定两个相切对象，再给出半径的方法绘制圆。如图 3-7a～图 3-7d 所示给出了以"切点、切点、半径"方式绘制圆的各种情形（加粗的圆为最后绘制的圆）。

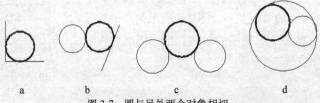

    a        b        c        d

图 3-7  圆与另外两个对象相切

选择菜单栏中的"绘图"→"圆"命令，其子菜单中多了一种"相切、相切、相切"的绘制方法，当单击此方式时如图 3-8 所示，命令行提示与操作如下：

指定圆上的第 1 个点:_tan 到：单击相切的第 1 个圆弧

指定圆上的第 2 个点:_tan 到：单击相切的第 2 个圆弧

指定圆上的第 3 个点:_tan 到：单击相切的第 3 个圆弧

技巧荟萃

单击圆心点，除了直接输入圆心点外，还可以利用圆心点与中心线的对应关系，单击对象捕捉的方法单击。单击状态栏中的"对象捕捉"按钮，命令行中会提示"命令:<对象捕捉开>"。

图 3-8 "相切、相切、相切"绘制方法

# 3.2.2 实例——挡圈

绘制如图 3-9 所示的挡圈。

**绘制步骤**

## 1. 设置图层

选择菜单栏中的"格式"→"图层"命令，系统将打开"图层特性管理器"对话框。新建"中心线"和"轮廓线"两个图层，如图 3-10 所示。

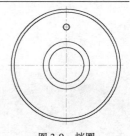

图 3-9 挡圈

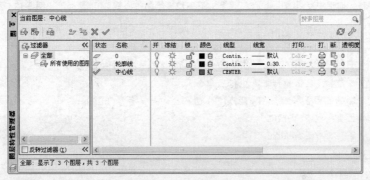

图 3-10 图层设置

## 2. 绘制中心线

❶ 单击"绘图"工具栏中的"直线"按钮 ，绘制中心线。命令行的提示与操作如下：

命令: _line
指定第 1 点: 适当指定一点。
指定下一点或 [放弃(U)]: @400,0↙。
指定下一点或 [放弃(U)]: ↙。
命令: line↙
指定第 1 点: from↙，启动"捕捉自"功能。
基点:

❷ 单击状态栏中的"对象捕捉"按钮 ，将光标移动到刚绘制的直线中点附近，系统显示一个黄色的小三角形表示重点捕捉位置，如图 3-11 所示，单击确定基点位置。

<偏移>: @0,200↙。

指定下一点或 [放弃(U)]: @0,-400↙。

指定下一点或 [放弃(U)]: ↙。

结果如图 3-12 所示。

### 3．绘制同心圆

❶ 将当前图层转换为"轮廓线"图层。选择菜单栏中的"绘图"→"圆"命令，命令行提示与操作如下：

命令: _circle

指定圆的圆心或 [三点(3P)/两点(2P)/切点、切点、半径(T)]: 0,0↙

指定圆的半径或 [直径(D)]: 20↙

命令: _circle

指定圆的圆心或 [三点(3P)/两点(2P)/切点、切点、半径(T)]: 0,0↙

指定圆的半径或 [直径(D)] <20.0000>: d↙

指定圆的直径 <40.0000>: 60↙

❷ 使用同样的方法，绘制半径为 180 和 190 的同心圆，如图 3-13 所示。

图 3-11　捕捉中点　　　　　图 3-12　绘制中心线　　　　　图 3-13　绘制同心圆

### 4．绘制定位孔

选择菜单栏中的"绘图"→"圆"命令，命令行提示与操作如下：

命令: ↙（直接回车，表示执行上次执行的命令）

CIRCLE 指定圆的圆心或 [三点(3P)/两点(2P)/切点、切点、半径(T)]: 2p↙

指定圆直径的第 1 个端点: 0,120↙

指定圆直径的第 2 个端点: @0,20↙

结果如图 3-14 所示。

### 5．补画定位圆中心线

将当前图层转换为"中心线"图层。选择菜单栏中的"绘图"→"直线"命令，命令行提示与操作如下：

命令: _line

指定第 1 点: from↙。

基点: 捕捉定位圆圆心。

<偏移>: @-15,0↙。

指定下一点或 [放弃(U)]: @30,0↙。

指定下一点或 [放弃(U)]: ↙。

结果如图 3-15 所示。

### 6．显示线宽

单击状态栏上的"显示/隐藏线宽"按钮╋，显示图线线宽，最终结果如图 3-9 所示。

图 3-14  绘制定位孔

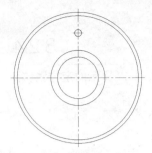

图 3-15  补画中心线

# 3.2.3  圆弧

## 1．执行方式

命令行：ARC（快捷命令：A）

菜单栏："绘图"→"圆弧"

工具栏：绘图→圆弧

## 2．操作步骤

命令行提示与操作如下：

命令：ARC↙

指定圆弧的起点或 [圆心(C)]：指定起点

指定圆弧的第 2 点或 [圆心(C)/端点(E)]：指定第 2 点

指定圆弧的端点：指定末端点

## 3．选项说明

（1）用命令行方式绘制圆弧时，可以根据系统提示单击不同的选项，具体功能和选择菜单栏中的"绘图"→"圆弧"子菜单提供的 11 种方式相似。这 11 种方式绘制的圆弧分别如图 3-16a～图 3-16k 所示。

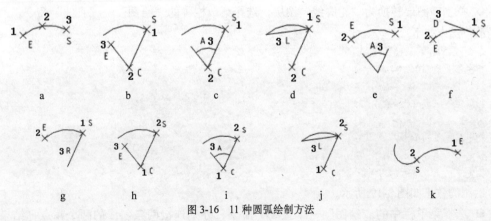

图 3-16  11 种圆弧绘制方法

（2）这里需要强调的是"继续"方式，绘制的圆弧与上一线段圆弧相切。继续绘制圆弧段，只提供端点即可。

> 绘制圆弧时，注意圆弧的曲率遵循逆时针方向，所以在单击指定圆弧两个端点和半径模式时，需要注意端点的指定顺序，否则有可能导致圆弧的凹凸形状与预期的相反。

# 3.2.4 实例——定位销

绘制如图 3-17 所示的定位销。

图 3-17 定位销

 绘制步骤

## 1. 设置图层

选择菜单栏中的"格式"→"图层"命令，系统将打开"图层特性管理器"对话框。新建"中心线"和"轮廓线"两个图层，如图 3-18 所示。

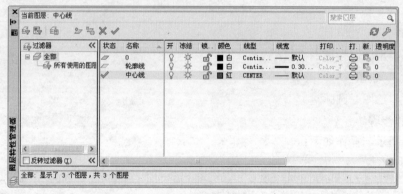

图 3-18 图层设置

## 2. 绘制中心线

将当前图层设置为"中心线"层，选择菜单栏中的"绘图"→"直线"命令，绘制中心线，端点坐标值别为（100，100），（138，100），结果如图 3-19 所示。

## 3. 绘制销侧面斜线

❶ 将当前图层转换为"轮廓线"图层，选择菜单栏中的"绘图"→"直线"命令，命令行提示与操作如下：

```
命令: LINE↙
指定第 1 点: 104,104↙
指定下一点或 [放弃(U)]: @30<1.146↙
指定下一点或 [放弃(U)]: ↙
命令: LINE↙
指定第 1 点: 104,96↙
指定下一点或 [放弃(U)]: @30<-1.146↙
指定下一点或 [放弃(U)]: ↙
```

绘制的效果如图 3-19 所示。

❷ 选择菜单栏中的"绘图"→"直线"命令，分别连接两条斜线的两个端点，结果如图 3-20 所示。

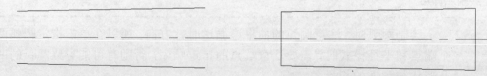

图 3-19 绘制斜线　　　　　　　　　　图 3-20 连接端点

绘制直线，在一般情况都是采用笛卡儿坐标系下输入直线两端点的直角坐标来完成，例如：

> 命令：LINE↙
> 指定第 1 点：(指定所绘直线段的起始端点的坐标(x1,y1))
> 指定下一点或［放弃(U)］：(指定所绘直线段的另一端点坐标(x2，y2))
> …
> 指定下一点或［闭合(C)／放弃(U)］：(按【空格】键或【Enter】键结束本次操作)

但是对于绘制与水平线倾斜某一特定角度的直线时，直线端点的笛卡儿坐标往往不能精确算出，此时需要使用极坐标模式，即输入相对于第一端点的水平倾角和直线长度，"@直线长度<倾角"，如图 3-21 所示。

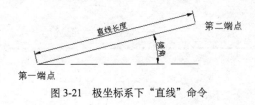

图 3-21 极坐标系下"直线"命令

### 4. 绘制圆弧顶

选择菜单栏中的"绘图"→"圆弧"命令，命令行提示与操作如下：

> 命令：_arc
> 指定圆弧的起点或［圆心(C)］：104,104 ↙
> 指定圆弧的第 2 个点或［圆心(C)/端点(E)］：(在中心线上适当位置指定一点，如图 3-22 所示)
> 指定圆弧的端点：104,96 ↙

结果如图 3-23 所示。

图 3-22 指定第二点

图 3-23 圆弧顶绘制结果

> 命令：_arc
> 指定圆弧的起点或［圆心(C)］：(指定右下斜线端点)
> 指定圆弧的第 2 个点或［圆心(C)/端点(E)］：e↙
> 指定圆弧的端点：(指定右上斜线端点)
> 指定圆弧的圆心或［角度(A)/方向(D)/半径(R)］：a↙
> 指定包含角：(适当拖动光标，利用拖动线的角度指定包含角，如图 3-24 所示)

图 3-24 指定包含角

最终结果如图 3-17 所示。

系统默认圆弧的绘制方向为逆时针，即指定两点后，圆弧从第 1 点沿逆时针方向伸展到第 2 点，所以在指定端点时，一定要注意点的位置顺序，否则绘制不出预想中的圆弧。定位销有圆锥形和圆柱形两种结构。为保证重复拆装时定位销与销孔的紧密性和便于定位销拆卸，应采用圆锥销。一般取定位销直径 d=(0.7～0.8)d2，d2 为箱盖箱座联接凸缘螺栓直径。其长度应大于上下箱联接凸缘的总厚度，并且装配成上、下两头均有一定长度的外伸量，以便装拆，如图 3-25 所示。

图 3-25　定位销

## 3.2.5　圆环

### 1．执行方式

命令行：DONUT（快捷命令：DO）

菜单栏："绘图" → "圆环"

### 2．操作步骤

命令行提示与操作如下：

命令：DONUT↙

指定圆环的内径　<默认值>：输入圆环内径

指定圆环的外径　<默认值>：输入圆环外径

指定圆环的中心点或 <退出>：输入圆环的中心点

指定圆环的中心点或 <退出>：继续输入圆环的中心点，则继续绘制相同内外径的圆环

按【Enter】、【Space】键或单鼠标右键，结束命令，如图 3-26a 所示。

### 3．选项说明

（1）若指定内径为零，则画出实心填充圆，如图 3-26b 所示。

（2）用命令 FILL 可以控制圆环是否填充，具体方法如下。

命令：FILL↙

输入模式 [开(ON)/关(OFF)] <开>：（单击 "开" 表示填充，单击 "关" 表示不填充，如图 3-26c 所示）

a　　　　　　　　b　　　　　　　　c

图 3-26　绘制圆环

## 3.2.6　椭圆与椭圆弧

### 1．执行方式

命令行：ELLIPSE（快捷命令：EL）

菜单栏:"绘图"→"椭圆"→"圆弧"

工具栏:绘图椭圆 ⬭ 或椭圆弧 ⌒。

### 2. 操作步骤

命令行提示与操作如下:

命令: ELLIPSE✓

指定椭圆的轴端点或 [圆弧(A)/中心点(C)]: 指定轴端点1,如图 3-27a 所示

指定轴的另一个端点: 指定轴端点2,如图 3-27a 所示

指定另一条半轴长度或 [旋转(R)]:

### 3. 选项说明

(1) 指定椭圆的轴端点:根据两个端点定义椭圆的第 1 条轴,第 1 条轴的角度确定了整个椭圆的角度。第 1 条轴既可定义椭圆的长轴,也可定义其短轴。

(2) 圆弧(A):用于创建一段椭圆弧,与"单击'绘图'工具栏中的'椭圆弧'按钮 ⌒"功能相同。其中第 1 条轴的角度确定了椭圆弧的角度。第 1 条轴既可定义椭圆弧长轴,也可定义其短轴。单击该项,系统命令行中继续提示如下。

指定椭圆弧的轴端点或 [中心点(C)]: 指定端点或输入"C"✓

指定轴的另一个端点:指定另一端点

指定另一条半轴长度或 [旋转(R)]: 指定另一条半轴长度或输入"R"✓

指定起点角度或 [参数(P)]: 指定起始角度或输入"P"✓

指定终点角度或 [参数(P)/包含角度(I)]:

其中各选项含义如下。

(1) 起始角度:指定椭圆弧端点的两种方式之一,光标与椭圆中心点连线的夹角为椭圆端点位置的角度,如图 3-27b 所示。

(2) 参数(P):指定椭圆弧端点的另一种方式,该方式同样是指定椭圆弧端点的角度,但通过以下矢量参数方程式创建椭圆弧。

$$p(u) = c + a \times \cos(u) + b \times \sin(u)$$

其中,c 是椭圆的中心点,a 和 b 分别是椭圆的长轴和短轴,u 为光标与椭圆中心点连线的夹角。

(3) 包含角度(I):定义从起始角度开始的包含角度。

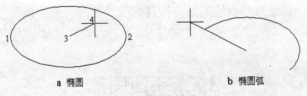

a 椭圆          b 椭圆弧

图 3-27 椭圆和椭圆弧

(4) 中心点(C):通过指定的中心点创建椭圆。

(5) 旋转(R):通过绕第一条轴旋转圆来创建椭圆。相当于将一个圆绕椭圆轴翻转一个角度后的投影视图。

技巧荟萃

> 椭圆命令生成的椭圆是以多义线还是以椭圆为实体,是由系统变量 PELLIPSE 决定的,当其为 1 时,生成的椭圆就是以多义线形式存在。

## 3.2.7　实例——感应式仪表符号

绘制如图 3-28 所示的感应式仪表符号。

 **绘制步骤**

1. 单击"绘图"工具栏中的"圆弧"按钮 ，命令提示如下：

命令: _ellipse
指定椭圆的轴端点或 [圆弧(A)/中心点(C)]:（适当指定一点为椭圆的轴端点）
指定轴的另一个端点:（在水平方向指定椭圆的轴另一个端点）
指定另一条半轴长度或 [旋转(R)]:（适当指定一点，以确定椭圆另一条半轴的长度）

结果如图 3-29 所示。

2. 选择菜单栏中的"绘图"→"圆环"命令，命令行提示如下：

命令: _donut
指定圆环的内径 <0. 5000>: 0↙
指定圆环的外径 <1. 0000>:150↙
指定圆环的中心点或 <退出>:（大约指定椭圆的圆心位置）
指定圆环的中心点或 <退出>:↙

结果如图 3-30 所示。

3. 单击"绘图"工具栏中的"直线"按钮 ，在椭圆偏右位置绘制一条竖直直线，最终结果如图 3-28 所示。

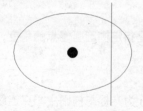　　　　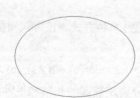　　　　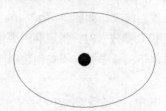

图 3-28　感应式仪表符号　　　　图 3-29　绘制椭圆　　　　图 3-30　绘制圆环

 　　　在绘制圆环时，可能一次无法准确确定圆环外径大小以确定圆环与椭圆的相对大小，需通过多次绘制的方法找到一个相对合适的外径值。

## 3.3　平面图形

### 3.3.1　矩形

**1. 执行方式**

命令行：RECTANG（快捷命令：REC）。

菜单栏："绘图"→"矩形"。

工具栏：绘图→矩形□。

**2. 操作步骤**

命令行提示与操作如下：

命令: RECTANG↙
指定第一个角点或 [倒角(C)/标高(E)/圆角(F)/厚度(T)/宽度(W)]: 指定角点
指定另一个角点或 [面积(A)/尺寸(D)/旋转(R)]:

**3. 选项说明**

（1）第 1 个角点：通过指定两个角点确定矩形，如图 3-31a 所示。

（2）倒角（C）：指定倒角距离，绘制带倒角的矩形，如图 3-31b 所示。每一个角点的逆时针和顺时针方向的倒角可以相同，也可以不同，其中第一个倒角距离是指角点逆时针方向倒角距离，第 2 个倒角距离是指角点顺时针方向倒角距离。

（3）标高（E）：指定矩形标高（Z 坐标），即把矩形放置在标高为 Z 并与 XOY 坐标面平行的平面上，并作为后续矩形的标高值。

（4）圆角（F）：指定圆角半径，绘制带圆角的矩形，如图 3-31c 所示。

（5）厚度（T）：指定矩形的厚度，如图 3-31d 所示。

（6）宽度（W）：指定线宽，如图 3-31e 所示。

a　　　　　　b　　　　　　c　　　　　d　　　　　e

图 3-31　绘制矩形

（7）面积（A）：指定面积和长或宽创建矩形。单击该项，命令行提示与操作如下：

输入以当前单位计算的矩形面积 <20.0000>:输入面积值
计算矩形标注时依据 [长度(L)/宽度(W)] <长度>:按【Enter】键或输入 "W"
输入矩形长度 <4.0000>: 指定长度或宽度

指定长度或宽度后，系统自动计算另一个维度，绘制出矩形。如果矩形被倒角或圆角，则长度或面积计算中也会考虑此设置，如图 3-32 所示。

（8）尺寸（D）：使用长和宽创建矩形，第二个指定点将矩形定位在与第一角点相关的 4 个位置内。

（9）旋转（R）：使所绘制的矩形旋转一定角度。单击该项，命令行提示与操作如下：

指定旋转角度或 [拾取点(P)] <135>:指定角度
指定另一个角点或 [面积(A)/尺寸(D)/旋转(R)]: 指定另一个角点或单击其他选项

指定旋转角度后，系统按指定角度创建矩形，如图 3-33 所示。

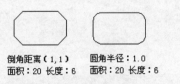

倒角距离（1,1）　　圆角半径：1.0
面积：20 长度：6　　面积：20 长度：6

图 3-32　按面积绘制矩形

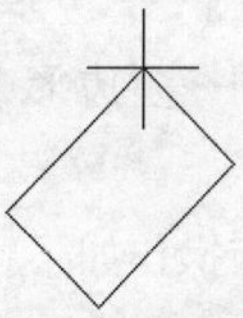

图 3-33　按指定旋转角度绘制矩形

## 3.3.2　实例——单扇平开门

绘制如图 3-34 所示的单扇平开门。

　**绘制步骤**

1. 单击 "绘图" 工具栏中的 "直线" 按钮，绘制门框，如图 3-35 所示。

图 3-34　单扇平开门　　　　　　　　　　　　　　　图 3-35　绘制门框

**2.** 单击"绘图"工具栏中的"矩形"按钮□，绘制门。命令行提示与操作如下：

命令: _rectang
指定第 1 个角点或 [倒角(C)/标高(E)/圆角(F)/厚度(T)/宽度(W)]: 340,25↙
指定另一个角点或 [面积(A)/尺寸(D)/旋转(R)]: 335,290↙

结果如图 3-36 所示。

**3.** 单击"绘图"工具栏中的"圆弧"按钮，绘制圆弧。命令行提示与操作如下：

命令: _arc 指定圆弧的起点或 [圆心(C)]: 335,290↙
指定圆弧的第 2 个点或 [圆心(C)/端点(E)]: e↙
指定圆弧的端点: 100,50↙
指定圆弧的圆心或 [角度(A)/方向(D)/半径(R)]: 340,50↙

最终结果如图 3-34 所示。

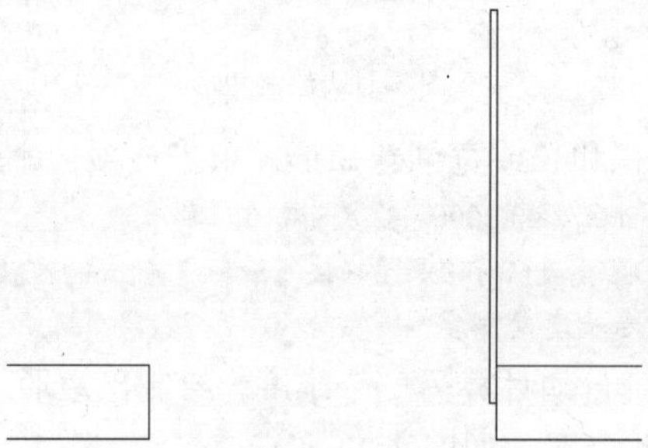

图 3-36　绘制门

# 3.3.3　多边形

**1.执行方式**

命令行：POLYGON（快捷命令：POL）

菜单栏："绘图"→"多边形"

工具栏：绘图→多边形○

**2.操作步骤**

命令行提示与操作如下：

命令: POLYGON↙
输入侧面数 <4>:指定多边形的边数，默认值为 4
指定正多边形的中心点或 [边(E)]: 指定中心点
输入选项 [内接于圆(I)/外切于圆(C)] <I>:指定是内接于或外切于圆
指定圆的半径:指定外接圆或内切圆的半径

**3.选项说明**

（1）边（E）：选择该选项，则只要指定多边形的一条边，系统就会按逆时针方向创建该正多边形，如图 3-37a 所示。

（2）内接于圆（I）：选择该选项，绘制的多边形内接于圆，如图 3-37b 所示。

（3）内接于圆（C）：选择该选项，绘制的多边形内接于圆，如图 3-37c 所示。

a　　　　　　　b　　　　　　　c

图 3-37　绘制正多边形

## 3.3.4　实例——楼板开方孔符号

绘制如图 3-38 所示的建筑图形符号中的楼板开方孔符号。

 **绘制步骤**

1. 单击"绘图"工具栏中的"多边形"按钮◯，绘制外轮廓线。命令行提示与操作如下：

命令: polygon↙

输入侧面数 <8>: 4↙

指定正多边形的中心点或 [边(E)]: 0,0↙

输入选项 [内接于圆(I)/外切于圆(C)] <I>: c↙

指定圆的半径: 100↙

绘制结果如图 3-39 所示。

2. 单击"绘图"工具栏中的"直线"按钮／，绘制外轮廓线。命令行提示与操作如下：

命令: LINE↙

指定第 1 点: -100,-100↙

指定下一点或 [放弃(U)]: -70,70↙

指定下一点或 [放弃(U)]: 100,100↙

指定下一点或 [闭合(C)/放弃(U)]: ↙

绘制结果如图 3-38 所示。

图 3-38　楼板开方孔符号　　　　　图 3-39　绘制轮廓线图

## 3.4　点

点在 AutoCAD 中有多种不同的表示方式，用户可以根据需要进行设置，也可以设置等分点和测量点。

## 3.4.1　点的绘制

**1. 执行方式**

命令行：POINT（快捷命令：PO）

菜单栏："绘图"→"点"

工具栏：绘图→点□

**2．操作步骤**

命令行提示与操作如下：

命令: POINT✓

指定点:指定点所在的位置

**3．选项说明**

（1）通过菜单方法操作时如图 3-40 所示，"单点"命令表示只输入一个点，"多点"命令表示可输入多个点。

（2）可以单击状态栏中的"对象捕捉"按钮□，设置点捕捉模式，帮助用户单击点。

（3）点在图形中的表示样式，共有 20 种。可通过"DDPTYPE"命令或选择菜单栏中的"格式"→"点样式"命令，打开"点样式"对话框来设置，如图 3-41 所示。

图 3-40 "点"的子菜单

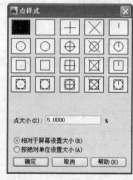

图 3-41 "点样式"对话框

## 3.4.2 定数等分点

**1．执行方式**

命令行：DIVIDE（快捷命令：DIV）

菜单栏："绘图"→"点"→"定数等分"

**2．操作步骤**

命令行提示与操作如下：

命令: DIVIDE✓

选择要定数等分的对象:在绘图区拾取要等分的图形

输入线段数目或 [块(B)]:指定实体的等分数

图 3-39a 所示为绘制等分点的图形

**3．选项说明**

（1）等分数目范围为 2～32767。

（2）在等分点处，按当前点样式设置画出等分点。

（3）在第 2 提示行单击"块（B）"选项时，表示在等分点处插入指定的块。

## 3.4.3　定距等分点

### 1．执行方式

命令行：MEASURE（快捷命令：ME）

菜单栏："绘图"→"点"→"定距等分"

### 2．操作步骤

命令行提示与操作如下：

命令: MEASURE↙

选择要定数等分的对象:在绘图区拾取要等分的图形

指定线段长度或 [块(B)]:指定分段长度

图 3-42b 所示为绘制测量点的图形

### 3．选项说明

（1）设置的起点一般是指定线的绘制起点。

（2）在第 2 提示行选择"块（B）"选项时，表示在测量点处插入指定的块。

（3）在等分点处，按当前点样式设置绘制测量点。

（4）最后一个测量段的长度不一定等于指定分段长度。

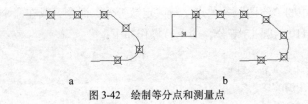

a　　　　　　　　　　　b

图 3-42　绘制等分点和测量点

## 3.4.4　实例——棘轮

绘制如图 3-43 所示的棘轮。

 绘制步骤

### 1．绘制棘轮中心线

❶ 新建 3 个图层：中心线层和粗实线层。将当前图层设置为中心线图层。选择菜单栏中的"绘图"→"直线"命令，绘制中心线，命令行提示与操作如下：

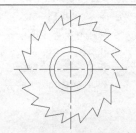

图 3-43　棘轮

命令:LINE↙

指定第 1 点: -120,0↙

指定下一点或 [放弃(U)]: @240,0↙

指定下一点或 [放弃(U)]: ↙

❷ 使用同样的方法，选择菜单栏中的"绘图"→"直线"命令，绘制线段，端点坐标为（0,120）和（@0,-240）。

### 2．绘制棘轮内孔及轮齿内外圆

❶ 将当前图层设置为粗实线图层。选择菜单栏中的"绘图"→"圆"命令，绘制棘轮内孔，命令行提示与操作如下：

命令: CIRCLE↙
指定圆的圆心或 [3 点(3P)/两点(2P)/切点、切点、半径(T)]: 0,0↙
指定圆的半径或 [直径(D)]: 35↙

❷ 使用同样的方法，选择菜单栏中的"绘图"→"圆"命令，圆心坐标为（0，0），半径分别为45、90和110。绘制效果如图3-44所示。

### 3．等分圆形。

❶ 选择菜单栏中的"格式"→"点样式"命令，弹出如图3-45所示的"点样式"对话框。选择其中的⊠样式，将点大小设置为相对于屏幕设置大小的5%，单击"确定"按钮。

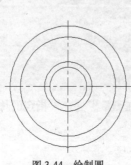

图 3-44　绘制圆　　　　　　　　图 3-45　"点样式"对话框

❷ 选择菜单栏中的"绘图"→"点"→"定数等分"命令，或在命令行中输入DIVIDE，将半径分别为90与110的圆18等分。命令行操作如下：

命令: DIVIDE↙
选择要定数等分的对象:（指定圆）
输入线段数目或 [块(B)]: 18↙

绘制结果如图3-46所示。

### 4．绘制齿廓

选择菜单栏中的"绘图"→"直线"命令，绘制齿廓，命令行提示与操作如下：

命令: LINE↙
指定第1点:（指定半径为90的圆上的一个等分点）
指定下一点或 [放弃(廓 U)]:（向右指定半径为110的圆上的一个相邻的等分点）
指定下一点或 [放弃(U)]:（指定半径为90的圆上的一个相邻等分点）

结果如图3-47所示。同理，绘制其他直线，结果如图3-48所示。

图 3-46　定数等分圆　　　　　图 3-47　绘制直线　　　　　图 3-48　绘制轮廓

### 5．删除多余的点和线

选中半径分别为90与110的圆和所有的点，按【Delete】键，将选中的点和线删除，结果

如图 3-43 所示。

## 3.5　区域覆盖与区域填充

使用区域覆盖可以在现有对象上生成一个空白区域，用于添加注释或详细的蔽屏信息。区域填充则可以绘制有一定宽度或面积的连续线段或区域。下面简要讲述这两个命令。

### 3.5.1　区域覆盖

区域覆盖对象是一块多边形区域，它可以使用当前背景色屏蔽底层的对象。此区域由擦除边框进行绑定，可以打开此区域进行编辑，也可以关闭此区域进行打印。

**1．执行方式**

命令行：WIPEOUT

菜单栏："绘图"→"区域覆盖"

**2．操作格式**

命令: WIPEOUT↙

指定第 1 点或 [边框(F)/多段线(P)] <多段线>:

图 3-49 所示为将办公桌图形上的电话图形区域覆盖的情形。

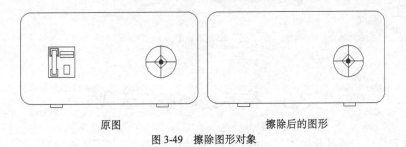

原图　　　　　　　　　　　　擦除后的图形

图 3-49　擦除图形对象

### 3.5.2　区域填充

**1．执行方式**

命令行：SOLID（快捷命令：SO）

**2．操作格式**

命令: SOLID↙

指定第 1 点: （指定第 1 个点）

指定第 2 点: （指定第 2 个点）

指定第 3 点: （指定第 3 个点）

指定第 4 点或 <退出>: （指定第 4 个点或退出）

指定第 3 点: （再次指定第 3 个点）

指定第 4 点或 <退出>: （再次指定第 4 个点或退出）

**3．选项说明**

（1）实体填充与否，同样由命令 FILL 控制，如图 3-50a 和图 3-50b 所示。

（2）系统填充的方式是第 1 点连接第 3 点，第 2 点连接第 4 点。如图 3-50c 所示。注意这一点与通常人们理解的 1234 顺序不同。

（3）在第 1 次提示"指定第 4 点或 <退出>："时，如果输入一个新点，系统对四边形进行填充；如果按【空格】键、按【Enter】键或单击鼠标右键，系统则对前 3 点形成的三角形进行填充，如图 3-50c 和图 3-50d 所示。

（4）SOLID 可以绘制多个填充实体，在绘制完一个填充实体后，系统会接着提示：

指定第 3 点：

表示以上次绘制的实体的最后一条边的端点作为新实体的第 1 点和第 2 点，依次进行绘制填充，如图 3-50e 所示。

（5）如果将要求指定的 4 个点指定在两个点上，则区域收缩成一条线段。同理，如果将 4 个点同时指定在同一个点上，则区域收缩成一个点，如图 3-50f 所示。

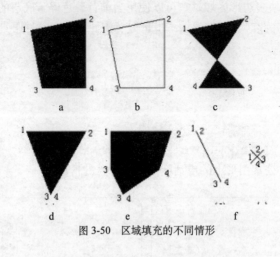

图 3-50  区域填充的不同情形

# 3.6  徒手线和修订云线

徒手线和修订云线是两种不规则的线。这两种线正是由于其不规则和随意性，给刻板规范的工程图绘制带来了很大的灵活性，有利于绘制者个性和创造性的发挥，更加真实于现实世界，如图 3-51 所示。

## 3.6.1  绘制徒手线

绘制徒手线主要是通过移动定点设备（如鼠标）来实现，用户可以根据自己的需要绘制任意图形形状。如个性化的签名或印鉴等。

绘制徒手线的时候，定点设备就像画笔一样。单击定点设备将把"画笔"放到屏幕上，这时可以进行绘图，再次单击将提起画笔并停止绘图。徒手线由许多条线段组成。每条线段都可以是独立的对象或多段线。可以设置线段的最小长度或增量。

### 1．执行方式

命令行：SKETCH

### 2．操作格式

命令：SKETCH↙

类型 = 直线　增量 = 1.0000　公差 = 0.5000
指定草图或 [类型(T)/增量(I)/公差(L)]:
指定草图:

### 3．选项说明

（1）记录增量：输入记录增量值。徒手线实际上是以微小的直线段连接来模拟任意曲线。其中的每一条直线段称为一个记录。记录增量的意思实际上是指单位线段的长度。不同的记录增量绘制的徒手线精度和形状不同，如图 3-52 所示。

徒手线　　　　　　修订云线
图 3-51　徒手线与修订云线

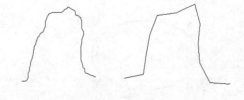

图 3-52　不同的记录增量

（2）画笔（P）：按【P】键或单击表示徒手线的提笔和落笔。在用定点设备选取菜单项前必须提笔。

（3）连接（C）：自动落笔，继续从上次所画的线段的端点或上次删除的线段的端点开始画线。将光标移到上次所画的线段的端点或上次删除的线段的端点附近，系统自动连接到上次所画的线段的端点或上次删除的线段的端点，并继续绘制徒手线。

## 3.6.2　绘制修订云线

修订云线是由连续圆弧组成的多段线以构成云线形对象。主要是作为对象标记使用。可以从头开始创建修订云线，也可以将闭合对象（如圆、椭圆、闭合多段线或闭合样条曲线）转换为修订云线。将闭合对象转换为修订云线时，如果 DELOBJ 设置为 1（默认值），原始对象将被删除。

可以为修订云线的弧长设置默认的最小值和最大值。绘制修订云线时，可以使用拾取点选择较短的弧线段来更改圆弧的大小。也可以通过调整拾取点来编辑修订云线的单个弧长和弦长。

### 1．执行方式

命令行：REVCLOUD
菜单栏："绘图"→"修订云线"
工具栏：绘图→修订云线 ⬡

### 2．操作格式

命令: REVCLOUD↙
最小弧长: 2.0000　最大弧长: 2.0000
指定起点或 [弧长(A)/对象(O)/样式(S)] <对象>:
沿云线路径引导十字光标…
反转方向 [是(Y)/否(N)] <否>:
修订云线完成。

### 3．选项说明

（1）指定起点：在屏幕上指定起点，并拖动光标指定云线路径。

（2）弧长（A）：指定组成云线的圆弧的弧长范围。选择该项，系统继续提示：

指定最小弧长 <0.5000>:（指定一个值或按【Enter】键）
指定最大弧长 <0.5000>:（指定一个值或按【Enter】键）

（3）对象（O）：将封闭的图形的图形对象转换成云线，包括圆、圆弧、椭圆、矩形、多边形、多段线和样条曲线等，如图 3-53 所示。选择该项，系统继续提示：

选择对象:（选择对象）
反转方向 [是(Y)/否(N)] <否>:（选择是否反转）
修订云线完成

椭圆　　　　　　　转换成修订云线，不反转　　　　　转换成修订云线，反转

图 3-53　修订云线

# 3.7　图案填充

当用户需要用一个重复的图案（pattern）填充一个区域时，可以使用 BHATCH 命令，创建一个相关联的填充阴影对象，即所谓的图案填充。

## 3.7.1　基本概念

### 1．图案边界

当进行图案填充时，首先要确定填充图案的边界。定义边界的对象只能是直线、双向射线、单向射线、多义线、样条曲线、圆弧、圆、椭圆、椭圆弧和面域等对象，或用这些对象定义的块，而且作为边界的对象在当前图层上必须全部可见。

### 2．孤岛

在进行图案填充时，把位于总填充区域内的封闭区称为孤岛，如图 3-54 所示。在使用 BHATCH 命令填充时，AutoCAD 系统允许用户以拾取点的方式确定填充边界，即在希望填充的区域内任意拾取一点，系统会自动确定出填充边界，同时也确定该边界内的岛。如果用户以选择对象的方式确定填充边界，则必须确切地选取这些岛，有关知识将在下一节中介绍。

### 3．填充方式

在进行图案填充时，需要控制填充的范围，AutoCAD 系统为用户设置了以下 3 种填充方式以实现对填充范围的控制。

（1）普通方式。如图 3-55a 所示，该方式从边界开始，从每条填充线或每个填充符号的两端向里填充，遇到内部对象与之相交时，填充线或符号断开，直到遇到下一次相交时再继续填充。采用这种填充方式时，要避免剖面线或符号与内部对象的相交次数为奇数，该方式为系统内部的默认方式。

（2）最外层方式。如图 3-55b 所示，该方式从边界向里填充，只要在边界内部与对象相交，剖面符号就会断开，而不再继续填充。

（3）忽略方式。如图 3-55c 所示，该方式忽略边界内的对象，所有内部结构都被剖面符号覆盖。

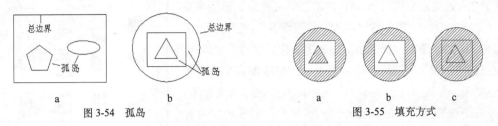

图 3-54　孤岛　　　　　　　　　　　图 3-55　填充方式

# 3.7.2　图案填充的操作

 **执行方式**

命令行：BHATCH（快捷命令：H）

菜单栏："绘图"→"图案填充"或"渐变色"

工具栏：绘图→图案填充 或渐变色

执行上述命令后，系统打开如图 3-56 所示的"图案填充和渐变色"对话框，各选项和按钮的含义介绍如下。

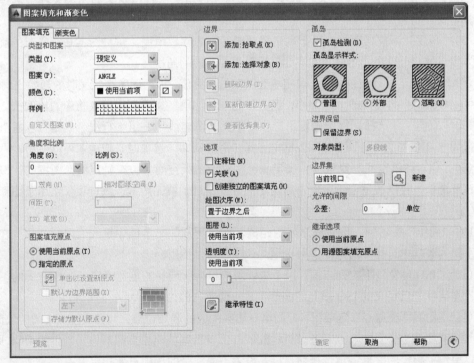

图 3-56　"图案填充和渐变色"对话框

## 1."图案填充"选项卡

此选项卡中的各选项用来确定图案及其参数，进入此选项卡后，打开图 3-56 左边的控制面板，其中各选项含义如下。

（1）"类型"下拉列表框：用于确定填充图案的类型及图案。"用户定义"选项表示用户要临时定义填充图案，与命令行方式中的"U"选项作用相同；"自定义"选项表示选用 ACAD.PAT 图案文件或其他图案文件（.PAT 文件）中的图案填充；"预定义"选项表示用 AutoCAD 标准图案文件（ACAD.PAT 文件）中的图案填充。

（2）"图案"下拉列表框：用于确定标准图案文件中的填充图案。在其下拉列表框中，用户可从中选择填充图案。选择需要填充的图案后，在下面的"样例"显示框中会显示出该图案。只有在"类型"下拉列表框中选择了"预定义"选项，此选项才允许用户从自己定义的图案文件中选择填充图案。如果选择图案类型是"预定义"，单击"图案"下拉列表框右侧的□按钮，会打开如图 3-57 所示的"填充图案选项板"对话框。该对话框将显示出所选类型具有的图案，用户可从中确定所需要的图案。

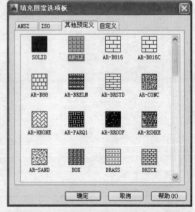

图 3-57 "填充图案选项板"对话框

（3）"样例"显示框：用于给出一个样本图案。在其右侧有一长方形图像框，显示当前用户所选用的填充图案。可以单击该图像，迅速查看或选择已有的填充图案，如图 3-57 所示。

（4）"自定义图案"下拉列表框：此下拉列表框只用于用户自定义的填充图案。只有在"类型"下拉列表框中选择"自定义"选项，该项才允许用户从自己定义的图案文件中选择填充图案。

（5）"角度"下拉列表框：用于确定填充图案时的旋转角度。每种图案在定义时的旋转角度都为零，用户可以在"角度"文本框中设置需要旋转的角度。

（6）"比例"下拉列表框：用于确定填充图案的比例值。每种图案在定义时的初始比例为 1，用户可以根据需要将图案放大或缩小，其方法是在"比例"文本框中输入相应的比例值。

（7）"双向"复选框：用于确定用户临时定义的填充线是一组平行线，还是相互垂直的两组平行线。只有在"类型"下拉列表框中选择"用户定义"选项时，该项才可以使用。

（8）"相对图纸空间"复选框：确定是否相对于图纸空间单位来确定填充图案的比例值。勾选该复选框，可以按适合于版面布局的比例方便地显示填充图案。该选项仅适用于图形版面编排。

（9）"间距"文本框：设置线之间的距离，在"间距"文本框中输入值即可。只有在"类型"下拉列表框中选择"用户定义"选项，该项才可以使用。

（10）"ISO 笔宽"下拉列表框：用于告诉用户根据所选择的笔宽确定与 ISO 有关的图案比例。只有选择了已定义的 ISO 填充图案后，才可确定它的内容。

（11）"图案填充原点"选项组：控制填充图案生成的起始位置。此图案填充（如砖块图案）需要与图案填充边界上的一点对齐。默认情况下，所有图案填充原点都对应于当前的 UCS 原点。也可以单击"指定的原点"单选按钮，以及设置下面一级的选项重新指定原点。

### 2．"渐变色"选项卡

渐变色是指从一种颜色到另一种颜色的平滑过渡。渐变色能产生光的视觉感受，可为图形添加视觉立体效果。打开该对话框，如图 3-58 所示，其中各选项含义如下。

（1）"单色"单选按钮：应用单色对所选对象进行渐变填充。其下面的显示框显示用户所选择的真彩色，单击右侧的按钮□，系统将打开"选择颜色"对话框，如图 3-59 所示。

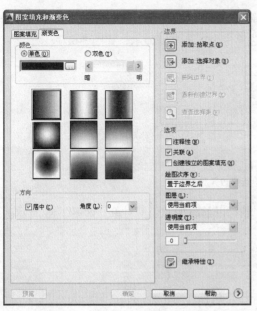

图 3-58 "图案填充和渐变色"对话框

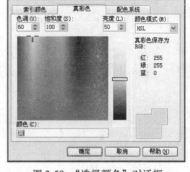

图 3-59 "选择颜色"对话框

（2）"双色"单选按钮：应用双色对所选对象进行渐变填充。填充颜色从颜色 1 渐变到颜色 2，颜色 1 和颜色 2 的选择与单色选择相同。

（3）渐变方式样板：在"渐变色"选项卡中有 9 个渐变方式样板，分别表示不同的渐变方式，包括线形、球形和抛物线形等方式。

（4）"居中"复选框：决定渐变填充是否居中。

（5）"角度"下拉列表框：在该下拉列表框中选择的角度为渐变色倾斜的角度。不同的渐变色填充如图 3-60 所示。

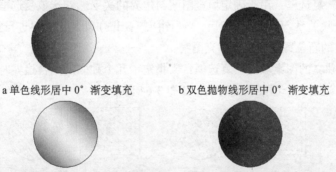

a 单色线形居中 0° 渐变填充　　　　b 双色抛物线形居中 0° 渐变填充

c 单色线形居中 45° 渐变填充　　　　d 双色球形不居中 0° 渐变填充

图 3-60　不同的渐变色填充

### 3．"边界"选项组

（1）"添加：拾取点"按钮：以拾取点的方式自动确定填充区域的边界。在填充的区域内任意拾取一点，系统会自动确定包围该点的封闭填充边界，并且高亮度显示，如图 3-61 所示。

选择一点　　　　填充区域　　　　填充结果

图 3-61　边界确定

（2）"添加：选择对象"按钮　：以选择对象的方式确定填充区域的边界。可以根据需要选择构成填充区域的边界。同样，被选择的边界也会以高亮度显示，如图 3-62 所示。

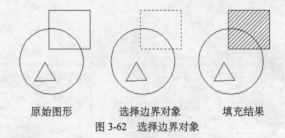

原始图形　　　　　选择边界对象　　　　填充结果

图 3-62　选择边界对象

（3）"删除边界"按钮　：从边界定义中删除以前添加的任何对象，如图 3-63 所示。

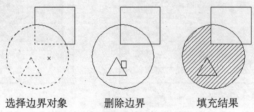

选择边界对象　　　　删除边界　　　　填充结果

图 3-63　删除边界后的填充图形

（4）"重新创建边界"按钮　：对选定的图案填充或填充对象创建多段线或面域。

（5）"查看选择集"按钮　：查看填充区域的边界。单击该按钮，AutoCAD 系统临时切换到作图状态，将所选的作为填充边界的对象以高亮度显示。只有通过"添加：拾取点"按钮　或"添加：选择对象"按钮　选择填充边界，"查看选择集"按钮　才可以使用。

**4．"选项"选项组**

（1）"关联"复选框：用于确定填充图案与边界的关系。勾选该复选框，则填充的图案与填充边界保持关联关系，即填充图案后，当用钳夹（Grips）功能对边界进行拉伸等编辑操作时，系统会根据边界的新位置重新生成填充图案。

（2）"创建独立的图案填充"复选框：当指定了几个独立的闭合边界时，控制是创建单个图案填充对象，还是多个图案填充对象，如图 3-64 所示。

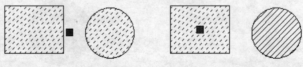

a 不独立，选中时是一个整体　　　　b 独立，选中时不是一个整体

图 3-64　不独立与独立填充

（3）"绘图次序"下拉列表框：指定图案填充的绘图顺序。图案填充可以置于所有其他对象之后、所有其他对象之前、图案填充边界之后或图案填充边界之前。

**5．"继承特性"按钮　**

此按钮的作用是继承特性，即选用图中已有的填充图案作为当前的填充图案。

**6．"孤岛"选项组**

（1）"孤岛检测"复选框：确定是否检测孤岛。

（2）"孤岛显示样式"选项组：用于确定图案的填充方式。用户可以从中选择想要的填充方式。默认的填充方式为"普通"。用户也可以在快捷菜单中选择填充方式。

#### 7. "边界保留"选项组

指定是否将边界保留为对象，并确定应用于这些对象的对象类型是多段线还是面域。

#### 8. "边界集"选项组

此选项组用于定义边界集。当单击"添加：拾取点"按钮 ，以根据指定点方式确定填充区域时，有两种定义边界集的方法：一种是包围所指定点的最近有效对象作为填充边界，即"当前视口"选项，该选项是系统的默认方式；另一种是用户自己选定一组对象来构造边界，即"现有集合"选项。选定对象通过"新建"按钮实现，单击该按钮，AutoCAD 临时切换到作图状态，并在命令行中提示用户选择作为构造边界集的对象。此时若选择"现有集合"选项，系统会根据用户指定的边界集中的对象来构造一个封闭边界。

#### 9. "允许的间隙"选项组

将对象设置为图案填充边界时可以忽略的最大间隙。默认值为 0，此值要求对象必须是封闭区域而没有间隙。

#### 10. "继承选项"选项组

使用"继承特性"创建图案填充时，控制图案填充原点的位置。

## 3.7.3　编辑填充的图案

利用 HATCHEDIT 命令可以编辑已经填充的图案。

### 执行方式

命令行：HATCHEDIT（快捷命令：HE）

菜单栏："修改"→"对象"→"图案填充"

工具栏：修改 Ⅱ→编辑图案填充

执行上述操作后，系统提示"选择图案填充对象"。选择将填充对象后，系统将打开如图 3-65 所示的"图案填充编辑"对话框。

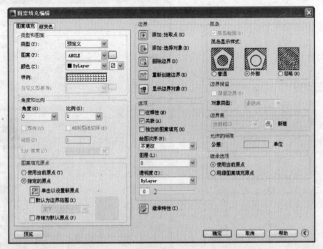

图 3-65　"图案填充编辑"对话框

在图 3-65 中，只有亮显的选项才可以对其进行操作。该对话框中各项的含义与图 3-58 所示的"图案填充和渐变色"对话框中各项的含义相同，利用该对话框，可以对已填充的图案进行一系列的编辑修改。

## 3.7.4 实例——销柱

绘制如图 3-66 所示的销柱零件图形。

 **绘制步骤**

### 1. 设置图层

选择菜单栏中的"格式"→"图层"命令，系统打开"图层特性
管理器"对话框，新建图层，如图 3-67 所示。

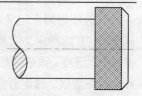

图 3-66 销柱

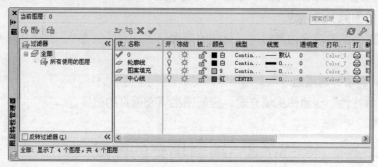

图 3-67 图层设置

### 2. 绘制图形

利用前面学过的绘图命令和编辑命令绘制图形轮廓，如图 3-68 所示。

### 3. 填充断面。

❶ 将图案填充图层设置为当前层。单击"绘图"工具栏中的"图案填充"按钮 ▨，系统
打开"图案填充和渐变色"对话框，在"类型"下拉列表框中选择"用户定义"选项，"角度"
设置为 45，间距设置为 5，如图 3-69 所示。

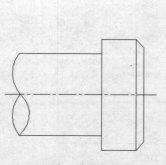

图 3-68 绘制图形

图 3-69 "图案填充和渐变色"对话框

❷ 单击"拾取点"按钮 ⊞，系统切换到绘图平面，在断面处拾取一点，如图 3-70 所示。
单击鼠标右键确认，系统打开右键快捷菜单，选择"确定"命令如图 3-71 所示。单击"确定"

按钮确认退出。

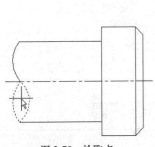

图 3-70　拾取点

图 3-71　右键快捷菜单

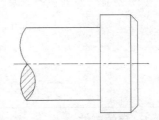

图 3-72　填充结果

❸ 填充结果如图 3-72 所示。

#### 4．绘制滚花表面。

❶ 重新输入图案填充命令，打开"图案填充和渐变色"对话框，在"类型"下拉列表框中选择"用户定义"选项，"角度"设置为 45，间距设置为 2，打开"双向"复选框，如图 3-73 所示。

❷ 单击"选择对象" 按钮，系统切换到绘图平面，选择边界对象，选中的对象亮显，如图 3-74 所示。单击鼠标右键确认，系统打开右键快捷菜单，选择"确定"命令，系统回到"边界图案填充"对话框，单击"确定"按钮确认退出。最终绘制的图形如图 3-66 所示。

图 3-73　"图案填充和渐变色"对话框

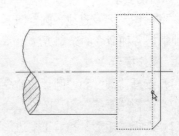

图 3-74　选择边界对象

# 3.8　上机实验

## 实验 1　绘制图 3-75 所示的螺栓

### 1．目的要求

本例图形涉及的命令主要是"直线"。为了做到准确无误，要求输入坐标值以指定直线的相关点，从而使读者灵活掌握直线的绘制方法。

**2．操作提示**

（1）设置图层

（2）选择"直线"命令绘制螺栓。

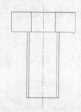

图 3-75　螺栓

## 实验 2　绘制图 3-76 所示的连环圆

**1．目的要求**

本例图形涉及的命令主要是"圆"。通过学习本实例，读者将更灵活地掌握圆的绘制方法。

**2．操作提示**

选择"圆"命令绘制连环圆。

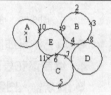

图 3-76　连环圆

## 实验 3　绘制图 3-77 所示的梅花

**1．目的要求**

本例图形涉及的命令主要是"圆弧"。为了做到准确无误，要求输入坐标值以指定圆弧的相关点，从而使读者灵活地掌握圆弧的绘制方法。

**2．操作提示**

选择"圆弧"命令绘制五瓣梅。

图 3-77　五瓣梅

## 实验 4　绘制图 3-78 所示的汽车

**1．目的要求**

本实验图形涉及直线、圆、圆弧、圆环、矩形和多边形命令。为了做到准确无误，读者要灵活地掌握各种命令的绘制方法。

**2．操作提示**

（1）选择"圆"和"圆环"命令绘制车轮。

（2）选择"直线"和"圆弧"命令绘制车体轮廓。

（3）选择"矩形"和"正多边形"命令绘制车窗。

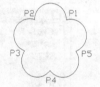

图 3-78　汽车

## 实验 5　绘制图 3-79 所示的小屋

**1．目的要求**

本实验图形涉及直线、矩形、圆弧和图案填充命令。为了做到准确无误，读者要灵活地掌握各种命令的绘制方法。

**2．操作提示**

（1）选择"直线"、"圆弧"和"矩形"命令绘制小屋轮廓。

（2）选择"图案填充"命令分别填充正墙、侧墙、窗户和屋顶。

图 3-79　小屋

# 第4章

## 精确绘图

为了快捷准确地绘制图形，AutoCAD 还提供了多种必要的和辅助的绘图工具，如工具条、对象选择工具、对象捕捉工具、栅格和正交模式等。使用这些工具，可以方便、快速、准确地实现图形的绘制和编辑，这样不仅可提高工作效率，而且还能更好地保证图形的质量。

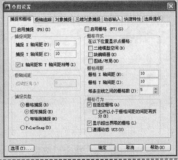

# 4.1 动态输入

动态输入功能可以在绘图平面直接动态输入绘制对象的各种参数，使绘图变得直观简洁。

## 1．执行方式

命令行：DSETTINGS

菜单栏："工具"→"绘图设置"

工具栏：对象捕捉→对象捕捉设置 🔧

状态栏：DYN（只限于打开与关闭）

快捷键：F12（只限于打开与关闭）

快捷菜单：对象捕捉设置

## 2．操作格式

按照上面的执行方式操作或在"DYN"开关处单击鼠标右键，在快捷菜单中选择"设置"命令，系统打开如图4-1所示的"草图设置"对话框的"动态输入"选项卡。

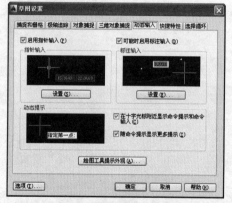

图 4-1　"动态输入"选项卡

# 4.2 精确定位工具

精确定位工具包括推断约束、捕捉模式、栅格显示、正交模式、极轴追踪、对象捕捉、三维对象捕捉、对象捕捉追踪、允许/禁止动态UCS、动态输入、显示/隐藏线宽、显示/隐藏透明度、快捷特性、选择循环和注视监视器等工具，这些工具主要集中在状态栏上，如图4-2所示。

图 4-2　状态栏按钮

## 4.2.1　正交模式

在使用 AutoCAD 绘图的过程中，经常需要绘制水平直线和垂直直线，但是用光标控制选择线段的端点时很难保证两个点严格沿水平或垂直方向，为此，AutoCAD 提供了正交功能。当启用正交模式时，画线或移动对象时只能沿水平方向或垂直方向移动光标，也只能绘制平行于坐标轴的正交线段。

**1．执行方式**

命令行：ORTHO

状态栏："正交模式"按钮

快捷键：F8

**2．操作步骤**

命令行提示与操作如下：

命令: ORTHO↙
输入模式 [开(ON)/关(OFF)] <开>: 设置开或关。

## 4.2.2　栅格显示

用户可以应用栅格显示工具使绘图区显示网格，它是一个形象的画图工具，就像传统的坐标纸一样。本节将讲解控制栅格显示及设置栅格参数的方法。

**1．执行方式**

菜单栏："工具"→"绘图设置"

状态栏："栅格显示"按钮（仅限于打开与关闭）

快捷键：F7（仅限于打开与关闭）

**2．操作步骤**

选择菜单栏中的"工具"→"草图设置"命令，系统将打开"草图设置"对话框，进入"捕捉和栅格"选项卡，如图 4-3 所示。

其中，"启用栅格"复选框用于控制是否显示栅格；"栅格 $x$ 轴间距"和"栅格 $y$ 轴间距"文本框用于设置栅格在水平与垂直方向的间距。如果"栅格 $x$ 轴间距"和"栅格 $y$ 轴间距"设置为 0，则 AutoCAD 系统会自动将捕捉的栅格间距应用于栅格，且其原点和角度总是与捕捉栅格的原点和角度相同。另外，还可以选择"Grid"命令在命令行设置栅格间距。

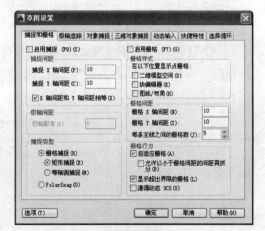

图 4-3　"捕捉与栅格"选项卡

　　在"栅格 $x$ 轴间距"和"栅格 $y$ 轴间距"文本框中输入数值时，若在"栅格 $x$ 轴间距"文本框中输入一个数值后按【Enter】键，系统将自动传送这个值给"栅格 $y$ 轴间距"，这样可减少工作量。

### 4.2.3　捕捉模式

为了准确地在绘图区捕捉点，AutoCAD 提供了捕捉工具，它可以在绘图区生成一个隐含的栅格（捕捉栅格），这个栅格能够捕捉光标，约束它只能落在栅格的某一个节点上，使用户能够高精确度地捕捉和选择这个栅格上的点。本节将主要讲解捕捉栅格的参数设置方法。

**1．执行方式**

菜单栏："工具"→"绘图设置"

状态栏："捕捉模式"按钮▦（仅限于打开与关闭）

快捷键：F9（仅限于打开与关闭）

**2．操作步骤**

选择菜单中的"工具"→"草图设置"命令，打开"草图设置"对话框，打开"捕捉与栅格"选项卡，如图 4-3 所示。

**3．选项说明**

（1）"启用捕捉"复选框：控制捕捉功能的开关，与按【F9】键或单击状态栏上的"捕捉模式"按钮▦功能相同。

（2）"捕捉间距"选项组：设置捕捉参数，其中"捕捉 $x$ 轴间距"与"捕捉 $y$ 轴间距"文本框用于确定捕捉栅格点在水平和垂直两个方向上的间距。

（3）"捕捉类型"选项组：确定捕捉类型和样式。AutoCAD 提供了两种捕捉栅格的方式，即"栅格捕捉"和"polarsnap（极轴捕捉）"。"栅格捕捉"是指按正交位置捕捉位置点，"极轴捕捉"则可以根据设置的任意极轴角捕捉位置点。

"栅格捕捉"又分为"矩形捕捉"和"等轴测捕捉"两种方式。在"矩形捕捉"方式下捕捉栅格是标准的矩形，在"等轴测捕捉"方式下捕捉使栅格和光标十字线不再互相垂直，而是成绘制等轴测图时的特定角度，这种方式在绘制等轴测图时使用十分方便。

（4）"极轴间距"选项组：该选项组只有在选择"polarsnap"捕捉类型时才可用。可在"极轴距离"文本框中输入距离值，也可以在命令行中输入"SNAP"，设置捕捉的有关参数。

## 4.2.4　实例——绘制电阻符号

本实例选择矩形和直线命令绘制电阻符号，在绘制过程中将利用正交和捕捉命令使绘制过程简化，如图 4-4 所示。

 **绘制步骤**

1．绘制矩形。单击"绘图"工具栏中的"矩形"按钮▢，用光标在绘图区捕捉第一点，采用相对输入法绘制一个长为 150mm、宽为 50mm 的矩形，如图 4-5 所示。

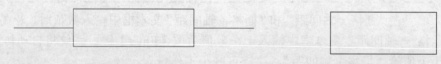

图 4-4　绘制电阻符号　　　　　　　　　　　图 4-5　绘制矩形

2．绘制左端线。单击"绘图"工具栏中的"直线"按钮✎，按住【Shift】键并单击鼠标右键，弹出如图 4-6 所示的快捷菜单。选取"中点"选项，捕捉矩形左侧竖直边的中点，如图 4-7 所示，单击状态栏中的"正交模式"按钮⬚，向左拖动光标，在目标位置单击，确定左端线段的另外一个端点，完成左端线段的绘制。

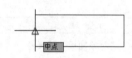

图 4-6　快捷菜单　　　　　　　　图 4-7　捕捉中点

**3.** 生成右端线。复制移动左端线，生成右端线，命令行中的提示与操作如下：

命令：copy↙
选择对象：（选择左端线）
选择对象：↙（单击鼠标右键或按【Enter】键确认选择）
当前设置：复制模式 = 多个
指定基点或 [位移(D)/模式(O)] <位移>：（单击状态栏中的"正交模式"按钮⬚）
>>输入 ORTHOMODE 的新值 <1>：（指定左端线的左端点为复制的基点）
正在恢复执行 COPY 命令。
指定第 2 个点或[阵列(A)] <使用第一个点作为位移>：_mid 于（捕捉矩形右侧竖直边的中点作为移动复制的定位点）
指定第 2 个点或 [阵列(A)/退出(E)/放弃(U)] <退出>：

**4.** 完成以上操作后，电阻符号绘制完毕，结果如图 4-4 所示。

# 4.3　对象捕捉

在使用 AutoCAD 画图时经常要用到一些特殊点，例如圆心、切点、线段或圆弧的端点、中点等，如果只使用光标在图形上选择，要准确地找到这些点十分困难。因此，AutoCAD 提供了一些识别这些点的工具，通过这些工具即可容易地构造新几何体，精确地绘制图形，其结果比传统手工绘图更精确且更容易维护。在 AutoCAD 中，这种功能称之为对象捕捉功能。

## 4.3.1　特殊位置点捕捉

AutoCAD 提供了如下 3 种执行对象捕捉的方法。

（1）直接使用捕捉命令。

（2）使用如图 4-8 所示的"对象捕捉"工具栏，当把光标放在某一按钮上时，会显示出该按钮功能的提示。

（3）快捷菜单实现此功能，该菜单可通过同时按【Shift】键和单击鼠标右键来激活，菜单中列出了 AutoCAD 提供的对象捕捉模式，如图 4-9 所示。

图 4-8 "对象捕捉"工具栏　　　　　　　　　　图 4-9 对象捕捉快捷菜单

表 4-1 列出了对象捕捉的模式及其功能，与图 4-8 所示的工具栏图标及图 4-9 所示的快捷菜单命令相对应，在下面将对其中一部分捕捉模式进行介绍。

表 4-1　　　　　　　　　　　　　　特殊位置点捕捉

| 捕捉模式 | 快捷命令 | 功能 |
| --- | --- | --- |
| 临时追踪点 | TT | 建立临时追踪点 |
| 两点之间的中点 | M2P | 捕捉两个独立点之间的中点 |
| 捕捉自 | FRO | 与其他捕捉方式配合使用建立一个临时参考点，作为指出后继点的基点 |
| 端点 | ENDP | 用来捕捉对象（如线段或圆弧等）的端点 |
| 中点 | MID | 用来捕捉对象（如线段或圆弧等）的中点 |
| 圆心 | CEN | 用来捕捉圆或圆弧的圆心 |
| 节点 | NOD | 捕捉用 POINT 或 DIVIDE 等命令生成的点 |
| 象限点 | QUA | 用来捕捉距光标最近的圆或圆弧上可见部分的象限点，即圆周上 0°、90°、180° 和 270° 位置上的点 |
| 交点 | INT | 用来捕捉对象（如线、圆弧或圆等）的交点 |
| 延长线 | EXT | 用来捕捉对象延长路径上的点 |
| 插入点 | INS | 用于捕捉块、形、文字、属性或属性定义等对象的插入点 |
| 垂足 | PER | 在线段、圆、圆弧或它们的延长线上捕捉一个点，使之与最后生成的点的连线与该线段、圆或圆弧正交 |
| 切点 | TAN | 最后生成的一个点到选中的圆或圆弧上引切线的切点位置 |
| 最近点 | NEA | 用于捕捉离拾取点最近的线段、圆和圆弧等对象上的点 |
| 外观交点 | APP | 用来捕捉两个对象在视图平面上的交点。若两个对象没有直接相交，则系统自动计算其延长后的交点；若两对象在空间上为异面直线，则系统计算其投影方向上的交点 |
| 平行线 | PAR | 用于捕捉与指定对象平行方向的点 |
| 无 | NON | 关闭对象捕捉模式 |
| 对象捕捉设置 | OSNAP | 设置对象捕捉 |

AutoCAD 提供了命令行、工具栏和右键快捷菜单 3 种执行特殊点对象捕捉的方法。

在使用特殊位置点捕捉的快捷命令前，必须先选择绘制对象的命令或工具，再在命令行中输入其快捷命令。

## 4.3.2　实例——公切线

绘制如图 4-10 所示的公切线。

**绘制步骤**

1．单击"图层"工具栏中的"图层特性管理器"按钮 设置图层，中心线层的线型为 CENTER，其他属性默认；粗实线层的线宽为 0.30 毫米，其他属性默认。

2．将中心线层设置为当前层，单击"绘图"工具栏中的"直线"按钮 ，绘制适当长度的垂直相交中心线，结果如图 4-11 所示。

3．转换到粗实线层，单击"绘图"工具栏中的"圆"按钮 ，绘制图形轴孔部分，其中绘制圆时，分别以水平中心线与竖直中心线交点为圆心，以适当的半径绘制两个圆，结果如图 4-12 所示。

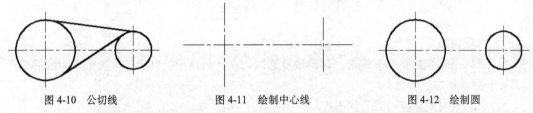

图 4-10　公切线　　　　　　图 4-11　绘制中心线　　　　　　图 4-12　绘制圆

4．打开"对象捕捉"工具栏。

5．单击"绘图"工具栏中的"直线"按钮 ，绘制公切线。命令行提示与操作如下：

```
命令: _line
指定第 1 点:(单击"对象捕捉"工具栏上的"捕捉到切点"按钮 )
_tan 到:（指定左边圆上一点，系统自动显示"递延切点"提示，如图 4-13 所示）
指定下一点或 [放弃(U)]:(单击"对象捕捉"工具栏上的"捕捉到切点"按钮 )
_tan 到:（指定右边圆上一点，系统自动显示"递延切点"提示，如图 4-14 所示）
指定下一点或 [放弃(U)]: ↙
```

6．再次单击"绘图"工具栏中的"直线"按钮 ，绘制公切线。同样利用"捕捉到切点"按钮捕捉切点，图 4-15 所示为捕捉第 2 个切点的情形。

7．系统自动捕捉到切点的位置，最终结果如图 4-10 所示。

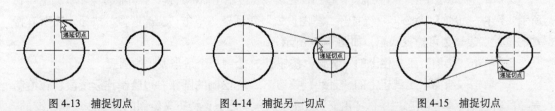

图 4-13　捕捉切点　　　　　　图 4-14　捕捉另一切点　　　　　　图 4-15　捕捉切点

技巧荟萃

　　不论指定圆上哪一点作为切点，系统都会根据圆的半径和指定的大致位置确定准确的切点位置，并能根据大致指定点与内外切点距离，依据距离趋近原则判断绘制外切线还是内切线。

## 4.3.3 对象捕捉设置

在 AutoCAD 中绘图之前，可以根据需要事先设置开启一些对象捕捉模式，绘图时系统就能自动捕捉这些特殊点，从而加快绘图速度，提高绘图质量。

### 1．执行方式

命令行：DDOSNAP

菜单栏："工具"→"绘图设置"

工具栏："对象捕捉"→"对象捕捉设置"

状态栏："对象捕捉"按钮□（仅限于打开与关闭）

快捷键：F3（仅限于打开与关闭）

快捷菜单："捕捉替代"→"对象捕捉设置"

执行上述操作后，系统打开"草图设置"对话框，进入"对象捕捉"选项卡，如图 4-16 所示，利用此选项卡可对对象捕捉方式进行设置。

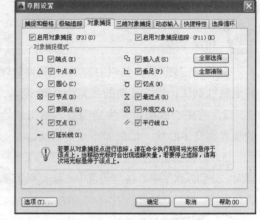

图 4-16 "对象捕捉"选项卡

### 2．选项说明

（1）"启用对象捕捉"复选框：勾选该复选框，在"对象捕捉模式"选项组中勾选的捕捉模式处于激活状态。

（2）"启用对象捕捉追踪"复选框：用于打开或关闭自动追踪功能。

（3）"对象捕捉模式"选项组：此选项组中列出各种捕捉模式的复选框，被勾选的复选框处于激活状态。单击"全部清除"按钮，则所有模式均被清除。单击"全部选择"按钮，则所有模式均被选中。

另外，在对话框的左下角有一个"选项"按钮，单击该按钮可以打开"选项"对话框的"草图"选项卡，利用该对话框可决定捕捉模式的各项设置。

## 4.3.4 实例——绘制动合触点符号

本例选择圆弧和直线命令并结合对象追踪功能绘制动合触点符号，如图 4-17 所示。

**绘制步骤**

1．单击状态栏中的"对象捕捉"按钮，在该按钮上单击鼠标右键，打开快捷菜单，如图 4-18 所示。选择"设置"命令，系统打开"草图设置"对话框，单击"全部选择"按钮，将所有特殊的位置点设置为可捕捉状态，如图 4-19 所示。

2．单击"绘图"工具栏上的"圆弧"按钮，绘制一个适当大小的圆弧。

3．单击"绘图"工具栏上的"直线"按钮，在绘制的圆弧右边绘制连续线段，在绘制完一段斜线后，单击状态栏中的"正交"按钮，这样就能保证接下来绘制的部分线段是正交的，绘制完直线后的图形如图 4-20 所示。

> 正交和对象捕捉等命令是透明命令，可以在其他命令执行过程中操作，而不中断原命令操作。

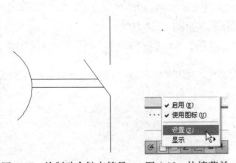

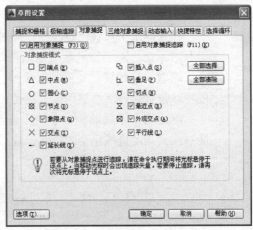

图 4-17 绘制动合触点符号    图 4-18 快捷菜单    图 4-19 "草图设置"对话框

4. 单击"绘图"工具栏上的"直线"按钮✎，同时单击状态栏上的"对象追踪"按钮，将光标放在刚绘制的竖线的起始端点附近，然后向上移动光标，这时，系统显示一条追踪线，如图 4-21 所示，表示目前光标位置处于竖直直线的延长线上。

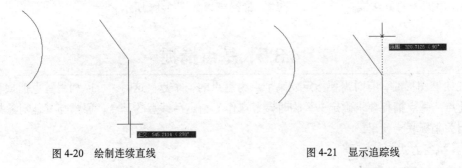

图 4-20 绘制连续直线    图 4-21 显示追踪线

5. 在合适的位置单击，就可以确定直线的起点，再向上移动光标，就可以指定竖直直线的终点。

6. 再次单击"绘图"工具栏上的"直线"按钮✎，将光标移动到圆弧附近适当位置，系统会显示离光标最近的特殊位置点，单击位置点，系统会自动捕捉该特殊位置点为直线的起点，如图 4-22 所示。

7. 水平移动光标到斜线附近，这时，系统也会自动显示斜线上离光标位置最近的特殊位置点，单击位置点，系统会自动捕捉该点为直线的终点，如图 4-23 所示。

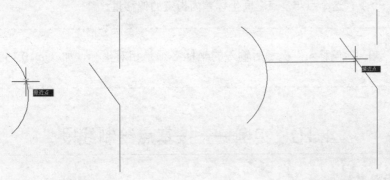

图 4-22 捕捉直线起点    图 4-23 捕捉直线终点

在绘制水平直线的过程中，同时单击了"正交"按钮和"对象捕捉"按钮，但有时系统不能同时满足既保证直线正交有同时又保证直线的端点为特殊位置点。这时，系统将优先满足对象捕捉条件，即保证直线的端点是圆弧和斜线上的特殊位置点，而不能保证一定是正交直线，如图 4-24 所示。

解决这个矛盾的一个小技巧是先放大图形，再捕捉特殊位置点，这样往往能够找到满足直线正交的特殊位置点作为直线的端点。

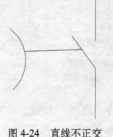

图 4-24　直线不正交

8. 用同样的方法绘制第 2 条水平线，最终结果如图 4-17 所示。

## 4.3.5　基点捕捉

在绘制图形时，有时需要指定以某个点为基点的一个点。这时，可以利用基点捕捉功能来捕捉此点。基点捕捉要求确定一个临时参考点作为指定后续点的基点，通常与其他对象捕捉模式及相关坐标联合使用。

**1．执行方式**

命令行：FROM

菜单栏：按住【Shift】键在绘图区单击鼠标右键，在弹出的菜单中选择"自"选项。

**2．操作步骤**

命令行提示与操作如下。

当在输入一点的提示下输入 From，或单击相应的工具图标时，命令行提示：

基点：(指定一个基点)
<偏移>:（输入相对于基点的偏移量）

则得到一个点，这个点与基点之间坐标差为指定的偏移量。

在"<偏移>:"提示后输入的坐标必须是相对坐标，如（@10,15）。

## 4.3.6　实例——按基点绘制线段

**绘制步骤**

1. 单击"绘图"工具栏中的"直线"按钮 ，绘制一条从点（45，45）到点（80，120）

的线段。命令行提示与操作如下：

```
命令: LINE↙
指定第 1 点: 45,45↙
指定下一点或 [放弃(U)]:FROM↙
基点: 100,100↙
<偏移>:@-20,20↙
指定下一点或 [放弃(U)]: ↙
```

2. 结果绘制出从点（45，45）到点（80，120）的一条线段。

## 4.3.7　点过滤器捕捉

利用点过滤器捕捉，可以由一个点的 $x$ 坐标和另一点的 $y$ 坐标确定一个新点。在"指定下一点或 [放弃(U)]:"提示下选择此项（在快捷菜单中选取，如图 4-21 所示），AutoCAD 提示：

```
.X 于:（指定一个点）
(需要 YZ):（指定另一个点）
```

则新建的点具有第 1 个点的 $x$ 坐标和第 2 个点的 $y$ 坐标。

## 4.3.8　实例——通过过滤器绘制线段

 **绘制步骤**

1. 单击"绘图"工具栏中的"直线"按钮，绘制从点（45，45）到点（80，120）的一条线段。命令行提示与操作如下：

```
命令:LINE↙
指定第 1 点:45,45↙
指定下一点或[放弃(U)]:（打开如图 4-21 所示的快捷菜单，选择：点过滤器→X）
X 于:80,100↙
(需要 YZ):100,120↙
指定下一点或[放弃(U)]: ↙
```

2. 结果绘制出从点（45，45）到点（80，120）的一条线段。

# 4.4　对象追踪

对象追踪是指按指定角度或与其他对象建立指定关系来绘制对象。可以结合对象捕捉功能进行自动追踪，也可以指定临时点进行临时追踪。

## 4.4.1　自动追踪

利用自动追踪功能，可以对齐路径，有助于以精确的位置和角度创建对象。自动追踪包括"极轴追踪"和"对象捕捉追踪"两种追踪选项。"极轴追踪"是指按指定的极轴角或极轴角的倍数对齐要指定点的路径；"对象捕捉追踪"是指以捕捉到的特殊位置点为基点，按指定的极轴角或极轴角的倍数对齐要指定点的路径。

"极轴追踪"必须配合"对象捕捉"功能一起使用，即同时单击状态栏中的"极轴追踪"按钮 和"对象捕捉"按钮 ；"对象捕捉追踪"必须配合"对象捕捉"功能一起使用，即同时单击状态栏中的"对象捕捉"按钮 和"对象捕捉追踪"按钮 。

**执行方式**

命令行：DDOSNAP

菜单栏："工具"→"草图设置"

工具栏：对象捕捉→对象捕捉设置

状态栏："对象捕捉"按钮 和"对象捕捉追踪"按钮

快捷键：F11

快捷菜单："捕捉替代"→"对象捕捉设置"

执行上述操作后，在"对象捕捉"按钮 与"对象捕捉追踪"按钮 上单击鼠标右键，选择快捷菜单中的"设置"命令，系统打开"草图设置"对话框的"对象捕捉"选项卡，勾选"启用对象捕捉追踪"复选框，即可完成对象捕捉追踪的设置。

## 4.4.2　实例——特殊位置线段的绘制

绘制一条线段，使该线段的一个端点与另一条线段的端点在同一条水平线上。

**绘制步骤**

1. 单击状态栏中的"对象捕捉"按钮 和"对象捕捉追踪"按钮 ，启动对象捕捉追踪功能。
2. 单击"绘图"工具栏中的"直线"按钮 ，绘制第 1 条线段。
3. 单击"绘图"工具栏中的"直线"按钮 ，绘制第 2 条线段，命令行提示与操作如下：

命令:LINE↙
指定第 1 点:指定点 1，如图 4-25a 所示
指定下一点或[放弃(U)]:将光标移动到点 2 处，系统自动捕捉到第 1 条直线的端点 2，如图 4-25b 所示。系统显示一条虚线为追踪线，移动光标，在追踪线的适当位置指定点 3，如图 4-25c 所示 。
指定下一点或[放弃(U)]: ↙

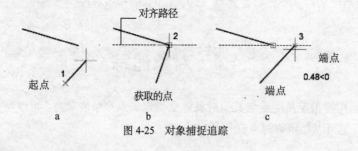

图 4-25　对象捕捉追踪

## 4.4.3　极轴追踪

**执行方式**

命令行：DDOSNAP

菜单栏："工具"→"草图设置"

工具栏：对象捕捉→对象捕捉设置

状态栏："对象捕捉"按钮□和"极轴追踪"按钮◢

快捷键：F10

快捷菜单："捕捉替代"→"对象捕捉设置"

执行上述操作或在"极轴追踪"按钮◢上单击鼠标右键，选择快捷菜单中的"设置"命令，系统打开如图 4-26 所示"草图设置"对话框的"极轴追踪"选项卡，其中各选项功能如下。

（1）"启用极轴追踪"复选框：勾选该复选框，即启用极轴追踪功能。

（2）"极轴角设置"选项组：设置极轴角的值，可以在"增量角"下拉列表框中选择一种角度值，也可勾选"附加角"复选框。单击"新建"按钮设置任意附加角，系统在进行极轴追踪时，同时追踪增量角和附加角，还可以设置多个附加角。

（3）"对象捕捉追踪设置"和"极轴角测量"选项组：按界面提示设置相应单选项。利用自动追踪可以完成三视图的绘制。

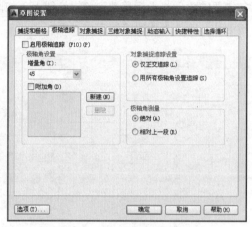

图 4-26 "极轴追踪"选项卡

# 4.4.4 实例——连续线段

绘制如图 4-27 所示的连续线段。

**绘制步骤**

1. 工具栏上单击鼠标右键，在打开的快捷菜单中选择"设置"命令，如图 4-28 所示。系统打开"草图设置"对话框的"极轴追踪"选项卡，如图 4-29 所示。勾选"启用极轴追踪"复选框，将增量角设置为 25，单击"极轴角测量"选项组中的"相对上一段"单选按钮。最后单击"确定"按钮完成设置。

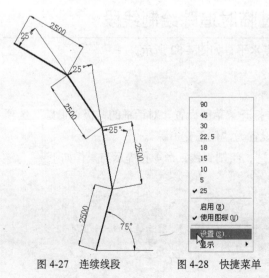

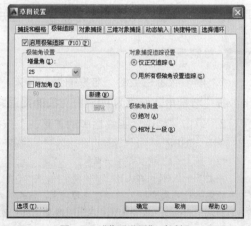

图 4-27 连续线段　　　　图 4-28 快捷菜单　　　　图 4-29 "草图设置"对话框

2. 单击状态栏上的"动态输入"按钮🔁。单击"绘图"工具栏中的"直线"按钮✐，任意指定一点为起点，拖动光标，屏幕在 25°角的倍数角度位置显示一条绿色虚线，该线是极轴追踪提示线，按需要的角度将光标移动到该提示线上，在数值框中输入 2500，如图 4-30 所示，按【Enter】键确认，第 1 条线段绘制完成。

3. 继续移动光标，屏幕在与上一条线段成 25°角的倍数角度位置显示绿色极轴追踪提示线，按需要的角度将光标移动到该提示线上，如图 4-31 所示，在数值框中输入 2500，按【Enter】键确认，第 2 条线段绘制完成。

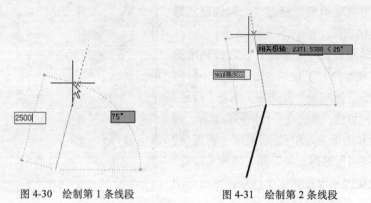

图 4-30  绘制第 1 条线段　　　　图 4-31  绘制第 2 条线段

4. 用同样的方法，完成后面两条线段的绘制，结果如图 4-27 所示。

## 4.4.5　临时追踪

在绘制图形对象时，除了可以进行自动追踪外，还可以指定临时点作为基点，进行临时追踪。

在提示输入点时，输入 tt，或打开右键快捷菜单，选择"临时追踪点"命令，然后指定一个临时追踪点。该点上将出现一个小的加号（+）。移动光标时，将相对于这个临时点显示自动追踪对齐路径。如果要删除此点，将光标移回到加号（+）上面。

## 4.4.6　实例——通过临时追踪绘制线段

绘制一条线段，使其一个端点与一个已知点水平，如图 4-32 所示。

　**绘制步骤**

1. 单击状态栏上的"对象捕捉"开关，并打开"草图设置"对话框的"极轴追踪"选项卡，将"增量角"设置为 90，将对象捕捉追踪设置为"仅正交追踪"。

2. 单击"绘图"工具栏中的"直线"按钮 ，绘制直线，命令行提示与操作如下：

命令: LINE✓
指定第 1 点: （适当指定一点）
指定下一点或[放弃(U)]:t
指定临时对象追踪点: （捕捉左边的点，该点显示一个+号，移动炮标，显示追踪线，如图 4-32 所示）
指定下一点或 [放弃(U)]: （在追踪线上适当位置指定一点）
指定下一点或 [放弃(U)]:✓

结果如图 4-33 所示。

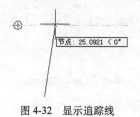

图 4-32　显示追踪线

图 4-33　通过临时追踪绘制线段

# 4.5　上机实验

## 实验 1　绘制螺母

### 1．目的要求

如图 4-34 所示，本例要绘制的图形非常简单，通过本例，读者要掌握设置对象捕捉和正交工具的应用方法。

### 2．操作提示

（1）设置两个新图层。

（2）使用正交工具绘制中心线。

（3）使用对象捕捉功能绘制螺母轮廓线。

图 4-34　螺母

## 实验 2　使用对象追踪功能绘制方头平键

### 1．目的要求

如图 4-35 所示，本例要绘制的图形是一个简单的三视图，通过使用"对象追踪"功能，可以保证三视图"主俯长对正，主左高平齐，俯左宽相等"的尺寸关系。通过本例，读者可以体会到"对象追踪"功能的方便性与快捷作用。

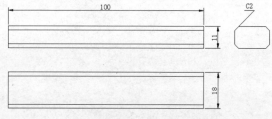

图 4-35　方头平键

### 2．操作提示

（1）结合"对象捕捉"功能，选择"矩形"和"直线"命令绘制主视图。

（2）结合"对象追踪"功能，选择"矩形"和"直线"命令绘制俯视图。

（3）结合"对象追踪"功能，选择"矩形"和"直线"命令绘制左视图。

## 实验 3　过四边形上边和下边延长线的交点作四边形右边的平行线

### 1．目的要求

如图 4-36 所示，本例要绘制的图形比较简单，但是要准确地找到四边形上、下边延长线必须启用"对象捕捉"功能，捕捉延长线交点。通过本例，读者可以体会到对象捕捉功能的方便性与快捷作用。

**2．操作提示**

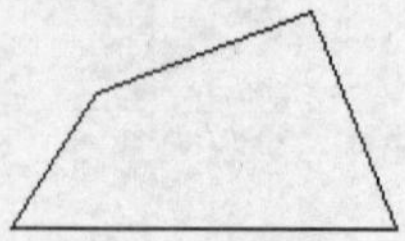

（1）在界面上方的工具栏中单击鼠标右键，选择快捷菜单中的"Auto CAD"→"对象捕捉"命令，打开"对象捕捉"工具栏。

图 4-36　四边形

（2）使用"对象捕捉"工具栏中的"捕捉到交点"工具捕捉四边形上边和下边的延长线交点作为直线起点。

（3）使用"对象捕捉"工具栏中的"捕捉到平行线"工具捕捉一点作为直线终点。

# 第 5 章

## 二维编辑命令

二维图形的编辑操作配合使用绘图命令，可以进一步完成复杂图形对象的绘制工作，并可使用户合理安排和组织图形以保证绘图准确，减少重复。因此，要对编辑命令熟练掌握和使用有助于提高设计和绘图效率的工具。本章主要内容包括：选择对象、复制类命令、改变位置类命令、删除及恢复类命令、改变几何特性命令和对象编辑命令等。

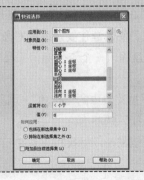

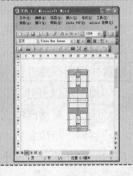

# 5.1 选择对象

选择对象是进行编辑的前提。AutoCAD 提供了多种对象选择方法，如点取方法、用选择窗口选择对象、用选择线选择对象和用对话框选择对象等。AutoCAD 可以把选择的多个对象组成整体，如选择集和对象组，进行整体编辑与修改。

AutoCAD 提供两种执行效果相同的途径编辑图形。

（1）先选择"编辑"命令，然后选择要编辑的对象。

（2）先选择要编辑的对象，然后选择"编辑"命令。

## 5.1.1 构造选择集

选择集可以仅由一个图形对象构成，也可以是一个复杂的对象组，如位于某一特定层上具有某种特定颜色的一组对象。选择集的构造可以在调用编辑命令之前或之后。

AutoCAD 提供以下几种方法构造选择集。

（1）先选择一个编辑命令，然后选择对象，按【Enter】键结束操作。

（2）选择 SELECT 命令。

（3）用点取设备选择对象，然后调用编辑命令。

（4）定义对象组。

无论使用哪种方法，AutoCAD 都将提示用户选择对象，并且光标的形状由十字光标变为拾取框。

下面结合 SELECT 命令说明选择对象的方法。

SELECT 命令可以单独使用，即在命令行键入 SELECT 后按【Enter】键，也可以在执行其他编辑命令时被自动调用。此时，屏幕出现提示：

选择对象：

等待用户以某种方式选择对象作为回答。AutoCAD 提供多种选择方式，可以输入"？"查看这些选择方式。选择该选项后，出现如下提示：

需要点或窗口(W)/上一个(L)/窗交(C)/框(BOX)/全部(ALL)/栏选(F)/圈围(WP)/圈交(CP)/编组(G)/添加(A)/删除(R)/多个(M)/前一个(P)/放弃(U)/自动(AU)/单个(SI)/子对象（su）/对象(O)

选择对象：

上面各选项含义如下。

### 1．点

该选项表示直接通过点取的方式选择对象。这是较常用也是系统默认的一种对象选择方法。用鼠标或键盘移动拾取框，使其框住要选取的对象，然后，单击就会选中该对象并高亮显示。该点的选定也可以使用键盘输入一个点坐标值来实现。当选定点后，系统将立即扫描图形，搜索并且选择穿过该点的对象。

用户可以打开"工具"下拉菜单中的"选项"对话框设置拾取框的大小。如图 5-1a 所示。在"选项"对话框中选择"选择"选项卡。

移动"拾取框大小"选项组的滑动标尺可以调整拾取框的大小。左侧的空白区中会显示相应的拾取框的尺寸大小。

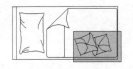 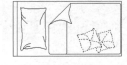

a 图中深色覆盖部分为选择窗口　　　　　b 选择后的图形

图 5-1　"窗口"对象选择方式

### 2．窗口（W）

用由两个对角顶点确定的矩形窗口选取位于其范围内部的所有图形，与边界相交的对象不会被选中。指定对角顶点时应该按照从左向右的顺序。

在"选择对象："的提示下，输入 W 后按【Enter】键，选择该选项后，出现如下提示：

指定第 1 个角点:（输入矩形窗口的第 1 个对角点的位置）

指定对角点:（输入矩形窗口的另一个对角点的位置）

指定两个对角顶点后，位于矩形窗口内部的所有图形被选中，并高亮显示，如图 5-1b 所示。

### 3．上一个（L）

在"选择对象："的提示下输入 L 后按【Enter】键，系统会自动选取最后绘出的对象。

### 4．窗交（C）

该方式与上述"窗口"方式类似，但区别在于它不但可以选择矩形窗口内部的对象，也可以选择与矩形窗口边界相交的对象。

在"选择对象"：的提示下输入 C 后按【Enter】键，系统提示：

指定第 1 个角点:（输入矩形窗口的第 1 个对角点的位置）

指定对角点:（输入矩形窗口的另一个对角点的位置）

选择的对象如图 5-2 所示。

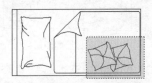 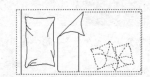

a 图中深色覆盖部分为选择窗口　　　　　b 选择后的图形

图 5-2　"窗交"对象选择方式

### 5．框（BOX）

该方式没有命令缩写字。使用时，系统根据用户在屏幕上给出的两个对角点的位置而自动引用"窗口"或"窗交"选择方式。若从左向右指定对角点，为"窗口"方式；反之，为"窗交"方式。

### 6．全部（ALL）

选取图面上所有对象。在"选择对象："提示下输入 ALL 并按【Enter】键。此时，绘图区域内的所有对象均被选中。

### 7．栏选（F）

用户临时绘制一些直线，这些直线不必构成封闭图形，凡是与这些直线相交的对象均被选中。这种方式对选择相距较远的对象比较有效。交线可以穿过本身。在"选择对象："提示下输入 F 并按【Enter】键，选择该选项后，出现如下提示：

指定第 1 个栏选点:（指定交线的第 1 点）

指定下一个栏选点或[放弃(U)]:（指定交线的第 2 点）

指定下一个栏选点或[放弃(U)]:（指定下一条交线的端点）

………
指定下一个栏选点或[放弃(U)]:（按【Enter】键结束操作）

执行结果如图 5-3 所示。

 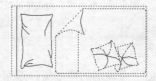

a 图中虚线为选择栏　　　　　　　　　　b 选择后的图形

图 5-3　"栏选"对象选择方式

### 8. 圈围（WP）

使用一个不规则的多边形来选择对象。在"选择对象："的提示下输入 WP，系统提示：

第 1 圈围点:（输入不规则多边形的第 1 个顶点坐标）
指定直线的端点或[放弃(U)]:（输入第 2 个顶点坐标）
指定直线的端点或[放弃(U)]:（按【Enter】键结束操作）

根据提示，用户顺次输入构成多边形所有顶点的坐标，直到最后按【Enter】键做出回答结束操作，系统将自动连接第 1 个顶点与最后一个顶点形成封闭的多边形。多边形的边不能接触或穿过本身。若输入 U，则取消刚才定义的坐标点并且重新指定。凡是被多边形围住的对象均被选中（不包括边界）。执行结果如图 5-4 所示。

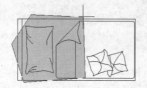 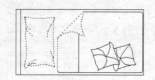

a 图中十字线所拉出深色多边形为选择窗口　　　　b 选择后的图形

图 5-4　"圈围"对象选择方式

### 9. 圈交（CP）

类似于"圈围"方式，在提示后输入 CP，后续操作与 WP 方式相同。区别在于：与多边形边界相交的对象也被选中。

若矩形框从左向右定义，即第一个选择的对角点为左侧的对角点，矩形框内部的对象被选中，框外部及与矩形框边界相交的对象不会被选中；若矩形框从右向左定义，矩形框内部及与矩形框边界相交的对象都会被选中。

### 10. 编组（G）

使用预先定义的对象组作为选择集。事先将若干个对象组成组，用组名引用。

### 11. 添加（A）

添加下一个对象到选择集。也可用于从移走模式（Remove）到选择模式的切换。添加模式也是 AutoCAD 的默认方式。在提示符后输入 A，然后按【Enter】键即可。

### 12. 删除（R）

在"选择对象："提示符后输入 R，然后按【Enter】键，该行提示变为

删除对象:

按住【Shift】键选择对象可以从当前选择集中移走该对象。对象由高亮显示状态变为正常状态。

### 13．多个（M）

指定多个点，不高亮显示对象。这种方法可以加快在复杂图形上的对象选择过程。若两个对象交叉，指定交叉点两次则可以选中这两个对象。

### 14．上一个（P）

用关键字 P 回答"选择对象:"的提示，则把上次编辑命令最后一次构造的选择集或最后一次使用 Select（DDSELECT）命令预置的选择集作为当前选择集。这种方法适用于对同一选择集进行多种编辑操作。

### 15．放弃（U）

用于取消加入进选择集的对象。它可以让用户一步一步地返回在选择集中所做的操作，每退一步都把最近加入的对象移出。输入 U：然后按【Enter】键即可。

### 16．自动（AU）

缩写命令字为 AU。这是 AutoCAD 2014 的默认选择方式。其选择结果视用户在屏幕上的选择操作而定。如果选中单个对象，则该对象即为自动选择的结果；如果选择点落在对象内部或外部的空白处，系统会提示:

指定对角点:

此时，系统会采取一种窗口的选择方式，即把用户点取在空白处的点作为一矩形框的一个对角点，移动拾取框到另一位置选点，系统把该点作为矩形框的另一对角点，此时确定一个矩形框，被该矩形框框住的对象会被选中。对象被选中后，变为虚线形式，并高亮显示。

### 17．单个（SI）

选择指定的第 1 个对象或对象集，而不继续提示进行进一步的选择。

### 18．子对象（SU）

用户可以逐个选择原始形状，这些形状是复合实体的一部分或三维实体上的顶点、边和面。可以选择这些子对象的其中之一，也可以创建多个子对象的选择集。按住【Ctrl】键与选择 SELECT 命令的"子对象"选项功能相同。

## 5.1.2　快速选择

有时用户需要选择具有某些共同属性的对象来构造选择集，如选择具有相同颜色、线型或线宽的对象，用户当然可以使用前面介绍的方法选择这些对象，但如果要选择的对象数量较多且分布在较复杂的图形中，则会导致很大的工作量。AutoCAD 2014 提供了 QSELECT 命令来解决这个问题。选择 QSELECT 命令后，打开"快速选择"对话框，使用该对话框可以根据用户指定的过滤标准快速创建选择集。"快速选择"对话框如图 5-5 所示。

### 1．执行方式

命令行：QSELECT

菜单栏："工具"→"快速选择"

右键快捷菜单：快速选择（如图 5-6 所示）

### 2．操作步骤

执行上述命令后，系统打开图 5-5 所示的"快速选择"对话框。在该对话框中可以选择符合条件的对象或对象组。

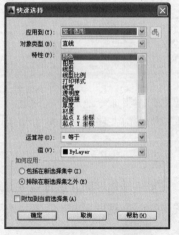

图 5-5 "快速选择"对话框　　　　　图 5-6 "快速选择"右键菜单

## 5.1.3 实例—选择特殊对象

**绘制步骤**

1. 打开随书光盘中的"源文件/第 5 章/原图"图形文件，如图 5-7 所示。选择"工具"菜单栏中的"快速选择"命令，弹出"快速选择"对话框。

2. 在"应用到"下拉列表框中选择"整个图形"。

3. 在"对象类型"下拉列表框中选择"圆"。

4. 在"特性"列表框中选择"直径"。

5. 在"运算符"下拉列表框中选择"小于"。

6. 在"值"输入框中输入 8。

7. 在"如何应用"选项组中选择"排除在新选择集外"，如图 5-8 所示。

8. 单击"确定"按钮，结果如图 5-9 所示，可以看出，几个直径小于 8 的圆没有被选中。

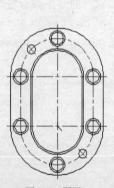

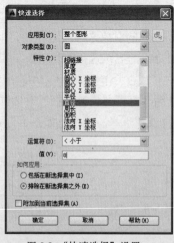

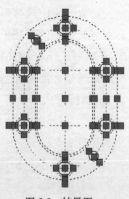

图 5-7 原图　　　　　图 5-8 "快速选择"设置　　　　　图 5-9 结果图

# 5.2　复制类命令

本节将详细讲解 AutoCAD 2014 的复制类命令,利用这些编辑功能,可以方便地编辑绘制的图形。

## 5.2.1　剪贴板相关命令

这一类命令的特点是利用 Windows 剪贴板作为平台进行相应的编辑。与 Windows 系统中其他软件的相应编辑命令类似。

### 1．剪切命令

● 执行方式

命令行:CUTCLIP

菜单栏:"编辑"→"剪切"

工具栏:标准→剪切✂

快捷键:Ctrl+X

快捷菜单:在绘图区域单击鼠标右键,从打开的快捷菜单上选择"剪贴板"→"剪切"命令

● 操作格式

命令: CUTCLIP↙

选择对象:(选择要剪切的实体)

选择上述命令后,所选择的实体从当前图形上剪切到剪贴板上,同时从原图形中消失。

### 2．复制命令

● 执行方式

命令行:COPYCLIP

菜单栏:"编辑"→"复制"

工具栏:标准→复制□

快捷键:Ctrl+C

快捷菜单:在绘图区域单击鼠标右键,从打开的快捷菜单中选择"剪贴板"→"复制"命令

● 操作格式

命令: COPYCLIP↙

选择对象:(选择要复制的实体)

选择上述命令后,所选择的实体从当前图形上剪切到剪贴板上,原图不变。

使用"剪切"和"复制"功能复制对象时,已复制到目的文件的对象与源对象毫无关系,源对象的改变不会影响复制得到的对象。

### 3．带基点复制命令

● 执行方式

命令行:COPYBASE

菜单栏:"编辑"→"带基点复制"

快捷键:Ctrl+Shift+C

快捷菜单:在绘图区域单击鼠标右键,从快捷菜单上选择"剪贴板"→"带基点复制"命令

● 操作格式

命令: copybase↙
指定基点:（指定基点）
选择对象:（选择要复制的实体）

选择上述命令后，所选择的实体从当前图形上剪切到剪贴板上，原图不变。本命令与"复制"命令相比有明显的优越性，因为有基点信息，所以在粘贴插入时，可以根据基点找到准确的插入点。

### 4. 粘贴命令

● 执行方式

命令行：PASTECLIP

菜单栏："编辑"→"粘贴"

工具栏：标准→粘贴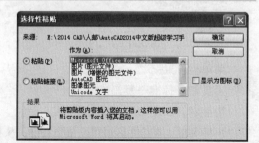

快捷键：Ctrl+V

快捷菜单：在绘图区域单击鼠标右键，从打开的快捷菜单上选择"剪贴板"→"粘贴"命令

● 操作格式

命令: PASTECLIP↙

选择上述命令后，保存在剪贴板上的实体粘贴到当前图形中。

### 5. 选择性粘贴对象

● 执行方式

命令行：PASTESPEC

菜单栏：编辑→选择性粘贴

● 操作格式

命令: PASTESPEC↙

系统打开"选择性粘贴"对话框，如图 5-10 所示。在该对话框中进行相关参数设置。

### 6. 粘贴为块

● 执行方式

命令行：PASTEBLOCK

菜单栏：编辑→粘贴为块

快捷键：Ctrl+Shift+V

● 操作格式

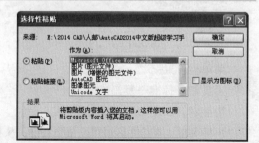

图 5-10 "选择性粘贴"对话框

命令: PASTEBLOCK↙
指定插入点:

指定插入点后，对象以块的形式插入到当前图形中。

## 5.2.2 复制链接对象

### 1. 执行方式

命令行：COPYLINK

菜单栏："编辑→"复制链接"

### 2. 操作步骤

命令: COPYLINK↙

对象链接和嵌入的操作过程与用剪贴板粘贴的操作类似，但其内部运行机制却有很大的差

异。链接对象及其创建应用程序始终保持联系。例如，Word 文档中包含一个 AutoCAD 图形对象，在 Word 中双击该对象，Windows 自动将其装入 AutoCAD 中，以供用户进行编辑。如果对原始 AutoCAD 图形做了修改，则 Word 文档中的图形也随之发生相应的变化。如果是用剪贴、粘贴上的图形，则它在 AutoCAD 图形的复制、粘贴之后，就不再与 AutoCAD 图形保持任何联系，原始图形的变化不会对它产生任何作用。

## 5.2.3　实例——在 Word 文档中链接 AutoCAD 图形对象

 **绘制步骤**

1. 启动 Word，打开一个文件，在编辑窗口将光标移到要插入 AutoCAD 图形的位置。
2. 启动 AutoCAD，打开随书光盘中"源文件/第 5 章/圆柱齿轮"图形文件。
3. 在命令行输入 COPYLINK 命令，如图 5-11 所示。

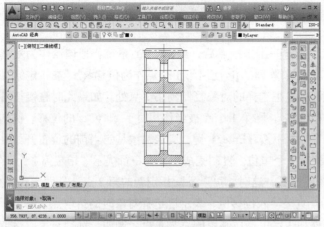

图 5-11　选择 AutoCAD 对象

4. 重新切换到 Word 中，在"编辑"菜单中选择"粘贴"选项，AutoCAD 图形就粘贴到 AutoCAD 图形中了，如图 5-12 所示。

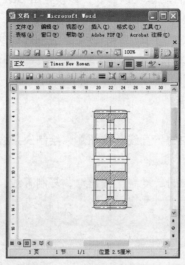

图 5-12　将 AutoCAD 对象链接到 Word 文档

## 5.2.4 复制命令

### 1．执行方式

命令行：COPY（快捷命令：CO）。

菜单栏："修改"→"复制"

工具栏：修改→复制 🔧

快捷菜单：在要复制的对象上单击鼠标右键，选择快捷菜单中的"复制选择"命令

### 2．操作步骤

命令行提示如下：

命令:COPY↙

选择对象：选择要复制的对象

用前面介绍的对象选择方法选择一个或多个对象，按【Enter】键结束选择，命令行提示与操作如下：

指定基点或[位移(D)/模式(O)]<位移>:指定基点或位移

### 3．选项说明

（1）指定基点：指定一个坐标点后，AutoCAD 系统将把该点作为复制对象的基点，命令行提示"指定第 2 个点或[阵列(A)]<使用第 1 个点作为位移>:"。在指定第 2 个点后，系统将根据这两点确定的位移矢量把选择的对象复制到第 2 点处。如果此时直接按【Enter】键，即选择默认的"用第 1 点作位移"，则第 1 个点被当作相对于 $x$、$y$、$z$ 的位移。例如，如果指定基点为 $(2, 3)$，并在下一个提示下按【Enter】键，则该对象从它当前的位置开始在 $x$ 方向上移动 2 个单位，在 $y$ 方向上移动 3 个单位。复制完成后，命令行提示"指定第 2 个点或[阵列（A）/退出（E）/放弃（U）]<退出>:"。这时，可以不断指定新的第 2 点，从而实现多重复制。

（2）位移（D）：直接输入位移值，表示以选择对象时的拾取点为基准，以拾取点坐标为移动方向，按纵横比移动指定位移后确定的点为基点。例如，选择对象时拾取点坐标为 $(2, 3)$，输入位移为 5，则表示以点 $(2, 3)$ 为基准，沿纵横比为 3:2 的方向移动 5 个单位所确定的点为基点。

（3）模式（O）：控制是否自动重复该命令，该设置由 COPYMODE 系统变量控制。

## 5.2.5 实例——椅子

绘制如图 5-13 所示的椅子。

### 绘制步骤

1．单击"绘图"工具栏中的"直线"按钮 ✏，绘制 3 条线段，过程从略，如图 5-14 所示。

2．单击"修改"工具栏中的"复制"按钮 🔧，复制直线。命令行提示与操作如下：

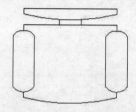

图 5-13　椅子图形

命令:COPY↙

选择对象:(选择左边短竖线)

找到 1 个

选择对象:↙

当前设置:复制模式 = 多个
指定基点或[位移（D）/模式（O）]:(捕捉横线段左端点)
指定第 2 个点或 [阵列(A)] <用第 1 点作位移>:(捕捉横线段右端点)

结果如图 5-15 所示。用同样的方法依次按图 5-16~图 5-18 的顺序复制椅子轮廓线。

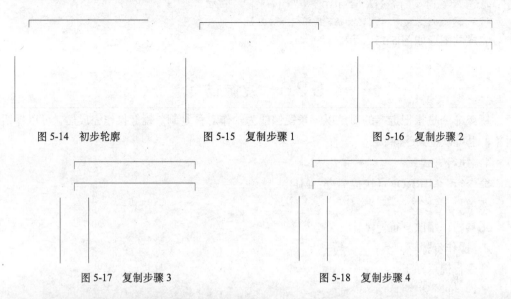

图 5-14 初步轮廓          图 5-15 复制步骤 1          图 5-16 复制步骤 2

图 5-17 复制步骤 3          图 5-18 复制步骤 4

3. 绘制椅子靠背。命令行提示与操作如下:

命令: ARC✓
指定圆弧的起点或 [圆心(C)]:（用光标指定左上方竖线段端点）
指定圆弧的第 2 个点或 [圆心(C)/端点(E)]:（用光标在上方两竖线段正中间指定一点）
指定圆弧的端点:（用光标指定右上方竖线段端点）

4. 选择"直线"命令,绘制一条竖直线段,连接圆弧与下面的水平直线,然后复制此竖线段,如图 5-19 所示。

5. 绘制扶手圆弧。命令行提示与操作如下:

命令: ARC✓
指定圆弧的起点或[圆心(C)]:（用光标指定左下方第 1 条竖线段上端点）
指定圆弧的第 2 个点或 [圆心(C)/端点(E)]: E✓
指定圆弧的端点:（用光标指定左下方第 2 条竖线段上端点）
指定圆弧的圆心或 [角度(A)/方向(D)/半径(R)]: R✓
指定圆弧半径: （指定适当点）✓

用同样的方法或使用复制的方法绘制另外 3 段圆弧,如图 5-20 所示。

图 5-19 绘制连接板          图 5-20 绘制扶手圆弧

6. 使用复制的方法绘制下面两条短竖线段。

7. 使用"圆弧"命令绘制椅子前缘,命令行提示与操作如下:

命令:ARC↙

指定圆弧的起点或 [圆心(C)]:（用光标指定刚才绘制线段的下端点）

指定圆弧的第 2 个点或 [圆心(C)/端点(E)]: E↙

指定圆弧的端点:（用光标指定刚才绘制另一线段的下端点）

指定圆弧的圆心或[角度(A)/方向(D)/半径(R)]:D↙

指定圆弧的起点切向:（用光标指定圆弧起点切向）

完成的图形如图 5-13 所示。

## 5.2.6　镜像命令

镜像命令是指把选择的对象以一条镜像线为轴作对称复制。镜像操作完成后，可以保留原对象，也可以将其删除。

### 1. 执行方式

命令行：MIRROR（快捷命令：MI）。

菜单栏："修改"→"镜像"

工具栏：修改→镜像⚏。

### 2. 操作步骤

命令行提示如下：

命令: MIRROR↙

选择对象: 选择要镜像的对象

指定镜像线的第 1 点:指定镜像线的第 1 个点

指定镜像线的第 2 点:指定镜像线的第 2 个点

要删除源对象吗? [是(Y)/否(N)]<N>: 确定是否删除源对象

选择的两点确定一条镜像线，被选择的对象以该直线为对称轴进行镜像。包含该线的镜像平面与用户坐标系统的 $xy$ 平面垂直，即镜像操作在与用户坐标系统的 $xy$ 平面平行的平面上。

图 5-21 所示为利用"镜像"命令绘制的办公桌。读者可以比较用"复制"命令和"镜像"命令绘制的办公桌有何异同。

图 5-21　选择"镜像"命令绘制的办公桌

## 5.2.7　实例——双扇平开门

绘制如图 5-22 所示的双扇平开门。

**绘制步骤**

1. 单击"绘图"工具栏中的"直线"按钮╱、"矩形"按钮▢和"圆弧"按钮╭绘制初步图形，如图 5-23 所示。

2. 单击"修改"工具栏中的"镜像"按钮⚏，绘制另一半门，命令行提示与操作如下：

命令: MIRROR↙

选择对象: （选取刚绘制的对象）

选择对象: ↙

指定镜像线的第 1 点: 选择圆弧左端点

指定镜像线的第 2 点: （打开状态栏上的"正交"按钮▢）竖直向上指定一点

要删除源对象吗? [是(Y)/否(N)] <N>: ↙

结果如图 5-22 所示。

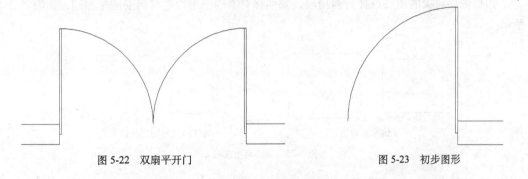

图 5-22　双扇平开门　　　　　　　　　　　图 5-23　初步图形

# 5.2.8　偏移命令

偏移命令是指保持选择对象的形状，在不同的位置以不同尺寸大小新建一个对象。

### 1．执行方式

命令行：OFFSET（快捷命令：O）

菜单栏："修改"→"偏移"

工具栏：修改→偏移 ⌫

### 2．操作步骤

命令行提示如下：

命令：OFFSET✓
当前设置：删除源=否　　图层=源　　OFFSETGAPTYPE=0
指定偏移距离或[通过(T)/删除(E)/图层(L)]<通过>:指定偏移距离值
选择要偏移的对象，或[退出(E)/放弃(U)]<退出>:选择要偏移的对象，按【Enter】键结束操作
指定要偏移的那一侧上的点，或[退出(E)/多个(M)/放弃(U)]<退出>:指定偏移方向
选择要偏移的对象，或[退出(E)/放弃(U)] <退出>:

### 3．选项说明

（1）指定偏移距离：输入一个距离值，或按【Enter】键使用当前的距离值，系统把该距离值作为偏移的距离，如图 5-24a 所示。

（2）通过（T）：指定偏移的通过点，选择该选项后，命令行提示如下：

选择要偏移的对象或<退出>: 选择要偏移的对象，按【Enter】键结束操作
指定通过点: 指定偏移对象的一个通过点

执行上述操作后，系统会根据指定的通过点绘制出偏移对象，如图 5-24b 所示。

a 指定偏移距离　　　　　　　　　　　　　　b 通过点

图 5-24　偏移选项说明 1

（3）删除（E）：偏移源对象后将其删除，如图 5-25a 所示，选择该项后命令行提示如下：

要在偏移后删除源对象吗?　[是(Y)/否(N)]<当前>:

（4）图层（L）：确定将偏移对象创建在当前图层上还是原对象所在的图层上，这样就可以在不同图层上偏移对象，选择该项后，命令行提示如下：

输入偏移对象的图层选项 [当前(C)/源(S)] <当前>:

　　如果偏移对象的图层选择为当前层，则偏移对象的图层特性与当前图层相同，如图 5-25b 所示。

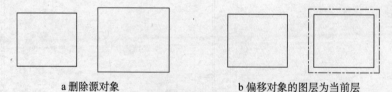

　　　　　a 删除源对象　　　　　　　　　　b 偏移对象的图层为当前层

图 5-25　偏移选项说明 2

　　（5）多个（M）：使用当前偏移距离重复进行偏移操作，并接受附加的通过点，执行结果如图 5-26 所示。

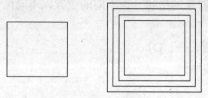

图 5-26　偏移选项说明 3

　　　　在 AutoCAD 2014 中，可以选择"偏移"命令，对指定的直线、圆弧和圆等对象做定距离偏移复制操作。在实际应用中，常利用"偏移"命令的特性创建平行线或等距离分布图形，效果与"阵列"相同。默认情况下，需要先指定偏移距离，再选择要偏移复制的对象，然后指定偏移方向，以复制出需要的对象。

# 5.2.9　实例——液晶显示器

绘制如图 5-27 所示的液晶显示器。

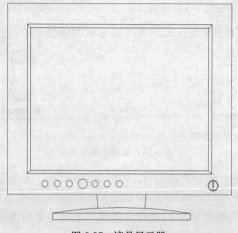

图 5-27　液晶显示器

**绘制步骤**

1．单击"绘图"工具栏中的"矩形"按钮囗，先绘制显示器屏幕外轮廓，如图 5-28 所示。

2．单击"修改"工具栏中的"偏移"按钮，创建屏幕内侧显示屏区域的轮廓线，如图 5-29 所示。命令行提示如下：

```
命令: OFFSET（偏移生成平行线）
当前设置: 删除源=否　图层=源　OFFSETGAPTYPE=0
指定偏移距离或 [通过(T)/删除(E)/图层(L)] <通过>:（输入偏移距离或指定通过点位置）
选择要偏移的对象，或 [退出(E)/放弃(U)] <退出>:（选择要偏移的图形）
指定通过点或 [退出(E)/多个(M)/放弃(U)] <退出>:
选择要偏移的对象，或 [退出(E)/放弃(U)] <退出>:（按【Enter】键结束）
```

图 5-28　绘制外轮廓

图 5-29　绘制内侧矩形

3．单击"绘图"工具栏中的"直线"按钮，将内侧显示屏区域的轮廓线的交角处连接起来，如图 5-30 所示。

4．单击"绘图"工具栏中的"矩形"按钮囗，绘制显示器矩形底座，如图 5-31 所示。

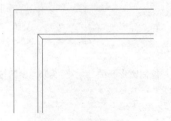
图 5-30　连接交角处

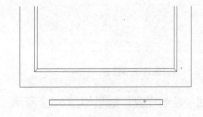
图 5-31　绘制矩形底座

5．单击"绘图"工具栏中的"圆弧"按钮，绘制底座的弧线造型，如图 5-32 所示。

6．单击"绘图"工具栏中的"直线"按钮，绘制底座与显示屏之间的连接线造型，如图 5-33 所示。命令行提示如下：

```
命令:MIRROR（镜像生成对称图形）
选择对象: 找到 1 个
选择对象:（回车）
指定镜像线的第 1 点:（以中间的轴线位置作为镜像线）
指定镜像线的第 2 点:
要删除源对象吗? [是(Y)/否(N)] <N>:N（输入 N 并按【Enter】键保留原有图形）
```

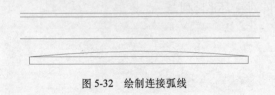
图 5-32　绘制连接弧线

图 5-33　绘制连接线

7. 单击"绘图"工具栏中的"圆"按钮⊙，创建显示屏的由多个大小不同的圆形构成调节按钮，如图 5-34 所示。

注意     显示器的调节按钮仅为示意造型。

8. 在显示屏的右下角绘制电源开关按钮。单击"绘图"工具栏中的"圆"按钮⊙，先绘制两个同心圆，如图 5-35 所示。

9. 单击"修改"工具栏中的"偏移"按钮⊜，偏移图形。命令行提示如下：

命令: OFFSET（偏移生成平行线）
当前设置：删除源=否　图层=源　OFFSETGAPTYPE=0
指定偏移距离或 [通过(T)/删除(E)/图层(L)] <通过>:（输入偏移距离或指定通过点位置）
选择要偏移的对象，或 [退出(E)/放弃(U)] <退出>:（选择要偏移的图形）
指定通过点或 [退出(E)/多个(M)/放弃(U)] <退出>:
选择要偏移的对象，或 [退出(E)/放弃(U)] <退出>:（按【Enter】键结束）

注意     显示器的电源开关按钮由两个同心圆和 1 个矩形组成。

10. 单击"绘图"工具栏中的"矩形"按钮▢，绘制开关按钮的矩形造型，如图 5-36 所示。

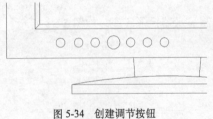
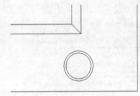

图 5-34　创建调节按钮　　　　图 5-35　绘制圆形开关　　　图 5-36　绘制按钮矩形造型

11. 图形绘制完成，结果如图 5-27 所示。

## 5.2.10　阵列命令

阵列命令是指多重复制选择的对象，并把这些副本按矩形或环形排列。把副本按矩形排列称为创建矩形阵列，把副本按环形排列称为创建环形阵列。

在 AutoCAD 2014 中选择"ARRAY"命令可以创建阵列，用该命令可以创建矩形阵列、环形阵列和路径阵列。

### 1. 执行方式

命令行：ARRAY
菜单栏："修改"→"阵列"→"矩形阵列/路径阵列/环形阵列"
工具栏：修改→阵列⊞→矩形阵列⊞/路径阵列⤳/环形阵列✤

### 2. 操作步骤

命令: ARRAY↵
选择对象:（使用对象选择方法）
输入阵列类型[矩形（R）/路径（PA）/极轴（PO）]<矩形>:

### 3．选项说明

（1）矩形（R）

将选定对象的副本分布到行数、列数和层数的任意组合。选择该选项后出现如下提示：

选择夹点以编辑阵列或 [关联(AS)/基点(B)/计数(COU)/间距(S)/列数(COL)/行数(R)/层数(L)/退出(X)] <退出>:（通过夹点，调整阵列间距，列数，行数和层数；也可以分别选择各选项输入数值）

（2）路径（PA）

沿路径或部分路径均匀分布选定对象的副本。选择该选项后出现如下提示：

选择路径曲线:（选择一条曲线作为阵列路径）

选择夹点以编辑阵列或[关联(AS)/方法(M)/基点(B)/切向(T)/项目(I)/行(R)/层(L)/对齐项目(A)/Z 方向(Z)/退出(X)] <退出>:（通过夹点，调整阵列行数和层数；也可以分别选择各选项输入数值）

（3）极轴（PO）

在绕中心点或旋转轴的环形阵列中均匀分布对象副本。选择该选项后出现如下提示：

指定阵列的中心点或 [基点(B)/旋转轴(A)]:（选择中心点、基点或旋转轴）

选择夹点以编辑阵列或 [关联(AS)/基点(B)/项目(I)/项目间角度(A)/填充角度(F)/行(ROW)/层(L)/旋转项目(ROT)/退出(X)] <退出>:（通过夹点，调整角度，填充角度；也可以分别选择各选项输入数值）

阵列在平面作图时有两种方式，可以在矩形或环形（圆形）阵列中创建对象的副本。对于矩形阵列，可以控制行和列的数目以及它们之间的距离。对于环形阵列，可以控制对象副本的数目并决定是否旋转副本。

# 5.2.11　实例——电视机

绘制如图 5-37 所示的电视机。

图 5-37　电视机

**绘制步骤**

1．单击"绘图"工具栏中的"矩形"按钮▢，以（120，200）为左上角点，（220，140）为右下角点坐标，绘制圆角半径为 8 的矩形。绘制的圆角矩形如图 5-38 所示。

2．单击"绘图"工具栏中的"矩形"按钮▢，以（125，195）为第一角点，（190，145）为第二角点，绘制矩形。结果如图 5-39 所示。

图 5-38　电视机外框

图 5-39　绘制的电视机屏幕

3. 单击"绘图"工具栏中的"矩形"按钮 □，以（200，195）为第一角点，（212.5，192.5）为第二角点，绘制矩形。结果如图 5-40 所示。

4. 单击"绘图"工具栏上的"矩形阵列"按钮 ⊞，命令行提示与操作如下：

命令: _arrayrect
选择对象:（选择刚绘制的按钮）
选择对象: ↙
类型 = 矩形　关联 = 是
选择夹点以编辑阵列或 [关联(AS)/基点(B)/计数(COU)/间距(S)/列数(COL)/行数(R)/层数(L)/退出(X)] <退出>: col↙
输入列数数或 [表达式(E)] <4>: 1↙
指定 列数 之间的距离或 [总计(T)/表达式(E)] <37.5>: ↙
选择夹点以编辑阵列或 [关联(AS)/基点(B)/计数(COU)/间距(S)/列数(COL)/行数(R)/层数(L)/退出(X)] <退出>: r↙
输入行数数或 [表达式(E)] <3>: 8↙
指定 行数 之间的距离或 [总计(T)/表达式(E)] <7.5>: -5↙（此时结果如图 5-41 所示，其中蓝色方块编辑点表示基点动态编辑点，可以单击进行动态编辑；蓝色箭头编辑点表示阵列距离和数目以及阵列方向动态编辑点，箭头指向是阵列方向，这里输入距离为-10表示向下阵列）
指定 行数 之间的标高增量或 [表达式(E)] <0>: ↙

阵列结果如图 5-42 所示。

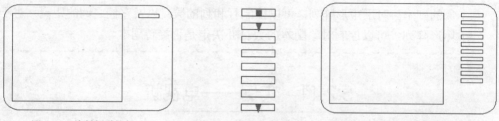

图 5-40　绘制频道按钮　　　图 5-41　动态编辑按钮　　　图 5-42　阵列频道按钮的结果

5. 单击"绘图"工具栏中的"圆"按钮 ⊘，以（205，150）为圆心，绘制半径分别为 3 和 5 的同心圆。结果如图 5-43 所示。

6. 单击"绘图"工具栏中的"圆弧"按钮 ⌒，绘制天线接口，命令行提示和操作如下：

命令: ACR↙
指定圆弧的起点或 [圆心(C)]: 154,200↙
指定圆弧的第 2 个点或 [圆心(C)/端点(E)]: c↙
指定圆弧的圆心: 164,200↙
指定圆弧的端点或 [角度(A)/弦长(L)]: a↙
指定包含角: -180↙

得到如图 5-44 所示的结果。

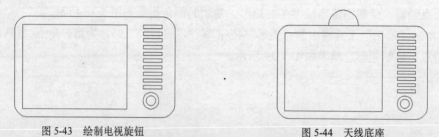

图 5-43　绘制电视旋钮　　　　　　　　　图 5-44　天线底座

7. 单击"绘图"工具栏中的"直线"按钮 ╱，适当绘制两条线段作为天线。结果如图 5-45 所示。

8. 单击"绘图"工具栏中的"矩形"按钮 □，以（134，140）为第一角点，（150，136）

为第二角点绘制矩形，结果如图 5-46 所示。

图 5-45   绘制天线

图 5-46   绘制电视机左侧支脚

9．单击"修改"工具栏中的"镜像"按钮 △，将上步绘制的矩形进行镜像。最终结果如图 5-37 所示。

## 5.3   删除及恢复类命令

删除及恢复类命令主要用于删除图形某部分或对已被删除的部分进行恢复。包括删除、恢复、重做和清除等命令。

### 5.3.1   删除命令

如果所绘制的图形不符合要求或不小心错绘了图形，可以选择删除命令"ERASE"把其删除。

 **执行方式**

命令行：ERASE（快捷命令：E）

菜单栏："修改" → "删除"

工具栏：修改→删除 ✐

快捷菜单：选择要删除的对象，在绘图区单击鼠标右键，选择快捷菜单中的"删除"命令。

可以先选择对象再调用删除命令，也可以先调用删除命令再选择对象。选择对象时可以使用前面介绍的对象选择的各种方法。

当选择多个对象时，多个对象都被删除；若选择的对象属于某个对象组，则该对象组中的所有对象都被删除。

技巧荟萃

> 在绘图过程中，如果出现了绘制错误或绘制了不满意的图形，需要删除时，可以单击"标准"工具栏中的"放弃"按钮 ↶，也可以按【Delete】键，命令行提示"_.erase"。删除命令可以一次删除一个或多个图形，如果删除错误，可以利用"放弃"按钮 ↶ 来补救。

### 5.3.2   恢复命令

若不小心误删了图形，可以使用恢复命令"OOPS"，恢复误删的对象。

**执行方式**

命令行：OOPS 或 U

工具栏：标准→放弃⤺

快捷键：Ctrl+Z

### 5.3.3 清除命令

此命令与删除命令功能完全相同。

 **执行方式**

菜单栏："编辑"→"删除"

快捷键：Delete

执行上述操作后，命令行提示如下：

选择对象：选择要清除的对象，按【Enter】键执行清除命令。

## 5.4 改变几何特性类命令

改变几何特性类编辑命令在对指定对象进行编辑后，使编辑对象的几何特性发生改变。包括修剪、延伸、拉伸、拉长、圆角、倒角和打断等命令。

### 5.4.1 修剪命令

**1. 执行方式**

命令行：TRIM（快捷命令：TR）

菜单栏："修改"→"修剪"

工具栏：修改→修剪 ⊹

**2. 操作步骤**

命令行提示如下。

命令：TRIM↙

当前设置:投影=UCS，边=无

选择剪切边...

选择对象或<全部选择>:选择用作修剪边界的对象，按【Enter】键结束对象选择

选择要修剪的对象，或按住【Shift】键选择要延伸的对象，或[栏选(F)/窗交(C)/投影(P)/边(E)/删除(R)/放弃(U)]:

**3. 选项说明**

（1）在选择对象时，如果按住【Shift】键，系统就会自动将"修剪"命令转换成"延伸"命令，"延伸"命令将在下节介绍。

（2）选择"栏选（F）"选项时，系统以栏选的方式选择被修剪的对象，如图 5-47 所示。

（3）选择"窗交（C）"选项时，系统以窗交的方式选择被修剪的对象，如图 5-48 所示。

（4）选择"边（E）"选项时，可以选择对象的修剪方式。

❶ 延伸（E）：延伸边界进行修剪。在此方式下，如果剪切边没有与要修剪的对象相交，系统会延伸剪切边直至与对象相交，然后再修剪，如图 5-49 所示。

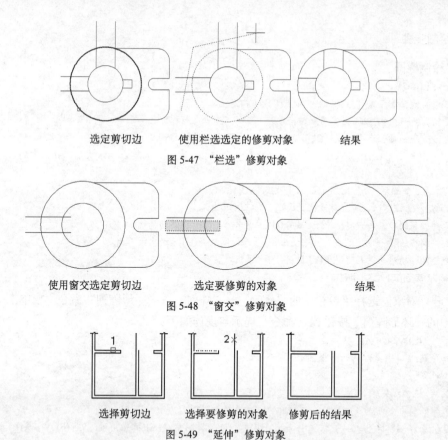

选定剪切边　　　　使用栏选选定的修剪对象　　　　结果

图 5-47　"栏选"修剪对象

使用窗交选定剪切边　　　　选定要修剪的对象　　　　结果

图 5-48　"窗交"修剪对象

选择剪切边　　　选择要修剪的对象　　修剪后的结果

图 5-49　"延伸"修剪对象

❷ 不延伸（N）：不延伸边界修剪对象，只修剪与剪切边相交的对象。

（5）被选择的对象可以互为边界和被修剪对象，此时系统会在选择的对象中自动判断边界。

技巧荟萃

> 在使用修剪命令选择修剪对象时，通常是逐个单击选择，这样有时显得效率低，要比较快地实现修剪过程，可以先输入修剪命令"TR"或"TRIM"，然后按【Space】或【Enter】键，命令行中就会提示选择修剪的对象，这时可以不选择对象，继续按【Space】或【Enter】键，系统默认选择全部，这样做就可以很快地完成修剪过程。

# 5.4.2　实例——卫星轨道

绘制如图 5-50 所示的卫星轨道。

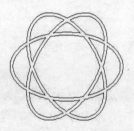

图 5-50　卫星轨道

**绘制步骤**

### 1. 绘制椭圆

```
命令: ELLIPSE↙
指定椭圆的轴端点或 [圆弧(A)/中心点(C)]: (指定端点)
指定轴的另一个端点: (指定另一端点)
指定另一条半轴长度或 [旋转(R)]: (用光标拉出另一条半轴的长度)
命令: OFFSET↙ (或选择菜单栏中的"修改"→"偏移"命令, 或单击"修改"工具栏中的"偏移"按
钮⬢, 下同)
当前设置: 删除源=否  图层=源  OFFSETGAPTYPE=0
指定偏移距离或 [通过(T)/删除(E)/图层(L)] <3.0000>: 3↙
选择要偏移的对象, 或 [退出(E)/放弃(U)] <退出>: (选择绘制的椭圆)
指定要偏移的那一侧上的点, 或 [退出(E)/多个(M)/放弃(U)] <退出>: (指定一点)
选择要偏移的对象, 或 [退出(E)/放弃(U)] <退出>: ↙
```

绘制结果如图 5-51 所示。

### 2. 阵列对象。选择菜单栏中的"修改"→"阵列"→"环形阵列"命令, 或单击"修改"工具栏中的"环形阵列"按钮, 命令行提示与操作如下：

```
命令: _ARRAYPOLAR
选择对象: (框选绘制的两个椭圆)
选择对象: ↙
类型 = 极轴  关联 = 是
指定阵列的中心点或 [基点(B)/旋转轴(A)]: (选择椭圆圆心为中心点)
选择夹点以编辑阵列或 [关联(AS)/基点(B)/项目(I)/项目间角度(A)/填充角度(F)/行(ROW)/层(L)/旋转项目(ROT)/退出(X)] <退出>: as
创建关联阵列 [是(Y)/否(N)] <是>:n
选择夹点以编辑阵列或 [关联(AS)/基点(B)/项目(I)/项目间角度(A)/填充角度(F)/行(ROW)/层(L)/旋转项目(ROT)/退出(X)] <退出>: i
输入阵列中的项目数或 [表达式(E)] <6>: 3
选择夹点以编辑阵列或 [关联(AS)/基点(B)/项目(I)/项目间角度(A)/填充角度(F)/行(ROW)/层(L)/旋转项目(ROT)/退出(X)] <退出>: f
指定填充角度(+=逆时针、-=顺时针)或 [表达式(EX)] <360>:
选择夹点以编辑阵列或 [关联(AS)/基点(B)/项目(I)/项目间角度(A)/填充角度(F)/行(ROW)/层(L)/旋转项目(ROT)/退出(X)] <退出>:↙
```

绘制的图形如图 5-52 所示。

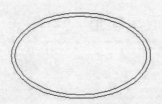

图 5-51　绘制椭圆并偏移

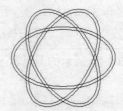

图 5-52　阵列对象

### 3. 修剪对象

```
命令: TRIM↙ (或选择菜单栏中的"修改"→"修剪"命令, 或单击"修改"工具栏中的"修剪"按钮, 下同)
当前设置: 投影=UCS, 边=无
选择剪切边...
```

选择对象或 <全部选择>:↙

选择要修剪的对象，或按住【Shift】键选择要延伸的对象，或[栏选(F)/窗交(C)/投影(P)/边(E)/删除(R)/放弃(U)]: (选择两椭圆环的交叉部分)

选择要修剪的对象，或按住【Shift】键选择要延伸的对象，或[栏选(F)/窗交(C)/投影(P)/边(E)/删除(R)/放弃(U)]: (选择两椭圆环的交叉部分)

选择要修剪的对象，或按住【Shift】键选择要延伸的对象，或 [投影(P)/边(E)/放弃(U)]:↙

如此重复修剪，最终图形如图 5-50 所示。

## 5.4.3　延伸命令

延伸命令是指延伸对象直到另一个对象的边界线，如图 5-53 所示。

选择边界　　　　　选择要延伸的对象　　　　执行结果

图 5-53　延伸对象 1

### 1．执行方式

命令行：EXTEND（快捷命令：EX）

菜单栏："修改"→"延伸"

工具栏：修改→延伸--/

### 2．操作步骤

命令行提示如下：

命令：EXTEND↙

当前设置:投影=UCS，边=无

选择边界的边...

选择对象或<全部选择>:选择边界对象

此时可以选择对象来定义边界，若直接按【Enter】键，则选择所有对象作为可能的边界对象。

系统规定可以用作边界对象的对象有：直线段、射线、双向无限长线、圆弧、圆、椭圆、二维/三维多义线、样条曲线、文本、浮动的视口和区域。如果选择二维多义线作为边界对象，系统会忽略其宽度而把对象延伸至多义线的中心线。

选择边界对象后，命令行提示如下：

选择要延伸的对象，或按住【Shift】键选择要修剪的对象，或[栏选(F)/窗交(C)/投影(P)/边(E)/放弃(U)]:

### 3．选项说明

（1）如果要延伸的对象适配样条多义线，则延伸后会在多义线的控制框上增加新节点；如果要延伸的对象是锥形的多义线，系统会修正延伸端的宽度，使多义线从起始端平滑地延伸至新终止端；如果延伸操作导致终止端宽度可能为负值，则取宽度值为 0，操作提示如图 5-54 所示。

选择边界对象　　　　选择要延伸的多义线　　　延伸后的结果

图 5-54　延伸对象 2

（2）选择对象时，如果按住【Shift】键，系统就会自动将"延伸"命令转换成"修剪"命令。

## 5.4.4 实例——蜗轮

绘制如图 5-55 所示的蜗轮。

**绘制步骤**

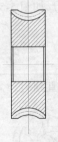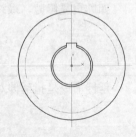

1. 图层设置。选择菜单栏中的"格式"→"图层"命令，或单击"图层"工具栏中的"图层特性管理器"按钮 ，将图形设为 3 个图层，名称及属性如下所示。

❶ 第 1 图层命名为"粗实线"图层，线宽为 0.3，其余属性默认。

❷ 第 2 图层命名为"细实线"图层，其余属性默认。

图 5-55　蜗轮

❸ 第 3 图层命名为"中心线"图层，线型为"CENTER"，颜色设为红色，其余属性默认。打开线宽显示。

2. 绘制中心线

❶ 将"中心线"图层设置为当前图层，单击"绘图"工具栏中的"圆"按钮 ，以坐标原点为圆心，绘制半径为 27 的圆。

❷ 单击"绘图"工具栏中的"直线"按钮 ，端点分别为（-35,0）、（@70,0）和（0,-35）、（@0,70），如图 5-56 所示。

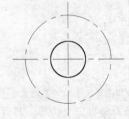

图 5-56　绘制中心线　　　　　　　　　　　图 5-57　绘制圆

3. 绘制圆。将"粗实线"图层设置为当前图层，单击"绘图"工具栏中的"圆"按钮 ，以坐标原点为圆心，绘制半径为 11 的圆，结果如图 5-57 所示。

4. 偏移操作。单击"修改"工具栏中的"偏移"按钮 ，将半径为 11 的圆向外偏移 1 和 20，结果如图 5-58 所示。

5. 绘制键槽直线。单击"绘图"工具栏中的"直线"按钮 ，端点坐标为（-3,0）、（@0,13）、（@6,0）和（@0,-13），绘制如图 5-59 所示。

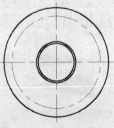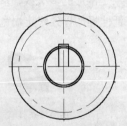

图 5-58　偏移后的图形　　　　　　　　　　图 5-59　绘制键槽直线

6. 修剪图形。单击"修改"工具栏中的"修剪"按钮 ⊬，修改图形，如图 5-60 所示。

> 上面通过蜗轮左视图的绘制，应用了圆的命令"绘图"→"圆"和直线命令"绘图"→"直线"，并且讲习了偏移命令的使用"修改"→"偏移"，偏移命令创建同心圆、平行线和平行曲线，在距现有对象指定的距离处或通过指定点创建新对象。下面将绘制蜗轮的正视图。

7. 绘制主视图中心线。将"中心线"图层设置为当前图层。单击"绘图"工具栏中的"直线"按钮 ⁄，绘制端点分别为（-70,-40）、（@0,40）和（-85,0）、（@30,0）的直线，结果如图 5-61 所示。

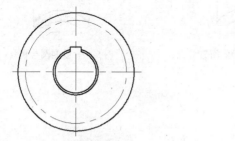 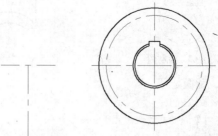

图 5-60  修剪图形　　　　　　　图 5-61  绘制主视图中心线

8. 绘制主视图直线。将"粗实线"图层设置为当前图层。单击"绘图"工具栏中的"直线"按钮 ⁄，绘制端点分别为（-80,0）、（@0,-31）、（@10,0）和（-79,0）、（@0,-10）的直线，结果如图 5-62 所示。

9. 镜像主视图直线。单击"修改"工具栏中的"镜像"按钮 ⚎，以竖直中心线为镜像轴，对上步绘制的对象进行镜像处理，镜像完成后用一条直线连接短竖直线两个端点，如图 5-63 所示。

10. 延伸连接线

命令：EXTEND↙
当前设置：投影=UCS，边=无
选择边界的边...
选择对象或 <全部选择>：（选择图 5-63 所示的左右两条长竖线）
找到 2 个
选择对象：↙
选择要延伸的对象，或按住【Shift】键选择要修剪的对象，或[栏选(F)/窗交(C)/投影(P)/边(E)/删除(R)/放弃(U)]：（选择图 5-63 所示的刚绘制的水平线）
选择要延伸的对象，或按住【Shift】键选择要修剪的对象，或[栏选(F)/窗交(C)/投影(P)/边(E)/删除(R)/放弃(U)]：↙
绘制如图 5-64 所示。

图 5-62  绘制主视图直线　　　　图 5-63  镜像图形　　　　图 5-64  延伸直线

11. 绘制蜗轮轮廓圆。单击"绘图"工具栏中的"圆"按钮 ⊙，分别以（-70,-40）为圆心，11 为半径绘制圆，以（-70,-38）为圆心，13 为半径绘制圆，结果如图 5-65 所示。

12. 修剪图形。单击"修改"工具栏中的"修剪"按钮 ⊬，修剪情况如图 5-66 所示。

13. 绘制分度线圆。

❶ 将"中心线"图层设置为当前图层。单击"绘图"工具栏中的"圆"按钮 ⊙，以（-70,-40）为圆心，13 为半径绘制圆。

❷ 单击"修改"工具栏中的"修剪"按钮 ⊬，将超出最下水平线修剪掉，如图 5-67 所示。

图 5-65　绘制圆

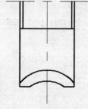

图 5-66　修剪的图形

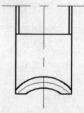

图 5-67　绘制圆与直线

14. 镜像处理

命令: MIRROR↙

选择对象:（选择左视图的所有图形）

选择对象: ↙

指定镜像线的第 1 点: -60,0 ↙

指定镜像线的第 2 点: -80,0 ↙

要删除源对象吗? [是(Y)/否(N)] <N>: ↙

绘制如图 5-68 所示。

15. 图案填充。将当前图层设置为"细实线"图层，单击"绘图"工具栏中的"图案填充"按钮 ▨，选择合适的材料，填充结果如图 5-69 所示。

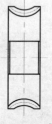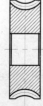

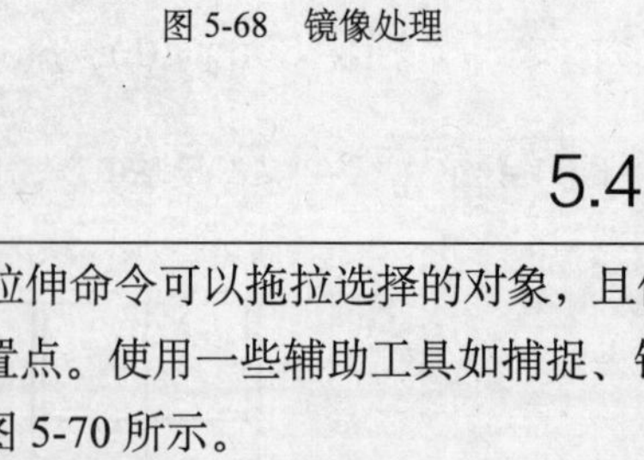

图 5-68　镜像处理

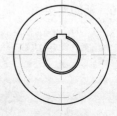

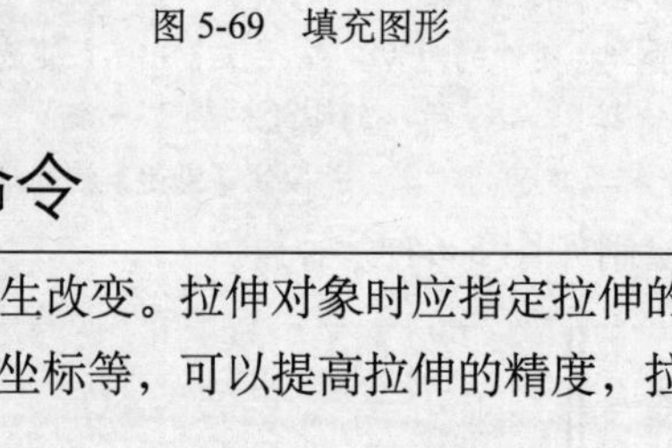

图 5-69　填充图形

# 5.4.5　拉伸命令

拉伸命令可以拖拉选择的对象，且使对象的形状发生改变。拉伸对象时应指定拉伸的基点和移置点。使用一些辅助工具如捕捉、钳夹功能及相对坐标等，可以提高拉伸的精度，拉伸图例如图 5-70 所示。

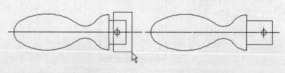

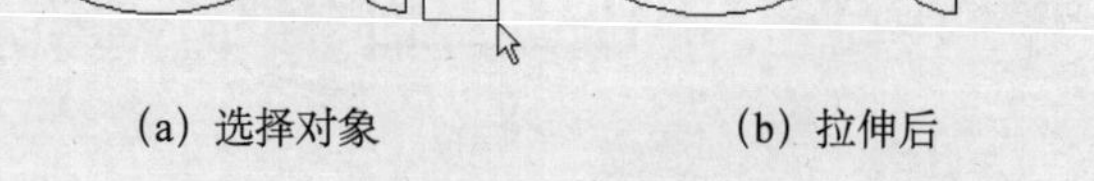

（a）选择对象　　　　　（b）拉伸后

图 5-70　拉伸

### 1．执行方式

命令行：STRETCH（快捷命令：S）。

菜单栏："修改"→"拉伸"

工具栏：修改→拉伸▢。

### 2．操作步骤

命令行提示如下：

命令：STRETCH↙

以交叉窗口或交叉多边形选择要拉伸的对象…

选择对象:C↙

指定第 1 角点:在绘图区指定一点

指定对角点：找到 2 个（采用交叉窗口的方式选择要拉伸的对象）

指定基点或[位移(D)]<位移>:指定拉伸的基点

指定第 2 个点或<使用第 1 个点作为位移>:指定拉伸的移至点

此时，若指定第 2 个点，系统将根据这两点决定矢量拉伸的对象；若直接按【Enter】键，系统会把第 1 个点作为 x 和 y 轴的分量值。

拉伸命令将使完全包含在交叉窗口内的对象不被拉伸，部分包含在交叉选择窗口内的对象被拉伸，如图 5-70 所示。

在执行 STRETCH 的过程中，必须采用"交叉窗口"的方式选择对象。用交叉窗口选择拉伸对象后，落在交叉窗口内的端点被拉伸，落在外部的端点保持不动。

## 5.4.6　实例——手柄

绘制如图 5-71 所示的手柄。

### 绘制步骤

1．选取菜单栏中的"格式"→"图层"命令，单击图层工具栏中的命令图标，新建两个图层。轮廓线层，线宽属性为 0.3，其余属性默认。中心线层，颜色设为红色，线型加载为 CENTER，其余属性默认。

2．将"中心线"层设置为当前层。单击"绘图"工具栏中的"直线"按钮，绘制直线，直线的两个端点坐标是（150，150）和（@100，0），结果如图 5-72 所示。

3．将"轮廓线"层设置为当前层。单击"绘图"工具栏中的"圆"按钮，以（160，150）为圆心，以 10 为半径绘制圆；以（235，150）为圆心，以 15 为半径绘制圆。再绘制半径为 50 的圆与前两个圆相切。结果如图 5-73 所示。

图 5-71　手柄　　　　　　　　　图 5-72　绘制直线　　　　　　　图 5-73　绘制圆

4．单击"绘图"工具栏中的"直线"按钮，以端点坐标为（250，150）（@10，<90）（@15<180）

绘制直线，按【空格】键重复"直线"命令绘制从点（235，165）到点（235，150）的直线。结果如图 5-74 所示。

5. 单击"修改"工具栏中的"修剪"按钮 ⊬，修剪图 5-81 所示的图形，结果如图 5-75 所示。

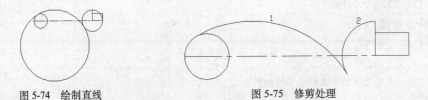

图 5-74　绘制直线　　　　　　　　　　　图 5-75　修剪处理

6. 单击"绘图"工具栏中的"圆"按钮 ⊙，绘制与圆弧 1 和圆弧 2 相切的圆，半径为 12，结果如图 5-76 所示。

7. 单击"修改"工具栏中的"修剪"按钮 ⊬，将多余的圆弧进行修剪，结果如图 5-77 所示。

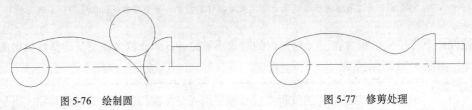

图 5-76　绘制圆　　　　　　　　　　　　图 5-77　修剪处理

8. 单击"修改"工具栏中的"镜像"按钮 ⚠，以中心线为对称轴，不删除原对象，将绘制的中心线以上对象镜像，结果如图 5-78 所示。

9. 单击"修改"工具栏中的"修剪"按钮 ⊬，进行修剪处理，结果如图 5-79 所示。

图 5-78　镜像处理　　　　　　　　　　　图 5-79　修剪结果

10. 单击"修改"工具栏中的"拉伸"按钮 ⬒，拉长接头部分。命令行提示与操作如下：

```
命令: STRETCH✓
以交叉窗口或交叉多边形选择要拉伸的对象...
选择对象:C✓
指定第 1 个角点:（框选手柄接头部分，如图 5-80 所示）
指定对角点:找到 6 个
选择对象: ✓
指定基点或 [位移(D)]<位移>:100，100✓
指定位移的第 2 个点或<用第 1 个点作位移>:105，100✓
```

结果如图 5-81 所示。

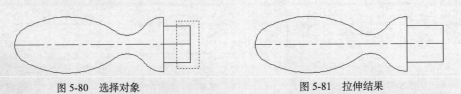

图 5-80　选择对象　　　　　　　　　　　图 5-81　拉伸结果

11. 选择菜单栏中的"修改"→"拉长"命令，拉长中心线。命令行提示与操作如下：

```
命令:_lengthen
选择对象或[增量(DE)/百分数(P)/全部(T)/动态(DY)]:DE↙
输入长度增量或[角度(A)]<0.0000>:4↙
选择要修改的对象或[放弃(U)]:（选择中心线右端）
选择要修改的对象或[放弃(U)]:（选择中心线左端）
选择要修改的对象或[放弃(U)]: ↙
```

最终结果如图 5-71 所示。

## 5.4.7　拉长命令

### 1．执行方式

命令行：LENGTHEN（快捷命令：LEN）

菜单栏："修改"→"拉长"

### 2．操作步骤

命令行提示如下：

```
命令:LENGTHEN↙
选择对象或[增量(DE)/百分数(P)/全部(T)/动态(DY)]:选择要拉长的对象
当前长度:30.5001（给出选定对象的长度，如果选择圆弧，还将给出圆弧的包含角）
选择对象或[增量(DE)/百分数(P)/全部(T)/动态(DY)]: DE↙（选择拉长或缩短的方式为增量方式）
输入长度增量或[角度(A)] <0.0000>:10↙（在此输入长度增量数值。如果选择圆弧段，则可输入选项"A"，
给定角度增量）
选择要修改的对象或[放弃(U)]:选定要修改的对象，进行拉长操作
选择要修改的对象或[放弃(U)]:继续选择，或按【Enter】键结束命令
```

### 3．选项说明

（1）增量（DE）：用指定增加量的方法改变对象的长度或角度。

（2）百分数（P）：用指定占总长度百分比的方法改变圆弧或直线段的长度。

（3）全部（T）：用指定新总长度或总角度值的方法改变对象的长度或角度。

（4）动态（DY）：在此模式下，可以使用拖拉光标的方法来动态地改变对象的长度或角度。

## 5.4.8　实例——绝缘子

绘制如图 5-82 所示的绝缘子。

 **绘制步骤**

#### 1．设置图形

❶ 第 1 图层命名为"实体符号"图层，线宽为 0.09，其余属性默认。

❷ 第 2 图层命名为"中心线"图层，线型为 CENTER，颜色设为红色，其余属性默认。

#### 2．绘制直线

❶ 将"实体符号"设置为当前图层。

❷ 绘制中心线，单击"绘图"工具栏中的"直线"按钮，绘制竖直直线 1，坐标为（10,0）和（10,11）。用光标选中直线 1，单击"图层"工具栏中的下拉按钮

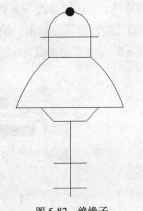

图 5-82　绝缘子

▼，弹出下拉菜单，单击选择"中心线"层，将其图层属性设置为"中心线"图层，如图 5-83a 所示。

❸ 绘制水平直线，单击"绘图"工具栏中的"直线"按钮✎，在"对象捕捉"绘图方式下，用光标捕捉直线 1 的下端点，并以其为起点，向左绘制长度为 1 的直线 2，如图 5-83b 所示。

❹ 偏移水平直线，单击"修改"工具栏中的"偏移"按钮🗗，以直线 2 为起始，依次向上分别绘制直线 3、4、5、6、7 和 8，偏移量依次为 0.5、1.5、2.5、0.8、3 和 1.2，并删除直线 2，如图 5-83c 所示。

❺ 拉长水平直线，选择菜单栏中的"修改"→"拉长"命令，将直线 6 向左拉长 2.3，命令行提示与操作如下：

命令:LENGTHEN↙
选择对象或[增量(DE)/百分数(P)/全部(T)/动态(DY)]:选择直线 6
当前长度:1.0000
选择对象或[增量(DE)/百分数(P)/全部(T)/动态(DY)]: DE↙（选择拉长或缩短的方式为增量方式）
输入长度增量或[角度(A)] <0.0000>:2.3↙
选择要修改的对象或[放弃(U)]: ↙

用同样的方法，将直线 7 和直线 8 分别向左拉长 0.3，结果如图 5-83d 所示。

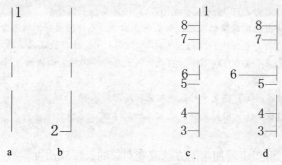

图 5-83 绘制直线

❻ 绘制倾斜直线：单击状态栏上的"动态输入"按钮，打开动态输入功能，并单击"绘图"工具栏中的"直线"按钮✎，在"对象捕捉"和"极轴"绘图方式下绘制倾斜线段。其方法是先用光标捕捉直线 5 的左端点作为起点，单击并同时将光标向直线 6 的左端点附近、直线 6 以上区域移动，这时屏幕上会出现如图 5-84a 所示的角度和长度的提示，移动光标直到角度提示为 135°时，停止移动光标并单击，此时绘制了一条和直线 5 成 135°角，并和直线 6 有交点的直线。单击"修改"工具栏中的"修剪"按钮，修剪掉多余部分，结果如图 5-84b 所示。

3. 绘制圆弧。单击"绘图"工具栏中的"圆弧"按钮✎，以直线 7 的左端点为起点、以直线 6 的左端点为终点，6.5 为半径绘制圆弧，结果如图 5-84c 所示。

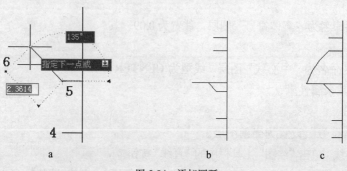

图 5-84 添加圆弧

**4. 整理图形**

❶ 绘制竖直直线，单击"绘图"工具栏中的"直线"按钮，在"对象捕捉"方式下，用光标分别捕捉直线 7 和直线 8 的左端点作为起点和终点绘制直线 9。调用"拉长"命令，将直线 9 向上拉长 0.1，如图 5-85a 所示。

❷ 绘制圆弧，单击"绘图"工具栏中的"圆弧"按钮，以直线 9 的上端点为起点，以中心线的上端点为终点，1.3 为半径绘制圆弧。

❸ 拉长直线，选择菜单栏中的"修改"→"拉长"命令，将直线 8 向左拉长 0.5mm，结果如图 5-85b 所示。

❹ 镜像图形，单击"修改"工具栏中的"镜像"按钮，选取除中心线以外的图形为镜像对象，以中心线为镜像线，做镜像操作，结果如图 5-85c 所示。

❺ 修剪图形，单击"修改"工具栏中的"修剪"按钮，修剪掉多余的直线，得到如图 5-85d 所示的结果。

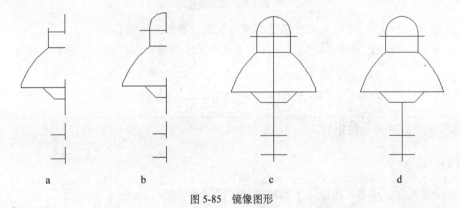

a          b          c          d

图 5-85  镜像图形

❻ 绘制圆，单击"绘图"工具栏中的"圆"按钮，以圆弧顶点为圆心，绘制半径为 0.25 的圆。

**5. 填充圆。**单击"绘图"工具栏中的"图案填充"按钮，弹出"图案填充和渐变色"对话框。选择"SOLID"图案，单击"确定"按钮，回到"图案填充和渐变色"对话框，将"比例"设置为 1，其他为默认值。单击"添加：选择对象"按钮，暂时回到绘图窗口中进行选择。选择上步中绘制的圆为填充边界，单击"确定"按钮，结果如图 5-82 所示。至此，绝缘子的绘制工作完成。

## 5.4.9  圆角命令

圆角命令是指用一条指定半径的圆弧平滑连接两个对象。它可以平滑地连接一对直线段、非圆弧的多义线段、样条曲线、双向无限长线、射线、圆、圆弧和椭圆，并且可以在任何时候平滑地连接多义线的每个节点。

**1. 执行方式**

命令行：FILLET（快捷命令：F）

菜单栏："修改"→"圆角"

工具栏：修改→圆角

**2. 操作步骤**

命令行提示如下：

命令：FILLET✓
当前设置：模式 = 修剪，半径 = 0.0000
选择第 1 个对象或[放弃(U)/多段线(P)/半径(R)/修剪(T)/多个(M)]:选择第 1 个对象或别的选项
选择第 2 个对象或或按住【Shift】键选择对象以应用角点或 [半径(R)]: 选择第 2 个对象

**3．选项说明**

（1）多段线（P）。在一条二维多段线两段直线段的节点处插入圆弧。选择多段线后系统会根据指定的圆弧半径把多段线各顶点用圆弧平滑连接起来。

（2）修剪（T）。决定在平滑连接两条边时，是否修剪这两条边，如图 5-86 所示。

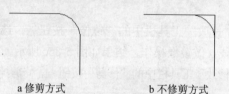

a 修剪方式　　　　　　　　b 不修剪方式

图 5-86　圆角连接

（3）多个（M）。同时对多个对象进行圆角编辑，而不必重新起用命令。

（4）按住【Shift】键并选择两条直线，可以快速地创建零距离倒角或零半径圆角。

# 5.4.10　实例——电机

绘制如图 5-87 所示的电机。

**绘制步骤**

1．设置图层。单击"图层"工具栏中的"图层特性管理器"按钮🗗，新建两个图层。

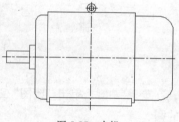

❶ 第 1 图层命名为"轮廓线"，线宽属性为 0.3，其余属性默认。

图 5-87　电机

❷ 第 2 图层命名为"中心线"，颜色设为红色，线型加载为 CENTER，线宽为 0.09。

2．绘制直线

将"中心线"层设置为当前层。单击"绘图"工具栏中的"直线"按钮╱，绘制水平直线。将"轮廓线"层设置为当前层，再单击"绘图"工具栏中的"直线"按钮╱，绘制竖直直线，结果如图 5-88 所示。

3．偏移处理。单击"修改"工具栏中的🗗按钮，将竖直直线向右依次偏移，偏移距离为40、10、20、150 和 65，将水平直线分别向上偏移 10、10、50 和 5。选取偏移后的直线，将其所在层修改为"轮廓线"层，结果如图 5-89 所示。

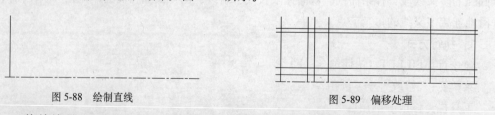

图 5-88　绘制直线　　　　　　　　　　　　　　图 5-89　偏移处理

4．修剪处理

单击"修改"工具栏中的"修剪"按钮╱┈，对图形进行修剪，结果如图 5-90 所示。

### 5．倒圆角

命令: FILLET✓（或者单击"修改"工具栏中的┌按钮）

当前设置：模式 = 修剪，半径 = 0.0000

选择第 1 个对象或 [放弃(U)/多段线(P)/半径(R)/修剪(T)/多个(M)]: r✓

指定圆角半径 <0.0000>: 10✓

选择第 1 个对象或 [放弃(U)/多段线(P)/半径(R)/修剪(T)/多个(M)]:（选择线段 1）

选择第 2 个对象或或按住【Shift】键选择对象以应用角点或 [半径(R)]:（选择线段 2）

重复上述命令选择线段 3 和线段 4 进行倒圆角处理，半径为 25，结果如图 5-91 所示。

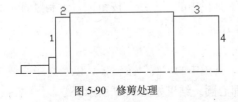 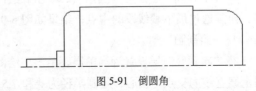

图 5-90　修剪处理　　　　　　　　　　　图 5-91　倒圆角

### 6．镜像处理

命令: MIRROR✓（或单击"修改"工具栏中的⚏按钮）

选择对象:（选择水平中心线以上的图形）

选择对象: ✓

指定镜像线的第 1 点: 指定镜像线的第 2 点:（在水平中心线上取两点）

要删除源对象？ [是(Y)/否(N)] <N>:✓

结果如图 5-92 所示。

### 7．偏移处理

单击"修改"工具栏中的"偏移"按钮⚏，将线段 5 向上偏移 7，向下偏移 5，将线段 6 向右偏移，偏移距离为 5。将线段 7 向左偏移 5，将最上端的直线向上偏移 7.5，结果如图 5-93 所示。

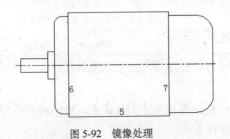 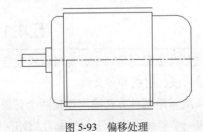

图 5-92　镜像处理　　　　　　　　　　　图 5-93　偏移处理

### 8．延伸处理

命令: EXTEND✓（或单击"修改"工具栏中的⊣按钮）

当前设置:投影=UCS，边=无

选择边界的边...

选择对象或 <全部选择>:找到 3 个

选择对象: ✓

选择要延伸的对象，或按住【Shift】键选择要修剪的对象，或 [投影(P)/边(E)/放弃(U)]:
（用鼠标选择要延伸的对象）

选择要延伸的对象，或按住【Shift】键选择要修剪的对象，或 [投影(P)/边(E)/放弃(U)]: ✓

结果如图 5-94 所示。

### 9．修剪处理

单击"修改"工具栏中的"修剪"按钮⊬，将多余的线段进行修剪，结果如图 5-95 所示。

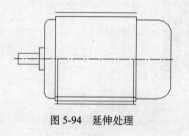

图 5-94　延伸处理

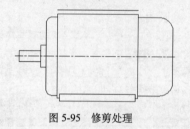

图 5-95　修剪处理

**10. 绘制竖直中心线**

将"中心线"层设置为当前层。单击"绘图"工具栏中的"直线"按钮 ╱，绘制竖直中心线，使其通过最下端线段的中点，结果如图 5-96 所示。

**11. 绘制圆**

将"轮廓线"层设置为当前层。单击"绘图"工具栏中的"圆"按钮 ⊘，以竖直中心线与最上端直线的交点为圆心，绘制半径为 4 和 7.5 的同心圆。结果如图 5-97 所示。

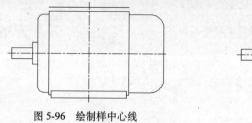

图 5-96　绘制样中心线

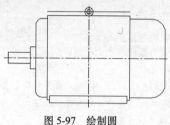

图 5-97　绘制圆

**12. 绘制圆中心线**

将"中心线"层设置为当前层。在最上边水平线的同样水平位置绘制适当长度的中心线，然后删除该水平实线，结果如图 5-87 所示。

## 5.4.11　倒角命令

倒角命令即斜角命令，是用斜线连接两个不平行的线型对象。可以用斜线连接直线段、双向无限长线、射线和多义线。

系统采用两种方法确定连接两个对象的斜线一种是指定两个斜线距离，另一种是指定斜线角度和一个斜线距离。下面分别介绍如何使用这两种方法。

**1. 指定两个斜线距离**

斜线距离是指从被连接对象与斜线的交点到被连接的两对象交点之间的距离，如图 5-98 所示。

**2. 指定斜线角度和一个斜距离连接选择的对象**

使用这种方法连接对象时，需要输入两个参数，即斜线与一个对象的斜线距离和斜线与该对象的夹角，如图 5-99 所示。

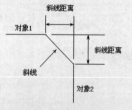

图 5-98　斜线距离

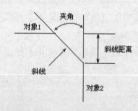

图 5-99　斜线距离与夹角

### 1. 执行方式

命令行：CHAMFER（快捷命令：CHA）

菜单栏："修改" → "倒角"

工具栏：修改→倒角◻

### 2. 操作步骤

命令行提示如下：

命令：CHAMFER↙
（"不修剪"模式）当前倒角距离  1 = 0.0000，距离 2 = 0.0000
选择第 1 条直线或 [放弃(U)/多段线(P)/距离(D)/角度(A)/修剪(T)/方式(E)/多个(M)]: 选择第 1 条直线或别的选项
选择第 2 条直线，或按住【Shift】键选择直线应用角点或[距离（D）/角度（A）/方法（M）]: 选择第 2 条直线

### 3. 选项说明

（1）多段线（P）：对多段线的各个交叉点倒斜角。为了得到最好的连接效果，一般设置斜线是相等的值，系统根据指定的斜线距离把多段线的每个交叉点都作斜线连接，连接的斜线成为多段线新的构成部分，如图 5-100 所示。

（2）距离（D）：选择倒角的两个斜线距离。这两个斜线距离可以相同也可以不相同，若二者均为 0，则系统不绘制连接的斜线，而是把两个对象延伸至相交并修剪超出的部分。

a 选择多段线　　　　b 倒斜角结果

图 5-100　斜线连接多段线

（3）角度（A）：选择第 1 条直线的斜线距离和第一条直线的倒角角度。

（4）修剪（T）：与圆角连接命令"FILLET"相同，该选项决定连接对象后是否剪切源对象。

（5）方式（E）：决定采用"距离"方式还是"角度"方式来倒斜角。

（6）多个（M）：同时对多个对象进行倒斜角编辑。

# 5.4.12　实例——螺钉

绘制如图 5-101 所示的螺钉。

**绘制步骤**

1. 图层设定。单击"图层"工具栏中的"图层特性管理器"按钮▣，新建如下 3 个图层。

❶ 第 1 图层命名为"粗实线"图层，线宽 0.3，其余属性默认。

❷ 第 2 图层命名为"细实线"图层，线宽 0.09，所有属性默认。

❸ 第 3 图层命名为"中心线"图层，线宽 0.09，颜色为红色，线型为 CENTER，其余属性默认。

2. 绘制中心线。将"中心线"图层设置为当前层，单击"绘图"工具栏中的"直线"按钮✏，命令行提示与操作如下：

图 5-101　螺钉

命令:LINE↙
指定第 1 点: -17,0↙
指定下一点或 [放弃(U)]: @34,0↙
指定下一点或 [放弃(U)]: ↙

同样，单击"绘图"工具栏中的"直线"按钮✏，绘制另外 3 条线段，端点坐标分别为 (0,-17)

和（@0,70）、(-9,4) 和（@0,-8）、(9,4) 和（@0,-8）。

　　3．绘制轮廓线。将"粗实线"图层设置为当前层，单击"绘图"工具栏中的"圆"按钮⊘，命令行提示与操作如下：

　　命令：CIRCLE↙
　　指定圆的圆心或 [三点(3P)/两点(2P)/切点、切点、半径(T)]: 0,0↙
　　指定圆的半径或 [直径(D)]: 14↙

　　同样，单击"绘图"工具栏中的"圆"按钮⊘，圆心坐标为 (-9,0)，半径为 2；再次单击"绘图"工具栏中的"圆"按钮⊘，绘制另一个圆，圆心坐标为 (9,0)，半径为 2。结果如图 5-102所示。

　　4．绘制构造线

　　命令：XLINE↙
　　指定点或 [水平(H)/垂直(V)/角度(A)/二等分(B)/偏移(O)]: (捕捉最外边圆的左象限点)
　　指定通过点: @0,2↙ （或者打开状态栏上"正交"开关，鼠标向上指定一点）
　　指定通过点: ↙

　　用同样的方法，捕捉图 5-102 中各圆的左右象限点为指定点，指定竖直方向一点为通过点绘制构造线，结果如图 5-103 所示。

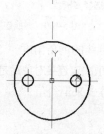

图 5-102　绘制俯视图

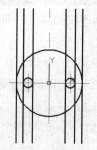

图 5-103　绘制构造线

　　　　　　可以选择"绘图"→"构造线"命令绘制无限长的直线，通常可以指定两点绘制构造线，也可以创建竖直的、水平的或和已知面成一定角度的构造线。构造线一般用作绘图辅助线，以保持不同视图间的尺寸对应关系。

　　5．绘制直线。单击"绘图"工具栏中的"直线"按钮╱，命令行提示与操作如下：

　　命令：LINE↙
　　指定第 1 点: -14,25↙
　　指定下一点或 [放弃(U)]: @28,0↙
　　指定下一点或 [放弃(U)]: ↙

　　同样，单击"绘图"工具栏中的"直线"按钮╱，绘制另两条线段，端点分别为 (-14,48) 和（@28,0）、(-14,40) 和（@28,0）}。

　　6．修剪对象。单击"修改"工具栏中的"修剪"按钮┿，命令行提示与操作如下：

　　命令：TRIM↙
　　当前设置:投影=UCS，边=延伸
　　选择修剪边...
　　选择对象或 <全部选择>: （选择如图 5-104 所示的修剪边界）
　　选择要修剪的对象，或按住【Shift】键选择要延伸的对象，或[栏选(F)/窗交(C)/投影(P)/边(E)/删除(R)/放弃(U)]: （选择需要修剪的边，如图 5-104 所示）
　　选择要修剪的对象，或按住【Shift】键选择要延伸的对象，或[栏选(F)/窗交(C)/投影(P)/边(E)/删除(R)/放弃(U)]: ↙

修剪结果如图 5-105 所示。

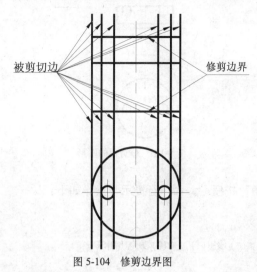

被剪切边　　　　　修剪边界

图 5-104　修剪边界图

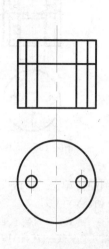

图 5-105　修剪之后的图形

> 修剪命令的使用方法是一般先选择要修剪的边界，然后再选择需要修剪的边。此外，选择作为修剪对象的修剪边的对象，或按【Enter】键选择所有对象作为可能的修剪边。有效的修剪边对象包括二维和三维多段线、圆弧、圆、椭圆、布局视口、直线、射线、面域、样条曲线、文字和构造线。

7. 绘制直线。单击"绘图"工具栏中的"直线"按钮 ，命令行提示与操作如下：

命令:LINE✓
指定第 1 点:-11,44✓
指定下一点或 [放弃(U)]: @10<-30✓

同样，选择 LINE 命令绘制其他几条线段或连续线段，端点分别为（-7,44），（@10<210）、（-4.75,40），（@0,-2.5），（@-1.25,0），（@0,-20）、（11,44），（@10<210）、（7,44），（@10<-30）、（4.75,40），（@0,-2.5），（@1.25,0），（@0,-20）、（-4.75,37.5），（4.75,37.5）、（-11,44），（-7,44）、（7,44），（11,44）。

> 这里也可以选择"镜像"命令来完成对称部分的绘制，读者可以自行操作体会。

8. 绘制中心线。将"中心线"图层设置为当前图层。

❶ 单击"绘图"工具栏中的"直线"按钮 ，绘制两条线段，端点分别为(-9,50)，(@0,-12)、(9,50)，(@0,-12)。绘制结果如图 5-106 所示。

❷ 单击"修改"工具栏中的"修剪"按钮 ，修剪图 5-38 所示的图形，结果如图 5-107 所示。

> 如果所需要操作的局部在图形中太小，就选择菜单栏中的"视图"→"缩放"→"窗口"命令或单击"缩放"工具栏中的"窗口"按钮 ，单击两个点，正好是需要放大的矩形的对角线，如果想恢复上一步的视图，可以选择菜单栏中的"视图"→"缩放"→"上一个"命令。

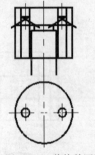 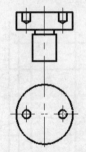

图 5-106　待修剪图形　　　　　　　　　图 5-107　修剪后的图形

9．倒角。单击"修改"工具栏中的"倒角"按钮，命令行提示与操作如下：

命令: CHAMFER✓
（"修剪"模式）当前倒角距离 1 = 0.0000，距离 2 = 0.0000
选择第 1 条直线或[放弃(U)/多段线(P)/距离(D)/角度(A)/修剪(T)/方式(E)/多个(M)]: D✓
指定第 1 个倒角距离 <0.0000>: 2✓
指定第 2 个倒角距离 <2.0000>: ✓
选择第 1 条直线或[放弃(U)/多段线(P)/距离(D)/角度(A)/修剪(T)/方式(E)/多个(M)]: （选择主视图最下面的直线）
选择第 2 条直线，或按住【Shift】键选择直线以应用角点或 [距离(D)/角度(A)/方法(M)]: （选择侧面直线）

　　　　　使用"修改"→"倒角"命令或"修改"→"圆角"命令需要指定倒角距
离或圆角半径，如果不指定，系统会以默认值 0 为倒角距离或圆角半径，这样
从图形上就看不出倒角或圆角的效果。

10．绘制直线。将"细实线"图层设置为当前层，单击"绘图"工具栏中的"直线"按钮
，命令行提示与操作如下：

命令: LINE✓
指定第 1 点: -6,27 ✓
指定下一点或 [放弃(U)]: @12,0 ✓
指定下一点或 [放弃(U)]: ✓

同样，单击"绘图"工具栏中的"直线"按钮，绘制另外 3 条线段，端点坐标分别为
(-4.75,37.5)，(@0,-5)、(4.75,37.5)，(@0,-5)，如图 5-108 所示。

11．延伸图形。延伸的步骤和方法与修剪的操作一致，选择菜单栏中的"修改"→"延伸"
命令，或单击"修改"工具栏中的"延伸"按钮，命令行提示与操作如下：

命令: _EXTEND
当前设置:投影=UCS，边=无
选择边界的边...
选择对象或 <全部选择>: （选择延伸边界，如图 5-109 所示）
选择对象: ✓
选择要延伸的对象，或按住【Shift】键选择要修剪的对象，或[栏选(F)/窗交(C)/投影(P)/边(E)/放弃(U)]: （选择要延伸的对象，如图 5-108 所示）
选择要延伸对象，或按住【Shift】键选择要修剪对象，或[栏选(F)/窗交(C)/投影(P)/边(E)/放弃(U)]: ✓

如图 5-108 所示的选择延伸边界和待延伸边，结果如图 5-109 所示。

12．图案填充。选择菜单栏中的"绘图"→ "图案填充"命令，或单击"绘图"工具栏
中的"图案填充"按钮，填充图形，结果如图 5-101 所示。

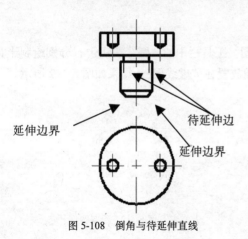

图 5-108　倒角与待延伸直线

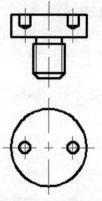

图 5-109　直线延伸后的图形

## 5.4.13　打断命令

### 1．执行方式

命令行：BREAK（快捷命令：BR）

菜单栏："修改"→"打断"

工具栏：修改→打断💾

### 2．操作步骤

命令行提示如下：

命令：BREAK↙

选择对象: 选择要打断的对象

指定第 2 个打断点或 [第 1 点(F)]: 指定第 2 个断开点或输入 "F" ↙

### 3．选项说明

如果选择"第 1 点（F）"选项，系统将放弃前面选择的第 1 个点，重新提示用户指定两个断开点。

## 5.4.14　实例——连接盘

绘制如图 5-110 所示的连接盘。

**绘制步骤**

### 1．设置图层

单击"图层"工具栏中的"图层特性管理器"按钮🔲，新建 3 个图层："轮廓线"层，线宽属性为 0.3，其余属性默认；"中心线"层，颜色设为红色，线型设置为 CENTER，其余属性默认；"虚线"层，颜色设为蓝色，其余属性默认。

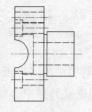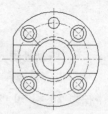

图 5-110　连接盘

### 2．绘制中心线和圆

❶ 将"中心线"层设置为当前层。

❷ 单击"绘图"工具栏中的"直线"按钮／，绘制两条垂直的中心线。

❸ 单击"绘图"工具栏中的"圆"按钮⊙，以两中心线交点为圆心，绘制半径为 130 圆。结果如图 5-111 所示。

### 3. 绘制圆

将"轮廓线"层设置为当前层。单击"绘图"工具栏中的"圆"按钮⊙，分别绘制半径为170、80、70 和 40 的同心圆。并将半径 80 的圆放置在"虚线层"。结果如图 5-112 所示。

图 5-111　绘制中心线　　　　　　　　　　图 5-112　绘制圆

### 4. 绘制辅助直线

将"中心线"层设置为当前层。单击"绘图"工具栏中的"直线"按钮╱，结合"对象追踪"功能，绘制起点在圆心，与水平方向成 45°的辅助直线。再单击"修改"工具栏中的"打断"按钮□，修剪过长的中心线，命令行提示与操作如下：

命令: break↙　（或单击"修改"工具栏中的□按钮）
选择对象:　（选择斜点划线上适当一点）
指定第 2 个打断点或 [第 1 点(f)]:　（选择圆心点）

结果如图 5-113 所示。

### 5. 绘制圆

将"轮廓线"层设置为当前层。单击"绘图"工具栏中的"圆"按钮⊙，以辅助直线与半径为 130 的圆的交点为圆心，分别绘制半径为 20 和 30 的圆。重复上述命令以竖直中心线与半径为 130 的圆的交点为圆心绘制半径为 20 的圆。结果如图 5-114 所示。

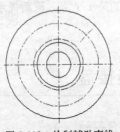
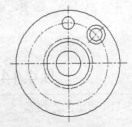

图 5-113　绘制辅助直线　　　　　　　　　图 5-114　绘制圆

### 6. 阵列处理

单击"修改"工具栏中的"环形阵列"按钮🔡，其中阵列项目数为 4，在绘图区域选择半径为 20 和 30 的圆以及其斜中心线，阵列的中心点为两条中心线的交点。结果如图 5-115 所示。

### 7. 偏移处理

单击"修改"工具栏中的"偏移"按钮🔲，将竖直中心线向左偏移 150。同理，将水平中心线分别向两侧偏移 50。选取偏移后的直线，将其所在层修改为"轮廓线"层，结果如图 5-116 所示。

### 8. 修剪处理

单击"修改"工具栏中的"修剪"按钮╱，将多余的线段进行修剪。命令行提示与操作如下：

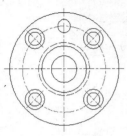
图 5-115 阵列处理

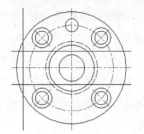
图 5-116 偏移处理

命令: TRIM↙（或单击"修改"工具栏中的 -/- 按钮）
当前设置:投影=ucs，边=无
选择剪切边...
选择对象或 <全部选择>:（全部选择）
选择对象: ↙
选择要修剪的对象，或按住【Shift】键选择要延伸的对象，或 [投影(p)/边(e)/放弃(u)]:（用鼠标选择要剪剪的对象）
选择要修剪的对象，或按住【Shift】键选择要延伸的对象，或 [投影(p)/边(e)/放弃(u)]: ↙

结果如图 5-117 所示。

### 9. 绘制辅助直线

转换图层，单击"绘图"工具栏中的"直线"按钮 /，绘制辅助直线。结果如图 5-118 所示。

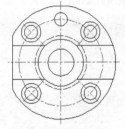
图 5-117 修剪处理

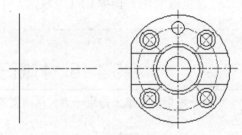
图 5-118 绘制辅助直线

### 10. 偏移处理

单击"修改"工具栏中的"偏移"按钮 ⌐，将竖直辅助直线分别向右偏移 70、110、120 和 220，再将水平辅助直线向上分别偏移 40、50、70、80、110、130、150 和 170。选取偏移后的直线，将其所在层修改为"轮廓线"层或"虚线"层，结果如图 5-119 所示。

### 11. 修剪处理

单击"修改"工具栏中的"修剪"按钮 -/-，进行修剪处理，并且将轴槽处的图线转换成粗实线，结果如图 5-120 所示。

  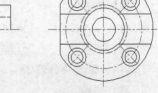
图 5-119 偏移处理        图 5-120 修剪处理

### 12. 绘制投影孔

单击"绘图"工具栏中的"直线"按钮 /，绘制左视图中半径 30 和半径 20 的阶梯孔的投影，半径 30 的沉孔深度为 30，并将绘制好的直线放置在虚线层。

### 13．镜像处理

单击"修改"工具栏中的"镜像"按钮，选中中心线上方除半径 20 的通孔外的所有图线，以水平线为对称中心线对图形进行镜像处理。结果如图 5-121 所示。

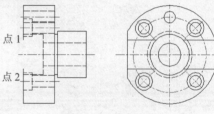

图 5-121　镜像处理

### 14．绘制圆弧

将"轮廓线"层设置为当前层，单击"绘图"工具栏中的"圆弧"按钮，绘制圆弧。命令行提示与操作如下：

```
命令：ARC↙
指定圆弧的起点或 [圆心(c)]: ( 选取点 2 )
指定圆弧的第 2 个点或 [圆心(c)/端点(e)]: e↙
指定圆弧的端点: ( 选取点 1 )
指定圆弧的圆心或 [角度(a)/方向(d)/半径(r)]: r↙
指定圆弧的半径: 50↙
```

结果如图 5-110 所示。

《机械制图》国家标准中规定，中心要超过轮廓线范围 2 至 5 毫米。

## 5.4.15　打断于点命令

打断于点命令是指在对象上指定一点，从而把对象在此点拆分成两部分，此命令与打断命令类似。

### 1．执行方式

工具栏：修改→打断于点

### 2．操作步骤

单击"修改"工具栏中的"打断于点"按钮，命令行提示如下：

```
_break 选择对象:选择要打断的对象
指定第 2 个打断点或[第一点(F)]: _f ( 系统自动执行"第 1 点"选项 )
指定第 1 个打断点:选择打断点
指定第 2 个打断点:@: 系统自动忽略此提示
```

## 5.4.16　分解命令

### 1．执行方式

命令行：EXPLODE（快捷命令：X）

菜单栏："修改" → "分解"

工具栏：修改→分解

### 2．操作步骤

命令行提示与操作如下：

```
命令：EXPLODE↙
选择对象：选择要分解的对象
```

选择一个对象后，该对象会被分解，系统继续提示该行信息，允许分解多个对象。

> 分解命令是将一个合成图形分解为其部件的工具。例如，一个矩形被分解后就会变成 4 条直线，且一个有宽度的直线分解后就会失去其宽度属性。

## 5.4.17　实例——通气器

通气器用于通气，使箱内外气压一致，以避免由于运转时箱内油温升高、内压增大，从而引起减速器润滑油的渗漏。

简易式通气器的通气孔不直接通向顶端，为避免灰尘落入，所以用于较干净的场合，如图 5-122 所示。

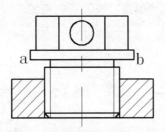
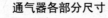

图 5-122　简易式通气器

选择通气器为 M16×1.5，其各个部分的尺寸如表 5-1 所示。

表 5-1　　　　　　　　　　　通气器各部分尺寸

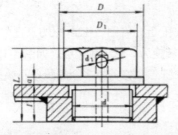
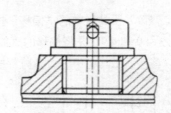

(mm)

| $d$ | $D$ | $D_1$ | $S$ | $L$ | $l$ | $a$ | $d_1$ |
|---|---|---|---|---|---|---|---|
| M12×1.25 | 18 | 16.5 | 14 | 19 | 10 | 2 | 4 |
| M16×1.5 | 22 | 19.6 | 17 | 23 | 12 | 2 | 5 |
| M20×1.5 | 30 | 25.4 | 22 | 28 | 15 | 4 | 6 |
| M22×1.5 | 32 | 25.4 | 22 | 29 | 15 | 4 | 7 |
| M27×1.5 | 38 | 31.2 | 27 | 34 | 18 | 4 | 8 |

**绘制步骤**

**1. 新建文件**

选择菜单栏中的"文件"→"新建"命令，弹出"选择样板"对话框，单击"打开"按钮，创建一个新的图形文件。

**2. 设置图层**

选择菜单栏中的"格式"→"图层"命令，弹出"图层特性管理器"对话框，在该对话框中依次创建"轮廓线","中心线"和"剖面线"3个图层,并设置"轮廓线"的线宽为0.3,设置"中心线"的颜色为红色,线型为"CENTER"。

3. 绘制图形

❶ 将"中心线"图层设置为当前层,单击"绘图"工具栏中的"直线"按钮 ∕,绘制一条竖直中心线。

❷ 将轮廓线图层设置为当前层,单击"绘图"工具栏中的"矩形"按钮 □,绘制长度为22,宽度为9的矩形。

❸ 单击"修改"工具栏中的"分解"按钮 ☞,将图 5-123 中的矩形分解成单独的线段。命令行操作如下:

```
命令: EXPLODE↙
选择对象:(选择图 5-123 中矩形)
```

❹ 单击"修改"工具栏中的"偏移"按钮 ☒,将图 5-123 中的直线 ab 向上进行偏移,偏移距离为2,效果如图 5-124 所示。

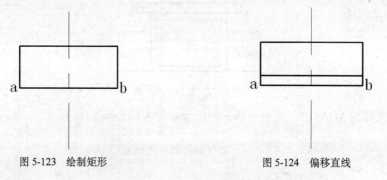

图 5-123　绘制矩形　　　　　图 5-124　偏移直线

❺ 单击"修改"工具栏中的"偏移"按钮 ☒,将图 5-124 中的竖直中心线向左右偏移,偏移距离分别为 4.9 和 4.9,并将偏移的直线转换为"轮廓线"层,如图 5-125 所示。

❻ 单击"修改"工具栏中的"修剪"按钮 ⊬,修剪掉多余的线条,效果如图 5-126 所示。

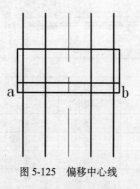
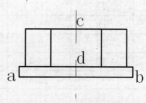

图 5-125　偏移中心线　　　　　图 5-126　修剪结果

❼ 单击"绘图"工具栏中的"圆"按钮 ⊙,以图 5-126 中线段 cd 的中点为圆心,绘制半径为 2.5 的圆,效果如图 5-127 所示。

❽ 单击"修改"工具栏中的"偏移"按钮 ☒,再次将竖直中心线向左右偏移,偏移距离分别为 6.8 和 1.2,并将偏移的直线转换为"轮廓线"层,同时将图 5-127 中的直线 ab 向下偏移,偏移距离为 1.5 和 10.5,效果如图 5-128 所示。

❾ 单击"修改"工具栏中的"修剪"按钮 ⊬,修剪掉多余的线条,效果如图 5-129 所示。

图 5-127　绘制通气孔

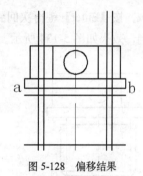

图 5-128　偏移结果

❿ 单击"修改"工具栏中的"偏移"按钮 ≤，再次将竖直中心线向左右偏移，偏移距离为 6.8，并将偏移的直线转换为"剖面线"层，效果如图 5-130 所示。

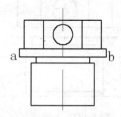

图 5-129　修剪结果

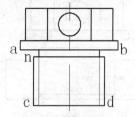

图 5-130　绘制螺纹小径

注意

为了提高画图速度，螺纹连接件各个部分的尺寸（除公称长度外）都可用 d（公称直径）的一定比例画出，称为比例画法或简化画法。对于螺纹来说，其简化画法是使"螺纹小径=0.85×螺纹大径"，并且对于外螺纹来说，螺纹小径用细实线表示，螺纹大径用粗实线表示。

⓫ 单击"修改"工具栏中的"倒角"按钮 △，命令行提示与操作如下：

```
命令:_CHAMFER
("修剪"模式) 当前倒角距离 1 = 1.0000，距离 2 = 1.0000
选择第 1 条直线或 [放弃(U)/多段线(P)/距离(D)/角度(A)/修剪(T)/方式(E)/多个(M)]:d ✓
指定第 1 个倒角距离 <1.0000>:✓
指定第 2 个倒角距离 <1.0000>:✓
选择第 1 条直线或 [放弃(U)/多段线(P)/距离(D)/角度(A)/修剪(T)/方式(E)/多个(M)]:(选择图 5-130 中的直线 nc)
选择第 2 条直线，或按住【Shift】键选择直线以应用角点或 [距离(D)/角度(A)/方法(M)]:(选择图 5-130 中的直线 cd)
```

同理，对图 5-130 中的 d 点进行倒角，然后单击"绘图"工具栏中的"直线"按钮 ╱，打开对象捕捉功能，捕捉端点绘制倒角线，效果如图 5-131 所示。

⓬ 单击"绘图"工具栏中的"矩形"按钮 □，绘制长度为 30，宽度为 8 的矩形，然后单击"修改"工具栏中的"移动"按钮 ✛，将绘制的矩形移动到如图 5-132 所示的位置。

⓭ 单击"修改"工具栏中的"修剪"按钮 ⊬，修剪掉多余的线条，同时单击"绘图"工具栏中的"直线"按钮 ╱，补充绘制需要添加的直线，效果如图 5-133 所示。

⓮ 将当前图层设置为"剖面线"层，单击"绘图"工具栏中的"图案填充"按钮 ▨，选择的填充图案为"ANSI31"，单击"选择对象"按钮，暂时回到绘图窗口中进行选择，选择主

视图上相关区域，按【Enter】键再次回到"填充图案选项板"对话框，单击"确定"按钮，完成剖面线的绘制，效果如图 5-134 所示。

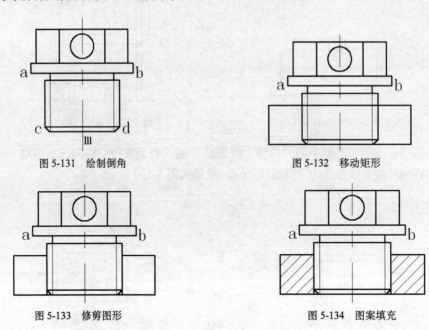

图 5-131　绘制倒角　　　　　　　　　　　图 5-132　移动矩形

图 5-133　修剪图形　　　　　　　　　　　图 5-134　图案填充

作剖视所用的剖切平面沿轴线（或对称中心线）通过实心零件或标准件（螺栓、双头螺柱、螺钉、螺母、垫圈等）时，这些零件均按不剖绘制，仍画其外形。

❶❺ 单击"绘图"工具栏中的"直线"按钮，绘制视孔盖，效果如图 5-134 所示。

通气器多安装在视孔盖上或箱盖上。安装在钢板制视孔盖上时，用一个扁螺母固定，为防止螺母松脱落到箱内，将螺母焊在视孔盖上，如图 5-135 所示。这种形式结构简单，应用广泛。安装在铸造视孔盖或箱盖上时，要在铸件上加工螺纹孔和端部平面，如图 5-136 所示。

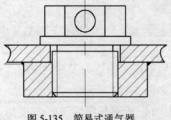

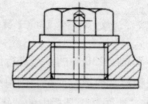

图 5-135　简易式通气器　　　　　　　　　图 5-136　通气器

## 5.4.18　合并命令

合并功能可以将直线、圆、椭圆弧和样条曲线等独立的图线合并为一个对象，如图 5-137 所示。

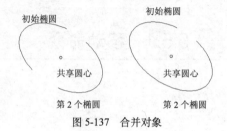

图 5-137　合并对象

### 1．执行方式

命令行：JOIN

### 2．操作步骤

命令行提示如下：

```
命令: JOIN↙
选择源对象: 选择 1 个对象
选择要合并到源的直线: 选择另 1 个对象
找到 1 个
选择要合并到源的直线: ↙
已将 1 条直线合并到源
```

# 5.4.19　光顺曲线

在两条开放曲线的端点之间创建相切或平滑的样条曲线。

### 1．执行方式

命令行：BLEND

菜单："修改"→"光顺曲线"

工具栏：修改→光顺曲线

### 2．操作步骤

```
命令: BLEND↙
连续性 = 相切
选择第 1 个对象或 [连续性(CON)]: con
输入连续性 [相切(T)/平滑(S)] <相切>:
选择第 1 个对象或 [连续性(CON)]:
选择第 2 个点:
```

### 3．选项说明

（1）连续性（CON）：在两种过渡类型中指定一种。

（2）相切（T）：创建一条 3 阶样条曲线，在选定对象的端点处具有相切（G1）连续性。

（3）平滑（S）：创建一条 5 阶样条曲线，在选定对象的端点处具有曲率（G2）连续性。

如果使用"平滑"选项，勿将显示从控制点切换为拟合点。此操作将样条曲线更改为 3 阶，这会改变样条曲线的形状。

# 5.5　改变位置类命令

改变位置类编辑命令是指按照指定要求改变当前图形或图形中某部分的位置。主要包括移动、旋转和缩放命令。

## 5.5.1 移动命令

### 1．执行方式

命令行：MOVE（快捷命令：M）

菜单栏："修改" → "移动"

工具栏：修改→移动✜

快捷菜单：选择要复制的对象，在绘图区单击击鼠标右键，选择快捷菜单中的"移动"命令。

### 2．操作步骤

命令行提示与操作如下：

命令：MOVE↙

选择对象：用前面介绍的对象选择方法选择要移动的对象，按【Enter】键结束选择

指定基点或[位移(D)] <位移>:指定基点或位移

指定第二个点或 <使用第一个点作为位移>:

"移动"命令选项功能与"复制"命令类似。

# 5.5.2 实例——莲花

绘制如图 5-138 所示的莲花图案。

图 5-138　莲花

**绘制步骤**

1．单击"绘图"工具栏中的"圆"按钮⊙，在屏幕中任意位置绘制两个半径为 50 的圆。

2．单击"修改"工具栏中的"移动"按钮✜，将两圆中的其中一个移动到图中类似的位置，两圆相交的地方构成一个花瓣的形状。命令行提示与操作如下：

命令：MOVE↙

选择对象：（选择其中一个圆）

指定基点或[位移(D)] <位移>:（任意指定一个基点）

指定第 2 个点或 <使用第 1 个点作为位移>:（适当指定第 2 个点）

3．单击"绘图"工具栏中的"直线"按钮╱，在两圆之间绘制一条直线，为花瓣上的纹路，结果如图 5-139 所示。

4．单击"修改"工具栏中的"修剪"按钮⊹，修剪圆，得到图中花瓣轮廓。

5．单击"修改"工具栏中的"环形阵列"按钮✜，设置项目总数为 10，填充角度为 30，阵列中心为左端点，结果如图 5-140 所示。

6．单击"修改"工具栏中的"修剪"按钮⊹，修剪绘制直线，以圆弧为修剪边。

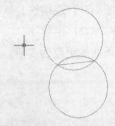

图 5-139　绘制花瓣

7．单击"修改"工具栏中的"镜像"按钮⚐，对上步所绘制的一系列直线进行镜像，以中线为镜像线，结果如图 5-141 所示。

8．单击"修改"工具栏中的"环形阵列"按钮✜，设置项目总数为 15，填充角度为 360°，结果如图 5-138 所示。

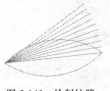

图 5-140　绘制纹路　　　　　　　　　　　图 5-141　花瓣

# 5.5.3　旋转命令

## 1．执行方式

命令行：ROTATE（快捷命令：RO）

菜单栏："修改"→"旋转"

工具栏：修改→旋转 ⟳

快捷菜单：选择要旋转的对象，在绘图区单击鼠标右键，选择快捷菜单中的"旋转"命令。

## 2．操作步骤

命令行提示如下：

命令：ROTATE↙
UCS 当前的正角方向：ANGDIR=逆时针　ANGBASE=0
选择对象：选择要旋转的对象
指定基点：指定旋转基点，在对象内部指定一个坐标点
指定旋转角度，或[复制(C)/参照(R)]<0>：指定旋转角度或其他选项

## 3．选项说明

（1）复制（C）：选择该选项，则在旋转对象的同时保留原对象，如图 5-142 所示。

旋转前　　　　　　　　　　旋转后

图 5-142　复制旋转

（2）参照（R）：采用参照方式旋转对象时，命令行提示与操作如下：

指定参照角<0>：指定要参照的角度，默认值为 0
指定新角度或[点(P)]<0>：输入旋转后的角度值

操作完毕后，对象被旋转至指定的角度位置。

　　　可以用拖动光标的方法旋转对象。选择对象并指定基点后，从基点到当前光标位置会出现一条连线，拖动光标，选择的对象会动态地随着该连线与水平方向夹角的变化而旋转，按【Enter】键确认旋转操作，如图 5-143 所示。

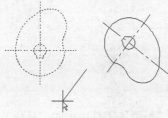

图 5-143　拖动光标旋转对象

## 5.5.4 实例——电极探头符号

本例图形的绘制主要是利用直线和移动等命令绘制探头的一部分,然后进行旋转复制绘制另一半,最后添加填充,如图 5-144 所示。

**绘制步骤**

1. 绘制三角形。单击"绘图"工具栏中的"直线"按钮 ◢,分别绘制直线 1,其坐标为(0,0),(33,0)、直线 2,其坐标为(10,0),(10,-4)、直线 3,其坐标为(10,-4),(21,0),这 3 条直线构成一个直角三角形,如图 5-145 所示。

图 5-144 绘制电极探头符号          图 5-145 绘制直线

2. 绘制竖直直线。单击"绘图"工具栏中的"直线"按钮 ◢,开启"对象捕捉"和"正交模式",捕捉直线 1 的左端点,以其为起点,向上绘制长度为 12 的直线 4,如图 5-146 所示。

3. 移动直线。单击"修改"工具栏中的"移动"按钮 ✣,将直线 4 向右平移 3.5mm。

4. 修改直线线型。新建一个名为"虚线层"的图层,线型为虚线。选中直线 4,单击"图层"工具栏中的下拉按钮 ✓,在打开的下拉菜单中选择"虚线层"选项,将其图层属性设置为"虚线层",更改后的效果如图 5-147 所示。

图 5-146 绘制直线          图 5-147 修改直线线型

5. 镜像直线。单击"修改"工具栏中的"镜像"按钮 ⚠,选择直线 4 为镜像对象,以直线 1 为镜像线进行镜像操作,得到直线 5,如图 5-148 所示。

6. 偏移直线。单击"修改"工具栏中的"偏移"按钮 ☖,将直线 4 和 5 向右偏移 24,如图 5-149 所示。

图 5-148 镜像直线          图 5-149 偏移直线

7. 绘制水平直线。单击"绘图"工具栏中的"直线"按钮 ◢,在"对象捕捉"绘图方式下,用光标分别捕捉直线 4 和 6 的上端点,绘制直线 8。使用相同的方法绘制直线 9,得到两条水平直线。

8. 更改图层属性。选中直线 8 和 9，单击"图层"工具栏中的下拉按钮 ，在打开的下拉菜单中选择"虚线层"选项，将其图层属性设置为"虚线层"，如图 5-150 所示。

9. 绘制竖直直线。返回实线层，单击"绘图"工具栏中的"直线"按钮 ，开启"对象捕捉"和"正交模式"，捕捉直线 1 的右端点，以其为起点向下绘制一条长度为 20 的竖直直线，如图 5-151 所示。

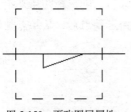

图 5-150　更改图层属性

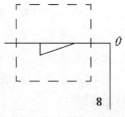

图 5-151　绘制竖直直线

10. 旋转图形。单击"修改"工具栏中的"旋转"按钮 ，选择直线 8 以左的图形作为旋转对象，选择 O 点作为旋转基点，进行旋转操作，命令行中的提示与操作如下：

命令:_rotate
UCS 当前的正角方向： ANGDIR=逆时针　ANGBASE=0
选择对象: 指定对角点: 找到 9 个（用矩形框选择旋转对象）↙
指定基点: （选择 O 点）↙
指定旋转角度，或 [复制(C)/参照(R)] <180>: c↙
旋转一组选定对象。
指定旋转角度，或 [复制(C)/参照(R)] <180>: 180↙

旋转结果如图 5-152 所示。

11. 绘制圆。单击"绘图"工具栏中的"圆"按钮 ，捕捉 O 点作为圆心，绘制一个半径为 1.5 的圆。

12. 填充圆。单击"绘图"工具栏中的"图案填充"按钮 ，打开"图案填充和渐变色"对话框，选择"SOLID"图案，其他选项保持系统默认设置。选择上步中绘制的圆作为填充边界，填充结果如图 5-144 所示。至此，电极探头符号绘制完成。

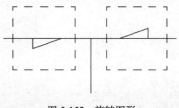

图 5-152　旋转图形

## 5.5.5　缩放命令

### 1. 执行方式

命令行：SCALE（快捷命令：SC）。

菜单栏："修改"→"缩放"。

工具栏：修改→缩放 。

快捷菜单：选择要缩放的对象，在绘图区单击鼠标右键，选择快捷菜单中的"缩放"命令。

### 2. 操作步骤

命令行提示如下：

命令: SCALE↙

选择对象: 选择要缩放的对象
指定基点: 指定缩放基点
指定比例因子或 [复制（C）/参照(R)]:

### 3．选项说明

（1）用参照方向缩放对象时，命令行提示如下：

指定参照长度<1>: 指定参照长度值
指定新的长度或[点(P)]<1.0000>:指定新长度值

若新长度值大于参照长度值，则放大对象；反之，缩小对象。操作完毕后，系统以指定的基点按指定的比例因子缩放对象。如果选择"点（P）"选项，则选择两点来定义新的长度。

（2）可以用拖动光标的方法缩放对象。选择对象并指定基点后，从基点到当前光标位置会出现一条连线，线段的长度即为比例大小。拖动光标，选择的对象会动态地随着该连线长度的变化而缩放，按【Enter】键确认缩放操作。

（3）选择"复制（C）"选项时，可以复制缩放对象，即缩放对象时，保留原对象，如图 5-170 所示。

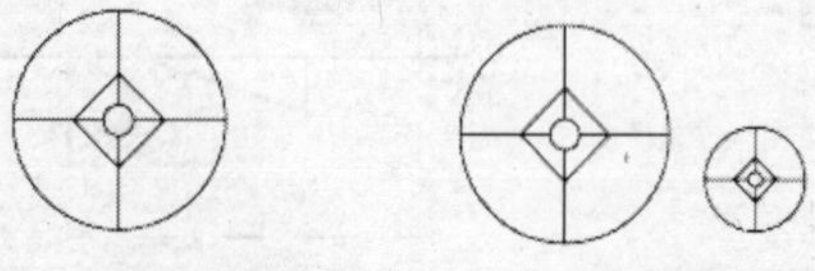

缩放前　　　　　缩放后

图 5-170　复制缩放

# 5.5.6　实例——子母门

绘制如图 5-153 所示的子母门。

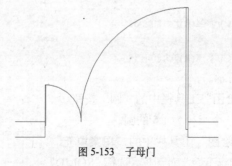

图 5-153　子母门

 **绘制步骤**

1．打开 5.2.7 节绘制的双扇平开门，如图 5-154 所示。

2．单击"修改"工具栏中的"缩放"按钮，命令行提示与操作如下：

命令: _scale
选择对象: （框选左边门扇）
选择对象: ✓
指定基点: （指定左墙体右上角）
指定比例因子或 [复制(C)/参照(R)]: 0.5✓（结果如图 5-155 所示）
命令: ✓
SCALE
选择对象: （框选右边门扇）
选择对象: ✓
指定基点: （指定右门右下角）
指定比例因子或 [复制(C)/参照(R)]: 1.5✓

最终结果如图 5-153 所示。

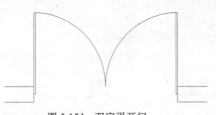

图 5-154　双扇平开门

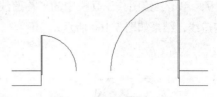

图 5-155　缩放左门扇

# 5.6　综合演练——螺母

本实例绘制的螺母，如图 5-156 所示。

**绘制步骤**

1．由于图形中出现了两种不同的线型，所以需要设置图层来管理线型。单击"图层"工具栏中的"图层特性管理器"按钮，新建 4 个图层。

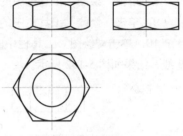

❶　"粗实线"图层，线宽为 0.3，其余属性默认。

❷　"中心线"图层，线宽为 0.09，线型为 CENTER，颜色设为红色，其余属性默认。

图 5-156　螺母

❸　单击打开线宽显示。

2．在命令行中输入"ZOOM"命令，缩放至合适比例。命令行提示与操作如下：

命令: ZOOM↙
指定窗口角点，输入比例因子 (nX 或 nXP)，或[全部(A)/中心(C)/动态(D)/范围(E)/上一个(P)/比例(S)/窗口(W)/对象(O)] <实时>: _c↙
指定中心点: 15,10↙
输入比例或高度 <39.8334>: 40↙

3．将当前图层设为中心线图层。单击"绘图"工具栏中的"直线"按钮，指定坐标为(-13, 0)，(@26, 0)、(0, -11)，(@0, 22)绘制中心线。

4．将当前图层设为粗实线图层。单击"绘图"工具栏中的"多边形"按钮，绘制中心点 (0, 0) 内接于圆半径为 10 的正六边形，结果如图 5-157 所示。

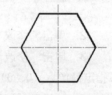

图 5-157　绘制正多边形

正多边形的绘制有 3 种方式，如下所述。
（1）指定中心点和外接圆半径，正多边形的所有顶点都在此圆周上。
（2）指定中心点和内切圆半径，及指定正多边形中心点到各边中点的距离。
（3）指定边，通过指定第 1 条边的端点来定义正多边形。

5．单击"绘图"工具栏中的"圆"按钮，绘制圆心 (0, 0)，半径分别为 8.6603 和 5 的圆，结果如图 5-158 所示。

6．单击"绘图"工具栏中的"矩形"按钮，两个角点的坐标分别为 (-10, 15) 和 (@20, 7) 绘制主视图矩形，结果如图 5-159 所示。

7. 单击"绘图"工具栏中的"构造线"按钮✍，指定点 A 和点 B 通过点（@0，10）绘制构造线，结果如图 5-160 所示。

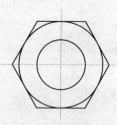

图 5-158 绘制圆

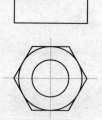

图 5-159 绘制矩形

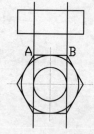

图 5-160 绘制构造线

8. 单击"绘图"工具栏中的"圆"按钮⊘，绘制圆心为（0，7），半径为 15 的圆。

9. 单击"修改"工具栏中的"修剪"按钮✂，将绘制的圆修剪，结果如图 5-161 所示。

10. 单击"绘图"工具栏中的"构造线"按钮✍，指定点 A 通过点为（@10，0）绘制构造线，结果如图 5-162 所示。

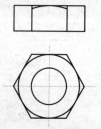

图 5-161 绘制圆并修剪

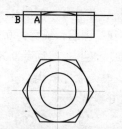

图 5-162 绘制构造线

11. 单击"绘图"工具栏中的"圆弧"按钮⌒，绘制圆弧。命令行提示与操作如下：

命令: ARC✍
指定圆弧的起点或 [圆心(C)]:（捕捉图 5-132 中的 A 点）
指定圆弧的第 2 个点或 [圆心(C)/端点(E)]: -7.5,22✍
指定圆弧的端点:（捕捉图 5-126 中的 B 点）

12. 单击"修改"工具栏中的"删除"按钮✐，删除构造线，结果如图 5-163 所示。

13. 单击"修改"工具栏中的"镜像"按钮⚎，选择上步绘制的圆弧指定镜像点（0，0），（0，10）进行镜像，结果如图 5-164 所示。

14. 同样以（-10，18.5）、（10，18.5）为镜像线上的两点，对上面的 3 条圆弧进行镜像处理，结果如图 5-165 所示。

15. 单击"修改"工具栏中的"修剪"按钮-/--，修剪图形，结果如图 5-166 所示。

16. 单击"绘图"工具栏中的"直线"按钮✍，指定坐标为（0，13）、（@0，11）绘制中心线，结果如图 5-166 所示。

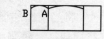

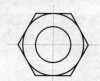

图 5-163 绘制圆弧

17. 单击"绘图"工具栏中的"多边形"按钮⬡，绘制边端点为（35，13.5）、（@0，10）的正六边形如图 5-167 所示。

18. 单击"绘图"工具栏中的"构造线"按钮✍，通过点（0，15）、（@10，0）绘制构造线。

19. 按上述操作，通过点（0，22）和（@10，0），以及图 5-168 中的 A 点和（@0，10）绘制两条构造线，结果如图 5-168 所示。

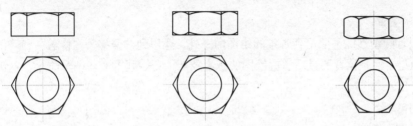

图 5-164　镜像处理　　图 5-165　再次镜像处理　　图 5-166　修剪并绘制中心线

20．单击"修改"工具栏中的"修剪"按钮 ┼，将图形修剪成图 5-169 所示。

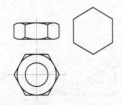 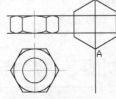 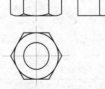

图 5-167　绘制正六边形　　　图 5-168　绘制构造线　　　图 5-169　修剪图形

21．单击"绘图"工具栏中的"构造线"按钮 ／，指定点图 5-169 中的 A 点通过点（@10，0）绘制构造线，结果如图 5-170 所示。

22．选择菜单栏中的"绘图"→"圆弧"→"三点"命令，或单击绘图工具栏中的命令图标 ／，捕捉图 5-171 所示的 A、B、C 3 点。其中 B 点为该直线的 1/4 点，如果捕捉不到，可以选择下拉菜单"绘图"→"打断"命令来打断其中点，再以捕捉其中点的方式来操作。

23．绘制好圆弧之后单击"修改"工具栏中的"镜像"按钮 ⚹，以（26.3397，22）、（26.3397，15）为镜像线上的两点镜像圆弧，同理继续镜像图形，结果如图 5-171 所示。

24．单击"修改"工具栏中的"修剪"按钮 ┼，结果如图 5-172 所示。

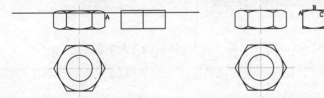 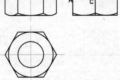 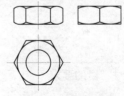

图 5-170　绘制构造线　　　图 5-171　镜像操作　　　图 5-172　修剪操作

25．将当前图层设置为中心线图层。单击"绘图"工具栏中的"直线"按钮 ／，为右侧左视图绘制中心线，结果如图 5-156 所示。

## 5.7　上机实验

### 实验 1　绘制图 5-173 所示的轴

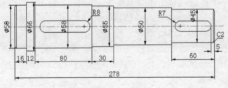

图 5-173　轴

### 1．目的要求

本例设计的图形除了要用到基本的绘图命令外，还用到"偏移"、"修剪"和"倒角"等编辑命令。通过本例，读者要灵活掌握绘图的基本技巧，巧妙利用一些编辑命令，以快速灵活地完成绘图工作。

### 2．操作提示

（1）设置新图层。

（2）选择"直线"、"圆"和"偏移"命令绘制初步轮廓。

（3）选择"修剪"命令剪掉多余的图线。

（4）选择"倒角"命令对轴端进行倒角处理。

## 实验 2　绘制图 5-174 所示的吊钩

### 1．目的要求

本实验设计的图形除了要用到很多基本的绘图命令外，还要用到"偏移"、"修剪"和"圆角"等编辑命令。通过本实验，读者要灵活掌握绘图的基本技巧。

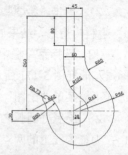

### 2．操作提示

（1）设置新图层。

（2）选择"直线"命令绘制定位轴线。

（3）选择"偏移"和"圆"命令绘制圆心定位线并绘制圆。

（4）选择"偏移"和"修剪"命令绘制钩上端图线。

（5）选择"圆角"和"修剪"命令绘制钩圆弧图线。

图 5-174　吊钩

## 实验 3　绘制图 5-175 所示的均布结构图形

### 1．目的要求

本实验设计的图形是一个常见的机械零件。在绘制的过程中，除了要用到"直线"和"圆"等基本绘图命令外，还要用到"剪切"和"阵列"编辑命令。通过本例，读者要熟练掌握"剪切"和"阵列"编辑命令的用法。

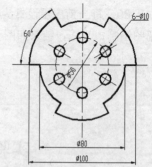

### 2．操作提示

（1）设置新图层。

（2）绘制中心线和基本轮廓。

（3）进行阵列编辑。

（4）进行剪切编辑。

图 5-175　均布结构图形

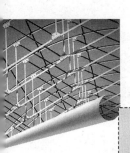

# 第6章
## 高级绘图与编辑命令

　　通过第 3 章和第 5 章中讲述的一些基本的二维绘图和编辑命令，可以完成一些简单二维图形的绘制和编辑。但是，有些二维图形的绘制和编辑，利用这些命令很难完成。为此，AutoCAD 推出了一些高级二维绘图和编辑命令来方便有效地完成这些复杂的二维图形的绘制和编辑。

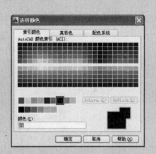

# 6.1 多段线

多段线是一种由线段和圆弧组合而成的，可以有不同线宽的多线。由于多段线组合形式多样，线宽可以变化，弥补了直线或圆弧功能的不足，适合绘制各种复杂的图形轮廓，因而得到了广泛的应用。

## 6.1.1 绘制多段线

### 1．执行方式

命令行：PLINE（快捷命令：PL）

菜单栏："绘图"→"多段线"

工具栏：绘图→多段线 ↪

### 2．操作步骤

命令行提示与操作如下：

命令: PLINE↙

指定起点:指定多段线的起点

当前线宽为 0.0000

指定下 1 个点或 [圆弧(A)/闭合（C）/半宽(H)/长度(L)/放弃(U)/宽度(W)]:指定多段线的下 1 个点

### 3．选项说明

多段线主要由连续且不同宽度的线段或圆弧组成，如果在上述提示中选择"圆弧（A）"选项，则命令行提示与操作如下：

指定圆弧的端点或[角度(A)/圆心(CE)/闭合(CL)/方向(D)/半宽(H)/直线(L)/半径(R)/第 2 个点(S)/放弃(U)/宽度(W)]:

绘制圆弧的方法与"圆弧"命令相似。

## 6.1.2 实例——八仙桌

本例绘制的八仙桌，如图 6-1 所示。

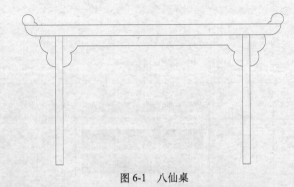

图 6-1 八仙桌

 **绘制步骤**

1．绘制矩形。单击"绘图"工具栏中的"矩形"按钮 ▭，命令行提示与操作如下：

命令: _RECTANG↙
指定第 1 个角点或 [倒角(C)/标高(E)/圆角(F)/厚度(T)/宽度(W)]: 225,0↙
指定另一个角点或 [面积(A)/尺寸(D)/旋转(R)]: 275,830↙

绘制结果如图 6-2 所示。

2. 绘制多段线。单击"绘图"工具栏中的"多段线"按钮，命令行提示与操作如下：

命令: PLINE↙
指定起点: 871,765↙
当前线宽为 0.0000
指定下一个点或 [圆弧(A)/半宽(H)/长度(L)/放弃(U)/宽度(W)]: 374,765↙
指定下一点或 [圆弧(A)/闭合(C)/半宽(H)/长度(L)/放弃(U)/宽度(W)]: a↙
指定圆弧的端点或[角度(A)/圆心(CE)/闭合(CL)/方向(D)/半宽(H)/直线(L)/半径(R)/第 2 个点(S)/放弃(U)/宽度(W)]: s↙
　指定圆弧上的第 2 个点: 355.4,737.8↙
　指定圆弧的端点: 326.4,721.3↙
　指定圆弧的端点或[角度(A)/圆心(CE)/闭合(CL)/方向(D)/半宽(H)/直线(L)/半径(R)/第 2 个点(S)/放弃(U)/宽度(W)]: s↙
　指定圆弧上的第 2 个点: 326.9,660.8↙
　指定圆弧的端点: 275,629↙
　指定圆弧的端点或[角度(A)/圆心(CE)/闭合(CL)/方向(D)/半宽(H)/直线(L)/半径(R)/第 2 个点(S)/放弃(U)/宽度(W)]: ↙
命令: _PLINE↙
指定起点: 225,629.4↙
当前线宽为 0.0000
指定下一个点或 [圆弧(A)/半宽(H)/长度(L)/放弃(U)/宽度(W)]: a↙
指定圆弧的端点或[角度(A)/圆心(CE)/方向(D)/半宽(H)/直线(L)/半径(R)/第 2 个点(S)/放弃(U)/宽度(W)]: s↙
指定圆弧上的第 2 个点: 173.4,660.8↙
指定圆弧的端点: 173.9,721.3↙
指定圆弧的端点或[角度(A)/圆心(CE)/闭合(CL)/方向(D)/半宽(H)/直线(L)/半径(R)/第 2 个点(S)/放弃(U)/宽度(W)]: s↙
　指定圆弧上的第 2 个点: 126,765.3↙
　指定圆弧的端点: 131.3,830↙
　指定圆弧的端点或[角度(A)/圆心(CE)/闭合(CL)/方向(D)/半宽(H)/直线(L)/半径(R)/第 2 个点(S)/放弃(U)/宽度(W)]: ↙

绘制结果如图 6-3 所示。

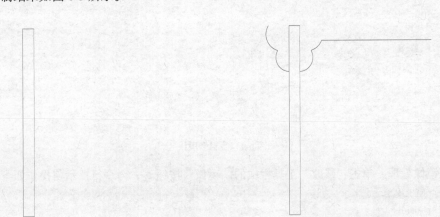

图 6-2　绘制矩形　　　　　　　　　　　　　　图 6-3　绘制多段线

3. 继续绘制多段线，命令行提示与操作如下：

命令：_PLINE↙

指定起点：870,830↙

当前线宽为 0.0000

指定下一个点或 [圆弧(A)/半宽(H)/长度(L)/放弃(U)/宽度(W)]：88,830↙

指定下一点或 [圆弧(A)/闭合(C)/半宽(H)/长度(L)/放弃(U)/宽度(W)]：a↙

指定圆弧的端点或[角度(A)/圆心(CE)/闭合(CL)/方向(D)/半宽(H)/直线(L)/半径(R)/第 2 个点(S)/放弃(U)/宽度(W)]：18,900↙

指定圆弧的端点或[角度(A)/圆心(CE)/闭合(CL)/方向(D)/半宽(H)/直线(L)/半径(R)/第 2 个点(S)/放弃(U)/宽度(W)]：l↙

指定下一点或 [圆弧(A)/闭合(C)/半宽(H)/长度(L)/放弃(U)/宽度(W)]：870,900↙

指定下一点或 [圆弧(A)/闭合(C)/半宽(H)/长度(L)/放弃(U)/宽度(W)]：↙

命令：_pline↙

指定起点：18,900↙

当前线宽为 0.0000

指定下一个点或 [圆弧(A)/半宽(H)/长度(L)/放弃(U)/宽度(W)]：a↙

指定圆弧的端点或[角度(A)/圆心(CE)/方向(D)/半宽(H)/直线(L)/半径(R)/第 2 个点(S)/放弃(U)/宽度(W)]：s↙

指定圆弧上的第 2 个点：1.3,941↙

指定圆弧的端点：36.8,968↙

指定圆弧的端点或[角度(A)/圆心(CE)/闭合(CL)/方向(D)/半宽(H)/直线(L)/半径(R)/第 2 个点(S)/放弃(U)/宽度(W)]：s

指定圆弧上的第 2 个点：72.6,954↙

指定圆弧的端点：83,916↙

指定圆弧的端点或[角度(A)/圆心(CE)/闭合(CL)/方向(D)/半宽(H)/直线(L)/半径(R)/第 2 个点(S)/放弃(U)/宽度(W)]：s

指定圆弧上的第 2 个点：97.8,912↙

指定圆弧的端点：106,900↙

指定圆弧的端点或[角度(A)/圆心(CE)/闭合(CL)/方向(D)/半宽(H)/直线(L)/半径(R)/第 2 个点(S)/放弃(U)/宽度(W)]：↙

绘制结果如图 6-4 所示。

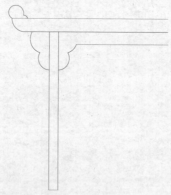

图 6-4　绘制多段线

4. 镜像处理。单击"修改"工具栏中的"镜像"按钮，命令行提示与操作如下：

命令：_MIRROR↙

选择对象：all↙

选择对象：↙

指定镜像线的第 1 点：870,0↙

指定镜像线的第 2 点：870,10✓

是否删除源对象？[是(Y)/否(N)] <N>:✓

绘制结果如图 6-1 所示。

# 6.1.3　编辑多段线

## 1．执行方式

命令行：PEDIT（快捷命令：PE）

菜单栏："修改"→"对象"→"多段线"

工具栏：修改 II→编辑多段线✍

快捷菜单：选择要编辑的多段线，在绘图区域单击鼠标右键，从打开的快捷菜单中选择"多段线编辑"命令。

## 2．操作格式

命令：PEDIT✓

选择多段线或 [多条(M)]：(选择一条要编辑的多段线)

输入选项 [闭合(C)/合并(J)/宽度(W)/编辑顶点(E)/拟合(F)/样条曲线(S)/非曲线化(D)/线型生成(L)/反转(R)/放弃(U)]：

## 3．选项说明

（1）合并（J）：以选中的多段线为主体，合并其他直线段、圆弧和多段线，使其成为一条多段线。能合并的条件是各段端点首尾相连，如图 6-5 所示。

（2）宽度（W）：修改整条多段线的线宽，使其具有同一线宽，如图 6-6 所示。

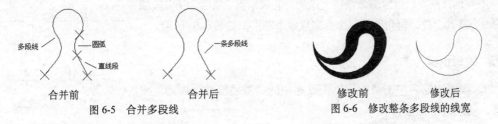

图 6-5　合并多段线　　　　图 6-6　修改整条多段线的线宽

（3）编辑顶点（E）：选择该项后，在多段线起点处出现一个斜的十字叉"×"，它为当前顶点的标记，并在命令行出现进行后续操作的提示：

[下一个(N)/上一个(P)/打断(B)/插入(I)/移动(M)/重生成(R)/拉直(S)/切向(T)/宽度(W)/退出(X)] <N>:

这些选项允许用户进行移动、插入顶点和修改任意两点间的线宽等操作。

（4）拟合（F）：将指定的多段线生成由光滑圆弧连接的圆弧拟合曲线，该曲线经过多段线的各顶点，如图 6-7 所示。

图 6-7　生成圆弧拟合曲线

（5）样条曲线（S）：将指定的多段线以各顶点为控制点生成 B 样条曲线，如图 6-8 所示。

（6）非曲线化（D）：将指定的多段线中的圆弧由直线代替。对于选用"拟合（F）"或"样条曲线（S）"选项后生成的圆弧拟合曲线或样条曲线，则删去生成曲线时新插入的顶点，恢复为由直线段组成的多段线。

（7）线型生成（L）：当多段线的线型为点画线时，控制多段线的线型生成方式开关。选择此项，系统提示：

输入多段线线型生成选项 [开(ON)/关(OFF)] <关>:

选择 ON 时，将在每个顶点处允许以短画开始和结束生成线型；选择 OFF 时，将在每个顶点处以长画开始和结束生成线型。"线型生成"不能用于带变宽线段的多段线，如图 6-9 所示。

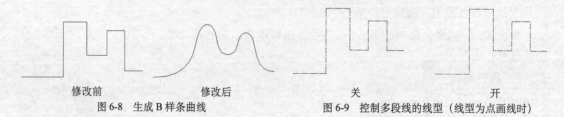

图 6-8　生成 B 样条曲线　　　　图 6-9　控制多段线的线型（线型为点画线时）

（8）反转（R）：反转多段线顶点的顺序。使用此选项可反转使用包含文字线型的对象的方向。例如，根据多段线的创建方向，线型中的文字可能会倒置显示。

## 6.1.4　实例——支架

本例利用上面学到的多段线编辑功能绘制支架。

主要选择基本二维绘图命令将支架的外轮廓绘出，然后选择多段线编辑命令将其合并，再利用偏移命令完成整个图形，如图 6-10 所示。

 **绘制步骤**

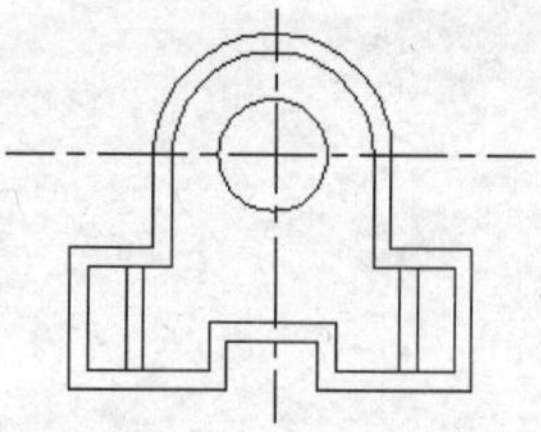

图 6-10　绘制支架

1. 设置图层，单击"图层"工具栏中的"图层特性管理器"按钮，新建两个图层。

第 1 图层命名为"轮廓线"，线宽属性为 0.3，其余属性默认。

第 2 图层命名为"中心线"，颜色设为红色，线型加载为 CENTER，其余属性默认。

2. 绘制辅助直线，将"中心线"层设置为当前层。单击"绘图"工具栏中的"直线"按钮，命令行提示与操作如下：

命令: LINE↙
指定第 1 点:
指定下一点或 [放弃(U)]:（用光标在水平方向选取两点）
指定下一点或 [放弃(U)]: ↙

重复上述命令绘制竖直线，结果如图 6-11 所示。

3. 绘制圆，将"轮廓线"层设置为当前层。单击"绘图"工具栏中的"圆"按钮，绘制半径为 12 与 22 的两个圆。命令行提示与操作如下：

命令: CIRCLE↙
指定圆的圆心或 [三点(3P)/两点(2P)/切点、切点、半径(T)]:（选取两条辅助直线的交点）
指定圆的半径或 [直径(D)]: 12↙

重复上述命令绘制半径为 22 的同心圆，结果如图 6-12 所示。

图 6-11 绘制辅助直线          图 6-12 绘制圆

4．偏移处理。单击"修改"工具栏中的"偏移"按钮▣，命令行提示与操作如下：

命令：offset
当前设置：删除源=否 图层=源 OFFSETGAPTYPE=0
指定偏移距离或 [通过(T)/删除(E)/图层(L)] <通过>：14✓
选择要偏移的对象，或 [退出(E)/放弃(U)] <退出>：（选择竖直线）
选择要偏移的对象或 <退出>：✓
选择要偏移的对象，或 [退出(E)/放弃(U)] <退出>：（选择竖直线的右侧）

重复上述命令将竖直线分别向右偏移 28、40，将水平直线分别向下偏移 24、36 和 46。选取偏移后的直线，将层修改为"轮廓线"层，结果如图 6-13 所示。

5．绘制直线。单击"绘图"工具栏中的"直线"按钮✏，绘制与大圆相切的竖直线，结果如图 6-14 所示。

图 6-13 偏移处理          图 6-14 绘制直线

6．修剪处理。单击"修改"工具栏中的"修剪"按钮✂，修剪相关图线，结果如图 6-15 所示。

7．镜像处理

单击"修改"工具栏中的"镜像"按钮▲，命令行提示与操作如下：

命令：mirror
选择对象：（选择点划线的右下区）
指定对角点：找到 7 个
选择对象：✓
指定镜像线的第 1 点：指定镜像线的第 2 点：（在竖直辅助直线上选取两点）
要删除源对象？[是(Y)/否(N)] <N>：✓

结果如图 6-16 所示。

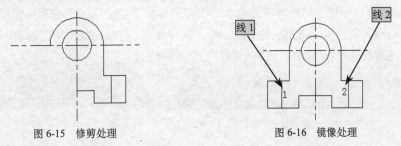

图 6-15 修剪处理          图 6-16 镜像处理

8．偏移处理。单击"修改"工具栏中的"偏移"按钮▣，将线段 1 向左偏移 4，将线段 2

向右偏移 4，结果如图 6-17 所示。

**9．多段线的转化**

命令: PEDIT↙

选择多段线或 [多条(M)]: M↙

选择对象: (选取图形的外轮廓线)

选择对象: ↙

是否将直线、圆弧和样条曲线转换为多段线？[是(Y)/否(N)]? <Y>

输入选项 [闭合(C)/打开(O)/合并(J)/宽度(W)/拟合(F)/样条曲线(S)/非曲线化(D)/线型生成(L)/反转(R)/放弃 (U)]: J↙

合并类型 = 延伸

输入模糊距离或 [合并类型(J)] <0.0000>: ↙

多段线已增加 12 条线段

输入选项 [闭合(C)/打开(O)/合并(J)/宽度(W)/拟合(F)/样条曲线(S)/非曲线化(D)/线型生成(L)/反转(R)/放弃 (U)]: ↙

**10．偏移处理。**单击"修改"工具栏中的"偏移"按钮⚏，将外轮廓线向外偏移 4，结果如图 6-18 所示。

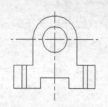 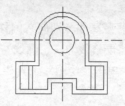

图 6-17　偏移处理　　　　　图 6-18　偏移多段线

**11．修剪中心线。**单击"修改"工具栏中的"打断"按钮□，命令行提示与操作如下：

命令: BREAK↙

选择对象: (选择水平中心线上右边适当一点)

指定第 2 个打断点或 [第 1 点(F)]: (选择线外右边一点)

用同样的方法修剪中心线左端，结果如图 6-10 所示。

《机械制图》国家标准中规定中心线不能超出轮廓线 2～5 毫米。

**12．整理图形并保存文件，**单击"修改"工具栏中的"修剪"按钮 ⼁，将多余的线段进行修剪。单击"标准"工具栏中的"保存"按钮⊟，保存文件。命令行提示与操作如下：

命令: SAVEAS↙　(将绘制完成的图形以"支架.dwg"为文件名保存在指定的路径中)

# 6.2　样条曲线

在 AutoCAD 中使用的样条曲线为非一致有理 B 样条（NURBS）曲线，使用 NURBS 曲线能够在控制点之间产生一条光滑的曲线，如图 6-19 所示。样条曲线可用于绘制形状不规则的图形，如为地理信息系统（GIS）或汽车设计绘制轮廓线。

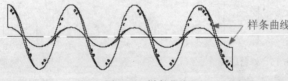

样条曲线

图 6-19　样条曲线

## 6.2.1　绘制样条曲线

### 1. 执行方式

命令行：SPLINE（快捷命令：SPL）

菜单栏："绘图"→"样条曲线"

工具栏：绘图→样条曲线～

### 2. 操作步骤

命令行提示与操作如下：

```
命令：SPLINE↙
当前设置：方式=拟合    节点=弦
指定第 1 个点或[方式(M)/节点(K)/对象(O)]:指定一点或选择"对象（O）"选项
输入下一个点或[起点切向(T)/公差(L)]:（指定第 2 点）
输入下一个点或[端点相切(T)/公差(L)/放弃(U)]:（指定第 3 点）
输入下一个点或[端点相切(T)/公差(L)/放弃(U)/闭合(C)]: c
```

### 3. 选项说明

（1）对象（O）：将二维或三维的二次或三次样条曲线拟合多段线转换为等价的样条曲线，然后（根据 DELOBJ 系统变量的设置）删除该多段线。

（2）闭合（C）：将最后一点定义与第 1 点一致，并使其在连接处相切，以闭合样条曲线。选择该项，命令行提示与操作如下：

```
指定切向:指定点或按【Enter】键
```

用户可以指定一点来定义切向矢量，或单击状态栏中的"对象捕捉"按钮□，使用"切点"和"垂足"对象捕捉模式使样条曲线与现有对象相切或垂直。

（3）拟合公差（F）：修改当前样条曲线的拟合公差，根据新公差以现有点重新定义样条曲线。拟合公差表示样条曲线拟合所指定拟合点集时的拟合精度，公差越小，样条曲线与拟合点越接近。公差为 0，样条曲线将通过该点；输入大于 0 的公差将使样条曲线在指定的公差范围内通过拟合点。在绘制样条曲线时，可以改变样条曲线拟合公差以查看拟合效果。

（4）起点切向：定义样条曲线的第一点和最后一点的切向。如果在样条曲线的两端都指定切向，可以输入一个点或使用"切点"和"垂足"对象捕捉模式使样条曲线与已有的对象相切或垂直。如果按【Enter】键，系统将计算默认切向。

## 6.2.2　编辑样条曲线

### 1. 执行方式

命令行：SPLINEDIT

菜单栏："修改"→"对象"→"样条曲线"

快捷菜单：选择要编辑的样条曲线，在绘图区域单击鼠标右键，从打开的快捷菜单中选择"编辑样条曲线"命令

工具栏：修改 II→编辑样条曲线℘

### 2. 操作格式

```
命令：SPLINEDIT↙
选择样条曲线:（选择不闭合的样条曲线）
输入选项 [闭合(C)/合并(J)/拟合数据(F)/编辑顶点(E)/转换为多段线(P)/反转(R)/放弃(U)/退出(X)] <退出>:
```

### 3. 选项说明

(1) 闭合 (C)

通过定义与第一个点重合的最后一个点，闭合开放的样条曲线。默认情况下，闭合的样条曲线是周期性的，沿整个曲线保持曲率连续性 (C2)。

(2) 打开 (O)

通过删除最初创建样条曲线时指定的第一个和最后一个点之间的最终曲线段可打开闭合的样条曲线。

(3) 合并 (J)

选定的样条曲线、直线和圆弧在重合端点处合并到现有样条曲线。选择有效对象后，该对象将合并到当前样条曲线，合并点处将具有一个折点。

(4) 拟合数据 (F)

编辑近似数据。选择该项后，创建该样条曲线时指定的各点以小方格的形式显示出来。

(5) 编辑顶点 (E)

精密调整样条曲线定义。

(6) 转换为多段线 (P)

将样条曲线转换为多段线。精度值决定结果多段线与源样条曲线拟合的精确程度。有效值为介于 0 到 99 之间的任意整数。

(7) 反转 (R)

翻转样条曲线的方向。该项操作主要用于应用程序。

(8) 放弃 (U)

取消上一编辑操作。

## 6.2.3  实例——双人床

在住宅建筑的室内设计图中，床是必不可少的内容。床分单人床和双人床。一般的住宅建筑中，卧室的位置及床的摆放均需要进行精心的设计，以方便房主居住生活，同时要考虑舒适、采光和美观等因素。本例绘制的双人床图形如图 6-20 所示。

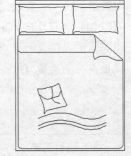

图 6-20  双人床

 **绘制步骤**

1. 绘制轮廓线。

单击"绘图"工具栏中的"矩形"按钮□，绘制双人床的外部轮廓线，如图 6-21 所示。

```
命令:RECTANG↙(绘制矩形外部轮廓线)
指定第 1 个角点或 [倒角(C)/标高(E)/圆角(F)/厚度(T)/宽度(W)]:
指定另一个角点或 [面积(A)/尺寸(D)/旋转(R)]: D(输入 D 指定尺寸)
指定矩形的长度 <0.0000>: 1500↙(输入矩形的长度)
指定矩形的宽度 <0.0000>: 2000↙(输入矩形的宽度)
指定另一个角点或 [面积(A)/尺寸(D)/旋转(R)]:(指定矩形另一个角点的位置或移动光标以显示矩形可能的四个位置之一并单击需要的一个位置)
```

双人床的大小一般为 2000×1800，单人床的大小一般为 2000×1000。

图 6-21 绘制轮廓

图 6-22 绘制床单

2．绘制床单

❶ 单击"绘图"工具栏中的"直线"按钮 。绘制床单造型，如图 6-22 所示。

❷ 单击"绘图"工具栏中的"直线"按钮 和"修改"工具栏中的"圆角"按钮 ，进一步勾画床单造型，如图 6-23 所示。

图 6-23 进一步勾画床单

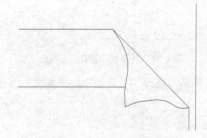

图 6-24 加工床单细部造型

❸ 单击"绘图"工具栏中的"圆弧"按钮 和"修改"工具栏中的"倒角"按钮 ，对床单细部进行加工，使其形象自然一些，如图 6-24 所示。

❹ 选择菜单栏中的"绘图"→"样条曲线"命令，或单击"绘图"工具栏中的"样条曲线"按钮 ，建立枕头外轮廓造型，如图 6-25 所示。

```
命令：SPLINE (绘制枕套外轮廓)
设置：方式=拟合  节点=弦
指定第 1 个点或 [方式(M)/节点(K)/对象(O)]：(指定样条曲线的第 1 点或选择对象进行样条曲线转换)
输入下一个点或 [起点切向(T)/公差(L)]：(指定下一点位置)
输入下一个点或 [端点相切(T)/公差(L)/放弃(U)]：(指定下一点位置或选择备选项)
输入下一个点或 [端点相切(T)/公差(L)/放弃(U)/闭合(C)]：(指定下一点位置或选择备选项)
……
输入下一个点或 [端点相切(T)/公差(L)/放弃(U)/闭合(C)]：
```

可以使用 ARC 功能命令来绘制枕头造型。

❺ 选择菜单栏中的"绘图"→"圆弧"命令，或单击"绘图"工具栏中的"圆弧"按钮 ，绘制枕头其他位置线段，如图 6-26 所示。

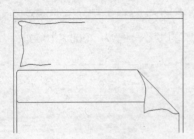

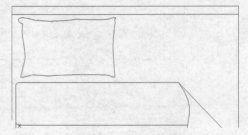

图 6-25　绘制枕头轮廓　　　　　　　　　　　图 6-26　勾画枕头折线

可以使用弧线功能命令 ARC 和 LINE 等勾画枕头折线，使其效果更为逼真。

❻ 选择菜单栏中的"修改"→"复制"命令，复制得到另外一个枕头造型，如图 6-27 所示。

❼ 选择菜单栏中的"绘图"→"圆弧"命令，在床尾部建立床单局部的造型，如图 6-28 所示。

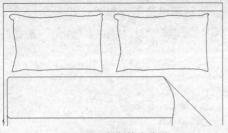

图 6-27　复制枕头造型　　　　　　　　　　　图 6-28　建立床单尾部造型

❽ 单击单击"修改"工具栏中的"偏移"按钮⚏，通过偏移得到一组平行线造型，如图 6-29 所示。

3．绘制靠垫。

绘制圆弧，单击"绘图"工具栏中的"直线"按钮✎和"圆弧"按钮⌒，绘制一个靠垫造型，如图 6-30 所示。

图 6-29　偏移得到平行线　　　　　　　　　　图 6-30　勾画靠垫造型

4．单击"绘图"工具栏中的"直线"按钮✎，勾画靠垫内部线条造型，如图 6-31 所示。

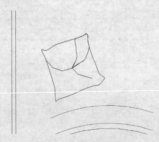

图 6-31　勾画靠垫线条

# 6.3　多线

多线是一种复合线，由连续的直线段复合组成。多线的突出优点就是能够大大地提高绘图效率，保证图线之间的统一性。

## 6.3.1　绘制多线

### 1. 执行方式

命令行：MLINE（快捷命令：ML）

菜单栏："绘图"→"多线"

### 2. 操作步骤

命令行提示与操作如下：

命令：MLINE↙
当前设置：对正 = 上，比例 = 20.00，样式 = STANDARD
指定起点或 [对正(J)/比例(S)/样式(ST)]：指定起点
指定下一点：指定下 1 点
指定下一点或 [放弃(U)]：继续指定下一点绘制线段；输入 "U"，则放弃前一段多线的绘制；右键单击或按
【Enter】键，结束命令
指定下一点或 [闭合(C)/放弃(U)]：继续给定下 1 点绘制线段；输入 "C"，则闭合线段，结束命令

### 3. 选项说明

(1) 对正（J）：该项用于指定绘制多线的基准。共有 3 种对正类型："上"、"无" 和 "下"。其中，"上" 表示以多线上侧的线为基准，其他两项依此类推。

(2) 比例（S）：选择该项，要求用户设置平行线的间距。输入值为零时，平行线重合；输入值为负时，多线的排列倒置。

(3) 样式（ST）：用于设置当前使用的多线样式。

## 6.3.2　定义多线样式

### 1. 执行方式

命令行：MLSTYLE

执行上述命令后，系统打开图 6-32 所示的 "多线样式" 对话框。在该对话框中，用户可以对多线样式进行定义、保存和加载等操作。下面通过定义一个新的多线样式来介绍该对话框的使用方法。要定义的多线样式由 3 条平行线组成，中心轴线和两条平行的实线相对于中心轴线上、下各偏移 0.5，其操作步骤如下：

(1) 在 "多线样式" 对话框中单击 "新建" 按钮，系统打开 "创建新的多线样式" 对话框，如图 6-33 所示。

(2) 在 "创建新的多线样式" 对话框的 "新样式名" 文本框中输入 "THREE"，单击 "继续" 按钮。

(3) 系统打开 "新建多线样式" 对话框，如图 6-34 所示。

(4) 在 "封口" 选项组中可以设置多线起点和端点的特性，无论是直线、外弧还是内弧封口，甚至包括封口线段或圆弧的角度。

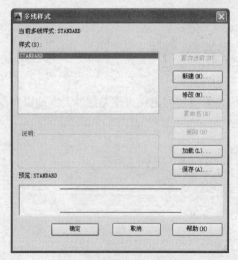

图 6-32 "多线样式"对话框　　　　　　　　图 6-33 "创建新的多线样式"对话框

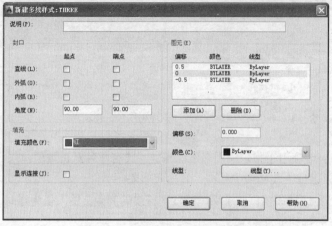

图 6-34 "新建多线样式"对话框

（5）在"填充颜色"下拉列表框中可以选择多线填充的颜色。

（6）在"图元"选项组中可以设置组成多线元素的特性。单击"添加"按钮，可以为多线添加元素；反之，单击"删除"按钮，为多线删除元素。在"偏移"文本框中可以设置选中元素的位置偏移值。在"颜色"下拉列表框中可以为选中的元素选择颜色。单击"线型"按钮，系统打开"选择线型"对话框，可以为选中的元素设置线型。

（7）设置完毕后，单击"确定"按钮，返回到图 6-32 所示的"多线样式"对话框，在"样式"列表中会显示刚设置的多线样式名，选择该样式，单击"置为当前"按钮，系统则将刚设置的多线样式设置为当前样式，下面的预览框中会显示所选的多线样式。

（8）单击"确定"按钮，完成多线样式设置。

图 6-35 所示为按设置后的多线样式绘制的多线。

图 6-35　绘制的多线

## 6.3.3　编辑多线

**执行方式**

命令行：MLEDIT

菜单栏:"修改"→"对象"→"多线"

执行上述操作后,打开"多线编辑工具"对话框,如图 6-36 所示。

使用该对话框中的选项,可以创建或修改多线的模式。对话框中分 4 列显示示例图形。其中,第 1 列管理十字交叉形多线,第 2 列管理 T 形多线,第 3 列管理拐角接合点和节点,第 4 列管理多线被剪切或连接的形式。

单击选择某个示例图形,就可以调用该项编辑功能。

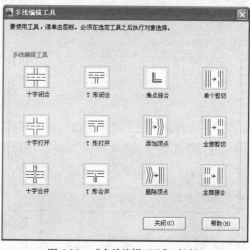

图 6-36 "多线编辑工具"对话框

下面以"十字打开"为例,介绍多线编辑的方法,把选择的两条多线进行打开交叉。命令行提示与操作如下:

> 选择第 1 条多线: 选择第 1 条多线
> 选择第 2 条多线: 选择第 2 条多线
> 选择完毕后,第 2 条多线被第 1 条多线横断交叉,命令行提示与操作如下。
> 选择第 1 条多线:

可以继续选择多线进行操作。选择"放弃"选项会撤销前次操作。执行结果如图 6-37 所示。

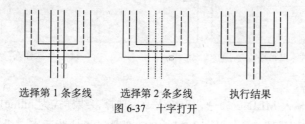

选择第 1 条多线　　选择第 2 条多线　　执行结果

图 6-37 十字打开

## 6.3.4 实例——西式沙发

本实例将讲解如图 6-38 所示常见的西式沙发的绘制方法与技巧。具体方法是首先绘制大体轮廓,然后绘制扶手靠背,最后进行细节处理。

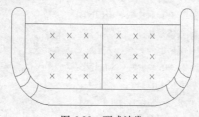

图 6-38 西式沙发

**绘制步骤**

1. 沙发的绘制同座椅的绘制方法基本相似。单击"绘图"工具栏中的"矩形"按钮□,绘制 1 个矩形,矩形的长边为 100,短边为 40,如图 6-39 所示。

2. 在矩形上侧的两个角处,绘制直径为 8 的圆。单击"修改"工具栏中的"复制"按钮%,以矩形角点为参考点,将圆复制到另外一个角点处,如图 6-40 所示。

图 6-39　绘制矩形

图 6-40　绘制圆

3．选择菜单栏中的"绘图"→"多线"命令，即多线功能，绘制沙发的靠背。选择菜单栏中的"格式"→"多线样式"命令，打开"多线编辑器"对话框，如图 6-41 所示。单击"新建"按钮，打开"新建多线样式"对话框，如图 6-42 所示，并命名为 mline1。

图 6-41　多线样式编辑器

图 6-42　"多线样式"对话框

关闭所有对话框。

4．在命令行中输入 MLINE 命令，再输入 st，选择多线样式为 mline1；然后输入 j，设置对正方式为无，将比例设置为 1，以图 6-40 中的左侧圆的圆心为起点，沿矩形边界绘制多线，命令行提示与操作如下：

```
命令: MLINE
当前设置: 对正 = 上，比例 = 20.00，样式 = STANDARD
指定起点或 [对正(J)/比例(S)/样式(ST)]: st✓（设置当前多线样式）
输入多线样式名或 [?]: mline1✓（选择样式 mline1）
当前设置: 对正 = 上，比例 = 20.00，样式 = MLINE1
指定起点或 [对正(J)/比例(S)/样式(ST)]: j✓（设置对正方式）
输入对正类型 [上(T)/无(Z)/下(B)] <上>: z✓（设置对正方式为无）
当前设置: 对正 = 无，比例 = 20.00，样式 = MLINE1
指定起点或 [对正(J)/比例(S)/样式(ST)]: s✓
输入多线比例 <20.00>: 1✓（设定多线比例为 1）
当前设置: 对正 = 无，比例 = 1.00，样式 = MLINE1
指定起点或 [对正(J)/比例(S)/样式(ST)]:（单击圆心）
指定下一点:（单击矩形角点）
指定下一点或 [放弃(U)]:
指定下一点或 [闭合(C)/放弃(U)]:（单击另外一侧圆心）
指定下一点或 [闭合(C)/放弃(U)]: ✓
```

5．绘制完成结果如图 6-43 所示。选择刚刚绘制的多线和矩形，单击"修改"工具栏中的"分解"按钮，将多线分解。

6．将多线中间的矩形轮廓线删除，如图6-44所示。单击"修改"工具栏中的"移动"按钮 ⊕，然后按【空格】键或按【Enter】键，再选择直线的左端点，将其移动到圆的下端点，如图6-45所示。单击"修改"工具栏中的"修剪"按钮 ⊢，将多余线剪切。移动剪切后，效果如图6-46所示。

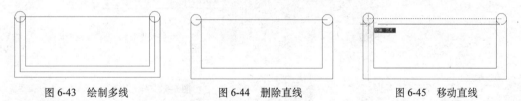

图6-43　绘制多线　　　　　　图6-44　删除直线　　　　　　图6-45　移动直线

7．绘制沙发扶手及靠背的转角。由于需要一定的弧线，这里将选择"倒圆角"命令。单击"绘图"工具栏中的"圆角"按钮 ◻，设置倒角的大小。

内侧倒角半径为16，修改后如图6-47所示。外侧倒角半径为24，修改后如图6-48所示。

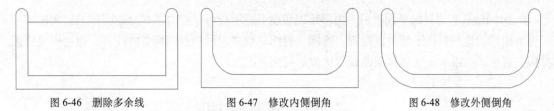

图6-46　删除多余线　　　　　　图6-47　修改内侧倒角　　　　　　图6-48　修改外侧倒角

8．使用捕捉到中点工具，在沙发中心绘制一条垂直的直线，如图6-49所示。再在沙发扶手的拐角处绘制三条弧线，两边对称复制，如图6-50所示。

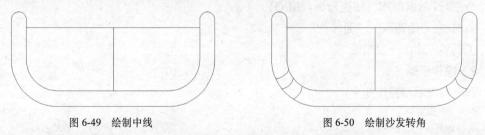

图6-49　绘制中线　　　　　　　　图6-50　绘制沙发转角

9．在绘制转角处的纹路时，弧线上的点不易捕捉，这时需要使用AutoCAD的"延伸捕捉"功能。此时要确保绘图窗口下部状态栏上的"对象捕捉"功能处于激活状态，其状态可以单击进行切换。然后选择"绘制弧线"命令，将光标停留在沙发转角弧线的起点，如图6-51所示。此时在起点会出现黄色的方块，沿弧线缓慢移动光标，可以看到一个小型的十字随光标移动，且十字中心与弧线起点有虚线相连，如图6-52所示。在移动到合适的位置后，再单击即可绘制。

图6-51　端点停留　　　　　　　　图6-52　延伸功能

10．在沙发左侧空白处用直线命令绘制一个"×"形图案，如图6-53所示。单击"修改"工具栏中的"矩形阵列"按钮 ▦，设置行数、列数均为3，然后将"行间距"设置为-10、"列间距"设置为10。将刚刚绘制的"×"图形进行阵列，如图6-54所示。单击"修改"工具栏中的"镜像"按钮 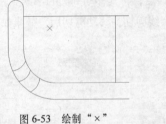，将左侧的花纹复制到右侧，如图 6-38 所示。

图 6-53　绘制"×"　　　　　图 6-54　阵列图形

## 6.4　面域

面域是具有边界的平面区域，内部可以包含孔。用户可以将由某些对象围成的封闭区域转变为面域，这些封闭区域可以是圆、椭圆、封闭二维多段线和封闭样条曲线等，也可以是由圆弧、直线、二维多段线和样条曲线等构成的封闭区域。

### 6.4.1　创建面域

**1．执行方式**

命令行：REGION（快捷命令：REG）

菜单栏："绘图"→"面域"

工具栏：绘图→面域 ◎

**2．操作步骤**

命令行提示与操作如下：

命令：REGION↙

选择对象：

选择对象后，系统自动将所选择的对象转换成面域。

### 6.4.2　面域的布尔运算

布尔运算是数学中的一种逻辑运算，用在 AutoCAD 绘图中，能够极大地提高绘图效率。布尔运算包括并集、交集和差集 3 种，操作方法类似，一并介绍如下。

**1．执行方式**

命令行：UNION（并集，快捷命令：UNI）或 INTERSECT（交集，快捷命令：IN）或 SUBTRACT（差集，快捷命令：SU）

菜单栏："修改"→"实体编辑"→"并集"（"差集"、"交集"）。

工具栏：实体编辑→并集 ◎ （"差集"按钮 ◎ 、"交集"按钮 ◎ ）

**2．操作步骤**

命令行提示与操作如下：

命令：UNION（SUBTRACT、INTERSECT）↙

选择对象：

选择对象后，系统对所选择的面域做并集（差集、交集）计算。

命令：SUBTRACT↙
选择要从中减去的实体、曲面和面域
选择对象：选择差集运算的主体对象
选择对象：右击结束选择
选择要减去的实体、曲面和面域
选择对象：选择差集运算的参照体对象
选择对象：右击结束选择

选择对象后，系统对所选择的面域做差集运算。运算逻辑是在主体对象上减去与参照体对象重叠的部分，布尔运算的结果如图 6-55 所示。

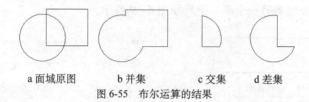

　　a 面域原图　　　b 并集　　　c 交集　　　d 差集

图 6-55　布尔运算的结果

> 　　布尔运算的对象只包括实体和共面面域，对于普通的线条对象无法使用布尔运算。

## 6.4.3　面域的数据提取

面域对象除了具有一般图形对象的属性外，还具有作为面对象所具备的属性，其中一个重要的属性就是质量特性。用户可以通过相关操作提取面域的有关数据。

### 1．执行方式

命令行：MASSPROP

菜单栏："工具"→"查询"→"面域/质量特性"

### 2．操作步骤

命令行提示与操作如下：

命令：MASSPROP↙
选择对象：

选择对象后，系统自动切换到文本窗口，显示对象面域的质量特性数据，图 6-56 所示为并集面域的质量特性数据。用户可以将分析结果写入文本文件保存起来。

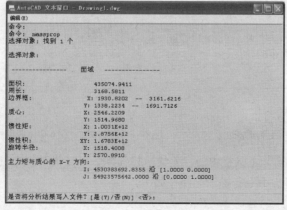

图 6-56　文本窗口

## 6.4.4 实例——扳手

利用布尔运算绘制如图 6-57 所示的扳手。

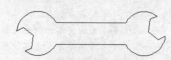

 **绘制步骤**

1. 单击"绘图"工具栏中的"矩形"按钮口，绘制矩形。

图 6-57 扳手平面图

两个角点的坐标为（50,50）、（100,40），结果如图 6-58 所示。

2. 单击"绘图"工具栏中的"圆"按钮 ⊙，圆心坐标为（50,45），半径为 10。同样以（100,45）为圆心，以 10 为半径绘制另一个圆，结果如图 6-59 所示。

图 6-58 绘制矩形

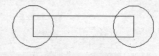

图 6-59 绘制圆

3. 单击"绘图"工具栏中的"多边形"按钮 ⬠，绘制正六边形。命令行提示与操作如下：

```
命令: POLYGON↙
输入侧面数 <6>:↙
指定正多边形的中心点或 [边(E)]:42.5,41.5↙
输入选项 [内接于圆(I)/外切于圆(C)] <I>:↙
指定圆的半径:5.8↙
```

同样以（107.4,48.2）为多边形中心，以 5.8 为半径绘制另一个正六边形，结果如图 6-60 所示。

4. 单击"绘图"工具栏中的"面域"按钮 ⬚，将所有图形转换成面域。命令行提示与操作如下：

```
命令: _REGION↙ –
选择对象:（依次选择矩形、多边形和圆）
……
找到 5 个
选择对象: ↙
已提取 5 个环。
已创建 5 个面域。
```

5. 单击"实体编辑"工具栏中的"并集"按钮 ⊚，将矩形分别与两个圆进行并集处理。命令行提示与操作如下：

```
命令: UNION↙
选择对象:（选择矩形）
选择对象:（选择一个圆）
选择对象:（选择另一个圆）
选择对象: ↙
```

并集处理结果如图 6-61 所示。

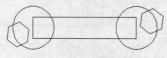

图 6-60 绘制正多边形

图 6-61 并集处理

6. 单击"实体编辑"工具栏中的"差集"按钮 ⊚，以并集对象为主体对象，正多边形为参照体，进行差集处理。命令行提示与操作如下：

```
命令: _SUBTRACT
选择要从中减去的实体、曲面和面域...
```

选择对象:（选择并集对象）
找到 1 个
选择对象: ↙
选择要从中减去的实体、曲面和面域..
选择对象:（选择一个正多边形）
选择对象:（选择另一个正多边形）
选择对象: ↙

结果如图 6-57 所示。

# 6.5 对象编辑命令

在对图形进行编辑时，还可以对图形对象本身的某些特性进行编辑，从而方便地进行图形绘制。

## 6.5.1 钳夹功能

使用钳夹功能可以快速方便地编辑对象。AutoCAD 在图形对象上定义了一些特殊点，称为夹持点，利用夹持点可以灵活地控制对象，如图 6-62 所示。

要使用钳夹功能编辑对象，必须先打开钳夹功能，打开方法是选择菜单栏中的"工具"→"选项"命令，系统打开"选项"对话框。进入"选择集"选项卡，勾选"夹点"选项组中的"显示夹点"复选框。在该选项卡中还可以设置代表夹点的小方格尺寸和颜色。

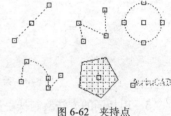

图 6-62 夹持点

也可以通过 GRIPS 系统变量控制是否打开钳夹功能，1 代表打开，0 代表关闭。

打开了钳夹功能后，应该在编辑对象之前先选择对象。夹点表示对象的控制位置。

使用夹点编辑对象，要选择一个夹点作为基点，称为基准夹点。然后，选择一种编辑操作：如镜像、移动、旋转、拉伸和缩放。可以用按【Space】或【Enter】键循环选择这些功能。

下面就其中的拉伸对象操作为例进行讲解，其他操作类似。

在图形上选择一个夹点，该夹点改变颜色，此点为夹点编辑的基准点，此时命令行提示与操作如下：

** 拉伸 **
指定拉伸点或[基点(B)/复制(C)/放弃(U)/退出(X)]:

在上述拉伸编辑提示下输入镜像命令或右击鼠标，选择快捷菜单中的"镜像"命令，系统就会转换为"镜像"操作，其他操作类似。

## 6.5.2 实例——吧椅

本例利用圆、圆弧、直线和偏移命令绘制吧椅图形，在绘制过程中，利用钳夹功能编辑局部图形，如图 6-63 所示。

**绘制步骤**

1. 单击"绘图"工具栏中的"圆弧"按钮、"圆"按钮⊙和"直线"按钮，绘制初步图形，其中圆弧和圆同心，大约左右对称。如

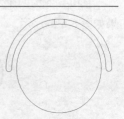

图 6-63 绘制吧椅

图 6-64 所示。

2．单击"修改"工具栏中的"偏移"按钮，偏移刚绘制的圆弧，如图 6-65 所示。

图 6-64　绘制初步图形　　　　　　　　　　图 6-65　偏移

3．单击"绘图"工具栏中的"圆弧"按钮，绘制扶手端部，采用"起点/端点/圆心"的形式，使造型大约光滑过渡，如图 6-66 所示。

4．在绘制扶手端部圆弧的过程中，由于采用的是粗略的绘制方法，放大局部后，可能会发现图线不闭合。这时，双击鼠标左键，选择对象图线，出现钳夹编辑点，移动相应编辑点捕捉到需要闭合连接的相临图线端点，如图 6-67 所示。

图 6-66　绘制扶手　　　　　　　　　　图 6-67　钳夹编辑

5．用相同的方法绘制扶手另一端的圆弧造型，结果如图 6-63 所示。

## 6.5.3　特性匹配

使用特性匹配功能可以将目标对象的属性与源对象的属性进行匹配，使目标对象变为与源对象相同。利用特性匹配功能可以方便快捷地修改对象属性，并保持不同对象的属性相同。

### 1．执行方式

命令行：MATCHPROP

菜单栏："修改"→"特性匹配"

### 2．操作步骤

命令行提示与操作如下：

命令: MATCHPROP↙
选择源对象: (选择源对象)
选择目标对象或[设置(S)]: (选择目标对象)

图 6-68a 为两个不同属性的对象，以左边的圆为源对象，对右边的矩形进行属性匹配，结果如图 6-68b 所示。

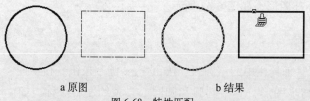

a 原图　　　　　　　　　　b 结果

图 6-68　特性匹配

## 6.5.4　修改对象属性

**执行方式**

命令行：DDMODIFY 或 PROPERTIES

菜单栏："修改"→"特性"

工具栏：标准工具栏中的"特性"按钮▣

执行上述操作后，系统打开"特性"选项板，如图 6-69 所示。利用它可以方便地设置或修改对象的各种属性。不同的对象属性种类和值不同，修改属性值，对象改变为新的属性。

图 6-69　"特性"选项板

## 6.5.5　实例——三环旗

本例绘制如图 6-70 所示的三环旗。

图 6-70　三环旗

**绘制步骤**

1. 单击"图层"工具栏中的"图层特性管理器"按钮，打开"图层特性管理器"对话框，如图 6-71 所示。单击"新建"按钮，创建新图层。新图层的特性将继承 0 图层或已选择的某一图层的特性。新图层的默认名为"图层 1"，显示在中间的图层列表中，将其更名为"旗尖"。用同样的方法建立"旗杆"层、"旗面"层和"三环"层。这样就建立了 4 个新图层。选中"旗尖"层，单击"颜色"下的色块形图标，将打开"选择颜色"对话框，如图 6-72 所示。选择灰色块，单击"确定"按钮后，回到"图层特性管理器"对话框，此时"旗尖"层的颜色变为灰色。

2. 选中"旗杆"层，用同样的方法将颜色改为红色，单击"线宽"下的线宽值，将打开"线宽"对话框，如图 6-73 所示，选中 0.4 的线宽，单击"确定"按钮后，回到"图层特性管理器"对话框。用同样的方法将"旗面"层的颜色设置为黑色，线宽设置为默认值，将"三环"层的颜色设置为蓝色。整体设置如下：

(1) 旗尖层：线型为 CONTINOUS，颜色为灰色，线宽为默认值。

(2) 旗杆层：线型为 CONTINOUS，颜色为红色，线宽为 0.4。

(3) 旗面层：线型为 CONTINOUS，颜色为白色，线宽为默认值。

(4) 三环层：线型为 CONTINOUS，颜色为蓝色，线宽为默认值。

图 6-71 "图层特性管理器"对话框

图 6-72 "选择颜色"对话框

设置完成的"图层特性管理器"对话框，如图 6-74 所示。

图 6-73 "线宽"对话框

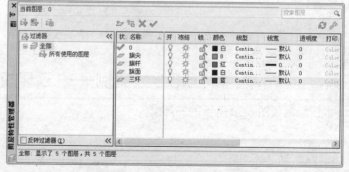
图 6-74 "图层特性管理器"对话框

3. 单击"绘图"工具栏中的"直线"按钮，在绘图窗口中单击鼠标右键。指定一点，拖曳光标到合适位置，单击指定另一点，画出一条倾斜直线，作为辅助线。

4. 单击"图层"工具栏中的"图层特性管理器"按钮，在打开的"图层特性管理器"对话框中选择"旗尖"层，单击"当前"按钮，即把它设置为当前层以绘制灰色的旗尖。

5. 单击"标准"工具栏中的"实时缩放"按钮，指定一个窗口，把窗口内的图形放大到全屏，在指定窗口的左上角点拖曳光标，出现一个动态窗口。单击指定窗口的右下角点，对图形进行缩放。

6. 单击"绘图"工具栏中的"多段线"按钮，单击状态栏上"对象捕捉"按钮。将光标移至直线上，单击一点，指定起始宽度为 0，终止宽度为 8。捕捉直线上另一点，绘制多段线。

7. 单击"修改"工具栏中的"镜像"按钮，选择所画的多段线，捕捉端点，在垂直于直线方向上指定第 2 点。镜像绘制的多段线，如图 6-75 所示。

8. 将"旗杆"图层设置为当前图层，恢复前一次的显示，打开线宽显示。

9. 单击"绘图"工具栏中的"直线"按钮，捕捉所画旗尖的端点。将光标移至直线上，单击一点，绘制旗杆。绘制完此步后的图形如图 6-76 所示。

图 6-75　灰色的旗尖　　　　　　　图 6-76　绘制红色的旗杆后的图形

10．将"旗面"图层设置为当前图层，单击"绘图"工具栏中的"多段线"按钮，绘制黑色的旗面。命令行提示与操作如下：

命令: PL↙

指定起点:（捕捉所画旗杆的端点）

当前线宽为 0.0000

指定下一点或 [圆弧(A)/闭合(C)/半宽(H)/长度(L)/放弃(U)/宽度(W)]:A↙

指定圆弧的端点或[角度(A)/圆心(CE)/闭合(CL)/方向(D)/半宽(H)/直线(L)/半径(R)/第 2 点(S)/放弃(U)/宽度(W)]: S↙

指定圆弧的第 2 点:（单击一点，指定圆弧的第 2 点）

指定圆弧的端点:（单击一点，指定圆弧的端点）

指定圆弧的端点或[角度(A)/圆心(CE)/闭合(CL)/方向(D)/半宽(H)/直线(L)/半径(R)/第 2 点(S)/放弃(U)/宽度(W)]:（单击一点，指定圆弧的端点）

指定圆弧的端点或[角度(A)/圆心(CE)/闭合(CL)/方向(D)/半宽(H)/直线(L)/半径(R)/第 2 点(S)/放弃(U)/宽度(W)]:

11．单击"修改"工具栏中的"复制"按钮，复制出另一条旗面边线。

12．单击"绘图"工具栏中的"直线"按钮，捕捉所画旗面上边的端点和旗面下边的端点。绘制黑色的旗面后的图形，如图 6-77 所示。

13．将"三环"图层设置为当前图层。选择菜单栏中的"绘图"→"圆环"命令，圆环内径为 15，圆环外径为 20，绘制 3 个蓝色的圆环。

14．将绘制的 3 个圆环分别修改为 3 种不同的颜色。单击第 2 个圆环。

图 6-77　绘制黑色的旗面后的图形

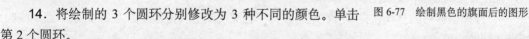
命令: DDMODIFY↙（或单击标准工具栏中的图标，下同）

按【Enter】键后，系统打开"特性"选项板，如图 6-78 所示，其中列出了该圆环所在的图层、颜色、线型和线宽等基本特性及其几何特性。单击"颜色"选项，在表示颜色的色块后出现一个按钮。单击此按钮，打开"颜色"下拉列表，从中选择"洋红"选项，如图 6-79 所示。连续按两次【Esc】键，退出。用同样的方法，将另一个圆环的颜色修改为绿色。

15．单击"修改"工具栏中的"删除"按钮，删除辅助线。最终绘制的结果如图 6-70 所示。

图 6-78 "特性"选项板  图 6-79 选择"颜色"选项

# 6.6 综合演练——深沟球轴承

绘制如图 6-80 所示的深沟球轴承。

**绘制步骤**

1. 选择"格式"→"图层"命令或单击"图层"工具栏中的 按钮，新建 3 个图层。

❶ 第 1 图层命名为"轮廓线"，线宽属性为 0.3，其余属性默认；

❷ 第 2 图层命名为"中心线"，颜色设为红色，线型加载为 CENTER，其余属性默认；

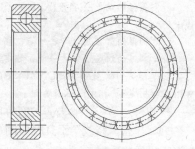

图 6-80 深沟球轴承

❸ 第 3 图层命名为"细实线"，颜色设为蓝色，其余属性默认。

2. 将中心线"层设置为当前层。单击"绘图"工具栏中的"直线"按钮 ，在水平方向上取两点绘制直线。将"轮廓线"层设置为当前层。重复上述命令绘制竖直直线，结果如图 6-81 所示。

3. 单击"修改"工具栏中的"偏移"按钮 ，将水平直线向上偏移 20、25、27、29 和 34，将竖直直线分别向右偏移 7.5 和 15。

4. 选择偏移后的直线，将其所在层修改为"轮廓线"层（偏移距离为 27 的水平点划线除外），结果如图 6-82 所示。

5. 单击"绘图"工具栏中的"圆"按钮 ，指定圆心坐标为线段 1 和线段 2 的交点，半径为 3 绘制圆，结果如图 6-83 所示。

6. 单击"修改"工具栏中的"圆角"按钮 ，选择线段 3、4、5 和 6 进行倒圆角处理，圆角半径为 1.5，结果如图 6-84 所示。

7. 单击"修改"工具栏中的"倒角"按钮 ，选择线段 5 和线段 6 进行倒角处理，结果如图 6-85 所示。

8. 单击"绘图"工具栏中的"直线"按钮 ，单击"修改"工具栏中的 按钮，修剪相关图线，结果如图 6-86 所示。

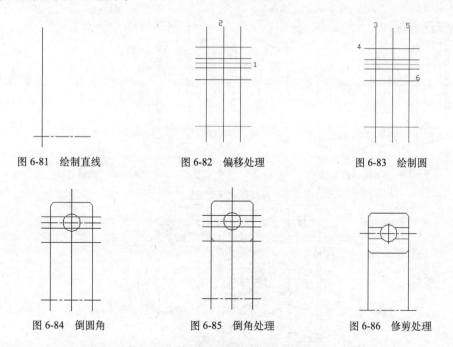

图 6-81　绘制直线　　　　　　图 6-82　偏移处理　　　　　　图 6-83　绘制圆

图 6-84　倒圆角　　　　　　图 6-85　倒角处理　　　　　　图 6-86　修剪处理

9．单击"绘图"工具栏中的"直线"按钮，绘制倒角线，结果如图 6-87 所示。

10．单击"修改"工具栏中的"镜像"按钮，选择全部图形，在最下端的直线上选择两点作为镜像点，对图形进行镜像处理，结果如图 6-88 所示。

11．将"中心线"层设置为当前层，单击"绘图"工具栏中的"直线"按钮，绘制左视图的中心线，结果如图 6-89 所示。

12．将"粗实线"层设置为当前层，单击"绘图"工具栏中的"圆"按钮，以中心线的交点为圆心，分别绘制半径为 34、29、27、25、21 和 20 的圆，再以半径为 27 的圆和竖直中心线的交点为圆心，绘制半径为 3 的圆。其中半径为 27 的圆为点划线，其他为粗实线，结果如图 6-90 所示。

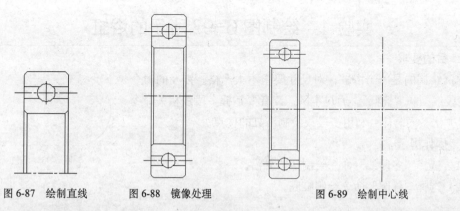

图 6-87　绘制直线　　　　图 6-88　镜像处理　　　　　　图 6-89　绘制中心线

13．单击"修改"工具栏中的"修剪"按钮，将半径为 3 的圆进行修剪，结果如图 6-91 所示。

14．单击"修改"工具栏中的"环形阵列"按钮，对上步修剪的圆弧进行环形阵列，结果如图 6-92 所示。

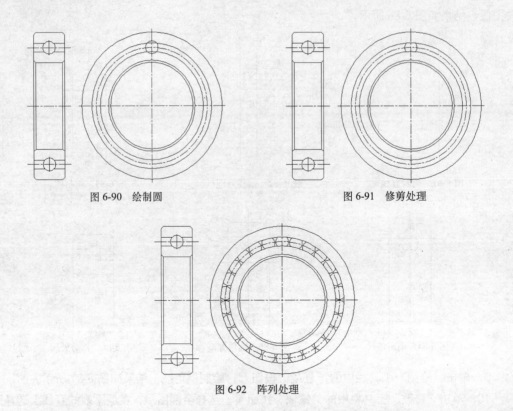

图 6-90　绘制圆　　　　　　　　　　　　　　　图 6-91　修剪处理

图 6-92　阵列处理

15．将"细实线"层设置为当前层。单击"绘图"工具栏中的"图案填充"按钮⊡，系统打开"图案填充和渐变色"对话框，选择"用户定义"类型，选择角度为 45°，比例为 3；选择相应的填充区域。单击"确定"按钮后进行填充，结果如图 6-80 所示。

# 6.7　上机实验

## 实验 1　绘制图 6-93 所示的浴缸

### 1．目的要求

本例绘制的是一个浴缸，对尺寸要求不太严格。涉及的命令有"多段线"和"椭圆"。通过本例，读者要掌握多段线相关命令的使用方法，同时体会利用多段线绘制浴缸的优点。

### 2．操作提示

（1）选择"多段线"命令绘制浴缸外沿。

（2）选择"椭圆"命令绘制缸底。

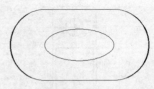

图 6-93　浴缸

## 实验 2　绘制图 6-94 所示的墙体

### 1．目的要求

本例绘制的是一个建筑图形，对尺寸要求不太严格。涉及的命令有"多线样式"、"多线"

和"多线编辑工具"。通过本例，读者要掌握多线相关命令的使用方法，同时体会利用多线绘制建筑图形的优点。

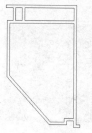

图 6-94　墙体

**2．操作提示**

（1）设置多线格式。

（2）选择"多线"命令绘制多线。

（3）打开"多线编辑工具"对话框。

（4）编辑多线。

## 实验 3　利用布尔运算绘制图 6-95 所示的法兰盘

**1．目的要求**

本例所绘制的图形如果仅利用简单的二维绘制命令进行绘制将非常复杂，利用面域相关命令绘制，则可以变得简单。学习本例读者要掌握面域相关命令。

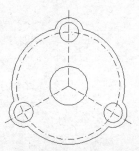

**2．操作提示**

（1）选择"直线"、"圆"、"阵列"以及"分解"命令绘制初步轮廓。

（2）选择"面域"命令将所有的图形转换成面域，并利用"并集"命令进行处理。

图 6-95　法兰盘

## 实验 4　绘制图 6-96 所示的单人床

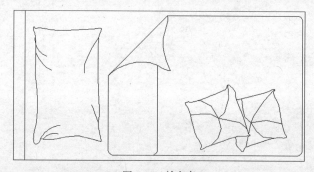

图 6-96　单人床

**1．目的要求**

本例所绘制的图形与双人床实例类似。本例要求读者掌握样条曲线相关命令。

**2．操作提示**

（1）选择"直线"、"矩形"和"修剪"相关命令绘制初步轮廓。

（2）选择"样条曲线"命令绘制枕头细节。

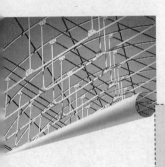

# 第7章

## 文字与表格

　　文字注释是图形中很重要的一部分内容，在进行各种设计时，通常不仅要绘出图形，还要在图形中标注一些文字，如技术要求和注释说明等，对图形对象加以解释。AutoCAD 提供了多种写入文字的方法，本章将介绍文本的标注和编辑功能。图表在 AutoCAD 图形中也有大量的应用，如明细表、参数表和标题栏等，本章还介绍了与图表有关的内容。

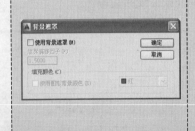

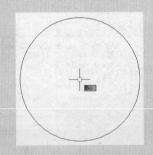

# 7.1　文本样式

所有 AutoCAD 图形中的文字都有与其相对应的文本样式。当输入文字对象时，AutoCAD 使用当前设置的文本样式。文本样式是用来控制文字基本形状的一组设置。AutoCAD 2014 提供了"文字样式"对话框，通过这个对话框可以方便直观地设置需要的文本样式，或是对已有样式进行修改。

## 1．执行方式

命令行：STYLE（快捷命令：ST）或 DDSTYLE

菜单栏："格式"→"文字样式"

工具栏：文字→文字样式 A

执行上述操作后，系统打开"文字样式"对话框，如图 7-1 所示。

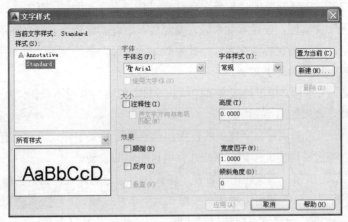

图 7-1　"文字样式"对话框

## 2．选项说明

（1）"样式"列表框：列出所有已设定的文字样式名或对已有样式名进行相关操作。单击"新建"按钮，系统打开图 7-2 所示的"新建文字样式"对话框。在该对话框中可以为新建的文字样式输入名称。从"样式"列表框中选中要改名的文本样式，单击鼠标右键，选择快捷菜单中的"重命名"命令，如图 7-3 所示，可以为所选文本样式输入新的名称。

（2）"字体"选项组：用于确定字体样式。文字的字体确定字符的形状，在 AutoCAD 中，除了它固有的 SHX 形状字体文件外，还可以使用 TrueType 字体（如宋体、楷体和 italley 等）。一种字体可以设置不同的效果，从而被多种文本样式使用，图 7-4 所示为同一种字体（宋体）的不同样式。

图 7-2　"新建文字样式"对话框

图 7-3　快捷菜单图

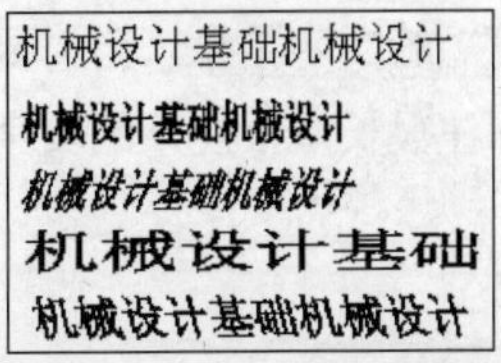

机械设计基础机械设计
**机械设计基础机械设计**
*机械设计基础机械设计*
机械设计基础
机械设计基础机械设计

图 7-4　同一字体的不同样式

（3）"大小"选项组：用于确定文本样式使用的字体文件、字体风格及字高。"高度"文本框用来设置创建文字时的固定字高，在用 TEXT 命令输入文字时，AutoCAD 不再提示输入字高参数。如果在此文本框中设置字高为 0，系统会在每一次创建文字时提示输入字高，所以，如果不想固定字高，就可以把"高度"文本框中的数值设置为 0。

（4）"效果"选项组

❶ "颠倒"复选框：勾选该复选框，表示将文本文字倒置标注，如图 7-5a 所示。

❷ "反向"复选框：确定是否将文本文字反向标注，如图 7-5b 所示的标注效果。

❸ "垂直"复选框：确定文本是水平标注还是垂直标注。勾选该复选框时为垂直标注，否则为水平标注，垂直标注如图 7-6 所示。

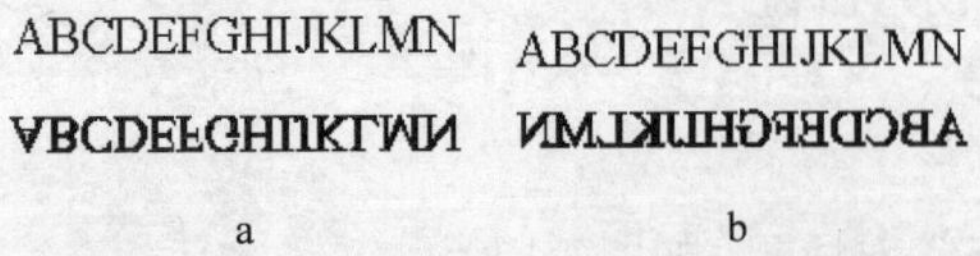

图 7-5　文字倒置标注与反向标注 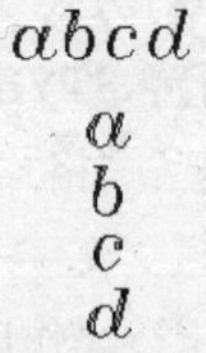　　　　　　　　　图 7-6　垂直标注文字

❹ "宽度因子"文本框：设置宽度系数，确定文本字符的宽高比。当比例系数为 1 时，表示将按字体文件中定义的宽高比标注文字。当此系数小于 1 时，字会变窄，反之变宽。图 7-4 所示为在不同比例系数下标注的文本文字。

❺ "倾斜角度"文本框：用于确定文字的倾斜角度。角度为 0 时不倾斜，为正数时向右倾斜，为负数时向左倾斜，效果如图 7-4 所示。

（5）"应用"按钮：确认对文字样式的设置。当创建新的文字样式或对现有文字样式的某些特征进行修改后，都需要单击此按钮，系统才会确认所做的改动。

（6）"置为当前"按钮。该按钮用于将在"样式"下选定的样式设置为当前。

（7）"新建"按钮：该按钮用于新建文字样式。单击此按钮，系统弹出图 7-7 所示的"新建文字样式"对话框，并自动为当前设置提供名称"样式 n"（其中 n 为所提供样式的编号）。可以采用默认值或在该框中输入名称，然后单击"确定"按钮使新样式名使用当前样式设置。

图 7-7　"新建文字样式"对话框

（8）"删除"按钮：该按钮用于删除未使用文字样式。

# 7.2　文本标注

在绘制图形的过程中，文字传递了很多设计信息，它可能是一个很复杂的说明，也可能是一个简短的文字信息。当需要文字标注的文本不太长时，可以利用 TEXT 命令创建单行文本；当需要标注很长、很复杂的文字信息时，可以利用 MTEXT 命令创建多行文本。

## 7.2.1　单行文本标注

### 1. 执行方式

命令行：TEXT

菜单栏："绘图"→"文字"→"单行文字"

工具栏：文字→单行文字A|

### 2．操作步骤

命令行提示如下：

```
命令: TEXT↙
当前文字样式:  Standard   当前文字高度:  0.2000
指定文字的起点或 [对正(J)/样式(S)]:
```

### 3．选项说明

(1) 指定文字的起点：在此提示下直接在绘图区选择一点作为输入文本的起始点，命令行提示如下：

```
指定高度 <0.2000>: 确定文字高度
指定文字的旋转角度 <0>: 确定文本行的倾斜角度
```

执行上述命令后，即可在指定位置输入文本文字，输入后按【Enter】键，文本文字另起一行，可继续输入文字，待全部输入完后按两次【Enter】键，退出 TEXT 命令。可见，TEXT 命令也可创建多行文本，只是这种多行文本每一行是一个对象，不能对多行文本同时进行操作。

　　　只有当前文本样式中设置的字符高度为 0，在使用 TEXT 命令时，系统才出现要求用户确定字符高度的提示。AutoCAD 允许将文本行倾斜排列，图 7-8 所示为倾斜角度分别是 0°、45°和-45°时的排列效果。在"指定文字的旋转角度<0>"提示下输入文本行的倾斜角度，或在绘图区拉出一条直线来指定倾斜角度。

图 7-8　文本行倾斜排列的效果

(2) 对正（J）：在"指定文字的起点或 [对正（J）/样式（S）]"提示下输入"J"，用来确定文本的对齐方式，对齐方式决定文本的哪部分与所选插入点对齐。执行此选项，命令行提示如下：

```
输入选项[对齐(A)/布满（F）/居中（C）/中间(M)/右对齐（R）/左上（TL）/中上（TC）/右上（TR）/左中（ML）/正中（MC）/右中（MR）/左下（BL）/中下（BC）/右下（BR）]:
```

在此提示下选择一个选项作为文本的对齐方式。当文本文字水平排列时，AutoCAD 为标注文本的文字定义了图 7-9 所示的顶线、中线、基线和底线，各种对齐方式如图 7-10 所示，图中大写字母对应上述提示中各命令。下面以"对齐"方式为例进行简要说明。

图 7-9　文本的对齐方式

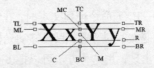

图 7-10　文本行的底线、基线、中线和顶线

选择"对齐（A）"选项，要求用户指定文本行基线的起始点与终止点的位置，命令行提示与操作如下：

```
指定文字基线的第 1 个端点: 指定文本行基线的起点位置
指定文字基线的第 2 个端点: 指定文本行基线的终点位置
```

输入文字：输入文本文字↙
输入文字：↙

执行结果：输入的文本文字均匀地分布在指定的两点之间，如果两点间的连线不水平，则文本行倾斜放置，倾斜角度由两点间的连线与 $x$ 轴夹角确定；字高和字宽根据两点间的距离、字符的多少以及文本样式中设置的宽度系数自动确定。指定了两点之后，每行输入的字符越多，字宽和字高越小。其他选项与"对齐"类似，此处不再赘述。

实际绘图时，有时需要标注一些特殊字符，例如直径符号、上划线或下划线和温度符号等，由于这些符号不能直接从键盘上输入，AutoCAD 提供了一些控制码，用来实现这些要求。控制码用两个百分号（%%）加一个字符构成，常用的控制码及功能如表 7-1 所示。

表 7-1                             AutoCAD 常用控制码

| 控　制　码 | 标注的特殊字符 | 控　制　码 | 标注的特殊字符 |
|---|---|---|---|
| %%O | 上划线 | \u+0278 | 电相位 |
| %%U | 下划线 | \u+E101 | 流线 |
| %%D | "度"符号（°） | \u+2261 | 标识 |
| %%P | 正负符号（±） | \u+E102 | 界碑线 |
| %%C | 直径符号（$\Phi$） | \u+2260 | 不相等（≠） |
| %%% | 百分号（%） | \u+2126 | 欧姆（Ω） |
| \u+2248 | 约等于（≈） | \u+03A9 | 欧米加（Ω） |
| \u+2220 | 角度（∠） | \u+214A | 低界线 |
| \u+E100 | 边界线 | \u+2082 | 下标 2 |
| \u+2104 | 中心线 | \u+00B2 | 上标 2 |
| \u+0394 | 差值 | | |

其中，%%O 和%%U 分别是上划线和下划线的开关，第 1 次出现此符号开始画上划线和下划线，第 2 次出现此符号，上划线和下划线终止。例如输入"I want to %%U go to Beijing%%U."，则得到图 7-11a 所示的文本行，输入"50%%D+%% C75%%P12"，则得到图 7-11b 所示的文本行。

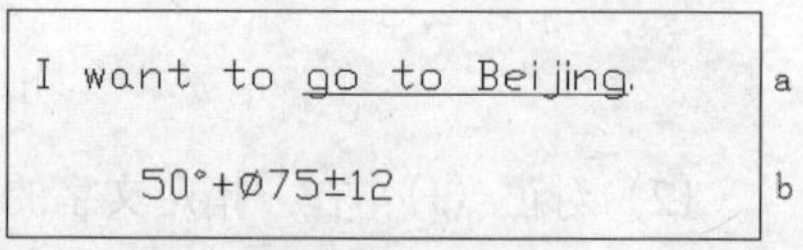

图 7-11 文本行

选择 TEXT 命令可以创建一个或若干个单行文本，即此命令可以标注多行文本。在"输入文字"提示下输入一行文本文字后按【Enter】键，命令行继续提示"输入文字"，用户可输入第 2 行文本文字，依此类推，直到文本文字全部输写完毕，再在此提示下按两次【Enter】键，结束文本输入命令。每一次按【Enter】键就结束一个单行文本的输入，每一个单行文本是一个对象，可以单独修改其文本样式、字高、旋转角度和对齐方式等。

用 TEXT 命令创建文本时，在命令行输入的文字同时显示在绘图区，而且在创建过程中可以随时改变文本的位置，只要移动光标到新的位置单击，则当前行结束，随后输入的文字在新的文本位置出现，用这种方法可以把多行文本标注到绘图区的不同位置。

# 7.2.2 　多行文本标注

## 1．执行方式

命令行：MTEXT（快捷命令：T 或 MT）

菜单栏："绘图"→"文字"→"多行文字"

工具栏：绘图→多行文字**A**或文字→多行文字**A**

### 2．操作步骤

命令行提示如下：

命令:MTEXT↙

当前文字样式:"Standard"　　当前文字高度:1.9122　　注释性：　否

指定第一角点:指定矩形框的第一个角点

指定对角点或[高度(H)/对正(J)/行距(L)/旋转(R)/样式(S)/宽度(W)/栏(C)]

### 3．选项说明

(1) 指定对角点：在绘图区选择两个点作为矩形框的两个角点，AutoCAD 以这两个点为对角点构成一个矩形区域，其宽度作为将来要标注的多行文本的宽度，第 1 个点作为第 1 行文本顶线的起点。响应后 AutoCAD 打开图 7-12 所示的"文字格式"对话框和多行文字编辑器，可利用此编辑器输入多行文本文字并对其格式进行设置。关于该对话框中各项的含义及编辑器功能，稍后再详细介绍。

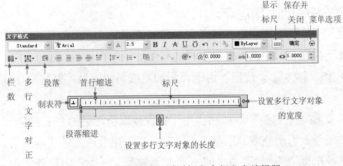

图 7-12 "文字格式"对话框和多行文字编辑器

(2) 对正 (J)：用于确定所标注文本的对齐方式。选择此选项，命令行提示如下：

输入对正方式[左上(TL)/中上(TC)/右上(TR)/左中(ML)/正中(MC)/右中(MR)/左下(BL)/中下(BC)/右下(BR)]<左上(TL)>:

这些对齐方式与 TEXT 命令中的各对齐方式相同。选择一种对齐方式后按【Enter】键，系统回到上一级提示。

(3) 行距 (L)：用于确定多行文本的行间距。这里所说的行间距是指相邻两文本行基线之间的垂直距离。选择此选项，命令行提示如下：

输入行距类型 [至少(A)/精确(E)]<至少(A)>:

在此提示下有"至少"和"精确"两种方式确定行间距。在"至少"方式下，系统根据每行文本中最大的字符自动调整行间距；在"精确"方式下，系统为多行文本赋予一个固定的行间距，可以直接输入一个确切的间距值，也可以输入"nx"的形式，其中 n 是一个具体数，表示行间距设置为单行文本高度的 n 倍，而单行文本高度是本行文本字符高度的 1.66 倍。

(4) 旋转 (R)：用于确定文本行的倾斜角度。选择此选项，命令行提示如下。

指定旋转角度<0>:

输入角度值后按【Enter】键，系统返回到"指定对角点或 [高度(H)/对正(J)/行距(L)/旋转（R）/样式(S)/宽度(W)]:"的提示。

(5) 样式 (S)：用于确定当前的文本文字样式。

(6) 宽度（W）：用于指定多行文本的宽度。可在绘图区选择一点，与前面确定的第一个角点组成一个矩形框的宽作为多行文本的宽度；也可以输入一个数值，精确设置多行文本的宽度。

在创建多行文本时，只要指定文本行的起始点和宽度后，系统就会打开图 7-11 所示的多行文字编辑器，该编辑器包含一个"文字格式"对话框和一个快捷菜单。用户可以在编辑器中输入和编辑多行文本，包括设置字高、文本样式以及倾斜角度等。该编辑器与 Microsoft Word 编辑器界面相似，事实上该编辑器与 Word 编辑器在某些功能上趋于一致。这样既增强了多行文字的编辑功能，又能使用户更熟悉和方便地使用。

(7) "文字格式"对话框：用来控制文本文字的显示特性。可以在输入文本文字前设置文本的特性，也可以改变已输入的文本文字特性。要改变已有文本文字显示特性，首先应选择要修改的文本，选择文本的方式有以下 3 种。

● 将光标定位到文本文字开始处，按住鼠标左键，拖到文本末尾。
● 双击某个文字，则该文字被选中。
● 单击 3 次，则选中全部内容。

对话框中部分选项的功能介绍如下。

❶ "文字高度"下拉列表框：用于确定文本的字符高度，可在文本编辑器中设置输入新的字符高度，也可从此下拉列表框中选择已设定过的高度值。

❷ "加粗" Ｂ 和 "斜体" Ｉ 按钮：用于设置加粗或斜体效果，但这两个按钮只对 TrueType 字体有效。

❸ "下划线" Ｕ 和 "上划线" Ｏ 按钮：用于设置或取消文字的上下划线。

❹ "堆叠"按钮 ：为层叠或非层叠文本按钮，用于层叠所选的文本文字，也就是创建分数形式。当文本中某处出现 "/"、"^" 或 "#" 3 种层叠符号之一时，可层叠文本，其方法是选中需层叠的文字，然后单击此按钮，则符号左边的文字作为分子，右边的文字作为分母进行层叠。AutoCAD 提供了 3 种分数形式；如选中 "abcd/efgh" 后单击此按钮，得到图 7-13a 所示的分数形式；如果选中 "abcd^efgh" 后单击此按钮，则得到图 7-13b 所示的形式，此形式多用于标注极限偏差；如果选中 "abcd # efgh" 后单击此按钮，则创建斜排的分数形式，如图 7-13c 所示。如果选中已经层叠的文本对象后单击此按钮，则恢复到非层叠形式。

❺ "倾斜角度" (0/) 下拉列表框：用于设置文字的倾斜角度。

倾斜角度与斜体效果是两个不同的概念，前者可以设置任意倾斜角度，后者是在任意倾斜角度的基础上设置斜体效果，如图 7-14 所示。第 1 行倾斜角度为 0°，非斜体效果；第 2 行倾斜角度为 12°，非斜体效果；第 3 行倾斜角度为 12°，斜体效果。

| abcd | abcd | abcd/ | 都市农夫 |
|------|------|-------|---------|
| efgh | efgh | efgh  | 都市农夫 |
| a    | b    | c     | 都市农夫 |

图 7-13　文本层叠　　　　　　　　　图 7-14　倾斜角度与斜体效果

❻ "符号"按钮 @· ：用于输入各种符号。单击此按钮，系统打开符号列表，如图 7-15 所示，可以从中选择符号输入到文本中。

| | |
|---|---|
| 度数 (D) | %%d |
| 正/负 (P) | %%p |
| 直径 (I) | %%c |
| 几乎相等 | \U+2248 |
| 角度 | \U+2220 |
| 边界线 | \U+E100 |
| 中心线 | \U+2104 |
| 差值 | \U+0394 |
| 电相角 | \U+0278 |
| 流线 | \U+E101 |
| 恒等于 | \U+2261 |
| 初始长度 | \U+E200 |
| 界碑线 | \U+E102 |
| 不相等 | \U+2260 |
| 欧姆 | \U+2126 |
| 欧米加 | \U+03A9 |
| 地界线 | \U+214A |
| 下标 2 | \U+2082 |
| 平方 | \U+00B2 |
| 立方 | \U+00B3 |
| 不间断空格 (S) | Ctrl+Shift+Space |
| 其他 (O)... | |

图 7-15　符号列表

❼"插入字段"按钮 ：用于插入一些常用或预设字段。单击此按钮，系统打开"字段"对话框，如图 7-16 所示，用户可从中选择字段，插入到标注文本中。

❽"追踪"下拉列表框 a·b：用于增大或减小选定字符之间的空间。1.0 表示设置常规间距，设置大于 1.0 表示增大间距，设置小于 1.0 表示减小间距。

❾"宽度因子"下拉列表框 ：用于扩展或收缩选定字符。1.0 表示设置代表此字体中字母的常规宽度，可以增大该宽度或减小该宽度。

(8)"选项"菜单。在"文字格式"对话框中单击"选项"按钮 ，系统打开"选项"菜单，如图 7-17 所示。其中许多选项与 Word 中相关选项类似，对其中比较特殊的选项简单介绍如下。

图 7-16　"字段"对话框

图 7-17　"选项"菜单

❶ 符号：在光标位置插入列出的符号或不间断空格，也可手动插入符号。

❷ 输入文字：选择此项，系统打开"选择文件"对话框，如图 7-18 所示。选择任意 ASCII 或 RTF 格式的文件。输入的文字保留原始字符格式和样式特性，但可以在多行文字编辑器中编辑和格式化输入的文字。选择要输入的文本文件后，可以替换选定的文字或全部文字，或在文字边界内将插入的文字附加到选定的文字中。输入文字的文件必须小于 32K。

❸ 字符集：显示代码页菜单，可以选择一个代码页，并将其应用到选定的文本文字中。

❹ 删除格式：清除选定文字的粗体、斜体或下划线格式。

❺ 背景遮罩：用设定的背景对标注的文字进行遮罩。选择此项，系统打开"背景遮罩"对话框，如图 7-19 所示。

　　多行文字是由任意数目的文字行或段落组成的，布满指定的宽度，还可以沿垂直方向无限延伸。多行文字中，无论行数是多少，单个编辑任务中创建的每个段落集将构成单个对象；用户可对其进行移动、旋转、删除、复制、镜像或缩放操作。

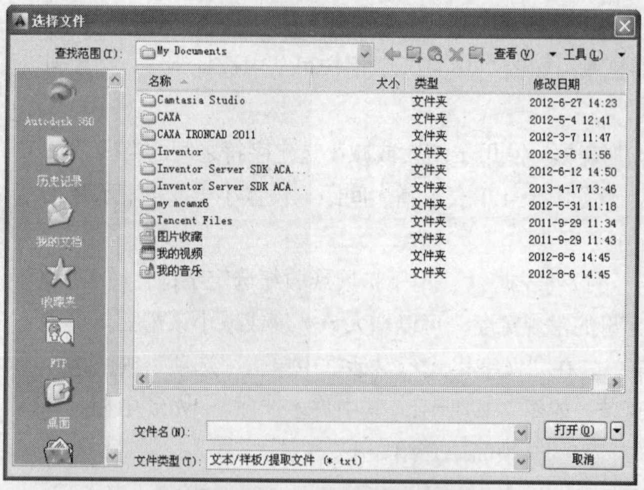

图 7-18 "选择文件"对话框

图 7-19 "背景遮罩"对话框

# 7.2.3 标注注释性文字

当用 DTEXT 命令标注注释性文字时，应首先将对应的注释性文字样式设为当前样式，然后单击状态栏上的"注释比例"列表（单击状态栏上"注释比例"右侧的小箭头可以引出此列表，如图 7-20 所示）设置比例，最后就可以用 DTEXT 命令标注文字了。

例如，如果通过列表将注释比例设为 1:2，那么按注释性文字样式用 DTEXT 命令标注出文字后，文字的实际高度是文字设置高度的 2 倍。

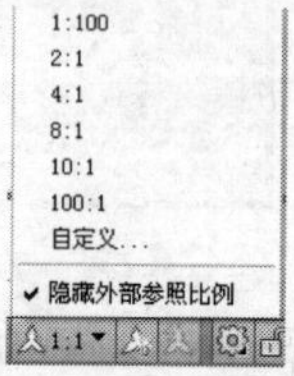

图 7-20 注释比例列表（部分）

当用 MTEXT 命令标注注释性文字时，可以通过"文字格式"工具栏上的注释性按钮 △ 确定标注的文字是否为注释性文字。

对于已标注的非注释性文字（或对象），可以通过特性窗口将其设置为注释性文字（对象）。选中该文字，利用特性窗口将"注释性"设为"是"，通过"注释比例"设置比例，如图 7-21 所示。

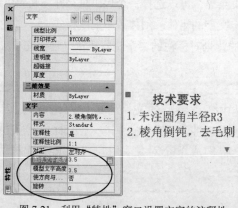

图 7-21 利用"特性"窗口设置文字的注释性

## 7.2.4 实例——内视符号

本例首先选择"圆"命令绘制圆,接着选择"多边形"命令绘制多边形,再利用直线命令绘制竖直直线,然后利用图案填充命令填充图案,最后利用多行文字命令填写文字。如图7-22所示。

**绘制步骤**

1. 单击"绘图"工具栏中的"圆"按钮⊘,绘制一个适当大小的圆。

2. 单击"绘图"工具栏中的"多边形"按钮⬠,绘制一个正四边形,捕捉刚才绘制的圆的圆心作为正多边形所内接的圆的圆心,如图7-23所示,完成正多边形的绘制。

3. 单击"绘图"工具栏中的"直线"按钮╱,绘制一条连接正四边形上下两顶点的直线,如图7-24所示。

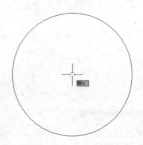

图7-22 内视符号的绘制　　　　图7-23 捕捉圆心　　　　图7-24 绘制正四边形和直线

4. 单击"绘图"工具栏中的"图案填充"按钮▨,打开"图案填充和渐变色"对话框,如图7-25所示,设置填充图案"样式"为"SOLID",填充正四边形与圆之间所夹的区域,如图7-26所示。

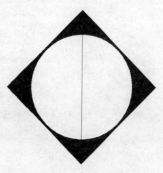

图7-25 "图案填充和渐变色"对话框　　　　图7-26 填充图案

5. 选择菜单栏中的"格式"→"文字样式"命令，打开"文字样式"对话框，如图 7-27 所示。将"字体名"设置为"宋体"，设置"高度"为 900（高度可以根据前面所绘制的图形大小而变化），其他设置不变，单击"置为当前"按钮，再单击"应用"按钮，关闭"文字样式"对话框。

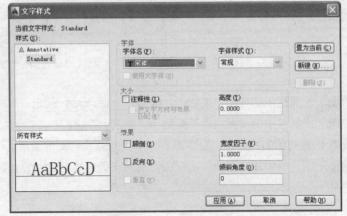

图 7-27　"文字样式"对话框

6. 单击"绘图"工具栏中的"多行文字"按钮 A，打开多行文字编辑器，如图 7-28 所示。用光标适当地框选文字标注的位置，输入字母 A，单击"确定"按钮，完成字母 A 的绘制，如图 7-29 所示。

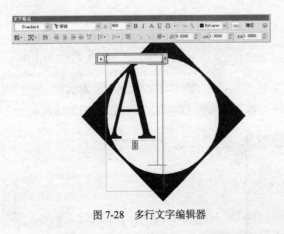

图 7-28　多行文字编辑器

图 7-29　绘制文字

7. 用同样的方法绘制字母 B。最终结果如图 7-30 所示。

图 7-30　结果图

# 7.3 文本编辑

本节主要介绍文本编辑命令 DDEDIT。

## 7.3.1 文本编辑命令

### 1．执行方式

命令行：DDEDIT（快捷命令：ED）

菜单栏："修改"→"对象"→"文字"→"编辑"

工具栏：文字→编辑A

### 2．操作步骤

命令行提示与操作如下：

命令: DDEDIT↙
选择注释对象或 [放弃(U)]:

选择想要修改的文本，同时光标变为拾取框。用拾取框选择对象，如果选择的文本是用 TEXT 命令创建的单行文本，则深显该文本，可对其进行修改；如果选择的文本是用 MTEXT 命令创建的多行文本，选择对象后则打开多行文字编辑器，可根据前面的介绍对各项设置或对内容进行修改。

## 7.3.2 同时修改多个文字串的比例

使用此功能，可以将同一图形中指定的文字对象按比例放大或缩小。

### 1．执行方式

命令行：SCALETEXT

菜单栏："修改"→"对象"→"文字"→"比例"

工具栏：文字→比例

### 2．操作步骤

命令行提示如下：

命令:MTEXT↙
选择对象:
输入缩放的基点选项
[现有(E)/左对齐(L)/居中(C)/中间(M)/右对齐(R)/左上(TL)/中上(TC)/右上(TR)/左中(ML)/正中(MC)/右中(MR)/左下(BL)/中下(BC)/右下(BR)] <现有>:

### 3．选项说明

此提示要求用户确定各字符串缩放时的基点。其中，"现有（E）"选项表示将以各字符串标注时的位置定义点为基点；其他各选项则表示各字符串均以由对应选项表示的点为基点。确定缩放基点位置后，AutoCAD 继续提示：

指定新模型高度或 [图纸高度(P)/匹配对象(M)/比例因子(S)] <3.5>:

此提示要求确定缩放时的缩放比例。各选项含义如下。

### 1．指定新模型高度

确定新高度，为默认项。输入新高度值后，各字符串进行对应的缩放，使它们的字高均为输入的新高度值。

### 2．图纸高度（P）

为注释性文字指定新高度。执行该选项，AutoCAD 提示：

指定新图纸高度:(输入高度值后按【Enter】键)

### 3．匹配对象（M）

与已有文字的高度相一致。执行该选项，AutoCAD 提示：

选择具有所需高度的文字对象:

在该提示下选择某一文字对象后，各字符串进行对应的缩放，使缩放后各字符串的字高与所选择文字的字高一样。

### 4．比例因子（S）

按给定的比例因子进行缩放。执行该选项，AutoCAD 提示：

指定缩放比例或 [参照(R)]:

在此提示下可以直接输入缩放比例系数，也可以通过"参照(R)"选项确定缩放系数。

## 7.4　表格

在旧的 AutoCAD 版本中，要绘制表格必须采用绘制图线或结合偏移、复制等编辑命令来完成，这样的操作过程繁琐而复杂，不利于提高绘图效率。"表格"绘图功能，使创建表格变得非常容易，用户可以直接插入设置好样式的表格，而不用绘制由单独图线组成的表格。

## 7.4.1　定义表格样式

和文字样式一样，所有 AutoCAD 图形中的表格都有与其相对应的表格样式。当插入表格对象时，系统使用当前设置的表格样式。表格样式是用来控制表格基本形状和间距的一组设置。模版文件 ACAD.DWT 和 ACADISO.DWT 中定义了名为"Standard"的默认表格样式。

### 1．执行方式

命令行：TABLESTYLE

菜单栏："格式"→"表格样式"

工具栏：样式→表格样式🔲

执行上述操作后，系统打开"表格样式"对话框，如图 7-31 所示。

### 2．选项说明

（1）"新建"按钮：单击该按钮，系统打开"创建新的表格样式"对话框，如图 7-32 所示。输入新的表格样式名后，单击"继续"按钮，系统打开"新建表格样式"对话框，如图 7-32 所示，从中可以定义新的表格样式。

"新建表格样式"对话框的"单元样式"下拉列表框中有 3 个重要的选项："数据"、"表头"和"标题"，分别控制表格中数据、列标题和总标题的有关参数，如图 7-33 所示。在"新建表格样式"对话框在有 3 个重要的选项卡，分别介绍如下。

❶ "常规"选项卡：用于控制数据栏格与标题栏格的上下位置关系。

❷ "文字"选项卡：用于设置文字属性，进入此选项卡，在"文字样式"下拉列表框中可以选择已定义的文字样式并应用于数据文字，也可以单击右侧的按钮🔲重新定义文字样式。其中"文字高度"、"文字颜色"和"文字角度"各选项设定的相应参数格式可供用户选择。

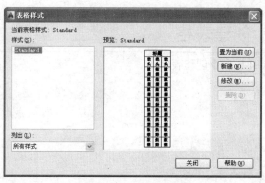

图 7-31 "表格样式"对话框

图 7-32 "创建新的表格样式"对话框

❸ "边框"选项卡：用于设置表格的边框属性，下面的边框线按钮控制数据边框线的各种形式，如绘制所有数据边框线、只绘制数据边框外部边框线、只绘制数据边框内部边框线、无边框线和只绘制底部边框线等。选项卡中的"线宽"、"线型"和"颜色"下拉列表框则控制边框线的线宽、线型和颜色；选项卡中的"间距"文本框用于控制单元边界和内容之间的间距。

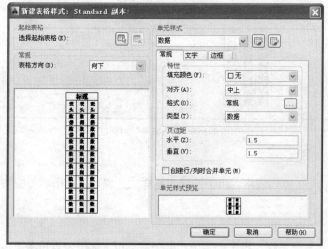

图 7-33 "新建表格样式"对话框

如图 7-34 所示，数据文字样式为 "standard"，文字高度为 4.5，文字颜色为 "红色"，对齐方式为 "右下"；标题文字样式为 "standard"，文字高度为 6，文字颜色为 "蓝色"，对齐方式为 "正中"，表格方向为 "上"，水平单元边距和垂直单元边距都为 "1.5" 的表格样式。

(2) "修改"按钮，用于对当前表格样式进行修改，方式与新建表格样式相同，如图 7-35 所示。

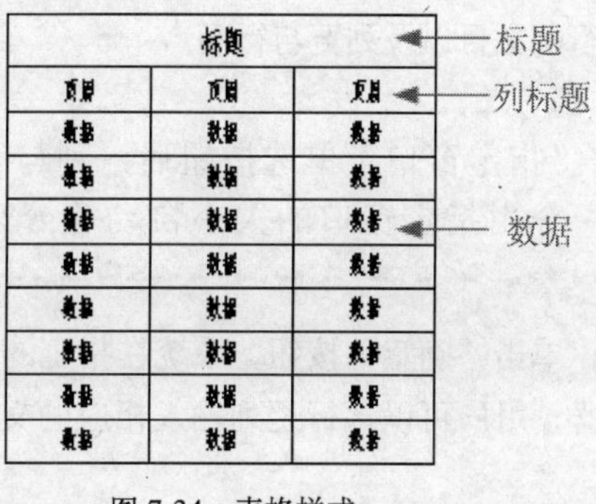

图 7-34 表格样式

图 7-35 表格示例

# 7.4.2　创建表格

在设置好表格样式后，用户可以利用 TABLE 命令创建表格。

## 1．执行方式

命令行：TABLE

菜单栏："绘图"→"表格"

工具栏：绘图→表格"按钮▦

执行上述操作后，系统打开"插入表格"对话框，如图 7-36 所示。

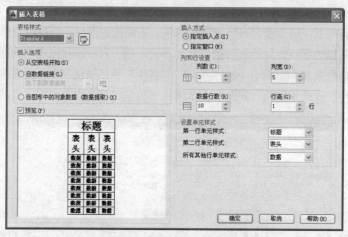

图 7-36　"插入表格"对话框

## 2．选项说明

（1）"表格样式"下拉列表框：用于选择表格样式，也可以单击右侧的按钮▣新建或修改表格样式。

（2）"插入方式"选项组

❶"指定插入点"单选钮：指定表左上角的位置。可以使用定点设备，也可以在命令行输入坐标值。如果在"表格样式"对话框中将表格的方向设置为由下而上读取，则插入点位于表格的左下角。

❷"指定窗口"单选钮：指定表格的大小和位置。可以使用定点设备，也可以在命令行输入坐标值。点选该单选按钮，列数、列宽、数据行数和行高取决于窗口的大小以及列和行的设置情况。

（3）"列和行设置"选项组：用于指定列和行的数目以及列宽与行高。

技巧荟萃

　　在"插入方式"选项组中单击"指定窗口"单选按钮后，列与行设置的两个参数中只能指定一个，另外一个由指定窗口的大小自动等分来确定。

　　在"插入表格"对话框中进行相应设置后，单击"确定"按钮，系统在指定的插入点或窗口自动插入一个空表格，并打开多行文字编辑器，用户可以逐行逐列输入相应的文字或数据，如图 7-37 所示。

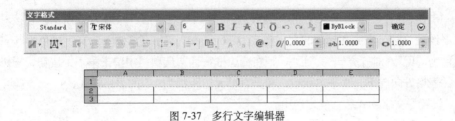

图 7-37　多行文字编辑器

　　在插入后的表格中选择某一个单元格，单击后出现钳夹点，通过移动钳
夹点可以改变单元格的大小，如图 7-38 所示。

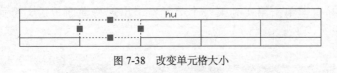

图 7-38　改变单元格大小

## 7.4.3　表格文字编辑

**执行方式**

命令行：TABLEDIT

快捷菜单：选择表和一个或多个单元后单击鼠标右键，选择快捷菜单中的"编辑文字"命令

定点设备：在表单元内双击。

执行上述操作后，命令行出现"拾取表格单元"的提示，选择要编辑的表格单元，系统打开多行文字编辑器，用户可以对选择的表格单元的文字进行编辑。

## 7.4.4　实例——齿轮参数表

绘制如图 7-39 所示的齿轮参数表。

| 齿数 | Z | 24 |
|---|---|---|
| 模数 | m | 3 |
| 压力角 | $\alpha$ | 30° |
| 公差等级及配合类别 | 6H-GE | T3478.1-1995 |
| 作用齿槽宽最小值 | $E_{Vmin}$ | 4.7120 |
| 实际齿槽宽最大值 | $E_{max}$ | 4.8370 |
| 实际齿槽宽最小值 | $E_{min}$ | 4.7590 |
| 作用齿槽宽最大值 | $E_{Vmax}$ | 4.7900 |

图 7-39　齿轮参数表

　**绘制步骤**

1. 设置表格样式。选择菜单栏中的"格式"→"表格样式"命令，打开"表格样式"对话框。

2．单击"修改"按钮，系统打开"修改表格样式"对话框，如图 7-40 所示。在该对话框中进行如下设置：数据，表头和标题的文字样式为"standard"，文字高度为 4.5，文字颜色为"ByBlock"，填充颜色为"无"，对齐方式为"正中"，在"边框特性"选项组中单击第 1 个按钮，栅格颜色为"洋红"；表格方向向下，水平单元边距和垂直单元边距都为 1.5 的表格样式。

3．设置好文字样式后，确定退出。

4．创建表格。执行"表格"命令，系统打开"插入表格"对话框，设置插入方式为"指定插入点"，行和列设置为 6 行 3 列，列宽为 48，行高为 1 行。

确定后，在绘图平面指定插入点，则插入空表格，并显示多行文字编辑器，不输入文字，直接在多行文字编辑器中单击"确定"按钮退出。

5．用鼠标右键单击第 1 列某一个单元格，出现特性面板后，将列宽变成 68，结果如图 7-41 所示。

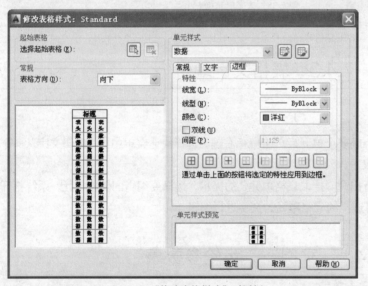

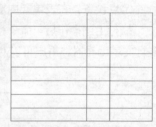

图 7-40 "修改表格样式"对话框　　　　　　　　　　图 7-41 改变列宽

6．双击单元格，重新打开多行文字编辑器，在各单元格中输入相应的文字或数据，最终结果如图 7-39 所示。

如果有多个文本格式一样，可以使用复制后修改文字内容的方法进行表格文字的填充，这样只需双击就可以直接修改表格文字的内容，而不用重新设置每个文本格式。

## 7.5　综合演练—绘制电气制图样板图

绘制图 7-42 所示的 A3 样板图。

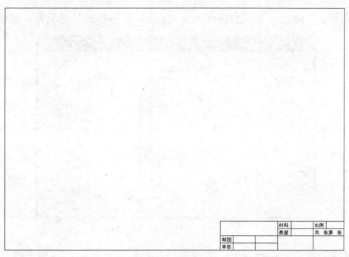

图 7-42　A3 样板图

　**绘制步骤**

1．单击"绘图"工具栏中的"矩形"按钮▢，绘制一个矩形，指定矩形两个角点的坐标分别为（25，10）和（410，287），如图 7-43 所示。

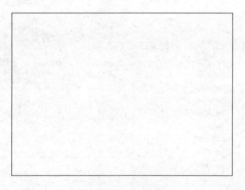

图 7-43　绘制矩形

　　　　《国家标准》规定 A3 图纸的幅面大小是 420×297，这里留出了带装订边的图框到纸面边界的距离。

2．标题栏结构如图 7-44 所示，由于分隔线并不整齐，所以可以先绘制一个 28×4（每个单元格的尺寸是 5×8）的标准表格，然后在此基础上编辑合并单元格形成图 7-44 所示形式。

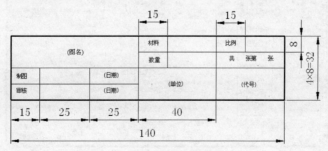

图 7-44　标题栏示意图

3. 选取菜单命令"格式"→"表格样式",打开"表格样式"对话框,如图 7-45 所示。

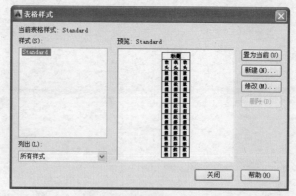

图 7-45 "表格样式"对话框

4. 单击"修改"按钮,系统打开"修改表格样式"对话框,在"单元样式"下拉列表框中选择"数据"选项,在下面的"文字"选项卡中将文字高度设置为 3,如图 7-46 所示。再打开"常规"选项卡,将"页边距"选项组中的"水平"和"垂直"都设置成 1,如图 7-47 所示。

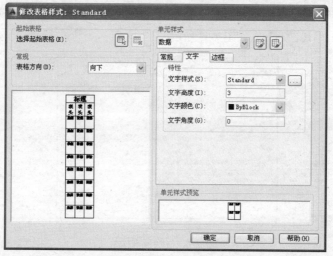

图 7-46 设置"文字"选项卡

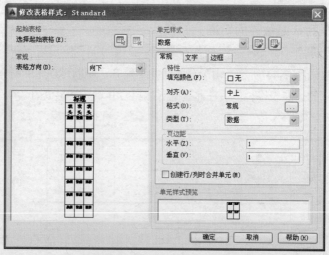

图 7-47 设置"常规"选项卡

> 表格的行高=文字高度+2×垂直页边距，此处设置为 3+2×1=5。

**5**．系统回到"表格样式"对话框，单击"关闭"按钮退出。

**6**．选择菜单栏中的"绘图"→"表格"命令，系统打开"插入表格"对话框，在"列和行设置"选项组中将"列"设置为 28，将"列宽"设置为 5，将"数据行数"设置为 2（加上标题行和表头行共 4 行），将"行高"设置为 1 行（即为 10）；在"设置单元样式"选项组中将"第 1 行单元样式"与"第 2 行单元样式"和"第 3 行单元样式"都设置为"数据"，如图 7-48 所示。

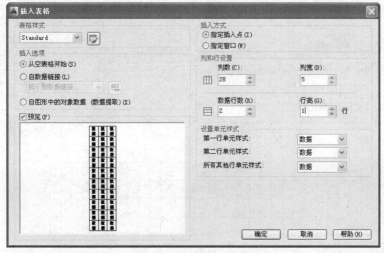

图 7-48　"插入表格"对话框

**7**．在图框线右下角附近指定表格位置，系统生成表格，同时打开多行文字编辑器，如图 7-49 所示，直接按【Enter】键，不输入文字，生成表格如图 7-50 所示。

图 7-49　表格和文字编辑器

图 7-50　生成表格

**8**．单击表格一个单元格，系统显示其编辑夹点，单击鼠标右键，在打开的快捷菜单中选择"特性"命令，如图 7-51 所示，系统打开"特性"对话框，将单元高度参数改为 8，如图 7-52 所示，这样该单元格所在行的高度就统一改为 8。用同样的方法将其他行的高度改为 8，如图 7-53 所示。

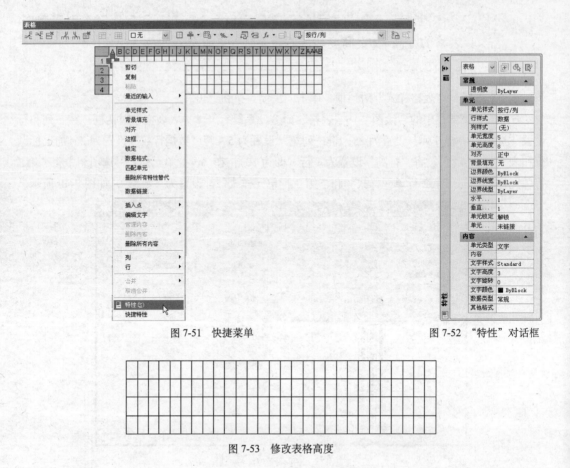

图 7-51　快捷菜单　　　　　　　　图 7-52　"特性"对话框

图 7-53　修改表格高度

9．选择 A1 单元格，按住【Shift】键，同时选择右边的 2 个单元格以及下面的 3 个单元格，单击鼠标右键，打开快捷菜单，选择其中的"合并"→"全部"命令，如图 7-54 所示，这些单元格完成合并，如图 7-55 所示。

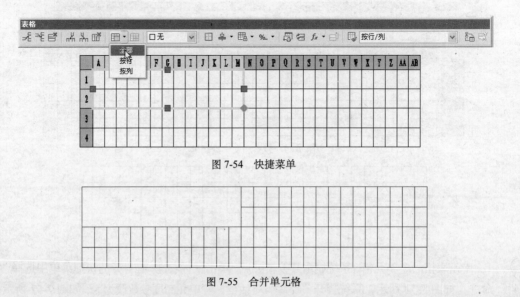

图 7-54　快捷菜单

图 7-55　合并单元格

用同样的方法合并其他单元格，结果如图 7-56 所示。

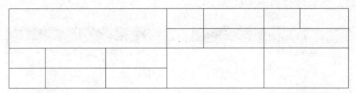

图 7-56　完成表格绘制

10．在单元格中双击，系统将打开文字编辑器，在单元格中输入文字，将文字大小改为 4，如图 7-57 所示。

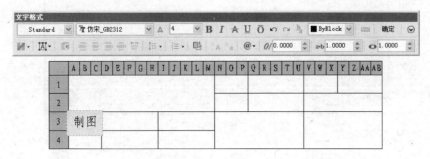

图 7-57　输入文字

用同样的方法，输入其他单元格文字，结果如图 7-58 所示。

| 材料 | | 比例 | |
| 数量 | | 共　张第　张 | |
| 制图 | | | |
| 审核 | | | |

图 7-58　完成标题栏文字输入

11．刚生成的标题栏无法准确确定与图框的相对位置，所以需要移动。选择刚绘制的表格，捕捉表格的右下角点，捕捉图框的右下角点将表格准确地放置在图框的右下角，如图 7-59 所示。

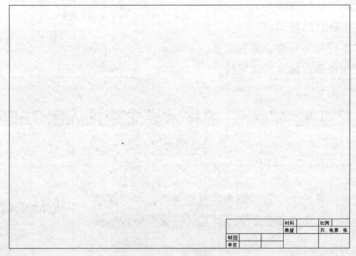

图 7-59　移动表格

12．选择菜单栏中的"文件"→"另存为…"命令，打开"图形另存为"对话框，将图形保存为 DWT 格式文件即可，如图 7-60 所示。

图 7-60 "图形另存为"对话框

# 7.6 上机实验

## 实验 1 标注图 7-61 所示的技术要求

### 1. 目的要求

文字标注在零件图或装配图的技术经常用到，所以正确进行文字标注是 AutoCAD 绘图中必不可少的一项工作。通过本例的练习，读者应掌握文字标注的一般方法，尤其是特殊字体的标注方法。

### 2. 操作提示

（1）设置文字标注的样式。

（2）选择"多行文字"命令进行标注。

（3）选择快捷菜单，输入特殊字符。

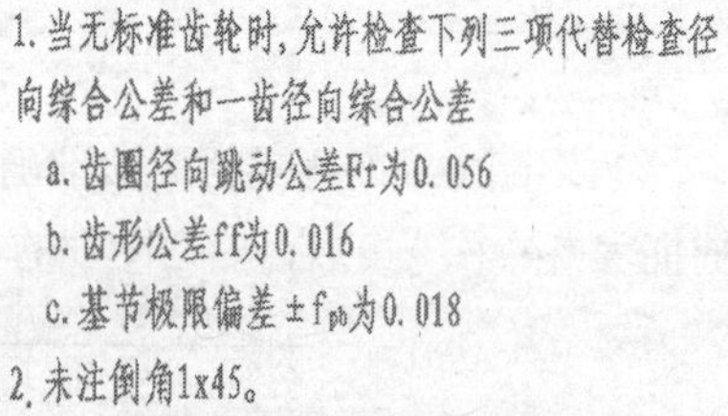

1.当无标准齿轮时,允许检查下列三项代替检查径向综合公差和一齿径向综合公差
  a.齿圈径向跳动公差Fr为0.056
  b.齿形公差ff为0.016
  c.基节极限偏差±$f_{pb}$为0.018
2.未注倒角1x45。

图 7-61 技术要求

## 实验 2 在"实验 1"标注的技术要求中加入图 7-62 所示的一段文字

### 1. 目的要求

文字编辑是对标注的文字进行调整的重要手段。本例通过添加技术要求文字，让读者掌握文字，尤其是特殊符号的编辑方法和技巧。

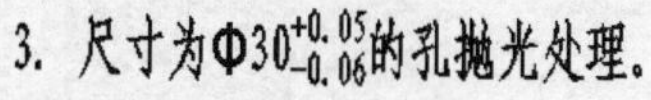

3. 尺寸为Φ30$^{+0.05}_{-0.05}$的孔抛光处理。

图 7-62 文字

### 2. 操作提示

（1）选择实例 1 中标注好的文字，进行文字编辑。

（2）在打开的文字编辑器中输入要添加的文字。

（3）在输入尺寸公差时要注意，一定要输入"+0.05^-0.06"，然后选择这些文字，单击"文字格式"对话框上的"堆叠"按钮。

## 实验 3　绘制图 7-63 所示的明细表

| 11 | hu11 | 活塞杆 | 1 | |
|---|---|---|---|---|
| 10 | hu10 | 橡胶密封圈 | 1 | |
| 9 | hu9 | 活塞 | 1 | |
| 8 | hu8 | 卡环 | 1 | |
| 7 | hu7 | 离合器压板 | 7 | |
| 6 | hu6 | 外齿摩擦片 | 20 | |
| 5 | hu5 | 弹簧 | 1 | |
| 4 | hu4 | 离合器活塞 | 1 | |
| 3 | hu3 | C81离合器缸体 | 1 | |
| 2 | hu2 | 弹簧座总成 | 1 | |
| 1 | hu1 | 内齿摩擦片总成 | 7 | |
| 序号 | 代　号 | 名　称 | 数量 | 备注 |

图 7-63　明细表

### 1．目的要求

本例通过绘制名细表，要求读者掌握与表格相关命令的用法，体会表格功能的便捷性。

### 2．操作提示

（1）设置表格样式。

（2）插入空表格，并调整列宽。

（3）重新输入文字和数据。

# 第8章

## 尺寸标注

  尺寸标注是绘图设计过程中相当重要的一个环节。由于图形的主要作用是表达物体的形状,而物体各部分的真实大小和各部分之间的确切位置只能通过尺寸标注来表达。因此,没有正确的尺寸标注,绘制出的图纸对于加工制造就没什么意义。AutoCAD 2014 提供了方便、准确的尺寸标注功能。

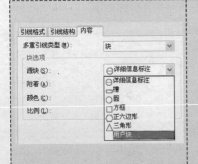

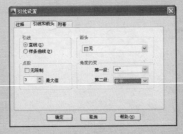

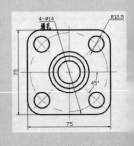

# 8.1　尺寸标注相关标准

　　图样中，除需表达零件的结构形状外，还需标注尺寸，以确定零件的大小。GB/T 4458.4—2003 中对尺寸标注的基本方法作了一系列规定，必须严格遵守。

## 8.1.1　基本规定

　　(1) 图样中的尺寸，以毫米为单位时，不需注明计量单位代号或名称。若采用其他单位，则必须标注相应计量单位或名称（如：35°30′）。
　　(2) 图样上所注的尺寸数值是零件的真实大小，与图形大小及绘图的准确度无关。
　　(3) 零件的每一尺寸，在图样中一般只标注一次。
　　(4) 图样中标注尺寸是该零件最后完工时的尺寸，否则应另加说明。

## 8.1.2　尺寸要素

　　一个完整的尺寸，包含下列 5 个尺寸要素。
### 1．尺寸界线
　　尺寸界线用细实线绘制，如图 8-1a。尺寸界线一般是图形轮廓线、轴线或对称中心线的延伸线，超出箭头约 2～3。也可直接用轮廓线、轴线或对称中心线作尺寸界线。
　　尺寸界线一般与尺寸线垂直，必要时允许倾斜。
### 2．尺寸线
　　尺寸线用细实线绘制，如图 8-1a 所示。尺寸线必须单独画出，不能用图上任何其他图线代替，也不能与图线重合或在其延长线上（图 8-1b 所示为尺寸 3 和 8 的尺寸线），并应尽量避免尺寸线之间及尺寸线与尺寸界线之间相交。
　　标注线性尺寸时，尺寸线必须与所标注的线段平行，相同方向的各尺寸线间距要均匀，间隔应大于 5。
### 3．尺寸线终端
　　尺寸线终端有两种形式，箭头或细斜线，如图 8-2 所示。

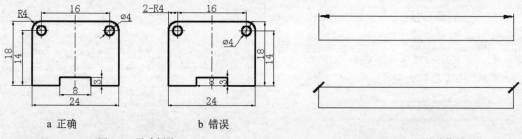

a 正确　　　　　　　b 错误
图 8-1　尺寸标注　　　　　　　　　　　　图 8-2　尺寸线终端

　　箭头适用于各种类型的图形，箭头尖端与尺寸界线接触，不得超出也不得离开，如图 8-3 所示。细斜线其方向和画法如图 8-2 所示。当尺寸线终端采用斜线形式时，尺寸线与尺寸界线必须相互垂直，并且同一图样中只能使用一种尺寸终端形式。

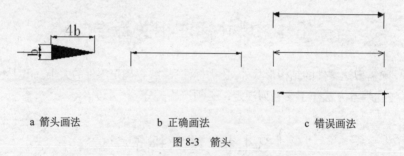

a 箭头画法　　　　　　b 正确画法　　　　　　c 错误画法

图 8-3　箭头

当使用箭头作为尺寸线终端时，位置若不够，允许用圆点或细斜线代替箭头，表 8-1 所示为狭小部位图。

### 4．尺寸数字

线性尺寸的数字一般注写在尺寸线上方或尺寸线中断处。同一图样内大小一致，位置不够可引出标注。

线性尺寸数字方向按图 8-4a 所示方向进行注写，并尽可能避免在图示 30°范围内标注尺寸，当无法避免时，可按图 8-4b 所示标注。

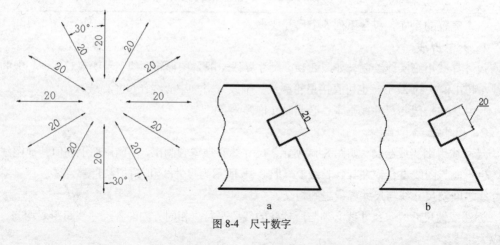

图 8-4　尺寸数字

### 5．符号

图中用符号区分不同类型的尺寸：

Φ——表示直径；

R——表示半径；

S——表示球面；

δ——表示板状零件厚度；

□——表示正方形；

∠——表示斜度；

◁——表示锥度；

±——表示正负偏差；

×——参数分隔符，如 M10×1，槽宽×槽深等；

——连字符，如 4-Φ10，M10×1-6H 等。

标注示例

表 8-1 所示的是国标所规定尺寸标注的一些示例。

表 8-1　　　　　　　　　　　　尺寸注法示例

| 标注内容 | 图　　例 | 说　　明 |
|---|---|---|
| 角度 | 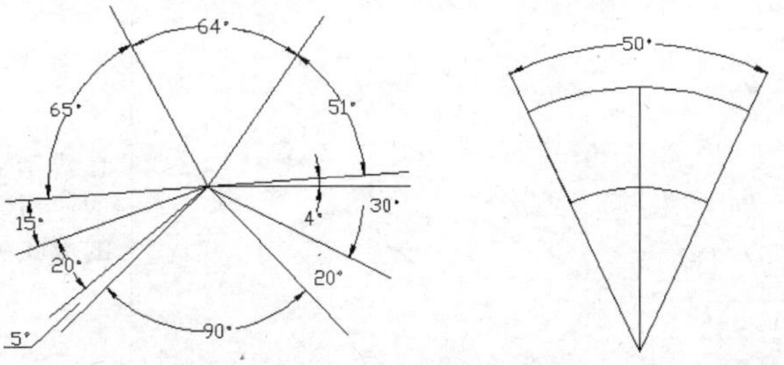 | 1）角度尺寸线沿径向引出<br>2）角度尺寸线画成圆弧，圆心是该角顶点<br>3）角度尺寸数字一律写成水平方向 |
| 圆的直径 | 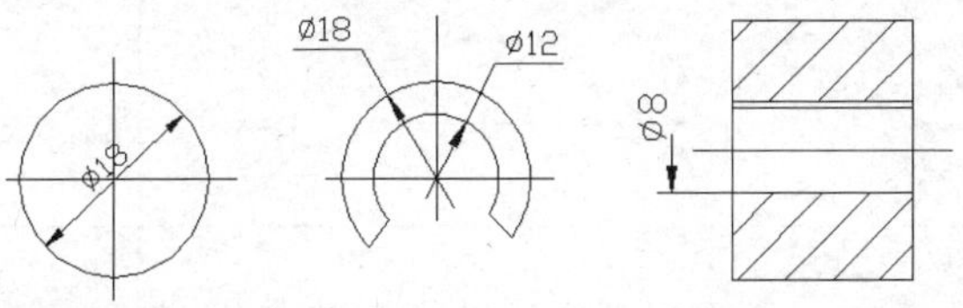 | 1）直径尺寸应在尺寸数字前加注符号"Φ"<br>2）尺寸线应通过圆心，尺寸线终端画成箭头<br>3）整圆或大于半圆注直径 |
| 大圆弧 | 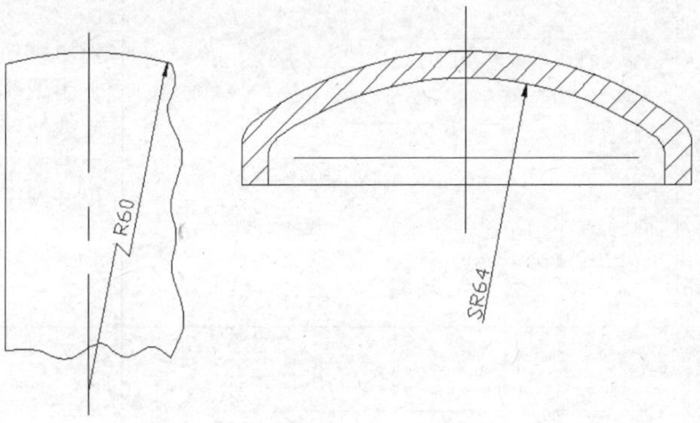 <br>a　　　　　　　　b | 当圆弧半径过大在图纸范围内无法标出圆心位置时，按图 a 形式标注；若不需标出圆心位置按图 b 形式标注 |
| 圆弧半径 | 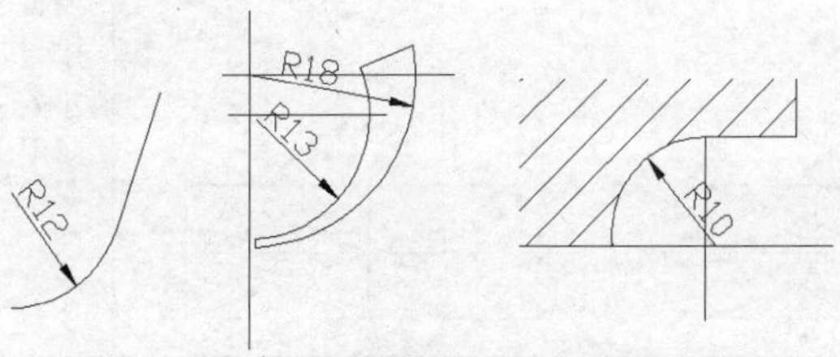 | 1）半径尺寸数字前加注符号"R"<br>2）半径尺寸必须注在投影为圆弧的图形上，且尺寸线应通过圆心<br>3）半圆或小于半圆的圆弧标注半径尺寸 |
| 狭小部位 | 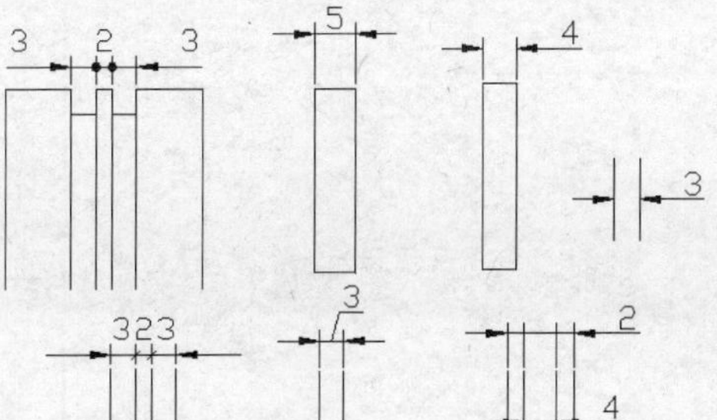 | 在没有足够位置画箭头或注写数字时，可按左图的形式标注 |

续表

| 标注内容 | 图　例 | 说　明 |
|---|---|---|
| 狭小部位 | 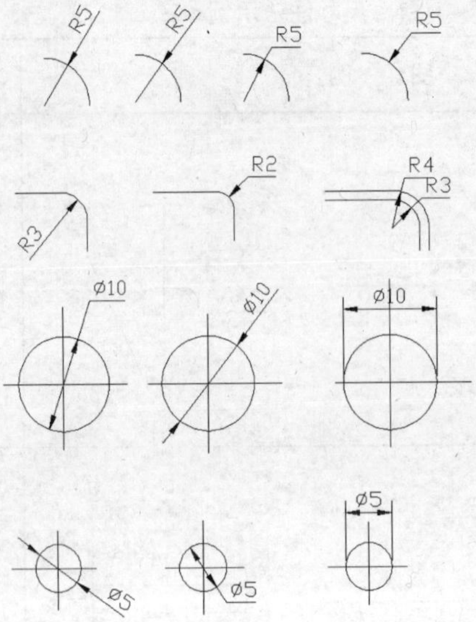 | 在没有足够位置画箭头或注写数字时,可按左图的形式标注 |
| 对称机件 | 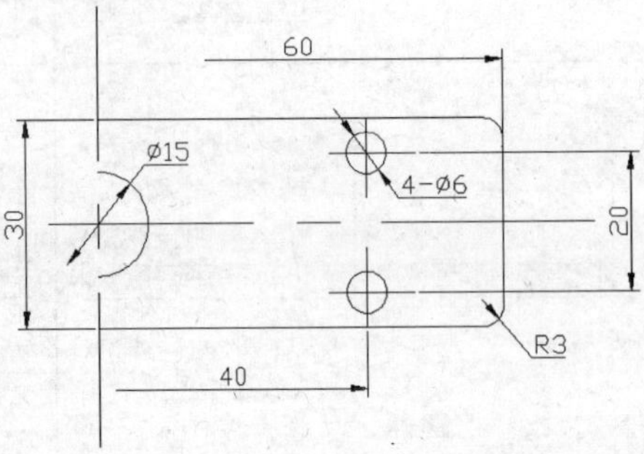 | 当对称机件的图形只画出一半或略大于一半时,尺寸线应略超过对称中心线或断裂处的边界线,并在尺寸线一端画出箭头 |
| 正方形结构 | 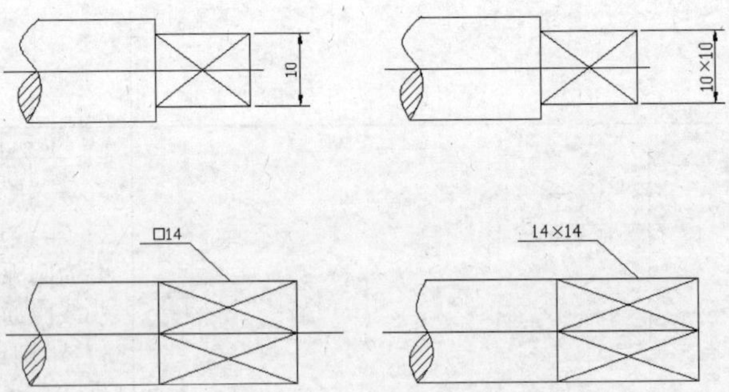 | 表示表面为正方形结构尺寸时,可在正方形边长尺寸数字前加注符号"□",或用 14×14 代替□14 |
| 板状零件 | 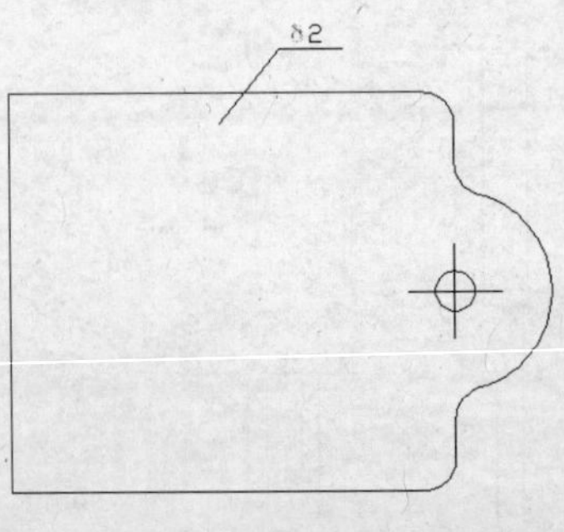 | 标注板状零件厚度时,可在尺寸数字前加注符号"δ" |

| 标注内容 | 图 例 | 说 明 |
|---|---|---|
| 光滑过渡处 | | 1）在光滑过渡处标注尺寸时，须用实线将轮廓线延长，从交点处引出尺寸界线<br>2）当尺寸界线过于靠近轮廓线时，允许倾斜画出 |
| 弦长和弧长 | <br>a       b | 1）标注弧长时，应在尺寸数字上方加符号"⌒"（图 a）<br>2）弦长及弧的尺寸界线应平行该弦的垂直平分线，当弧长较大时，可沿径向引出（图 b） |
| 球面 | <br>a    b    c | 标注球面直径或半径时，应在"Φ"或"R"前再加注符号"S"。对标准件、轴及手柄的端部，在不致引起误解情况下，可省略"S"（图 c） |
| 斜度和锥度 | <br>a<br>b        c | 1）斜度和锥度的标注，其符号应与斜度和锥度的方向一致<br>2）符号的线宽为 h/10，画法（图 a）<br>3）必要时，在标注锥度同时，在括号内注出其角度值（图 c） |

# 8.2　尺寸样式

组成尺寸标注的尺寸线、尺寸延伸线、尺寸文本和尺寸箭头可以采用多种形式，尺寸标注以什么形态出现，取决于当前所采用的尺寸标注样式。标注样式决定尺寸标注的形式，包括尺寸线、尺寸延伸线、尺寸箭头和中心标记的形式、尺寸文本的位置以及特性等。在 AutoCAD 2014 中用户可以选择"标注样式管理器"对话框方便地设置自己需要的尺寸标注样式。

# 8.2.1　新建或修改尺寸样式

在进行尺寸标注前，先要创建尺寸标注的样式。如果用户不创建尺寸样式而直接进行标注，系统使用默认名称为 standard 的样式。如果用户认为使用的标注样式某些设置不合适，也可以修改标注样式。

### 1．执行方式

命令行：DIMSTYLE（快捷命令：D）

菜单栏："格式"→"标注样式"或"标注"→"标注样式"

工具栏：标注→标注样式

执行上述操作后，系统打开"标注样式管理器"对话框，如图 8-5 所示。利用此对话框可方便直观地定制和浏览尺寸标注样式，包括创建新的标注样式、修改已存在的标注样式、设置当前尺寸标注样式、样式重命名以及删除已有标注样式等。

### 2．选项说明

（1）"置为当前"按钮：单击此按钮，把在"样式"列表框中选择的样式设置为当前标注样式。

（2）"新建"按钮：创建新的尺寸标注样式。单击此按钮，系统打开"创建新标注样式"对话框，如图 8-6 所示，利用此对话框可创建一个新的尺寸标注样式，其中各项的功能说明如下。

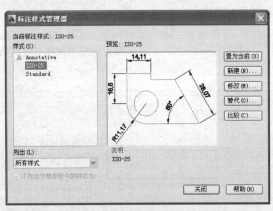

图 8-5　"标注样式管理器"对话框

图 8-6　"创建新标注样式"对话框

❶ "新样式名"文本框：为新的尺寸标注样式命名。

❷ "基础样式"下拉列表框：选择创建新样式所基于的标注样式。单击"基础样式"下拉列表框，打开当前已有的样式列表，从中选择一个作为定义新样式的基础，新的样式是在所选样式的基础上修改一些特性得到的。

❸ "用于"下拉列表框：指定新样式应用的尺寸类型。单击此下拉列表框，打开尺寸类型列表，如果新建样式应用于所有尺寸，则选择"所有标注"选项；如果新建样式只应用于特定的尺寸标注（如只在标注直径时使用此样式），则选择相应的尺寸类型。

❹ "继续"按钮：各选项设置好以后，单击"继续"按钮，系统打开"新建标注样式"对话框，如图 8-7 所示，使用此对话框可对新标注样式的各项特性进行设置。该对话框中各部分

的含义和功能将在后面介绍。

（3）"修改"按钮：修改一个已存在的尺寸标注样式。单击此按钮，系统打开"修改标注样式"对话框，该对话框中的各选项与"新建标注样式"对话框中完全相同，可以对已有标注样式进行修改。

（4）"替代"按钮：设置临时覆盖尺寸标注样式。单击此按钮，系统打开"替代当前样式"对话框，该对话框中各选项与"新建标注样式"对话框中完全相同，用户可改变选项的设置，以覆盖原来的设置，但这种修改只对指定的尺寸标注起作用，而不影响当前其他尺寸变量的设置。

（5）"比较"按钮：比较两个尺寸标注样式在参数上的区别，或浏览一个尺寸标注样式的参数设置。单击此按钮，系统打开"比较标注样式"对话框，如图8-8所示。可以把比较结果复制到剪贴板上，然后粘贴到其他的Windows应用软件上。

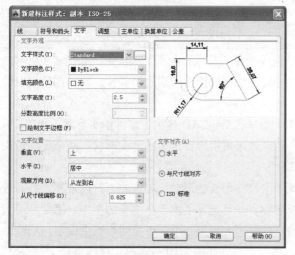

图8-7 "新建标注样式"对话框

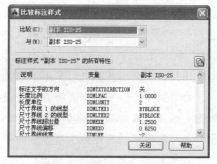

图8-8 "比较标注样式"对话框

## 8.2.2 线

在"新建标注样式"对话框中，第1个选项卡就是"线"选项卡，如图8-7所示。该选项卡用于设置尺寸线、尺寸延伸线的形式和特性。现对选项卡中的各选项分别说明如下。

（1）"尺寸线"选项组：用于设置尺寸线的特性，其中各选项的含义如下。

❶ "颜色"下拉列表框：用于设置尺寸线的颜色。可直接输入颜色名字，也可从下拉列表框中选择，如果选择"选择颜色"选项，系统打开"选择颜色"对话框供用户选择其他颜色。

❷ "线型"下拉列表框：用于设置尺寸线的线型。

❸ "线宽"下拉列表框：用于设置尺寸线的线宽，下拉列表框中列出了各种线宽的名称和宽度。

❹ "超出标记"微调框：当尺寸箭头设置为短斜线、短波浪线等，或尺寸线上无箭头时，可利用此微调框设置尺寸线超出尺寸延伸线的距离。

❺ "基线间距"微调框：设置以基线方式标注尺寸时，相邻两尺寸线之间的距离。

❻ "隐藏"选项组：确定是否隐藏尺寸线及相应的箭头。勾选"尺寸线1"复选框，表示隐藏第1段尺寸线；勾选"尺寸线2"复选框，表示隐藏第2段尺寸线。

（2）"尺寸界线"选项组：用于确定尺寸延伸线的形式，其中各选项的含义如下。

❶ "颜色"下拉列表框：用于设置尺寸延伸线的颜色。

❷ "尺寸界线 1 的线型"下拉列表框：用于设置第 1 条尺寸界线的线型（DIMLTEX1 系统变量）。

❸ "尺寸界线 2 的线型"下拉列表框：用于设置第 2 条尺寸界线的线型（DIMLTEX2 系统变量）。

❹ "线宽"下拉列表框：用于设置尺寸延伸线的线宽。

❺ "超出尺寸线"微调框：用于确定尺寸延伸线超出尺寸线的距离。

❻ "起点偏移量"微调框：用于确定尺寸延伸线的实际起始点相对于指定尺寸延伸线起始点的偏移量。

❼ "隐藏"选项组：确定是否隐藏尺寸界线。勾选"尺寸界线 1"复选框，表示隐藏第 1 段尺寸界线；勾选"尺寸界线 2"复选框，表示隐藏第 2 段尺寸界线。

❽ "固定长度的尺寸界线"复选框：勾选该复选框，系统以固定长度的尺寸界线标注尺寸，可以在其下面的"长度"文本框中输入长度值。

## 8.2.3 符号和箭头

在"新建标注样式"对话框中，第 2 个选项卡是"符号和箭头"选项卡，如图 8-9 所示。该选项卡用于设置箭头、圆心标记、弧长符号和半径标注折弯的形式和特性，现对选项卡中的各选项分别说明如下。

（1）"箭头"选项组：用于设置尺寸箭头的形式。AutoCAD 提供了多种箭头形状，列在"第 1 个"和"第 2 个"下拉列表框中。另外，还允许采用用户自定义的箭头形状。两个尺寸箭头可以采用相同的形式，也可采用不同的形式。

❶ "第 1 个"下拉列表框：用于设置第 1 个尺寸箭头的形式。单击此下拉列表框，打开各种箭头形式，其中列出了各类箭头的形状及名称。一旦选择了第 1 个箭头的类型，第 2 个箭头则自动与其匹配，要想第 2 个箭头取不同的形状，可在"第 2 个"下拉列表框中设定。

如果在列表框中选择了"用户箭头"选项，则打开如图 8-10 所示的"选择自定义箭头块"对话框，可以事先把自定义的箭头存成一个图块，然后在此对话框中输入该图块名。

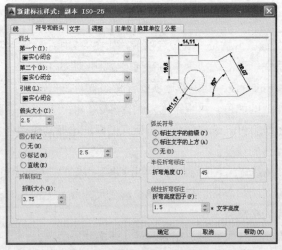

图 8-9 "符号和箭头"选项卡

图 8-10 "选择自定义箭头块"对话框

❷ "第 2 个"下拉列表框：用于设置第 2 个尺寸箭头的形式，可与第 1 个箭头形式不同。

❸ "引线"下拉列表框：确定引线箭头的形式，与"第 1 个"设置类似。

❹ "箭头大小"微调框：用于设置尺寸箭头的大小。

（2）"圆心标记"选项组：用于设置半径标注、直径标注和中心标注中的中心标记和中心线形式，其中各项含义如下。

❶ "无"单选按钮：单击该单选按钮，既不产生中心标记，也不产生中心线。

❷ "标记"单选按钮：单击该单选按钮，中心标记为一个点记号。

❸ "直线"单选按钮：单击该单选按钮，中心标记采用中心线的形式。

❹ "大小"微调框：用于设置中心标记和中心线的大小和粗细。

（3）"折断标注"选项组：用于控制折断标注的间距宽度。

（4）"弧长符号"选项组：用于控制弧长标注中圆弧符号的显示，对其中的 3 个单选按钮含义介绍如下。

❶ "标注文字的前缀"单选按钮：单击该单选按钮，将弧长符号放在标注文字的左侧，如图 8-11a 所示。

❷ "标注文字的上方"单选按钮：单击该单选按钮，将弧长符号放在标注文字的上方，如图 8-11b 所示。

❸ "无"单选按钮：单击该单选按钮，不显示弧长符号，如图 8-11c 所示。

（5）"半径折弯标注"选项组：用于控制折弯（Z 字形）半径标注的显示。折弯半径标注通常在中心点位于页面外部时创建。在"折弯角度"文本框中可以输入连接半径标注的尺寸延伸线和尺寸线的横向直线角度，如图 8-12 所示。

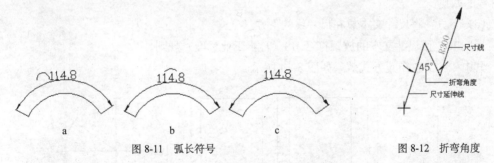

图 8-11　弧长符号　　　　　　　　　图 8-12　折弯角度

（6）"线性折弯标注"选项组：用于控制折弯线性标注的显示。当标注不能精确表示实际尺寸时，常将折弯线添加到线性标注中。通常实际尺寸比所需值小。

## 8.2.4　文字

在"新建标注样式"对话框中，第 3 个选项卡是"文字"选项卡，如图 8-13 所示。该选项卡用于设置尺寸文本文字的形式、布置和对齐方式等，现对选项卡中的各选项分别说明如下。

（1）"文字外观"选项组。

❶ "文字样式"下拉列表框：用于选择当前尺寸文本采用的文字样式。单击此下拉列表框，可以从中选择一种文字样式，也可单击右侧的 ▢ 按钮，打开"文字样式"对话框以创建新的文字样式或对文字样式进行修改。

❷ "文字颜色"下拉列表框：用于设置尺寸文本的颜色，其操作方法与设置尺寸线颜色的方法相同。

❸ "填充颜色"下拉列表框：用于设置标注中文字背景的颜色。如果选择"选择颜色"选项，系统打开"选择颜色"对话框，可以从 255 种 AutoCAD 索引（ACI）颜色、真彩色和配色

系统颜色中选择颜色。

❹"文字高度"微调框：用于设置尺寸文本的字高。如果选用的文本样式中已设置了具体的字高（不是 0），则此处的设置无效；如果文本样式中设置的字高为 0，才以此处设置为准。

❺"分数高度比例"微调框：用于确定尺寸文本的比例系数。

❻"绘制文字边框"复选框：勾选此复选框，AutoCAD 在尺寸文本的周围加上边框。

（2）"文字位置"选项组。

❶"垂直"下拉列表框：用于确定尺寸文本相对于尺寸线在垂直方向的对齐方式。

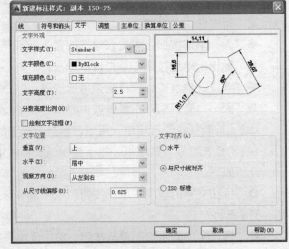

图 8-13  "文字"选项卡

单击此下拉列表框，可从中选择的对齐方式有以下 5 种。

（a）居中：将尺寸文本放在尺寸线的中间。

（b）上方：将尺寸文本放在尺寸线的上方。

（c）外部：将尺寸文本放在远离第 1 条尺寸延伸线起点的位置，即和所标注的对象分列于尺寸线的两侧。

（d）下方：将尺寸文本放在尺寸线的下方。

（e）JIS：使尺寸文本的放置符合 JIS（日本工业标准）规则。

其中 4 种文本布置方式效果如图 8-14 所示。

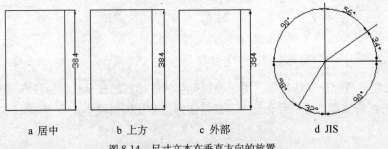

a 居中       b 上方       c 外部       d JIS

图 8-14  尺寸文本在垂直方向的放置

❷"水平"下拉列表框：用于确定尺寸文本相对于尺寸线和尺寸延伸线在水平方向的对齐方式。单击此下拉列表框，可从中选择的对齐方式有 5 种：居中、第 1 条延伸线、第 2 条延伸线、第 1 条延伸线上方和第 2 条延伸线上方，如图 8-15 所示。

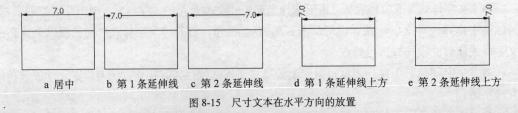

a 居中    b 第 1 条延伸线    c 第 2 条延伸线    d 第 1 条延伸线上方    e 第 2 条延伸线上方

图 8-15  尺寸文本在水平方向的放置

❸"观察方向"下拉列表框：用于控制标注文字的观察方向（可用 DIMTXTDIRECTION

系统变量设置)。"观察方向"包括以下两项选项。

（a）从左到右：按从左到右阅读的方式放置文字。

（b）从右到左：按从右到左阅读的方式放置文字。

❹ "从尺寸线偏移"微调框：当尺寸文本放在断开的尺寸线中间时，此微调框用来设置尺寸文本与尺寸线之间的距离。

（3）"文字对齐"选项组：用于控制尺寸文本的排列方向。

❶ "水平"单选按钮：单击该单选按钮，尺寸文本沿水平方向放置。不论标注什么方向的尺寸，尺寸文本总保持水平。

❷ "与尺寸线对齐"单选按钮：单击该单选按钮，尺寸文本沿尺寸线方向放置。

❸ "ISO 标准"单选按钮：单击该单选按钮，当尺寸文本在尺寸延伸线之间时，沿尺寸线方向放置；在尺寸延伸线之外时，沿水平方向放置。

## 8.2.5　调整

在"新建标注样式"对话框中，第 4 个选项卡是"调整"选项卡，如图 8-16 所示。该选项卡根据两条尺寸延伸线之间的空间，设置将尺寸文本、尺寸箭头放置在两尺寸延伸线内还是外。如果空间允许，AutoCAD 总是把尺寸文本和箭头放置在尺寸延伸线的里面，如果空间不够，则根据本选项卡的各项设置放置，现对选项卡中的各选项分别说明如下。

（1）"调整选项"选项组

❶ "文字或箭头"单选按钮：单击此单选按钮，如果空间允许，把尺寸文本和箭头都放置在两尺寸延伸线之间；如果两尺寸延伸线之间只够放置尺寸文本，则把尺寸文本放置在尺寸延伸线之间，而把箭头放置在尺寸延伸线之外；如果只够放置箭头，则把箭头放在里面，

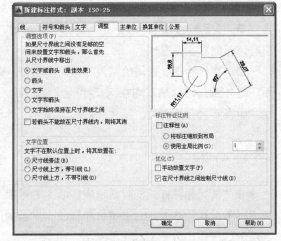

图 8-16　"调整"选项卡

把尺寸文本放在外面；如果两尺寸延伸线之间既放不下文本，也放不下箭头，则把二者均放在外面。

❷ "箭头"单选按钮：单击此单选按钮，如果空间允许，把尺寸文本和箭头都放置在两尺寸延伸线之间；如果尺寸延伸线之间只够放置箭头，则把箭头放在尺寸延伸线之间，把文本放在外面；如果尺寸延伸线之间的空间放不下箭头，则把箭头和文本均放在外面。

❸ "文字"单选按钮：单击此单选按钮，如果空间允许，把尺寸文本和箭头都放置在两尺寸延伸线之间；否则把文本放在尺寸延伸线之间，把箭头放在外面；如果尺寸延伸线之间放不下尺寸文本，则把文本和箭头都放在外面。

❹ "文字和箭头"单选按钮：单击此单选按钮，如果空间允许，把尺寸文本和箭头都放置在两尺寸延伸线之间；否则把文本和箭头都放在尺寸延伸线外面。

❺ "文字始终保持在尺寸界线之间"单选按钮：单击此单选按钮，AutoCAD 总是把尺寸文本放在两条尺寸延伸线之间。

❻ "若箭头不能放在尺寸界线内，则将其消除"复选框：勾选此复选框，尺寸界线之间的

空间不够时省略尺寸箭头。

(2)"文字位置"选项组：用于设置尺寸文本的位置，其中 3 个单选按钮的含义如下。

❶"尺寸线旁边"单选按钮：单击此单选按钮，把尺寸文本放在尺寸线的旁边，如图 8-17a 所示。

❷"尺寸线上方，带引线"单选按钮：单击此单选按钮，把尺寸文本放在尺寸线的上方，并用引线与尺寸线相连，如图 8-17b 所示。

❸"尺寸线上方，不带引线"单选按钮：单击此单选按钮，把尺寸文本放在尺寸线的上方，中间无引线，如图 8-17c 所示。

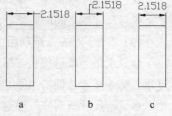

图 8-17　尺寸文本的位置

(3)"标注特征比例"选项组

❶"将标注缩放到布局"单选按钮：根据当前模型空间视口和图纸空间之间的比例确定比例因子。当在图纸空间而不是模型空间视口中工作时，或当 TILEMODE 被设置为 1 时，将使用默认的比例因子 1.0。

❷"使用全局比例"单选按钮：确定尺寸的整体比例系数。其后面的"比例值"微调框可以用来选择需要的比例。

(4)"优化"选项组：用于设置附加的尺寸文本布置选项，包含以下两个选项。

❶"手动放置文字"复选框：勾选此复选框，标注尺寸时由用户确定尺寸文本的放置位置，忽略前面的对齐设置。

❷"在尺寸界线之间绘制尺寸线"复选框：勾选此复选框，不论尺寸文本在尺寸延伸线里面还是外面，AutoCAD 均在两尺寸延伸线之间绘出一尺寸线；否则当尺寸延伸线内放不下尺寸文本而将其放在外面时，尺寸延伸线之间无尺寸线。

# 8.2.6　主单位

在"新建标注样式"对话框中，第 5 个选项卡是"主单位"选项卡，如图 8-18 所示。该选项卡用来设置尺寸标注的主单位和精度，以及为尺寸文本添加固定的前缀或后缀。本选项卡包含两个选项组，分别对长度型标注和角度型标注进行设置，现对选项卡中的各选项分别说明如下。

(1)"线性标注"选项组：用来设置标注长度型尺寸时采用的单位和精度。

❶"单位格式"下拉列表框：用于确定标注尺寸时使用的单位制（角度型尺寸除外）。在其下拉列表框中，AutoCAD 2014 提供了"科学"、"小数"、"工程"、"建筑"、"分数"和"Windows 桌面"6 种单位制，可根据需要选择。

❷"精度"下拉列表框：用于确定标注尺寸时的精度，也就是精确到小数点后几位。

❸"分数格式"下拉列表框：用于设置

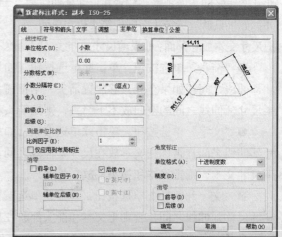

图 8-18　"主单位"选项卡

分数的形式。AutoCAD 2014 提供了"水平"、"对角"和"非堆叠"3 种形式供用户选用。

❹"小数分隔符"下拉列表框：用于确定十进制单位（Decimal）的分隔符。AutoCAD 2014提供了句点（.）、逗点（,）和空格 3 种形式。

❺"舍入"微调框：用于设置除角度之外的尺寸测量圆整规则。在文本框中输入一个值，如果输入 1，则所有测量值均圆整为整数。

❻"前缀"文本框：为尺寸标注设置固定前缀。可以输入文本，也可以利用控制符产生特殊字符，这些文本将被加在所有尺寸文本之前。

❼"后缀"文本框：为尺寸标注设置固定后缀。

❽"测量单位比例"选项组：用于确定 AutoCAD 自动测量尺寸时的比例因子。其中"比例因子"微调框用来设置除角度之外所有尺寸测量的比例因子。例如，用户确定比例因子为 2，AutoCAD 则把实际测量为 1 的尺寸标注为 2。如果勾选"仅应用到布局标注"复选框，则设置的比例因子只适用于布局标注。

❾"消零"选项组：用于设置是否省略标注尺寸时的 0。

(a)"前导"复选框：勾选此复选框，省略尺寸值处于高位的 0。例如，0.50000 标注为.50000。

(b)"后续"复选框：勾选此复选框，省略尺寸值小数点后末尾的 0。例如，9.5000 标注为9.5，而 30.0000 标注为 30。

(c)"0 英尺"复选框：勾选此复选框，使用"工程"和"建筑"单位制时，如果尺寸值小于 1 尺，省略尺。例如，0'-6 1/2"标注为 6 1/2"。

(d)"0 英寸"复选框：勾选此复选框，使用"工程"和"建筑"单位制时，如果尺寸值是整数尺，省略寸。例如，1'-0"标注为 1'。

(2)"角度标注"选项组：用于设置标注角度时使用的角度单位。

❶"单位格式"下拉列表框：用于设置角度单位制。AutoCAD 2014 提供了"十进制度数"、"度/分/秒"、"百分度"和"弧度"4 种角度单位。

❷"精度"下拉列表框：用于设置角度型尺寸标注的精度。

❸"消零"选项组：用于设置是否省略标注角度时的 0。

## 8.2.7　换算单位

在"新建标注样式"对话框中，第 6 个选项卡是"换算单位"选项卡，如图 8-19 所示，该选项卡用于对替换单位的设置，现对选项卡中的各选项分别说明如下。

（1）"显示换算单位"复选框：勾选此复选框，则替换单位的尺寸值也同时显示在尺寸文本上。

（2）"换算单位"选项组：用于设置替换单位，其中各选项的含义如下。

❶"单位格式"下拉列表框：用于选择替换单位采用的单位制。

❷"精度"下拉列表框：用于设置替换单位的精度。

❸"换算单位倍数"微调框：用于指定

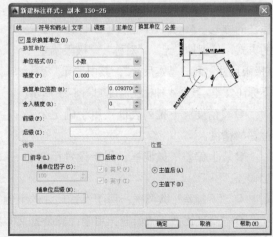

图 8-19　"换算单位"选项卡

主单位和替换单位的转换因子。

❹ "含入精度" 微调框：用于设定替换单位的圆整规则。

❺ "前缀" 文本框：用于设置替换单位文本的固定前缀。

❻ "后缀" 文本框：用于设置替换单位文本的固定后缀。

(3) "消零" 选项组。

❶ "前导" 复选框：勾选此复选框，不输出所有十进制标注中的前导 0。例如，0.5000 标注为.5000。

❷ "辅单位因子" 微调框：将辅单位的数量设置为一个单位。它用于在距离小于一个单位时以辅单位为单位计算标注距离。例如，如果后缀为 m 而辅单位后缀以 cm 显示，则输入 100。

❸ "辅单位后缀" 文本框：用于设置标注辅单位中包含的后缀。可以输入文字或使用控制代码显示特殊符号。例如，输入 cm 可将 96m 显示为 96cm。

❹ "后续" 复选框：勾选此复选框，不输出所有十进制标注的后续零。例如，12.5000 标注为 12.5，30.0000 标注为 30。

❺ "0 英尺" 复选框：勾选此复选框，如果长度小于一英尺，则消除 "英尺-英寸" 标注中的英尺部分。例如，0'-6 1/2"标注为 6 1/2"。

❻ "0 英寸" 复选框：勾选此复选框，如果长度为整英尺数，则消除 "英尺-英寸" 标注中的英寸部分。例如，1'-0"标注为 1'。

(4) "位置" 选项组：用于设置替换单位尺寸标注的位置。

❶ "主值后" 单选按钮：单击该单选按钮，把替换单位尺寸标注放在主单位标注的后面。

❷ "主值下" 单选按钮：单击该单选按钮，把替换单位尺寸标注放在主单位标注的下面。

# 8.2.8 公差

在 "新建标注样式" 对话框中，第 7 个选项卡是 "公差" 选项卡，如图 8-20 所示。该选项卡用于确定标注公差的方式，现对选项卡中的各选项分别说明如下。

(1) "公差格式" 选项组：用于设置公差的标注方式。

❶ "方式" 下拉列表框：用于设置公差标注的方式。AutoCAD 提供了 5 种标注公差的方式，分别是 "无"、"对称"、"极限偏差"、"极限尺寸" 和 "基本尺寸"，其中 "无" 表示不标注公差，其余 4 种标注情况如图 8-21 所示。

❷ "精度" 下拉列表框：用于确定公差标注的精度。

❸ "上偏差" 微调框：用于设置尺寸的上偏差。

图 8-20 "公差" 选项卡

❹ "下偏差" 微调框：用于设置尺寸的下偏差。

❺ "高度比例" 微调框：用于设置公差文本的高度比例，即公差文本的高度与一般尺寸文本的高度之比。

❻ "垂直位置"下拉列表框：用于控制"对称"和"极限偏差"形式公差标注的文本对齐方式，如图 8-22 所示。

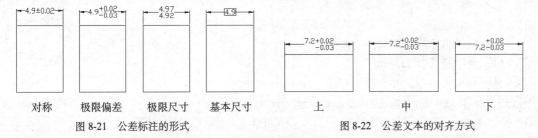

图 8-21　公差标注的形式　　　　　　　图 8-22　公差文本的对齐方式

(a) 上：公差文本的顶部与一般尺寸文本的顶部对齐。

(b) 中：公差文本的中线与一般尺寸文本的中线对齐。

(c) 下：公差文本的底线与一般尺寸文本的底线对齐。

(2) "公差对齐"选项组：用于在堆叠时，控制上偏差值和下偏差值的对齐。

❶ "对齐小数分隔符"单选按钮：单击该单选按钮，通过值的小数分割符堆叠值。

❷ "对齐运算符"单选按钮：单击该单选按钮，通过值的运算符堆叠值。

(3) "消零"选项组：用于控制是否禁止输出前导 0 和后续 0 以及 0 英尺和 0 英寸部分（可用 DIMTZIN 系统变量设置）。消零设置也会影响由 AutoLISP® rtos 和 angtos 函数执行的实数到字符串的转换。

❶ "前导"复选框：勾选此复选框，不输出所有十进制公差标注中的前导 0。例如，0.5000 标注为.5000。

❷ "后续"复选框：勾选此复选框，不输出所有十进制公差标注的后续 0。例如，12.5000 标注为 12.5，30.0000 标注为 30。

❸ "0 英尺"复选框：勾选此复选框，如果长度小于一英尺，则消除"英尺-英寸"标注中的英尺部分。例如，0'-6 1/2"标注为 6 1/2"。

❹ "0 英寸"复选框：勾选此复选框，如果长度为整英尺数，则消除"英尺-英寸"标注中的英寸部分。例如，1'-0"标注为 1'。

(4) "换算单位公差"选项组：用于对形位公差标注的替换单位进行设置，各项的设置方法与上面相同。

## 8.3　标注尺寸

正确地进行尺寸标注是设计绘图工作中非常重要的一个环节，AutoCAD 2014 提供了方便快捷的尺寸标注方法，可通过执行命令实现，也可利用菜单或工具按钮实现。本节重点介绍如何对各种类型的尺寸进行标注。

### 8.3.1　长度型尺寸标注

**1. 执行方式**

命令行：DIMLINEAR（缩写名：DIMLIN，快捷命令：DLI）

菜单栏："标注"→"线性"

工具栏：标注→线性 $\vdash$

### 2．操作步骤

命令行提示如下：

命令: _dimlinear
指定第一个尺寸界线原点或 <选择对象>:

（1）直接按【Enter】键

光标变为拾取框，并在命令行提示如下：

选择标注对象：（用拾取框选择要标注尺寸的线段）
指定尺寸线位置或[多行文字(M)/文字(T)/角度(A)/水平(H)/垂直(V)/旋转(R)]:

（2）选择对象

指定第 1 条与第 2 条尺寸界线的起始点。

### 3．选项说明

（1）指定尺寸线位置：用于确定尺寸线的位置。用户可移动光标选择合适的尺寸线位置，然后按【Enter】键或单击，AutoCAD 则自动测量要标注线段的长度，并标注出相应的尺寸。

（2）多行文字（M）：用多行文本编辑器确定尺寸文本。

（3）文字（T）：用于在命令行的提示下输入或编辑尺寸文本。选择此选项后，命令行提示如下：

输入标注文字<默认值>:

其中的默认值是 AutoCAD 自动测量得到的被标注线段的长度，直接按【Enter】键即可采用此长度值，也可输入其他数值代替默认值。当尺寸文本中包含默认值时，可使用尖括号"<>"表示默认值。

（4）角度（A）：用于确定尺寸文本的倾斜角度。

（5）水平（H）：水平标注尺寸，不论标注什么方向的线段，尺寸线总保持水平放置。

（6）垂直（V）：垂直标注尺寸，不论标注什么方向的线段，尺寸线总保持垂直放置。

（7）旋转（R）：输入尺寸线旋转的角度值，旋转标注尺寸。

技巧荟萃

> 线性标注有水平、垂直或对齐放置。使用对齐标注时，尺寸线将平行于两尺寸延伸线原点之间的直线（想象或实际）。基线（或平行）和连续（或链）标注是一系列基于线性标注的连续标注，连续标注是首尾相连的多个标注。在创建基线或连续标注之前，必须创建线性、对齐或角度标注。可从当前任务最近创建的标注中以增量方式创建基线标注。

## 8.3.2　实例——标注胶垫尺寸

标注如图 8-23 所示的胶垫尺寸。

绘制步骤

1．打开源文件/第 8 章/胶垫。

2．设置标注样式

将"尺寸标注"图层设定为当前图层。选择菜单栏中的"格式"→"标注样式"命令，系统弹出如图 8-24 所示的"标注样式管理器"对话框。单击"新建"按钮，在弹出的"创建新标注样式"对话框中设置"新样式"名为"机械

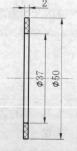

图 8-23　胶垫

制图"，如图 8-25 所示。单击"继续"按钮，系统弹出"新建标注样式：机械制图"对话框。
在如图 8-26 所示的"线"选项卡中，设置基线间距为 2，超出尺寸线为 1.25，起点偏移量为 0.625，
其他设置保持默。在如图 8-27 所示的"符号和箭头"选项卡中，设置箭头为"实心闭合"，箭
头大小为 2.5，其他设置保持默认。在如图 8-28 所示的"文字"选项卡中，设置文字高度为 3，
其他设置保持默认。在如图 8-29 所示的"主单位"选项卡中，设置精度为 0.0，小数分隔符为
句点，其他设置保持默认。完成后单击"确认"按钮退出。在"标注样式管理器"对话框中将
"机械制图"样式设置为当前样式，单击"关闭"按钮退出。

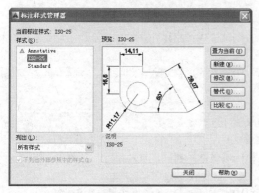

图 8-24　"标注样式管理器"对话框

图 8-25　"创建新标注样式"对话框

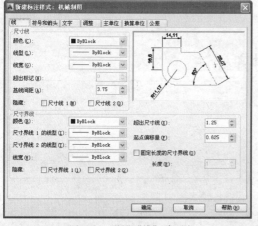

图 8-26　设置"线"选项卡

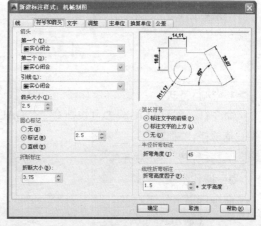

图 8-27　设置"符号和箭头"选项卡

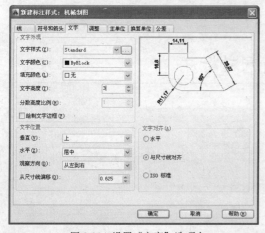

图 8-28　设置"文字"选项卡

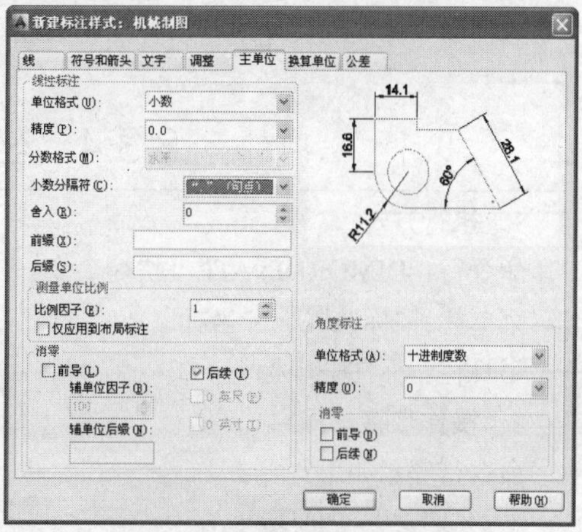

图 8-29　设置"主单位"选项卡

### 3. 标注尺寸

单击"标注"工具栏中的"线性"按钮 ⊟，对图形进行尺寸标注，命令行提示与操作如下：

```
命令: _DIMLINEAR↙（标注厚度尺寸"2"）
指定第 1 个尺寸界线原点或 <选择对象>:（指定第 1 条尺寸边界线位置）
指定第 2 条尺寸界线原点:（指定第 2 条尺寸边界线位置）
指定尺寸线位置或[多行文字(M)/文字(T)/角度(A)/水平(H)/垂直(V)/旋转(R)]:（选取尺寸放置位置）
标注文字 = 2
命令: _DIMLINEAR↙（标注直径尺寸"φ37"）
指定第 1 个尺寸界线原点或 <选择对象>:（指定第 1 条尺寸边界线位置）
指定第 2 条尺寸界线原点:（指定第 2 条尺寸边界线位置）
指定尺寸线位置或[多行文字(M)/文字(T)/角度(A)/水平(H)/垂直(V)/旋转(R)]: t↙
输入标注文字 <37>: %%c37↙
指定尺寸线位置或[多行文字(M)/文字(T)/角度(A)/水平(H)/垂直(V)/旋转(R)]:（选取尺寸放置位置）
标注文字 = 37
命令: _DIMLINEAR↙（标注直径尺寸"φ50"）
指定第 1 个尺寸界线原点或 <选择对象>:（指定第 1 条尺寸边界线位置）
指定第 2 条尺寸界线原点:（指定第 2 条尺寸边界线位置）
指定尺寸线位置或[多行文字(M)/文字(T)/角度(A)/水平(H)/垂直(V)/旋转(R)]: t↙
输入标注文字 <50>: %%c50↙
指定尺寸线位置或[多行文字(M)/文字(T)/角度(A)/水平(H)/垂直(V)/旋转(R)]:（选取尺寸放置位置）
标注文字 = 50
```

结果如图 8-23 所示。

## 8.3.3  对齐标注

### 1. 执行方式

命令行：DIMALIGNED（快捷命令：DAL）

菜单栏："标注" → "对齐"

工具栏：标注→对齐 ⟍

### 2. 操作步骤

命令行提示如下：

```
命令: DIMALIGNED↙
指定第 1 个尺寸界线原点或 <选择对象>:
```

这种命令标注的尺寸线与所标注轮廓线平行，标注起始点到终点之间的距离尺寸。

## 8.3.4  坐标尺寸标注

### 1. 执行方式

命令行：DIMORDINATE（快捷命令：DOR）

菜单栏："标注" → "坐标"

工具栏：标注→坐标 ⅷ

### 2. 操作步骤

命令行提示如下：

```
命令: DIMORDINATE↙
指定点坐标: 选择要标注坐标的点
```

创建了无关联的标注。

指定引线端点或[x 基准(x)/y 基准(y)/多行文字(M)/文字(T)/角度(A)]:

### 3. 选项说明

（1）指定引线端点：确定另外一点，根据这两点之间的坐标差决定是生成 x 坐标尺寸还是 y 坐标尺寸。如果这两点的 y 坐标之差比较大，则生成 x 坐标尺寸；反之，生成 y 坐标尺寸。

（2）x 基准（x）：生成该点的 x 坐标。

（3）y 基准（y）：生成该点的 y 坐标。

（4）文字（T）：在命令行提示下，自定义标注文字，生成的标注测量值显示在尖括号 (<>) 中。

（5）角度（A）：修改标注文字的角度。

# 8.3.5 角度型尺寸标注

### 1. 执行方式

命令行：DIMANGULAR（快捷命令：DAN）

菜单栏："标注"→"角度"

工具栏：标注→角度△

### 2. 操作步骤

命令行提示与操作如下：

命令：DIMANGULAR↙

选择圆弧、圆、直线或 <指定顶点>。

### 3. 选项说明

（1）选择圆弧：标注圆弧的中心角。当用户选择一段圆弧后，命令行提示如下：

指定标注弧线位置或 [多行文字(M)/文字(T)/角度(A)/象限点(Q)]:

在此提示下确定尺寸线的位置，AutoCAD 系统按自动测量得到的值标注出相应的角度，在此之前用户可以选择"多行文字"、"文字"或"角度"选项，通过多行文本编辑器或命令行来输入或定制尺寸文本，以及指定尺寸文本的倾斜角度。

（2）选择圆：标注圆上某段圆弧的中心角。当用户选择圆上的一点后，命令行提示如下：

指定角的第2个端点：选择另一点，该点可在圆上，也可不在圆上

指定标注弧线位置或 [多行文字(M)/文字(T)/角度(A)/象限点(Q)]:

在此提示下确定尺寸线的位置，AutoCAD 系统标注出一个角度值，该角度以圆心为顶点，两条尺寸延伸线通过所选取的两点，第 2 点可以不必在圆周上。用户还可以选择"多行文字"、"文字"或"角度"选项，编辑其尺寸文本或指定尺寸文本的倾斜角度，如图 8-30 所示。

（3）选择直线：标注两条直线间的夹角。当用户选择一条直线后，命令行提示如下：

选择第2条直线：选择另一条直线

指定标注弧线位置或 [多行文字(M)/文字(T)/角度(A)/象限点(Q)]:

在此提示下确定尺寸线的位置，系统自动标出两条直线之间的夹角。该角以两条直线的交点为顶点，以两条直线为尺寸延伸线，所标注角度取决于尺寸线的位置，如图 8-31 所示。用户还可以选择"多行文字"、"文字"或"角度"选项，编辑其尺寸文本或指定尺寸文本的倾斜角度。

（4）指定顶点，直接按【Enter】键，命令行提示如下：

指定角的顶点：指定顶点

指定角的第1个端点：输入角的第1个端点

指定角的第2个端点：输入角的第2个端点，创建无关联的标注

指定标注弧线位置或 [多行文字(M)/文字(T)/角度(A)/象限点（Q）]:输入一点作为角的顶点

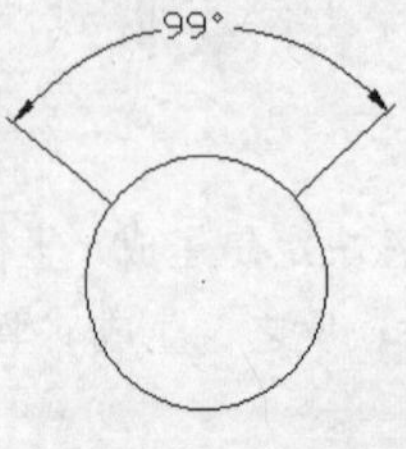

图 8-30 标注角度　　　　　　　　　　图 8-31 标注两直线的夹角

在此提示下给定尺寸线的位置，AutoCAD 根据指定的 3 点标注出角度，如图 8-32 所示。另外，用户还可以选择"多行文字"、"文字"或"角度"选项，编辑其尺寸文本或指定尺寸文本的倾斜角度。

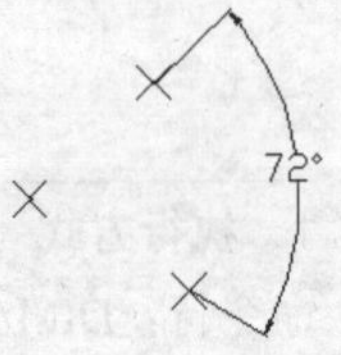

（5）指定标注弧线位置：指定尺寸线的位置并确定绘制延伸线的方向。指定位置之后，DIMANGULAR 命令将结束。

（6）多行文字（M）：显示在位文字编辑器，可用它来编辑标注文字。要添加前缀或后缀，在生成的测量值前后输入前缀或后缀。用控制代码和 Unicode 字符串来输入特殊字符或符号。

图 8-32 指定 3 点确定的角度

（7）文字（T）：自定义标注文字，生成的标注测量值显示在尖括号（< >）中。命令行提示与操作如下。

输入标注文字 <当前>:

输入标注文字，或按【Enter】键接受生成的测量值。要包括生成的测量值，用尖括号（<>）表示生成的测量值。

（8）角度（A）：修改标注文字的角度。

（9）象限点（Q）：指定标注应锁定到的象限。打开象限行为后，将标注文字放置在角度标注外时，尺寸线会延伸超过延伸线。

技巧荟萃

　　角度标注可以测量指定的象限点，该象限点是在直线或圆弧的端点、圆心或两个顶点之间对角度进行标注时形成的。创建角度标注时，可以测量 4 个可能的角度。通过指定象限点，使用户可以确保标注正确的角度。指定象限点后，放置角度标注时，用户可以将标注文字放置在标注的尺寸延伸线之外，尺寸线将自动延长。

# 8.3.6　弧长标注

## 1. 执行方式

命令行：DIMARC

菜单栏："标注"→"弧长"

工具栏：标注→弧长

## 2. 操作步骤

命令行提示如下：

命令:DIMARC↙

选择弧线段或多段线弧线段: 选择圆弧

指定弧长标注位置或[多行文字(M)/文字(T)/角度(A)/部分(P)/引线(L)]:

### 3．选项说明

（1）弧长标注位置：指定尺寸线的位置并确定延伸线的方向。

（2）多行文字（M）：显示在位文字编辑器，可用它来编辑标注文字。要添加前缀或后缀，在生成的测量值前后输入前缀或后缀。用控制代码和 Unicode 字符串来输入特殊字符或符号。

（3）文字（T）：自定义标注文字，生成的标注测量值显示在尖括号（<>）中。

（4）角度（A）：修改标注文字的角度。

（5）部分（P）：缩短弧标注的长度，如图 8-33 所示。

（6）引线（L）：添加引线对象，仅当圆弧（或弧线段）大于 90°时才会显示此选项。引线是按径向绘制的，指向所标注圆弧的圆心，如图 8-34 所示。

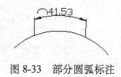

图 8-33　部分圆弧标注

图 8-34　引线标注圆弧

## 8.3.7　直径标注

### 1．执行方式

命令行：DIMDIAMETER（快捷命令：DDI）

菜单栏："标注"→"直径"

工具栏：标注→直径◎

### 2．操作步骤

命令行提示如下：

命令：DIMDIAMETER✓
选择圆弧或圆：选择要标注直径的圆或圆弧
指定尺寸线位置或[多行文字(M)/文字(T)/角度(A)]：确定尺寸线的位置或选择某一选项

用户可以选择"多行文字"、"文字"或"角度"选项来输入、编辑尺寸文本或确定尺寸文本的倾斜角度，也可以直接确定尺寸线的位置，标注出指定圆或圆弧的直径。

### 3．选项说明

（1）尺寸线位置：确定尺寸线的角度和标注文字的位置。如果未将标注放置在圆弧上而导致标注指向圆弧外，则 AutoCAD 会自动绘制圆弧延伸线。

（2）多行文字（M）：显示在位文字编辑器，可用它来编辑标注文字。要添加前缀或后缀，在生成的测量值前后输入前缀或后缀。用控制代码和 Unicode 字符串来输入特殊字符或符号。

（3）文字（T）：自定义标注文字，生成的标注测量值显示在尖括号（<>）中。

（4）角度（A）：修改标注文字的角度。

## 8.3.8　半径标注

### 1．执行方式

命令行：DIMRADIUS（快捷命令：DRA）

菜单栏："标注"→"半径"

工具栏：标注→半径◎

**2．操作步骤**

命令行提示如下：

命令：DIMRADIUS↙

选择圆弧或圆：选择要标注半径的圆或圆弧

指定尺寸线位置或 [多行文字(M)/文字(T)/角度(A)]：确定尺寸线的位置或选择某一选项

用户可以选择"多行文字"、"文字"或"角度"选项来输入、编辑尺寸文本或确定尺寸文本的倾斜角度，也可以直接确定尺寸线的位置，标注出指定圆或圆弧的半径。

# 8.3.9　实例——标注曲柄

标注如图 8-35 所示的曲柄尺寸。

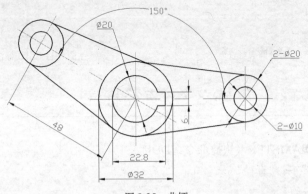

图 8-35　曲柄

 **绘制步骤**

1．打开源文件/第 8 章/曲柄，进行局部修改，得到如图 8-35 所示图形。

2．设置绘图环境。

命令：LAYER↙　（创建一个新图层"BZ"，并将其设置为当前层）

命令：DIMSTYLE↙

按【Enter】键后，弹出"标注样式管理器"对话框，根据标注样式，分别进行线性、角度和直径标注样式的设置。单击"新建"按钮，在弹出的"创建新标注样式"对话框中的"新样式"名中输入"机械制图"，单击"继续"按钮，弹出"新建标注样式：机械制图"对话框，分别按图 8-36～图 8-39 所示进行设置，设置完成后，单击"置为当前"按钮，将"机械制图"标注样式设置为当前标注样式。

3．标注曲柄中的线性尺寸。

命令：DIMLINEAR↙　（进行线性标注，标注图中的尺寸"Φ32"）

指定第 1 个尺寸界线原点或 <选择对象>：

_int 于（捕捉 Φ32 圆与水平中心线的左交点，作为第 1 条尺寸界线的起点）

指定第 2 条尺寸界线原点：

_int 于（捕捉 Φ32 圆与水平中心线的右交点，作为第 2 条尺寸界线的起点）

指定尺寸线位置或[多行文字(M)/文字(T)/角度(A)/水平(H)/垂直(V)/旋转(R)]：T↙

输入标注文字 <32>：%%c32↙　（输入标注文字。按【Enter】键，则取默认值，但是没有直径符号"Φ"）

指定尺寸线位置或[多行文字(M)/文字(T)/角度(A)/水平(H)/垂直(V)/旋转(R)]：（指定尺寸线位置）

标注文字 =32

用同样的方法标注线性尺寸 22.8 和 6。

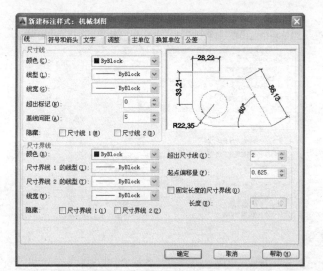

图 8-36　设置"线"选项卡

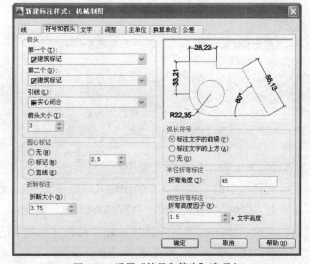

图 8-37　设置"符号和箭头"选项卡

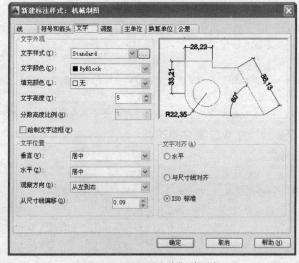

图 8-38　设置"文字"选项卡

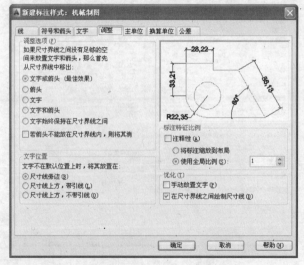

图 8-39　设置"调整"选项卡

**4．标注曲柄中的对齐尺寸。**

命令: DIMALIGNED✓（对齐尺寸标注命令。标注图中的对齐尺寸"48"）

指定第 1 个尺寸界线原点或 <选择对象>:

_int 于（捕捉倾斜部分中心线的交点，作为第二条尺寸界线的起点）

指定第 2 个尺寸界线原点:

_int 于（捕捉中间中心线的交点，作为第二条尺寸界线的起点）

指定尺寸线位置或[多行文字(M)/文字(T)/角度(A)]:（指定尺寸线位置）

标注文字 =48

**5．标注曲柄中的直径尺寸。**在"标注样式管理器"对话框中，单击"新建"按钮，在弹出的"创建新标注样式"对话框中的"新样式"名中输入"直径"，在"用于"下拉列表中选择"直径标注"选项；单击"继续"按钮，弹出"修改标注样式"对话框，在"文字"选项卡的"文字对齐"选项组中选择"ISO 标准"单选项；在"调整"选项卡的"文字位置"选项组中选择"尺寸线上方，带引线"单选项，其他选项卡的设置保持不变。方法同前，设置"角度"标注样式，用于角度标注，在"文字"选项卡的"文字对齐"选项组中选择"与尺寸线对齐"单选项。

命令:DIMDIAMETER✓　（直径标注命令。标注图中的直径尺寸"2－Φ10"）

选择圆弧或圆: （选择右边 Φ10 小圆）

标注文字 =10

指定尺寸线位置或 [多行文字(M)/文字(T)/角度(A)]:M✓　（回车后弹出"多行文字"编辑器，其中"<>"表示测量值，即"Φ10"，在前面输入 "2－"，即为"2－<>"）

指定尺寸线位置或 [多行文字(M)/文字(T)/角度(A)]:（指定尺寸线位置）

用同样的方法标注直径尺寸 Φ20 和 2-Φ20。

**6．标注曲柄中的角度尺寸。**

命令: DIMANGULAR✓　（标注图中的角度尺寸"150°"）

选择圆弧、圆和直线或 <指定顶点>:（选择标注为"150°"角的一条边）

选择第 2 条直线:（选择标注为"150°"角的另一条边）

指定标注弧线位置或 [多行文字(M)/文字(T)/角度(A) /象限点(Q)]:（指定尺寸线位置）

标注文字 =150

结果如图 8-35 所示。

## 8.3.10　折弯标注

#### 1．执行方式

命令行：DIMJOGGED（快捷命令：DJO 或 JOG）

菜单栏："标注"→"折弯"

工具栏：标注→折弯

#### 2．操作步骤

命令行提示如下：

命令:DIMJOGGED↙

选择圆弧或圆: 选择圆弧或圆

指定中心位置替代: 指定一点

标注文字 ＝50

指定尺寸线位置或 [多行文字(M)/文字(T)/角度(A)]: 指定一点或选择某一选项

指定折弯位置，如图 8-40 所示。

图 8-40　折弯标注

## 8.3.11　圆心标记和中心线标注

#### 1．执行方式

命令行：DIMCENTER

菜单栏："标注"→"圆心标记"

工具栏：标注→圆心标记

#### 2．操作格式

命令: DIMCENTER↙

选择圆弧或圆:（选择要标注中心或中心线的圆或圆弧）

## 8.3.12　基线标注

基线标注用于产生一系列基于同一尺寸延伸线的尺寸标注，适用于长度尺寸、角度和坐标标注。在使用基线标注方式之前，应该先标注出一个相关的尺寸作为基线标准。

#### 1．执行方式

命令行：DIMBASELINE（快捷命令：DBA）

菜单栏："标注"→"基线"

工具栏：标注→基线

#### 2．操作步骤

命令行提示与操作如下：

命令: DIMBASELINE↙

指定第二条尺寸界线原点或[放弃(U)/选择(S)] <选择>:

### 3．选项说明

（1）指定第 2 条尺寸界线原点：直接确定另一个尺寸的第 2 条尺寸延伸线的起点，AutoCAD 以上次标注的尺寸为基准标注，标注出相应尺寸。

（2）选择（S）：在上述提示下直接按【Enter】键，命令行提示如下：

选择基准标注：选择作为基准的尺寸标注

## 8.3.13　连续标注

连续标注又叫尺寸链标注，用于产生一系列连续的尺寸标注，后一个尺寸标注均把前一个标注的第 2 条尺寸延伸线作为它的第 1 条尺寸延伸线。适用于长度型尺寸、角度型和坐标标注。在使用连续标注方式之前，应该先标注出一个相关的尺寸。

### 1．执行方式

命令行：DIMCONTINUE（快捷命令：DCO）

菜单栏："标注"→"连续"

工具栏：标注→连续 ⊢⊢⊢

### 2．操作步骤

命令行提示如下：

命令：DIMCONTINUE✓

选择连续标注：

指定第 2 条尺寸界线原点或 [放弃(U)/选择(S)]<选择>：

此提示下的各选项与基线标注中完全相同，此处不再赘述。

AutoCAD 允许用户使用基线标注方式和连续标注方式进行角度标注，如图 8-41 所示。

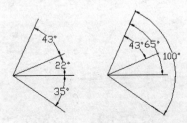

图 8-41　连续型和基线型角度标注

## 8.3.14　实例——标注阀杆尺寸

标注如图 8-42 所示的阀杆尺寸。

**绘制步骤**

1．打开源文件/第 8 章/阀杆。

2．设置标注样式。

将"尺寸标注"图层设定为当前图层。按与 8.3.2 节相同的方法设置标注样式。

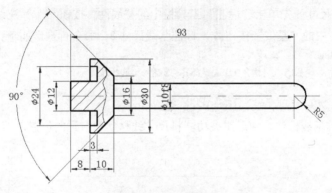

图 8-42　标注阀杆尺寸

3．标注线性尺寸。单击"标注"工具栏中的"线性"按钮⊟，标注线性尺寸，结果如图 8-43 所示。

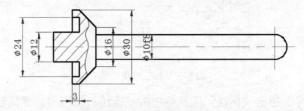

图 8-43　标注线性尺寸

4．标注半径尺寸。单击"标注"工具栏中的"半径"按钮◎，标注圆弧尺寸，结果如图 8-44 所示。

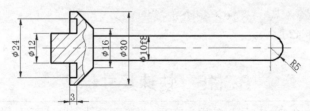

图 8-44　标注半径尺寸

5．设置角度标注样式。按与 8.3.5 节相同的方法设置角度标注样式。

6．标注角度尺寸。单击"标注"工具栏中的"角度"按钮△，对图形进行角度尺寸标注，结果如图 8-45 所示。

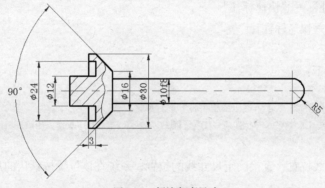

图 8-45　标注角度尺寸

7．标注基线尺寸。先单击"标注"工具栏中的"线性"按钮 □，标注线性尺寸 93，再单击"标注"工具栏中的"基线"按钮 □，标注基线尺寸 8，命令行操作如下：

命令: _dimbaseline
指定第 2 条尺寸界线原点或 [放弃(U)/选择(S)] <选择>:（选择尺寸界线）
标注文字 =8
指定第 2 条尺寸界线原点或 [放弃(U)/选择(S)] <选择>:✓

选择刚标注的基线标注，利用钳夹功能将尺寸线移动到合适的位置，结果如图 8-46 所示。

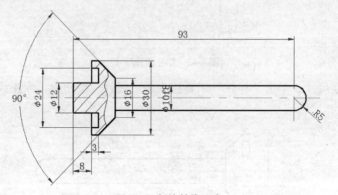

图 8-46　标注基线尺寸

8．标注连续尺寸。单击"标注"工具栏中的"连续"按钮 □，标注连续尺寸 10，命令行操作如下：

命令: _dimcontinue
指定第 2 条尺寸界线原点或 [放弃(U)/选择(S)] <选择>:（选择尺寸界线）
标注文字 =10
指定第 2 条尺寸界线原点或 [放弃(U)/选择(S)] <选择>:✓

最终结果如图 8-42 所示。

## 8.3.15　快速尺寸标注

快速尺寸标注命令 QDIM 可以使用户交互、动态和自动化地进行尺寸标注。使用 QDIM 命令可以同时选择多个圆或圆弧标注直径或半径，也可同时选择多个对象进行基线标注和连续标注，选择一次即可完成多个标注，既节省时间，又可提高工作效率。

### 1．执行方式

命令行：QDIM
菜单栏："标注" → "快速标注"
工具栏：标注→快速标注 □

### 2．操作步骤

命令行提示如下：

命令: QDIM✓
选择要标注的几何图形: 选择要标注尺寸的多个对象✓
指定尺寸线位置或 [连续(C)/并列(S)/基线(B)/坐标(O)/半径(R)/直径(D)/基准点(P)/编辑(E)/设置(T)] <连续>:

### 3．选项说明

（1）指定尺寸线位置：直接确定尺寸线的位置，系统在该位置按默认的尺寸标注类型标注出相应的尺寸。

（2）连续（C）：产生一系列连续标注的尺寸。在命令行输入"C"，AutoCAD 系统提示用户选择要进行标注的对象，选择完成后按【Enter】键，返回上面的提示，给定尺寸线位置，则完成连续尺寸标注。

（3）并列（S）：产生一系列交错的尺寸标注，如图 8-47 所示。

（4）基线（B）：产生一系列基线标注尺寸。后面的"坐标（O）"、"半径（R）"和"直径（D）"含义与此类同。

（5）基准点（P）：为基线标注和连续标注指定一个新的基准点。

（6）编辑（E）：对多个尺寸标注进行编辑。AutoCAD 允许对已存在的尺寸标注添加或移去尺寸点。选择此选项，命令行提示如下：

指定要删除的标注点或 [添加(A)/退出(X)] <退出>:

在此提示下确定要移去的点后按【Enter】键，系统对尺寸标注进行更新。图 8-48 所示为删除中间标注点后的尺寸标注。

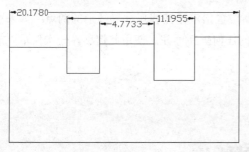

图 8-47　交错尺寸标注

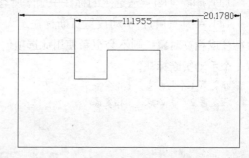

图 8-48　删除中间标注点后的尺寸标注

## 8.3.16　等距标注

### 1．执行方式

命令行：DIMSPACE

菜单栏："标注"→"标注间距"

工具栏：标注→等距标注

### 2．操作格式

命令：DIMSPACE✓

选择基准标注:（选择平行线性标注或角度标注）

选择要产生间距的标注:（选择平行线性标注或角度标注以从基准标注均匀隔开，并按【Enter】键）

输入值或 [自动(A)] <自动>:（指定间距或按【Enter】键）

### 3．选项说明

（1）输入值：指定从基准标注均匀隔开选定标注的间距值。

（2）自动（A）：基于在选定基准标注的标注样式中指定的文字高度自动计算间距，所得的间距值是标注文字高度的两倍。

## 8.3.17　折断标注

### 1．执行方式

命令行：DIMBREAK

菜单栏："标注" → "标注打断"

工具栏：标注 → 折断标注 ⊥

### 2．操作格式

选择要添加/删除折断的标注或 [多个(M)]:（选择标注，或输入 m 并按【Enter】键）

选择要折断标注的对象或 [自动(A) /手动(M)/删除(R)] <自动>:（选择与标注相交或与选定标注的尺寸界线相交的对象，输入选项，或按【Enter】键）

选择要折断标注的对象:（选择通过标注的对象或按【Enter】键以结束命令）

### 3．选项说明

(1) 多个（M）：指定要向其中添加打断或要从中删除打断的多个标注。

选择标注:（使用对象选择方法，并按【Enter】键）

输入选项 [打断(B)/恢复(R)] <打断>:（输入选项或按【Enter】键）

(2) 自动（A）：自动将折断标注放置在与选定标注相交的对象的所有交点处。修改标注或相交对象时，会自动更新使用此选项创建的所有折断标注。

(3) 删除（R）：从选定的标注中删除所有折断标注。

(4) 手动（M）：手动放置折断标注。为打断位置指定标注或尺寸界线上的两点。如果修改标注或相交对象，则不会更新使用此选项创建的任何折断标注。使用此选项，一次仅可以放置一个手动折断标注。

指定第 1 个打断点:（指定点）

指定第 2 个打断点:（指定点）

# 8.4  引线标注

AutoCAD 提供了引线标注功能，利用该功能不仅可以标注特定的尺寸，如圆角和倒角等，还可以在图中添加多行旁注和说明。在引线标注中指引线可以是折线，也可以是曲线，指引线端部可以有箭头，也可以没有箭头。

## 8.4.1  利用 LEADER 命令进行引线标注

利用 LEADER 命令可以创建灵活多样的引线标注形式，可根据需要把指引线设置为折线或曲线。指引线可带箭头，也可不带箭头。注释文本可以是多行文本，也可以是形位公差，可以从图形其他部位复制，也可以是一个图块。

### 1．执行方式

命令行：LEADER（快捷命令：LEAD）

### 2．操作步骤

命令行提示如下：

命令: LEADER↙

指定引线起点:  输入指引线的起始点

指定下一点:  输入指引线的另一点

指定下一点或 [注释(A)/格式(F)/放弃(U)] <注释>:

### 3．选项说明

(1) 指定下一点：直接输入一点，AutoCAD 根据前面的点绘制出折线作为指引线。

(2) 注释（A）：输入注释文本，为默认项。在此提示下直接按【Enter】键，命令行提示如下：

输入注释文字的第一行或 <选项>:

❶ 输入注释文字。在此提示下输入第 1 行文字后按【Enter】键，用户可继续输入第 2 行文字，如此反复执行，直到输入全部注释文字，然后在此提示下直接按【Enter】键，AutoCAD会在指引线终端标注出所输入的多行文本文字，并结束 LEADER 命令。

❷ 直接按【Enter】键。如果在上面的提示下直接按【Enter】键，命令行提示如下：

输入注释选项 [公差(T)/副本(C)/块(B)/无(N)/多行文字(M)] <多行文字>:

在此提示下选择一个注释选项或直接按【Enter】键默认选择"多行文字"选项，其他各选项的含义如下：

(a) 公差（T）：标注形位公差。形位公差的标注见后面章节。

(b) 副本（C）：把已选择 LEADER 命令创建的注释复制到当前指引线的末端。选择该选项，命令行提示如下：

选择要复制的对象:

在此提示下选择一个已创建的注释文本，则 AutoCAD 把它复制到当前指引线的末端。

(c) 块（B）：插入块，把已经定义好的图块插入到指引线的末端。选择该选项，命令行提示如下：

输入块名或 [?]:

在此提示下输入一个已定义好的图块名，AutoCAD 把该图块插入到指引线的末端；或输入"?"列出当前已有图块，用户可从中选择。

(d) 无（N）：不进行注释，没有注释文本。

(e) 多行文字（M）：用多行文本编辑器标注注释文本，并定制文本格式，为默认选项。

(3) 格式（F）：确定指引线的形式。选择该选项，命令行提示如下：

输入引线格式选项 [样条曲线(S)/直线(ST)/箭头(A)/无(N)] <退出>:

选择指引线形式，或直接按【Enter】键返回上一级提示。

❶ 样条曲线（S）：设置指引线为样条曲线。

❷ 直线（ST）：设置指引线为折线。

❸ 箭头（A）：在指引线的起始位置画箭头。

❹ 无（N）：在指引线的起始位置不画箭头。

❺ 退出：此选项为默认选项，选择该选项，退出"格式（F）"选项，返回"指定下一点或[注释（A）/格式（F）/放弃（U）]<注释>"提示，并且指引线形式按默认方式设置。

## 8.4.2 利用 QLEADER 命令进行引线标注

选择 QLEADER 命令可快速生成指引线及注释，而且可以通过命令行优化对话框进行用户自定义，由此可以消除不必要的命令行提示，获得较高的工作效率。

### 1. 执行方式

命令行：QLEADER（快捷命令：LE）

### 2. 操作步骤

命令行提示如下：

命令: QLEADER↙
指定第 1 个引线点或 [设置(S)] <设置>:

### 3. 选项说明

(1) 指定第 1 个引线点：在上面的提示下确定一点作为指引线的第 1 点，命令行提示如下：

指定下一点：输入指引线的第 2 点

指定下一点：输入指引线的第 3 点

AutoCAD 提示用户输入点的数目由"引线设置"对话框确定，如图 8-41 所示。输入完指引线的点后，命令行提示如下：

指定文字宽度 <0.0000>：输入多行文本文字的宽度

输入注释文字的第一行 <多行文字(M)>：

此时，有两种命令输入选择，含义如下。

❶ 输入注释文字的第 1 行：在命令行输入第 1 行文本文字，命令行提示如下：

输入注释文字的下一行：输入另一行文本文字

输入注释文字的下一行：输入另一行文本文字或按【Enter】键

❷ 多行文字（M）：打开多行文字编辑器，输入编辑多行文字。

输入全部注释文本后，在此提示下直接按【Enter】键，AutoCAD 结束 QLEADER 命令，并把多行文本标注在指引线的末端附近。

（2）设置：在上面的提示下直接按【Enter】键或输入"S"，系统打开图 8-49 所示的"引线设置"对话框，允许对引线标注进行设置。该对话框包含"注释"、"引线和箭头"和"附着"3 个选项卡，下面分别进行介绍。

图 8-49  "引线设置"对话框

❶ "注释"选项卡（如图 8-49 所示）：用于设置引线标注中注释文本的类型、多行文本的格式，并确定注释文本是否多次使用。

❷ "引线和箭头"选项卡（如图 8-50 所示）：用于设置引线标注中指引线和箭头的形式。其中"点数"选项组用于设置执行 QLEADER 命令时，AutoCAD 提示用户输入的点的数目。例如，设置点数为 3，执行 QLEADER 命令时，当用户在提示下指定 3 个点后，系统自动提示用户输入注释文本。注意设置的点数要比用户希望的指引线段数多 1，可利用微调框进行设置，如果勾选"无限制"复选框，则 AutoCAD 会一直提示用户输入点直到连续按【Enter】键两次为止。"角度约束"选项组设置第 1 段和第 2 段指引线的角度约束。

❸ "附着"选项卡（如图 8-51 所示）：用于设置注释文本和指引线的相对位置。如果最后一段指引线指向右边，AutoCAD 自动把注释文本放在右侧；如果最后一段指引线指向左边，AutoCAD 自动把注释文本放在左侧。利用本页左侧和右侧的单选按钮分别设置位于左侧和右侧的注释文本与最后一段指引线的相对位置，二者可相同也可不相同。

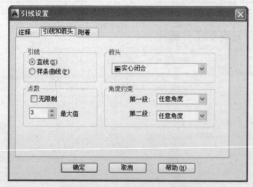

图 8-50  "引线和箭头"选项卡

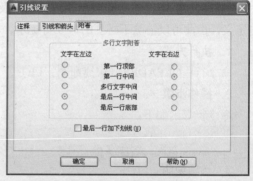

图 8-51  "附着"选项卡

# 8.4.3 多重引线样式

## 1．执行方式

命令行：MLEADERSTYLE

菜单栏："格式"→"多重引线样式"

工具栏：多重引线→多重引线样式

## 2．操作格式

执行 MLEADERSTYLE 命令，AutoCAD 将弹出"多重引线样式管理器"对话框，如图 8-52 所示。单击"新建"按钮，打开如图 8-53 所示的"创建新多重引线样式"对话框。

用户可以通过对话框中的"新样式名"文本框指定新样式的名称；通过"基础样式"下拉列表框确定用于创建新样式的基础样式。如果新定义的样式是注释性样式，应选中"注释性"复选框。确定了新样式的名称和相关设置后，单击"继续"按钮，AutoCAD 弹出"修改多重引线样式"对话框，如图 8-54 所示。"引线结构"选项卡如图 8-55 所示，"内容"选项卡如图 8-56 所示，这些选项卡内容与尺寸标注样式相关选项卡类似，此处不再赘述。

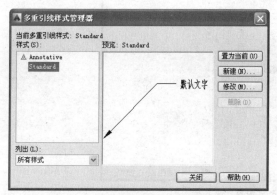

图 8-52 "多重引线样式管理器"对话框

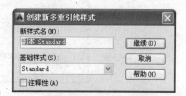

图 8-53 "创建新多重引线样式"对话框

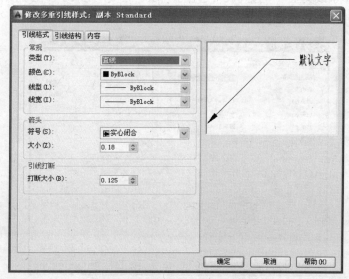

图 8-54 "修改多重引线样式"对话框

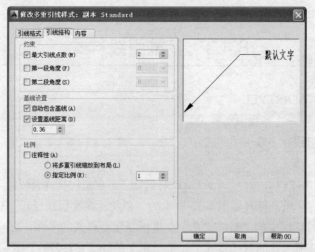

图 8-55  "引线结构"选项卡

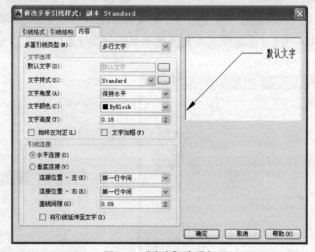

图 8-56  "内容"选项卡

如果在"多重引线类型"下拉列表中选择了"块"选项，则表示多重引线标注出的对象是块，对应的界面如图 8-57 所示。

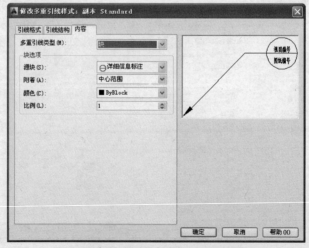

图 8-57  将多重引线类型设为块后的界面

在对话框中的"块选项"选项组中，"源块"下拉列表框用于确定多重引线标注使用的块对象，对应的列表如图 8-58 所示。

列表中位于各项前面的图标说明了对应块的形状。实际上，这些块是含有属性的块，即标注后还允许用户输入文字信息。列表中的"用户块"项用于选择用户自己定义的块。

"附着"下拉列表框用于指定块与引线的关系。

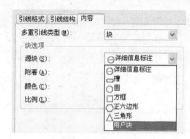

图 8-58　"源块"列表

## 8.4.4　多重引线

多重引线可创建为箭头优先、引线基线优先或内容优先。

### 1．执行方式

命令行：MLEADER

菜单栏："标注"→"多重引线"

工具栏：标注→多重引线

### 2．操作步骤

命令行提示如下：

命令: MLEADER↙

指定引线箭头的位置或 [引线基线优先（L）/内容优先（C）/选项（O）] <选项>:

### 3．选项说明

（1）引线箭头位置

指定多重引线对象箭头的位置。

（2）引线基线优先（L）

指定多重引线对象的基线的位置。如果先前绘制的多重引线对象是基线优先，则后续的多重引线也将先创建基线（除非另外指定）。

（3）内容优先（C）

指定与多重引线对象相关联的文字或块的位置。如果先前绘制的多重引线对象是内容优先，则后续的多重引线对象也将先创建内容（除非另外指定）。

（4）选项（O）

指定用于放置多重引线对象的选项。

输入选项 [引线类型（L）/引线基线（A）/内容类型（C）/最大节点数（M）/第 1 个角度（F）/ 第 2 个角度（S）/退出选项（X）]:

❶ 引线类型（L）：指定要使用的引线类型。

选择引线类型 [直线（S）/样条曲线（P）/无（N）]:

❷ 内容类型（C）：指定要使用的内容类型。

选择内容类型 [块(B)/多行文字(M)/无(N)] <多行文字>:

块：指定图形中的块，与新的多重引线相关联。

输入块名称:

无：指定"无"内容类型。

❸ 最大点数（M）：指定新引线的最大点数。

输入引线的最大节点数或 <无>:

❹ 第 1 个角度（F）：约束新引线中的第 1 个点的角度。

输入第 1 个角度约束或 <无>:

❺ 第 2 个角度（S）：约束新引线中的第 2 个角度。

输入第 2 个角度约束或 <无>:

❻ 退出选项（X）：返回到第 1 个 MLEADER 命令提示。

# 8.4.5　实例——标注销轴尺寸

标注如图 8-59 所示的销轴尺寸。

**绘制步骤**

1. 打开"源文件\第 8 章\销轴"图形文件。

2. 设置标注样式。将"尺寸标注"图层设定为当前图层。按与 8.3.2 节相同的方法设置标注样式。

3. 标注线性尺寸。单击"标注"工具栏中的"线性"按钮□，标注线性尺寸，结果如图 8-60 所示。

4. 设置公差尺寸标注样式。

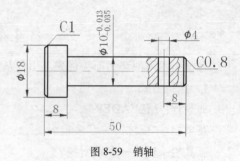
图 8-59　销轴

单击"标注"工具栏中的"标注样式"按钮，在打开的"标注样式管理器"的样式列表中选择"机械制图"，单击"替代"按钮。系统打开"替代当前样式"对话框，方法同前，单击"主单位"选项卡，将"主单位"选项卡中的"精度"值设置为"0.000"；单击"公差"选项卡，在"公差格式"选项区中，将"方式"设置为"极限偏差"，设置"上偏差"为"-0.013"，下偏差为"0.035"，设置完成后单击"确定"按钮。

5. 标注公差尺寸。单击"标注"工具栏中的"线性"按钮□，标注公差尺寸，结果如图 8-61 所示。

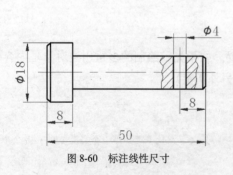
图 8-60　标注线性尺寸

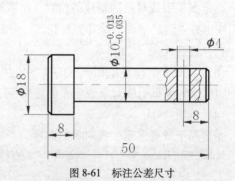
图 8-61　标注公差尺寸

6. 用"引线"命令标注销轴左端倒角，命令行提示与操作如下：

命令: QLEADER↙

指定第 1 个引线点或 [设置(S)] <设置>:↙（系统打开"引线设置"对话框，分别按图 8-62 和图 8-63 所示设置，最后确定退出）

指定第 1 个引线点或 [设置(S)] <设置>:（指定销轴左上倒角点）

指定下一点:（适当指定下一点）

指定下一点:（适当指定下一点）

指定文字宽度 <0>:3↙

输入注释文字的第 1 行 <多行文字(M)>: C1↙

输入注释文字的下一行: ↙

结果如图 8-64 所示，单击"修改"工具栏中的"分解"按钮，将引线标注分解，单击"修改"工具栏中的"移动"按钮，将倒角数值 C1 移动到合适位置，结果如图 8-65 所示。

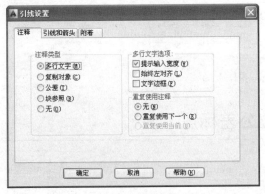

图 8-62 设置注释

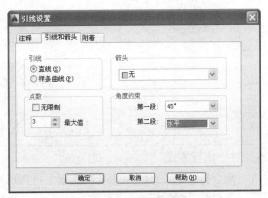

图 8-63 设置引线或箭头

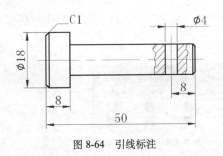

图 8-64 引线标注

图 8-65 调整位置

**7.** 选择菜单栏中的"标注"→"多重引线"命令，标注标注销轴右端倒角，命令行提示与操作如下：

```
命令: _mleader
指定引线箭头的位置或 [引线基线优先(L)/内容优先(C)/选项(O)] <选项>: （指定销轴右上倒角点）
指定引线基线的位置: (适当指定下一点）
```

系统打开多行文字编辑器，输入倒角文字 C0.8，完成多重引线标注。单击"修改"工具栏中的"分解"按钮，将引线标注分解，单击"修改"工具栏中的"移动"按钮，将倒角数值 C0.8 移动到合适位置，最终结果如图 8-59 所示。

> 对于 45° 倒角，可以标注 C*，C1 表示 1×1 的 45° 倒角。如果倒角不是 45°，就必须按常规尺寸标注的方法进行标注。

# 8.5 形位公差

为方便机械设计工作，AutoCAD 提供了标注形位公差的功能。形位公差的标注形式如图 8-66 所示，包括指引线、特征符号、公差值和其附加符号以及基准代号。

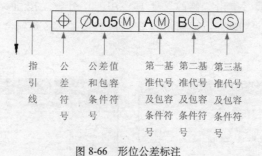

图 8-66　形位公差标注

# 8.5.1　形位公差标注

## 1. 执行方式

命令行：TOLERANCE（快捷命令：TOL）

菜单栏："标注"→"公差"

工具栏：标注→公差 ⊞

执行上述操作后，系统将打开如图 8-67 所示的"形位公差"对话框，可通过此对话框对形位公差标注进行设置。

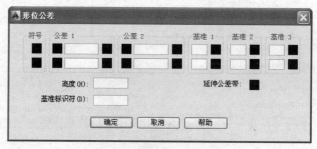

图 8-67　"形位公差"对话框

## 2. 选项说明

（1）符号：用于设定或改变公差代号。单击下面的黑块，系统将打开如图 8-68 所示的"特征符号"列表框，可从中选择需要的公差代号。

（2）公差 1/2：用于产生第一/二个公差的公差值及"附加符号"符号。白色文本框左侧的黑块控制是否在公差值之前加一个直径符号，单击它则出现一个直径符号，再单击则又消失。白色文本框用于确定公差值，在其中输入一个具体数值。右侧黑块用于插入"包容条件"符号，单击它系统打开如图 8-69 所示的"附加符号"列表框，用户可从中选择所需的符号。

图 8-68　"特征符号"列表框

图 8-69　"附加符号"列表框

（3）基准 1/2/3：用于确定第一/二/三个基准代号及材料状态符号。在白色文本框中输入一个基准代号。单击其右侧的黑块，系统打开"包容条件"列表框，可从中选择适当的"包容条件"符号。

(4)"高度"文本框：用于确定标注复合形位公差的高度。

(5)延伸公差带：单击此黑块，在复合公差带后面加一个复合公差符号，如图 8-70d 所示，其他形位公差标注如图 8-63 所示。

(6)"基准标识符"文本框：用于产生一个标识符号，用一个字母表示。

在"形位公差"对话框中有两行可以同时对形位公差进行设置，可实现复合形位公差的标注。如果两行中输入的公差代号相同，则得到如图 8-70e 所示的形式。

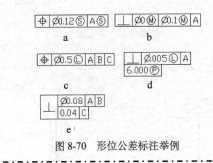

图 8-70 形位公差标注举例

## 8.5.2 实例——标注底座尺寸

本实例的绘制思路是首先标注一般尺寸，然后标注倒角尺寸，最后标注形位公差，结果如图 8-71 所示。

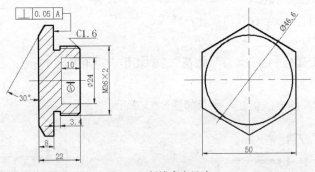

图 8-71 标注底座尺寸

 **绘制步骤**

1. 打开"源文件\第 8 章\底座"图形文件。

2. 设置标注样式

将"尺寸标注"图层设定为当前图层。按与 8.3.2 节相同的方法设置标注样式，这里不再赘述。

3. 标注线性尺寸

单击"标注"工具栏中的"线性"按钮 ⊢，标注线性尺寸，结果如图 8-72 所示。

4. 标注直径尺寸

单击"标注"工具栏中的"直径"按钮 ◎，标注直径尺寸，结果如图 8-73 所示。

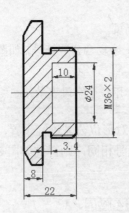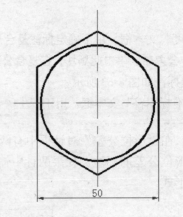

图 8-72　标注线性尺寸

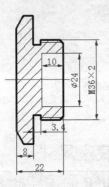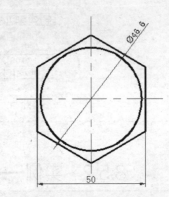

图 8-73　标注直径尺寸

**5．设置角度标注尺寸样式**

按与 8.3.5 节相同的方法设置角度标注样式。

**6．标注角度尺寸**

单击"标注"工具栏中的"角度"按钮△，对图形进行角度尺寸标注，结果如图 8-74 所示。

**7．标注引线尺寸**

按与 8.4.3 节相同的方法标注，结果如图 8-75 所示。

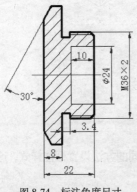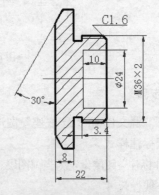

图 8-74　标注角度尺寸　　　　　　　　　图 8-75　标注引线尺寸

**8．标注形位公差**

单击"标注"工具栏中的"形位公差"按钮⊞，打开"形位公差"对话框，单击"符号"

黑框，打开"特征符号"对话框，选择⊥符号，在"公差1"文本框中输入0.05，在"基准1"文本框中输入字母A，如图8-76所示，单击"确定"按钮。在图形的合适位置放置形位公差，如图8-77所示。

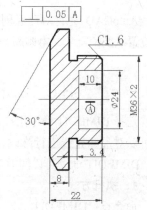

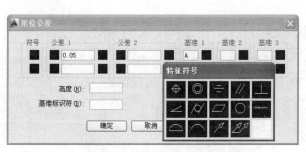

图 8-76 "形位公差"对话框

图 8-77 放置形位公差

### 9. 绘制引线

利用 LEADER 命令绘制引线，命令行操作如下：

命令: LEADER↙
指定引线起点: (适当指定一点)
指定下一点: (适当指定一点)
指定下一点或 [注释(A)/格式(F)/放弃(U)] <注释>: (适当指定一点)
指定下一点或 [注释(A)/格式(F)/放弃(U)] <注释>: (适当指定一点)
指定下一点或 [注释(A)/格式(F)/放弃(U)] <注释>: (系统打开文字格式编辑器，不输入文字，单击"确定"按钮) ↙

结果如图8-78所示。

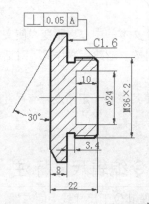

图 8-78 绘制引线

### 10. 绘制基准符号

单击"绘图"工具栏中的"直线"按钮、"圆"按钮和"多行文字"按钮A，绘制基准符号。最终结果如图8-71所示。

基准符号上面的短横线是粗实线，其他图线是细实线，这里注意设置线宽或转换图层。

# 8.6　编辑尺寸标注

AutoCAD 允许对已经创建好的尺寸标注进行编辑修改，包括修改尺寸文本的内容、改变其位置以及使尺寸文本倾斜一定的角度等，还可以对尺寸界线进行编辑。

## 8.6.1　利用 DIMEDIT 命令编辑尺寸标注

选择 DIMEDIT 命令用户可以修改已有尺寸标注的文本内容。把尺寸文本倾斜一定的角度，还可以对尺寸界线进行修改，使其旋转一定角度从而标注一段线段在某一方向上的投影的尺寸。DIMEDIT 命令可以同时对多个尺寸标注进行编辑。

### 1. 执行方式

命令行：DIMEDIT

菜单栏："标注"→"对齐文字"→"默认"

工具栏：标注→编辑标注

### 2. 操作格式

命令：DIMEDIT✓

输入标注编辑类型 [默认(H)/新建(N)/旋转(R)/倾斜(O)] <默认>:

### 3. 选项说明

（1）<默认>：按尺寸标注样式中设置的默认位置和方向放置尺寸文本，如图 8-42a 所示。选择此选项，AutoCAD 提示：

选择对象：（选择要编辑的尺寸标注）

（2）新建（N）：执行此选项，AutoCAD 打开多行文字编辑器，可利用此编辑器对尺寸文本进行修改。

（3）旋转（R）：改变尺寸文本行的倾斜角度。尺寸文本的中心点不变，使文本沿给定的角度方向倾斜排列，如图 8-42b 所示。若输入角度为 0 则按"新建标注样式"对话框"文字"选项卡中设置的默认方向排列。

（4）倾斜（O）：修改长度型尺寸标注尺寸界线，使其倾斜一定角度，与尺寸线不垂直，如图 8-42c 所示。

## 8.6.2　利用 DIMTEDIT 命令编辑尺寸标注

选择 DIMTEDIT 命令可以改变尺寸文本的位置，使其位于尺寸线上面左端、右端或中间，而且可使文本倾斜一定的角度。

### 1. 执行方式

命令行：DIMTEDIT

菜单栏："标注"→"对齐文字"→除"默认"命令外其他命令

工具栏：标注→编辑标注

### 2. 操作格式

命令：DIMTEDIT✓

选择标注：(选择一个尺寸标注)

指定标注文字的新位置或 [左(L)/右(R)/中心(C)/默认(H)/角度(A)]：

### 3．选项说明

（1）指定标注文字的新位置：更新尺寸文本的位置。用光标把文本拖动到新的位置，这时系统变量 DIMSHO 为 ON。

（2）左（右）：使尺寸文本沿尺寸线左（右）对齐，如图 8-79d 和图 8-79e 所示。此选项只对长度型、半径型和直径型尺寸标注起作用。

（3）中心（C）：把尺寸文本放在尺寸线上的中间位置，如图 8-79a 所示。

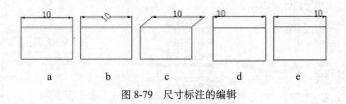

图 8-79　尺寸标注的编辑

（4）默认（H）：把尺寸文本按默认位置放置。

（5）角度（A）：改变尺寸文本行的倾斜角度。

## 8.6.3　更新标注

### 1．执行方式

命令行：DIMSTYLE

菜单栏："标注"→"更新"

工具栏：标注→标注更新

### 2．操作格式

命令：DIMSTYLE↙

当前标注样式：Standard

输入标注样式选项[保存(S)/恢复(R)/状态(ST)/变量(V)/应用(A)/?] <恢复>：

### 3．选项说明

（1）保存（S）

选择此项，系统继续提示：

输入新标注样式名或 [?]：

上述各选项含义如下：

1）输入新标注样式名：输入新标注样式名后，系统以新名将当前样式保存。

2）?：系统打开命令行文本窗口，并提示：

输入要列出的标注样式 <*>：

输入要列出的标注样式或"*"号，系统列出指定的标注样式。

（2）恢复（R）

选择此项，系统继续提示：

输入标注样式名、[?] 或 <选择标注>：

上述各选项含义如下：

1）输入标注样式名：输入一个标注样式名后，系统将该标注样式作为当前样式。

2）?：系统打开命令行文本窗口，并提示：

> 输入要列出的标注样式 <*>:

输入要列出的标注样式或 "*" 号，系统列出指定的标注样式。

3）<选择标注>：选择标注后，系统以所选择的标注样式为当前标注样式。

（3）状态（ST）

系统切换到命令行文本窗口，并详细显示当前标注样式的变量设置情况，如图 8-80 所示。

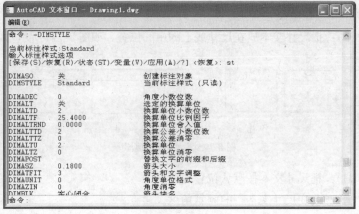

图 8-80　文本窗口

（4）变量（V）

输入或指定一个标注样式后，系统立即切换到命令行文本窗口，并详细显示当前标注样式的变量设置情况，如图 8-80 所示。

（5）应用（A）

选择对象后，系统将该对象的标注样式应用为当前标注样式。

（6）?

在命令行输入要列出的标注样式或 "*" 号，系统列出指定的标注样式。

# 8.6.4　替代

替代是指临时修改与尺寸标注相关的系统变量值并按该值修改尺寸。此操作只对指定的尺寸对象进行修改，且修改后不影响原系统变量的设置。

## 1．执行方式

命令行：DIMOVERRIDE

菜单栏："标注" → "替代"

## 2．操作步骤

命令行提示如下：

> 命令：DIMOVERRIDE✓
>
> 输入要替代的标注变量名或 [清除替代(C)]:

## 3．选项说明

（1）如果在该提示下输入要修改的系统变量名，然后按【Enter】键，AutoCAD 提示：

> 输入标注变量的新值:(输入新值)
>
> 输入要替代的标注变量名:✓(也可以继续输入另一系统变量名，对其设置新值)

选择对象:(选择尺寸对象)

选择对象:↙(可以继续选择尺寸对象)

执行结果：将指定的尺寸对象按新变量值进行更改。

（2）如果在"输入要替代的标注变量名或[清除替代（C）]:"提示下执行"清除替代（C）"选项，则可以取消用户已做出的修改，此时 AutoCAD 会提示：

选择对象:(选择尺寸对象)

选择对象:↙(也可以继续选择尺寸对象)

执行结果：将尺寸对象恢复成在当前系统变量设置下的标注形式。

# 8.6.5　重新关联

## 1. 尺寸标注的关联性

标注关联性定义几何对象和为其提供距离与角度的标注间的关系。AutoCAD 提供了 3 种关联性（几何对象和标注之间的关联性）。

（1）关联标注：当与其关联的几何对象被修改时，关联标注将自动调整其位置、方向和测量值。布局中的标注可以与模型空间中的对象相关联。

（2）无关联标注：与其测量的几何图形一起选定和修改。无关联标注在其测量的几何对象被修改时不发生改变。

（3）分解的标注：包含单个对象而不是单个标注对象的集合。

标注关联性的设置方式为：

命令: DIMASSOC↙

输入 DIMASSOC 的新值 <2>:

在提示下输入新的变量值。其中，0 表示分解的标注，1 表示无关联标注，2 表示关联标注。关联标注为默认值。

图 8-81 所示为关联标注与无关联标注的比较，其中图 a 为矩形原图，图 b 与图 c 为长度修改后的图形，图 b 为关联标注，图 c 为无关联标注，可以看出，图 b 中尺寸随长度变化而自动关联变化，而图 c 中尺寸并不随长度变化而变化。

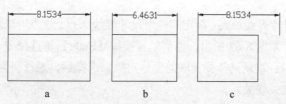

图 8-81　关联标注与无关联标注的比较

可以通过执行以下步骤之一，确定某个标注是关联还是无关联的：

1）选择标注并使用"特性"选项板显示标注的特性。

2）使用 LIST 命令显示标注的特性。

3）使用"快速选择"对话框过滤关联或无关联的标注的选择。

即使只是标注的一头与几何对象关联，该标注也被认为是关联的。DIMREASSOCIATE 命令显示标注的关联和无关联元素。

在以下情况下，标注将自动解除关联：

1）如果标注关联图形对象被删除。

2）如果标注关联图形对象进行布尔运算（例如 UNION 或 SUBTRACT）。

3）如果栅格编辑用于拉伸与其尺寸线平行的标注。

4）如果使用"外观交点"对象捕捉指定与几何对象的关联，并且移动几何对象使外观交点不再出现。

在以下情况下，可能需要使用 DIMREGEN 命令更新关联标注：

1）使用光标进行平移或缩放后，打开使用早期版本修改的图形后，或打开其外部参照已被修改的图形后。

2）虽然关联标注支持大多数用户希望进行标注的对象类型，但是它们不支持多线对象或厚度不为零的对象。

3）选择要标注的对象时，要确保所选对象不包含、不支持关联标注的直接重叠对象，如二维实面。

4）如果已重定义块，标注和块参照之间将不再存在关联性。

5）如果三维实体的形被修改，标注和三维实体间将不再存在关联性。

6）使用 QDIM 命令创建的标注不是关联的，但是可以单独地与 DIMREASSOCIA TE 关联。

**2．重新关联**

● 执行方式

命令行：DIMREASSOCIATE

菜单栏："标注"→"重新关联标注"

● 操作格式

命令： -DIMREASSOCIATE✓

选择对象后，依次亮显每个选定的标注，并显示适于选定标注的关联点的提示。每个关联点提示旁边都显示一个标记。如果当前标注的定义点与几何对象没有关联，标记将显示为 X，但是如果定义点与其相关联，标记将显示为包含在框内的 X。完成选择后，系统继续提示：

指定第一个尺寸界线原点或[选择对象(S)]<下一个>:

● 选项说明

（1）指定第一个尺寸界线原点：指定第一个尺寸界线原点。该点可以与原尺寸是同一个点，也可以不是同一个点，如图 8-82 所示。也可以直接按【Enter】键选择"<下一个>"。

（2）选择对象（S）：重新选择要关联的图形对象。选择后，系统将原尺寸标注改为对所选择对象的标注，并建立关联关系。

以上是线性标注的重新关联操作，对于其他类型的尺寸标注，操作方法类似。图 8-82 所示为重新关联图例，图 a 上面的尺寸为非关联标注，下面的尺寸为关联标注；图 b 为重新关联标注的过程；图 c 为重新关联标注结果。

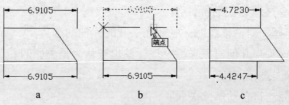

图 8-82　关联标注与非关联标注

# 8.7　综合演练——标注阀盖尺寸

标注如图 8-83 所示的阀盖尺寸。

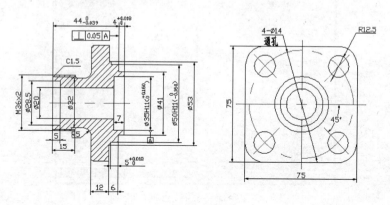

图 8-83　阀盖

　**绘制步骤**

1. 打开源文件/第 8 章/阀盖。

2. 选择菜单栏中的"格式"→"文字样式"命令，设置文字样式。在弹出的"标注样式管理器"对话框中，单击"新建"按钮，创建新的标注样式并命名为"机械制图"，用于标注图样中的尺寸。

❶ 单击"继续"按钮，对弹出的"新建标注样式：机械制图"对话框中的各个选项卡进行设置，如图 8-84 和图 8-85 所示。设置完成后，单击"确定"按钮，返回"标注样式管理器"对话框。

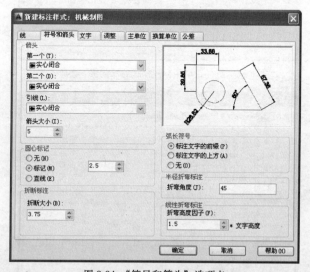

图 8-84　"符号和箭头"选项卡

❷ 选取"机械制图"选项，单击"新建"按钮，分别设置直径、半径及角度标注样式。其中，在直径及半径标注样式的"调整"选项卡中选中"手动放置文字"复选框，如图 8-86 所示；在角度标注样式的"文字"选项卡的"文字对齐"选项组中选中"水平"单选按钮，如

图 8-87 所示，其他选项卡的设置均保持默认。

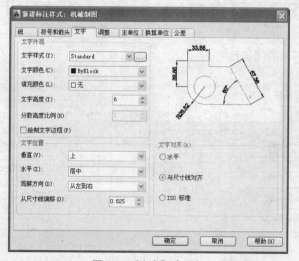

图 8-85 "文字"选项卡

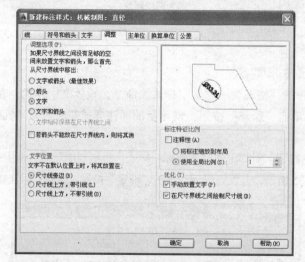

图 8-86 直径及半径标注样式的"调整"选项卡

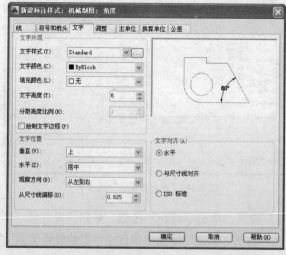

图 8-87 角度标注样式的"文字"选项卡

❸ 在"标注样式管理器"对话框中，选取"机械图样"标注样式，单击"置为当前"按钮，将其设置为当前标注样式。

3. 标注阀盖主视图中的线性尺寸。

❶ 利用"线性"标注命令从左至右，依次标注阀盖主视图中的竖直线性尺寸"M36×2"、"∅28.5"、"∅20"、"∅32"、"∅35"、"∅41"、"∅50"及"∅53"。在标注尺寸∅35 时，需要输入标注文字"%%C35H11（{\H0.7x;\S+ 0.160^0;}）"；在标注尺寸∅50 时，需要输入标注文字"%%C50H11（{\H0.7x; \S0^−0.160;}）"，结果如图 8-88 所示。

❷ 选择"线性"标注命令标注阀盖主视图上部的线性尺寸 44；利用"连续"标注命令标注连续尺寸 4。选择"线性"标注命令，标注阀盖主视图中部的线性尺寸 7 和阀盖主视图下部左边的线性尺寸 5；利用"基线"标注命令，标注基线尺寸 15。利用"线性"标注命令，标注阀盖主视图下部右边的线性尺寸 5；

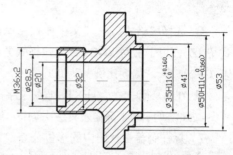

图 8-88　标注主视图竖直线性尺寸

利用"基线"标注命令，标注基线尺寸 6；利用"连续"标注命令，标注连续尺寸 12，结果如图 8-89 所示。

4. 选择"标注样式"命令，打开"标注样式管理器"对话框，在"样式"列表框中选择"机械制图"选项，单击"替代"按钮。系统弹出"替代当前样式"对话框。切换到"主单位"选项卡，将"线性标注"选项组中的"精度"值设置为0.00；切换到"公差"选项卡，在"公差格式"选项组中，将"方式"设置为"极限偏差"，设置"上偏差"为0，"下偏差"为0.39，"高度比例"为0.7，设置完成后单击"确定"按钮。

选择"标注更新"命令，选取主视图上线性尺寸 44，即可为该尺寸添加尺寸偏差。

按同样的方式分别为主视图中的线性尺寸 4、7 及 5 注写尺寸偏差，结果如图 8-90 所示。

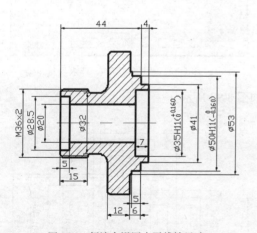

图 8-89　标注主视图水平线性尺寸

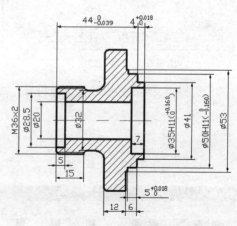

图 8-90　标注尺寸偏差

5. 标注阀盖主视图中的倒角及圆角半径。

❶ 单击"快速引线"按钮，标注主视图中的倒角尺寸"C1.5"。

❷ 选择"半径"标注命令，标注主视图中的半径尺寸"R5"。

6. 标注阀盖左视图中的尺寸。

❶ 选择"线性"标注命令，标注阀盖左视图中的线性尺寸 75。

选择"直径"标注命令，标注阀盖左视图中的直径尺寸∅70及4–∅14。在标注尺寸"4–∅14"时，需要输入标注文字"4–<>"。

❷ 选择"半径"标注命令，标注左视图中的半径尺寸"R12.5"。

❸ 选择"角度"标注命令，标注左视图中的角度尺寸"45°"。

❹ 选择"格式"→"文字样式"命令，创建新文字样式"HZ"，用于书写汉字。该标注样式的"字体名"为"仿宋_GB2312"，"宽度比例"为0.7。

❺ 在命令行中输入 TEXT，设置文字样式为"HZ"，在尺寸"4–∅14"的引线下部输入文字"通孔"，结果如图 8-91 所示。

7. 标注阀盖主视图中的形位公差。

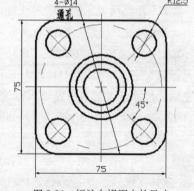

图 8-91　标注左视图中的尺寸

命令: QLEADER↙（利用"快速引线"命令，标注形位公差）

指定第 1 个引线点或 [设置（S）]<设置>:↙（按【Enter】键，在弹出的"引线设置"对话框中，设置各个选项卡，如图 8-92、图 8-93 所示。设置完成后，单击"确定"按钮）

指定第 1 个引线点或 [设置（S）]<设置>:（捕捉阀盖主视图尺寸 44 右端延伸线上的最近点）

指定下一点:（向左移动鼠标，在适当位置处单击，弹出"形位公差"对话框，对其进行设置，如图 8-93 所示。单击"确定"按钮）

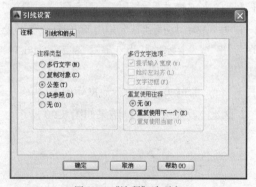

图 8-92　"注释"选项卡

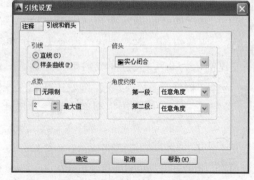

图 8-93　"引线和箭头"选项卡

8. 选择相关绘图命令绘制基准符号，结果如图 8-94 所示。

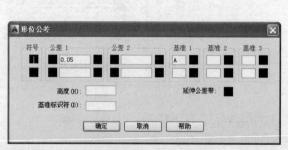

图 8-93　"形位公差"对话框

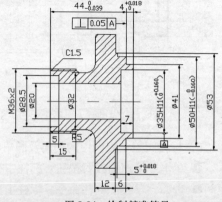

图 8-94　绘制基准符号

9. 选择图块相关命令绘制粗糙度图块，然后插入到图形相应位置。

# 8.8 上机实验

## 实验 1 标注图 8-95 所示的挂轮架尺寸

### 1. 目的要求

本例有线性、连续、直径、半径和角度 5 种尺寸需要标注，由于具体尺寸的要求不同，需要重新设置和转换尺寸标注样式。通过本例，读者要掌握各种标注尺寸的基本方法。

### 2. 操作提示

（1）选择"格式"→"文字样式"命令设置文字样式和标注样式，为后面的尺寸标注输入文字做准备。

（2）选择"标注"→"线性"命令标注图形中线性尺寸。

（3）选择"标注"→"连续"命令标注图形中连续尺寸。

（4）选择"标注"→"直径"命令标注图形中直径尺寸，其中需要重新设置标注样式。

（5）选择"标注"→"半径"命令标注图形中半径尺寸，其中需要重新设置标注样式。

（6）选择"标注"→"角度"命令标注图形中角度尺寸，其中需要重新设置标注样式。

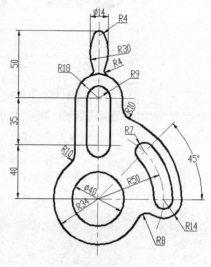

图 8-95 挂轮架

## 实验 2 标注图 8-96 所示的轴尺寸

### 1. 目的要求

本例有线性、连续、直径和引线 4 种尺寸需要标注，由于具体尺寸的要求不同，需要重新设置和转换尺寸标注样式。通过本例，读者要掌握各种标注尺寸的基本方法。

### 2. 操作提示

（1）设置各种标注样式。

（2）标注各种尺寸。

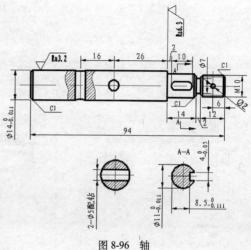

图 8-96 轴

# 第9章

# 图块、外部参照与光栅图像

在设计绘图过程中经常会遇到一些重复出现的图形（如机械设计中的螺钉、螺帽，建筑设计中的桌椅和门窗等），如果每次都重新绘制这些图形，不仅造成大量的重复工作，而且存储这些图形及其信息要占据相当大的磁盘空间，所以 AutoCAD 提供了图块和外部参照来解决这些问题。

本章主要介绍图块及其属性、外部参照和光栅图像等知识。

图块也称块，它是由一组图形对象组成的集合，一组对象一旦被定义为图块，它们将成为一个整体，选中图块中任意一个图形对象即可选中构成图块的所有对象。AutoCAD 把一个图块作为一个对象进行编辑修改等操作，用户可根据绘图需要把图块插入到图中指定的位置，在插入时还可以指定不同的缩放比例和旋转角度。如果需要对组成图块的单个图形对象进行修改，还可以选择"分解"命令把图块炸开，分解成若干个对象。图块还可以重新定义，一旦被重新定义，整个图中基于该块的对象都将随之改变。

## 9.1.1　定义图块

### 1．执行方式

命令行：BLOCK（快捷命令：B）

菜单栏："绘图"→"块"→"创建"

工具栏：绘图→创建块🔲

执行上述操作后，系统打开如图 9-1 所示的"块定义"对话框，使用该对话框可定义图块并为之命名。

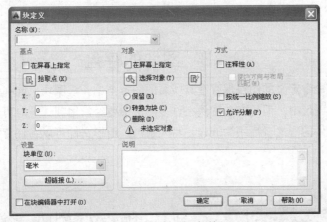

图 9-1　"块定义"对话框

### 2．选项说明

（1）"基点"选项组：确定图块的基点，默认值是（0,0,0），也可以在下面的 $x$、$y$ 和 $z$ 文本框中输入块的基点坐标值。单击"拾取点"按钮🔲，系统临时切换到绘图区，在绘图区选择一点后，返回"块定义"对话框中，把选择的点作为图块的放置基点。

（2）"对象"选项组：用于选择制作图块的对象，以及设置图块对象的相关属性。图 9-2 所示为把图 a 中的正五边形定义为图块，图 b 为点选"删除"单选按钮的结果，图 c 为点选"保留"单选按钮的结果。

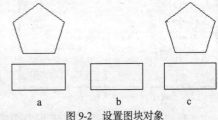

图 9-2　设置图块对象

（3）"设置"选项组：指定从 AutoCAD 设计中心拖动图块时用于测量图块的单位，以及缩放、分解和超链接等设置。

（4）"在块编辑器中打开"复选框：勾选此复选框，可以在块编辑器中定义动态块，后面将详细介绍。

（5）"方式"选项组：指定块的行为。"注释性"复选框，指定在图纸空间中块参照的方向与布局方向匹配；"按统一比例缩放"复选框，指定是否阻止块参照不按统一比例缩放；"允许分解"复选框，指定块参照是否可以被分解。

## 9.1.2　实例——绘制椅子图块

将如图 9-3 所示的图形定义为图块，取名为"椅子"。

**绘制步骤**

1. 打开源文件/第 9 章/椅子，单击"绘图"工具栏中的"创建块"按钮，打开"块定义"对话框，如图 9-1 所示。

2. 在"名称"下拉列表框中输入"椅子"。

3. 单击"拾取"按钮切换到作图屏幕，选择椅子下边直线边的中点为插入基点，返回"块定义"对话框。

4. 单击"选择对象"按钮切换到作图屏幕，选择图 9-3 中的对象后，按【Enter】键返回"块定义"对话框。

5. 确认关闭对话框。

图 9-3　绘制图块

## 9.1.3　图块的存盘

选择 BLOCK 命令定义的图块保存在其所属的图形当中，该图块只能在该图形中插入，而不能插入到其他的图形中。但是有些图块在许多图形中要经常用到，这时可以用 WBLOCK 命令把图块以图形文件的形式（后缀为.dwg）写入磁盘。图形文件可以在任意图形中用 INSERT 命令插入。

### 1．执行方式

命令行：WBLOCK（快捷命令：W）

图 9-4　"写块"对话框

执行上述命令后，系统打开"写块"对话框，如图 9-4 所示，使用此对话框可把图形对象保存为图形文件或把图块转换成图形文件。

### 2．选项说明

（1）"源"选项组：确定要保存为图形文件的图块或图形对象。单击"块"单选按钮，单击右侧的下拉列表框，在其展开的列表中选择一个图块，将其保存为图形文件；单击"整个图形"单选按钮，则把当前的整个图形保存为图形文件；单击"对象"单选按钮，则把不属于图块的图形对象保存为图形文件。对象的选择通过"对象"选项组来完成。

（2）"目标"选项组：用于指定图形文件的名称、保存路径和插入单位。

## 9.1.4　实例——保存图块

将图 9-3 所示的图形保存为图块，取名为"椅子 1"。

1．在命令行中输入"WBLOCK"命令，系统打开如图 9-4 所示的"写块"对话框。

2．单击"拾取点"按钮切换到作图屏幕，选择椅子下边直线边的中点为插入基点，返回"写块"对话框。

3．单击"选择对象"按钮切换到作图屏幕，选择图 9-3 中的对象后，按【Enter】键返回"写块"对话框。

4．选中"对象"单选按钮，如果当前图形中还有别的图形时，可以只选择需要的对象；

单击"保留"单选按钮,这样就可以不破坏当前图形的完整性。

5. 指定"目标"保存路径和插入单位。

6. 确认关闭对话框。

## 9.1.5 图块的插入

在 AutoCAD 绘图过程中,可根据需要随时把已经定义好的图块或图形文件插入到当前图形的任意位置,在插入的同时还可以改变图块的

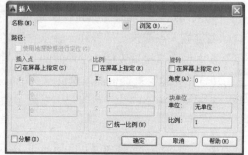

大小、旋转一定角度或炸开图块等。插入图块的方法有多种,本节将逐一进行介绍。

图 9-5 "插入"对话框

### 1. 执行方式

命令行:INSERT(快捷命令:I)

菜单栏:"插入"→"块"

工具栏:插入点→插入块 或绘图→插入块

执行上述操作后,系统打开"插入"对话框,如图 9-5 所示,可以指定要插入的图块及插入位置。

### 2. 选项说明

(1)"路径"显示框:显示图块的保存路径。

(2)"插入点"选项组:指定插入点,插入图块时该点与图块的基点重合。可以在绘图区指定该点,也可以在下面的文本框中输入坐标值。

(3)"比例"选项组:确定插入图块时的缩放比例。图块被插入到当前图形中时,可以以任意比例放大或缩小,如图 9-6 所示。图 a 是被插入的图块;图 b 为按比例系数 1.5 插入该图块的结果;图 c 为按比例系数 0.5 插入的结果,$x$ 轴方向和 $y$ 轴方向的比例系数也可以取不同;如图 d 所示,插入的图块 $x$ 轴方向的比例系数为 1,$y$ 轴方向的比例系数为 1.5。另外,比例系数还可以是一个负数,当为负数时表示插入图块的镜像,其效果如图 9-7 所示。

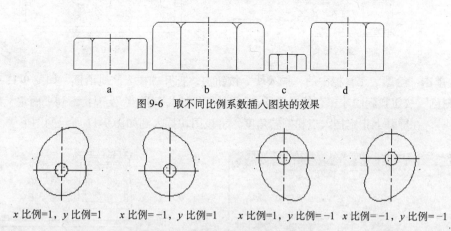

a      b      c      d

图 9-6 取不同比例系数插入图块的效果

$x$ 比例=1,$y$ 比例=1     $x$ 比例=-1,$y$ 比例=1     $x$ 比例=1,$y$ 比例=-1     $x$ 比例=-1,$y$ 比例=-1

图 9-7 取比例系数为负值插入图块的效果

(4)"旋转"选项组:指定插入图块时的旋转角度。图块被插入到当前图形中时,可以绕其基点旋转一定的角度,角度可以是正数(表示沿逆时针方向旋转),也可以是负数(表示沿顺时针方向旋转),如图 9-8b 所示。图 a 为图块旋转 30°后插入的效果,图 c 为图块旋转-30°

后插入的效果。

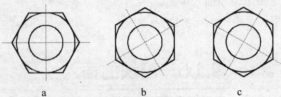

图 9-8  以不同旋转角度插入图块的效果

如果勾选"在屏幕上指定"复选框，系统切换到绘图区，在绘图区选择一点，AutoCAD 自动测量插入点与该点连线和 $x$ 轴正方向之间的夹角，并把它作为块的旋转角。也可以在"角度"文本框中直接输入插入图块时的旋转角度。

（5）"分解"复选框：勾选此复选框，则在插入块的同时把其炸开，插入到图形中的组成块对象不再是一个整体，可对每个对象单独进行编辑操作。

# 9.1.6  实例——绘制家庭餐桌布局

绘制如图 9-9 所示的家庭餐桌。

**绘制步骤**

1. 使用前面所学的命令绘制一张餐桌，如图 9-10 所示。

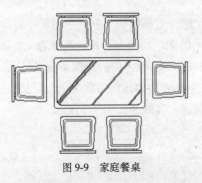

图 9-9  家庭餐桌

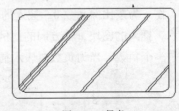

图 9-10  餐桌

2. 单击"绘图"工具栏中的"插入块"按钮 📌，打开"插入"对话框，如图 9-11 所示。单击"浏览"按钮找到刚才保存的"椅子 1"图块（这时，可能会发现找不到上面定义的"椅子"图块），在屏幕上指定插入点和旋转角度，将该图块插入到如图 9-12 所示的图形中。

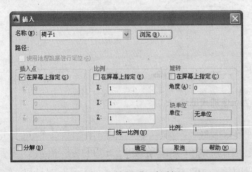

图 9-11  "插入"对话框

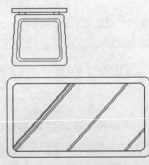

图 9-12  插入椅子图块

3．可以继续插入"椅子 1"图块，也可以利用"复制"、"移动"和"旋转"命令复制、移动和旋转已插入的图块，绘制另外的椅子，最终图形如图 9-9 所示。

## 9.1.7　以矩阵形式插入图块

AutoCAD 允许将图块以矩形阵列的形式插入到当前图形中，而且插入时也允许指定缩放比例和旋转角度。图 9-13a 所示的屏风图形是把图 9-13c 建立成图块后以 2×3 矩形阵列的形式插入到图形 9-13b 中。

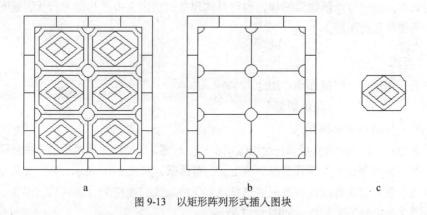

a　　　　　　　　　b　　　　　　　　　c

图 9-13　以矩形阵列形式插入图块

### 1．执行方式

命令行：MINSERT

### 2．操作步骤

命令: MINSERT↙
输入块名或 [?] <hu3>:（输入要插入的图块名）
指定插入点或 [比例(S)/X/Y/Z/旋转(R)/预览比例(PS)/PX/PY/PZ/预览旋转(PR)]:

在此提示下确定图块的插入点、缩放比例和旋转角度等，各项的含义和设置方法与 INSERT 命令相同。确定了图块插入点之后，AutoCAD 继续提示：

输入行数 (---) <1>:（输入矩形阵列的行数）
输入列数 (‖‖) <1>:（输入矩形阵列的列数）
输入行间距或指定单位单元 (---):（输入行间距）
指定列间距 (‖‖):（输入列间距）

所选图块按照指定的缩放比例和旋转角度以指定的行、列数和间距插入到指定的位置。

## 9.1.8　动态块

动态块具有灵活性和智能性的特点。用户在操作时可以轻松地更改图形中的动态块参照，通过自定义夹点或自定义特性来操作动态块参照中的几何图形，用户可以根据需要在位调整块，而不用搜索另一个块以插入或重定义现有的块。

如果在图形中插入一个门块参照，编辑图形时可能需要更改门的大小。如果该块是动态的，并且定义为可调整大小，那么只需拖动自定义夹点或在"特性"选项板中指定不同的大小就可以修改门的大小，如图 9-14 所示。用户可能还需要修改门的打开角度，如图 9-14 所示。该门块还可能会包含对齐夹点，使用对齐夹点可以轻松地将门块参照与图形中的其他几何图形对齐，如图 9-15 所示。

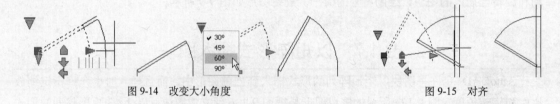

图 9-14　改变大小角度　　　　　　　　　　　　　　　　图 9-15　对齐

可以使用块编辑器创建动态块。块编辑器是一个专门的编写区域，用于添加能够使块成为动态块的元素。用户可以创建新的块，也可以向现有的块定义中添加动态行为，还可以像在绘图区中一样创建几何图形。

 执行方式

命令行：BEDIT（快捷命令：BE）

菜单栏："工具" → "块编辑器"

工具栏：标准→块编辑器 🖫

快捷菜单：选择一个块参照，在绘图区单击鼠标右键，选择快捷菜单中的"块编辑器"命令。

执行上述操作后，系统打开"编辑块定义"对话框，如图 9-16 所示，在"要创建或编辑的块"文本框中输入图块名或在列表框中选择已定义的块或当前图形。确认后，系统打开块编写选项板和"块编辑器"工具栏，如图 9-17 所示。

图 9-16　"编辑块定义"对话框

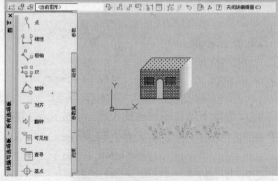

图 9-17　块编辑状态绘图平面

 选项说明

**1．块编写选项板**

该选项板有 4 个选项卡，分别介绍如下。

（1）"参数"选项卡：提供用于向块编辑器的动态块定义中添加参数的工具。参数用于指定几何图形在块参照中的位置、距离和角度。将参数添加到动态块定义中时，该参数将定义块的一个或多个自定义特性。此选项卡也可以通过 BPARAMETER 命令打开。

❶ 点：向当前动态块定义中添加点参数，并定义块参照的自定义 X 和 Y 特性，可以将移动或拉伸动作与点参数相关联。

❷ 线性：向当前动态块定义中添加线性参数，并定义块参照的自定义距离特性，可以将移动、缩放、拉伸或阵列动作与线性参数相关联。

❸ 极轴：向当前的动态块定义中添加极轴参数，并定义块参照的自定义距离和角度特性。

可以将移动、缩放、拉伸、极轴拉伸或阵列动作与极轴参数相关联。

❹ *xy*：向当前动态块定义中添加 *xy* 参数，并定义块参照的自定义水平距离和垂直距离特性。可以将移动、缩放、拉伸或阵列动作与 *xy* 参数相关联。

❺ 旋转：向当前动态块定义中添加旋转参数，并定义块参照的自定义角度特性。只能将一个旋转动作与一个旋转参数相关联。

❻ 对齐：向当前的动态块定义中添加对齐参数。因为对齐参数影响整个块，所以不需要（或不可能）将动作与对齐参数相关联。

❼ 翻转：向当前的动态块定义中添加翻转参数，并定义块参照的自定义翻转特性。翻转参数用于翻转对象。在块编辑器中，翻转参数显示为投影线，可以围绕这条投影线翻转对象。翻转参数将显示一个值，该值显示块参照是否已被翻转。可以将翻转动作与翻转参数相关联。

❽ 可见性：向动态块定义中添加一个可见性参数，并定义块参照的自定义可见性特性。可见性参数允许用户创建可见性状态并控制对象在块中的可见性。可见性参数总是应用于整个块，并且无需与任何动作相关联。在图形中单击夹点可以显示块参照中所有可见性状态的列表。在块编辑器中，可见性参数显示为带有关联夹点的文字。

❾ 查寻：向动态块定义中添加一个查寻参数，并定义块参照的自定义查寻特性。查寻参数用于定义自定义特性，用户可以指定或设置该特性，以便从定义的列表或表格中计算出某个值。该参数可以与单个查寻夹点相关联，在块参照中单击该夹点，可以显示可用值的列表。在块编辑器中，查寻参数显示为文字。

❿ 基点：向动态块定义中添加一个基点参数。基点参数用于定义动态块参照相对于块中几何图形的基点。点参数无法与任何动作相关联，但可以属于某个动作的选择集。在块编辑器中，基点参数显示为带有十字光标的圆。

（2）"动作"选项卡：提供用于向块编辑器的动态块定义中添加动作的工具。动作定义了在图形中操作块参照的自定义特性时，动态块参照的几何图形将如何移动或变化。应将动作与参数相关联。此选项卡也可以通过 BACTIONTOOL 命令打开。

❶ 移动：在用户将移动动作与点参数、线性参数、极轴参数或 *xy* 参数关联时，将该动作添加到动态块定义中。移动动作类似于 MOVE 命令。在动态块参照中，移动动作将使对象移动指定的距离和角度。

❷ 查寻：向动态块定义中添加一个查寻动作。将查寻动作添加到动态块定义中，并将其与查寻参数相关联时，创建一个查寻表。可以使用查寻表指定动态块的自定义特性和值。

其他动作与上述两项类似，此处不再赘述。

（3）"参数集"选项卡：提供用于在块编辑器向动态块定义中添加一个参数和至少一个动作的工具。将参数集添加到动态块中时，动作将自动与参数相关联。将参数集添加到动态块中后，双击黄色警示图标 （或使用 BACTIONSET 命令），然后按照命令行中的提示将动作与几何图形选择集相关联。此选项卡也可以通过 BPARAMETER 命令打开。

❶ 点移动：向动态块定义中添加一个点参数，系统自动添加与该点参数相关联的移动动作。

❷ 线性移动：向动态块定义中添加一个线性参数，系统自动添加与该线性参数的端点相关联的移动动作。

❸ 可见性集：向动态块定义中添加一个可见性参数，并允许定义可见性状态，无需添加与可见性参数相关联的动作。

❹ 查寻集：向动态块定义中添加一个查寻参数，系统自动添加与该查寻参数相关联的查

寻动作。

其他参数集与上述 4 项类似，此处不再赘述。

（4）"约束"选项卡：可将几何对象关联在一起，或指定固定的位置或角度。

❶ 水平：使直线或点对位于与当前坐标系 $x$ 轴平行的位置，默认选择类型为对象。

❷ 竖直：使直线或点对位于与当前坐标系 $y$ 轴平行的位置。

❸ 垂直：使选定的直线位于彼此垂直的位置。垂直约束在两个对象之间应用。

❹ 平行：使选定的直线位于彼此平行的位置。平行约束在两个对象之间应用。

❺ 相切：将两条曲线约束为保持彼此相切或其延长线保持彼此相切的状态。相切约束在两个对象之间应用。圆可以与直线相切，即使该圆与该直线不相交。

❻ 平滑：将样条曲线约束为连续，并与其他样条曲线、直线、圆弧或多段线保持连续性。

❼ 重合：约束两个点使其重合，或约束一个点使其位于曲线（或曲线的延长线）上。可以使对象上的约束点与某个对象重合，也可以使其与另一对象上的约束点重合。

❽ 同心：将两个圆弧、圆或椭圆约束到同一个中心点，与将重合约束应用于曲线的中心点所产生的效果相同。

❾ 共线：使两条或多条直线段沿同一直线方向。

❿ 对称：使选定对象受对称约束，相对于选定直线对称。

⓫ 相等：将选定圆弧和圆的尺寸重新调整为半径相同，或将选定直线的尺寸重新调整为长度相等。

⓬ 固定：将点和曲线锁定在位。

### 2．"块编辑器"工具栏

该工具栏提供了在块编辑器中使用、创建动态块以及设置可见性状态的工具。

（1）"编辑或创建块定义"按钮 ：单击该按钮，打开"编辑块定义"对话框。

（2）"保存块定义"按钮 ：保存当前块定义。

（3）"将块另存为"按钮 ：单击该按钮，打开"将块另存为"对话框，可以在其中用一个新名称保存当前块定义的副本。

（4）"块定义的名称"按钮：显示当前块定义的名称。

（5）"测试块"按钮 ：执行 BTESTBLOCK 命令，可从块编辑器中打开一个外部窗口以测试动态块。

（6）"自动约束对象"按钮 ：执行 AUTOCONSTRAIN 命令，可根据对象相对于彼此的方向将几何约束应用于对象的选择集。

（7）"应用几何约束"按钮 ：执行 GEOMCONSTRAINT 命令，可在对象或对象上的点之间应用几何关系。

（8）"显示/隐藏约束栏"按钮 ：执行 CONSTRAINTBAR 命令，可显示或隐藏对象上的可用几何约束。

（9）"参数约束"按钮 ：执行 BCPARAMETER 命令，可将约束参数应用于选定的对象，或将标注约束转换为参数约束。

（10）"块表"按钮 ：执行 BTABLE 命令，可打开一个对话框以定义块的变量。

（11）"参数"按钮 ：执行 BPARAMETER 命令，可向动态块定义中添加参数。

（12）"动作"按钮 ：执行 BACTION 命令，可向动态块定义中添加动作。

（13）"定义属性"按钮 ：单击该按钮，打开"属性定义"对话框，从中可以定义模式、属性标记、提示、值、插入点和属性的文字选项。

（14）"编写选项板"按钮 ：编写选项板处于未激活状态时执行 BAUTHORPALE TTE 命令；否则，将执行 BAUTHORPALETTECLOSE 命令。

（15）"参数管理器"按钮 *fx*：参数管理器处于未激活状态时执行 PARAMETERS 命令；否则，将执行 PARAMETERSCLOSE 命令。

（16）"了解动态块"按钮 ②：显示"新功能专题研习"中创建动态块的演示。

（17）"关闭块编辑器"按钮：执行 BCLOSE 命令，可关闭块编辑器，并提示用户保存或放弃对当前块定义所做的任何更改。

> 在动态块中，由于属性的位置包括在动作的选择集中，因此必须将其锁定。

## 9.1.9　实例——利用动态块功能标注粗糙度符号

标注如图 9-18 所示图形中的粗糙度符号。

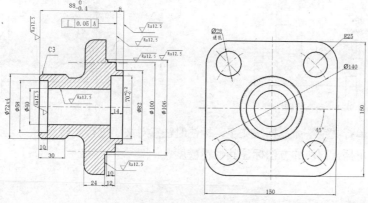

图 9-18　标注粗糙度符号

### 绘制步骤

1. 单击"绘图"工具栏中的"直线"按钮 ⁄，绘制如图 9-19 所示的图形。

2. 在命令行内输入"WBLOCK"命令，打开"写块"对话框，拾取上面图形下尖点为基点，以上面图形为对象，输入图块名称并指定路径，确认退出。

3. 单击"绘图"工具栏中的"插入块"按钮 ⬚，打开"插入"对话框，设置插入点和比例并在屏幕指定，旋转角度为固定的任意值，单击"浏览"按钮找到刚才保存的图块，在屏幕上指定插入点和比例，将该图块插入到图 9-18 所示的图形中，结果如图 9-20 所示。

图 9-19　绘制粗糙度符号

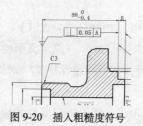

图 9-20　插入粗糙度符号

4．选择 BEDIT 命令，选择刚才保存的块，打开块编辑界面和块编写选项板，在块编写选项板的"参数"选项卡选择"旋转参数"选项，命令行提示与操作如下：

命令：_BParameter 旋转
指定基点或 [名称(N)/标签(L)/链(C)/说明(D)/选项板(P)/值集(V)]:（指定粗糙度图块下角点为基点）
指定参数半径:（指定适当半径）
指定默认旋转角度或 [基准角度(B)] <0>:（指定适当角度）
指定标签位置:（指定适当位置）

在块编写选项板的"动作"选项卡选择"旋转动作"项，命令行提示与操作如下：

命令：_BActionTool 旋转
选择参数:（选择刚设置的旋转参数）
指定动作的选择集
选择对象:（选择粗糙度图块）

5．关闭块编辑器。

6．在当前图形中选择刚才标注的图块，系统显示图块的动态旋转标记，选中该标记，按住鼠标拖动，如图 9-21 所示。直到图块旋转到满意的位置为止，如图 9-22 所示。

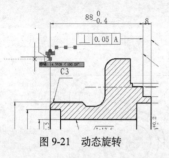

图 9-21　动态旋转

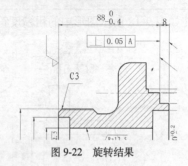

图 9-22　旋转结果

7．选择"单行文字"命令标注文字，标注时注意对文字进行旋转。

8．同样使用插入图块的方法标注其他粗糙度。

# 9.2　图块属性

图块除了包含图形对象以外，还可以具有非图形信息，例如，把一个椅子的图形定义为图块后，还可把椅子的号码、材料、重量、价格以及说明等文本信息一并加入到图块当中。图块的这些非图形信息，叫做图块的属性，它是图块的一个组成部分，与图形对象一起构成一个整体，在插入图块时，AutoCAD 把图形对象连同属性一起插入到图形中。

## 9.2.1　定义图块属性

### 1．执行方式

命令行：ATTDEF（快捷命令：ATT）

菜单栏："绘图"→"块"→"定义属性"

执行上述操作后，打开"属性定义"对话框，如图 9-23 所示。

### 2．选项说明

（1）"模式"选项组：用于确定属性的模式。

❶ "不可见"复选框：勾选此复选框，属性为不可见显示方式，即插入图块并输入属性值后，属性值在图中并不显示出来。

❷ "固定"复选框：勾选此复选框，属性值为常量，即属性值在属性定义时给定，在插入图块时系统不再提示输入属性值。

❸ "验证"复选框：勾选此复选框，当插入图块时，系统重新显示属性值，提示用户验证该值是否正确。

❹ "预设"复选框：勾选此复选框，当插入图块时，系统自动把事先设置好的默认值赋予属性，而不再提示输入属性值。

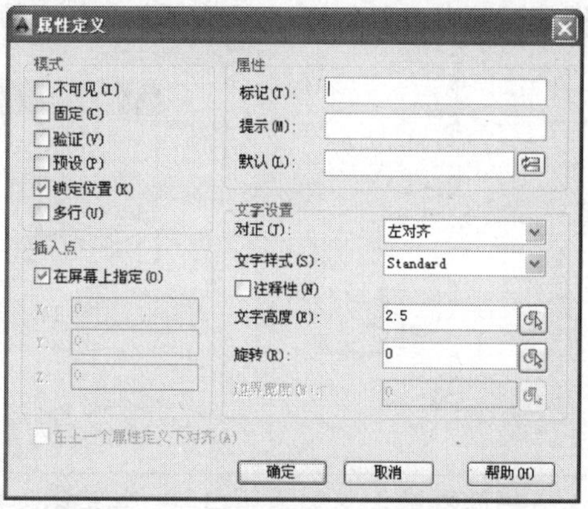

❺ "锁定位置"复选框：锁定块参照中属性的位置。解锁后，属性可以相对于使用夹点编辑块的其他部分移动，并且可以调整多行文字属性的大小。

图 9-23　"属性定义"对话框

❻ "多行"复选框：勾选此复选框，可以指定属性值包含多行文字，可以指定属性的边界宽度。

（2）"属性"选项组：用于设置属性值。在每个文本框中，AutoCAD 允许输入不超过 256 个字符。

❶ "标记"文本框：输入属性标签。属性标签可由除空格和感叹号以外的所有字符组成，系统自动把小写字母改为大写字母。

❷ "提示"文本框：输入属性提示。属性提示是插入图块时系统要求输入属性值的提示，如果不在此文本框中输入文字，则以属性标签作为提示。如果在"模式"选项组中勾选"固定"复选框，即设置属性为常量，则不需设置属性提示。

❸ "默认"文本框：设置默认的属性值。可把使用次数较多的属性值作为默认值，也可不设默认值。

（3）"插入点"选项组：用于确定属性文本的位置。可以在插入时由用户在图形中确定属性文本的位置，也可在 x、y、z 文本框中直接输入属性文本的位置坐标。

（4）"文字设置"选项组：用于设置属性文本的对齐方式、文本样式、字高和倾斜角度。

（5）"在上一个属性定义下对齐"复选框：勾选此复选框表示把属性标签直接放在前一个属性的下面，而且该属性继承前一个属性的文本样式、字高和倾斜角度等特性。

在动态块中，由于属性的位置包括在动作的选择集中，因此必须将其锁定。

## 9.2.2　修改属性的定义

在定义图块之前，可以对属性的定义加以修改，不仅可以修改属性标签，还可以修改属性提示和属性默认值。

**执行方式**

命令行：DDEDIT（快捷命令：ED）

菜单栏："修改"→"对象"→"文字"→"编辑"

执行上述操作后,打开"编辑属性定义"对话框,如图 9-24 所示。该对话框表示要修改属性的标记为"文字",提示为"数值",无默认值,可在各文本框中对各项进行修改。

图 9-24 "编辑属性定义"对话框

## 9.2.3 图块属性编辑

当属性被定义到图块当中,甚至图块被插入到图形当中之后,用户还可以对图块属性进行编辑。选择 ATTEDIT 命令可以通过对话框对指定图块的属性值进行修改,选择 ATTEDIT 命令不仅可以修改属性值,而且可以对属性的位置和文本等其他设置进行编辑。

### 1.执行方式

命令行:ATTEDIT(快捷命令:ATE)

菜单栏:"修改"→"对象"→"属性"→"单个"

工具栏:修改 II→编辑属性

### 2.操作步骤

命令行提示如下:

命令:ATTEDIT↙↙

选择块参照:

执行上述操作后,光标变为拾取框,选择要修改属性的图块,系统打开如图 9-25 所示的"编辑属性"对话框。对话框中显示出所选图块中包含的前 8 个属性的值,用户可对这些属性值进行修改。如果该图块中还有其他的属性,可单击"上一个"和"下一个"按钮对它们进行观察和修改。

当用户通过菜单栏或工具栏执行上述命令时,系统将打开"增强属性编辑器"对话框,如图 9-26 所示。该对话框不仅可以编辑属性值,还可以编辑属性的文字选项和图层、线型、颜色等特性值。

图 9-25 "编辑属性"对话框 1

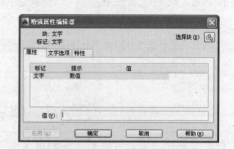

图 9-26 "增强属性编辑器"对话框

另外,还可以通过"块属性管理器"对话框来编辑属性。选择菜单栏中的"修改"→"对象"→"属性"→"块属性管理器"命令,系统打开"块属性管理器"对话框,如图 9-27 所示。单击"编辑"按钮,系统打开"编辑属性"对话框,如图 9-28 所示,可以通过该对话框编辑属性。

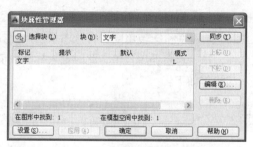

图 9-27 "块属性管理器"对话框

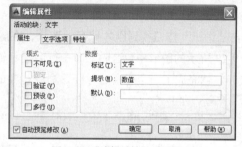

图 9-28 "编辑属性"对话框 2

## 9.2.4 实例——标注标高

标注如图 9-29 所示的穹顶展览馆立面图形中的标高符号。

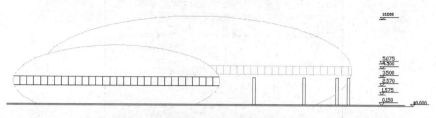

图 9-29 标注标高符号

 **绘制步骤**

1. 单击"绘图"工具栏中的"直线"按钮 ，绘制如图 9-30 所示的标高符号图形。

2. 选择菜单栏中的"绘图"→"块"→"定义属性"命令，打开"属性定义"对话框，进行如图 9-31 所示的设置，其中模式为"验证"，插入点为粗糙度符号水平线中点，确认退出。

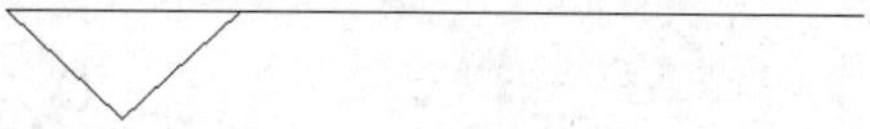

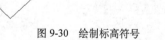

图 9-30 绘制标高符号

3. 在命令行中输入"WBLOCK"命令，打开"写块"对话框，如图 9-32 所示。拾取图 9-30 中图形的下尖点为基点，以此图形为对象，输入图块名称并指定路径，确认退出。

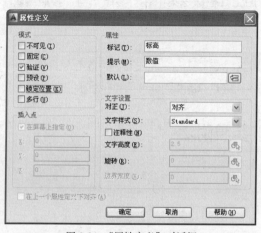

图 9-31 "属性定义"对话框

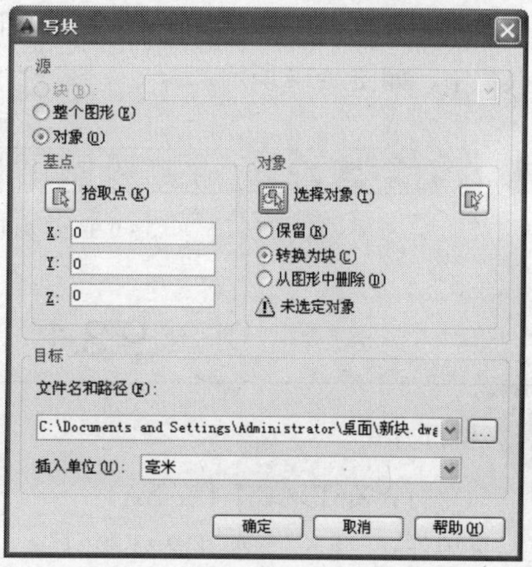

图 9-32 "写块"对话框

4．单击"绘图"工具栏中的"插入块"按钮🔲，打开"插入"对话框，如图 9-33 所示。单击"浏览"按钮找到刚才保存的图块，在屏幕上指定插入点和旋转角度，将该图块插入到如图 9-29 所示的图形中，这时，命令行会提示输入属性，并要求验证属性值，此时输入标高数值 0.150，就完成了一个标高的标注，命令行中的提示与操作如下：

命令:INSERT↙
指定插入点或[比例(S)/X/Y/Z/旋转(R)/预览比例(PS)/PX/PY/PZ/预览旋转(PR)]:（在对话框中指定相关参数，如图 9-17 所示）
输入属性值
数值:12.5↙
验证属性值
数值<12.5>:↙

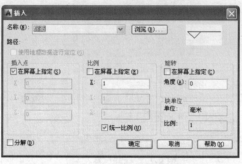

图 9-33　"插入"对话框

5．单击"绘图"工具栏中的"插入块"按钮🔲，插入标高符号图块，并输入不同的属性值作为标高数值，直到完成所有标高符号标注。

# 9.3　外部参照

外部参照（Xref）是把已有的其他图形文件链接到当前图形文件中。与插入"外部块"的区别在于，插入"外部块"是将块的图形数据全部插入到当前图形中；而外部参照只记录参照图形位置等链接信息，并不插入该参照图形的图形数据。

外部参照以及下节要讲的"光栅图象附着"的工具栏命令集中在"参照"与"参照编辑"工具栏中，如图 9-34 所示。

图 9-34　"参照"与"参照编辑"工具栏

## 9.3.1　外部参照附着

 **执行方式**

命令行：XATTACH（或 XA）
菜单栏："插入"→"DWG 参照"
工具栏：参照→附着外部参照🔳

**操作步骤**

命令：XATTACH↙

系统打开图 9-35 所示的"选择参照文件"对话框。在该对话框中，选择要附着的图形文件，如果在选择文件时选择了右侧的"保留路径"复选框，则显示的文件包含路径。

单击"打开"按钮，则打开"附着外部参照"对话框，如图 9-36 所示。

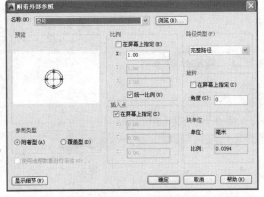

图 9-35　"选择参照文件"对话框　　　　图 9-36　"外部参照"对话框

**选项说明**

### 1．"参照类型"选项组

（1）"附着型"单选按钮：选择该项，则外部参照是可以嵌套的。

（2）"覆盖型"单选按钮：选择该项，则外部参照不会嵌套。

举个简单的例子，如图 9-37 所示，假设图形 B 附加于图形 A，图形 A 又附加或覆盖于图形 C。如果选择了"附加型"，则 B 图最终也会嵌套到 C 图中去；而选择了"覆盖型"，B 图就不会嵌套进 C 图，如图 9-38 所示。

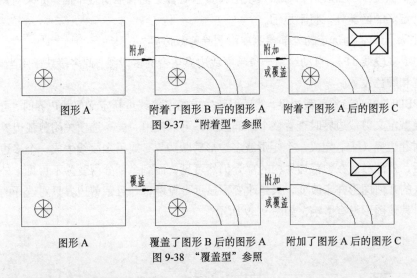

图形 A　　　　附着了图形 B 后的图形 A　　附着了图形 A 后的图形 C
图 9-37　"附着型"参照

图形 A　　　　覆盖了图形 B 后的图形 A　　附加了图形 A 后的图形 C
图 9-38　"覆盖型"参照

### 2．"路径类型"下拉列表框

（1）不使用路径：在不使用路径附着外部参照时，AutoCAD 首先在宿主图形的文件夹中查找外部参照。当外部参照文件与宿主图形位于同一个文件夹时，此选项非常有用。

（2）完整路径：当使用完整路径附着外部参照时，外部参照的精确位置（例如，C:\Projects\2009\Smith Residence\xrefs\Site plan.dwg）将保存到宿主图形中。此选项的精确度最高，但灵活性最小。如果移动工程文件夹，AutoCAD 将无法融入任何使用完整路径附着的外部参照。

（3）相对路径：使用相对路径附着外部参照时，将保存外部参照相对于宿主图形的位置。此选项的灵活性最大。如果移动工程文件夹，AutoCAD 仍可以融入使用相对路径附着的外部参照，只要此外部参照相对宿主图形的位置未发生变化。

## 9.3.2 外部参照剪裁

### 1．裁剪外部参照

 **执行方式**

命令行：XCLIP
工具栏：参照→裁剪外部参照 📖

 **操作步骤**

命令行提示如下：

命令：XCLIP↙
选择对象：（选择被参照图形）
选择对象：（继续选择，或按【Enter】键结束命令）
输入剪裁选项[开(ON)/关(OFF)/剪裁深度(C)/删除(D)/生成多段线(P)/新建边界(N)] <新建边界>：

 **选项说明**

（1）开（ON）：在宿主图形中不显示外部参照或块的被剪裁部分。

（2）关（OFF）：在宿主图形中显示外部参照或块的全部几何信息，忽略剪裁边界。

（3）剪裁深度（C）：在外部参照或块上设置前剪裁平面和后剪裁平面，如果对象位于边界和指定深度定义的区域外，将不显示。

（4）删除（D）：为选定的外部参照或块删除剪裁边界。

（5）生成多段线（P）：自动绘制一条与剪裁边界重合的多段线。此多段线采用当前的图层、线型、线宽和颜色设置。

当用 PEDIT 修改当前剪裁边界，然后用新生成的多段线重新定义剪裁边界时，可以使用此选项。要在重定义剪裁边界时查看整个外部参照，可以使用"关"选项关闭剪裁边界

（6）新建边界（N）：定义一个矩形或多边形剪裁边界，或用多段线生成一个多边形剪裁边界。裁剪后，外部参照在剪裁边界内的部分仍然可见，而剩余部分则变为不可见，外部参照附着和块插入的几何图形并未改变，只是改变了显示可见性，并且裁剪边界只对选择的外部参照起作用，对其他图形没有影响，如图 9-39 所示。

宿主图形　　　　　插入参照图形后　　　　选择裁剪边界　　　　只有边界内的参照图形被显示

图 9-39　裁剪参照边界

### 2．裁剪边界边框

**执行方式**

命令行：XCLIPFRAME

菜单栏："修改"→"对象"→"外部参照"→"边框"

工具栏：参照→外部参照边框

**操作步骤**

命令：XCLIPFRAME↙
输入 XCLIPFRAME 的新值 <0>:

裁剪外部参照图形时，可以通过该系统变量来控制是否显示裁剪边界的边框。图 9-40 所示为当其值设置为"1"时，将显示剪裁边框，并且该边框可以作为对象的一部分进行选择和打印；其值设置为"0"时，则不显示剪裁边框。

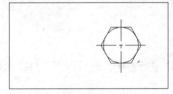　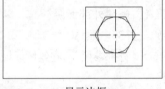

不显示边框　　　　　　　　　显示边框

图 9-40　裁剪边界边框

## 9.3.3　外部参照绑定

如果将外部参照绑定到当前图形，则外部参照及其依赖命名对象将成为当前图形的一部分。外部参照依赖命名对象的命名语法从"块名|定义名"变为"块名$n$定义名"。在这种情况下，将为绑定到当前图形中的所有外部参照相关定义名创建唯一的命名对象。例如，如果有一个名为 FLOOR1 的外部参照，它包含一个名为 WALL 的图层，那么在绑定了外部参照后，依赖外部参照的图层 FLOOR1|WALL 将变为名为 FLOOR1$0$WALL 的本地定义图层。如果已经存在同名的本地命名对象，$n$中的数字将自动增加。在此例中，如果图形中已经存在 FLOOR1$0$WALL，依赖外部参照的图层 FLOOR1|WALL 将重命名为 FLOOR1$1$WALL。

### 1．执行方式

命令行：XBIND

菜单栏："修改"→"对象"→"外部参照"→"绑定"

工具栏：参照→外部参照绑定

### 2．操作步骤

命令：XBIND↙

系统打开"外部参照绑定"对话框，如图 9-41 所示。

外部参照：显示所选择的外部参照。可以将其展开，进一步显示该外部参照的各种设置定义名，如标注样式、图层、线型和文字样式等。

绑定定义：显示将被绑定的外部参照的有关设置定义。

选择完毕后，确认退出。系统将外部参照所依赖的命名对象（如块、标注样式、图层、线型和文字样式等）添加到用户图形。

图 9-41 "外部参照绑定"对话框

## 9.3.4　外部参照管理

### 1. 执行方式

命令行：XREF（或 XR）

菜单栏："插入" → "外部参照"

工具栏：参照→外部参照

快捷菜单：选择"外部参照"，在绘图区域单击鼠标右键，然后选择"外部参照管理器"命令

### 2. 操作步骤

命令: XREF✓

系统自动执行该命令，打开如图 9-42 所示的"外部参照"选项板。在该选项板中，可以附着、组织和管理所有与图形相关联的文件参照，还可以附着和管理参照图形（外部参照）、附着的 DWF 参考底图和输入的光栅图像。

图 9-42 "外部参照"选项板

## 9.3.5　在单独的窗口中打开外部参照

在宿主图形中，可以选择附着的外部参照，并选择"打开参照"（XOPEN）命令在单独的

窗口中打开此外部参照，不需要浏览后再打开外部参照文件。选择"打开参照"命令可以在新窗口中立即打开外部参照。

**1．执行方式**

命令行：XOPEN

菜单栏："工具"→"外部参照和块在位编辑"→"打开参照"

**2．操作步骤**

命令行提示如下：

命令:XOPEN↙

选择外部参照：

选择外部参照后，系统立即重新建立一个窗口，显示外部参照图形。

## 9.3.6　参照编辑

对已经附着或绑定的外部参照，可以通过参照编辑相关命令对其进行编辑。

**1．在位编辑参照**

 **执行方式**

命令行：REFEDIT

菜单栏："工具"→"外部参照和块编辑"→"在位编辑参照"

工具栏：参照编辑→在位编辑参照

 **操作步骤**

命令：REFEDIT↙

选择参照：

选择要编辑的参照后，系统打开"参照编辑"对话框，如图 9-43 所示。

 **选项说明**

（1）"标识参照"选项卡：为标识要编辑的参照提供形象化辅助工具并控制选择参照的方式。

（2）"设置"选项卡：该选项卡为编辑参照提供选项，如图 9-44 所示。

图 9-43　"参照编辑"对话框

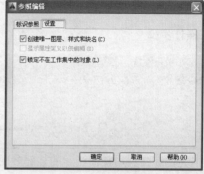

图 9-44　"设置"选项卡

在上述对话框完成设定后，确认退出，就可以对所选择的参照进行编辑。

对某一个参照进行编辑后，该参照在别的图形中或同一图形别的插入地方的图形也同时改变。如图 9-45a 所示，螺母作为参照两次插入到宿主图形中。对右边的参照进行删除编辑，确认后，左边的参照同时改变，如图 9-45b 所示。

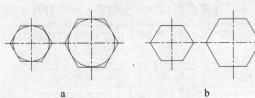

a         b

图 9-45 参照编辑

## 2．保存或放弃参照修改

**执行方式**

命令行：REFCLOSE

菜单栏："工具"→"外部参照和块编辑"→"保存编辑参照"（关闭参照）

工具栏：参照编辑→保存参照编辑 🗎（关闭参照 🗎）

快捷菜单：在参照编辑期间，没有选定对象的情况下，在绘图区域单击鼠标右键，然后选择"关闭 REFEDIT 任务"命令

**操作步骤**

命令：REFCLOSE✓
输入选项 [保存(S)/放弃参照修改(D)] <保存>:

选择"保存"或"放弃"命令即可，在这个过程中，系统会给出警告提示框，用户可以确认或取消操作。

## 3．添加或删除对象

**执行方式**

命令行：REFSET

菜单栏："工具"→"外部参照和块编辑"→"添加到工作集"（从工作集中删除）

工具栏：参照编辑→向工作集中添加对象（从工作集删除对象）

**操作步骤**

命令：REFSET✓
输入选项 [添加(A)/删除(R)] <添加>:（选择相应选项操作即可）

# 9.3.7 实例——将螺母插入到连接盘

本例将综合利用前面所学的外部参照的相关知识，将螺母以外部参照的形式插入到连接盘图形中，组成一个连接配合，如图 9-46 所示。

**绘制步骤**

1. 打开源文件。打开如图 9-47b 所示的连接盘图形。

2. 打开"外部参照"对话框。选择菜单栏中的"插入→外部参照"命令，在打开的"选择外部参照文件"对话框中选择如图 9-47a 所示的螺母图形文件，系统打开"外部参照"对话框，进行相关设置后确认退出。

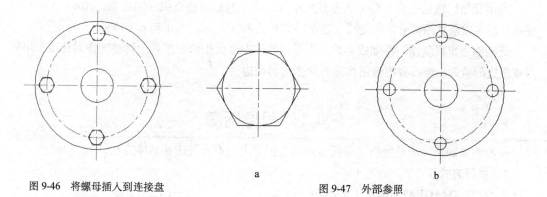

图 9-46 将螺母插入到连接盘　　　　a　　　　b

图 9-47 外部参照

3. 设置参数。在连接盘图形中指定相关参数后，螺母就作为外部参照插入到螺母图形中。

4. 重复插入。利用同样的外部参照附着方法或复制方法重复插入。

5. 删除辅助线。删除连接盘图形上的螺孔线，结果如图 9-48 所示。

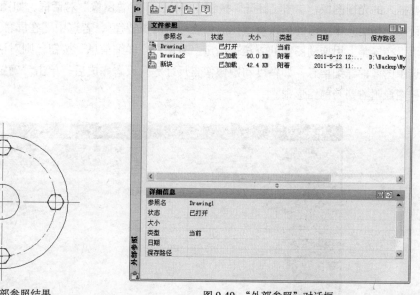

图 9-48 外部参照结果　　　　图 9-49 "外部参照"对话框

6. 删除中心线。插入后发现螺母的中心线还存在且不符合制图规范。这时，可以打开螺母文件，将螺母的中心线删除掉。

7. 重载图形。系统在状态栏右下角提示：外部参照文件已更改，需要重载。确认后单击"参照"工具栏上的"外部参照"按钮，系统打开"外部参照"管理器对话框，如图 9-49 所

275

示。选择其中的螺母文件，单击"重载" 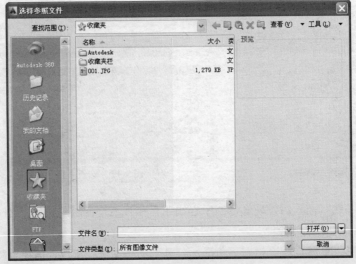按钮，系统对外部参照进行重载，重载后的连接盘图形如图 9-46 所示。

## 9.4　光栅图像

所谓光栅图像是指由一些称为象素的小方块或点的矩形栅格组成的图像。AutoCAD 2014 提供了对多数常见图像格式的支持，这些格式包括 bmp、jpeg、gif 和 pcx 等。

光栅图像可以复制、移动或剪裁。也可以通过夹点操作修改图像、调整图像对比度、用矩形或多边形剪裁图像或将图像用作修剪操作的剪切边。

### 9.4.1　图像附着

使用图像的第 1 步是要将图像附着到宿主图形上，下面讲述其具体方法。

**1．执行方式**

命令行：IMAGEATTACH（或 IAT）

菜单栏："插入"→"光栅图像参照"

工具栏：参照→附着图像

**2．操作步骤**

命令：IMAGEATTACH✓

系统自动执行该命令，打开如图 9-50 所示的"选择参照文件"对话框。在该对话框中选择需要插入的光栅图像，单击"打开"按钮，打开的"附着图像"对话框，如图 9-51 所示。在该对话框中指定光栅图像的插入点、比例和旋转角度等特性，若选中"在屏幕上指定"复选框，则可以在屏幕上用拖动图像的方法来指定；若单击"详细信息"按钮，则对话框将扩展，并列出选中图像的详细信息，如精度和图像像素尺寸等。设置完成后，单击"确定"按钮，即可将光栅图像附着到当前图形中。

图 9-50　"选择图像文件"对话框

图 9-51　"附着图像"对话框

## 9.4.2　光栅图像管理

光栅图像附着后，可以利用相关命令对其进行管理。

**1．执行方式**

命令行：IMAGE（或 IM）

**2．操作步骤**

命令：IMAGE↙

系统自动执行该命令，打开如图 9-52 所示的"外部参照"对话框。在该对话框中选择要进行管理的光栅图像，就可以对其进行拆离等操作。

在 AutoCAD 2014 中，还有一些关于光栅图像的命令，在"参照"工具栏中可以找到这些命令。这些命令与外部参照的相关命令操作方法类似，下面仅作简要介绍，具体操作参照外部参照的相关命令即可。

IMAGECLIP 命令：裁剪图像边界的创建与控制，可以用矩形或多边形作剪裁边界，也可以控制剪裁功能的打开与关闭，还可以删除剪裁边界。

IMAGEFRAME 命令：控制图像边框是否显示。

IMAGEADJUST 命令：控制图像的亮度、对比度和褪色度。

IMAGEQUALITY 命令：控制图像显示的质量，高质量显示速度较慢，草稿式显示速度较快。

TRANSPARENCY 命令：控制图像的背景像素是否透明。

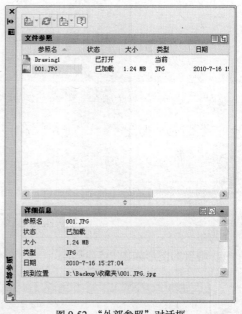

图 9-52　"外部参照"对话框

## 9.4.3　实例——睡莲满池

绘制如图 9-53 所示长满睡莲的水池图形。

**绘制步骤**

1．单击"绘图"工具栏中的"多边形"按钮⬠，绘制一个正八边形。

2. 单击"修改"工具栏中的"偏移"按钮 ，向内偏移正多边形，如图 9-54 所示。

图 9-53　裁剪后的图形　　　　　　　　　　　图 9-54　绘制水池外形

3. 选择"插入"菜单中的"光栅图像参照"命令，打开如图 9-55 所示的"选择图像文件"对话框。在该对话框中选择需要插入的光栅图像，单击"打开"按钮，打开的"图像"对话框，如图 9-56 所示。设置完成后，单击"确定"按钮确认退出。命令行提示如下：

```
指定插入点 <0,0>：　<对象捕捉 开>
基本图像大小：宽: 211.666667，高: 158.750000，Millimeters
指定缩放比例因子或 [单位(U)] <1>:↙
```

图 9-55　"选择图像文件"对话框

附着的图形如图 9-57 所示。

图 9-56　"图像"对话框　　　　　　　　　　　图 9-57　附着图像的图形

4. 选择菜单栏中的"修改"→"剪裁→"图像"命令在命令提示下，输入 imageclip，裁剪光栅图像。命令行提示如下：

命令: IMAGECLIP↙
选择要剪裁的图像: (框选整个图形)
指定对角点:
已滤除 1 个。
输入图像剪裁选项 [开(ON)/关(OFF)/删除(D)/

　　　　　　　　　　　　　　　　新建边界(N)] <新建边界>:↙

外部模式 - 边界外的对象将被隐藏。
指定剪裁边界或选择反向选项:[选择多段线(S)/多边形(P)/矩形(R)/反向剪裁(I)] <矩形>:p↙
指定第一点:<对象捕捉 开> (捕捉内部的正八边形的各个端点)
指定下一点或 [放弃(U)]: (捕捉下一点)
指定下一点或 [放弃(U)]: (捕捉下一点)
指定下一点或 [闭合(C)/放弃(U)]: ↙

修剪后的图形如图 9-58 所示。

5. 单击"绘图"工具栏中的"图案填充"按钮，打开"图案填充和渐变色"对话框，选择"GRAVEL"图案，如图 9-59 所示，填充到两个正八边形之间，作为水池边缘的铺石，最终结果如图 9-53 所示。

图 9-58　修剪图像

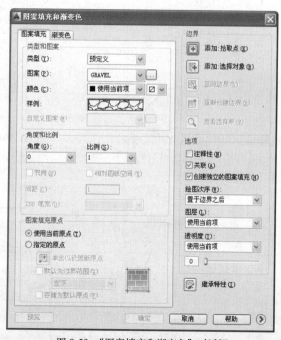

图 9-59　"图案填充和渐变色"对话框

## 9.5　综合演练——手动串联电阻启动控制电路图

本实例主要讲解利用图块辅助快速绘制电气图的一般方法。图 9-60 所示为手动串联电阻启动控制电路图。其基本原理是：当启动电动机时，按按钮开关 SB2，电动机串联电阻启动，待电动机转速达到额定转速时，再按 SB3，电动机电源改为全压供电，使电动机正常运行。

 **绘制步骤**

1. 单击"绘图"工具栏中的"圆"按钮 ⊙ 和"多行文字"按钮 A，绘制如图 9-61 所示的电动机图形。

2. 在命令行中输入"WBLOCK"命令，打开"写块"对话框，如图 9-62 所示。拾取上面圆心为基点，以上面图形为对象，输入图块名称并指定路径，确认退出。

3. 用同样的方法，绘制其他电气符号，并保存为图块，如图 9-63 所示。

4. 单击"绘图"工具栏中的"插入块"按钮，打开"插入"对话框，单击"浏览"按钮，找到刚才保存的电动机图块，在屏幕上指定插入点、比例和旋转角度，如图 9-64 所示，将图块插入到一个新的图形文件中。

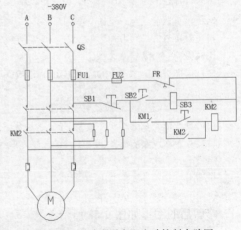

图 9-60 手动串联电阻启动控制电路图

图 9-61 绘制电动机

图 9-62 "写块"对话框

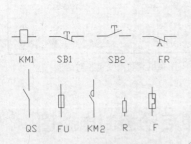

图 9-63 绘制电气图块

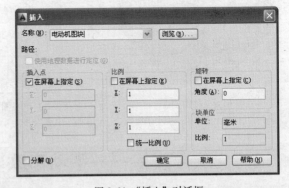

图 9-64 "插入"对话框

5. 单击"绘图"工具栏中的"直线"按钮，在插入的电动机图块上绘制如图 9-65 所示的导线。

6. 单击"绘图"工具栏中的"插入块"按钮，将 F 图块插入到图形中，插入比例为 1，角度为 0，插入点为左边竖线端点，同时将其复制到右边竖线端点，如图 9-66 所示。

7. 单击"绘图"工具栏中的"直线"按钮，在插入的 F 图块上端点绘制两条竖线，与中间竖线平齐,如图 9-67 所示。

8. 单击"绘图"工具栏中的"插入块"按钮,插入 KM1 图块到竖线上端点,并复制到其他两个端点,如图 9-68 所示。

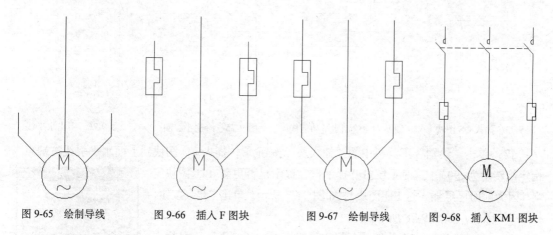

图 9-65　绘制导线　　　图 9-66　插入 F 图块　　　图 9-67　绘制导线　　　图 9-68　插入 KM1 图块

9. 将插入并复制的 3 个 KM1 图块向上复制到 KM1 图块的上端点,如图 9-69 所示。

10. 单击"绘图"工具栏中的"插入块"按钮,插入 R 图块到第 1 次插入的 KM1 图块的右边适当位置,并向右水平复制两次,如图 9-70 所示。

11. 单击"绘图"工具栏中的"直线"按钮,绘制电阻 R 与主干竖线之间的连接线,如图 9-71 所示。

12. 单击"绘图"工具栏中的"插入块"按钮,插入 FU 图块到竖线上端点,并复制到其他两个端点,如图 9-72 所示。

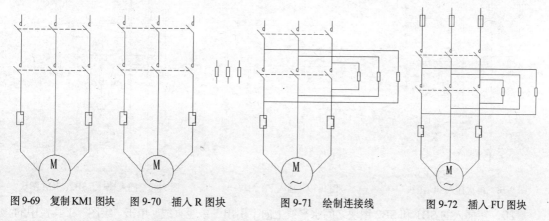

图 9-69　复制 KM1 图块　　图 9-70　插入 R 图块　　　图 9-71　绘制连接线　　　图 9-72　插入 FU 图块

13. 单击"绘图"工具栏中的"插入块"按钮,插入 QS 图块到竖线上端点,并复制到其他两个端点,如图 9-73 所示。

14. 单击"绘图"工具栏中的"直线"按钮,绘制一条水平线段,端点为刚插入的 QS 图块斜线中点,并将其线型改为虚线,如图 9-74 所示。

15. 单击"绘图"工具栏中的"圆"按钮,在竖线顶端绘制一个小圆圈,并复制到另两个竖线顶端,如图 9-75 所示。此处表示线路与外部的连接点。

16. 单击"绘图"工具栏中的"直线"按钮,从主干线上引出两条水平线,如图 9-76 所示。

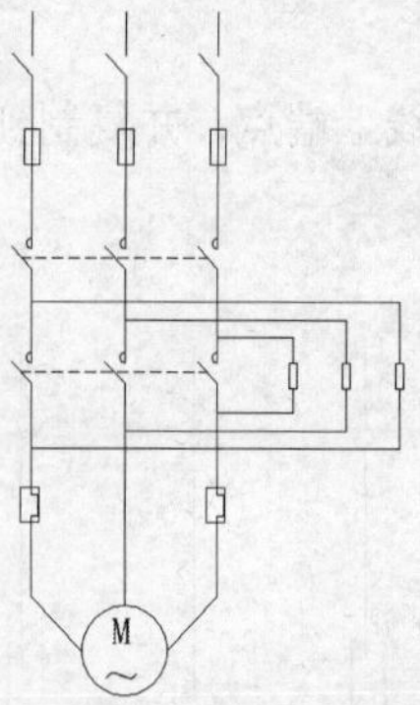

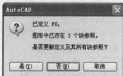

图 9-73 插入 QS 图块 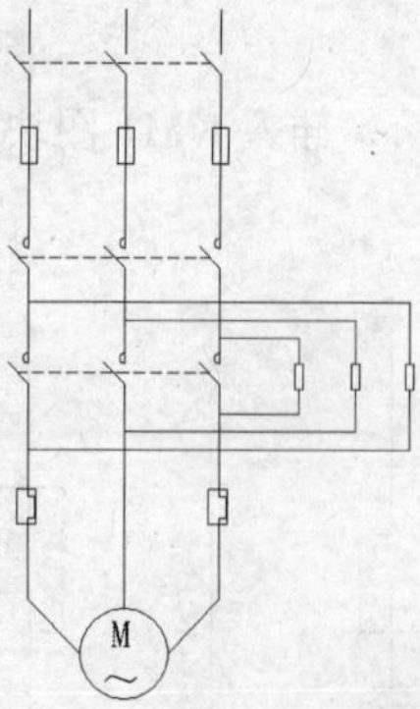　　图 9-74 绘制水平功能线 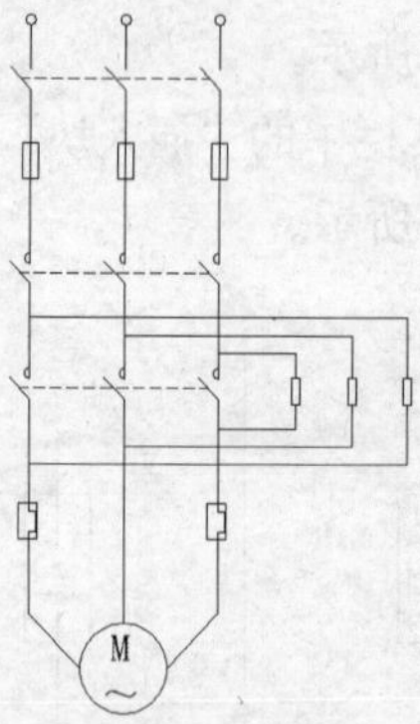　　图 9-75 绘制小圆圈 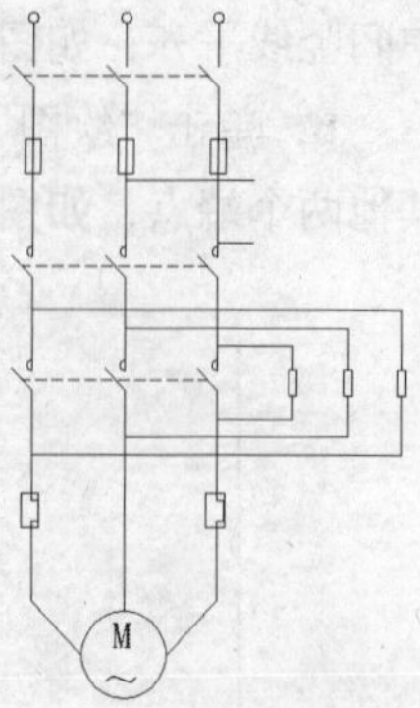　　图 9-76 引出水平线

17．单击"绘图"工具栏中的"插入块"按钮，插入 FU 图块到上面水平引线右端点，指定旋转角为-90°。这时系统打开提示框，提示是否更新 FU 图块定义（因为前面已经插入过 FU 图块），如图 9-77 所示。单击"是"按钮，插入 FU 图块，如图 9-78 所示。

图 9-77　提示框

18．在 FU 图块右端绘制一条短水平线，单击"绘图"工具栏中的"插入块"按钮，插入 FR 图块到水平短线右端点，然后单击"绘图"工具栏中的"直线"按钮，补画 FR 处的电气元件，结果如图 9-79 所示。

19．单击"绘图"工具栏中的"插入块"按钮，连续插入图块 SB1、SB2 和 KM 到下面一条水平引线右端，如图 9-80 所示。

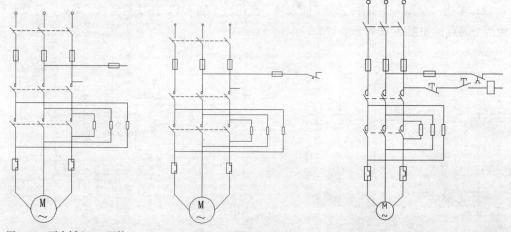

图 9-78　再次插入 FU 图块　　　图 9-79　插入 FR 图块　　　图 9-80　插入 SB1、SB2、KM 图块

20．在插入的 SB1 和 SB2 图块之间水平线上向下引出一条竖直线，单击"绘图"工具栏中的"插入块"按钮，插入 KM1 图块到竖直引线下端点，指定插入时的旋转角度为-90°，然后单击"修改"工具栏中的"分解"按钮，将 KM1 图块分解，并删除圆弧，结果如图 9-81 所示。

21．单击"绘图"工具栏中的"插入块"按钮，在刚插入的 KM1 图块右端依次插入图块 SB2 和 KM，结果如图 9-82 所示。

22．参考步骤 20，向下绘制竖直引线，并插入图块 KM1，如图 9-83 所示。

23．单击"绘图"工具栏中的"直线"按钮，补充绘制相关导线，如图 9-84 所示。

24．局部放大图形，可以发现 SB1 和 SB2 等图块在插入图形后，看不见虚线图线，如图 9-85 所示。

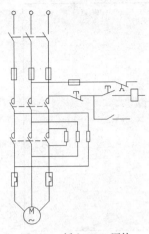

图 9-81　插入 KM1 图块

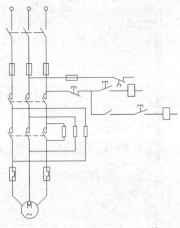

图 9-82　插入 SB2、KM 图块

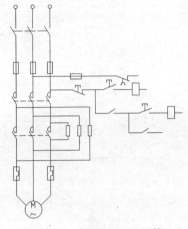

图 9-83　再次插入 KM1 图块

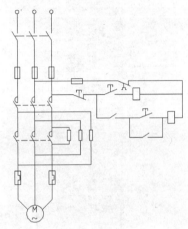

图 9-84　补充导线

　　由于图块插入到图形后，其大小有变化，导致相应的图线有变化，所以看不见虚线图形。

注意

　　**25.** 双击插入图形的 SB2 图块，系统打开"编辑块定义"对话框，如图 9-86 所示。单击"确定"按钮，打开如图 9-87 所示的动态块编辑界面。

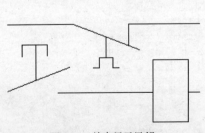

图 9-85　放大显示局部

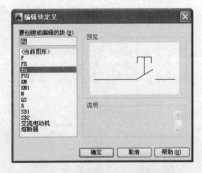

图 9-86　"编辑块定义"对话框

　　**26.** 双击 SB2 图块中间的竖线，打开"特性"选项板，将"线型比例"改为 0.5，如图 9-88 所示。修改后的图块如图 9-89 所示。

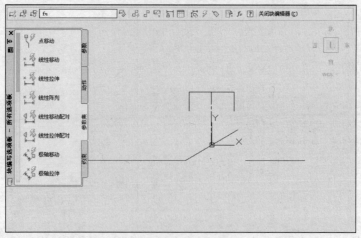

图 9-87　动态块编辑界面

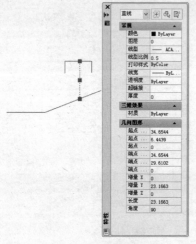

图 9-88　修改线型比例

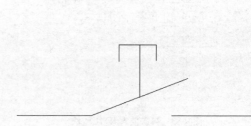

图 9-89　修改后的图块

27．单击动态块编辑工具栏上的"关闭块编辑器"按钮，退出动态块编辑界面，弹出"块-未保存更改"提示框。选择"将更改保存到 sb2(S)"，可以看到图中 SB2 图块对应的图线已经变成了虚线。

28．继续选择要修改的图块进行编辑，编辑完成后，可以看到图形中图块对应的图线已经变成了虚线，如图 9-90 所示。整个图形如图 9-91 所示。

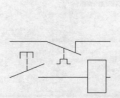

图 9-90　修改后的图块

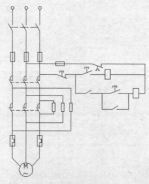

图 9-91　整个图形

29．单击"绘图"工具栏中的"多行文字"按钮 **A**，输入电气符号代表文字，最终结果如图 9-60 所示。

# 9.6　上机实验

通过前面的学习，读者对本章知识也有了大体地了解，本节通过几个操作练习使读者进一步掌握本章知识要点。

## 实验 1　标注穹顶展览馆立面图形的标高符号

### 1．目的要求

绘制重复性的图形单元的最简单快捷的办法是将重复性的图形单元制作成图块，然后将图块插入图形。如图 9-92 所示，本实验通过对标高符号的标注操作使读者掌握图块的相关知识。

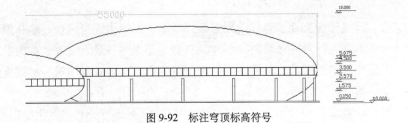

图 9-92　标注穹顶标高符号

### 2．操作提示

（1）选择"直线"命令绘制标高符号。

（2）定义标高符号的属性，将标高值设置为其中需要验证的标记。

（3）将绘制的标高符号及其属性定义成图块。

（4）保存图块。

（5）在建筑图形中插入标高图块，每次插入时输入不同的标高值作为属性值。

## 实验 2　标注花键轴的粗糙度符号

### 1．目的要求

在实际绘图过程中，会经常遇到重复性的图形单元。解决这类问题最简单快捷的办法是将重复性的图形单元制作成图块，然后将图块插入图形。如图 9-93 所示，本例通过粗糙度符号的标注操作，使读者掌握图块相关的操作。

### 2．操作提示

（1）选择"直线"命令绘制粗糙度符号。

（2）制作图块。

（3）利用各种方式插入图块。

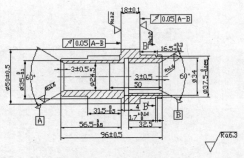

图 9-93　标注粗糙度符号

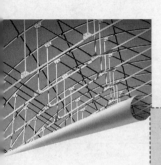

# 第 10 章

## 智能化绘图

为了提高系统整体的图形设计效率，并使用户可以快速地利用相关约束条件进行参数化绘图，AutoCAD 经过不断地探索和完善，推出了大量的智能化绘图工具，包括查询工具、设计中心、工具选项板和参数化绘图等工具。

本章主要介绍查询工具、设计中心、工具选项板和参数化绘图等知识。

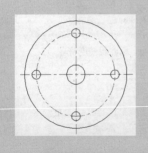

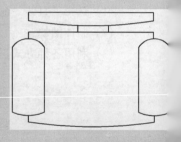

# 10.1　对象查询

在绘制图形或阅读图形的过程中，有时需要及时查询图形对象的相关数据，如对象之间的距离和建筑平面图室内面积等。为了方便这些查询工作，AutoCAD 提供了相关的查询命令。

对象查询的菜单命令集中在"工具→查询"菜单中，如图 10-1 所示。而其工具栏命令则主要集中在"查询"工具栏中，如图 10-2 所示。

图 10-1　"工具→查询"菜单

图 10-2　"查询"工具栏

## 10.1.1　查询距离

### 1．执行方式

命令行：DIST

菜单栏："工具"→"查询"→"距离"

工具栏：查询→距离▤

### 2．操作格式

命令：DIST✓
指定第 1 点：（指定第 1 点）
指定第 2 点：（指定第 2 点）
距离=5.2699，$xy$ 平面中的倾角=0，与 $xy$ 平面的夹角 = 0
$x$ 增量=5.2699，$y$ 增量=0.0000，　　$z$ 增量=0.0000

面积、面域/质量特性的查询与距离查询类似，此处不再赘述。

## 10.1.2　查询对象状态

### 1．执行方式

命令行：STATUS

菜单栏："工具"→"查询"→"状态"

### 2．操作格式

命令：STATUS✓

系统自动切换到文本显示窗口，显示当前文件的状态，包括文件中的各种参数状态以及文件所在磁盘的使用状态，如图 10-3 所示。

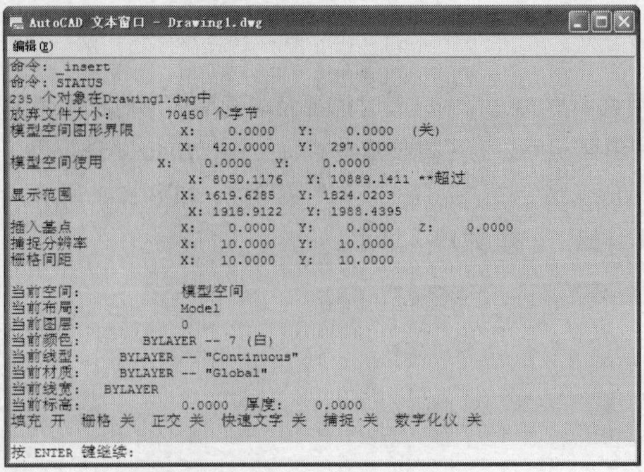

图 10-3　文本显示窗口

列表显示、点坐标、时间和系统变量等查询工具与查询对象状态方法和功能相似，此处不再赘述。

## 10.1.3　实例——查询盘盖属性

图形查询功能主要通过一些查询命令来完成，这些命令在查询工具栏大多都可以找到。通过查询工具，可以查询点的坐标、距离、面积及面域/质量特性。图 10-4 所示为通过查询盘盖的属性来熟悉查询命令的用法。

 **绘制步骤**

1. 打开源文件/第 10 章/盘盖，如图 10-4 所示。

2. 点查询。点坐标查询命令用于查询指定点的坐标值。选择菜单栏中的"工具"→"查询"→"点坐标"命令，如图 10-5 所示。命令行提示与操作如下：

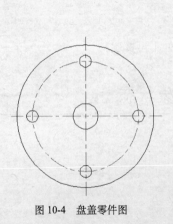

图 10-4　盘盖零件图 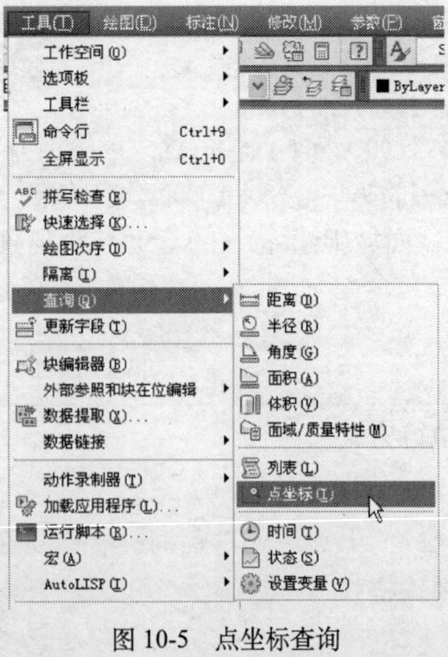　　　　　　　　　　　　　图 10-5　点坐标查询

```
命令: ID↙
指定点: (选择盘盖中心点)
指定点: x = 527.1943        y = 173.6818        z = 0.0000
```

要进行更多查询，重复以上步骤即可。

3．距离查询。AutoCAD 记录了几何对象相对于标准坐标系的每个位置，可以快速地计算出任意指定的两点间的距离，并显示以当前图形中的单位制计算两点间的距离、测量 $xy$ 平面中的倾角、测量两点连线与 $xy$ 平面的夹角和计算两点间 $x$、$y$、$z$ 坐标增量这些信息。选择菜单栏中的"工具"→"查询"→"距离"命令；或在"查询"工具栏中单击"距离"按钮，命令行提示与操作如下：

```
命令: DIST ↙
指定第 1 点: (选择盘盖边缘左下角的小圆圆心，图 10-6 中 1 点)
指定第 2 个点或 [多个点(M)]: (选择盘盖中心点，图 10-6 中 2 点)
距离 = 131.4869, xy 平面中的倾角 = 315,    与 xy 平面的夹角 = 0
x 增量 = 92.9753,   y 增量 = -92.9753,   z 增量 = 0.0000
```

其中查询结果的各个选项的说明如下：

距离：两点之间的三维距离。

$xy$ 平面中倾角：两点之间连线在 $xy$ 平面上的投影与 $x$ 轴的夹角。

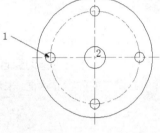

与 $xy$ 平面的夹角：两点之间连线与 $xy$ 平面的夹角。

$x$ 增量：第 2 点 $x$ 坐标相对于第 1 点 $x$ 坐标的增量。

$y$ 增量：第 2 点 $y$ 坐标相对于第 1 点 $y$ 坐标的增量。

$z$ 增量：第 2 点 $z$ 坐标相对于第 1 点 $z$ 坐标的增量。

图 10-6　查询盘盖两点间距离

4．面积查询。面积查询命令可以计算一系列指定点之间的面积和周长，或计算多种对象的面积和周长，还可使用加模式和减模式来计算组合面积。面积查询命令具体操作步骤如下：

❶ 调用该命令，则系统提示"指定第 1 个角点或 [对象 (O) /增加面积 (A) /减少面积 (S) /退出（X）] <对象（O）>:"：

指定一系列角点：系统将其视为一个封闭多边形的各个顶点，并计算和报告该封闭多边形的面积和周长。

对象（O）：AutoCAD 将计算和报告该对象的面积和周长；可选的对象包括圆、椭圆、样条曲线、多段线、正多边形、面域和实体等。

❷ 在通过上述两种方式进行计算时，可使用"加"模式和"减"模式进行组合计算。

加模式：使用该选项计算某个面积时，系统除了报告该面积和周长的计算结果之外，还在总面积中加上该面积。

减模式：使用该选项计算某个面积时，系统除了报告该面积和周长的计算结果之外，还在总面积中减去该面积。

选择下拉菜单中的"工具"→"查询"→"面积"命令；或在"查询"工具栏单击"面积"按钮，命令行提示与操作如下：

```
命令: AREA↙
指定第 1 个角点或 [对象(O)/增加面积(A)/减少面积(S)] <对象(O)>: (选择盘盖上 1 点，如图 10-7 所示)
指定下一个点或 [圆弧(A)/长度(L)/放弃(U)]: (选择盘盖上 2 点，如图 10-7 所示)
指定下一个点或 [圆弧(A)/长度(L)/放弃(U)]: (选择盘盖上 3 点，如图 10-7 所示)
```

指定下一个点或 [圆弧(A)/长度(L)/放弃(U)/总计(T)] <总计>: ( 选择盘盖上 4 点，如图 10-7 所示 )
指定下一个点或 [圆弧(A)/长度(L)/放弃(U)/总计(T)] <总计>:
区域 = 17288.8076，周长 = 525.9476

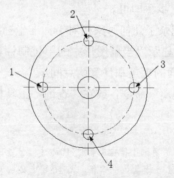

图 10-7　查询盘盖 3 点形成的面的周长及面积

## 10.2　设计中心

AutoCAD 2014 设计中心是一个集成化的快速绘图工具，使用设计中心可以很容易地组织设计内容，并把它们拖动到自己的图形中，辅助用户快速绘图。也可以使用 AutoCAD 2014 设计中心窗口的内容显示框，来观察用 AutoCAD 2014 设计中心的资源管理器所浏览资源的细目。

### 10.2.1　启动设计中心

设计中心的启动方式非常简单，下面进行简要介绍。

**1．执行方式**

命令行：ADCENTER

菜单栏："工具"→"选项板"→"设计中心"

工具栏：标准→设计中心 ▦

快捷键：Ctrl+2

**2．操作格式**

命令：ADCENTER✓

系统打开设计中心。第 1 次启动设计中心时，它的默认打开的选项卡为"文件夹"。内容显示区使用大图标显示，左边的资源管理器使用树形显示方式显示系统的树形结构，浏览资源的同时，在内容显示区显示所浏览资源的有关细目或内容，如图 10-8 所示。在图中左边方框为 AutoCAD 2014 设计中心的资源管理器；右边方框为 AutoCAD 2014 设计中心窗口的内容显示框，其中上面窗口为文件显示框，中间窗口为图形预览显示框，下面窗口为说明文本显示框。

可以依靠光标拖动边框来改变 AutoCAD 2014 设计中心资源管理器和内容显示区以及 AutoCAD 2014 绘图区的大小，但内容显示区的最小尺寸要能显示两列大图标。

如果要改变 AutoCAD 2014 设计中心的位置，可在 AutoCAD 2014 设计中心工具条的上部用光标拖动它，松开鼠标后，AutoCAD 2014 设计中心便处于当前位置，到新位置后，仍可以用光标改变各窗口的大小。也可以通过设计中心边框左边下方的"自动隐藏"按钮自动隐藏设计中心。

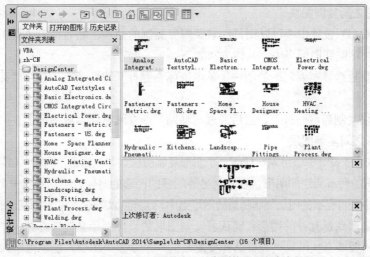

图 10-8　AutoCAD 2014 设计中心的资源管理器和内容显示区

## 10.2.2　插入图块

可以利用设计中心将图块插入到图形当中。当将一个图块插入到图形中的时候，块定义就被复制到图形数据库当中。在一个图块被插入图形之后，如果原来的图块被修改，则插入到图形当中的图块也随之改变。

当其他命令正在执行时，不能插入图块到图形当中。例如，如果在插入块时，在提示行正在执行一个命令，此时光标变成一个带斜线的圆，提示操作无效。另外一次只能插入一个图块。AutoCAD 设计中心提供了插入图块的两种方法："使用光标指定比例和旋转方式"和"精确指定坐标、比例和旋转角度方式"。

### 1．使用光标指定比例和旋转方式插入图块

使用此方法时，AutoCAD 根据光标拉出的线段的长度与角度确定比例与旋转角度。

使用该方法插入图块的步骤如下：

（1）从文件夹列表或查找结果列表选择要插入的图块，按住鼠标左键，将其拖动到打开的图形中。松开鼠标左键，此时，被选择的对象被插入到当前被打开的图形当中。使用当前设置的捕捉方式，可以将对象插入到任何存在的图形当中。

（2）单击指定一点作为插入点，移动光标，光标位置点与插入点之间距离为缩放比例。单击确定比例。用同样的方法移动光标，光标指定位置与插入点连线与水平线角度为旋转角度。被选择的对象就根据光标指定的比例和角度插入到图形当中。

### 2．精确指定的坐标、比例和旋转角度插入图块

使用该方法可以设置插入图块的参数，具体方法如下：

（1）从文件夹列表或查找结果列表框选择要插入的对象，拖动对象到打开的图形。

（2）在相应的命令行提示下输入比例和旋转角度等数值。

被选择的对象根据指定的参数插入到图形当中。

## 10.2.3　图形复制

使用设计中心进行图形复制的具体方法有两种，下面具体讲述。

**1．在图形之间复制图块**

使用 AutoCAD 设计中心可以浏览和装载需要复制的图块，然后将图块复制到剪贴板，利用剪贴板将图块粘贴到图形当中。具体方法如下：

（1）在控制板选择需要复制的图块，单击鼠标右键打开快捷菜单，在快捷菜单中选择"复制"命令。

（2）将图块复制到剪贴板上，然后通过"粘贴"命令粘贴到当前图形上。

**2．在图形之间复制图层**

使用 AutoCAD 设计中心可以从任何一个图形复制图层到其他图形。例如，如果已经绘制了一个包括设计所需的所有图层的图形，在绘制另外的新的图形的时候，可以新建一个图形，并通过 AutoCAD 设计中心将已有的图层复制到新的图形当中，这样可以节省时间，并保证图形间的一致性。

（1）拖动图层到已打开的图形：确认要复制图层的目标图形文件被打开，并且是当前的图形文件。在控制板或查找结果列表框选择要复制的一个或多个图层。拖动图层到打开的图形文件。松开鼠标后被选择的图层被复制到打开的图形当中。

（2）复制或粘贴图层到打开的图形：确认要复制的图层的图形文件被打开，并且是当前的图形文件。在控制板或查找结果列表框选择要复制的一个或多个图层。单击鼠标右键打开快捷菜单，在快捷菜单中选择"复制到粘贴板"命令。如果要粘贴图层，确认粘贴的目标图形文件被打开，并为当前文件。单击鼠标右键打开快捷菜单，在快捷菜单中选择"粘贴"命令。

# 10.2.4　实例——喷泉施工图绘制

将前面绘制的各个喷泉视图，定义成块插入到视图中，完成喷泉施工图的绘制，如图 10-9 所示。

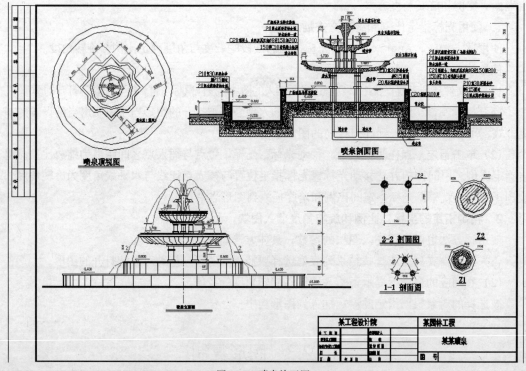

图 10-9　喷泉施工图

**绘制步骤**

1．打开源文件/图库/A3 图框，使用 Ctrl+C 命令复制"A3 图框.dwt"，然后 Ctrl+V 粘贴到一个新的文件，并将文件另存为命名为"喷泉.dwg"。

2．继续在图库中找到喷泉立面图、剖面图，使用 Ctrl+C 命令复制，然后 Ctrl+V 粘贴到喷泉.dwg 中。

3．单击"修改"工具栏中的"移动"按钮，把立面图和剖面图移动到合适的位置。

4．打开喷泉顶视图，单击"绘图"工具栏中的"创建块"按钮，打开"块定义"对话框，如图 10-10 所示，拾取同心圆的圆心为拾取点，把喷泉顶视图创建为块并输入块的名称。

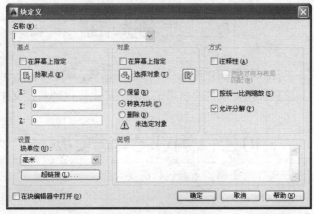

图 10-10　块定义对话框

5．返回到"喷泉"文件中，单击"标准"工具栏中的"设计中心"按钮，进入"设计中心"对话框。如图 10-11 所示，选中需要插入的图块，用鼠标右键单击图形选择插入块，弹出"插入"对话框，如图 10-12 所示，将喷泉顶视图.dwg 插入到喷泉文件中。

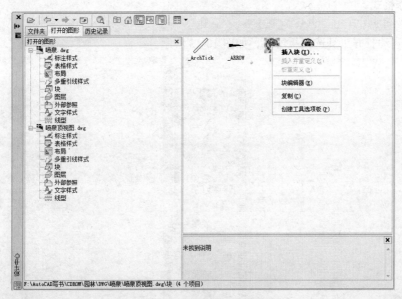

图 10-11　设计中心对话框

6．将前面绘制的喷泉详图打开，使用 Ctrl+C 命令复制图形，然后 Ctrl+V 粘贴到喷泉中，然后进行调整，结果如图 10-9 所示。

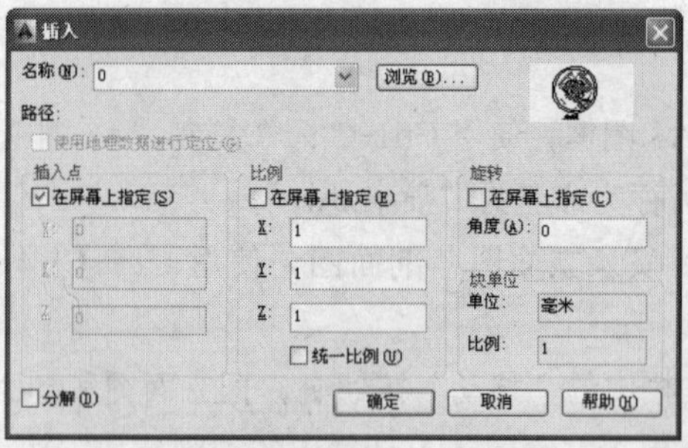

图 10-12 "插入"对话框

# 10.3　工具选项板

工具选项板是"工具选项板"窗口中选项卡形式的区域，提供组织、共享和放置块及填充图案的有效方法。工具选项板还可以包含由第三方开发人员提供的自定义工具。

## 10.3.1　打开工具选项板

工具选项板的打开方式非常简单，下面进行简要介绍。

### 1．执行方式

命令行：TOOLPALETTES

菜单栏："工具"→"选项板"→"工具选项板"

工具栏：标准→工具选项板窗口🔲

快捷键：Ctrl+3

### 2．操作格式

命令：TOOLPALETTES✓

系统将自动打开工具选项板窗口，如图 10-13 所示。

图 10-13　工具选项板窗口

### 3．选项说明

在工具选项板中，系统设置了一些常用图形选项卡，这些常用图形可以方便用户绘图。

## 10.3.2 工具选项板的显示控制

可以使用工具选项板的相关功能控制其显示。具体方法如下：

### 1．移动和缩放工具选项板窗口

用户可以用光标按住工具选项板窗口深色边框，拖动光标，即可移动工具选项板窗口。将光标指向工具选项板窗口边缘，出现双向伸缩箭头，按住鼠标左键拖动即可缩放工具选项板窗口。

### 2．自动隐藏

在工具选项板窗口深色边框上单击"自动隐藏"按钮 ◄◄ ，可自动隐藏工具选项板窗口，再次单击，则自动打开工具选项板窗口。

### 3．"透明度"控制

在工具选项板窗口的深色边框上单击"特性"按钮 ▦ ，打开快捷菜单，如图 10-14 所示。选择"透明度"命令，通过调节按钮可以调节工具选项板窗口的透明度。

### 4．"视图"控制

将光标放在工具选项板窗口的空白地方，单击鼠标右键，打开快捷菜单，选择其中的"视图选项"命令，如图 10-15 所示。打开"视图选项"对话框，如图 10-16 示。选择有关选项，拖动调节按钮可以调节视图中图标或文字的大小。

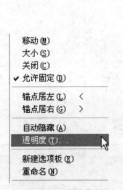

图 10-14　快捷菜单

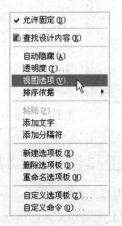

图 10-15　快捷菜单

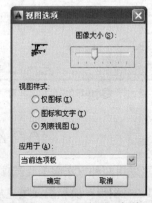

图 10-16　"视图选项"对话框

## 10.3.3 新建工具选项板

用户可以建立新工具板，这样有利于个性化作图，也能够满足特殊作图需要。

### 1．执行方式

命令行：CUSTOMIZE

菜单栏："工具"→"自定义"→"工具选项板"

快捷菜单：在任意工具栏上单击鼠标右键，然后选择"自定义"。

工具选项板："特性"按钮 → 自定义（或新建选项板）

**2．操作格式**

命令：CUSTOMIZE↙

系统打开"自定义"对话框的"工具选项板"选项卡，如图 10-17 所示。

单击鼠标右键，打开快捷菜单，如图 10-18 所示，选择"新建选项板"项，在对话框中可以为新建的工具选项板命名。确定后，工具选项板中就增加了一个新的选项卡，如图 10-19 所示。

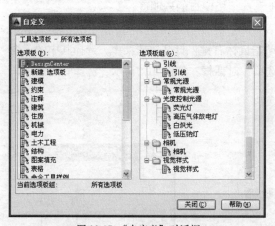

图 10-17 "自定义"对话框 　　图 10-18 "新建选项板"选项 　图 10-19 新增选项卡

# 10.3.4 向工具选项板添加内容

可以用两种方法向工具选项板添加内容，具体如下：

1．将图形、块和图案填充从设计中心拖动到工具选项板上。

例如，在 Designcenter 文件夹上单击鼠标右键，系统打开右键快捷菜单，从中选择"创建块的工具选项板"命令，如图 10-20 所示。设计中心中存储的图元就出现在工具选项板中新建的 Designcenter 选项卡上，如图 10-21 所示。这样就可以将设计中心与工具选项板结合起来，建立一个快捷方便的工具选项板。将工具选项板中的图形拖动到另一个图形中时，图形将作为块插入。

2．使用"剪切"、"复制"和"粘贴"将一个工具选项板中的工具移动或复制到另一个工具选项板中。

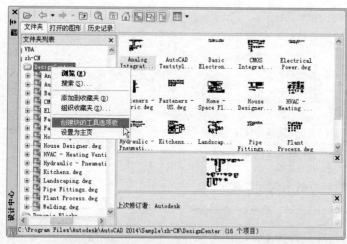

图 10-20　将储存图元创建成"设计中心"工具选项板

图 10-21　新创建的工具选项板

## 10.3.5　实例——手动串联电阻起动控制电路图

本节主要讲解怎样使用设计中心与工具选项板来绘制手动串联电阻起动控制电路图，从中可以感受设计中心与工具选项板使用的便捷性，结果如图 10-22 所示。

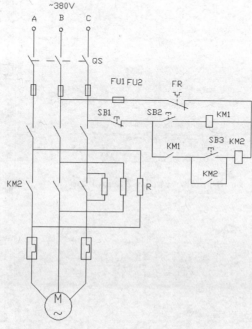

图 10-22　手动串联电阻起动控制电路图

 **绘制步骤**

1. 选择各种绘图和编辑命令绘制如图 10-23 所示的各个电气元件图形，并按图 10-23 所示的代号分别保存到"电气元件"文件夹中。

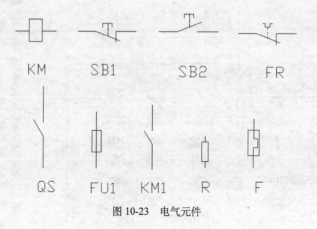

图 10-23　电气元件

也可使用源文件/第 4 章中绘制好的电气元件图形。

 这里绘制的电气元件只作为 DWG 图形保存，不必保存成图块。

2. 分别单击"标准"工具栏上的"设计中心"按钮和"工具选项板"按钮，打开设计中心和工具选项板，如图 10-24 所示。

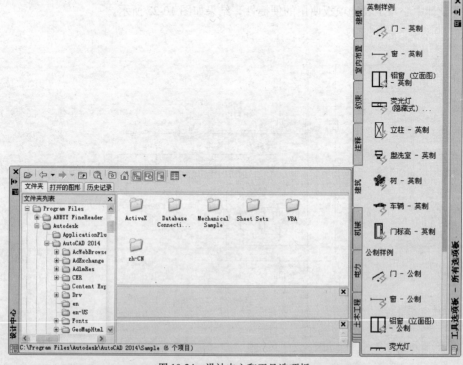

图 10-24　设计中心和工具选项板

3．在设计中心的"文件夹"选项卡下找到刚才绘制电器元件时保存的"电气元件"文件夹，在该文件夹上单击鼠标右键，打开快捷菜单，选择"创建块的工具选项板"命令，如图 10-25 所示。

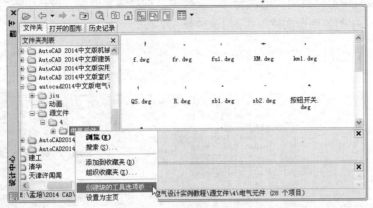

图 10-25　设计中心操作

4．系统自动在工具选项板上创建一个名为"电气元件"的工具选项板，如图 10-26 所示，该选项板上列出了"电气元件"文件夹中的各个图形，并将每一个图形自动转换成图块。

5．按住鼠标左键，将"电气元件"工具选项板中的"交流电动机"图块拖动到绘图区域，电动机图块就插入到新的图形文件中了，如图 10-27 所示。

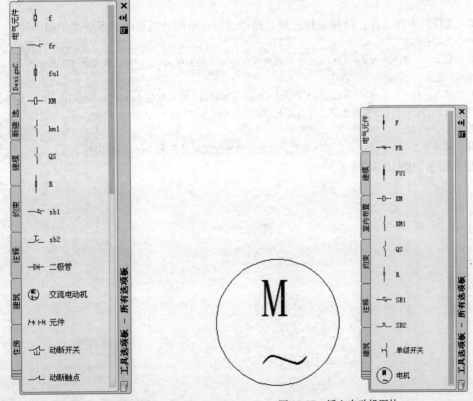

图 10-26　"电气元件"工具选项板　　　　　图 10-27　插入电动机图块

6．如果工具选项板中插入的图块不能旋转，对需要旋转的图块，可单独利用"旋转"命令并结合"移动"命令进行旋转和移动操作，也可以使用直接从设计中心拖动图块的方法实现这个操作。单击"绘图"工具栏中的"插入块"按钮，插入手动串联电阻，如图 10-28 所示。如图 10-28 所示绘制水平引线后需要插入旋转的图块为例，具体操作步骤如下：

❶ 打开设计中心，找到"电气元件"文件夹，选择该文件夹，设计中心右边的显示框列表显示该文件夹中的各图形文件，如图 10-29 所示。

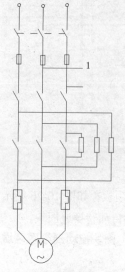

图 10-28 绘制水平引线

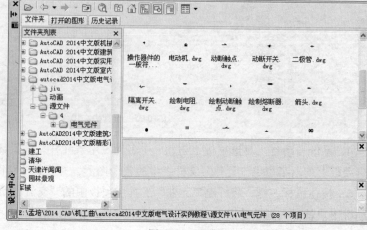

图 10-29 设计中心

❷ 选择其中的文件，按住鼠标左键，拖动到当前绘制的图形中，系统提示如下：

命令: _-INSERT
输入块名或 [?]: "D:\AutoCAD 2014 中文版电气设计从入门到精通\源文件\电气元件\FU.dwg"
单位: 毫米　转换:　0.0394
指定插入点或 [基点(B)/比例(S)/X/Y/Z/旋转(R)]: （捕捉图 10-28 中的 1 点）
输入 x 比例因子，指定对角点，或 [角点(C)/XYZ(XYZ)] <1>: 1✓
输入 y 比例因子或 <使用 X 比例因子>:✓
指定旋转角度 <0>: -90✓（也可以通过拖曳光标动态控制旋转角度，如图 10-30 所示）

插入结果如图 10-31 所示。

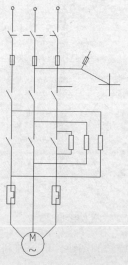

图 10-30 控制旋转角度

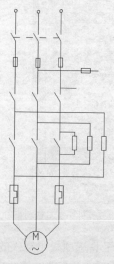

图 10-31 插入结果

❸ 继续使用工具选项板和设计中心插入各图块，选择用"直线"命令将电路图补充完成，最终结果如图 10-22 所示。

7. 如果不想保存"电气元件"工具选项板，可以在"电气元件"工具选项板上单击鼠标右键，打开快捷菜单，选择"删除选项板"命令，如图 10-32 所示，系统将打开提示框，如图 10-33 所示，单击"确定"按钮，系统自动将"电气元件"工具选项板删除。

删除后的工具选项板如图 10-34 所示。

图 10-32　快捷菜单

图 10-33　提示框

图 10-34　删除后的工具选项板

## 10.4　参数化绘图

AutoCAD 通过约束工具来进行参数化绘图。使用约束能够精确地控制草图中的对象。草图约束有两种类型，即尺寸约束和几何约束。

几何约束建立起草图对象的几何特性（如要求某一直线具有固定长度）或是两个或更多草图对象的关系类型（如要求两条直线垂直或平行，或是几个弧具有相同的半径）。在图形区用户可以使用"参数化"选项卡内的"全部显示"、"全部隐藏"或"显示"来显示有关信息，并显示代表这些约束的直观标记。图 10-35 所示为水平标记 和共线标记 ）。

尺寸约束建立起草图对象的大小（如直线的长度、圆弧的半径等）或是两个对象之间的关系（如两点之间的距离）。图 10-36 所示为带有尺寸约束的示例。

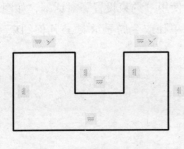

图 10-35　"几何约束"示意图

图 10-36　"尺寸约束"示意图

## 10.4.1 建立几何约束

使用几何约束，可以指定草图对象必须遵守的条件，或是草图对象之间必须维持的关系。几何约束面板及工具栏（面板在"参数化"标签内的"几何"面板中）如图 10-37 所示，其主要几何约束选项功能如表 10-1 所示。

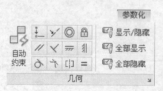

图 10-37 "几何约束"面板及工具栏

**表 10-1** 特殊位置点捕捉

| 约 束 模 式 | 功 能 |
|---|---|
| 重合 | 约束两个点使其重合，或约束一个点使其位于曲线（或曲线的延长线）上。可以使对象上的约束点与某个对象重合，也可以使其与另一对象上的约束点重合 |
| 共线 | 使两条或多条直线段沿同一直线方向 |
| 同心 | 将两个圆弧、圆或椭圆约束到同一个中心点。结果与将重合的约束应用于曲线的中心点所产生的结果相同 |
| 固定 | 将几何约束应用于一对对象时，选择对象的顺序以及选择每个对象的点可能会影响对象彼此间的放置方式 |
| 平行 | 使选定的直线位于彼此平行的位置。平行约束在两个对象之间应用 |
| 垂直 | 使选定的直线位于彼此垂直的位置。垂直约束在两个对象之间应用 |
| 水平 | 使直线或点对位于与当前坐标系的 x 轴平行的位置。默认选择类型为对象 |
| 竖直 | 使直线或点对位于与当前坐标系的 y 轴平行的位置 |
| 相切 | 将两条曲线约束为保持彼此相切或其延长线保持彼此相切。相切约束在两个对象之间应用 |
| 平滑 | 将样条曲线约束为连续，并与其他样条曲线、直线、圆弧或多段线保持 G2 连续性 |
| 对称 | 使选定对象受对称约束，相对于选定直线对称 |
| 相等 | 将选定圆弧和圆的尺寸重新调整为半径相同，或将选定直线的尺寸重新调整为长度相同 |

绘图中可指定二维对象或对象上的点之间的几何约束。之后编辑受约束的几何图形时，将保留约束。因此，通过使用几何约束，可以在图形中包括设计要求。

## 10.4.2 几何约束设置

在用 AutoCAD 绘图时，可以控制约束栏的显示，使用"约束设置"对话框，如图 10-38 所示，可控制约束栏上显示或隐藏的几何约束类型。可单独或全局显示/隐藏几何约束和约束栏。可执行以下操作：

● 显示（或隐藏）所有的几何约束
● 显示（或隐藏）指定类型的几何约束
● 显示（或隐藏）所有与选定对象相关的几何约束

### 1. 执行方式

命令行：CONSTRAINTSETTINGS（快捷命令：CSETTINGS）

菜单栏:"参数"→"约束设置"

功能区:参数化→几何→"对话框启动器"

工具栏:参数化→约束设置

### 2.操作格式

命令: CONSTRAINTSETTINGS✓

系统打开"约束设置"对话框,在该对话框中,单击"几何"标签打开"几何"选项卡,如图 10-38 所示。使用此对话框可以控制约束栏上约束类型的显示。

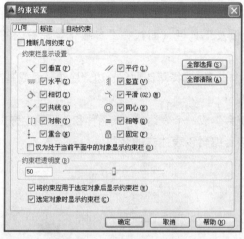

图 10-38 "约束设置"对话框

## 10.4.3 实例——电感符号

绘制如图 10-39 所示的电感符号。

 **绘制步骤**

1.绘制绕线组。单击"绘图"工具栏中的"圆弧"按钮,绘制半径为 10 的半圆弧。单击"修改"工具栏中的"复制"按钮,将圆弧进行复制,如图 10-40 所示。

2.绘制引线。单击状态栏中的"正交模式"按钮,然后单击"绘图"工具栏中的"直线"按钮,绘制竖直向下的电感两端引线,如图 10-41 所示。

图 10-39 电感符号        图 10-40 复制圆弧        图 10-41 绘制引线

3.相切对象。单击"几何约束"工具栏中的"相切"按钮,选择需要约束的对象,使直线与圆弧相切,命令行中的提示与操作如下:

命令:_GeomConstraint
输入约束类型
[水平(H)/竖直(V)/垂直(P)/平行(PA)/相切(T)/平滑(SM)/重合(C)/同心(CON)/共线(COL)/对称(S)/相等(E)/固定(F)]<相切>:_Tangent

> 选择第 1 个对象:（选择最左端圆弧）
> 选择第 2 个对象:（选择左侧竖直直线）

4．使用同样的方法建立右侧直线和圆弧的相切关系。单击"修改"工具栏中的"修剪"按钮⊬，将多余的线条修剪掉，结果如图 10-39 所示。

## 10.4.4　建立尺寸约束

建立尺寸约束是限制图形几何对象的大小，也就是与在草图上标注尺寸相似，同样设置尺寸标注线，与此同时再建立相应的表达式，不同的是可以在后续的编辑工作中实现尺寸的参数化驱动。标注约束面板及工具栏（面板在"参数化"标签内的"标注"面板中），如图 10-42 所示。

在生成尺寸约束时，用户可以选择草图曲线、边、基准平面或基准轴上的点，以生成水平、竖直、平行、垂直和角度尺寸。

生成尺寸约束时，系统会生成一个表达式，其名称和值显示在弹出的对话框文本区域中，如图 10-43 所示，用户可以接着编辑该表达式的名和值。

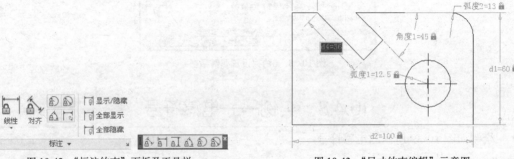

图 10-42　"标注约束"面板及工具栏　　　图 10-43　"尺寸约束编辑"示意图

生成尺寸约束时，只要选中了几何体，其尺寸及其延伸线和箭头就会全部显示出来。将尺寸拖动到位，然后单击即可。完成尺寸约束后，用户还可以随时更改尺寸约束，只需在图形区选中该值并双击，然后可以使用生成过程所使用的同一方法，编辑其名称、值或位置。

## 10.4.5　尺寸约束设置

在用 AutoCAD 绘图时，可以控制约束栏的显示，使用"约束设置"对话框内的"标注"选项卡，可控制显示标注约束时的系统配置。标注约束控制设计的大小和比例。它们可以约束以下内容：

● 对象之间或对象上的点之间的距离
● 对象之间或对象上的点之间的角度

1．执行方式

命令行：CONSTRAINTSETTINGS（快捷命令：CSETTINGS）

菜单栏："参数"→"约束设置"

功能区：参数化→标注→标注约束设置

工具栏：参数化→约束设置

**2．操作格式**

命令：CONSTRAINTSETTINGS↙

系统打开"约束设置"对话框，在该对话框中，单击"标注"标签打开"标注"选项卡，如图 10-44 所示。使用此对话框可以控制约束栏上约束类型的显示情况。

图 10-44 "约束设置"对话框

# 10.4.6 实例——更改椅子扶手长度

使用尺寸驱动绘制如图 10-45 所示的椅子。

**绘制步骤**

1．打开随书光盘中源文件/第 10 章/椅子，如图 10-46 所示。

2．选择菜单栏中的"参数"→"几何约束"命令，或在任意工具栏单击鼠标右键打开"几何约束"工具栏，打开"几何约束"工具栏。选择

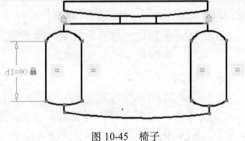

图 10-45 椅子

"固定"命令，使椅子扶手上部两圆弧均建立固定的几何约束。

3．重复使用"相等"命令，使最左端竖直线与右端各条竖直线建立相等的几何约束。

4．设置自动约束。选择菜单栏中的"参数"→"约束设置"命令，打开"约束设置"对话框。打开"自动约束"选项卡，选择重合约束，取消其余约束方式，如图 10-47 所示。

5．选择菜单栏中的"参数"→"自动约束"命令，或单击"参数化"工具栏上的"自动约束"按钮⛓，然后选择全部图形。将图形中所有交点建立"重合"约束。

6．打开"标注约束"工具栏。选择"竖直"命令，更改竖直尺寸。命令行提示与操作如下：

命令：_DcVertical
当前设置：约束形式 = 动态
指定第 1 个约束点或 [对象(O)] <对象>：（单击最左端直线上端）
指定第 2 个约束点：（单击最左端直线下端）
指定尺寸线位置：（在合适位置单击）
标注文字 = 100（输入长度 80）

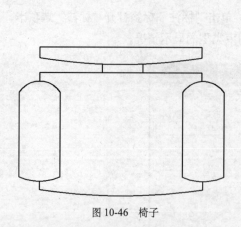

图 10-46  椅子

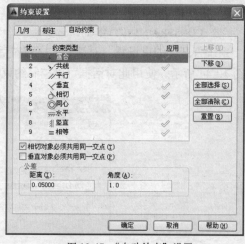

图 10-47  "自动约束"设置

**7.** 系统自动将长度 100 调整为 80，最终结果如图 10-45 所示。

# 10.4.7  自动约束

在用 AutoCAD 绘图时，使用"约束设置"对话框内的"自动约束"选项卡，如图 10-47 所示，可将设定在公差范围内的对象自动设置为相关约束。

### 1．执行方式

命令行：CONSTRAINTSETTINGS（快捷命令：CSETTINGS）

菜单栏："参数"→"约束设置"

功能区：参数化→标注→标注约束设置 ◥

工具栏：参数化→约束设置 ◫

### 2．操作格式

命令：CONSTRAINTSETTINGS↙

系统打开"约束设置"对话框，在该对话框中，单击"自动约束"标签打开"自动约束"选项卡，如图 10-48 所示。使用此对话框可以控制自动约束相关参数。

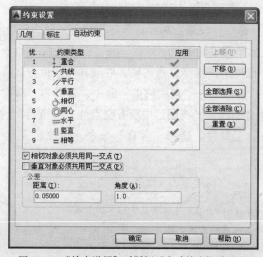

图 10-48  "约束设置"对话框"自动约束"选项卡

## 10.4.8　实例——绘制约束控制

对图 10-49 所示的未封闭三角形进行约束控制，结果如图 10-50 所示。

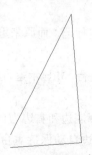

图 10-49　未封闭三角形

图 10-50　自动重合与自动垂直约束

 **绘制步骤**

1. 设置约束与自动约束。选择菜单栏中的"参数"→"约束设置"命令，打开"约束设置"对话框。打开"几何"选项卡，单击"全部选择"按钮，选择全部约束方式，如图 10-51 所示。再打开"自动约束"选项卡，将"距离"和"角度"公差设置为 1，不选择"相切对象必须共用同一交点"复选框和"垂直对象必须共用同一交点"复选框，约束优先顺序按图 10-52 所示设置。

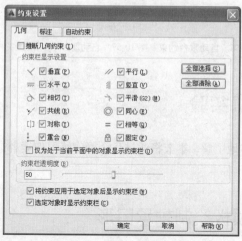

图 10-51　"几何"选项卡设置

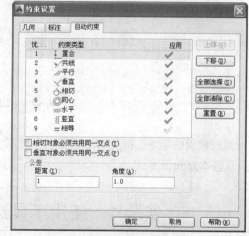

图 10-52　"自动约束"设置

2. 调出"参数化"工具栏，如图 10-53 所示。

图 10-53　"参数化"工具栏

3. 单击"参数化"工具栏上的"固定"按钮，命令提示如下：

命令: _GeomConstraint
输入约束类型[水平(H)/竖直(V)/垂直(P)/平行(PA)/相切(T)/平滑(SM)/重合(C)/同心(CON)/共线(COL)/对称(S)/相等(E)/固定(F)]<固定>:_Fix
　选择点或 [对象(O)] <对象>:（选择三角形底边）

这时底边被固定，并显示固定标记，如图 10-54 所示。

4．单击"参数化"工具栏上的"自动约束"按钮，命令提示如下：

命令：_AutoConstrain
选择对象或 [设置(S)]：（选择底边）
选择对象或 [设置(S)]：（选择左边，这里已知左边两个端点的距离为 0.7，在自动约束公差范围内）
选择对象或 [设置(S)]：✓

这时将左边下移，底边和左边两个端点重合，并显示固定标记，而原来重合的上顶点现在分离，如图 10-55 所示。

5．用同样的方法，使上边两个端点进行自动约束，两者重合，并显示重合标记，如图 10-56 所示。

6．单击"参数化"工具栏上的"自动约束"按钮，选择底边和右边为自动约束对象（这里已知底边与右边的原始夹角为 89°），可以发现，底边与右边自动保持重合与垂直关系，如图 10-57 所示（注意：这里右边必然要缩短）。

图 10-54　固定约束　　图 10-55　自动重合约束　　图 10-56　自动重合约束　　图 10-57　自动重合与自动垂直约束

# 10.5　上机实验

通过前面的学习，读者对本章知识也有了大体地了解，本节将通过几个操作练习使读者进一步掌握本章知识要点。

## 实验 1　使用工具选项板绘制轴承图形

操作提示：

（1）如图 10-58 所示，打开工具选项板，在工具选项板的"机械"选项卡中选择"滚珠轴承"图块，插入到新建的空白图形中并通过右键快捷菜单进行缩放。

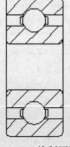

图 10-58　绘制图形

（2）选择"图案填充"命令对图形剖面进行填充。

## 实验 2　使用设计中心绘制盘盖组装图

操作提示：

（1）如图 10-59 所示，打开设计中心与工具选项板。

（2）建立一个新的工具选项板标签。

（3）在设计中心中查找已经绘制好的常用机械零件图。

（4）将这些零件图拖入到新建的工具选项板标签中。

（5）打开一个新图形文件界面。

（6）将需要的图形文件模块从工具选项板上拖入到当前图形中，并进行适当的放缩、移动和旋转等操作。

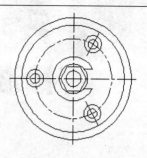

图 10-59　盘盖组装图

## 实验 3　使用尺寸约束功能更改方头平键尺寸

如图 10-60 所示。

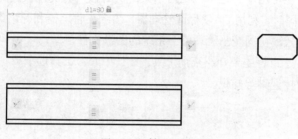

图 10-60　键 B18×80

## 实验 4　查询法兰盘属性

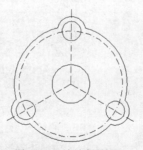

图 10-61　法兰盘零件图

# 第 11 章

## 标准化绘图

为了减少系统整体的图形设计效率，并有效地管理整个系统的所有图形设计文件，AutoCAD 经过不断地探索和完善，推出了大量的集成化绘图工具，包括查询工具、设计中心、工具选项板、CAD 标准、图纸集管理器和标记集管理器等工具。使用设计中心和工具选项板，用户可以建立自己的个性化图库，也可以利用别人提供的强大的资源快速准确地进行图形设计计。同时，利用 CAD 标准管理器、图纸集管理器和标记集管理器，用户可以有效地协同统一管理整个系统的图形文件。

本章将主要介绍查询工具、设计中心、工具选项板、CAD 标准、图纸集和标记集等知识。

# 11.1　CAD 标准

　　CAD 标准其实就是为命名对象（如图层和文本样式）定义一个公共特性集。所有用户在绘制图形时都应严格按照这个约定来创建、修改和应用 AutoCAD 图形。用户可以根据图形中使用的命名对象，如图层、文本样式、线型和标注样式，来创建 CAD 标准。

　　在绘制复杂图形时，如果绘制图形的所有人员都遵循一个共同的标准，那么在绘制图形中的协调与沟通就会变得十分容易，出现了错误也容易纠正。为维护图形文件的一致性，可以创建标准文件以定义常用属性。标准为命名对象（例如图层和文字样式）定义一组常用特性。为了增强一致性，用户或用户的 CAD 管理员可以创建、应用和核查 AutoCAD 图形中的标准。因为标准可以帮助其他人理解图形，所以在许多人创建同一个图形的协作环境下尤其有用。

　　用户在定义了一个标准之后，可以以样板的形式存储这个标准，并能够将一个标准文件与多个图形文件相关联，从而检查 CAD 图形文件是否与标准文件一致。

　　当用户以 CAD 标准文件来检查图形文件是否符合标准时，图形文件中的所有上面提到的命名对象都会被检查到。如果用户在确定一个对象时使用了非标准文件中的名称，那么这个非标准的对象将会被清除出当前图形。任何一个非标准对象都将会被转换成标准对象。

## 11.1.1　创建 CAD 标准文件

　　在 AutoCAD 中，可以为 4 种命名对象创建标准，即图层、文字样式、线型和标注样式。如果要创建 CAD 标准，要先创建一个定义有图层、标注样式、线型和文本样式的文件，然后以样板的形式存储起来，CAD 标准文件的扩展名为.DWS。用户在创建了一个具有上述条件的图形文件后，如果要以该文件作为标准文件，可选择"文件"→"另存为"命令，打开"图形另存为"对话框，如图 11-1 所示。在"文件类型"下拉列表框中选择"AutoCAD 图形标准 (*dws)"，然后单击"保存"按钮，这时就会生成一个和当前图形文件同名，但扩展名为 DWS 的标准文件。

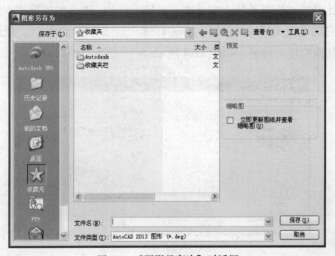

图 11-1　"图形另存为"对话框

## 11.1.2 关联标准文件

在使用 CAD 标准文件检查图形文件前，首先应该将该图形文件与标准文件关联起来。

### 1．执行方式

命令行：STANDARDS

菜单栏："工具"→"CAD 标准"→配置

工具栏：CAD 标准→配置…（如图 11-2 所示）

### 2．操作格式

命令：STANDARDS✓

系统打开"配置标准"对话框，如图 11-3 所示。

图 11-2 "CAD 标准"工具栏          图 11-3 "配置标准"对话框

### 3．选项说明

(1)"标准"选项卡

"与当前图形关联的标准文件"列表框列出与当前图形相关联的所有标准（DWS）文件。要添加标准文件，单击"添加标准文件"图标即可。要删除标准文件，则单击"删除标准文件"图标。如果此列表中的多个标准之间发生冲突（例如，如果两个标准指定了名称相同而特性不同的图层），则优先采用第 1 个显示的标准文件。要在列表中改变某标准文件的位置，可以选择该文件，并单击"上移"或"下移"图标，还可以使用快捷菜单添加、删除或重新排列文件。

(2)"插件"选项卡

该选项卡列出并描述当前系统上安装的标准插入模块。安装的标准插入模块将用于每一个命名对象，利用它即可定义标准（图层、标注样式、线型和文字样式）。预计将来第三方应用程序应能够安装其他的插入模块，如图 11-4 所示。

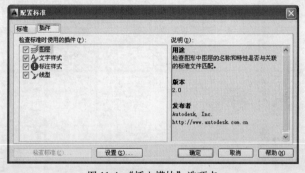

图 11-4 "插入模块"选项卡

### 11.1.3　使用 CAD 标准检查图形

可以利用已经设置的 CAD 标准检查所绘制的图形是否符合标准。在批量绘制图形时，这样可以使所有图形都符合相同的标准，增强图形的规范性。

**1．执行方式**

命令行：CHECKSTANDARDS

菜单栏："工具"→"CAD 标准"→"检查"

工具栏：CAD 标准→检查✅（如图 11-2 所示）

**2．操作格式**

命令：CHECKSTANDARDS↙

系统自动打开"检查标准"对话框，如图 11-5 所示。其中"问题"列表框提供关于当前图形中非标准对象的说明。要修复问题，从"替换为"列表中选择一个替换选项，然后单击"修复"按钮。选择"将此问题标记为忽略"复选框，则将当前问题标记为忽略。如果在"CAD 标准设置"对话框中关闭了"显示忽略的问题"选项，下一次检查该图形时将不显示已标记为忽略的问题。

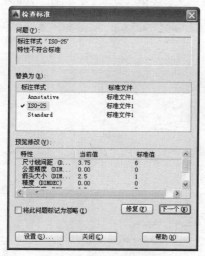

图 11-5　"检查标准"对话框

### 11.1.4　实例——对挂轮架进行 CAD 标准检验

当创建多个图纸时，可以对文件的常用属性定义一个标准，经过标准的检验后，文件的一致性和通用性可以得到保证，有利于相互之间的合作和交流。

为维护图形文件的一致性，可以创建标准文件以定义常用属性。标准为命名对象（如图层和文字样式）定义一组常用特性。为了增强一致性，用户或用户的 CAD 管理员可以创建、应用和核查图形中的标准。因为标准可使其他人容易对图形做出解释，在合作环境下，许多人都致力于创建一个图形，所以标准特别有用。

　**绘制步骤**

1．创建标准文件。要设置标准，可以创建定义图层特性、标注样式、线型和文字样式的文件，然后将其保存为扩展名为*.dws 的标准文件。创建标准文件的步骤如下：

❶ 选择菜单栏中的"文件"→"新建"命令，或单击常用工具栏上的新建图标▢。

❷ 选择合适的样板文件，在本例中，选择前面创建的"自建样板 1.dwt"。

❸ 在样板图形中，创建任何将要作为标准文件一部分的图层、标注样式、线型和文字样式。图 11-6 所示为创建了作为标准的几个图层，对图层的属性进行设置。

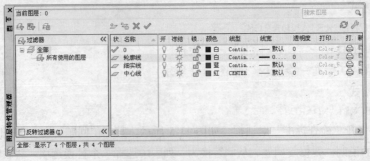

图 11-6　标准文件的图层

❹ 选择菜单栏中的"文件"→"另存为…"命令，出现如图 11-7 所示对话框，将标准文件命名为"标准文件 1.dws"，在"文件类型"列表中，选择"AutoCAD 图形标准(*.dws)"，保存。

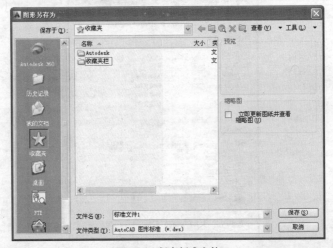

图 11-7　保存标准文件

　　DWS 文件必须以当前图形文件格式保存。要创建以前图形格式的 DWS 文件，要以所需的 DWG 格式保存该文件，然后使用.dws 扩展名对 DWG 文件进行重命名。

　　根据工程的组织方式，可以决定是否创建多个工程特定标准文件并将其与单个图形关联起来。在核查图形文件时，标准文件中的各个设置间可能会产生冲突。例如，某个标准文件指定图层"墙"为黄色，而另一个标准文件指定该图层为红色。当发生冲突时，第 1 个与图形关联的标准文件具有优先权。如果有必要，可以改变标准文件的顺序以改变优先级。

　　如果希望只使用指定的插入模块核查图形，可以在定义标准文件时指定插入模块。例如，如果最近只对图形进行了文字更改，那么用户可能希望只使用图层和文字样式插入模块核查图形，以节省时间。默认情况下，当核查图形是否与标准冲突时，将使用所有插入模块。

2．使标准文件与当前图形相关联。标准文件创建后，与当前图形还没有丝毫联系。要检验当前图形是否符合标准，还必须使当前图形与标准文件相关联。关联的步骤如下：

❶ 打开随书光盘文件"源文件\第 11 章\挂轮架"图形文件作为当前图形，如图 11-8 所示。

❷ 选择菜单栏中的"工具"→"CAD 标准"→"配置"命令，或在命令栏中输入 standards 命令，打开如图 11-9 所示的"配置标准"对话框。

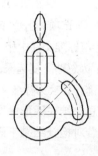

图 11-8　挂轮架

图 11-9　"配置标准"对话框

在"配置标准"对话框的"标准"选项卡中，单击加号(+)按钮添加标准文件，系统弹出如图 11-10 所示的对话框。在"选择标准文件"对话框中，找到并选择"标准文件 1.dws"作为标准文件。

图 11-10　选择标准文件对话框

打开标准文件后，出现如图 11-11 所示的对话框，即表示当前图形与"标准文件 1"建立了关联。

❸ 单击"配置标准"对话框中的"设置（S）…"按钮，出现如图 11-12 所示的"CAD 标准设置"对话框，可以对 CAD 的标准进行设置。

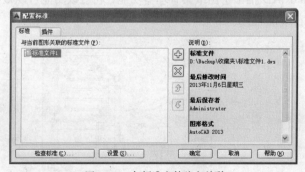

图 11-11　与标准文件建立关联

图 11-12　CAD 标准设置对话框

如果要使其他标准文件与当前图形相关联，可重复执行以上步骤。

技巧荟萃 可以使用通知功能警告用户在操作图形文件时发生标准冲突。此功能允许用户在发生标准冲突后立即进行修改，从而使创建和维护遵从标准的图形更加容易。

3. 检查图形文件与标准是否冲突。将标准文件与图形相关联后，应该定期检查该图形，以确保它符合其标准。这在许多人同时更新一个图形文件时尤为重要。

在如图 11-11 所示的"配置标准"对话框中，单击"检查标准（C）…"选项，出现如图 11-13 所示的"检查标准"对话框，在这个对话框的"问题"一栏注解当前图形与标准文件中相冲突的项目，单击"下一个"按钮对当前图形的项目逐个检查。选择"将此问题记为忽略"复选框，可忽略当前冲突项目，也可以选择"修复"，将当前图形中与标准文件相冲突的部分替换为标准文件。

检查完成后，弹出如图 11-14 所示的"检查完成"对话框，此消息总结在图形中发现的标准冲突，还显示自动修复的冲突、手动修复的冲突和被忽略的冲突。若对检查结果不满意，可以继续进行检查和修复，直到当前图形的图层与标准文件相一致为止。

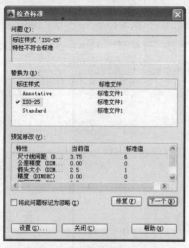

图 11-13 "检查标准"对话框

图 11-14 "检查完成"对话框

# 11.2　图纸集

整理图纸集是大多数设计项目的重要工作，然而，手动组织非常耗时，其流程如图 11-15 所示。为了提高组织图形集的效率，AutoCAD 推出了图纸集管理器功能，利用该功能可以在图纸集中为各个图纸自动创建布局，如图 11-16 所示。

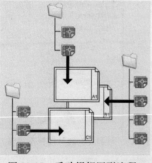

图 11-15　手动组织图形流程

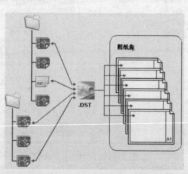

图 11-16　图纸集组织图形流程

## 11.2.1　创建图纸集

在批量绘图或管理某个项目的所有图纸时，用户可以根据需要创建自己的图纸集。

### 1. 执行方式

命令行：NEWSHEETSET

菜单栏："文件"→"新建图纸集"或"工具"→"向导"→"新建图纸集"或"应用程序菜单"

▲→"新建"→"图纸集"

工具栏：标准→图纸集管理器 ◎→新建图纸集，如图 11-17 所示

### 2. 操作格式

命令：NEWSHEETSET✓

系统打开"创建图纸集 — 开始"对话框，如图 11-18 所示。对话框中有"样例图纸集"和"现有图形"两个单选按钮，功能相似。选择前者，以系统预设的图纸集作为创建工具；选择后者，则以现有图形作为创建工具。按系统提示继续操作可以创建图纸集。

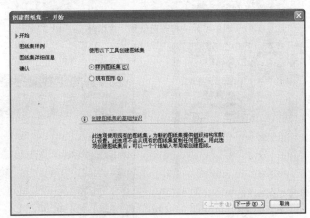

图 11-17　新建图纸集　　　　图 11-18　"创建图纸集 — 开始"对话框

## 11.2.2　打开图纸集管理器并放置视图

创建好图纸集后，可以根据需要对图纸集进行管理或添加图形到图纸集中。

### 1. 执行方式

命令行：SHEETSET

菜单："工具"→"选项板"→"图纸集管理器"

工具栏：标准→图纸集管理器 ◎

### 2. 操作格式

命令：SHEETSET✓

系统打开图纸集管理器，如图 11-17 所示。在控件下拉列表中选择"打开"，系统打开"打开图纸集"对话框，如图 11-19 所示。选择一个图纸集后，图纸集管理器中显示该图纸集的图纸列表，如图 11-20 所示。选择图纸集管理器中的"模型视图"选项卡，双击位置目录中"添加新位置"目录项，如图 11-21 所示。系统打开"浏览文件夹"，如图 11-22 所示。选择文件夹后，该文件夹所有文件都会出现在位置目录中，如图 11-23 所示。

选择一个图形文件后，单击鼠标右键，从快捷菜单中选择"放置到图纸上"命令，如图 11-24 所示。选择的图形文件的布局就出现在当前图纸的布局中，单击鼠标右键，系统打开"比例"

快捷菜单，选择一个合适的比例，如图 11-25 所示。拖动鼠标，指定一个位置后，该布局就插入到当前图形布局中，如图 11-26 所示，下面的布局为原图形布局，上面的布局为插入的布局。

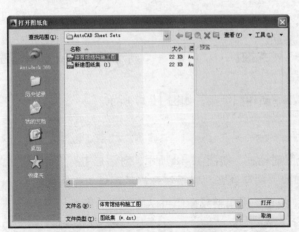

图 11-19 "打开图纸集"对话框

图 11-20 显示图纸列表

图 11-21 "添加新位置"目录项

图 11-22 "浏览文件夹"对话框

图 11-23 模型视图

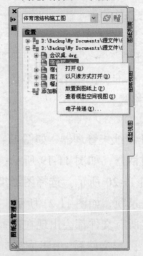

图 11-24 快捷菜单

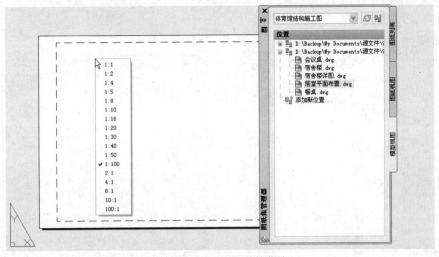

图 11-25 "比例"快捷菜单

单击图纸管理器中的"图纸列表"选项卡，可以看到新添加的布局已经存在于当前图纸集中了，如图 11-27 所示。

图纸集管理器中打开和添加的图纸必须是布局空间图形，不能是模型空间图形，如果不是布局空间图形，必须事先进行转换。

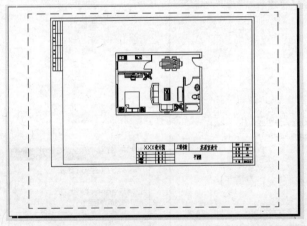

图 11-26 插入布局结果

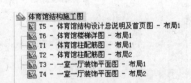

图 11-27 图纸集显示结果

## 11.2.3 实例——创建喷泉施工图图纸集

利用创建图纸集的方法创建喷泉施工图图纸集，利用图纸管理器功能设置图纸。

**绘制步骤**

1. 将绘制的喷泉施工图移动到同一个文件夹中，并将文件夹命名为"喷泉施工图"，然后即可创建图纸集。

2. 单击工具栏中的"图纸管理器"按钮 ，打开图纸集管理器，然后在下拉菜单中选择

"新建图纸集"命令。如图 11-28 所示。

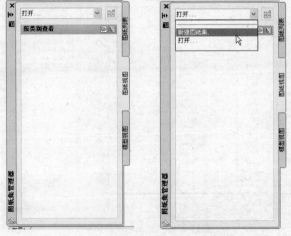

图 11-28　由图纸集管理器新建图纸集

3．在新建图纸集对话框中，由于已经将图纸绘制完成，所以选择"现有图形"，然后单击下一步，进入图纸集详细信息对话框，将图纸集名称修改为"喷泉施工图"，并在下面路径中选择保存图纸集的路径，如图 11-29 所示。

4．单击"下一步"按钮，进入选择布局对话框，选择"输入选项"按钮，将复选框全部选中，如图 11-30 所示。

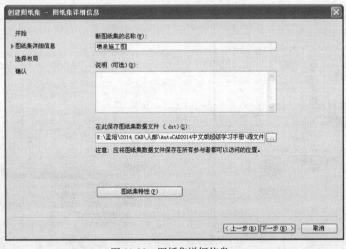

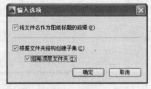

图 11-29　图纸集详细信息　　　　　　　　图 11-30　设置布局

5．单击"确定"按钮，并进行下一步操作，显示图纸集的详细信息，如图 11-31 所示。单击"完成"按钮。

6．系统自动打开"图纸集管理器"，并显示将"喷泉施工图"图纸集设置为当前，然后单击"模型视图"选项卡，如图 11-32 所示。双击"添加新位置"，然后将选择事先保存好图形文件的文件夹，确定后如图 11-33 所示。

7．单击"图纸列表"及"图纸视图"选项卡，发现其均为空白，这是因为没有向其中添加布局。首先要将图形均创建布局模式。例如打开"喷泉立面图"，即在资源列表中，双击喷泉立面图，打开喷泉立面图文件，如图 11-34 所示。

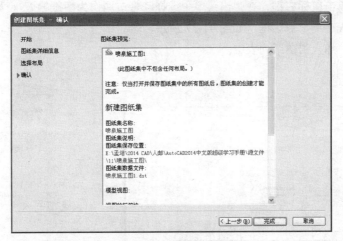

图 11-31 图纸集信息

图 11-32 图纸集管理器

图 11-33 添加图纸

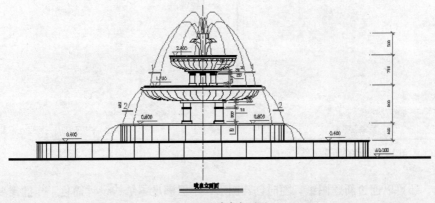

图 11-34 喷泉立面图

8. 单击绘图区域下面的布局选项卡，创建布局 2，如图 11-35 所示。

9. 同理其它文件也同样创建布局，然后回到图纸集管理器，选择"图纸列表"选项卡，在图纸集名称上单击鼠标右键，在弹出菜单中选择"将布局作为图纸输入"，如图 11-36 所示。打开"按图纸输入布局"对话框，如图 11-37 所示，然后单击"浏览图形"按钮，选择刚刚创建过的布局文件，加入到图纸列表中。

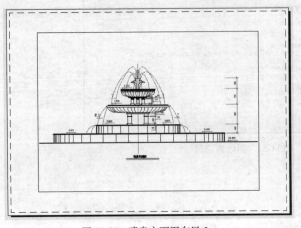
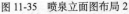

图 11-35 喷泉立面图布局 2

图 11-36 输入布局

10．加入之后如图 11-38 所示。同理，添加其他布局图纸，图纸集管理器如图 11-39 所示。可以看到，在图纸列表中已经将所绘文件加入，可以直接通过管理器的窗口随时调用。

11．选择一个布局，可以通过单击详细信息按钮查询图纸的信息，也可通过单击右侧的预览按钮，预览布局形式，如图 11-40 所示。

建立完成图纸集，设计人员就可以方便地通过图纸集管理器来管理图纸。并且可以随时通过双击打开图纸集中的图纸。

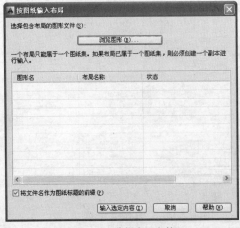

图 11-37 选择布局文件

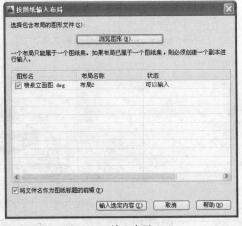

图 11-38 输入布局

同时，还可以通过新建图纸，随时创建图形，不但满足了结构设计简化工作的需要，提高了绘图效率，而且方便了图纸的管理。

12．在图纸集管理器的图纸列表中，选择一个图纸，然后单击鼠标右键，选择"重命名及重新编号"，如图 11-41 所示。打开重新编号对话框，如图 11-42 所示。

图 11-39 管理器

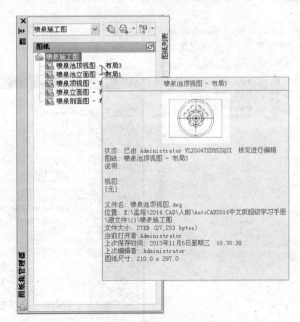

图 11-40 查看详细信息

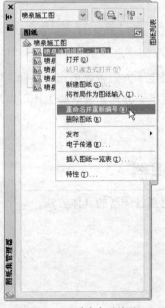

图 11-41 重命名及编号

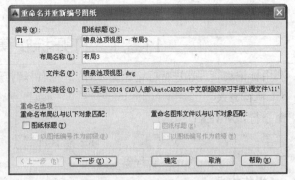

图 11-42 重命名及编号对话框

13．将编号修改为 T1，单击"下一步"按钮，修改第二幅图纸。依次将图形命名为 T1 到 T5，最后图纸集变为如图 11-43 所示。

建立了图纸集后，可以利用图纸集的布局，生成图纸文件，例如在图纸集中选择一个图布局，单击鼠标右键，选择"发布"→"发布为 DWFx"命令，AutoCAD 将弹出"指定 DWFx 文件"对话框，如图 11-44 所示。选择适当路径，单击"选择"按钮，将进行发布工作，同时会在屏幕右下角显示发布状态图标"▨"，将光标停留在上面，将显示当前执行操作的状态。如不必打印，即关闭弹出的"打印－正在处理后台作业"对话框。

图 11-43　重新编号后的图纸集

图 11-44　发布图纸

# 11.3　标记集

当设计处于最后阶段时，可以发布要检查的图形，并通过电子方式接收更正和注释。然后可以针对这些注释进行相应处理和响应并重新发布图形。通过电子方式完成这些工作可以简化交流过程、缩短检查周期并提高设计过程的效率。

## 11.3.1　打开标记集管理器

利用标记集管理器进行标记相关工作。下面讲解打开标记集管理器的具体方法。

### 1．执行方式

命令行：MARKUP

菜单："工具"→"选项板"→"标记集管理器"

工具栏：标准→标记集管理器 📋

### 2．操作格式

命令：MARKUP✓

系统打开标记集管理器，如图 11-45 所示。在标记集管理器的控件下拉列表框中单击"打开"按钮，或直接在"文件"菜单中选择"加载标记集"命令，系统打开"打开标记 DWF"对话框，如图 11-46 所示。选择文件后，系统弹出网页文件，如图 11-47 所示。

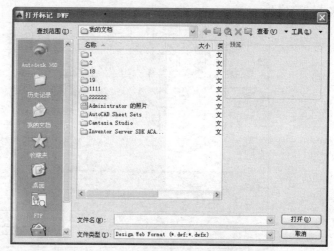

图 11-45　标记集管理器　　　　　　　　　图 11-46　"打开标记 DWF"对话框

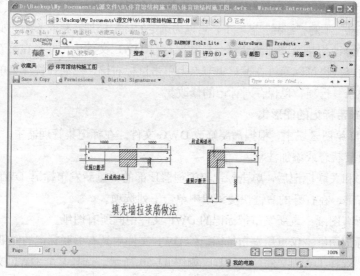

图 11-47　网页文件

# 11.3.2　标记相关操作

在标记集管理器中，可以进行标记的相关操作。

## 1. 查看标记详细信息与修改注释

在加载的标记 DWF 文件目录中，双击文件名，或单击鼠标右键，在打开的右键快捷菜单中选择"打开图纸"命令，系统打开带有红色标记的图纸文件，如图 11-48 所示。在下面的详细信息列表中显示出文件的详细信息。其中包括"标记状态"下拉列表框，该列表框显示标记的 4 种状态，如下所示。

无：指示尚未指定状态的单个标记。这是新标记的默认状态。

问题：指示已指定"问题"状态的单个标记。打开并查看某个标记后，如果需要了解该标记的更多信息，可以将其状态更改为"问题"。

待检查：指示已指定"待检查"状态的单个标记。实现某个标记后，可以将其状态更改为"待检查"，表示标记创建者应当检查对图纸和标记状态所做的修改。

完成：指示已指定"完成"状态的单个标记。已经实现并查看某个标记后，可以将其状态修改为"完成"。

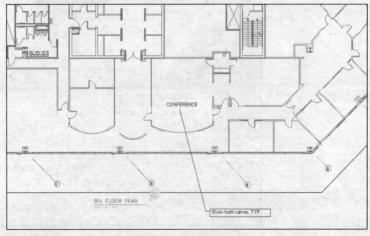

图 11-48　带标记的文件

如果更改状态，系统会在标记历史中记录一个新条目。

在"详细信息"下的"注释"区域中，可以为选定的标记添加注释或备注，如图 11-49 所示。

标记状态的修改信息及添加的注释会自动保存在 DWF 文件中，并会在重新发布 DWF 文件时包含这些内容。也可以通过在标记集节点上单击鼠标右键，然后在快捷菜单上单击"保存标记历史修改记录"选项，以保存对标记的修改。

### 2．重新发布带标记的图形集

在 AutoCAD 绘图区域中，根据需要修改 DWG 文件。在标记集管理器中，单击标记节点，并根据需要修改其状态或添加注释。

修改完图形和关联标记后，单击标记集管理器顶部的"重新发布标记 DWF"按扭。也可以单击鼠标右键，在打开的右键快捷菜单中单击下列选项。

重新发布所有图纸：重新发布带标记的 DWF 文件中的所有图纸。

重新发布标记图纸：仅重新发布带标记的 DWF 文件中具有关联标记的图纸。

系统打开"选择 DWF 文件"对话框，如图 11-50 所示，选择某个 DWF 文件或输入某个 DWF 文件名，然后单击"选择"按钮。

图 11-49　详细信息

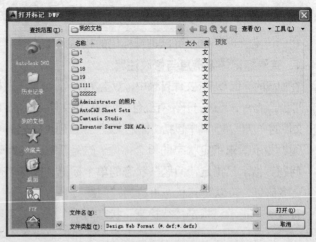

图 11-50　"选择 DWF 文件"对话框

　　如果没有输入新的 DWF 文件名，则包含图形和标记修改内容的同名 DWF 文件将覆盖先前创建的带标记的 DWF 文件。

　　则经过修改后的文件包括其标记重新发布，其他人在接受到该文件后可以再次进行检查。这样有利于整套图纸的规范，也有利于工作组之间的协调工作。

## 11.3.3　实例——带标记的建筑平面图

　　图 11-51 所示，当设计处于最后阶段时，可以发布要检查的图形，并通过电子方式接收更正和注释。然后可以针对这些注释进行相应处理和响应并重新发布图形。通过电子方式完成这些工作可以简化交流过程、缩短检查周期并提高设计过程的效率。

图 11-51　带标记的建筑平面图

　绘制步骤

### 1. 打开标记集管理器

　　选择菜单栏中的"工具"→"选项板"→"标记集管理器"命令，或单击"标准"工具栏中的"标记集管理器"按钮 🗒，命令行提示与操作如下：

命令：MARKUP✓

　　系统打开标记管理器，如图 11-52 所示。在标记集管理器的控制件下拉列表框中单击"打开"命令，系统打开"打开标记 DWF"对话框，如图 11-53 所示。

图 11-52　标记集管理器　　　　　　　　図 11-53　"打开标记 DWF"对话框

2．选择模板。选择 AutoCAD 2014 模板文件："Civil Sample Sheet Set.dwf"（该标记文件被加载到标记集管理器中）。为方便加载，将模板文件复制到源文件目录下。

3．查看标记详细信息与修改注释。在加载的标记 DWF 文件目录中，双击文件名，或单击鼠标右键，在打开的右键快捷菜单中选择"打开图纸"命令，系统将打开所有带有标记的图纸文件，如图 11-54 所示。

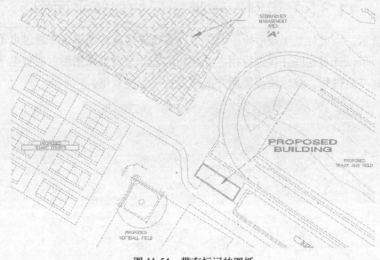

图 11-54　带有标记的图纸

4．重新发布带标记的图形集。在 AutoCAD 绘图区域中，根据需要修改 DWF 文件。在标记集管理器中，单击标记节点，并根据需要修改其状态或添加注释，如图 11-55 所示。

5．修改完图形和关联标记后，单击标记集管理器顶部的"重新发布标记 DWF"按钮，其右边下拉菜单中有两个选项，选择其中一项：

重新发布所有图纸：重新发布带标记的 DWF 文件中的所有图纸。

重新发布标记图纸：仅重新发布带标记的 DWF 文件中具有关联标记的图纸。

6．系统打开"指定 DWF 文件"对话框，如图 11-56 所示，选择某个 DWF 文件或输入某个 DWF 文件名后，单击"选择"，该文件就会被发布。

图 11-55　加载文件

图 11-56　"指定 DWF 文件"对话框

## 11.4　上机实验

通过前面的学习，读者对本章知识也有了大体的了解，因此再通过几个操作练习使读者更进一步掌握本章知识要点。

## 实验 1　对齿轮轴套图形进行 CAD 标准检验

### 1．目的要求

CAD 标准检验是检查所绘制图形是否符合相关标准的一种有效方法。如图 11-57 所示，通过本例，要求读者熟练掌握 CAD 标准检验的方法与技巧。

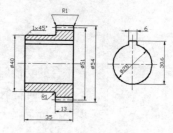

### 2．操作提示

（1）创建标准文件。

（2）打开随书光盘中的相关文件并与标准文件关联。

（3）检查图形文件与标准是否冲突。

图 11-57　齿轮轴套图形

## 实验 2　创建体育馆建筑结构施工图图纸集

### 1．目的要求

利用图纸集，可以有效管理同一项目的图纸。通过本例，要求读者熟练掌握图纸集查验的方法与技巧。

### 2．操作提示

（1）将随书光盘中的体育馆结构施工图移动到同一文件夹中。

（2）利用新建图纸集对话框逐步设置建立图纸集。

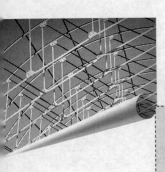

# 第 12 章

## 数据交换

随着各种软件功能的不断发展与完善，使之日益强大，但由于不同软件平台的功能侧重点不同，所以在有自己优点的同时，也存在其他方面的不足，这时就需要借鉴其他软件的某些比自身要强大的功能。AutoCAD 为用户提供了强大的数据交换功能，从而实现了 AutoCAD 与其他软件的数据对接与信息沟通。

# 12.1　Web 浏览器的启动及操作

Autodesk 公司为其开发的 AutoCAD 软件加入了 WHIP!插件，这种插件能够加速网络程序驱动，并且能够在网上阅读 DWG 和 DWF 文件。

## 12.1.1　在 AutoCAD 中启动 Web 浏览器

### 1. 执行方式

命令行：BROWSER

工具栏：Web→浏览 Web📖

### 2. 操作步骤

命令行提示如下：

命令: BROWSER↙

输入网址（URL） <http://www.autodesk.com.cn>:

系统提示默认的 URL（Uniform Resource Locator）地址：<http://www.autodesk.com.cn>，用户可按【Enter】键接受默认地址或输入新地址。AutoCAD 启动 Web 浏览器后，该浏览器就会转到指定地址（URL）。图 12-1 所示为打开的 www.autodesk.com.cn 网址后的界面显示。

图 12-1　打开的 www.autodesk.com.cn 网址后的界面显示

## 12.1.2　打开 Web 文件

在 AutoCAD 中，还有很多命令或对话框可以与 Web 交换信息，如 OPEN，APPLOAD，EXPORT，XREF 等，从而使其 Web 功能大大增强。

下面仅以 OPEN 命令为例，讲述通过网络打开图形文件。在命令行输入 OPEN 命令或通过菜单及工具栏的相应命令打开"选择文件"对话框，如图 12-2 所示。在项目列表中单击 Buzzsaw 或 FTP 按钮。其中 Buzzsaw 是为建筑设计及建筑行业提供的企业对企业运作平台。FTP 收藏夹中则有用户收藏的 FTP 站点，可以在"选择文件"对话框中通过"工具"下拉列表中的"添加/修改 FTP 位置"命令来为 FTP 收藏夹添加或修改 FTP 位置。选择好 Buzzsaw 站点或 FTP 位置后，就可以通过网络来打开上面的图形文件。

图 12-2 "选择文件"对话框

通过 FTP 连接网络数据必须打开 FTP 服务器。用户也可以单击"选择文件"对话框上的"搜索 Web"按钮 🔍，打开"浏览 Web—打开"对话框，如图 12-3 所示。在该对话框中输入浏览的网络地址就可以打开相应的站点，查找需要的文件或数据。

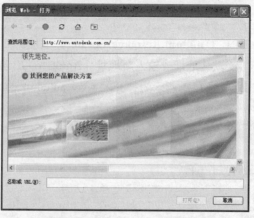

图 12-3 "浏览 Web—打开"对话框

# 12.2　电子出图

利用 AutoCAD 的电子出图（ePlot）特性，用户可在 Web 上发布 DWF 文件。DWF 文件具有高速、安全、精确、易于使用等特点。该文件可由 Internet 浏览器或 Autodesk WHIP! 4.0 plug－in.打开、观察或输出。

本质上，一个 DWF 文件像一个电子图表，便于在 WWW 上查看 CAD 图形。DWF 不是创建工程文档的 CAD 文件格式，仅用来通过 Internet 发布 CAD 文件和通过浏览器查看发布到 Web 上的 CAD 数据。

## 12.2.1　DWF 文件的输出

AutoCAD 提供了两个配置好的 ePlot PC3（plotter configuration）文件用于生成 DWF 文件。用户可以修改这些文件或使用"添加打印机向导"来创建其余的 DWF 输出配置。

### 1. 执行方式

命令行：DWFOUT 或 PLOT

菜单："文件"→"打印"

工具栏：标准→打印🖨

**2．操作步骤**

命令：DWFOUT✓（或 PLOT✓）

系统打开"打印－模型"对话框，如图 12-4 所示。在"打印机/绘图仪"选项组的"名称"下拉列表框中选择 DWF6 ePlot.pc3。该对话框的其他设置与下一章将要讲述的"打印"命令相同，单击"确定"按钮，系统打开"浏览打印文件"对话框，在其中指定文件欲输出的文件夹或 URL 地址以及文件名称后，保存即可。

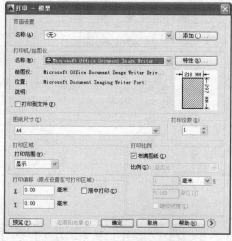

图 12-4　"打印－模型"对话框

用户在 Internet 发布 DWF 文件时必须遵循 Internet 协议。

## 12.2.2　浏览 DWF 文件

如果用户在计算机中安装了 4.0 以上版本的 WHIP!插件和浏览器，则可在 Microsoft Internet Explorer 或 Netscape Communicator 浏览器中查看 DWF 文件，如果 DWF 文件中包含图层和命名视图，还可在浏览器中控制其显示特征，如图 12-5 所示。

（1）在创建 DWF 文件时，只能把当前用户坐标系下创建的命名视图写入 DWF 文件，任何在非当前用户坐标系下创建的命名视图均不能写入 DWF 文件。

（2）在模型空间输出 DWF 文件时，只能把模型空间下的命名视图写入 DWF 文件。

（3）在图纸空间输出 DWF 文件时，只能把图纸空间下的命名视图写入 DWF 文件。

（4）如果命名视图在 DWF 文件输出范围之外，则在此 DWF 文件中将不包含此命名视图。

（5）如果命名视图中一部分包含在 DWF 文件范围之内，则只有包含 DWF 文件范围之内的命名视图是可见的。

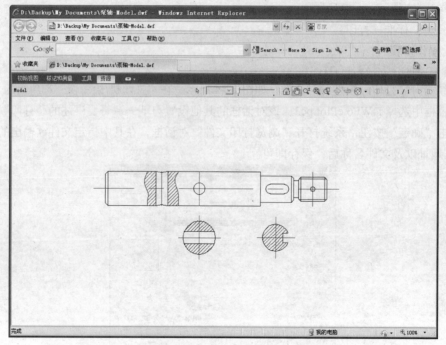

图 12-5　浏览 DWF 文件

## 12.2.3　实例——将泵轴进行电子出图

将如图 12-6 所示的泵轴进行电子出图。本例首先设置打印模式，再输出 DWF 出图。

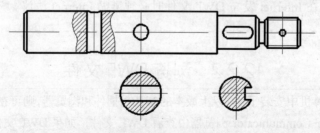

图 12-6　打开 DWF 文件

为了更好地在 Internet 上应用 DWF 文件，提供高质量和高精度的复制输出，所引入的"电子出图"概念（eplot），实际上是一种自动打印到 DWF 文件的打印机制。即使是对非 AutoCAD 的用户也可以创建与传统纸介质输出相同质量和精度的电子图纸，并允许在 Internet 浏览器中打开、或嵌入 html 在 Internet 上发布。而且，即使没安装 AutoCAD，用户也可以用 Internet 浏览器和免费的 Autodesk whip! 插入模块，查看和打印 DWF 文件，从而实现随时随地交流信息的目的，使设计得以沟通与共享。

 绘制步骤

1. 打开随书光盘文件"源文件\第 12 章\泵轴"图形文件。
2. 选择"文件"→"打印"命令，如图 12-7 所示。
3. 按默认值为 A4 图纸，用户也可根据需要选择不同型号的图纸。

4. 打开"打印-模型"对话框后，如图 12-8 所示，在"打印机/绘图仪"区的"名称"栏选择 DWF6 eplot.pc3 打印机，单击"确定"按钮。

图 12-7 打印

图 12-8 选择打印设备

选择"DWF6 eplot.Pc3"打印机后，图形即可以 DWF 格式输出。

电子出图后的 DWF 格式文件，必须使用互联网的浏览器及安装 Autodesk WHIP! Plug-In 或 Volo View Express 才能打开并查看。

安装 Autodesk WHIP! 后，就可以在浏览器中查看 DWF 文件，而且可以在浏览器的窗口上单击鼠标右键，从出现的快捷菜单中选择缩放（Zoom）或平移（Pan）做图形的显示调整，而且还可以进行打开或关闭图层，打印操作。

# 12.3 电子传递与图形发布

电子传递与图形发布都属于 AutoCAD 图形的网络相关传递与输出方式。下面将分别讲解这两种文件的输出或传递方式。

## 12.3.1 电子传递

在将图形发送给他人时，常见的一个问题是忽略了图形的相关文件（例如，字体和外部参照）。某些情况下，没有这些关联文件将使接收者无法使用原来的图形。使用电子传递可以创建 AutoCAD 图形传递集，它可以自动包含所有相关文件。用户可以将传递集在 Internet 上发布或作为电子邮件附件发送给其他人，并会自动生成一个报告文件，其中包括有关传递集包括的文件和必须对这些文件所做的处理（以便使原来的图形可以使用这些文件）的详细说明，也可以在报告中添加注释或指定传递集的口令保护。用户可以指定一个文件夹来存放传递集中的各个文件，也可以创建自解压可执行文件或 Zip 文件（将所有文件打包）。

创建电子传递方法如下：

### 1. 执行方式

命令行：ETRANSMIT

菜单："文件"→"电子传递"

### 2. 操作步骤

命令: ETRANSMIT∠

执行上述命令后，系统会自动打开"创建传递"对话框，如图 12-9 所示。该对话框中有"文件树"和"文件表"两个选项卡，分别显示传递文件的有关信息。可以通过"添加文件"或"传递设置"按钮添加文件或进行传递设置。完成设置后，单击"确定"按钮，系统打开"指定 Zip 文件"对话框，如图 12-10 所示。指定文件后，系统会自动进行传递。

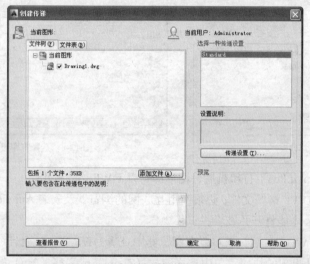

图 12-9 "创建传递"对话框

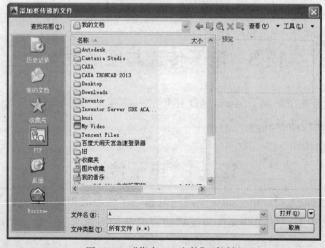

图 12-10 "指定 Zip 文件"对话框

## 12.3.2 实例——将泵轴进行电子传递

AutoCAD 中的电子传递功能可将当前打开的文件和所有相关文件打包到一个传输集合中，并发送到要求的位置。这类似于通过 Web 发送电子邮件消息，允许文件在公司内部和 Web 上的任何位置共享。

**绘制步骤**

1. 打开随书光盘文件"源文件\第 12 章\泵轴"图形。

2. 选择"文件"→"电子传递"命令，弹出图 12-11 所示的对话框，通过图 12-11 可以创建一个将文件通过 Web 发送到客户端的电子传递。

在"当前图形"框中，显示了要进行电子传递的 DWG 图形及相关文件，单击下面的"添加文件"按钮，可以添加要传递的图形。

在对话框左下角的"注解"框中，可以输入要包含在此传递包中的注解，即对图形文件进行一定的说明。

3. 可以对传递文件的类型和传递时的属性进行设置。在对话框的右边，可以选择一种传递设置，默认为标准"Standard"，也可以新建传递设置或修改标准传递设置。单击"传递设置"按钮，弹出图 12-12 所示对话框。

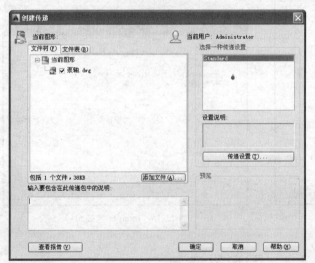

图 12-11 创建传递

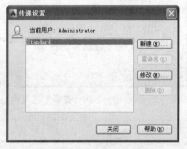

图 12-12 新建或修改传递设置

可以选择"新建"按钮，新建一种传递设置，也可以选择"修改"按钮，修改标准传递设置。图 12-13 所示为修改标准传递设置的对话框。

4. 相关的设置完成后，回到"创建传递"对话框，单击"查看报告"，弹出图框如图 12-14 所示，对要传递的图形文件做解释说明。

5. 设置完毕后，系统弹出图 12-15 所示的 Internet 连接向导对话框，按照连接向导的提示，即可把图形电子传递到目标位置。

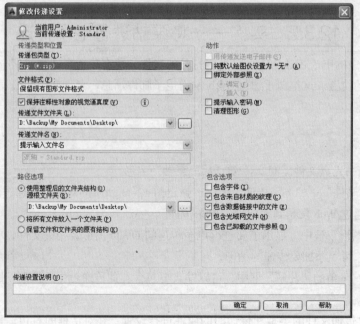

图 12-13　修改传递设置

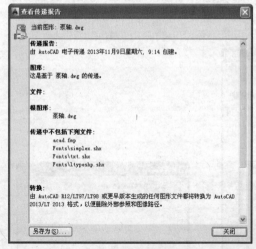

图 12-14　查看传递报告

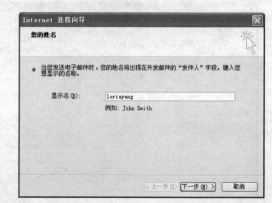

图 12-15　Internet 连接向导

## 12.3.3　图形发布

　　使用 Design Publisher，可以将图形和打印集直接合并到图纸或发布为 DWF（Web 图形格式）文件。可以将图形集发布为单个多页 DWF6 格式文件或多个单页 DWF6 格式文件；可以发布到在每个布局的页面设置中指定的设备（打印机或文件）。使用 Design Publisher 可以灵活地创建电子或图纸图形集并将其用于分发，然后，接收方可以查看或打印图形集。

　　使用 Design Publisher 可以在任何工程环境中创建图形集合，同时维护原始图形的完整性。与原始 DWG 文件不同，DWF 文件不能更改。

　　为特定用户自定义图形集，也可以随着项目的进展在图形集中添加和删除图纸。使用 Design Publisher，可以直接发布到图纸，或发布到可使用电子邮件、FTP 站点、项目网站或 CD

进行分发的中间电子格式。

DWF 格式的图形集的接收方无需安装 AutoCAD 或了解 AutoCAD。无论图形集的接收方位于世界的任何地方，都可以使用 Autodesk Express Viewer 查看和打印高质量的布局。

### 1．执行方式

命令行：PUBLISH

菜单："文件"→"发布"

工具栏：标准→发布🔒

### 2．操作步骤

命令：PUBLISH✓

执行上述命令后，系统将打开"发布"对话框，如图 12-16 所示。

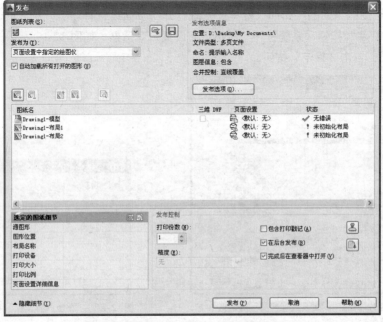

图 12-16 "发布"对话框

### 3．选项说明

（1）用户可以通过"添加图纸"按钮🔳、"加载图纸列表"按钮🔳、"保存图纸列表"按钮🔳、"删除图纸"按钮🔳、"上移图纸"按钮🔳、"下移图纸"按钮🔳和"打印戳记设置"按钮🔳对所选图纸进行对应操作。

（2）选择"页面设置中指定的绘图仪"或"DWF格式"单选按钮将图纸发布到相应的位置。

（3）单击"发布选项"按钮打开"发布选项"对话框，如图 12-17 所示，对发布选项进行相应设置。

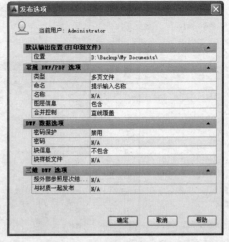

图 12-17 "发布选项"对话框

## 12.3.4 实例——发布泵轴零件图形

绘制好的电子文档的图形图纸，可以发布到需要的各个地方。为提高发布效率，可以组合图纸以发布电子图形集。

发布的图形都采用 DWF 格式，图形 Web 格式（DWF）文件可被压缩小于原 DWG 文件，因此，在 Internet 上的传输速度更快，尤其是采用传输速度较慢的链接，这一点更为明显。由于不能显示原图，即他人亦不能对其进行修改，故采用 DWF 文件格式更加安全。所以说，DWF 是最适合通过电子邮件或 Internet 交换的文件格式。

**绘制步骤**

1．打开随书光盘文件"源文件\第 12 章\泵轴"图形文件。

2．单击绘图区下面的"布局"标签，系统打开"页面设置管理器"对话框，如图 12-18 所示。单击"新建"按钮，系统打开"新建页面设置"对话框，如图 12-19 所示。接受默认设置名"设置 1"，单击"确定"按钮。

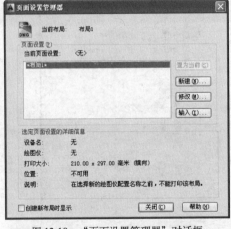

图 12-18 "页面设置管理器"对话框

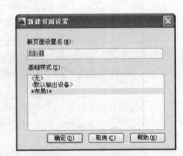

图 12-19 "新建页面设置"对话框

系统打开"页面设置—布局 1"对话框，如图 12-20 所示，在"打印机/绘图仪"选项组的

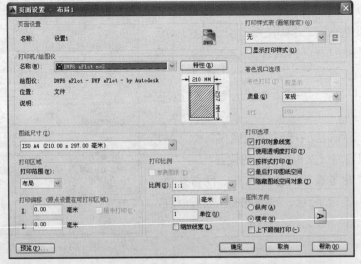

图 12-20 "页面设置—布局 1"对话框

"名称"下拉列表框中选择"DWF6 ePlot.pc3",单击"确定"按钮,系统回到"页面设置管理器"对话框,如图 12-21 所示。在"页面设置"列表框中选择"布局 1",单击"置为当前"按钮,再单击"关闭"按钮。显示的布局如图 12-22 所示。

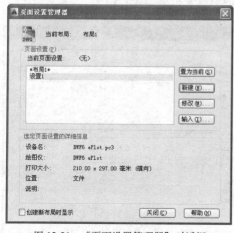

图 12-21 "页面设置管理器"对话框

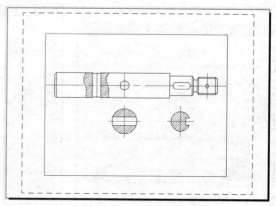

图 12-22 布局

### 3. 发布图形

命令: PUBLISH✓

执行上述命令后,系统打开"发布"对话框,如图 12-23 所示,单击"DWF 文件"单选按钮。用户可以通过"添加图纸"按钮、"加载图纸列表"按钮、"保存图纸列表"按钮、"删除图纸"按钮、"上移图纸"按钮、"下移图纸"按钮和"打印戳记设置"按钮对所选图纸进行对应操作。

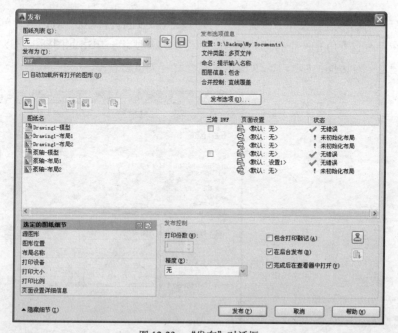

图 12-23 "发布"对话框

单击"发布选项"按钮可以打开"发布选项"对话框,如图 12-24 所示,对发布选项进行相应设置。

　　4. 设置完成后，单击"发布"按钮，系统打开"选择 DWF 文件"对话框，如图 12-25 所示。在"文件名"文本框输入文件名。单击"选择"按钮，系统打开"发布－保存图纸列表"提示框，如图 12-26 所示，单击"是"按钮，系统打开"输出－更改未保存"对话框，如图 12-27 所示。指定文件名和路径，单击"关闭"按钮，当前图形就发布成 DWF 文件。

图 12-24　"发布选项"对话框

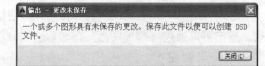

图 12-25　"选择 DWF 文件"对话框

图 12-26　"发布－保存图纸列表"提示框

图 12-27　"输出－更改未保存"对话框

　　系统在后台对图形进行发布，并弹出"打印－正在处理后台作业"对话框，单击"关闭"按钮，这时在界面右下角有一个打印机图标，如图 12-28 所示。单击此图标，可以打开"打印和发布详细信息"对话框，如图 12-29 所示，以查看有关信息。

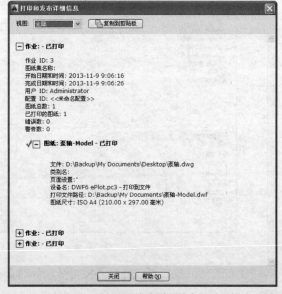

图 12-28　打印机图标

图 12-29　"打印和发布详细信息"对话框

## 12.3.5 网上发布

网上发布向导为创建包含 AutoCAD 图形的 DWF, JPEG 或 PNG 图像的格式化网页提供了简化的界面。其中，DWF 格式不会压缩图形文件；JPEG 格式采用有损压缩，即故意丢弃一些数据以显著减小压缩文件的大小；PNG（便携式网络图形）格式采用无损压缩，即不丢失原始数据就可以减小文件的大小。

### 1. 执行方式

命令行：PUBLISHTOWEB

菜单："文件" → "网上发布"

### 2. 操作步骤

命令: PUBLISHTOWEB↙

系统自动打开"网上发布－开始"对话框，如图 12-30 所示。单击"下一步"按钮，进行相应设置，最后系统打开"网上发布－预览并发布"对话框，如图 12-31 所示。

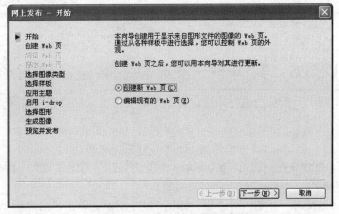

图 12-30 "网上发布－开始"对话框

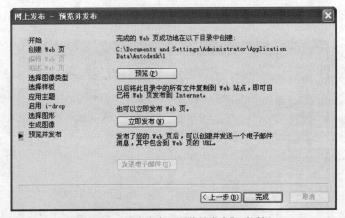

图 12-31 "网上发布－预览并发布"对话框

用户可以单击"预览"按钮进行预览或单击"立即发布"按钮进行发布。如图 12-32 所示，为单击"预览"按钮后打开的"网上发布"网页，可以预览发布的效果。准备好后，可以单击"立即发布"按钮进行网上发布。

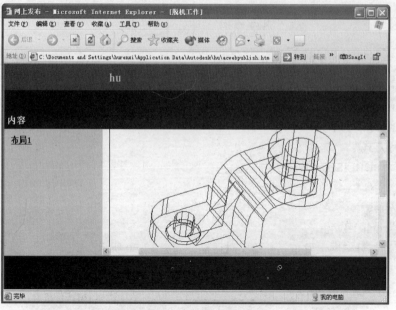

图 12-32 "网上发布"网页

## 12.3.6 实例——发布轴承端盖零件图形

本例主要利用网上发布功能进行相应设置，最后发布轴承端盖零件图形。

 **绘制步骤**

1. 网上发布。在命令行中输入"publishtoweb"命令，执行网上发布命令行提示与操作如下：

命令: publishtoweb✓

系统打开"网上发布–开始"对话框，如图 12-33 所示。单击"创建新 Web 页"或"编辑现有 Web 页"单选按钮，可以选择是创建新 Web 页还是对现有 Web 页面进行编辑。这里选择"创建新的 Web 页"。单击"下一步"按钮。

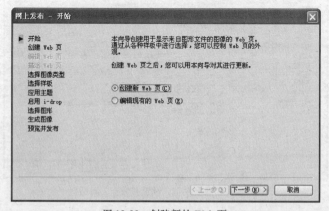

图 12-33 创建新的 Web 页

2. 系统打开如图 12-34 所示的"网上发布–创建 Web 页"对话框，输入 Web 页的名称为 MyWeb，默认文件的存放位置。单击"下一步"按钮。

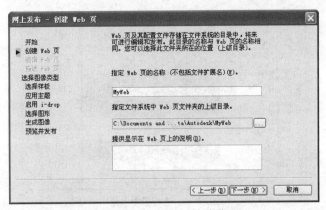

图 12-34　指定 Web 页名称

3．在"网上发布－选择图像类型"对话框中，如图 12-35 所示，选择将在 Web 页显示的图形图像的类型，可以在 DWF、JPEG 和 PNG 格式之间选择。右边的图形大小选项可以选择 Web 页中显示图像的大小。

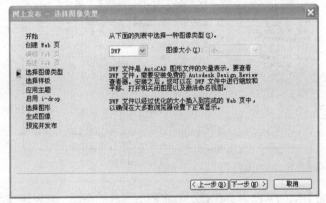

图 12-35　选择图像类型

4．单击"下一步"按钮，在弹出的"网上发布－选择样板"对话框中，可以设置 Web 页的样板，当选择了对应的选项后，在预览框中将显示相应的样板实例，如图 12-36 所示。

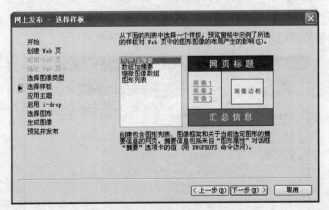

图 12-36　选择样板

5．单击"下一步"按钮，Web 页面上各元素的外观样式，如字体颜色等，可以在"网上发布－应用主题"对话框中选择，如图 12-37 所示，预览框中可以显示相应的样式。

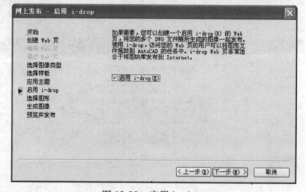

图 12-37　选择应用主题

6. 单击"下一步"按钮, 打开"网上发布 - 启用 i - drop"对话框, 如图 12-38 所示, 系统将询问用户是否要创建 i - drop 有效的 Web 页, 选中"启用 i - drop"复选框可以创建 i - drop 有效的 Web 页。

图 12-38　启用 i—drop

I-drop 有效的 Web 页会在该页上将随所生成的图像一起发送 DWG 文件的备份。利用此功能, 访问 Web 页的用户可以将图形文件拖放到 AutoCAD 绘图环境中。

7. 单击"下一步"按钮, 系统打开"网上发布 - 选择图形"对话框, 在该对话框中可以确定在 Web 中要显示成图像的图形文件。设置好图像后, 单击"添加"按钮, 添加到"图像列表"列表框中。

8. 单击"下一步"按钮, 系统打开"网上发布 - 生成图像"对话框, 如图 12-39 所示, 可以确定重新生成已修改图形的图像还是重新生成所有图像。

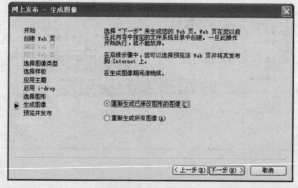

图 12-39　生成图像

9. 单击"下一步"按钮, 在弹出的"网上发布 - 预览并发布"对话框中, 如图 12-40 所示，单击"预览"按钮，可以预览图形的发布效果，如图 12-41 所示。

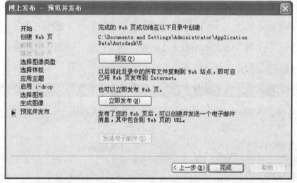

图 12-40 预览并发布

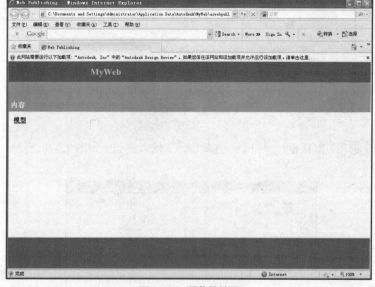

图 12-41 预览效果图

10．单击"立即发布"按钮，系统会提示指定发布位置，选择自己需要保存的位置，如图 12-42 所示。

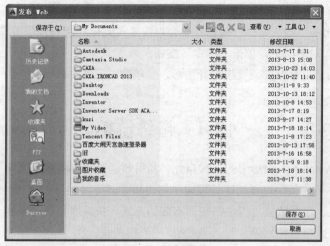

图 12-42 指定发布位置

发送 Web 页后，"发送电子邮件"选项即为可用状态，通过发送电子邮件可以创建、发送包括 URL 及其位置等信息。

11．为了获得更高的安全性，还可以为图形集添加口令。添加口令的具体方法如下。

❶ 选择"工具"→"选项"命令。在"选项"对话框"打开和保存"选项卡中，单击"安全选项"按钮，如图 12-43 所示。

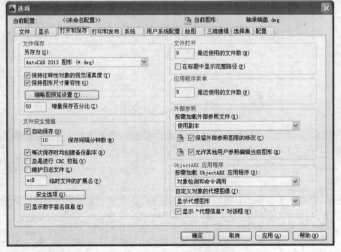

图 12-43 "选项"对话框

❷ 在"安全选项"对话框的"口令"选项卡下，输入密码，如图 12-44 所示，然后单击"确定"按钮。

图 12-44 设置密码

❸ 在随后弹出的"确认口令"对话框中，再次输入同样的密码，单击"确定"按钮。

❹ 在"选项"对话框中，单击"确定"按钮。

图形即被添加了口令保护。要想打开图形，必须输入正确的口令。

# 12.4 超级链接

超级链接是 AutoCAD 图形中的一种指针，利用超级链接可实现由当前页到关联文件的跳转。在 AutoCAD 中可为某个视图或字处理程序创建超级链接，还可将超级链接附着到 AutoCAD 的任意图形对象上。超级链接可提供简单而有效的方式，快速地将各种文档（如其他图形、明细表、数据库信息或项目计划等）与 AutoCAD 图形相关联。

超级链接可指向本地机、网络驱动器或 Internet 上存储的文件。在默认情况下，将光标放在某个附着超级链接的图形对象上，AutoCAD 会提供光标的反馈提示，然后便可选择该对象，使用"超级链接"快捷菜单打开与之相关联的文件。

在 AutoCAD 2014 中，可创建两种类型的超级链接文件，即绝对超级链接与相对超级链接。绝对超级链接储存文件位置的完整路径；相对超级链接储存文件位置的相对路径，该路径是由系统变量 HYPERLINKBASE 指定的默认 URL 或目录的路径。

# 12.4.1　添加超级链接

## 1．执行方式

命令行：HYPERLINK

菜单："插入"→"超链接"

## 2．操作步骤

命令行提示如下：

命令: HYPERLINK✓

选择对象:（选择对象）

系统打开"插入超链接"对话框，如图 12-45 所示。该对话框中有"现有文件或 Web 页"、"此图形的视图"和"电子邮件地址"3 个选项卡。其详细说明请参见图 12-45、图 12-46 和图 12-47 所示。

图 12-45 "插入超链接"对话框

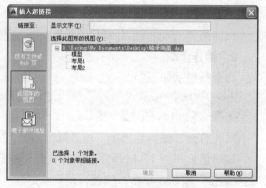

图 12-46 "此图形的视图"选项卡

（1）最近使用的文件：显示最近使用过的文件列表，可从中选择一个进行链接。

（2）浏览的页面：显示最近浏览过的 Web 页列表，可从中选择一个进行链接。

（3）插入的链接：显示最近插入的超链接列表，可从中选择一个进行链接。

（4）将 DWG 超链接转换为 DWF：指定将图形发布或打印为 DWF 文件时，应将 DWG 超链接转换为 DWF 文件超链接。

（5）超链接使用相对路径：为超链接设置相对路径。如果选中此复选框，链接文件的完整路径并不和超链接一起存储。

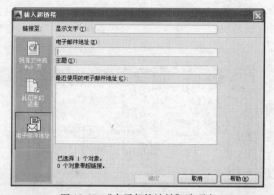

图 12-47 "电子邮件地址"选项卡

（6）键入文件或 Web 页名称：指定要与超链接关联的文件或 Web 页。该文件可存储在本地、网络驱动器或 interne 以及 intranet 上。

（7）文件：打开"浏览 Web 选择超链接"对话框，可从中浏览需要与超链接关联的文件。

（8）目标：打开"选择文档中的位置"对话框，可从中选择一个命名位置进行链接。

在对话框中有一个"显示文字"文本框，该文本框指定超链接的说明。当文件名或 URL 对识别所链接文件的内容不能提供帮助时，此说明很有用。

（9）此图形的视图：该选项卡用于指定当前图形中链接目标的命名视图。其中"选择此图形的视图"列表框中显示了当前图形中命名视图的可扩展的树状图，从中可选择一个进行链接。

（10）电子邮件地址：该选项卡用于指定链接目标电子邮件地址。执行超链接时，将使用默认的系统邮件程序创建新邮件。

（11）"电子邮件地址"文本框：指定电子邮件地址。

（12）"主题"文本框：指定电子邮件的主题。

（13）"最近使用的电子邮件地址"列表框：列出最近使用过的电子邮件地址，可从中选择一个用于超链接。

## 12.4.2　编辑和删除超级链接

### 1．执行方式

命令行：HYPERLINK

菜单："插入"→"超链接"

快捷菜单：选择包含超链接的对象，单击鼠标右键并选择"超链接"→"编辑超链接"命令

### 2．操作步骤

命令行提示如下：

命令：HYPERLINK✓

选择对象：（选择对象）

系统打开"编辑超链接"对话框，如图 12-48 所示。

该对话框与图 12-45 所示的"插入超链接"对话框类似，需要强调的是该对话框中有一个"删除链接"按钮，单击该按钮，则删除已建立的超级链接。

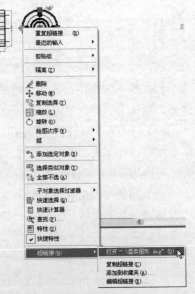

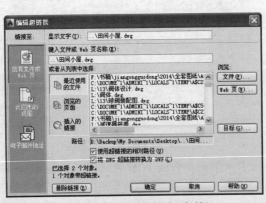

图 12-48　"编辑超链接"对话框　　　　　　图 12-49　右键菜单

用户也可以先选择建立超级链接的图形文件，然后单击鼠标右键，选择"超链接"→"打开×:\××\××"选项，打开与该图形相链接的图形，如图 12-49 所示。

## 12.4.3　实例——将明细表超级链接到球阀装配图

将明细表超级链接到球阀装配图上，并打开此明细表。

 **绘制步骤**

1．打开随书光盘文件"源文件\第 12 章\球阀装配图"图形文件。

2．选择菜单栏中的"插入"→"超链接"命令，选择图形为对象后按【Enter】键，系统打开"插入超链接"对话框。

3．在"插入超链接"对话框中单击"文件"按钮，找到并选择如图 12-50 所示的明细表的路径"源文件\第 12 章\明细表"图形文件。确认后退出，系统便为这两个图形建立了超级链接。

4．选中如图 12-51 所示的图形，并单击鼠标右键，选择"超链接"→"打开.\明细表.dwg"命令，打开与图 12-51 图形相链接的明细表。

| 7 | 扳手 | 1 | ZG25 | |
|---|---|---|---|---|
| 6 | 阀杆 | 1 | 40Cr | |
| 5 | 压紧塞 | 1 | 35 | |
| 4 | 阀芯 | 1 | 40cr | |
| 3 | 密封圈 | 2 | 填充聚四氟乙烯 | |
| 2 | 阀盖 | 1 | ZG25 | |
| 1 | 阀体 | 1 | ZG25 | |
| 序号 | 名　称 | 数量 | 材　料 | 备　注 |

图 12-51　明细表

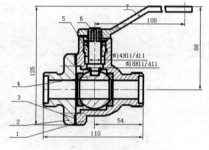

图 12-51　球阀装配图

# 12.5　输入输出其他格式的文件

AutoCAD 以 DWG 格式保存自身的图形文件，但这种格式不能适用于其他软件平台或应用程序。要在其他应用程序中使用 AutoCAD 图形，必须将其转换为特定的格式。AutoCAD 可以输出多种格式的文件，供用户在不同软件之间交换数据。

AutoCAD 不仅能够输出其他格式的图形文件，以供其他应用软件使用，也可以使用其他软件生成的图形文件。AutoCAD 能够输入的文件类型有 DXF、DXB、ACIS、3D Studio、WMF 和封装 PostScript 等。

## 12.5.1　输入不同格式文件

AutoCAD 可以输入包括 DXF（图形交换格式）、DXB（二进制图形交换）、ACIS（实体造型系统）、3DS（3D Studio）和 WMF（Windows 图元）等类型格式的文件，输入方法类似，下面以 3DS 为例进行讲解。

## 1．执行方式

命令行：3DSIN 或 IMPORT

菜单："插入"→"3D Studio"

## 2．操作步骤

命令行提示如下：

命令: 3DSIN↙

AutoCAD 打开"3D Studio 文件输入"对话框，如图 12-52 所示。在该对话框的文件名列表框中选择一个文件名，单击"打开"按钮，AutoCAD 打开"3D Studio 文件输入选项"对话框，如图 12-53 所示，可以在该对话框中进行各项设置。如图 12-54 所示为输入的 3DS 文件。

图 12-52 "3D Studio 文件输入"对话框

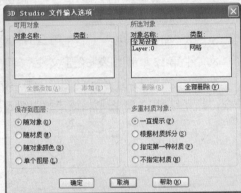

图 12-53 "3D Studio 文件输入选项"对话框

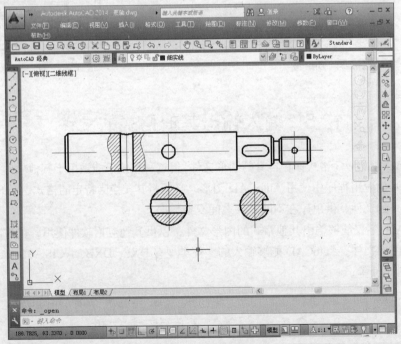

图 12-54 输入的 3DS 文件

利用 IMPORT 命令也可输入 3DS 文件到 AutoCAD 中，输入该命令后，系统打开"输入文件"对话框，如图 12-55 所示。选择所需要的文件，其结果与 3DSIN 命令类似。

图 12-55 "输入文件"对话框

## 12.5.2 输出不同格式文件

AutoCAD 可以输出包括 DXF（图形交换格式）、EPS（封装 PostScript）、ACIS（实体造型系统）、WMF（Windows 图元）、BMP（位图）、STL（平版印刷）、DXX（属性数据提取）等类型格式的文件，输出方法类似，下面以 BMP 为例进行讲解。

### 1．执行方式

命令行：BMPOUT

### 2．操作步骤

命令行提示如下：

```
命令: BMPOUT↙
选择对象:（选择对象）
选择对象: ↙
```

AutoCAD 打开"创建光栅文件"对话框，如图 12-56 所示。

图 12-56 "创建光栅文件"对话框

在该对话框的"文件名"文本框中输入要输出的文件名后，单击"保存"按钮，AutoCAD 就将选择的对象输出成 BMP 文件。

另外，可以通过"输出"命令。输出各种格式文件。

**执行方式**

命令行：EXPORT

菜单："文件"→"输出"

执行命令后，系统打开"输出数据"对话框，如图 12-57 所示。在"文件类型"下拉列表框中可以选择各种格式的文件类型。

图 12-57 "输出数据"对话框

## 12.6 综合演练——将一居室平面图 DWG 图形转化成 BMP 图形

用 AutoCAD 绘制的图形，若对图形的效果不够满意，可以输出到 Photoshop，用 Photoshop 强大的图形处理能力，对其进行更细腻的光影、色彩的处理。

本例通过插入光栅文件，选择文件类型，插入图像文件，完成从一居室平面图 DWG 图形到 BMP 图形的转换。

**绘制步骤**

1. 打开源文件。打开随书光盘文件"源文件\第 12 章\一居室平面图"图形文件。选择"文件"→"输出"命令，弹出的对话框如图 12-58 所示。

在对话框中的"文件类型"下拉列表中选择位图（*.bmp）选项，如图 12-59 所示。

确定一个合适的路径和文件名，完成 DWG 图形到 BMP 图形的转化。可以在 Photoshop 中对图样进行细腻处理。

2. 插入光栅文件。在 AutoCAD 中调用 BMP 格式图形。选择"插入"→"光栅图像参照"命令，弹出"选择参照文件"对话框，如图 12-60 所示。

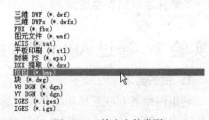

图 12-58　输出数据对话框　　　　　　　　　图 12-59　输出文件类型

图 12-60　选择图像文件对话框

3．选择文件类型。在对话框的"文件类型"选项，可以选择插入多种格式的图形文件，如图 12-61 所示。从中选择 BMP (*.bmp,*.rle,*.dib)，即可把 BMP 格式的图形文件插入到 AutoCAD 中。

4．插入文件。选择要调用的源文件中的 BMP 格式文件"一居室平面图"，单击"打开"按钮，弹出"附着图像"对话框，如图 12-62 所示，其中名称下拉列表框下面显示所要插入图片文件的名称和路径。通过插入点、缩放比例、旋转角度 3 个选项组，可以分别输入图片文件的插入点、插入比例和旋转角度。当然也可以直接单击"确定"按钮，用光标在绘图区直接指定图片文件的插入点等，按提示完成操作。

所有图像文件
所有文件 (*.*)

图 12-61　可选择插入的文件类型图

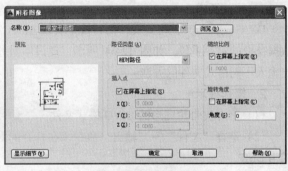

图 12-62　图像对话框

## 12.7 上机实验

通过前面的学习，读者对本章知识也有了大体的了解，本节将通过 4 个操作练习使读者更进一步掌握本章知识要点。

### 实验 1 通过 AutoCAD 的网络功能进入 CAD 共享资源网站

#### 1．目的要求

利用网络的互联互通功能交流信息。共享资源是 AutoCAD 的强大功能之一，本实验的目的是使读者熟悉利用 AutoCAD 的网络功能和网络资源，掌握 AutoCAD 网络功能的用法。

#### 2．操作提示

（1）将计算机进行网络连接。

（2）利用 AutoCAD 的网络相关命令打开 http://www.cadalog.com。

（3）在该网站中查阅相关资料。

### 实验 2 将挂轮架图形文件进行电子出图，并进行电子传递和网上发布

#### 1．目的要求

电子出图、电子传递和网上发布都是图形输出中除了传统纸质图纸外的新的输出方式。如图 12-63 所示，本实验的目的是使读者熟练掌握 AutoCAD 的各种电子输出与信息交流方式。

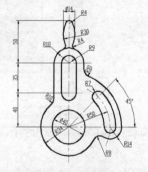

#### 2．操作提示

（1）选择"打印"命令打开"打印"对话框，进行电子输出设置并确认。

（2）选择"电子传递"命令进行相关设置并确认。

（3）选择"网上发布"命令逐步设置并确认发布。

图 12-63 挂轮架

### 实验 3 将皮带轮图形输出成 BMP 文件

#### 1．目的要求

DWG 文件与其他格式文件的转换是实现 AutoCAD 与其他软件平台数据交换的重要手段。如图 12-64 所示，通过本实验，要求读者掌握输出输入不同格式文件的方法。

#### 2．操作提示

（1）打开皮带轮图形的 DWG 格式文件。

（2）选择"文件"→"输出"命令，在打开的对话框中选择文件格式为 BMP。

图 12-64 皮带轮

（3）确认保存。

# 第 13 章

## 图形显示的控制与输出

　　为了便于绘图操作，AutoCAD 还提供了一些控制图形显示的命令，一般这些命令只能改变图形在屏幕上的显示方式，按操作者所期望的位置、比例和范围进行显示，以便于观察，但不能使图形产生实质性的改变，既不改变图形的实际尺寸，也不影响实体间的相对关系。

　　本章主要讲解图形的重画与重生成、鸟瞰视图、布局以及打印输出等知识。

# 13.1　重画与重生成

如果用户在绘图的过程中，由于操作的原因，使得屏幕上出现一些残留光标图形，为了擦除这些不必要的光标图形，使整体显得整洁、清晰，可以利用 AutoCAD 的重画和重生成功能达到这些要求。

## 13.1.1　图形的重画

**1．执行方式**

命令行：REDRAW

菜单栏："视图"→"重画"，如图 13-1 所示

**2．操作格式**

执行该命令后，屏幕上或当前视区中原有的图形消失，紧接着把该图形又重画一遍。如果原图中有残留的光标图形，那么它在重画后的图形中将不再出现。

还可以利用 REDRAWALL 对所有的视区进行重画。操作方法与 REDRAW 命令类似。

图 13-1　"视图"菜单

## 13.1.2　图形的重生成

**1．执行方式**

命令行：REGEN

菜单栏："视图"→"重生成"

**2 操作格式**

执行该命令后，重新生成全部图形并在屏幕上显示出来，执行该命令时生成图形的速度较慢，因此除非有必要，一般较少使用。

与 REDRAW 命令相比，该命令所用时间较长，这是因为 REDRAW 命令只是把显示器的帧缓冲区刷新一次，而 REGEN 命令则要把图形文件的原始数据全部重新计算一遍，形成显示文件后再显示出来，因此执行起来速度就较慢。

利用 REGENALL 命令可以对所有的视区进行重生成。操作方法与 REGEN 命令类似。

## 13.1.3　图形的自动重新生成

在对图形进行编辑时，利用 REGENAUTO 命令可以自动地再生成整个图形，以确保屏幕上的显示能反映图的实际状态，保持视觉真度。

**1．执行方式**

命令行：REDENAUTO

**2．操作格式**

命令：REDENAUTO↙

命令行提示：

输入模式 [开(ON)/关(OFF)] <开>:

在初始状态下该命令处于"ON"状态。在有些情况下并不需要这样做,以减少时间的浪费。为此该命令设置了"开(ON)/关(OFF)"开关,以便控制是否进行重新生成。

## 13.2 工作空间和布局

AutoCAD 提供了两种工作空间,即模型空间和图纸空间,来进行图形绘制与编辑。当打开 AutoCAD 时,将自动新建一个 DWG 格式的图形文件,在绘图左下边缘可以看到"模型"、"布局 1"、"布局 2" 3 个选项卡。默认状态是"模型"选项卡,当处于"模型"选项卡时,绘图区就属于模型空间状态。当处于"布局"选项卡时,绘图区就属于图纸空间状态。

### 13.2.1 工作空间

#### 1. 模型空间

模型空间是指可以在其中绘制二维和三维模型的三维空间,即一种造型工作环境。在这个空间中可以使用 AutoCAD 的全部绘图、编辑和显示命令,它是 AutoCAD 为用户提供的主要工作空间。前面各章节的实例绘制都是在模型空间中进行的。AutoCAD 在运行时自动默认以在模型空间中进行图形的绘制与编辑。

#### 2. 图纸空间

图纸空间是一个二维空间,类似于绘图时的绘图纸,把模型空间中的模型投影到图纸空间,这样就可以在图纸空间绘制模型的各种视图,并在图中标注尺寸和文字。图纸空间,则主要用于图纸打印前的布图、排版、添加注释、图框和设置比例等工作。

图纸空间作为模拟的平面空间,对于在模型空间中完成的图形是不可再编辑的,其所有坐标都是二维的,并与在模型空间中采用的坐标相同,只是 UCS 图标变为三角形显示。图纸空间主要为用户安排在模型空间中所绘制的图形对象的各种视图,以不同比例显示模型的视图以便输出,以及添加图框、注释等内容。同时还可以将视图作为一个对象,进行复制、移动和缩放等操作。

单击"布局"选项卡,进入图纸状态。图纸空间就如同一张白纸蒙在模型空间上,通过在这张"纸"上开一个个"视口"(就是线条围绕成的一个个开口),透出模型空间中的图形,如果删除视口,则看不到图形。图纸空间又如同一个屏幕,模型空间中的图形通过视口透射到这个"屏幕"上。这张"白纸"或"屏幕"的大小由页面设置确定,虚线范围内为打印区域。

### 13.2.2 视口

在工作空间中,屏幕上的作图区域可以被划分为多个相邻的非重叠视区。用户可以用 **VPORTS** 或 **VIEWPORTS** 命令建立视口,每个视口又可以再进行分区。在每个视口中可以进行平移和缩放操作,也可以进行三维视图设置与三维动态观察,如图 13-2 所示。

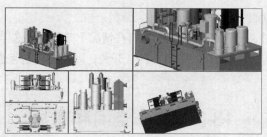

图 13-2　模型空间视图

### 1．新建视口

 **执行方式**

命令行：VPORTS。

菜单栏："视图"→"视口"→"新建视口"。

工具栏：视口→视口对话框 🔲 。

 **操作步骤**

执行上面操作后，打开如图 13-3 所示的"视口"对话框，切换到"新建视口"选项卡，该选项卡显示出一个标准视区配置列表可用来创建层叠视区。图 13-4 所示为按图 13-3 所示设置建立的一个图形的视口。可以在多视口的一个视口中再建立多视口。

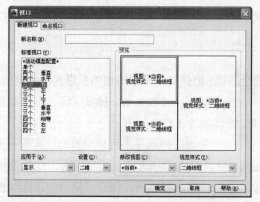

图 13-3　"视口"对话框中的"新建视口"选项卡

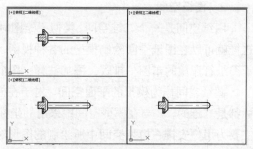

图 13-4　建立的视口

### 2．命名视口

 **执行方式**

命令行：VPORTS。

菜单栏："视图"→"视口"→"命名视口"。

工具栏：视口→视口对话框 🔲 。

 **操作步骤**

执行上述操作后，打开如图 13-5 所示的"视口"对话框，切换到"命名视口"选项卡，该选项卡用来显示保存在图形文件中的视区配置。其中，

图 13-5　命名视口配置显示

"当前名称"提示行显示当前视口名；"命名视口"列表框用来显示保存的视口配置；"预览"显示框用来预览被选择的视区配置。

## 13.2.3　在模型空间与图形空间之间的切换

在模型空间或图纸空间中运行命令。使用模型空间可以进行绘制和设计工作及创建二维图形或三维模型。使用图纸空间（布局选项卡）创建用于打印图形的完稿布局。

在布局时，执行此命令将布局中的上一个视口置为当前，然后在布局中该视口内的模型空间中工作。双击一个视口，可以切换到模型空间，双击图纸空间的区域可以切换到图纸空间。

图纸空间中创建的视口为浮动视口，浮动视口相当于模型空间中的视图对象，用户可以在浮动视口中处理编辑模型空间的对象。用户在模型空间中的所有操作都会反映到所有图纸空间视口中。如果在浮动视口外的布局区域双击鼠标左键，则回到图纸空间。

当切换到图纸空间状态时，可以进行视口创建、修改、删除操作，也可以将这张"白纸"当作平面绘图板进行图形绘制、文字注写、尺寸标注、图框插入等操作，但是不能修改视口后面模型空间中的图形。而且，在此状态中绘制的图形、注写的文字只是存在于图形空间中，当切换到"模型"选项卡中查看时，将看不到这些操作的结果。当切换到模型空间状态时，视口被激活，即通过视口进入了模型空间，可以对其中的图形进行各种操作。

由此可见，在"布局"选项卡中，就是通过在图纸空间中打开不同的视口，让模型空间中不同的图样以需要的比例投射到图纸上，从而达到布图的效果，这一过程称为布局操作。

### 1．从模型空间视口切换到图纸空间

 **执行方式**

命令行：PSPACE

在"布局"选项卡上工作时，工作空间将从模型空间切换到图纸空间。

在"布局"选项卡上，可使用图纸空间创建打印图形时的完稿布局。作为设计布局的一部分，创建布局视口，布局视口为包含模型的不同视图的窗口。从图纸空间切换到模型空间后，可以在当前布局视口中编辑模型和视图。

双击视口内部可以使其成为当前视口。双击图纸空间布局可使不在视口内的区域切换到图纸空间中。

### 2．从图纸空间切换到模型空间视口

 **执行方式**

命令行：MSPACE

在模型空间或图纸空间中运行命令。可以使用模型空间（"模型"选项卡）进行设计和绘制工作，从而创建二维或三维模型。使用图纸空间（命名布局）创建用于打印的、可能带有图形的多个视图的布局。

当处于布局中时，可以在命令提示下输入 MSPACE 以将布局中的上一个视口置为当前。然后可以在该布局视口的模型空间中进行平移和缩放以调整视图的范围和比例并更改图层的显示特性。

## 13.2.4　布局功能

### 1．布局的概念

AutoCAD 中，"布局"的设定源于几个方面的考虑：

（1）简化两个工作空间之间的复杂操作；

（2）多元化单一的图纸。

在"布局"中可以创建并放置视口对象，还可以添加标题栏或其他几何图形。可以在图形中创建多个布局以显示不同的视图，每个布局可以包含不同的打印比例和图纸尺寸。

使用"布局"可以把当前图形转化成两部分：

1）一个是以模型空间为工作空间，也是绘制编辑图形对象的视口，即"模型"布局。通常情况下，会将"模型"与"布局"区分开来对待，而事实上，"模型"是一种特殊的布局。

2）一个是以图纸空间为主的，但可以根据需要随时切换到模型空间，即通常所说的布局。

用户可以通过选择"布局"选项卡区的"布局选项卡"选项，快速地在"模型空间视面"和"图纸空间视面"之间进行切换。"布局"可以显示出页面的边框和实际的打印区域。

### 2．新建布局

（1）创建新布局的主要目的是：

1）创建包含不同图纸尺寸和方向的新图形样板文件；

2）将带有不同的图纸尺寸、方向和标题的布局添加到现有图形中。

（2）创建新布局的方法有两种。

1）直接创建新布局

直接创建新布局是通过鼠标右键单击"布局"选项卡，包括两种模式：

❶ 新建空白布局，如图 13-6 所示，选择"新建布局"选项。

❷ 从其他图形文件中选用一个布局来新建布局。选择如图 13-6 所示的"来自样板"选项，弹出一个"从文件选择样板"对话框，如图 13-7 所示。从对话框中选择一个图形样板文件，然后单击"打开"按钮，弹出"插入布局"对话框，如图 13-8 所示。然后单击"确定"按钮，就可以完成一个来自样板的布局创建。

图 13-6　新建空白布局

图 13-7　"从文件中选择样板"对话框

2）使用"布局"向导

新建布局最常用的方法是使用"创建布局"向导。一旦创建了布局，就可以替换标题栏并创建、删除和修改编辑部局视口。

❶ 从菜单栏选择"工具"→"向导"→"创建布局"选项，启动"layoutwizard"命令，弹出"创建布局－开始"对话框，如图 13-9 所示。在"输入新布局的名称"中输入新布局名称，用户可以自定义，也可以按照默认继续。

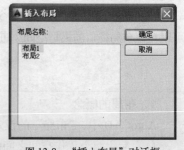

图 13-8　"插入布局"对话框

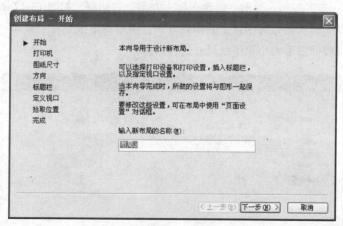

图 13-9　"创建布局－开始"对话框

❷ 单击"下一步"按钮，弹出"创建布局－打印机"对话框，如图 13-10 所示。用户可以为新布局选择合适的绘图仪。

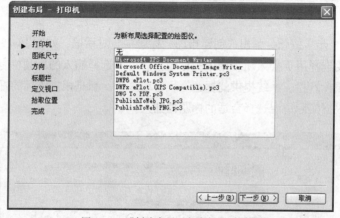

图 13-10　"创建布局－打印机"对话框

❸ 单击"下一步"按钮，弹出"创建布局－图纸尺寸"对话框，如图 13-11 所示。用户可以为新布局选择合适的图纸尺寸，并选择新布局的图纸单位。图纸尺寸根据不同的打印设备可以有不同的选择，图纸单位有两种"毫米"和"英寸"，一般以"毫米"为基本单位。

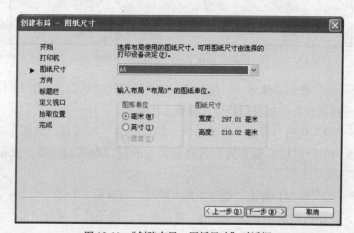

图 13-11　"创建布局－图纸尺寸"对话框

❹ 单击"下一步"按钮，弹出"创建布局－方向"对话框，如图 13-12 所示。用户可以在这个对话框中选择图形在新布局图纸上的排列方向。图形在图纸上有"纵向"和"横向"两种排列方向，用户可根据图形大小和图纸尺寸进行选择。

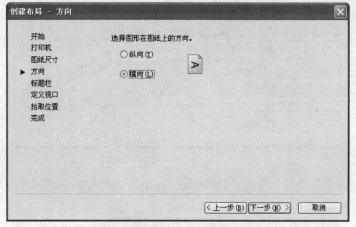

图 13-12 "创建布局－方向"对话框

❺ 单击"下一步"按钮，弹出"创建布局－标题栏"对话框，如图 13-13 所示。在这个对话框中，用户需要选择用于插入新布局中的标题栏。可以选择插入的标题栏有两种类型，即标题栏块和外部参照标题栏。系统提供的标题栏块有很多种，都是根据不同的标准和图纸尺寸设定的，用户可以根据实际情况选择合适的标题栏插入。

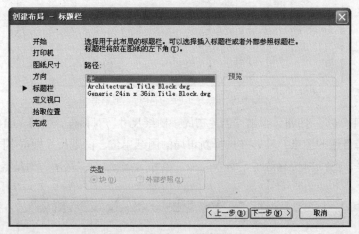

图 13-13 "创建布局－标题栏"对话框

❻ 单击"下一步"按钮，弹出"创建布局－定义视口"对话框，如图 13-14 所示。在对话框中，用户可以选择新布局中视口的数目、类型、比例等。

❼ 单击"下一步"按钮，弹出"创建布局－拾取位置"对话框，如图 13-15 所示。单击"选择位置"按钮，用户可以在新布局内选择要创建的视口配置的角点，来指定视口配置的位置。

❽ 单击"下一步"按钮，弹出"创建布局－完成"对话框，如图 13-16 所示。这样就完成了一个新的布局，在新的布局中包括标题框、视口便捷、图纸尺寸界线以及"模型"布局中当前视口里的图形对象。

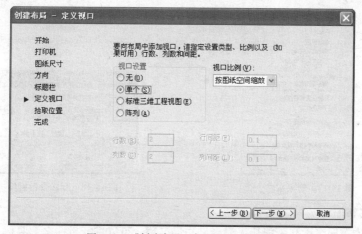

图 13-14　"创建布局－定义视口"对话框

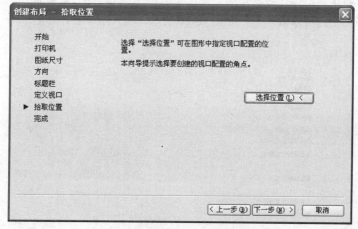

图 13-15　"创建布局－拾取位置"对话框

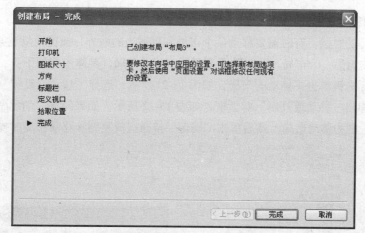

图 13-16　"创建布局－完成"对话框

## 3．删除布局

如果现有的布局已经无用时，可以将其删掉，具体步骤如下：

（1）用鼠标右键单击要删除的布局，如图 13-17 所示，选择"删除"选项。

（2）系统弹出警告窗口，如图 13-18 所示，单击"确定"按钮删除布局。

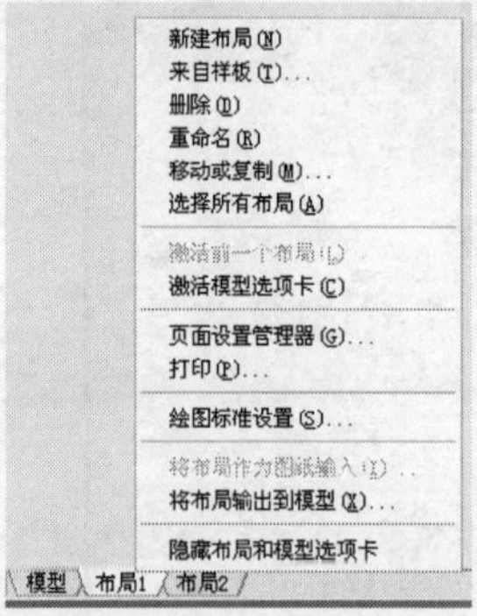

图 13-17    删除布局

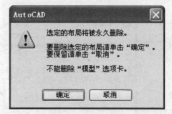

图 13-18    删除警告窗口

### 4. 重命名布局

对于默认的布局名称和不能让人满意的布局名称,可以进行重命名,具体步骤如下:

(1) 用鼠标右键单击重命名的布局,如图 13-19 所示,选择"重命名"选项。

(2) 布局名称变为可修改状态,如图 13-20 所示,输入布局名,然后单击【Enter】键,完成重命名操作。

图 13-19    重命名布局

图 13-20    重命名布局对话框

### 5. 复制和移动布局

在布局安排的时候,有时需要移动某个布局到更适当的地方,或需要复制某个布局内容,对其稍加修改作为另一个布局,此时就需要复制或移动布局,具体步骤如下:

(1) 用鼠标右键单击要移动的布局,如图 13-21 所示,选择"移动或复制"选项。

(2) 系统弹出"移动或复制"对话框,如图 13-22 所示,如果勾选"创建副本"则为复制布局,若不选,则为移动布局。然后单击"确定"按钮完成复制和移动布局的操作。

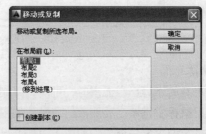

图 13-21    移动或复制布局

图 13-22    复制或移动布局对话框

## 13.2.5　布局操作的一般步骤

### 1．在"模型"选项卡中完成图形的绘制

在模型空间可以绘制二维和三维图形，也可以进行所有的文字、尺寸标注。在图纸空间中可以绘制平面图形，也可以进行文字、尺寸标注。那么，在"模型"选项卡中的图形绘制应该进行到何种程度？以下有 3 种可能：

（1）在模型空间中完成所有的图形、尺寸，文字，图纸空间只用来布图：优点是图形、尺寸、文字均处于模型空间中，缺点是要为不同比例的图样设置不同的字高和不同全局比例的尺寸样式。

（2）在模型空间中完成所有的图形、尺寸，在图形空间中标注文字，完成布图：优点是在图形空间中同类文字只需设一个字高，不会因为图样比例的差别设置不同的字高，缺点是，图形与文字分别处于模型和图纸空间，在"模型"选项卡中看不到这些文字。

（3）在模型空间中完成所有的图形，尺寸、文字均在图形空间标注：优点是只要设置一个全局比例的尺寸样式、一种字高的同类文字样式，缺点是，图形和尺寸、文字分别处于模型和图纸空间。

明白这些关系以后，读者就可以根据自己的绘图习惯或工作需要来选择处理方式了。但是，只要采用布局功能来布图，图框最好在图纸空间中插入。

### 2．页面设置

默认情况下，每个初始化的布局都有一个与其联系的页面设置。通过在页面设置中将图纸定义为非 0×0 的任何尺寸，都可以对布局进行初始化。可以将某个布局中保存的命名页面设置应用到另一个布局中。

单击"文件"菜单中的"页面设置管理器"选项进行设置，如图 13-23 所示。选择"页面设置管理器"选项，弹出"页面设置管理器"对话框，如图 13-24 所示。

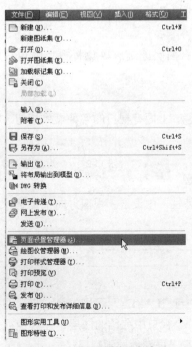

图 13-23　页面设置管理器选项

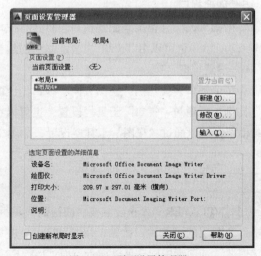

图 13-24　页面设置管理器

单击"新建"按钮，弹出"新建页面设置"对话框，如图 13-25 所示，在"新页面设置名"区域填写新的名称，然后单击"确定"按钮，弹出"页面设置－模型"对话框，如图 13-26 所示。在"页面设置－模型"下，可以同时进行打印设备、图纸尺寸、打印区域、打印比例和图形方向、打印样式等设置。

图 13-25　新建页面设置对话框

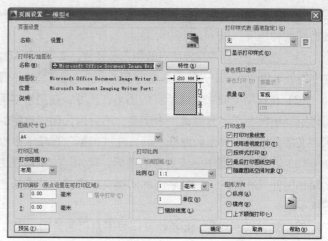

图 13-26　页面设置－模型对话框

如果要新建布局，也可以通过命令行进行操作：

命令：layout↙
输入布局选项[复制(C)/删除(D)/新建(N)/样板(T)/重命名(R)/另存为(SA)/设置(S)/?]<设置>：n↙
输入新布局名<布局 2>：×××布局↙

### 3．插入图框

将制作好的图框通过"插入块"命令🔲，给在绘图区域的合适位置图形插入一个比例合适的图框，使得图形位于图框内部。图框可以是自定义，也可以是系统提供的图框模板。

### 4．创建要用于布局视口的新图层

创建一个新图层放置布局视口线。这样，在打印时将图层冻结，以免将视口线也打印出来。

### 5．创建视口

根据图纸的图样情况来创建视口。打开"视口"工具栏，上面有视口的各种操作按钮，如图 13-27 所示。也可以用"mv"快捷键命令创建视口。

### 6．设置视口

图 13-27　"视口"工具栏

为每个视口设置比例、视图方向、视口图层的可见性等。

比例可以通过"视口"工具栏设置，也可以在视口"特性"中设置。视图方向主要是针对三维模型，可以通过"视图"工具栏设置，如图 13-28 所示。

图 13-28　"视图"工具栏

用"VPLAYER"命令设置视口图层的可见性。该命令与"LAYER"不同的是，它只能控制视口中图层的可见性。比如，用"VPLAYER"命令在一个视口中冻结的图层，在其他视口和"模型"选项卡中同样可以显示，而"LAYER"命令则是全局性地控制图层状态。

**7．根据需要在布局中添加标注和注释**

**8．关闭包含布局视口的图层**

**9．打印布局**

（1）选择"文件"→"打印"命令，或单击"标准"工具栏的"打印"工具按钮，打开"打印"对话框，选择已经设置好的打印机以及打印设置；

（2）选择好需要的打印比例；

（3）设置需要的"打印偏移"参数，设置坐标原点相对于可打印区域左下角点的偏移坐标，默认状态是两点重合。一般都选择"居中"打印；

（4）着色视口选项由于设置打印质量、精度（DPI）等；

（5）根据出图需要选择图纸方向；

（6）选择需要的打印范围，包括"窗口"、"范围"、"图形界线"和"显示"；

（7）单击"预览"按钮，预览打印结果；

（8）单击"打印"按钮，打印出图。

# 13.2.6　实例——建立多窗口视口

**绘制步骤**

1．打开源文件/第十三章/壳体，如图 13-29 所示。

2．选择"视图"菜单中的"视口"→"新建视口"命令，打开"视口"对话框，切换到"新建视口"选项卡，在"标准视口"列表框中选择"三个：右"，如图 13-30 所示，确认退出。图形视口如图 13-31 所示。

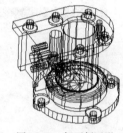

图 13-29　打开新图形

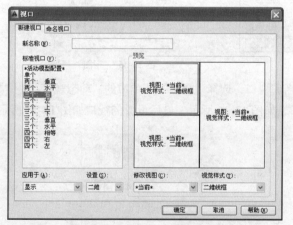

图 13-30　"视口"对话框的"新建视口"选项卡

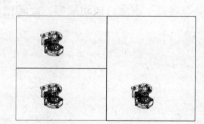

图 13-31　图形视口

3．单击右边视口，选择右边视口为当前视口。选择"视图"菜单中的"视口"→"四个相等"命令，系统将建立如图 13-32 所示的视口。

4．选择"视图"菜单中的"视口"→"合并"命令，按命令提示，选择右下角视口为主视口，右上角视口为合并视口，结果如图 13-33 所示。

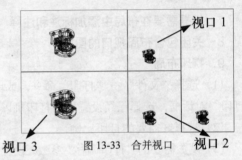

图 13-32　继续建立视口　　　　图 13-33　合并视口

5. 打开"视口"对话框，切换到"新建视口"选项卡，在"新名称"文本框中输入新名称"ren"，如图 13-34 所示，确认退出。

6. 选择中间上面视口（视口 1）为当前视口，选择菜单栏中的"视图"→"三维视图"→"前视"命令，如图 13-35 所示，即选择该视口为主视图。以同样方法将中间下面视口（视口 2）设为俯视图，将右边视图设为左视图。

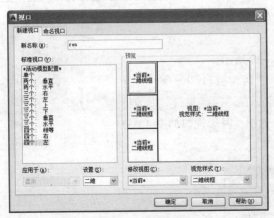

图 13-34　重新命名

图 13-35　"视图"菜单

7. 选择左边下面视口（视口 3）为当前视口，选择"视图"菜单中的"动态观察"→"自由动态观察"命令，拖动鼠标，旋转图形，如图 13-36 所示。最后设置的视口如图 13-37 所示。

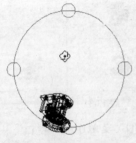

图 13-36　动态旋转视图

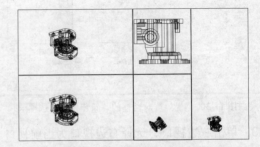

图 13-37　最后设置的视口

8. 选择菜单栏中的"视图"→"视口"→"命名视口"命令，打开"视口"对话框，切换到"命名视口"选项卡，如图 13-38 所示。选择"命名视口"列表中的视口名，可以打开此视口，如图 13-39 所示。

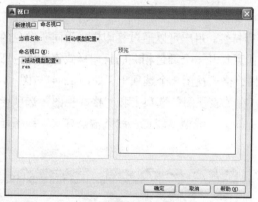

图 13-38　"视口"对话框的"命名视口"选项卡

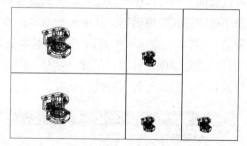

图 13-39　打开命名视口

# 13.3　打印输出

输出绘图纸包括布图和输出两个步骤。布图就是将不同的图样结合在同一张图纸中,在 AutoCAD 中有两种途径可以实现:一种是在"模型空间"中进行,另一种是在"图纸空间"中进行。对于输出,在设计工作中常用到两种方式:一种是输出为光栅图像,以便在 Photoshop 等图像处理软件中应用;另一种是输出为工程图纸。完成这些操作,需要熟悉模型空间、布局(图纸空间)、页面设置、打印样式设置、添加绘图仪和打印输出等功能。

## 13.3.1　打印样式设置

打印样式用来控制对象的打印特性。可控制的特性有颜色、抖动、灰度、笔号、虚拟笔、淡显、线型、线宽、线条端点样式、线条连接样式和填充样式。在 AutoCAD 中为用户提供了两种类型的打印样式,一种是颜色相关的打印样式,一种是命名打印样式。

单击"文件"菜单下的"打印样式管理器"选项,弹出打印样式管理器对话框,如图 13-40 所示。对话框中有"打印样式表文件"、"颜色相关打印样式表文件"和"添加打印样式表向导"。单击"添加打印样式表向导"快捷方式可以选择添加前面两种类型的新样式表。

图 13-40　打印样式管理器

### 1．颜色相关的打印样式

颜色相关的打印样式以颜色统领对象为打印特性，用户可以通过打印样式为同一颜色的对象设置同一种打印样式。在打印样式管理器中任意打开一个颜色相关的打印样式表文件，即打开了打印样式表编辑器，其中包括基本、表视图、格式视图 3 个选项卡，如图 13-41～图 13-43所示。"基本"选项卡中列出了一些基本信息，在"表视图"选项卡和"格式视图"选项卡中均可以进行颜色、抖动、灰度、笔号、虚拟笔、淡显、线型、线宽、线条端点样式、线条连接样式和填充样式等各项特性的设置。

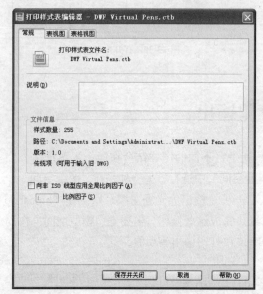

图 13-41 "基本"选项卡          图 13-42 "表视图"选项卡

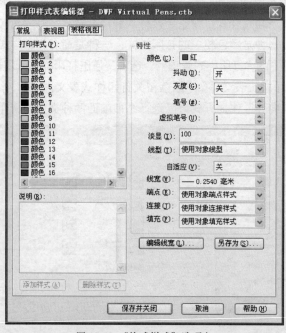

图 13-43 "格式样式"选项卡

通过"添加打印样式表向导"也可以来添加自定义的新样式。双击"添加打印样式表向导"

弹出"添加打印样式表"对话框，如图 13-44 所示。

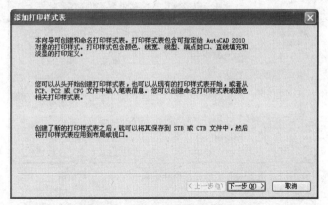

图 13-44 "添加打印样式表"对话框

单击"下一步"按钮，弹出"添加打印样式表 – 开始"对话框，如图 13-45 所示。选择"创建新打印样式表"选项，然后单击"下一步"按钮，弹出"选择打印样式表"对话框，如图 13-46 所示。选择"颜色相关打印样式表"选项。

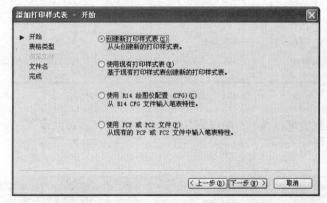

图 13-45 "添加打印样式表 – 开始"对话框

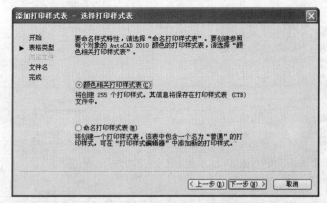

图 13-46 "选择打印样式表"对话框

单击"下一步"按钮，弹出"添加打印样式表 – 文件名"对话框，如图 13-47 所示。填写"文件名"，然后单击"下一步"按钮，弹出"添加打印样式表 – 完成"对话框，如图 13-48 所示。单击"完成"按钮，完成新样式的添加。

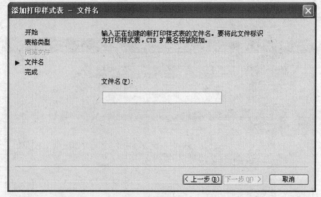

图 13-47 "添加打印样式表－文件名"对话框

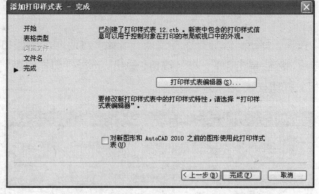

图 13-48 "添加打印样式表－完成"对话框

新添加的打印样式可以在"页面设置"对话框中选用，也可以在"打印"对话框中选用，如图 13-49 所示。

图 13-49 打印样式选用

## 2．命名打印样式

命名打印样式是指每个打印样式由一个名称管理。在启动 AutoCAD 时，系统默认新建图形采用颜色相关打印样式。如果要采用命名打印样式，可以在"工具"菜单"选项"中设置。如图 13-50 所示，在"选项"对话框中选择"打印和发布"选项，单击右下角的"打印样式表设置"按钮，弹出"打印样式表设置"对话框，如图 13-51 所示。在"新图形的默认打印样式"区域选择"使用命名打印样式"选项，然后单击"确定"按钮完成"使用命名打印样式"的设置。

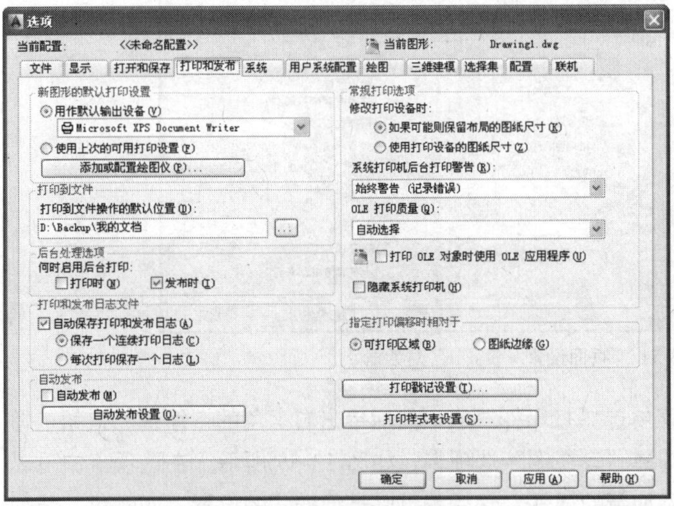

图 13-50  "选项"对话框

图 13-51  "打印样式表设置"对话框

　　设置命名打印样式后，用户可以在同一个样式表中修改、添加命名样式。相同颜色的对象可以采用不同的命名样式，不同颜色的对象也可以采用相同的命名样式，关键在于将样式设定给特定的对象。可以在特性窗口、图层管理器、页面设置或打印对话框中进行设置。下面以在页面设置中进行操作为例。

　　打开工具栏中的"文件"菜单，选择"页面设置管理器"选项，弹出"页面设置管理器"对话框，如图 13-52 所示。单击"新建"按钮，弹出"新建页面设置"对话框，如图 13-53 所示，输入新页面设置名，然后选择新建页面设置"设置 1"，单击"确定"按钮，弹出"页面设置－设置 1"对话框，如图 13-54 所示。

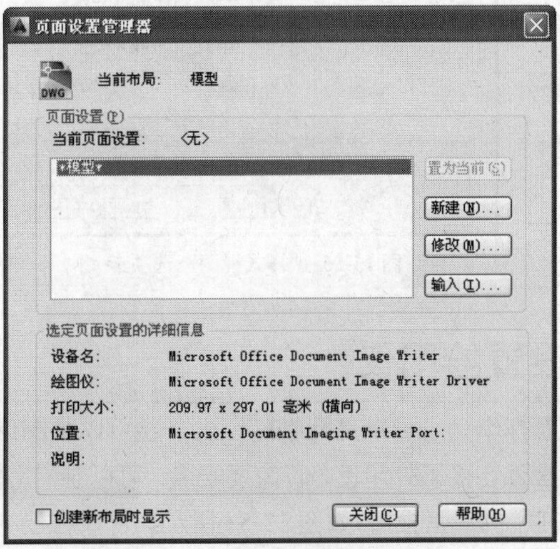

图 13-52  "页面设置管理器"对话框

图 13-53  "新建页面设置"对话框

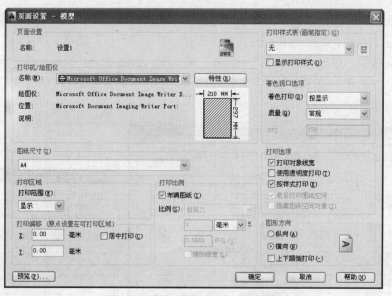

图 13-54 "页面设置－设置 1"对话框

在"打印样式表"区利用下拉菜单选择打印样式表，然后单击右上角的"编辑"按钮，弹出"打印样式表编辑器"对话框，选择"表视图"选项卡，如图 13-55 所示。在选项卡中可以利用左下角的"添加样式"按钮来添加新的样式，然后就可以进行样式的设置，如颜色、线型和线宽等。也可以在"样式视图"选项卡中进行特性的设置，如图 13-56 所示。

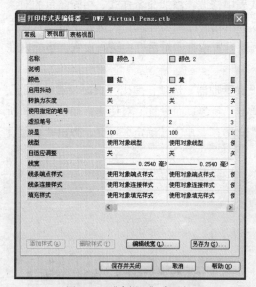

图 13-55 "表视图"选项卡

图 13-56 "样式视图"选项卡

## 13.3.2 设置绘图仪

AutoCAD 配置的绘图仪可以连接在本机上打印，也可以是网络打印机，还可以将图形输出为电子文件的打印程序。在打印之前先检查是否连接了打印机，若需要安装，可以在"文件"菜单中，选择"绘图仪管理器"选项，弹出"打印机对话框"，如图 13-57 所示。可以在已有的打印设备中进行选择，若需添加绘图仪，双击"添加绘图仪向导"来添加绘图仪。在连接打印机之后，用户可以在"页面设置"或"打印"对话框中选择并设置其打印特性。

图 13-57　"打印机"对话框

## 13.3.3　打印输出

打印输出时可以以不同的方式输出，可以输出为工程图纸，也可以输出为光栅图像。

### 1．输出为工程图纸

选择"文件"菜单中的"打印"选项，弹出"打印－模型"对话框，如图 13-58 所示。在"打印机/绘图仪"中选择已有的打印机名称，在"打印区域"中选择"窗口"打印范围，"打印比例"设置为"布满图纸"。设置好后，单击"确定"按钮，即可完成打印。

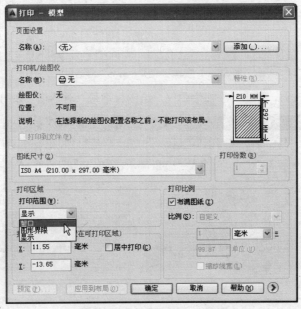

图 13-58　"打印－模型"对话框

### 2．输出为光栅图像

在 AutoCAD 中，打印输出时，可以将 DWG 的图形文件输出为 jpg、bmp、tif、tga 等格式的光栅图像，以便在其他图像软件中进行处理，还可以根据需要设置图像大小。具体操作步骤如下。

（1）添加绘图仪：如果系统中为用户提供了所需图像格式的绘图仪，就可以直接选用，若系统中没有所需图像格式的绘图仪，就需要利用"添加绘图仪向导"进行添加。

打开"文件"菜单中的"绘图仪管理器"，在弹出的对话框中双击"添加绘图仪向导"选项，弹出"添加绘图仪－简介"对话框，如图 13-59 所示。单击"下一步"按钮，弹出"添加绘图仪-开始"对话框，如图 13-60 所示，选择"我的电脑"选项。

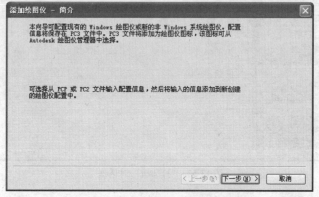

图 13-59 "添加绘图仪－简介"对话框

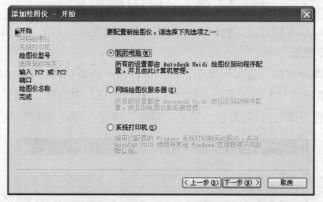

图 13-60 "添加绘图仪－开始"对话框

单击"下一步"按钮，弹出"添加绘图仪－绘图仪型号"对话框，如图 13-61 所示。在"生

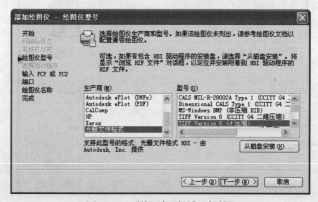

图 13-61 "绘图仪型号"对话框

产商"选框中选择"光栅文件格式",在"型号"选框中选择"TIFF Version 6(不压缩)"。单击"下一步"按钮,弹出"添加绘图仪-输入 PCP 或 PC2"对话框,如图 13-62 所示。

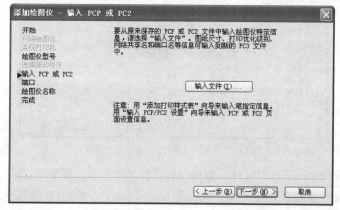

图 13-62　"输入 PCP 或 PC2"对话框

　　单击"下一步"按钮,弹出"添加绘图仪-端口"对话框,如图 13-63 所示。单击"下一步"按钮,弹出"添加绘图仪-绘图仪名称"对话框,如图 13-64 所示。

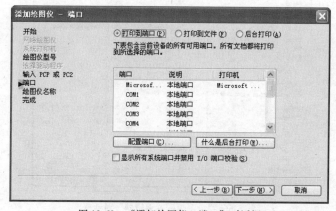

图 13-63　"添加绘图仪-端口"对话框

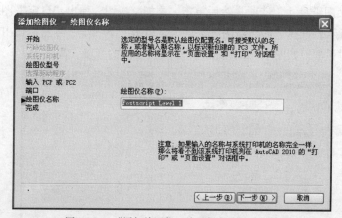

图 13-64　"添加绘图仪-绘图仪名称"对话框

　　单击"下一步"按钮,弹出"添加绘图仪-完成"对话框,如图 13-65 所示。单击"完成"按钮,即可完成绘图仪的添加操作。

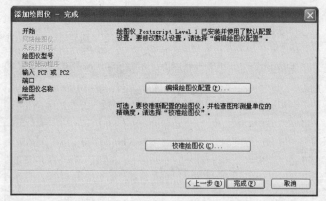

图 13-65 "添加绘图仪－完成"对话框

（2）设置图像尺寸：选择"文件"菜单中的"打印"选项，弹出"打印－模型"对话框，在"打印机/绘图仪"选框中选择"TIFF Version 6（不压缩）"。然后在"图纸尺寸"选框中选择合适的图纸尺寸。如果选项中所提供的体制尺寸不能满足要求，就可以单击"绘图仪"右侧的"特性"按钮，弹出"绘图仪配置编辑器"对话框，如图 13-66 所示。

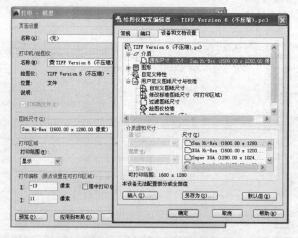

图 13-66 "绘图仪配置编辑器"对话框

选择"自定义图纸尺寸"选项，然后单击"添加"按钮，弹出"自定义图纸－开始"对话框，如图 13-67 所示，选择"创建新图纸"选项。单击"下一步"按钮，弹出"自定义图纸尺寸－介质边界"对话框，如图 13-68 所示，用于设置图纸的宽度、高度等。

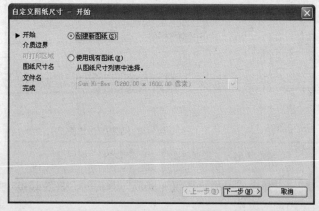

图 13-67 "自定义图纸尺寸－开始"对话框

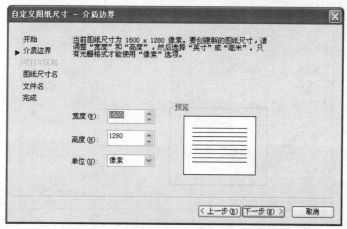

图 13-68 "自定义图纸尺寸－介质边界"对话框

单击"下一步"按钮，弹出"自定义图纸尺寸－图纸尺寸名"对话框，如图 13-69 所示。
单击"下一步"按钮，弹出"自定义图纸尺寸－文件名"对话框，如图 13-70 所示。

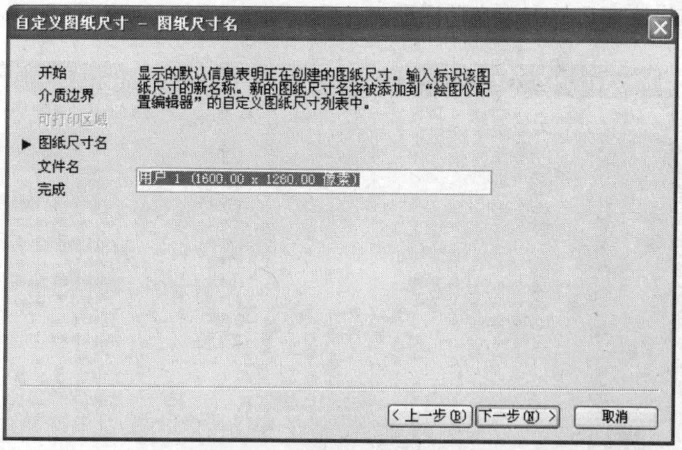

图 13-69 "图纸尺寸名"对话框

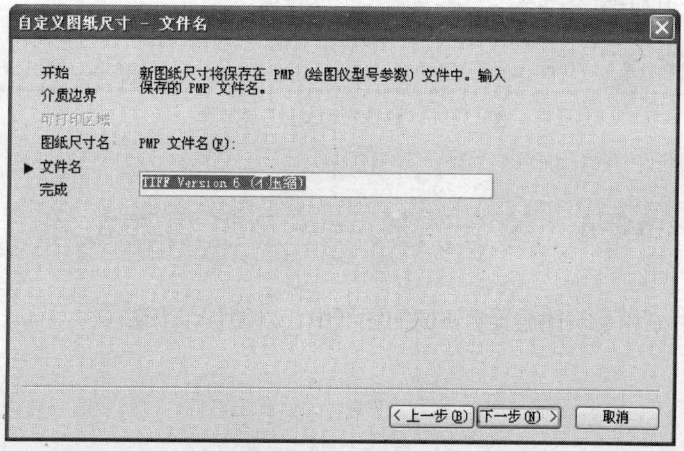

图 13-70 "文件名"对话框

单击"下一步"按钮，弹出"自定义图纸尺寸－完成"对话框，如图 13-71 所示。单击"完成"按钮，即可完成新图纸尺寸的创建。

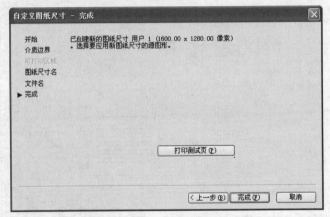

图 13-71 "完成"对话框

（3）输出图像：执行"打印"命令，弹出"打印－模型"对话框，单击"确定"按钮，弹出"浏览打印文件"对话框，如图 13-72 所示，在"文件名"中输入文件名，然后单击"保存"按钮后完成打印。

最终完成将 DWF 图形输出为光栅图形。

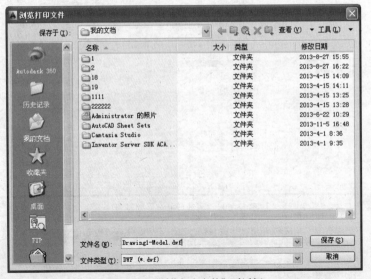

图 13-72 "浏览打印文件"对话框

# 13.4　综合演练——别墅图纸布局

将所有绘制的别墅建筑图放置在不同的图纸中，以便打印出图。

绘制步骤

## 13.4.1　准备好模型空间的图形

以东、西立面图和墙身建筑详图的布局操作为例，现将东、西立面图和墙身建筑详图（不

同的绘图比例）排布在一张 A3 号图中。并且事先将线型设置好，把确定不显示的图层关闭，为布局操作做好准备。

## 13.4.2　创建布局、设置页面

### 1．创建布局

在命令行中输入"LAYOUT"命令，创建新布局"布局 3"。

### 2．页面设置

选择菜单栏中的"文件"→"页面设置管理器"命令，打开"页面设置管理器"对话框，对新建布局进行页面设置。单击"修改"按钮，弹出"页面设置－布局 3"对话框，如图 13-73 所示，然后按照图示对话框进行打印设备、图纸尺寸、打印区域、打印比例和图形方向、打印样式等设置。

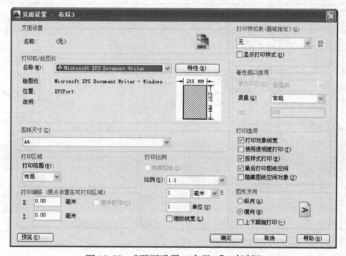

图 13-73　"页面设置－布局 3"对话框

## 13.4.3　插入图框、创建视口图层

### 1．插入图框

单击"绘图"工具栏中的"插入块"按钮，将以前绘制好的"图框"图块插入到布局 3 中，结果如图 13-74 所示。

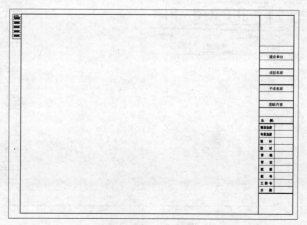

图 13-74　插入图框

### 2．创建视口图层

创建视口图层，用于视口线放置，如图 13-75 所示。

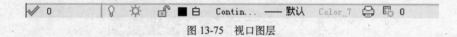

图 13-75　视口图层

# 13.4.4　视口创建及设置

### 1．创建视口

首先创建东立面图样视口，在命令行中输入"MV"命令，在图纸上左上方绘制一个矩形视口，模型空间中的图形就会显示出来，结果如图 13-76 所示。

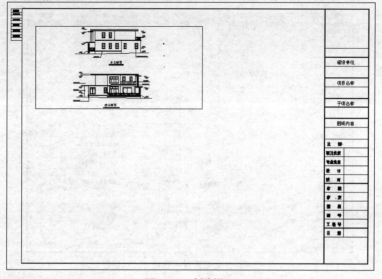

图 13-76　创建视口

### 2．设置比例

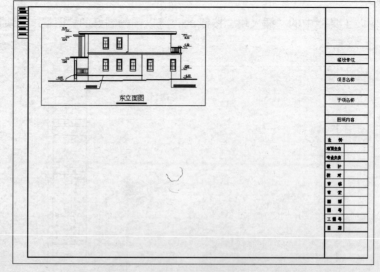

图 13-77　设置比例

双击视口内部，进入模型空间，单击"实时平移"按钮🖐、"实时缩放"按钮🔍等，将东立面图调整到视口内，如图 13-77 所示。也可以通过在视口"特性"中输入比例，以完成比例设置。

3. 重复上述方法创建西立面图样视口和墙身建筑详图视口，并设置合适的比例，完成东、西立面图和墙身建筑详图的布图，结果如图 13-78 所示。然后将"视口"图层关闭，结果如图 13-79 所示。

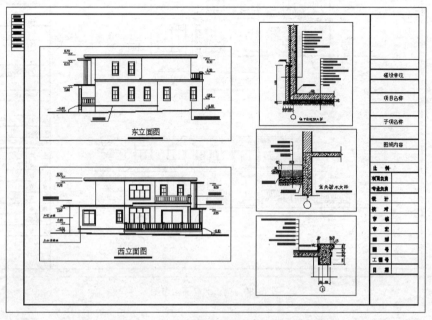

图 13-78 东、西立面图和墙身建筑详图的布图

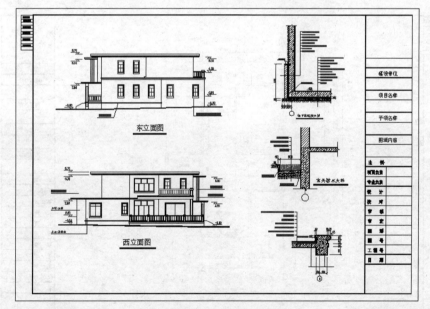

图 13-79 关闭视口图层

## 13.4.5 其他图纸布图

重复 13.4.1～13.4.4 的操作步骤，完成其他图纸的布局，结果如图 13-80～图 13-89 所示。

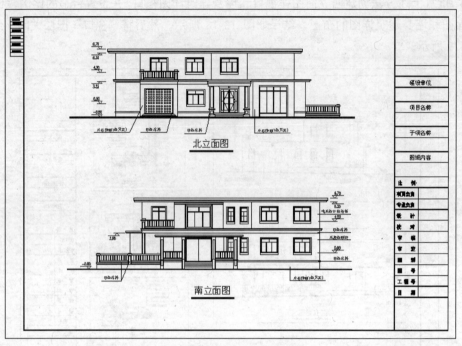

图 13-80　南、北立面图布图

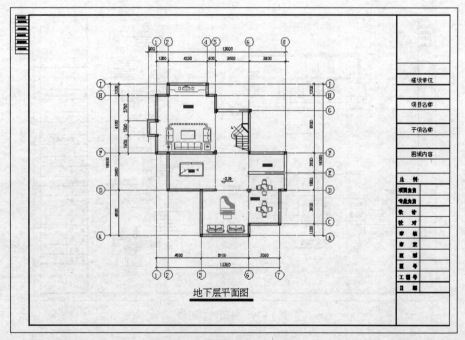

图 13-81　地下层平面图布图

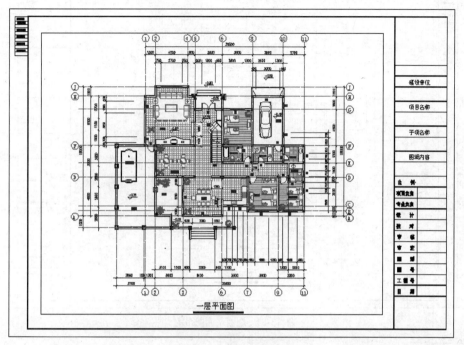

图 13-82　一层平面图布图

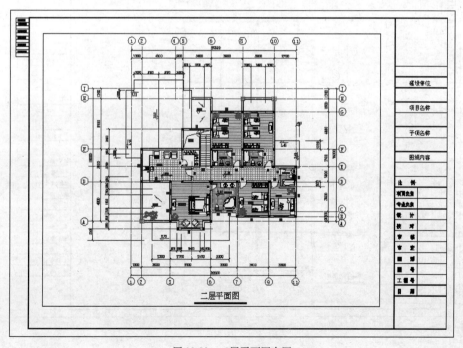

图 13-83　二层平面图布图

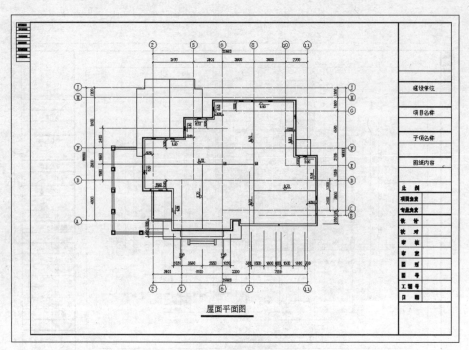

图 13-84　屋面平面图布图

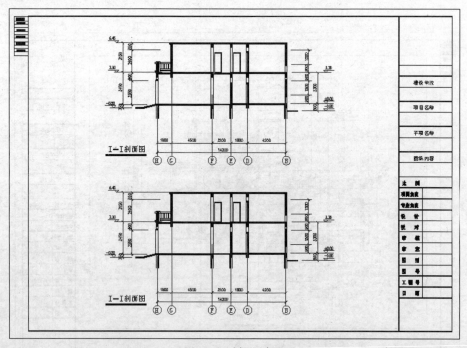

图 13-85　剖面图布图

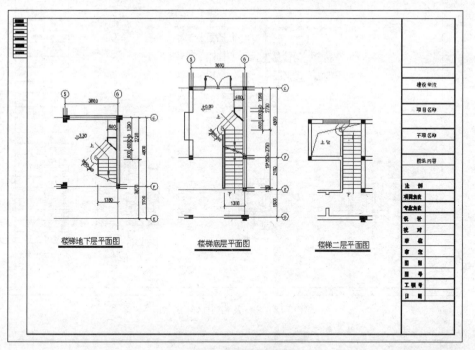

图 13-86 楼梯平面图布图

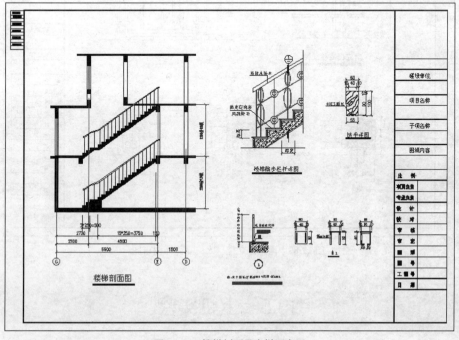

图 13-87 楼梯剖面及大样图布图

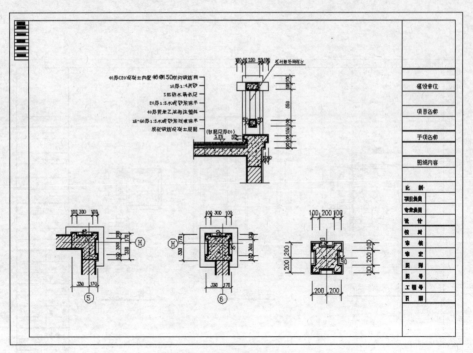

图 13-88  栏杆及装饰柱详图布图

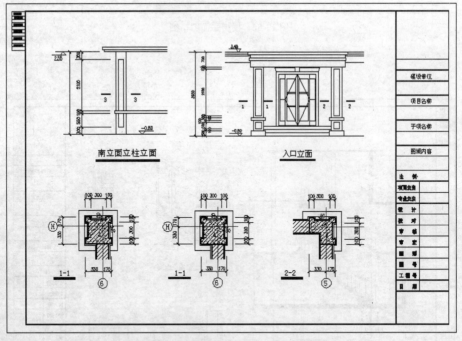

图 13-89  南立面立柱、入口立面详图布图

## 13.5  上机实验

通过前面的学习，读者对本章知识也有了大体的了解，本节将通过几个操作练习使读者更进一步掌握本章知识要点。

## 实验 1　创建布局

### 1．目的要求

利用前面介绍的布局工具，绘制如图 13-90 所示的布局。通过本实验的练习，要求读者熟练掌握各种布局工具的使用方法与技巧。

### 2．操作提示

（1）打开图形文件。

（2）利用布局工具创建布局。

## 实验 2　打印预览齿轮图形

### 1．目的要求

图形输出是绘制图形的最后一步工序。正确地对图形进行打印设置，有利于顺利地输出图纸。如图 13-91 所示，本实验的目的是使读者掌握打印设置的方法。

### 2．操作提示

（1）执行"打印"命令。

（2）进行打印设备参数设置。

（3）进行打印设置。

（4）输出预览。

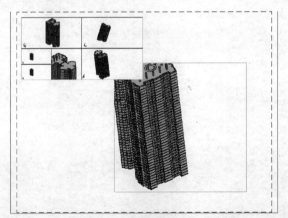

图 13-90　图纸空间视图

图 13-91　齿轮

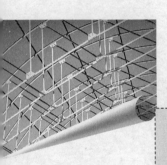

# 第14章

# 等轴侧图的绘制

在前面的章节中，讲解了使用 AutoCAD 绘制零件图的方法及步骤，然而无论是零件图还是装配图，其中的每个视图都不能同时反映物体长、宽、高 3 个方向的尺度和形状，缺乏立体感，必须具备一定看图能力的技术人员才能想像出物体的形状。在工程上，除了广泛使用正投影图外，有时也需要绘制直观性好的能够度量的轴测图。轴测图是一种在平面上有效表达三维结构的方法，它富有立体感，能够快速、直观、清楚地让人们了解产品零件的结构。因此，在工程中，经常使用轴侧图作为帮助看图的辅助图样。

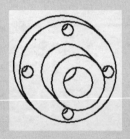

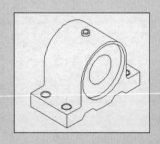

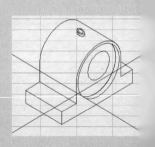

# 14.1　轴侧图的基本知识

**1．轴侧图的形成**

轴侧图是指将物体连同其参考直角坐标系，沿不平行于任一坐标面的方向，用平行投影法将其投射在单一投影面上所得到的，能同时反映物体长、宽、高 3 个方向尺度的富有立体感的图形。

由于轴侧图是用平行投影法得到的，因此其具有以下特性。

（1）平行性：物体上相互平行的直线，它们的轴侧投影仍相互平行；物体上平行于坐标轴的线段，在轴侧图上仍平行于相应的轴侧轴。

（2）定比性：物体上平行于坐标轴的线段，其轴侧投影与原线段长度之比，等于相应的轴向伸缩系数。

**2．轴向伸缩系数和轴间角**

由于物体上 3 个直角坐标轴对轴侧投影面倾斜角度不同，所以在轴侧图上各条轴线的投影长度也不同。直角坐标轴的轴侧投影（简称轴侧轴）的单位长度与相应直角坐标轴上的单位长度的比值，称为轴向伸缩系数，分别用 $p_1$、$q_1$、$r_1$ 表示，简化伸缩系数分别用 p、q、r 表示。两根轴侧轴之间的夹角称为轴间角。

**3．轴侧图的分类**

轴侧图根据投影方向与轴侧投影面是否垂直，分为正轴侧图和斜轴侧图两大类，每类按轴向伸缩系数不同，又分为 3 类：

（1）正（或斜）等轴侧图：简称正（或斜）等侧，$p_1 = q_1 = r_1$；

（2）正（或斜）二等轴侧图：简称正（或斜）二侧，$p_1 = q_1 \neq r_1$ 或 $q_1 = r_1 \neq p_1$ 或 $p_1 = r_1 \neq q_1$；

（3）正（或斜）三轴侧图：简称正（或斜）三侧，$p_1 \neq q_1 \neq r_1$；

国家标准 GB/T14692—1993 中规定，轴侧图一般采用正等侧、正二侧和斜二侧，必要时允许采用其他轴侧图。

# 14.2　轴侧图的一般绘制方法

前面讲解了利用 AutoCAD 绘制二维平面图形的方法，轴侧图也属于二维平面图形，因此，绘制方法与前面介绍的二维图形绘制方法基本相同，利用简单的绘图命令，如绘制直线命令 LINE、绘制椭圆命令 ELLIPSE、绘制圆命令 CIRCLE 等，并结合编辑命令，如修剪命令 TRIM 等，就可以完成绘制。下面简单讲解利用 AutoCAD 绘制轴侧图的一般步骤。

（1）设置绘图环境。在绘制轴侧图之前，需要根据轴侧图的大小及复杂程度，设置图形界限及图层；

（2）建立直角坐标系，绘制轴侧轴；

（3）根据轴向伸缩系数，确定物体在轴侧图上各点的坐标，然后连线画出。轴侧图中一般只用粗实线画出物体可见轮廓线，必要时才用虚线画出不可见轮廓线；

（4）保存图形。

# 14.3  绘制端盖斜二侧图

根据如图 14-1 所示的端盖视图，绘制该端盖的斜二侧，如图 14-2 所示。

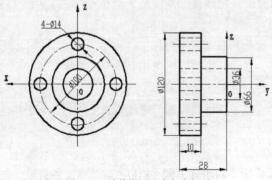

图 14-1  端盖视图及直角坐标系

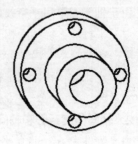

图 14-2  绘制端盖斜二侧图

## 14.3.1  设置绘图环境

 **绘制步骤**

1. 用 LIMITS 命令设置图幅：420×297。

2. 单击"图层"工具栏中的"图层特性管理器"按钮，新建图层"CSX"，线宽为 0.3，线型为 CONTINUS，颜色为白色，用于绘制可见轮廓线；新建图层"XSX"，线宽为 0.09，线型为 CONTINUS，颜色为白色，用于绘制轴侧轴。

## 14.3.2  绘制轴侧

建立直角坐标系，将"XSX"设置为当前层，单击"绘图"工具栏中的"构造线"按钮，绘制轴侧轴。

> 命令:XLINE（绘制轴侧轴）
> 指定点或 [水平(H)/垂直(V)/角度(A)/二等分(B)/偏移(O)]: V✓
> 指定通过点:（在适当位置处单击鼠标左键，绘制 z 轴）
> 指定通过点: ✓
> 命令:XLINE✓（绘制 x 轴）
> 指定点或 [水平(H)/垂直(V)/角度(A)/二等分(B)/偏移(O)]: H✓
> 指定通过点:（在适当位置处单击鼠标左键，绘制 x 轴）
> 指定通过点: ✓
> 命令: XLINE✓（绘制 y 轴）
> 指定点或 [水平(H)/垂直(V)/角度(A)/二等分(B)/偏移(O)]:（捕捉 x 轴与 z 轴的交点，绘制 y 轴）
> 指定通过点: @100<-45✓
> 指定通过点: ✓

## 14.3.3　绘制圆柱筒

1. 将"CSX"图层设置为当前层,单击"绘图"工具栏中的"直线"按钮、"圆"按钮和"修改"工具栏中的"复制"按钮,绘制圆柱筒。

> 命令:CIRCLE(绘制φ66圆)
> 指定圆的圆心或 [3点(3P)/两点(2P)/切点、切点、半径(T)]: (捕捉轴侧轴交点)
> 指定圆的半径或 [直径(D)]: D↙
> 指定圆的直径: 66↙
> 命令: CIRCLE↙ (绘制φ36圆)
> 指定圆的圆心或 [3点(3P)/两点(2P)/ 切点、切点、半径(T)]: (捕捉轴侧轴交点)
> 指定圆的半径或 [直径(D)]: D↙
> 指定圆的直径: 36↙
> 命令:COPY (复制φ66圆)
> 选择对象: (选择φ66圆)
> 找到 1 个
> 选择对象: ↙
> 当前设置: 复制模式 = 多个
> 指定基点或 [位移(D)/模式(O)] <位移>:
> 指定第 2 个点或 [阵列(A)] <使用第 1 个点作为位移>: @18<135↙
> 指定第 2 个点或 [阵列(A)/退出(E)/放弃(U)] <退出>:
> 命令: COPY↙ (复制φ36圆)
> 选择对象: (选择φ36圆)
> 找到 1 个
> 选择对象: ↙
> 当前设置: 复制模式 = 多个
> 指定基点或 [位移(D)/模式(O)] <位移>:
> 指定第 2 个点或 [阵列(A)] <使用第 1 个点作为位移>: @28<135↙
> 指定第 2 个点或 [阵列(A)/退出(E)/放弃(U)] <退出>:
> 修剪复制的φ36圆。
> 命令:LINE (绘制圆柱筒切线)
> 指定第 1 点:_tan 到 (捕捉前面φ66圆的右侧切点)
> 指定下一点或 [放弃(U)]: _tan 到 (捕捉后面φ66圆的右侧切点)
> 指定下一点或 [放弃(U)]: ↙
> ……(方法同上,绘制左侧切线)

2. 单击"修改"工具栏中的"修剪"按钮,剪去复制的φ66圆在切线之间的部分,结果如图 14-3 所示。

图 14-3　圆柱筒的斜二测

## 14.3.4  绘制底座

1. 单击"绘图"工具栏中的"构造线"按钮✏和"圆"按钮◎，绘制圆和辅助线。

命令:CIRCLE（绘制Φ120 圆）
指定圆的圆心或 [3 点(3P)/两点(2P)/ 切点、切点、半径(T)]:（捕捉复制的φ66 圆的圆心）
指定圆的半径或 [直径(D)] <18.0000>: D✓
指定圆的直径 <36.0000>: 120✓
命令:XLINE（将"XSX"设置为当前层，绘制辅助线）
指定点或 [水平(H)/垂直(V)/角度(A)/二等分(B)/偏移(O)]: V✓
指定通过点:（捕捉φ120 圆的圆心）
指定通过点: ✓
命令:CIRCLE（绘制φ100 圆）
指定圆的圆心或 [3 点(3P)/两点(2P)/ 切点、切点、半径(T)]:（捕捉复制的φ66 圆的圆心）
指定圆的半径或 [直径(D)] <60.0000>: D✓
指定圆的直径 <120.0000>: 100✓
命令:CIRCLE（将"CSX"设置为当前层，绘制Φ14 圆）
指定圆的圆心或 [3 点(3P)/两点(2P)/ 切点、切点、半径(T)]:（捕捉φ100 圆于辅助线的交点）
指定圆的半径或 [直径(D)] <50.0000>: D✓
指定圆的直径 <100.0000>: 14✓结果如图 14-4 所示

2. 单击"修改"工具栏中的"环形阵列"按钮🔛，对φ14 圆进行环形阵列，阵列数为4，填充角度为 360，阵列中心为φ100 圆的圆心。

3. 单击"绘图"工具栏中的"直线"按钮✏和"修改"工具栏中的"复制"按钮🗐，完成底座绘制。

命令:COPY（复制φ120 圆及 4 个φ14 圆）
选择对象:（选择φ120 圆及 4 个φ14 圆）
找到 1 个，总计 5 个
选择对象: ✓
当前设置: 复制模式 = 多个
指定基点或 [位移(D)/模式(O)] <位移>:（捕捉Φ120 圆的圆心）
指定第 2 个点或 [阵列(A)] <使用第 1 个点作为位移>: @10<135
指定第 2 个点或 [阵列(A)/退出(E)/放弃(U)] <退出>:
命令:LINE（绘制底座切线）
指定第 1 点: _tan 到（捕捉前面φ120 圆的右侧切点）
指定下一点或 [放弃(U)]: _tan 到（捕捉后面φ120 圆的右侧切点）
指定下一点或 [放弃(U)]: ✓

4. 单击"绘图"工具栏中的"直线"按钮✏，绘制左侧切线，结果如图 14-5 所示。

5. 单击"修改"工具栏中的"修剪"按钮✂，修剪复制的φ120 圆在切线间的部分及复制的φ14 圆。关闭"XSX"层，结果如图 14-6 所示。

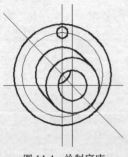  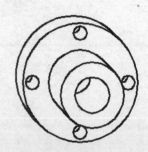

图 14-4  绘制底座　　　　图 14-5  复制底座　　　　图 14-6  端盖斜二测图

# 14.4 轴承支座等轴测图绘制实例

轴承支座的绘制过程分为两步，首先绘制轴承支座的表面轮廓，然后绘制内孔、注油孔与安装孔。绘制的轴承支座如图 14-7 所示。

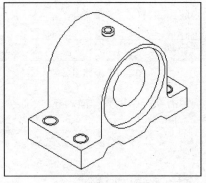

图 14-7 轴承支座轴测图

## 14.4.1 配置绘图环境

 **绘制步骤**

1. 建立新文件。单击"标准"工具栏中的"新建"按钮□，打开"选择样板"对话框，单击"打开"按钮右侧的▾下拉按钮，以"无样板打开－公制"（M）方式建立新文件，并将新文件命名为"轴承支座.dwg"并保存。

2. 设置绘图工具栏。选择菜单栏中的"视图"→"工具栏"命令，打开"自定义"对话框，调出"标准"、"图层"、"对象特性"、"绘图"、"修改"和"对象捕捉"这 6 个工具栏，并将它们移动到绘图窗口中的适当位置。

3. 设置图幅。在命令行中输入"limits"命令后按【Enter】键，输入左下角点（0，0），右上角点（594，420），即 A2 图纸。

4. 开启栅格。单击状态栏中的"栅格"按钮，或使用快捷键 F7 开启栅格。若想关闭栅格，可以再次单击状态栏中的"栅格"按钮或按 F7 键。

5. 调整显示比例。选择菜单栏中的"视图"→"缩放"→"全部"命令，或在命令行中输入"zoom"命令后按【Enter】键后选择"（全部）a"选项。

6. 创建新图层。选择菜单栏中的"格式"→"图层"命令，打开"图层特性管理器"对话框，创建两个新图层："实体层"，颜色为白色、线型为 CONTINUOUS、线宽为 0.3；"中心线层"，颜色为红色、线型为 Center、线宽为默认，如图 14-8 所示。

7. 设置等轴测捕捉。在命令行中输入 snap 命令后按【Enter】键，命令行提示与操作如下：

```
命令: SNAP ✓
指定捕捉间距或 [打开(ON)/关闭(OFF)/纵横向间距(A)/传统(L)/样式(S)/类型(T)] <10.0000>: s✓
输入捕捉栅格类型 [标准(S)/等轴测(I)] <S>: i✓
指定垂直间距 <10.0000>: 10 ✓
```

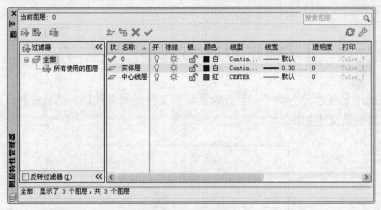

图 14-8　新建图层

8．设置轴侧面绘图模式。在命令行中输入"isoplane"命令后按【Enter】键，命令行提示
与操作如下：

命令: ISOPLANE　✓
当前等轴测平面: 左视
输入等轴测平面设置 [左视(L)/俯视(T)/右视(R)] <俯视>: t✓
当前等轴测面:俯视

## 14.4.2　绘制轴承支座

1．绘制中心线。将"中心线层"设定为当前图层，单击"绘图"工具栏中的"直线"按
钮✍，以（268.5,155）为一点，绘制两条交叉的中心线，结果如图 14-9 所示。

2．绘制底边轮廓线，结果如图 14-10 所示。

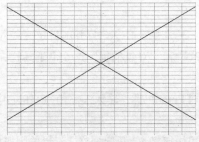

图 14-9　绘制中心线

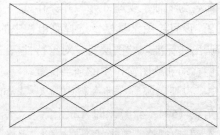

图 14-10　绘制底边轮廓线

切换图层，将"实体层"设置为当前图层。单击"绘图"工具栏中的"直线"按钮✍，利
用 from 选项和"极轴"模式顺时针方向绘制轴承支座外轮廓，命令行提示与操作如下：

命令: LINE✓
指定第 1 点: from✓
基点: (利用对象捕捉选择中心线的交点)
<偏移>: @50<330✓
指定下一点或 [放弃(u)]: 100✓ (将光标向左下角移动，输入 100 后按【Enter】键)
指定下一点或 [放弃(u)]: 100✓ (将光标向左上角移动，输入 100 后按【Enter】键)
指定下一点或 [闭合(c)/放弃(u)]: 200✓ (将光标向右上角移动，输入 200 后按【Enter】键)
指定下一点或 [闭合(c)/放弃(u)]: 100✓ (将光标向右下角移动，输入 100 后按【Enter】键)
指定下一点或 [闭合(c)/放弃(u)]: 100✓ (将光标向右下角移动，输入 100 后按【Enter】键)
指定下一点或 [闭合(c)/放弃(u)]:✓

3. 绘制顶边轮廓线。单击"修改"工具栏中的"复制"按钮，选择刚绘制的底边轮廓线，向上复制，距离为 30，然后单击"绘图"工具栏中的"直线"按钮，形成长方体的 4 个侧面，如图 14-11 所示。

4. 设置轴侧面绘图模式。在命令行中输入"isoplane"命令后按【Enter】键，设置为"右视（R）"。

5. 绘制支座轴孔。单击"绘图"工具栏中的"直线"按钮，在顶面上绘制一条辅助直线，如图 14-11 所示。单击"修改"工具栏中的"复制"按钮，将辅助直线复制到上方距离为 50，如图 14-12 所示。单击"绘图"工具栏中的"椭圆"按钮，在等轴测模式绘制轴侧圆，分别以点 1 和点 2 为圆心绘制直径为 115 和 125 的两个同心圆，如图 14-12 所示，命令行提示与操作如下：

```
命令: ELLIPSE↙
指定椭圆轴的端点或 [圆弧(A)/中心点(C)/等轴测圆(I)]: i↙
指定等轴测圆的圆心: (选择点 1)
指定等轴测圆的半径或 [直径(D)]: d↙
指定等轴测圆的直径: 115↙
```

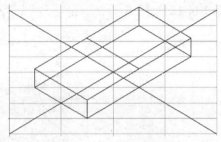

图 14-11　轴承底座轮廓线

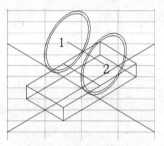

图 14-12　绘制支座轴孔

重复命令，继续在点 1 处绘制直径为 125 的圆，在点 2 处绘制直径为 115 和 125 的圆。

6. 绘制轴孔轮廓线。单击"绘图"工具栏中的"直线"按钮，通过圆心点 1 和点 2 绘制十字交叉直线；开启"正交"模式，绘制 4 条竖直向下的轮廓线；绘制顶圆连线。绘制结果如图 14-13 所示。

7. 绘制两圆的公切线。打开"对象捕捉"工具栏。单击"绘图"工具栏中的"直线"按钮，在选择直线两个端点时都使用"捕捉到切点"功能，分别捕捉点 1 处和点 2 处的两个大圆的切点，绘制结果如图 14-14 所示。

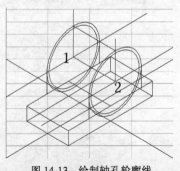

图 14-13　绘制轴孔轮廓线

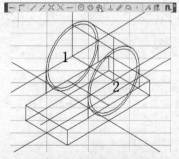

图 14-14　绘制两圆公切线

8. 修剪图形。单击"修改"工具栏中的"修剪"按钮和"删除"按钮，对图形进行修剪，结果如图 14-15 所示。

9. 绘制轴孔内凹。单击"修改"工具栏中的"复制"按钮，选择直线 12 和点 2 处小圆，以点 2 作为基点，使用"指定第二个点或 [阵列（A）] <使用第一个点作为位移>：@10<150"删除原来的直线 12，如图 14-16 所示。

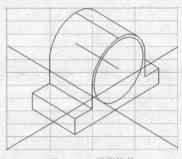

图 14-15　图形修剪

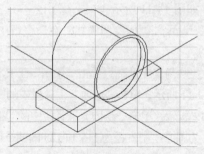

图 14-16　绘制轴孔内凹

10．修剪图形。单击"修改"工具栏中的"修剪"按钮，再次修剪图形，结果如图 14-17 所示。

11．绘制轴承支座内孔。单击"绘图"工具栏中的"椭圆"按钮，以点 2 为圆心，绘制直径为 60 的圆。至此，轴承支座绘制完成，如图 14-18 所示。

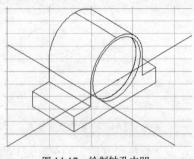

图 14-17　绘制轴孔内凹

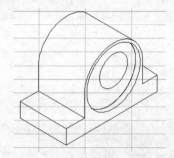

图 14-18　绘制轴承支座内孔

12．绘制注油孔。设置轴侧面绘图模式：在命令行中输入"isoplane"命令后按【Enter】键，设置为"俯视（t）"。

❶ 绘制等轴测圆。单击"绘图"工具栏中的"椭圆"按钮，以轴承支座顶部中心线交点为圆心，绘制直径分别为 10 和 16 的同心圆，如图 14-19 所示。

❷ 绘制注油孔轮廓线。单击"修改"工具栏中的"复制"按钮，将绘制的两个同心圆向上复制距离为 5，并补充上下两圆公切线，单击"修改"工具栏中的"修剪"按钮，编辑图形，完成注油孔的绘制，如图 14-20 所示。

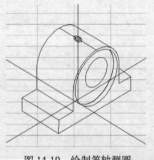

图 14-19　绘制等轴测圆

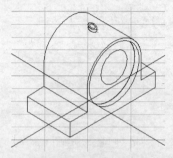

图 14-20　绘制注油孔

13．绘制安装孔。绘制安装孔定位中心线：单击"修改"工具栏中的"偏移"按钮，在 30°方向上偏移量为 16，在 150°方向上偏移量为 20，绘制安装孔定位中心线。单击"绘图"工具栏中的"椭圆"按钮，以定位中心为圆心，绘制直径分别为 16 和 20 的同心圆，如图 14-21 所示。

14．绘制倒圆角。圆柱侧面与底座顶面倒圆角，单击"修改"工具栏中的"圆角"按钮，圆角半径为 5。并对右上方安装孔进行修剪。结果如图 14-22 所示。

15．绘制底板开口槽。单击"修改"工具栏中的"复制"按钮，将底线向上复制，距离为 10。根据开口槽形状绘制轮廓线，如图 14-23 所示。

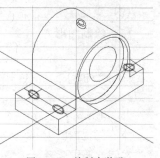

图 14-21　绘制安装孔

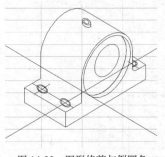

图 14-22　图形修剪与倒圆角

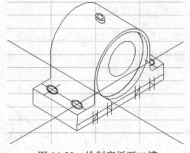

图 14-23　绘制底板开口槽

16．修剪图形。对开口槽轮廓线进行修剪，最终得到轴承支座等轴测图，如图 14-7 所示。

# 14.5　上机实验

## 实验 1　根据图 14-24 所示的平面图绘制轴测图

### 1．目的要求

本实验根据图 14-24 所示的平面图绘制轴测图。在绘制的过程中，要用到绘图和编辑命令。通过本例，要求读者熟练掌握轴测图的用法。

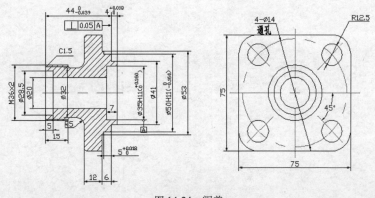

图 14-24　阀盖

### 2．操作提示

（1）设置绘图环境。

（2）建立直角坐标系，绘制轴侧轴。

（3）绘制图形。

## 实验 2　根据图 14-25 所示的平面图绘制等轴测图

### 1．目的要求

本实验根据图 14-25 所示的平面图绘制轴测图。在绘制的过程中，要用到绘图和编辑命令。通过本例，要求读者熟练掌握等轴测图的用法。

### 2．操作提示

（1）设置绘图环境。

（2）建立直角坐标系，绘制轴测图。

（3）绘制图形。

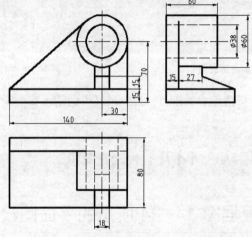

图 14-25　轴承座

# 第 15 章

## 三维绘图基础

　　本章将讲解用 AutoCAD 2014 进行三维绘图时的一些基础知识、基本操作，包括显示形式、用户坐标系、观察模式、视点以及基本三维绘图等。

# 15.1　三维模型的分类

利用 AutoCAD 创建的三维模型，按照其创建的方式和在计算机中的存储方式，可以将三维模型分为 3 种类型：线型模型、表面模型和实体模型。

（1）线型模型：是对三维对象的轮廓描述。线型模型没有表面，由描述轮廓的点、线、面组成，如图 15-1 所示。线型模型结构简单，但绘制费时。此外，由于线型模型没有面和体的特征，因而不能进行消隐和渲染等处理。

（2）表面模型：是用面来描述三维对象。表面模型不仅具有边界，而且还具有表面。表面模型示例如图 15-2 所示。由于表面模型具有面的特征，因此可以对它进行物理计算，以及进行渲染和着色的操作。

（3）实体模型：实体模型不仅具有线和面的特征，而且还具有实体的特征，如体积、重心和惯性矩等。实体模型示例如图 15-3 所示。

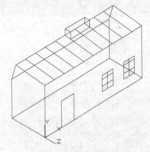 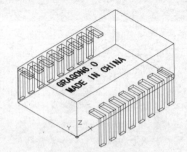 

图 15-1　线型模型示例　　　　图 15-2　表面模型示例　　　　图 15-3　实体模型示例

在 AutoCAD 中，不仅可以建立基本的三维实体，对它进行剖切、装配干涉检查等操作，还可以对实体进行布尔运算，以构造复杂的三维实体。此外，由于消隐和渲染技术的运用，可以使实体具有很好的可视性，因而实体模型广泛应用于广告设计和三维动画等领域。

# 15.2　三维坐标系统

AutoCAD 2014 使用的是笛卡儿坐标系。其使用的直角坐标系有两种类型，一种是世界坐标系（WCS），另一种是用户坐标系（UCS）。绘制二维图形时，常用的坐标系，即世界坐标系（WCS），由系统默认提供。世界坐标系又称通用坐标系或绝对坐标系，对于二维绘图来说，世界坐标系足以满足要求。为了方便创建三维模型，AutoCAD 2014 允许用户根据自己的需要设定坐标系，即用户坐标系（UCS），合理的创建 UCS，可以方便地创建三维模型。

## 15.2.1　右手法则与坐标系

在 AutoCAD 中通过右手法则确定直角坐标系 z 轴的正方向和绕轴线旋转的正方向，称之为"右手定则"。这是因为用户只需要简单地使用右手就可确定所需要的坐标信息。

在 AutoCAD 中输入坐标采用绝对坐标和相对坐标两种形式。

绝对坐标格式：$x$，$y$，$z$；相对坐标格式：@$x$，$y$，$z$。

AutoCAD 可以用柱坐标和球坐标定义点的位置。

柱面坐标系统类似于 2D 极坐标输入，由该点在 $xy$ 平面的投影点到 $z$ 轴的距离、该点与坐标原点的连线在 $xy$ 平面的投影与 $x$ 轴的夹角及该点沿 $z$ 轴的距离来定义。格式如下。

绝对坐标形式：$xy$ 距离<角度，$z$ 距离；相对坐标形式：@$xy$ 距离<角度，$z$ 距离

例如：绝对坐标 10<60，20 表示在 $xy$ 平面的投影点距离 $z$ 轴 10 个单位，该投影点与原点在 $xy$ 平面的连线相对于 $x$ 轴的夹角为 60°，沿 $z$ 轴离原点 20 个单位的一个点，如图 15-4 所示。

球面坐标系统中，3D 球面坐标的输入也类似于 2D 极坐标的输入。球面坐标系统由坐标点到原点连线距离、在 $xy$ 平面内的投影与与 $x$ 轴的夹角以及连线与 $xy$ 平面的夹角来定义。具体格式如下。

绝对坐标形式：$xyz$ 距离 <$xy$ 平面内投影角度  < 与 $xy$ 平面夹角

或相对坐标形式：@$xyz$ 距离 <$xy$ 平面内投影角度  < 与 $xy$ 平面夹角

例如：坐标 10<60<15 表示该点距离原点为 10 个单位，与原点连线的投影在 $xy$ 平面内与 $x$ 轴成 60° 夹角，连线与 $xy$ 平面成 15° 夹角，如图 15-5 所示。

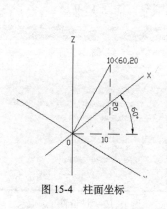

图 15-4  柱面坐标

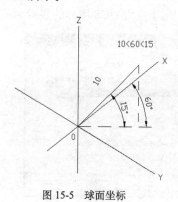

图 15-5  球面坐标

## 15.2.2  坐标系设置

利用相关命令可以对坐标系进行设置，具体方法如下。

### 1．执行方式

命令行：ucsman（快捷命令：UC）。

菜单栏："工具"→"命名 UCS"

工具栏：UCS II→命名 UCS ⌴。

执行上述操作后，系统打开如图 15-6 所示的 "UCS" 对话框。

### 2．选项说明

(1)"命名 UCS"选项卡

该选项卡用于显示已有的 UCS、设置当前坐标系，如图 15-6 所示。

在"命名 UCS"选项卡中，用户可以将世界坐标系、上一次使用的 UCS 或某一命名的 UCS 设置为当前坐标。其具体方法是：从列表框中选择某一坐标系，单击"置为当前"按钮。还可以利用选项卡中的"详细信息"按钮，了解指定坐标系相对于某一坐标系的详细信息。其具体步骤是：单击"详细信息"按钮，系统将打开如图 15-7 所示的 "UCS 详细信息" 对话框，该对话框详细说明了用户所选坐标系的原点及 $x$、$y$ 和 $z$ 轴的方向。

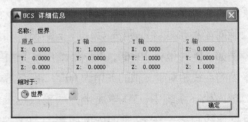

图 15-6 "UCS"对话框　　　　　　　　图 15-7 "UCS 详细信息"对话框

(2)"正交 UCS"选项卡

该选项卡用于将 UCS 设置成某一正交模式，如图 15-8 所示。其中，"深度"列用来定义用户坐标系 xy 平面上的正投影与通过用户坐标系原点平行平面之间的距离。

(3)"设置"选项卡

该选项卡用于设置 UCS 图标的显示形式、应用范围等，如图 15-9 所示。

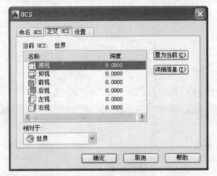

图 15-8 "正交 UCS"选项卡　　　　　　图 15-9 "设置"选项卡

## 15.2.3　创建坐标系

在三维绘图的过程中，有时根据操作的要求，需要转换坐标系，这个时候就需要新建一个坐标系来取代原来的坐标系。具体操作方法如下。

### 1．执行方式

命令行：ucs。

菜单栏："工具"→"新建 UCS"命令。

工具栏：单击"UCS"工具栏中的任意按钮。

### 2．操作步骤

命令行提示与操作如下：

```
命令: _UCS
当前 UCS 名称:*世界*
指定 UCS 的原点或 [面(F)/命名(NA)/对象(OB)/上一个(P)/视图(V)/世界(W)/x/y/z/z 轴(ZA)] <世界>: _w
```

### 3．选项说明

(1)指定 UCS 的原点：使用一点、两点或 3 点定义一个新的 UCS。如果指定单个点 1，当前 UCS 的原点将会移动而不会更改 x、y 和 z 轴的方向。选择该选项，命令行提示与操作如下：

指定 x 轴上的点或 <接受>：继续指定 x 轴通过的点 2 或直接按【Enter】键，接受原坐标系 x 轴为新坐标系的 x 轴

指定 xy 平面上的点或 <接受>：继续指定 xy 平面通过的点 3 以确定 y 轴或直接按【Enter】键，接受原坐标系 xy 平面为新坐标系的 xy 平面，根据右手法则，相应的 z 轴也同时确定

示意图如图 15-10 所示。

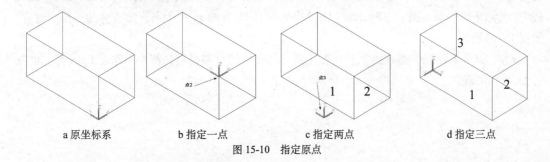

　　　a 原坐标系　　　　　b 指定一点　　　　　c 指定两点　　　　　d 指定三点

图 15-10　指定原点

（2）面（F）：将 UCS 与三维实体的选定面对齐。要选择一个面，请在此面的边界内或面的边上单击，被选中的面将亮显，UCS 的 x 轴将与找到的第一个面上最近的边对齐。选择该选项，命令行提示与操作如下：

选择实体面、曲面或网格：选择面

输入选项 [下一个(N)/x 轴反向(X)/y 轴反向(Y)] <接受>：✓，结果如图 15-11 所示

如果选择"下一个"选项，系统将 UCS 定位于邻接的面或选定边的后向面。

（3）对象（OB）：根据选定三维对象定义新的坐标系，如图 15-12 所示。新建 UCS 的拉伸方向（z 轴正方向）与选定对象的拉伸方向相同。选择该选项，命令行提示与操作如下。

选择对齐 UCS 的对象：选择对象

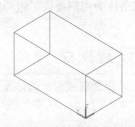　　　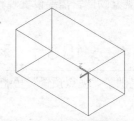

　　图 15-11　选择面确定坐标系　　　　　图 15-12　选择对象确定坐标系

对于大多数对象，新 UCS 的原点位于离选定对象最近的顶点处，并且 x 轴与一条边对齐或相切。对于平面对象，UCS 的 xy 平面与该对象所在的平面对齐。对于复杂对象，将重新定位原点，但是轴的当前方向保持不变。

（4）视图（V）：以垂直于观察方向（平行于屏幕）的平面为 xy 平面，创建新的坐标系。UCS 原点保持不变。

（5）世界（W）：将当前用户坐标系设置为世界坐标系。WCS 是所有用户坐标系的基准，不能被重新定义。

　　　　该选项不能用于下列对象：三维多段线、三维网格和构造线。

（6）x、y、z：绕指定轴旋转当前 UCS。

（7）z 轴（ZA）：利用指定的 z 轴正半轴定义 UCS。

## 15.2.4　动态坐标系

打开动态坐标系的具体操作方法是单击状态栏中的"允许/禁止动态 UCS"按钮。可以使用动态 UCS 在三维实体的平整面上创建对象，而无需手动更改 UCS 方向。在执行命令的过程中，当将光标移动到面上方时，动态 UCS 会临时将 UCS 的 $xy$ 平面与三维实体的平整面对齐，如图 15-13 所示。

动态 UCS 激活后，指定的点和绘图工具（如极轴追踪和栅格）都将与动态 UCS 建立的临时 UCS 相关联。

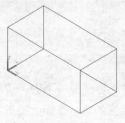
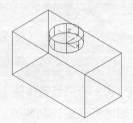

a 原坐标系　　　　　　　　b 绘制圆柱体时的动态坐标系

图 15-13　动态 UCS

# 15.3　视点设置

对三维造型而言，不同的角度和视点观察的效果完全不同，所谓"横看成岭侧成峰"。为了以合适的角度观察物体，需要设置观察的视点。AutoCAD 为用户提供了相关的方法。

## 15.3.1　利用对话框设置视点

AutoCAD 提供了"视点预置"功能，帮助读者事先设置观察视点。具体操作方法如下。

### 1. 执行方式

命令行：DDVPOINT

菜单："视图"→"三维视图"→"视点预设"

### 2. 操作步骤

命令：DDVPOINT↙

执行 DDVPOINT 命令或选择相应的菜单，AutoCAD 弹出"视点预置"对话框，如图 15-14 所示。

在"视点预置"对话框中，左侧的图形用于确定视点和原点的连线在 $xy$ 平面的投影与 $x$ 轴正方向的夹角；右侧的图形用于确定视点和原点的连线与其在 $xy$ 平面的投影的夹角。用户也可以在"自：$x$ 轴"和"自：$xy$ 平面"两个编辑框内输入相应的角度。"设置为平面视图"按钮用于将三维视图设置为平面视图。用户设置好视点的角度后，单击"确定"按钮，AutoCAD 2014 按该点显示图形。

## 15.3.2　利用罗盘确定视点

在 AutoCAD 中，用户可以通过罗盘和三轴架确定视点。罗盘是以二维显示的地球仪，它的中心是北极（0,0,1），相当于视点位于 $z$ 轴的正方向；内部的圆环为赤道（n,n,0）；外部的圆环为南极（0,0,-1），相当于视点位于 *z* 轴的负方向。

### 1．执行方式

命令行：VPOINT

菜单："视图"→"三维视图"→"视点"

### 2．操作步骤

命令行提示与操作如下：

命令: VPOINT
当前视图方向：  VIEWDIR=0.0000,0.0000,1.0000
指定视点或 [旋转(R)] <显示指南针和三轴架>:

"显示指南针和三轴架"是系统默认的选项，直接按【Enter】键即执行"显示坐标球和三轴架"命令，AutoCAD 将出现如图 15-15 所示的罗盘和三轴架。

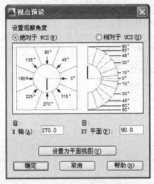

图 15-14　"视点预置"对话框

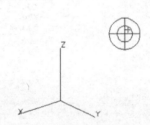

图 15-15　罗盘和三轴架

在图中，罗盘相当于球体的俯视图，十字光标表示视点的位置。确定视点时，拖动鼠标使光标在坐标球移动，三轴架的 *x* 轴、*y* 轴也会绕 *z* 轴转动。三轴架转动的角度与光标在坐标球上的位置相对应，光标位于坐标球的不同位置，对应的视点也不相同。当光标位于内环内部时，相当于视点在球体的上半球；当光标位于内环与外环之间时，相当于视点在球体的下半球。用户可根据需要确定视点的位置，之后按【Enter】键，AutoCAD 按该视点显示三维模型。

## 15.3.3　设置 UCS 平面视图

在使用 AutoCAD 绘制三维模型时，用户可以通过设置不同方向的平面视图对模型进行观察。

### 1．执行方式

命令行：PLAN

菜单："视图"→"三维视图"→"平面视图"→"世界 UCS"

### 2．操作步骤

命令: PLAN↙

执行 PLAN 命令,AutoCAD 提示：

输入选项 [ 当前 UCS（C）／UCS（U）／世界（W）] <当前 UCS >:

### 3．选项说明

（1）当前 UCS：生成当前 UCS 中的平面视图，使视图在当前视图中以最大方式显示。

（2）UCS：从当前的 UCS 转换到以前命名保存的 UCS 并生成平面视图。选择该选项后，AutoCAD 出现以下提示：

输入 UCS 名称或 [ ? ]:

该选项要求输入 UCS 的名字，如果输入？，AutoCAD 出现以下提示：

输入要列出的 UCS 名称<*>:

（3）世界坐标系：生成相对于 WCS 的平面视图，图形以最大方式显示。

    如果设置了相对于当前 UCS 的平面视图，就可以在当前视图用绘至二维图形的方法在三维对象的相应面上绘制图形。

## 15.3.4　用菜单设置特殊视点

选择"视图"→"三维视图"的第二、三栏中的各选项，如图 15-16 所示。可以快速设置特殊的视点。表 15-1 列出了与这些选项相对应的视点的坐标。

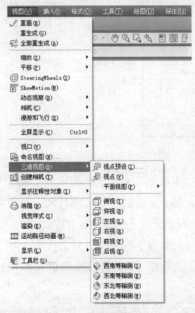

图 15-16　设置视点的菜单

表 15-1　　　　　　　　　　　　特殊视点

| 菜 单 项 | 视 点 |
| --- | --- |
| 俯视 | (0, 0, 1) |
| 仰视 | (0, 0, -1) |
| 左视 | (-1, 0, 0) |
| 右视 | (1, 0, 0) |
| 主视 | (0, -1, 0) |
| 后视 | (0, 1, 0) |
| 西南轴测 | (-1, -1, 1) |
| 东南轴测 | (1, -1, 1) |
| 东北轴测 | (1, 1, 1) |
| 西北轴测 | (-1, 1, 1) |

# 15.4 观察模式

AutoCAD 2014 大大增强了图形的观察功能，在增强原有的动态观察功能和相机功能的前提下，又增加了控制盘和视图控制器等功能。

## 15.4.1 动态观察

AutoCAD 2014 提供了具有交互控制功能的三维动态观测器，利用三维动态观测器用户可以实时地控制和改变当前视口中创建的三维视图，以得到期望的效果。动态观察分为 3 类，即受约束的动态观察、自由动态观察和连续动态观察，具体介绍如下。

### 1. 受约束的动态观察

 **执行方式**

命令行：3DORBIT（快捷命令：3DO）。

菜单栏："视图"→"动态观察"→"受约束的动态观察"

快捷菜单：启用交互式三维视图后，在视口中单击鼠标右键，打开快捷菜单，如图 15-17 所示，选择"受约束的动态观察"命令。

工具栏：动态观察→受约束的动态观察⊕、三维导航→受约束的动态观察⊕，如图 15-18 所示。

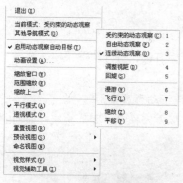

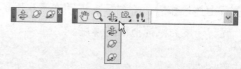

图 15-17 快捷菜单　　　　　　图 15-18 "动态观察"和"三维导航"工具栏

执行上述操作后，视图的目标将保持静止，而视点将围绕目标移动。但是，从用户的视点看起来就像三维模型正在随着光标的移动而旋转，用户可以以此方式指定模型的任意视图。

系统显示三维动态观察光标图标。如果水平拖动光标，相机将平行于世界坐标系（WCS）的 $xy$ 平面移动。如果垂直拖动光标，相机将沿 $z$ 轴移动，如图 15-19 所示。

a 原始图形　　　　　　b 拖动鼠标

图 15-19 受约束的三维动态观察

3DORBIT 命令处于活动状态时，无法编辑对象。

### 2. 自由动态观察

**执行方式**

命令行：3DFORBIT。

菜单栏："视图"→"动态观察"→"自由动态观察"。

快捷菜单：启用交互式三维视图后，在视口中单击鼠标右键，打开快捷菜单，选择"自由动态观察"命令。

工具栏：动态观察→自由动态观察 ⬡、三维导航→自由动态观察 ⬡。

执行上述操作后，在当前视口出现一个绿色的大圆，在大圆上有 4 个绿色的小圆，如图 15-20 所示。此时通过拖动鼠标就可以对视图进行旋转观察。

在三维动态观测器中，查看目标的点被固定，用户可以利用鼠标控制相机位置，围绕观察对象以得到动态的观测效果。当光标在绿色大圆的不同位置进行拖动时，光标的表现形式、视图的旋转方向也不同。视图的旋转由光标的表现形式和其位置决定的，光标在不同位置有 ⊙、⊙、✛、⟐ 几种表现形式，可分别对对象进行不同形式的旋转。

### 3. 连续动态观察

**执行方式**

命令行：3DCORBIT。

菜单栏："视图"→"动态观察"→"连续动态观察"。

快捷菜单：启用交互式三维视图后，在视口中单击鼠标右键，打开快捷菜单，选择"连续动态观察"命令，如图 15-21 所示。

工具栏：动态观察→连续动态观察 ⬡、三维导航→连续动态观察 ⬡。

执行上述操作后，绘图区出现动态观察图标，按住鼠标左键拖动，图形按鼠标拖动的方向旋转，旋转速度为鼠标拖动的速度。

图 15-20　自由动态观察

图 15-21　连续动态观察

如果设置了相对于当前 UCS 的平面视图，就可以在当前视图用绘制二维图形的方法在三维对象的相应面上绘制图形。

## 15.4.2　视图控制器

使用视图控制器功能，可以方便地转换方向视图。

### 1. 执行方式

命令行：navvcube。

### 2. 操作步骤

命令行提示与操作如下。

命令: navvcube↙
输入选项 [开(ON)/关(OFF)/设置(S)] <ON>:

上述命令控制视图控制器的打开与关闭，当打开该功能时，绘图区的右上角自动显示视图控制器，如图 15-22 所示。

单击控制器的显示面或指示箭头，界面图形就自动转换到相应的方向视图。图 15-23 所示为单击控制器"上"面后，系统转换到上视图的情形。单击控制器上的 🏠 按钮，系统回到西南等轴测视图。

图 15-22　显示视图控制器　　　　　　　图 15-23　单击控制器"上"面后的视图

## 15.4.3　相机

相机是 AutoCAD 提供的另外一种三维动态观察功能。相机与动态观察不同之处在于：动态观察是视点相对对象位置发生变化，相机观察是视点相对对象位置不发生变化。

### 1. 创建相机

 执行方式

命令行：CAMERA
菜单："视图"→"创建相机"

 操作步骤

命令行提示与操作如下：

命令: CAMERA
当前相机设置: 高度=0 镜头长度=50 毫米
指定相机位置: (指定位置)
指定目标位置: (指定位置)
输入选项 [?/名称(N)/位置(LO)/高度(H)/目标(T)/镜头(LE)/剪裁(C)/视图(V)/退出(X)] <退出>:

设置完毕后，界面出现一个相机符号，表示创建了一个相机。

**选项说明**

（1）位置

指定相机的位置。

（2）高度

更改相机高度。

（3）目标

指定相机的目标。

（4）镜头

更改相机的焦距。

（5）剪裁

定义前后剪裁平面并设置它们的值。选择该项，系统提示：

是否启用前向剪裁平面？ [是(Y)/否(N)] <否>:（指定"是"启用前向剪裁）
指定从目标平面的前向剪裁平面偏移 <当前>:（输入距离）
是否启用后向剪裁平面？ [是(Y)/否(N)] <否>:（指定"是"启用后向剪裁）
指定从目标平面的后向剪裁平面偏移 <当前>:（输入距离）

剪裁范围内的对象不可见，图 15-24 所示为设置剪裁平面后单击相机符号，系统显示对应的相机预览视图。

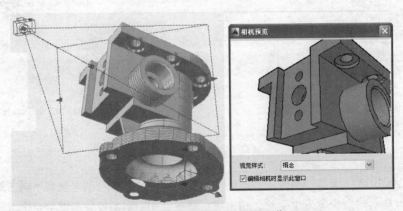

图 15-24　相机及其对应的相机预览

（6）视图

设置当前视图以匹配相机设置。选择该项，系统提示：

是否切换到相机视图？ [是(Y)/否(N)] <否>

**2. 调整距离**

 **执行方式**

命令行：3DDISTANCE

菜单："视图"→"相机"→"调整视距"

快捷菜单：启用交互式三维视图后，在视口中单击右键弹出快捷菜单，选择"调整视距"项。

工具栏：相机调整→调整视距 或三维导航→调整视距

 **操作步骤**

命令行提示与操作如下：

命令: 3DDISTANCE↙

按【Esc】或按【Enter】键退出，或单击鼠标右键显示快捷菜单。

执行该命令后，系统将光标更改为具有上箭头和下箭头的直线。单击并向屏幕顶部垂直拖动光标使相机靠近对象，从而使对象显示得更大。单击并向屏幕底部垂直拖动光标使相机远离对象，从而使对象显示得更小，如图 15-25 所示。

图 15-25　调整距离

图 15-26　回旋

### 3．调整距离

　执行方式

命令行：3DSWIVEL

菜单：“视图”→“相机”→“回旋”

快捷菜单：启用交互式三维视图后，在视口中单击右键弹出快捷菜单。选择“回旋”项。

工具栏：相机调整→回旋 📷 或 三维导航→回旋 📷 ，如图 15-26 所示

定点设备 按住【Ctrl】键，然后单击鼠标滚轮以暂时进入 3DSWIVEL 模式。

　操作步骤

命令: 3DSWIVEL↙

按【Esc】或按【Enter】键退出，或单击鼠标右键显示快捷菜单。

执行该命令后，系统在拖动方向上模拟平移相机。查看的目标将更改。可以沿 $xy$ 平面或 $z$ 轴回旋视图，如图 15-26 所示。

## 15.4.4　漫游和飞行

使用漫游和飞行功能，可以产生一种在 $xy$ 平面行走或飞越视图的观察效果。

### 1．漫游

　执行方式

命令行：3DWALK

菜单：“视图”→“漫游和飞行”→“漫游”

快捷菜单：启用交互式三维视图后，在视口中单击鼠标右键弹出快捷菜单，选择“漫游”项工具栏：漫游和飞行→漫游 ‼ 或三维导航→漫游 ‼

　操作步骤

命令:3DWALK↙

执行该命令后，系统在当前视口中激活漫游模式，在当前视图上显示一个绿色的十字形表

示当前漫游位置，同时系统打开"定位器"选项板。在键盘上，使用 4 个箭头键或 W（前）、A（左）、S（后）和 D（右）键和鼠标来确定漫游的方向。若要指定视图的方向，可沿要进行观察的方向拖动鼠标。也可以直接通过定位器调节目标指示器设置漫游位置，如图 15-27 所示。

图 15-27　漫游设置

### 2．飞行

 **执行方式**

命令行：3DFLY

菜单："视图"→"漫游和飞行"→"飞行"

快捷菜单：启用交互式三维视图后，在视口中单击鼠标右键弹出快捷菜单，选择"飞行"项。

工具栏：漫游和飞行→飞行 或 三维导航→飞行

 **操作步骤**

命令:3DFLY✓

执行该命令后，系统在当前视口中激活飞行模式，同时系统打开"定位器"选项板。可以离开 $xy$ 平面，就像在模型中飞越或环绕模型飞行一样。在键盘上，使用 4 个箭头键或 W（前）、A（左）、S（后）、D（右）键和鼠标来确定飞行的方向。

### 3．漫游和飞行设置

 **执行方式**

命令行：WALKFLYSETTINGS

菜单："视图"→"漫游和飞行"→"飞行"

快捷菜单：启用交互式三维视图后，在视口中单击鼠标右键弹出快捷菜单，选择"飞行"项。

工具栏：漫游和飞行→漫游和飞行设置 或 三维导航→漫游和飞行设置，如图 15-28 所示

 **操作步骤**

命令: WALKFLYSETTINGS✓

执行该命令后，系统打开"漫游和飞行设置"对话框，如图 15-29 所示。可以通过该对话框设置漫游和飞行的相关参数。

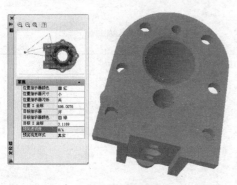

图 15-28 飞行设置

图 15-29 "漫游和飞行设置"对话框

# 15.4.5 运动路径动画

使用运动路径动画功能，可以设置观察的运动路径，并输出运动观察过程动画文件。

## 1．执行方式

命令行：ANIPATH

菜单："视图"→"运动路径动画"

## 2．操作步骤

命令：ANIPATH↙

执行该命令后，系统打开"运动路径动画"对话框，如图 15-30 所示。其中的"相机"和"目标"选项组分别有"点"和"路径"两个单选项，可以分别设置相机或目标为点或路径，如图 15-31 所示，设置"相机"为"路径"单选项，单击 按钮，选择图 15-31 中所示的左边的样条曲线为路径。设置"目标"为"点"单选项，单击 按钮，选择图 15-31 中所示的右边的实体上一点为目标点。"动画设置"选项组中"角减速"表示相机转弯时，以较低的速率移动相机。"反转"表示反转动画的方向。

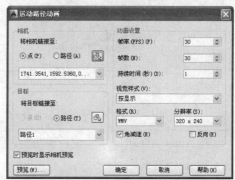

图 15-30 "运动路径动画"对话框

设置好各个参数后，单击"确定"按钮，系统生成动画，同时给出动画预览，如图 15-32 所示。可以使用各种播放器播放产生的动画。

图 15-31 路径和目标

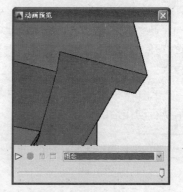

图 15-32 动画预览

## 15.4.6 控制盘

在 AutoCAD 2014 中，使用该功能，可以方便地观察图形对象。

### 1. 执行方式

命令行：NAVSWHEEL

菜单："视图" → "Steeringwheels"

### 2. 操作步骤

命令：NAVSWHEEL↙

执行该命令后，显示控制盘，如图 15-33 所示，控制盘随着鼠标一起移动，在控制盘中选择某项显示命令，并按住鼠标左键，移动鼠标，则图形对象进行相应的显示变化。单击控制盘上的 ⌄ 按钮，系统打开如图 15-34 所示的快捷菜单，可以进行相关操作。单击控制盘上的 × 按钮，则关闭控制盘。

图 15-33　控制盘

图 15-34　快捷菜单

## 15.4.7 运动显示器

在 AutoCAD 2014 中，使用该功能，可以建立运动。

### 1. 执行方式

命令行：NAVSMOTION

菜单："视图" → "ShowMotion"

### 2. 操作步骤

命令：NAVSWHEEL↙

执行上面命令后，系统打开运动显示器工具栏，如图 15-35 所示。单击其中的 按钮，系统打开"新建视图/快照特性"对话框，如图 15-36 所示，对其中各项特性进行设置后，就可以建立一个运动。

图 15-37 所示为设置建立运动后的界面，图 15-38 所示为单击运动显示器工具栏的 ▷ 按钮，后执行动作后的结果界面。

图 15-36 "新建视图/快照特性"对话框

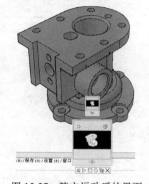

图 15-35　运动显示器工具栏

图 15-37　建立运动后的界面

图 15-38　执行运动后的界面

## 15.4.8　实例——观察阀体三维模型

熟悉了基本的三维观察模式之后，下面将通过实际的案例来进一步熟悉这些三维观察功能。打开随书光盘文件"源文件\第 15 章\阀体"，如图 15-39 所示。

本实例创建 UCS 坐标、设置视点、使用动态观察命令观察阀体等，这些使用都是在 AutoCAD 2014 三维造型中必须要掌握和运用的基本方法和步骤。

图 15-39　观察阀体三维模型

### 绘制步骤

1. 打开图形文件"阀体.dwg"，选择配套光盘中的"/源文件/第 15 章/"从中选择"阀体.dwg"文件，单击"打开"按钮，或双击该文件名，即可将该文件打开。

2. 运用"视觉样式"隐藏实体中不可见的图线，选择 "视图"→"视觉样式"→"消隐"命令。此时，命令行显示为"输入选项 [二维线框(2)/线框(W)/隐藏(H)/真实(R)/概念(C)/着色(S)/

带边缘着色(E)/灰度(G)/勾画(SK)/X 射线(X)/其他(O)] <真实>: _H"。

3．坐标设置

打开 UCS 图标显示并创建 UCS 坐标系，将 UCS 坐标系原点设置在阀体的上端顶面中心点上。

❶ 选择菜单栏中的"视图"→"显示"→"UCS 图标/开"命令，若选择"开"则屏幕显示图标，否则隐藏图标。

❷ 在命令行中输入"UCS"命令，根据系统提示选择阀体顶面圆的圆心后按【Enter】键，将坐标系原点设置到阀体的上端顶面中心点。

❸ 在命令行中输入"ucsicon"命令，可打开或关闭坐标系显示，结果如图 15-40 所示。

4．设置三维视点

❶ 选取菜单命令"视图"→"三维视图"→"视点"命令，打开坐标轴和三轴架图，如图 15-41 所示。

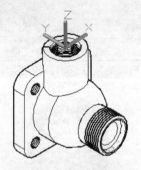

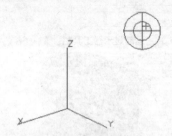

图 15-40　UCS 移到顶面结果　　　　　　图 15-41　坐标轴和三轴架图

❷ 在命令行提示下选择坐标球上一点作为视点图。在坐标球上移动十字光标，同时三轴架根据坐标指示的观察方向进行旋转。

5．选择"视图"→"动态观察"→"自由动态观察"命令，此时，绘图区显示图标，如图 15-42 所示。使用鼠标移动视图，将阀体移动到合适的位置，如图 15-43 所示。

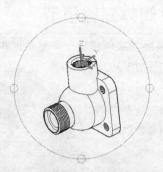

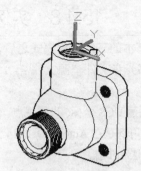

图 15-42　显示图标　　　　　　　　图 15-43　转动阀体

## 15.5　显示形式

AutoCAD 中，三维实体有多种显示形式，包括二维线框、三维线框、三维消隐、真实、概念、消隐等。

## 15.5.1 消隐

### 1．执行方式

命令行：HIDE

菜单："视图"→"消隐"

工具栏：渲染→隐藏🔲

### 2．操作格式

命令行提示如下：

命令：HIDE↙

系统将被其他对象挡住的图线隐藏起来，以增强三维视觉效果，如图 15-44 所示。

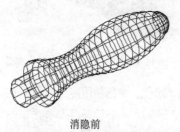 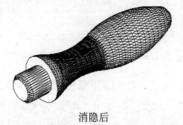

消隐前　　　　　　　　　　　　　　　消隐后

图 15-44　消隐效果

## 15.5.2 视觉样式

### 1．执行方式

命令行：VSCURRENT

菜单："视图"→"视觉样式"→"二维线框"

工具栏：视觉样式→二维线框🔲

### 2．操作格式

命令行提示如下：

命令:VSCURRENT↙

输入选项 [二维线框(2)/线框(W)/隐藏(H)/真实(R)/概念(C)/着色(S)/带边缘着色(E)/灰度(G)/勾画(SK)/X 射线(X)/其他(O)] <二维线框>:

### 3．选项说明

（1）二维线框：用直线和曲线表示对象的边界。光栅和 OLE 对象、线型和线宽都是可见的。即使将 COMPASS 系统变量的值设置为 1，它也不会出现在二维线框视图中。

图 15-45 所示是 UCS 坐标和手柄的二维线框图。

（2）线框：用直线和曲线表示边界的对象。显示着色三维 UCS 图标。可将 COMPASS 系统变量设定为 1 来查看坐标球。图 15-46 所示是 UCS 坐标和手柄的三维线框图。

（3）隐藏：用线框表示的对象并隐藏表示后向面的直线。图 15-47 所示是 UCS 坐标和手柄的消隐图。

（4）真实：着色多边形平面间的对象，并使对象的边平滑化。如果已为对象附着材质，将显示已附着到对象的材质。图 15-48 所示是 UCS 坐标和手柄的真实图。

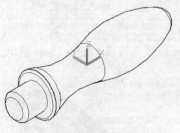

图 15-45  UCS 坐标和手柄的二维线框图

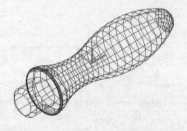

图 15-46  UCS 坐标和手柄的三维线框图

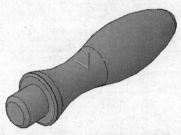

图 15-47  UCS 坐标和手柄的消隐图

图 15-48  UCS 坐标和手柄的真实图

（5）概念：着色多边形平面间的对象，并使对象的边平滑化。着色使用冷色和暖色之间的过渡。效果缺乏真实感，但是可以更方便地查看模型的细节。图 15-49 所示是 UCS 坐标和手柄的概念图。

（6）着色：产生平滑的着色模型，图 15-50 所示是 UCS 坐标和手柄的着色图。

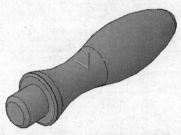

图 15-49  UCS 坐标和手柄的概念图

图 15-50  UCS 坐标和手柄的着色图

（7）带边缘着色：产生平滑、带有可见边的着色模型，图 15-51 所示是 UCS 坐标和手柄的带边缘着色图。

（8）灰度：使用单色面颜色模式可以产生灰色效果，图 15-52 所示是 UCS 坐标和手柄的灰度图。

图 15-51  UCS 坐标和手柄的带边缘着色图

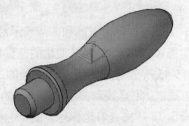

图 15-52  UCS 坐标和手柄的灰度图

（9）勾画：使用外伸和抖动产生手绘效果，图 15-53 所示是 UCS 坐标和手柄的勾画图。

（10）X 射线：更改面的不透明度使整个场景变成部分透明，图 15-54 所示是 UCS 坐标和手柄的 X 射线图。

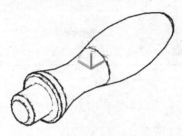 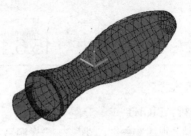

图 15-53　UCS 坐标和手柄的勾画图　　　　图 15-54　UCS 坐标和手柄的 X 射线图

（11）其他：输入视觉样式名称 [?]：输入当前图形中的视觉样式的名称或输入？以显示名称列表并重复该提示。

## 15.5.3　视觉样式管理器

### 1．执行方式

命令行：VISUALSTYLES

菜单："视图"→"视觉样式"→"视觉样式管理器"或"工具"→"选项板"→"视觉样式"

工具栏：视觉样式→视觉样式管理器🔲

### 2．操作格式

命令行提示如下：

命令：VISUALSTYLES↙

执行该命令后，系统打开视觉样式管理器，可以对视觉样式的各参数进行设置，如图 15-55 所示。图 15-56 所示为按图 15-55 所示进行设置的概念图的显示结果。

图 15-55　视觉样式管理器　　　　　　图 15-56　显示结果

## 15.6　渲染实体

渲染是对三维图形对象加上颜色和材质因素，或灯光、背景、场景等因素的操作，能够更真实地表达图形的外观和纹理。渲染是输出图形前的关键步骤，尤其是在结果图的设计中。

# 15.6.1 设置光源

 **执行方式**

命令行：LIGHT

菜单："视图" → "渲染" → "光源"，如图 15-57 所示

工具栏：渲染→光源，如图 15-58 所示

图 15-57 光源子菜单

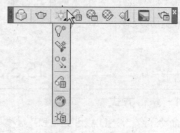

图 15-58 渲染工具栏

 **操作步骤**

命令：LIGHT✓

输入光源类型 [点光源(P)/聚光灯(S)/光域网(W)/目标点光源(T)/自由聚光灯(F)/自由光域(B)/平行光(D)] <自由聚光灯>：

 **选项说明**

### 1．点光源

创建点光源。选择该项，系统提示：

指定源位置 <0,0,0>：(指定位置)

输入要更改的选项 [名称(N)/强度因子(I)/状态(S)/光度(P)/阴影(W)/衰减(A)/过滤颜色(C)/退出(X)] <退出>：

上面各项含义如下。

（1）名称（N）。指定光源的名称。可以在名称中使用大写字母和小写字母、数字、空格、连字符(-)和下画线(_)。最大长度为 256 个字符。选择该项，系统提示：

输入光源名称：

（2）强度因子(I)。设置光源的强度或亮度。取值范围为 0.00 到系统支持的最大值。选择该项，系统提示：

输入强度 (0.00 - 最大浮点数) <1>：

（3）状态(S)。打开和关闭光源。如果图形中没有启用光源，则该设置没有影响。选择该项，系统提示：

输入状态 [开(N)/关(F)] <开>：

（4）阴影(W)。使光源投影。选择该项，系统提示：

输入 [关(O)/锐化(S)/已映射柔和(F)/已采样柔和(A)] <锐化>：

其中：

❶ 关：关闭光源的阴影显示和阴影计算。关闭阴影将提高性能。

❷ 鲜明：显示带有强烈边界的阴影。使用此选项可以提高性能。

❸ 柔和：显示带有柔和边界的真实阴影。

（5）衰减(A)。设置系统的衰减特性。选择该项，系统提示：

输入要更改的选项 [衰减类型(T)/使用界限(U)/衰减起始界限(L)/衰减结束界限(E)/退出(X)] <退出>:

其中：

❶ 衰减类型(T)：控制光线如何随着距离增加而衰减。对象距点光源越远，则越暗。选择该项，系统提示：

输入衰减类型 [无(N)/线性反比(I)/平方反比(S)] <线性反比>:

◆ 无。设置无衰减。此时对象无论距离点光源是远还是近，明暗程度都一样。

◆ 线性反比。将衰减设置为与距离点光源的线性距离成反比。例如，距离点光源 2 个单位时，光线强度是点光源的一半；而距离点光源 4 个单位时，光线强度是点光源的 4 分之一。线性反比的默认值是最大强度的一半。

◆ 平方反比。将衰减设置为与距离点光源的距离的平方成反比。例如，距离点光源 2 个单位时，光线强度是点光源的四分之一；而距离点光源 4 个单位时，光线强度是点光源的十六分之一。

❷ 衰减起始界限(L)：指定一个点，光线的亮度相对于光源中心的衰减于该点开始。默认值为 0。选择该项，系统提示：

指定起始界限偏移<1>或 [关(O)]:

❸ 衰减结束界限(E)：指定一个点，光线的亮度相对于光源中心的衰减于该点结束。在此点之后，将不会投射光线。在光线的结果很微弱，以致计算将浪费处理时间的位置处，设置结束界限将提高性能。选择该项，系统提示：

指定结束界限偏移<?>或 [关(O)]:

（6）过滤颜色。控制光源的颜色。选择该项，系统提示：

输入真彩色 (R,G,B) 或输入选项 [索引颜色(I)/HSL(H)/配色系统(B)]<255,255,255>:

颜色设置与前面第 2 章中颜色设置一样，不再赘述。

**2．聚光灯**

创建聚光灯。选择该项，系统提示：

指定源位置 <0,0,0>: （输入坐标值或 使用定点设备）

指定目标位置 <1,1,1>: （输入坐标值或 使用定点设备）

输入要更改的选项 [名称(N)/强度因子(I)/状态(S)/光度(P)/聚光角(H)/照射角(F)/阴影(W)/衰减(A)/过滤颜色(C)/退出(X)] <退出>:

其中大部分选项与点光源项相同，只对其特别的加以说明。

（1）聚光角。指定定义最亮光锥的角度，也称为光束角。聚光角的取值范围为 0°～160°或基于别的角度单位的等价值。选择该项，系统提示：

输入聚光角角度 (0.00-160.00): <?>

（2）照射角。指定定义完整光锥的角度，也称为现场角。照射角的取值范围为 0°～160°。默认值为 45°或基于别的角度单位的的等价值。

输入照射角角度 (0.00-160.00): <?>

照射角角度必须大于或等于聚光角角度。

### 3. 平行光

创建平行光。选择该项，系统提示：

指定光源方向<0,0,0> 或 [矢量(V)]: （指定点或输入 v ）

指定光源去向<1,1,1>: （指定点 ）

如果输入 V 选项，将显示以下提示：

指定矢量方向 <0.0000,-0.0100,1.0000>: （输入矢量）

指定光源方向后，将显示以下提示：

输入要更改的选项 [名称(N)/强度因子(I)/状态(S)/光度(P)/阴影(W)/过滤颜色(C)/退出(X)] <退出>:

其中各项与前面所述相同，不再赘述。

有关光源设置的命令还有光源列表、地理位置和阳光特性等几项，下面分别说明。

### 4. 光源列表

 **执行方式**

命令行：LIGHTLIST

菜单："视图"→"渲染"→"光源"→"光源列表"

工具栏：渲染→光源→光源列表 

 **操作步骤**

命令：LIGHTLIST↙

执行该命令后，系统弹出"模型中的光源"选项板，如图
15-59 所示，显示模型中已经建立的光源。

### 5. 阳光特性

 **执行方式**

命令行：SUNPROPERTIES

菜单："视图"→"渲染"→"光源"→"阳光特性"

工具栏：渲染→光源→阳光特性 

图 15-59 "模型中的光源"选项板

 **操作步骤**

命令：SUNPROPERTIES↙

执行该命令后，系统弹出"阳光特性"选项板，如图 15-60 所示，可以修改已经设置好的
阳光特性。

## 15.6.2　渲染环境

### 1. 执行方式

命令行：RENDERENVIRONMENT

菜单："视图"→"渲染"→"渲染环境"

工具栏：渲染→渲染环境 

### 2. 操作步骤

命令：RENDERENVIRONMENT↙

执行该命令后，AutoCAD 弹出如图 15-61 所示的"渲染环境"对话框。可以从中设置渲染
环境的有关参数。

图 15-60　"阳光特性"选项板

图 15-61　"渲染环境"对话框

# 15.6.3　贴图

贴图的功能是用于在实体附着带纹理的材质后，调整实体或面上纹理贴图的方向。当材质被映射后，调整材质以适应对象的形状，将合适的材质贴图类型应用到对象中，可以使之更加适合于对象。

### 1. 执行方式

命令行：MATERIALMAP

菜单栏："视图"→"渲染"→"贴图"，如图 15-62 所示

工具栏：渲染→贴图，如图 15-63 所示或贴图，如图 15-64 所示

图 15-62　贴图子菜单

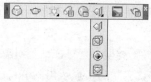

图 15-63　渲染工具栏

图 15-64　贴图工具栏

### 2. 操作步骤

命令行提示与操作如下：

命令：MATERIALMAP↙

选择选项[长方体(B)/平面(P)/球面(S)/柱面(C)/复制贴图至(Y)/重置贴图(R)]<长方体>：

### 3. 选项说明

（1）长方体（B）：将图像映射到类似长方体的实体上。该图像将在对象的每个面上重复使用。

（2）平面（P）：将图像映射到对象上，就像将其从幻灯片投影器投影到二维曲面上一样，图像不会失真，但是会被缩放以适应对象。该贴图最常用于面。

（3）球面（S）：在水平和垂直两个方向上同时使图像弯曲。纹理贴图的顶边在球体的"北极"压缩为一个点；同样，底边在"南极"压缩为一个点。

（4）柱面（C）：将图像映射到圆柱形对象上，水平边将一起弯曲，但顶边和底边不会弯曲。图像的高度将沿圆柱体的轴进行缩放。

（5）复制贴图至（Y）：将贴图从原始对象或面应用到选定对象。

(6) 重置贴图 (R)：将 UV 坐标重置为贴图的默认坐标。

图 15-65 所示是球面贴图实例。

贴图前 　　　　　　　　　　　　贴图后

图 15-65 　球面贴图

# 15.6.4 　材质

## 1．附着材质

AutoCAD 2014 将常用的材质都集成到工具选项板中。具体附着材质的步骤如下。

(1) 执行方式

命令行：MATBROWSEROPEN

菜单："视图"→"渲染"→"材质浏览器"

工具栏：渲染→材质浏览器

(2) 操作格式

命令: MATBROWSEROPEN✓

执行该命令后，AutoCAD 弹出"材质"选项板。通过该选项板，可以对材质的有关参数进行设置。

具体附着材质的步骤是：

1) 选择菜单栏中的"视图"→"渲染"→"材质浏览器"命令，打开"材质浏览器"对话框，如图 15-66 所示。

2) 选择需要的材质类型，直接拖动到对象上，如图 15-67 所示，这样材质就以此附着。当将视觉样式转换成"真实"时，显示出附着材质后的图形，如图 15-68 所示。

图 15-66 　"材质浏览器"选项卡

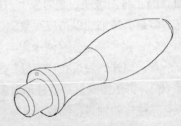

图 15-67 　指定对象

**2．设置材质**

（1）执行方式

命令行：mateditoropen

菜单："视图"→"渲染"→"材质编辑器"

工具栏：渲染→材质编辑器🎨

（2）操作格式

命令：MATEDITOROPEN✓

执行该命令后，AutoCAD 弹出如图 15-69 所示的"材质编辑器"选项板。

图 15-68　附着材质后

图 15-69　"材质编辑器"选项板

（3）选项说明

1）"外观"选项卡

包含用于编辑材质特性的控件。可以更改材质的名称、颜色、光泽度、反射度和透明度等。

2）"信息"选项卡

包含用于编辑和查看材质的关键字信息的所有控件。

# 15.6.5　渲染

**1．高级渲染设置**

　执行方式

命令行：RPREF（快捷命令：RPR）。

菜单栏："视图"→"渲染"→"高级渲染设置"

工具栏：渲染→高级渲染设置📋

执行该命令后，系统弹出如图 15-70 所示的"高级渲染设置"选项板。通过该选项板，可以对渲染的有关参数进行设置。

**2．渲染**

　执行方式

命令行：RENDER（快捷命令：RR）

菜单栏："视图"→"渲染"→"渲染"

工具栏：渲染→渲染 🍵

执行该命令后，系统弹出如图 15-71 所示的"渲染"对话框，显示渲染结果和相关参数。

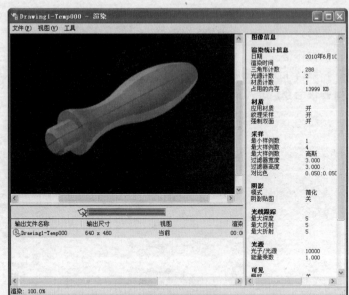

图 15-70 "高级渲染设置"选项板  图 15-71 "渲染"对话框

在 AutoCAD 2014 中，渲染代替了传统的建筑、机械和工程图形使用水彩、有色蜡笔和油墨等生成最终演示的渲染结果图。渲染图形的过程一般分为以下 4 步。

（1）准备渲染模型：包括遵从正确的绘图技术，删除消隐面，创建光滑的着色网格和设置视图的分辨率。

（2）创建和放置光源以及创建阴影。

（3）定义材质并建立材质与可见表面间的联系。

（4）进行渲染，包括检验渲染对象的准备、照明和颜色的中间步骤。

# 15.7  基本三维绘制

在三维图形中，有一些最基本的图形元素，它们是组成三维图形的最基本要素，下面依次进行讲解。

## 15.7.1  绘制三维点

点是图形中最简单的单元。前面已经学过二维点的绘制方法，三维点的绘制方法与二维类似，下面简要讲解。

### 1．执行方式

命令行：POINT

菜单："绘图"→"点"→"单点"

工具栏：绘图→点 。

**2．操作步骤**

命令行提示与操作如下：

> 命令：POINT↙
> 指定点：

另外，绘制三维直线、构造线和样条曲线时，具体绘制方法与二维相似，不再赘述。

## 15.7.2　绘制三维多段线

在前面已经学习过二维多段线，三维多段线与二维多段线类似，也是由具有宽度的线段和圆弧组成。只是这些线段和圆弧是空间的。下面具体讲解其绘制方法。

**1．执行方式**

命令行：3DPLOY

菜单："绘图"→"三维多段线"

**2．操作格式**

命令行提示与操作如下：

> 命令：3DPLOY↙
> 指定多段线的起点：（指定某一点或输入坐标点）
> 指定直线的端点或 [放弃（U）]：（指定下一点）

## 15.7.3　绘制三维面

三维面是指以空间 3 个点或 4 个点组成一个面。可以通过任意指点 3 点或 4 点来绘制三维面。下面具体讲解其绘制方法。

**1．执行方式**

命令行：3DFACE（快捷命令：3F）

菜单栏："绘图"→"建模"→"网格"→"三维面"

**2．操作步骤**

命令行提示与操作如下：

> 命令：3DFACE↙
> 指定第一点或 [不可见（I）]：指定某一点或输入 I

3.选项说明

（1）指定第一点：输入某一点的坐标或用鼠标确定某一点，以定义三维面的起点。在输入第一点后，可按顺时针或逆时针方向输入其余的点，以创建普通三维面。如果在输入 4 点后按【Enter】键，则以指定第 4 点生成一个空间的三维平面。如果在提示下继续输入第 2 个平面上的第 3 点和第 4 点坐标，则生成第 2 个平面。该平面以第 1 个平面的第 3 点和第 4 点作为第 2 个平面的第 1 点和的 1 点，创建第 2 个三维平面。继续输入点可以创建用户要创建的平面，按【Enter】键结束。

（2）不可见（I）：控制三维面各边的可见性，以便创建有孔对象的正确模型。如果在输入某一边之前输入"I"，则可以使该边不可见。图 15-72 所示为创建一长方体时某一边使用 I 命令和不使用 I 命令的视图比较。

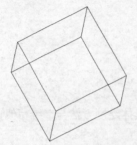 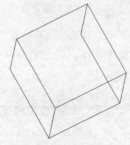

a 可见边　　　　　　　b 不可见边

图 15-72　"不可见"命令选项视图比较

## 15.7.4　实例——三维平面

绘制如图 15-73 所示的三维平面。

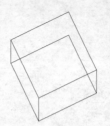

图 15-73　三维平面的绘制

 **绘制步骤**

命令: 3DFACE↙
指定第 1 点或 [不可见(I)]: 100,100,100↙
指定第 2 点或 [不可见(I)]: @0,0,100↙
指定第 3 点或 [不可见(I)] <退出>: @100,0,0↙
指定第 4 点或 [不可见(I)] <创建三侧面>: @0,0,-100↙
指定第 3 点或 [不可见(I)] <退出>: @0,100,0↙
指定第 4 点或 [不可见(I)] <创建三侧面>: @0,0,100↙
指定第 3 点或 [不可见(I)] <退出>: I↙
指定第 3 点或 [不可见(I)] <退出>: @-100,0,0↙
指定第 4 点或 [不可见(I)] <创建三侧面>: @0,0,-100↙
指定第 3 点或 [不可见(I)] <退出>: @0,-100,0↙
指定第 4 点或 [不可见(I)] <创建三侧面>: @0,0,100↙
指定第 3 点或 [不可见(I)] <退出>:↙

## 15.7.5　绘制多边网格面

在 AutoCAD 中，可以指定多个点来组成空间平面，下面讲解其具体方法。

### 1. 执行方式

命令行：PFACE

### 2. 操作步骤

命令行提示与操作如下：

命令: PFACE↙

指定顶点 1 的位置：输入点 1 的坐标或指定一点

指定顶点 2 的位置或 <定义面>：输入点 2 的坐标或指定一点

… …

指定顶点 n 的位置或 <定义面>：输入点 N 的坐标或指定一点

在输入最后一个顶点的坐标后，在提示下直接按【Enter】键，命令行提示与操作如下。

输入顶点编号或 [颜色(C)/图层(L)]：输入顶点编号或输入选项

输入平面上顶点的编号后，根据指定的顶点序号，AutoCAD 会生成一平面。当确定了一个平面上的所有顶点之后，在提示状态下按【Enter】键，AutoCAD 则指定另外一个平面上的顶点。

## 15.7.6　绘制三维网格

在 AutoCAD 中，可以指定多个点来组成三维网格，这些点按指定的顺序来确定其空间位置。下面讲解其具体方法。

### 1. 执行方式

命令行：3DMESH

### 2. 操作步骤

命令行提示与操作如下：

命令：3DMESH↙

输入 M 方向上的网格数量：输入 2～256 之间的值

输入 N 方向上的网格数量：输入 2～256 之间的值

指定顶点(0,0)的位置：输入第 1 行第 1 列的顶点坐标

指定顶点(0,1)的位置：输入第 1 行第 2 列的顶点坐标

指定顶点(0,2)的位置：输入第 1 行第 3 列的顶点坐标

… …

指定顶点(0,N-1)的位置：输入第 1 行第 N 列的顶点坐标

指定顶点(1, 0)的位置：输入第 2 行第 1 列的顶点坐标

指定顶点(1, 1)的位置：输入第 2 行第 2 列的顶点坐标

… …

指定顶点(1, N-1)的位置：输入第 2 行第 N 列的顶点坐标

… …

指定顶点(M-1, N-1)的位置：输入第 M 行第 N 列的顶点坐标

图 15-74 所示为绘制的三维网格表面。

## 15.7.7　绘制三维螺旋线

### 1. 执行方式

命令：HELIX

菜单："绘图"→"螺旋"

工具栏：建模→螺旋

### 2. 操作格式

命令行提示与操作如下：

图 15-74　三维网格表面

命令：HELIX↙

圈数 = 3.0000　　扭曲=CCW(螺旋线的当前设置)

指定底面的中心点:(指定螺旋线底面的中心点。该底面与当前 UCS 或动态 UCS 的 xy 面平行)

指定底面半径或 [直径(D)]:(输入螺旋线的底面半径或通过"直径(D)"选项输入直径)
指定顶面半径或 [直径(D)]:(输入螺旋线的顶面半径或通过"直径(D)"选项输入直径)
指定螺旋高度或 [轴端点(A)/圈数(T)/圈高(H)/扭曲(W)]:

### 3．选项说明

（1）指定螺旋高度

指定螺旋线的高度。执行该选项，即输入高度值后按【Enter】键，即可绘制出对应的螺旋线。

通过拖曳的方式可以动态确定螺旋线的各尺寸。

（2）轴端点（A）

确定螺旋线轴的另一端点位置。执行该选项，AutoCAD 提示：

指定轴端点:

在此提示下指定轴端点的位置即可。指定轴端点后，所绘螺旋线的轴线沿螺旋线底面中心点与轴端点的连线方向，即螺旋线底面不再与 UCS 的 $xy$ 面平行。

（3）圈数（T）

设置螺旋线的圈数（默认值为 3，最大值为 500）。执行该选项，AutoCAD 提示：

输入圈数:

在此提示下输入圈数值即可。

（4）圈高（H）

指定螺旋线一圈的高度（即圈间距，又称为节距，指螺旋线旋转一圈后，沿轴线方向移动的距离）。执行该选项，AutoCAD 提示：

指定圈间距:

根据提示响应即可。

（5）扭曲（W）

确定螺旋线的旋转方向（即旋向）。执行该选项，AutoCAD 提示：

输入螺旋的扭曲方向 [顺时针(CW)/逆时针(CCW)] <CCW>:

根据提示响应即可。

图 15-75 所示为底面半径为 50，顶面半径为 30，高度为 60 的螺旋线。

图 15-75　螺旋线

# 15.7.8　控制三维平面边界的可见性

### 1．执行方式

命令行：EDGE

### 2．操作步骤

命令：EDGE↙

执行命令后，AutoCAD 提示：

指定要切换可见性的三维表面的边或 [显示（D）]:（选择边或输入 d）

**3．选项说明**

（1）指定要切换可见性的三维表面的边：是系统默认的选项。如果要选择的边界是以正常亮度显示的，说明它们的当前状态是可见的，选择这些边后它们将以虚线形式显示。此时，按【Enter】键，这些边将从屏幕上消失，变为不可见状态。如果要选择的边界是以虚线显示的，说明它们的当前状态是不可见的，选择这些边后它们将以正常形式显示。此时按【Enter】键，这些边将会在原来的位置显示，变为可见状态。

（2）显示：将未显示的边界以虚线形式显示出来，由用户决定所示边界的可见性。执行EDGE 命令后，在选择项中输入 d，即执行显示命令。在输入 d 后，AutoCAD 提示：

输入用于隐藏边显示的选择方法 [选择（S）/全部选择（A）] <全部选择>:（输入选项或按回车键）

上述各选项的说明如下：

1）选择：选择部分可见的三维面的隐藏边并显示它们。

2）全部选择：选中图形中所有三维面的隐藏边并显示它们。

# 15.8  上机实验

通过前面的学习，读者对本章知识也有了大体的了解，本节将通过几个操作练习使读者更进一步掌握本章知识要点。

## 实验 1  利用三维动态观察器观察泵盖图形

**1．目的要求**

为了更清楚地观察三维图形，了解三维图形各部分各方位的结构特征，需要从不同视角观察三维图形，利用三维动态观察器能够方便地对三维图形进行多方位观察。

如图 15-76 所示，通过本例，要求读者掌握从不同视角观察物体的方法。

**2．操作提示**

（1）打开随书光盘中对应的源文件模型。

（2）打开三维动态观察器。

（3）灵活利用三维动态观察器的各种工具进行动态观察。

图 15-76  泵盖

## 实验 2  渲染泵盖模型

**1．目的要求**

渲染可以使模型显得更加生动逼真。如图 15-76 所示，通过本例，要求读者掌握渲染模型的方法和技巧。

**2．操作提示**

（1）打开随书光盘中对应的源文件模型。

（2）改变模型的不同显示形式。

（3）设置参数，对模型进行渲染。

# 第 16 章

## 绘制三维模型

在本章中，将开始学习有关 AutoCAD 2014 三维的绘图知识。了解如何运用三维模型的分类，设置视图的显示、观察模式、三维绘制、基本三维曲面的绘制。

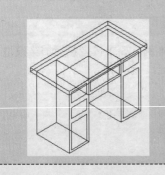

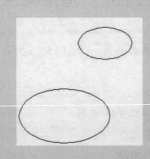

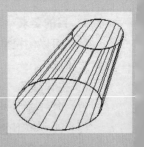

## 16.1　绘制基本三维网格

三维基本图元与三维基本形体表面类似，有长方体表面、圆柱体表面、棱锥面、楔体表面、球面、圆锥面和圆环面等。

### 16.1.1　网格平滑度设置

**1. 执行方式**

命令行：MESH

**2. 操作步骤**

命令：MESH↙
当前平滑度设置为：0
输入选项 [长方体(B)/圆锥体(C)/圆柱体(CY)/棱锥体(P)/球体(S)/楔体(W)/圆环体(T)/设置(SE)] <圆环体>:

**3. 选项说明**

（1）设置(SE)：设置网格平滑度，范围在 0∽4 之间，数值越大，曲线或曲面越平滑。

（2）其他选项：其他选项表示绘制各种基本三维网格图元，下面小节依次讲解。

### 16.1.2　绘制网格长方体

**1. 执行方式**

命令行：_.MESH

菜单："绘图"→"建模"→"网格"→"图元"→"长方体"（B）

工具栏：平滑网格图元→网络长方体⬜

**2. 操作步骤**

命令：_.MESH
当前平滑度设置为：0
输入选项 [长方体(B)/圆锥体(C)/圆柱体(CY)/棱锥体(P)/球体(S)/楔体(W)/圆环体(T)/设置(SE)] <长方体>:_BOX
指定第 1 个角点或 [中心（C）]:（给出长方体角点）
指定其他角点或 [立方体（C）/长度（L）]:（给出长方体其他角点）
指定高度或 [两点（2P）]:（给出长方体的高度）

**3. 选项说明**

（1）指定第一角点/角点 ：设置网格长方体的第一个角点。

（2）中心 ：设置网格长方体的中心。

（3）立方体：将长方体的所有边设置为长度相等。

（4）宽度 ：设置网格长方体沿 $y$ 轴的宽度。

（5）高度：设置网格长方体沿 $z$ 轴的高度。

（6）两点（高度）：基于两点之间的距离设置高度：

### 16.1.3　绘制网格圆锥体

**1. 执行方式**

命令行：_.MESH

菜单："绘图"→"建模"→"网格"→"图元"→"圆锥体"(C)

工具栏：平滑网格图元→ 网络圆锥体⚠

### 2．操作步骤

命令: _.MESH
当前平滑度设置为: 0
输入选项 [长方体（B）/圆锥体（C）/圆柱体（CY）/棱锥体（P）/球体（S）/楔体（W）/圆环体（T）/设置（SE）] <长方体>: _CONE
指定底面的中心点或[3 点（3P）/两点（2P）/切点、切点、半径（T）/椭圆（E）]:
指定底面半径或 [直径（D）]:
指定高度或 [两点（2P）/轴端点（A）/顶面半径（T）] <100.0000>:

### 3．选项说明

（1）指定底面的中心点：设置网格圆锥体底面的中心点。

（2）3 点（3P）：通过指定 3 点设置网格圆锥体的位置、大小和平面。

（3）两点（直径）：根据两点定义网格圆锥体的底面直径。

（4）切点、切点、半径：定义具有指定半径，且半径与两个对象相切的网格圆锥体的底面。

（5）椭圆：指定网格圆锥体的椭圆底面。

（6）指定底面半径：设置网格圆锥体底面的半径。

（7）指定直径：设置圆锥体的底面直径。

（8）指定高度：设置网格圆锥体沿与底面所在平面垂直的轴的高度。

（9）两点（高度）：通过指定两点之间的距离定义网格圆锥体的高度。

（10）指定轴端点：设置圆锥体的顶点的位置，或圆锥体平截面顶面的中心位置。轴端点的方向可以为三维空间中的任意位置。

（11）指定顶面半径：指定创建圆锥体平截面时圆椎体的顶面半径。

# 16.1.4  绘制网格圆柱体

### 1．执行方式

命令行：_.MESH

菜单："绘图"→"建模"→"网格"→"图元"→"圆柱体"(Y)

工具栏：平滑网格图元→网格圆柱体🗇

### 2．操作步骤

命令: _.MESH
当前平滑度设置为: 0
输入选项 [长方体（B）/圆锥体（C）/圆柱体（CY）/棱锥体（P）/球体（S）/楔体（W）/圆环体（T）/设置（SE）] <圆柱体>: _CYLINDER
指定底面的中心点或 [3点（3P）/两点（2P）/切点、切点、半径（T）/椭圆（E）]:
指定底面半径或 [直径（D）]:
指定高度或 [两点（2P）/轴端点（A）/顶面半径（T）]:

### 3．选项说明

（1）指定底面的中心点：设置网格圆柱体底面的中心点。

（2）3 点（3P）：通过指定 3 点设置网格圆柱体的位置、大小和平面。

（3）两点（直径）：通过指定两点设置网格圆柱体底面的直径。

（4）两点（高度）：通过指定两点之间的距离定义网格圆柱体的高度。

（5）切点、切点、半径：定义具有指定半径，且半径与两个对象相切的网格圆柱体的底面。如果指定的条件可生成多种结果，则将使用最近的切点。

（6）指定底面半径：设置网格圆柱体底面的半径。

（7）指定直径：设置圆柱体的底面直径。

（8）指定高度：设置网格圆柱体沿与底面所在平面垂直的轴的高度。

（9）指定轴端点：设置圆柱体顶面的位置。轴端点的方向可以为三维空间中的任意位置。

（10）椭圆：指定网格椭圆的椭圆底面。

## 16.1.5　绘制网格棱锥体

### 1．执行方式

命令行：_.MESH

菜单："绘图"→"建模"→"网格"→"图元"→"棱锥体"（P）

工具栏：平滑网格图元→网格棱锥体△

### 2．操作步骤

```
命令：_.MESH
当前平滑度设置为：0
输入选项 [长方体（B）/圆锥体（C）/圆柱体（CY）/棱锥体（P）/球体（S）/楔体（W）/圆环体（T）/
设置（SE）]<圆柱体>：_PYRAMID
  4 个侧面    外切
指定底面的中心点或 [边（E）/侧面（S）]：
指定底面半径或 [内接（I）]：
指定高度或 [两点（2P）/轴端点（A）/顶面半径（T）]：
```

### 3．选项说明

（1）指定底面的中心点：设置网格棱锥体底面的中心点。

（2）边：设置网格棱锥体底面一条边的长度，如指定的两点所指明的长度一样。

（3）侧面：设置网格棱锥体的侧面数。输入 3~32 之间的正值。

（4）指定底面半径：设置网格棱锥体底面的半径。

（5）内接：指定网格棱锥体的底面是内接的，还是绘制在底面半径内。

（6）指定高度：设置网格棱锥体沿与底面所在的平面垂直的轴的高度。

（7）两点（高度）：通过指定两点之间的距离定义网格圆柱体的高度。

（8）指定轴端点：设置棱锥体顶点的位置，或棱锥体平截面顶面的中心位置。轴端点的方向可以为三维空间中的任意位置。

（9）指定顶面半径：指定创建棱锥体平截面时网格棱锥体的顶面半径。

（10）外切：指定棱锥体的底面是外切的，还是绕底面半径绘制。

## 16.1.6　绘制网格球体

### 1．执行方式

命令行：_.MESH

菜单："绘图"→"建模"→"网格"→"图元"→"球体"(S)

工具栏：平滑网格图元→网格球体●

### 2．操作步骤

```
命令：_.MESH
当前平滑度设置为：0
输入选项 [长方体（B）/圆锥体（C）/圆柱体（CY）/棱锥体（P）/球体（S）/楔体（W）/圆环体（T）/
设置（SE）] <棱锥体>：_SPHERE
指定中心点或 [3点（3P）/两点（2P）/切点、切点、半径（T）]：
指定半径或 [直径（D）] <214.2721>：
```

### 3．选项说明

（1）指定中心点：设置球体的中心点。

（2）3 点（3P）：通过指定三点设置网格球体的位置、大小和平面。

（3）两点（直径）：通过指定两点设置网格球体的直径。

（4）切点、切点、半径：使用与两个对象相切的指定半径定义网格球体。

## 16.1.7　绘制网格楔体

### 1．执行方式

命令行：_.MESH

菜单："绘图"→"建模"→"网格"→"图元"→"楔体"(W)

工具栏：平滑网格图元→网格楔体

### 2．操作步骤

```
命令：_.MESH
当前平滑度设置为：0
输入选项 [长方体（B）/圆锥体（C）/圆柱体（CY）/棱锥体（P）/球体（S）/楔体（W）/圆环体（T）/
设置（SE）] <楔体>：_WEDGE
指定第1个角点或 [中心（C）]：
指定其他角点或 [立方体（C）/长度（L）]：
指定高度或 [两点（2P）] <84.3347>：
指定第1角点：设置网格楔体底面的第1个角点。
中心：设置网格楔体底面的中心点。
```

### 3．选项说明

（1）立方体：将网格楔体底面的所有边设为长度相等。

（2）长度：设置网格楔体底面沿 x 轴的长度。

（3）宽度：设置网格长方体沿 y 轴的宽度。

（4）高度：设置网格楔体的高度。输入正值将沿当前 UCS 的 z 轴正方向绘制高度。输入负值将沿 z 轴负方向绘制高度。

（5）两点（高度）：通过指定两点之间的距离定义网格楔体的高度。

## 16.1.8　绘制网格圆环体

### 1．执行方式

命令行：_.MESH

菜单："绘图"→"建模"→"网格"→"图元"→"圆环体"(T)

工具栏：平滑网格图元→网格圆环体

**2．操作步骤**

命令：_.MESH
当前平滑度设置为：0
输入选项 [长方体（B）/圆锥体（C）/圆柱体（CY）/棱锥体（P）/球体（S）/楔体（W）/圆环体（T）/设置（SE）] <楔体>:_TORUS
指定中心点或 [3 点(3P)/两点(2P)/切点、切点、半径(T)]:
指定半径或 [直径(D)] <30.6975>:

**3．选项说明**

（1）指定中心点：设置网格圆环体的中心点。

（2）3 点（3P）：通过指定三点设置网格圆环体的位置、大小和旋转面；圆管的路径通过指定的点。

（3）两点（圆环体直径）：通过指定两点设置网格圆环体的直径；直径从圆环体的中心点开始计算，直至圆管的中心点。

（4）切点、切点、半径：定义与两个对象相切的网格圆环体半径。

（5）指定半径（圆环体）：设置网格圆环体的半径，从圆环体的中心点开始测量，直至圆管的中心点。

（6）指定直径（圆环体）：设置网格圆环体的直径，从圆环体的中心点开始测量，直至圆管的中心点。

（7）指定圆管半径：设置沿网格圆环体路径扫掠的轮廓半径。

（8）两点（圆管半径）：基于指定的两点之间的距离设置圆管轮廓的半径。

（9）指定圆管直径：设置网格圆环体圆管轮廓的直径。

# 16.1.9　通过转换创建网格

**1．执行方式**

命令行：_.MESH
菜单：“绘图”→“建模”→“网格”→“平滑网格”

**2．操作步骤**

命令：_.MESHSMOOTH
选择要转换的对象:（三维实体或曲面）

**3．选项说明**

（1）可以转换的对象类型。将图元实体对象转换为网格时可获得最稳定的结果。也就是说，结果网格与原实体模型的形状非常相似。尽管转换结果可能与期望的有所差别，但也可转换其他类型的对象。这些对象包括扫掠曲面和实体、传统多边形和多面网格对象、面域、闭合多段线和使用创建的对象。对于上述对象，通常可以通过调整转换设置来改善结果。

（2）调整网格转换设置。如果转换未获得预期效果，可尝试更改“网格镶嵌选项”对话框中的设置。例如，如果“平滑网格优化”网格类型致使转换不正确，可以将镶嵌形状设置为“三角形”或“主要象限点”。

还可以通过设置新面的最大距离偏移、角度、宽高比和边长来控制与原形状的相似程度。下例显示了使用不同镶嵌设置转换为网格的三维实体螺旋。已对优化后的网格版本进行平滑处理，但其他两个转换的平滑度为零。镶嵌值较小的主要象限点转换会创建与原版本最相似的网格对象。对此对象进行平滑处理会进一步改善其外观。

## 16.1.10 实例——写字台

本实例绘制的写字台，首先将视区设置为 4 个视口。然后利用长方体 BOX 命令绘制写字台的两条腿、抽屉和桌面，最后利用 3DFACE 命令绘制写字台的抽屉，结果如图 16-1 所示。

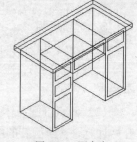
图 16-1 写字台

 **绘制步骤**

1. 将视区设置为主视图、俯视图、左视图和西南等轴侧图 4 个视图。选择菜单栏中的"视图"→"视口"→"四个视口"命令，将视区设置为 4 个视口。单击左上角视口，将该视图激活，选择菜单栏中的"视图"→"三维视图"→"前视"命令，将其设置为主视图。利用相同的方法，将右上角的视图设置为左视图，左下角的视图设置为俯视图，右下角设置为西南等轴测视图，设置好的视图如图 16-2 所示。

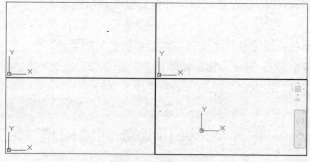
图 16-2 设置好的视图

2. 激活俯视图，在俯视图中绘制两个长方体，作为写字台的两条腿。

命令: _BOX
指定第一个角点或 [中心(C)]: 100,100,100
指定其他角点或 [立方体(C)/长度(L)]: @30,50,80

同样方法绘制长方体，角点坐标是（180,100,100）和（@30，50，80），执行上述步骤后的图形如图 16-3 所示。

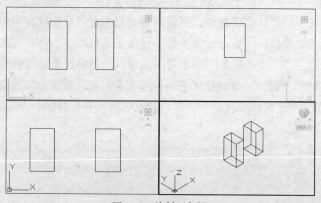
图 16-3 绘制两条腿

3. 在写字台的中间部分绘制一个抽屉。同样方法绘制长方体，角点坐标是（130,100,160）和（@50，50，20），执行上述操作步骤后的图形如图 16-4 所示。

4. 绘制写字台的桌面。同样方法绘制长方体，角点坐标是（95,95,180）和（@120，60，5），结果如图 16-5 所示。

5. 激活主视图。在命令行中输入 UCS 命令，修改坐标系。命令行提示与操作如下：

命令: UCS↙
当前 UCS 名称: *世界*
指定 UCS 的原点或 [面(F)/命名(NA)/对象(OB)/上一个(P)/视图(V)/世界(W)/X/Y/Z/Z 轴(ZA)] <世界>: (捕捉写字台左下角点)
指定 x 轴上的点或 <接受>:↙

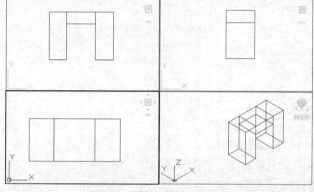

图 16-4　添加了抽屉后的图形

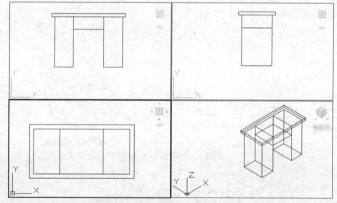

图 16-5　绘制了桌面后的图形

6. 利用 3DFACE 命令绘制写字台的抽屉。

命令: 3DFACE↙
指定第 1 点或 [不可见(I)]: 3,3,0↙
指定第 2 点或 [不可见(I)]: 27,3,0↙
指定第 3 点或 [不可见(I)] <退出>: 27,37,0↙
指定第 4 点或 [不可见(I)] <创建三侧面>: 3,37,0↙
指定第 3 点或 [不可见(I)] <退出>:↙

同样方法，执行 3DFACE 命令，给出第 1、第 2、第 3、第 4 点的坐标分别为{（3,43,0）、（27,43,0）、（27,57,0）、（3,57,0）}，{（3,63,0）、（27,63,0）、（27,77,0）、（3,77,0）}，{（33,63,0）、（77,63,0）、（77,77,0）、（33,77,0）}，{（83,63,0）、（107,63,0）、（107,77,0）、（83,77,0）}，{（83,57,0）、（107,57,0）、（107，3,0）、（83,3,0）}，结果如图 16-1 所示。

# 16.2　通过二维图形生成三维网格

在三维造型的生成过程中，有一种思路是通过二维图形来生成三维网格。AutoCAD 提供了 4 种方法来实现。具体方法如下所述。

## 16.2.1　直纹网格

### 1．执行方式

命令行：RULESURF

菜单栏："绘图"→"建模"→"网格"→"直纹网格"

### 2．操作步骤

命令行提示与操作如下：

命令：RULESURF↙

当前线框密度：SURFTAB1=当前值

选择第 1 条定义曲线：指定第 1 条曲线

选择第 2 条定义曲线：指定第 2 条曲线

下面生成一个简单的直纹曲面。首先选择菜单栏中的"视图"→"三维视图"→"西南等轴测"命令，将视图转换为"西南等轴测"，然后绘制如图 16-6a 所示的两个圆作为草图，执行直纹曲面命令 RULESURF，分别选择绘制的两个圆作为第 1 条和第 2 条定义曲线，最后生成的直纹曲面如图 16-6b 所示。

a 作为草图的圆图　　　　　　b 生成的直纹曲面

图 16-6　绘制直纹曲面

## 16.2.2　平移网格

### 1．执行方式

命令行：TABSURF

菜单栏："绘图"→"建模"→"网格"→"平移网格"

### 2．操作步骤

命令行提示与操作如下：

命令：TABSURF↙

当前线框密度：SURFTAB1=6

选择用作轮廓曲线的对象：选择一个已经存在的轮廓曲线

选择用作方向矢量的对象：选择一个方向线

### 3．选项说明

（1）轮廓曲线：可以是直线、圆弧、圆、椭圆、二维或三维多段线。AutoCAD 默认从轮廓曲线上离选定点最近的点开始绘制曲面。

（2）方向矢量：指出形状的拉伸方向和长度。在多段线或直线上选定的端点决定拉伸的方向。

图 16-7 所示为选择图 16-7a 中所示的六边形为轮廓曲线对象，以图 16-7a 中所绘制的直线为方向矢量绘制的图形，平移后的曲面图形如图 16-7b 所示。

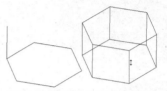

a 六边形和方向线　　b 平移后的曲面
图 16-7　平移曲面

## 16.2.3　边界网格

### 1. 执行方式

命令行：EDGESURF。

菜单栏："绘图"→"建模"→"网格"→"边界网格"

### 2. 操作步骤

命令行提示与操作如下：

```
命令: EDGESURF↙
当前线框密度: SURFTAB1=6 SURFTAB2=6
选择用作曲面边界的对象 1:  选择第 1 条边界线
选择用作曲面边界的对象 2:  选择第 2 条边界线
选择用作曲面边界的对象 3:  选择第 3 条边界线
选择用作曲面边界的对象 4:  选择第 4 条边界线
```

### 3. 选项说明

系统变量 SURFTAB1 和 SURFTAB2 分别控制 M、N 方向的网格分段数。可通过在命令行输入 SURFTAB1 改变 M 方向的默认值，在命令行输入 SURFTAB2 改变 N 方向的默认值。

下面生成一个简单的边界曲面。首先选择菜单栏中的"视图"→"三维视图"→"西南等轴测"命令，将视图转换为"西南等轴测"，绘制 4 条首尾相连的边界，如图 16-8a 所示。在绘制边界的过程中，为了方便绘制，可以首先绘制一个基本三维表面中的立方体作为辅助立体，在它上面绘制边界，然后再将其删除。执行边界曲面命令 EDGESURF，分别选择绘制的 4 条边界，则得到如图 16-8b 所示的边界曲面。

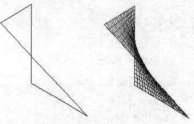

a 边界曲线　　b 生成的边界曲面
图 16-8　边界曲面

## 16.2.4　实例——足球门的绘制

利用前面学过的三维网格绘制的各种基本方法，绘制如图 16-9 所示的足球门。本例首先利用直线、圆弧命令，绘制框架，再利用边界网格完成球门的实体化。

**绘制步骤**

1. 对视点进行设置。选择"视图"→"三维视图"→"视点"命令。命令行提示与操作如下：

```
命令: VPOINT↙
当前视图方向:  VIEWDIR=0.0000,0.0000,1.0000
指定视点或 [旋转(R)] <显示指南针和三轴架>: 1,0.5,-0.5↙
```

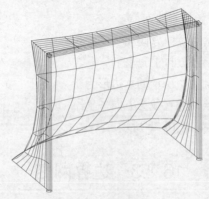

图 16-9　足球门

2. 绘制直线。单击"绘图"工具栏中的"直线"按钮，命令行提示与操作如下：

命令：_LINE 指定第一点：150,0,0↙
指定下一点或 [放弃(U)]：@-150,0,0↙
指定下一点或 [放弃(U)]：@0,0,260↙
指定下一点或 [闭合(C)/放弃(U)]：@0,300,0↙
指定下一点或 [闭合(C)/放弃(U)]：@0,0,-260↙
指定下一点或 [闭合(C)/放弃(U)]：@150,0,0↙
指定下一点或 [闭合(C)/放弃(U)]：
命令：_line 指定第一点：0,0,260↙
指定下一点或 [放弃(U)]：@70,0,0↙
指定下一点或 [放弃(U)]：↙
命令：↙
LINE 指定第一点：0,300,260↙
指定下一点或 [放弃(U)]：@70,0,0↙
指定下一点或 [放弃(U)]：↙

绘制结果如图 16-10 所示。

3. 绘制圆弧。单击"绘图"工具栏中的"圆弧"按钮，命令行提示与操作如下：

命令：_ARC
指定圆弧的起点或 [圆心(C)]：150,0,0↙
指定圆弧的第 2 个点或 [圆心(C)/端点(E)]：200,150↙
指定圆弧的端点：150,300↙
命令：_arc
指定圆弧的起点或 [圆心(C)]：70,0,260↙
指定圆弧的第 2 个点或 [圆心(C)/端点(E)]：50,150↙
指定圆弧的端点：70,300↙

绘制结果如图 16-11 所示。

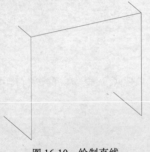

图 16-10　绘制直线

图 16-11　绘制圆弧

4. 调整当前座标系，选择"工具"→"新建 UCS"→"x"命令，命令行提示与操作如下：

```
命令: _UCS↙
当前 UCS 名称: *世界*
输入选项[新建(N)/移动(M)/正交(G)/上一个(P)/恢复(R)/保存(S)/删除(D)/应用(A)/?/世界(W)]<世界>: _x↙
指定绕 x 轴的旋转角度 <90>:↙
单击"绘图"工具栏中的"圆弧"按钮，命令行提示与操作如下：
命令: _ARC 指定圆弧的起点或 [圆心(C)]: 150,0,0↙
指定圆弧的第 2 个点或 [圆心(C)/端点(E)]: 50,130↙
指定圆弧的端点: 70,260↙
命令: ↙
ARC 指定圆弧的起点或 [圆心(C)]: 150,0,-300↙
指定圆弧的第 2 个点或 [圆心(C)/端点(E)]: 50,130↙
指定圆弧的端点: 70,260↙
```

绘制结果如图 16-12 所示。

5. 绘制边界曲面设置网格数。在命令行中输入"SURFTAB1"和"SUPFTAB2"命令，命令行提示与操作如下：

```
命令: SURFTAB1↙
输入 SURFTAB1 的新值 <6>: 8↙
命令: surftab2↙
输入 SURFTAB2 的新值 <6>: 5↙
```

单击"绘图"→"建模"→"网格"→"边界网格"，命令行提示与操作如下：

```
命令: EDGESURF↙
当前线框密度: SURFTAB1=8 SURFTAB2=5
选择用作曲面边界的对象 1: 选择第 1 条边界线
选择用作曲面边界的对象 2: 选择第 2 条边界线
选择用作曲面边界的对象 3: 选择第 3 条边界线
选择用作曲面边界的对象 4: 选择第 4 条边界线
```

选择图形最左边 4 条边，绘制结果如图 16-13 所示。

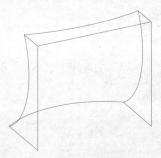

图 16-12　绘制弧线

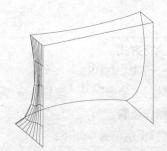

图 16-13　绘制边界曲面

6. 重复上述命令，填充效果如图 16-14 所示。

7. 绘制门柱。

单击菜单栏"绘图"→"建模"→"网格"→"图元"→ "圆柱体(Y)"命令，命令行提示与操作如下：

```
命令: MESH↙
当前平滑度设置为: 0
输入选项 [长方体(B)/圆锥体(C)/圆柱体(CY)/棱锥体(P)/球体(S)/楔体(W)/圆环体(T)/设置(SE)] <圆柱体>: _CYLIND
指定底面的中心点或 [三点(3P)/两点(2P)/切点、切点、半径(T)/椭圆(E)]: 0,0,0↙
```

指定底面半径或 [直径(D)]: 5↙

指定高度或 [两点(2P)/轴端点(A)]: a↙

指定轴端点: 0,260,0↙

命令: MESH↙

当前平滑度设置为: 0

输入选项 [长方体(B)/圆锥体(C)/圆柱体(CY)/棱锥体(P)/球体(S)/楔体(W)/圆环体(T)/设置(SE)] <圆柱体>:

指定底面的中心点或 [3点(3P)/两点(2P)/切点、切点、半径(T)/椭圆(E)]: 0,0,-300 指定底面半径或 [直径(D)]: 5↙

指定高度或 [两点(2P)/轴端点(A)]: a↙

指定轴端点: @0,260,0↙

命令: MESH↙

当前平滑度设置为: 0

输入选项 [长方体(B)/圆锥体(C)/圆柱体(CY)/棱锥体(P)/球体(S)/楔体(W)/圆环体(T)/设置(SE)] <圆柱体>:

指定底面的中心点或 [3点(3P)/两点(2P)/切点、切点、半径(T)/椭圆(E)]: 0,260,0

指定底面半径或 [直径(D)]: 5↙

指定高度或 [两点(2P)/轴端点(A)]: a↙

指定轴端点: @0,0,-300↙

最终效果如图 16-9 所示。

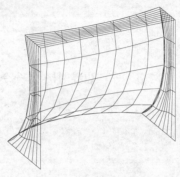

图 16-14　绘制边界曲面

# 16.2.5　旋转网格

### 1．执行方式

命令行：REVSURF

菜单栏："绘图"→"建模"→"网格"→"旋转网格"

### 2．操作步骤

命令行提示与操作如下：

命令: REVSURF↙

当前线框密度: SURFTAB1=6　SURFTAB2=6

选择要旋转的对象:　选择已绘制好的直线、圆弧、圆或二维、三维多段线

选择定义旋转轴的对象:　选择已绘制好用作旋转轴的直线或是开放的二维、三维多段线

指定起点角度<0>:　输入值或直接按【Enter】键接受默认值

指定包含角度（＋=逆时针，－=顺时针）<360>: 输入值或直接按【Enter】键接受默认值

### 3．选项说明

(1) 起点角度：如果设置为非零值，平面将从生成路径曲线位置的某个偏移处开始旋转。

(2) 包含角：用来指定绕旋转轴旋转的角度。

(3) 系统变量 SURFTAB1 和 SURFTAB2：用来控制生成网格的密度。SURFTAB1 指定在

旋转方向上绘制的网格线数目；SURFTAB2 指定绘制的网格线数目进行等分。

图 16-15 所示为利用 REVSURF 命令绘制的花瓶。

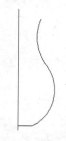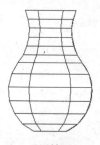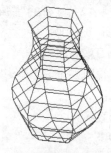

a 轴线和回转轮廓线　　　　　　b 回转面　　　　　　　　c 调整视角

图 16-15　绘制花瓶

## 16.2.6　实例——吸顶灯

本实例绘制的吸顶灯，主要用到圆环命令、三维曲面命令以及渲染命令，结果如图 16-16 所示。

图 16-16　吸顶灯

 **绘制步骤**

1. 设置绘图环境。

❶ LIMITS 命令设置图幅：297×210。

❷ 置线框密度。设置对象上每个曲面的轮廓线数目为 10，命令行提示与操作如下：

```
命令: SURFTAB1✓
输入 SURFTAB1 的新值 <6>: 10✓
命令: SURFTAB2✓
输入 SURFTAB2 的新值 <6>: 10✓
```

❸ 置视图方向。选择菜单栏中的"视图"→"三维视图"→"西南等轴测"命令，将当前视图设为"西南等轴测"视图。

2. 设置网格平滑度并绘制圆环。命令行操作与提示如下：

```
命令: MESH
当前平滑度设置为: 0
输入选项 [长方体(B)/圆锥体(C)/圆柱体(CY)/棱锥体(P)/球体(S)/楔体(W)/圆环体(T)/设置(SE)] <圆环体>: SE✓
指定平滑度或[镶嵌(T)] <0>: 4✓
输入选项 [长方体(B)/圆锥体(C)/圆柱体(CY)/棱锥体(P)/球体(S)/楔体(W)/圆环体(T)/设置(SE)] <圆环体>: ✓
指定中心点或 [3 点(3P)/两点(2P)/切点、切点、半径(T)]: 0,0,0✓
指定半径或 [直径(D)]: 50✓
指定圆管半径或 [两点(2P)/直径(D)]: 5✓
```

3. 继续绘制圆环。选择菜单栏中的"绘图"→"建模"→"网格"→"图元"→"圆环体(T)"命令，或单击"平滑网格图元"工具栏中的"网格圆环体"按钮 ⊕，

```
命令: _MESH
当前平滑度设置为: 4
```

输入选项 [长方体(B)/圆锥体(C)/圆柱体(CY)/棱锥体(P)/球体(S)/楔体(W)/圆环体(T)/设置(SE)]<圆环体>: _TORUS
指定中心点或 [3 点(3P)/两点(2P)/切点、切点、半径(T)]: 0,0,-8✓
指定半径或 [直径(D)]: 45✓
指定圆管半径或 [两点(2P)/直径(D)]: 4.5✓

结果如图 16-17 所示。

4．绘制直线和圆弧。

❶ 设置视图方向。选择菜单栏中的"视图"→"三维视图"→"前视"命令，将当前视图设为"前视"视图。

❷ 绘制直线。

命令: _LINE
指定第 1 点: 0,-9.5✓
指定下一点或 [放弃(U)]: @0, -45✓
指定下一点或 [放弃(U)]: ✓

❸ 绘制圆弧。

命令: _ARC
指定圆弧的起点或 [圆心(C)]:（选择直线的下端点）
指定圆弧的第 2 个点或 [圆心(C)/端点(E)]: e✓
指定圆弧的端点:（45,-8）
指定圆弧的圆心或 [角度(A)/方向(D)/半径(R)]: r ✓
指定圆弧的半径: 45✓

结果如图 16-18 所示。

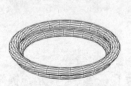

图 16-17　绘制圆环

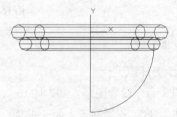

图 16-18　绘制直线和圆弧

5．旋转对象。单击菜单栏中的"绘图"→"建模"→"网格"→"旋转网格"按钮，命令行提示与操作如下：

命令: _REVSURF
当前线框密度: SURFTAB1=10　SURFTAB2=10
选择要旋转的对象:（选择圆弧）
选择定义旋转轴的对象:（选择直线）
指定起点角度 <0>: ✓
指定包含角 (+=逆时针, -=顺时针) <360>: ✓

6．设置视图方向。选择菜单栏中的"视图"→"三维视图"→"西南等轴测"命令，将当前视图设为"西南等轴测"视图。

7．擦去多余线条。单击"修改"工具栏中的"删除"按钮 ✐，删去刚绘制的直线和圆弧，结果如图 16-19 所示。

图 16-19　擦去多余线条

8．渲染视图。选择菜单栏中的"视图"→"渲染"→"材质浏览器"命令，在材质选项板中选择适当的材质。选择菜单栏中的"视图"→"渲染"→"渲染"命令，对实体进行渲染，渲染后的最终效果如图 16-16 所示。

# 16.3 绘制三维曲面

AutoCAD 2014 提供了基准命令来创建和编辑曲面，本节主要讲解几种绘制和编辑曲面的方法，帮助读者熟悉三维曲面的功能。

## 16.3.1 平面曲面

### 1．执行方式

命令行：RLANESURF

菜单："绘图"→"建模"→"曲面"→"平面"

工具栏：曲面创建→平面曲面 ◈

### 2．操作格式

命令：RLANESURF↙

指定第 1 个角点或 [对象(O)] <对象>:(指定第一角点)

指定其他角点:(指定第 2 角点)

### 3．选项说明

（1）指定第 1 个角点：通过指定两个角点来创建矩形形状的平面曲面，如图 16-20 所示。

（2）对象（O）：通过指定平面对象创建平面曲面，如图 16-21 所示。

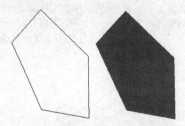

图 16-20 矩形形状的平面曲面　　图 16-21 指定平面对象创建平面曲面

## 16.3.2 偏移曲面

### 1．执行方式

命令行：SURFOFFSET

菜单："绘图"→"建模"→"曲面"→"偏移"

工具栏：曲面创建→曲面偏移 ◈

### 2．操作格式

命令：SURFOFFSET↙

连接相邻边 = 否

选择要偏移的曲面或面域:(选择要偏移的曲面)

指定偏移距离或 [翻转方向(F)/两侧(B)/实体(S)/连接(C)/表达式(E)] <0.0000>: (指定偏移距离)

### 3．选项说明

（1）指定偏移距离：指定偏移曲面和原始曲面之间的距离。

（2）翻转方向（F）：反转箭头显示的偏移方向。

（3）两侧（B）：沿两个方向偏移曲面。

（4）实体（S）：从偏移创建实体。

（5）连接（C）：如果原始曲面是连接的，则连接多个偏移曲面。

图 16-22 所示为利用 SURFOFFSET 命令创建偏移曲面的过程。

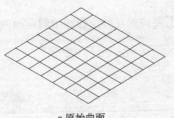

a 原始曲面　　　　　　　　b 偏移方向　　　　　　　　c 偏移曲面

图 16-22　偏移曲面

## 16.3.3　过渡曲面

### 1．执行方式

命令行：SURFBLEND

菜单："绘图"→"建模"→"曲面"→"过渡"

工具栏：曲面创建→曲面偏移 ⇖

### 2．操作格式

命令：SURFBLEND↙
连续性 = G1 - 相切，凸度幅值 = 0.5
选择要过渡的第 1 个曲面的边或 [链(CH)]:(选择如图 16-23 所示第 1 个曲面上的边 1,2)
选择要过渡的第 2 个曲面的边或 [链(CH)]:(选择如图 16-23 所示第 2 个曲面上的边 3,4)
按 Enter 键接受过渡曲面或 [连续性(CON)/凸度幅值(B)]:（按【Enter】键确认，结果如图 16-24 所示）

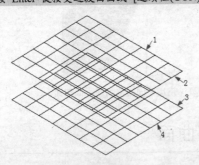

图 16-23　选择边

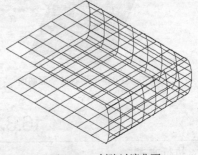

图 16-24　创建过渡曲面

### 3．选项说明

（1）选择曲面边：选择边对象、曲面或面域作为第 1 条边和第 2 条边。

（2）链（CH）：选择连续的连接边。

（3）连续性（CON）：测量曲面彼此熔合的平滑程度。默认值为 G0。选择一个值或使用夹点来更改连续性

（4）凸度幅值（B）：设定过渡曲面边与其原始曲面相交处该过渡曲面边的圆度。

## 16.3.4　圆角曲面

### 1．执行方式

命令行：SURFFILLET

菜单："绘图"→"建模"→"曲面"→"圆角"

工具栏：曲面创建→曲面圆角🔲

### 2．操作格式

命令：SURFFILLET✓

半径 =0.0000，修剪曲面 = 是

选择要圆角化的第 1 个曲面或面域或 [半径(R)/修剪曲面(T)]: R✓

指定半径:(指定半径值)

选择要圆角化的第 1 个曲面或面域或[半径(R)/修剪曲面(T)]:（选择图 16-25a 中所示的曲面 1）

选择要圆角化的第 2 个曲面或面域或[半径(R)/修剪曲面(T)]:（选择图 16-25a 中所示的曲面 2）

结果如图 16-25b 所示。

### 3．选项说明

（1）第 1 个和第 2 个曲面或面域：指定第 1 个和第 2 曲面或面域。

（2）半径（R）：指定圆角半径。使用圆角夹点或输入值来更改半径。输入的值不能小于曲面之间的间隙。

（3）修剪曲面（T）：将原始曲面或面域修剪到圆角曲面的边。

a 已有曲面　　　b 创建圆角曲面结果

图 16-25　创建圆角曲面

## 16.3.5　网络曲面

### 1．执行方式

命令行：SURFNETWORK

菜单：绘图→建模→曲面→网络

工具栏：曲面创建→曲面网络🔲

### 2．操作格式

命令：SURFNETWORK✓

沿第 1 个方向选择曲线或曲面边:(选择图 16-26a 中曲线 1)

沿第 1 个方向选择曲线或曲面边:（选择图 16-26a 中所示的曲线 2）

沿第 1 个方向选择曲线或曲面边:（选择图 16-26a 中所示的曲线 3）

沿第 1 个方向选择曲线或曲面边:（选择图 16-26a 中所示的曲线 4）

沿第 1 个方向选择曲线或曲面边:✓(也可以继续选择相应的对象)

沿第 2 个方向选择曲线或曲面边:（选择图 16-26a 中所示的曲线 5）

沿第 2 个方向选择曲线或曲面边:（选择图 16-26a 中所示的曲线 6）

沿第 2 个方向选择曲线或曲面边:（选择图 16-26a 中所示的曲线 7）

沿第 2 个方向选择曲线或曲面边:✓(也可以继续选择相应的对象)

结果如图 16-26b 所示。

a 已有曲线　　　b 三维曲面

图 16-26　创建三维曲面

## 16.3.6　修补曲面

创建修补曲面是指通过在已有的封闭曲面边上构成一个曲面的方式来创建一个新曲面，如

图 16-27 所示，图 16-27a 所示是已有曲面，图 16-27b 所示是创建出的修补曲面。

### 1．执行方式

命令行：SURFPATCH

菜单："绘图"→"建模"→"曲面"→"修补"

工具栏：曲面创建→曲面修补

a 已有曲面    b 创建修补曲面结果

图 16-27   创建修补曲面

### 2．操作格式

命令：SURFPATCH↙

选择要修补的曲面边或 [链(CH)/曲线(CU)] <曲线>:(选择对应的曲面边或曲线)

选择要修补的曲面边或 [链(CH)/曲线(CU)] <曲线>:↙(也可以继续选择曲面边或曲线)

按【Enter】键接受修补曲面或 [连续性(CON)/凸度幅值(B)/约束几何图形(CONS)]:

### 3．选项说明

（1）连续性（CON）：设置修补曲面的连续性。

（2）凸度幅值（B）：设置修补曲面边与原始曲面相交时的圆滑程度。

（3）约束几何图形（CONS）：选择附加的约束曲线来构成修补曲面。

# 16.4   综合演练——茶壶

分析如图 16-28 所示茶壶，壶嘴的建立是一个需要特别注意的地方，因为如果使用三维实体建模工具，很难建立起图示的实体模型，因而采用建立曲面的方法建立壶嘴的表面模型。壶把采用沿轨迹拉伸截面的方法生成，壶身则采用旋转曲面的方法生成。

图 16-28   绘制茶壶

 绘制步骤

## 16.4.1   绘制茶壶拉伸截面

1．选择"格式"→"图层"命令，打开"图层特性管理器"对话框，如图 16-29 所示。利用创建"图层特性管理器"辅助线层和茶壶层。

2．在"辅助线"层上绘制一条竖直线段，作为旋转直线，如图 16-30 所示。然后单击"标准"工具栏上的"实时缩放"图标，将所绘直线区域放大。

3．将"茶壶"图层设置为当前图层。单击"绘图"工具栏上的图标，执行 PLINE 命令绘制茶壶半轮廓线，如图 16-31 所示。

4．单击"修改"工具栏上的图标，执行 MIRROR 命令，将茶壶半轮廓线以辅助线为对称轴镜像到直线的另外一侧。

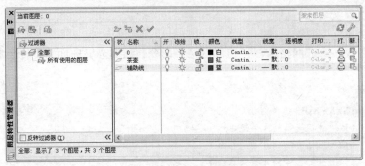

图 16-29　图层特性管理器　　　　　　　　　　　　　图 16-30　绘制旋转轴

5．单击"绘图"工具栏上的 图标，执行 PLINE 命令，按照图 16-32 所示的样式绘制壶嘴和壶把轮廓线。

6．选择"视图"→"三维视图"→"西南等轴测"命令，将当前视图切换为西南等轴测视图，如图 16-33 所示。

7．在命令行中输入 UCS 命令，执行坐标编辑命令。

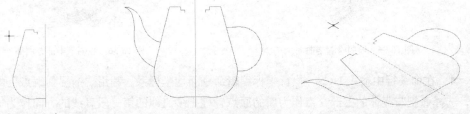

图 16-31　绘制茶壶半轮廓线　　　　图 16-32　绘制壶嘴和壶把轮廓线　　　图 16-33　西南等轴测视图

8．为使用户坐标系不在茶壶嘴上显示，在命令行输入 UCSICON 命令，然后依次选择"n"，"非原点"选项。

9．在命令行中输入 UCS 命令，执行坐标编辑命令新建坐标系。新坐标以壶嘴与壶体连接处的下端点为新的原点，以连接处的上端点为 $x$ 轴，$y$ 轴方向取默认值。

10．在命令行中输入 UCS 命令，执行坐标编辑命令旋转坐标系，使当前坐标系绕 $x$ 轴旋转 225°。

11．单击"绘图"工具栏中的"椭圆弧"按钮 ，以壶嘴和壶体的两个交点作为圆弧的两个端点，选择合适的切线方向绘制图形，如图 16-34 所示。

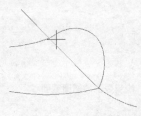

图 16-34　绘制壶嘴与壶身交接处圆弧

## 16.4.2　拉伸茶壶截面

1．修改三维表面的显示精度。将系统变量 SURFTAB1 和 SURFTAB2 的值设为 20。命令行提示与操作如下：

命令: SURFTAB1✓

输入 SURFTAB1 的新值 <6>: 20✓

2．选择"绘图"→"建模"→"网格"→"边界网格"命令，绘制壶嘴曲面。命令行提示与操作如下：

命令: EDGESURF✓

当前线框密度: SURFTAB1=6 SURFTAB2=6

选择用作曲面边界的对象 1:（依次选择壶嘴的 4 条边界线）

选择用作曲面边界的对象 2:（依次选择壶嘴的 4 条边界线）

选择用作曲面边界的对象 3:（依次选择壶嘴的 4 条边界线）

选择用作曲面边界的对象 4:（依次选择壶嘴的 4 条边界线）

得到图 16-35 所示壶嘴半曲面。

3．同步骤 2，创建壶嘴下半部分曲面，如图 16-36 所示。

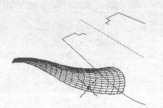

图 16-35 绘制壶嘴半曲面

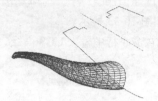

图 16-36 壶嘴下半部分曲面

4．在命令行中输入 UCS，执行坐标编辑命令新建坐标系。利用"捕捉到端点"的捕捉方式，选择壶把与壶体的上部交点作为新的原点，壶把多义线的第一段直线的方向作为 x 轴正方向，回车接受 y 轴的默认方向。

5．在命令行中输入 UCS，执行坐标编辑命令将坐标系绕 y 轴旋转 -90°，即沿顺时针方向旋转 90°，得到如图 16-37 所示的新坐标系。

6．绘制壶把的椭圆截面。单击"绘图"工具栏中的"椭圆"按钮 ⊙，执行 ELLLIPSE 命令，绘制如图 16-38 所示的椭圆。

7．单击"建模"工具栏上的"拉伸"按钮 ⓣ，执行 EXTRUDE 命令，将椭圆截面沿壶把轮廓线拉伸成壶把，创建壶把，如图 16-39 所示。

图 16-37 新建坐标系

图 16-38 绘制壶把的椭圆截面

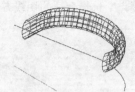

图 16-39 拉伸壶把

8．选择菜单栏中的"修改"→"对象"→"多段线"命令，将壶体轮廓线合并成一条多段线。

9．选择菜单栏中的"绘图"→"建模"→"网格"→"旋转网格"命令，命令行提示与操作如下：

命令: REVSURF✓

当前线框密度: SURFTAB1=20　SURFTAB2=20

选择要旋转的对象 1:（指定壶体轮廓线）

选择定义旋转轴的对象：（指定已绘制好的用作旋转轴的辅助线）

指定起点角度<0>：↙

指定包含角度（+=逆时针，-=顺时针）<360>：↙

旋转壶体曲线得到壶体表面，如图 16-40 所示。

10．在命令行输入 UCS 命令，执行坐标编辑命令，返回世界坐标系，然后再次执行 UCS 命令将坐标系统 x 轴旋转-90°，如图 16-41 所示。

11．选择菜单栏中的"修改"→"三维操作"→"三维旋转"命令，将茶壶图形旋转 90°。

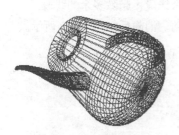
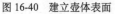

图 16-40　建立壶体表面

图 16-41　世界坐标系下的视图

图 16-42　消隐处理后的茶壶模型

12．关闭"辅助线"图层。执行 HIDE 命令对模型进行消隐处理 1，结果如图 16-42 所示。

## 16.4.3　绘制茶壶盖

1．在命令行中输入 UCS，执行坐标编辑命令新建坐标系，将坐标系切换到世界坐标系，并将坐标系放置在中心线端点。

单击"建模"工具栏中的"圆锥体"按钮⬡，绘制壶盖。如图 16-43 所示。

2．单击"视图"工具栏中的"前视"按钮▣，将视图方向设定为前视图，然后单击"绘图"工具栏中的"多段线"按钮⤵，执行 PLINE 命令，绘制壶盖轮廓线，如图 16-44 所示。

3．选择"绘图"→"建模"→"网格"→"旋转网格"命令或在命令行输入 REVSURF 命令，将上步绘制的多段线绕中心线旋转 360°，结果如图 16-45 所示。

命令：_REVSURF

当前线框密度：SURFTAB1=20　SURFTAB2=6

选择要旋转的对象：选择上步绘制的

选择定义旋转轴的对象：选择中心线

指定起点角度 <0>：↙

指定包含角 (+=逆时针，-=顺时针) <360>：↙

4．单击"视图"→"消隐"选项，将已绘制的图形消隐，消隐后的效果如图 16-46 所示。

图 16-43　绘制壶盖轮廓线

壶盖轮廓线

图 16-44　消隐处理后的壶盖模型

图 16-45　旋转网格　　　　　　　　　　　　　图 16-46　茶壶消隐后的结果

5．单击"修改"工具栏中"删除"按钮 ✎，选中视图中多余线段，删除多余的线段。

6．单击"修改"工具栏中"移动"按钮 ✛，将壶盖向上移动，消隐后如图 16-47 所示。

图 16-47　移动壶盖后

# 16.5　上机实验

通过前面的学习，读者对本章知识也有了大体的了解，本节将通过几个操作练习使读者更进一步掌握本章知识要点。

## 实验 1　绘制圆柱滚子轴承

### 1．目的要求

三维表面是构成三维图形的基本单元，灵活利用各种基本三维表面构建三维图形是三维绘图的关键技术与能力要求。如图 16-48 所示，通过本例，要求读者熟练掌握各种三维表面绘制方法，体会构建三维图形的技巧。

图 16-48　圆柱滚子轴承

### 2．操作提示

（1）利用"三维视点"命令设置绘图环境。

（2）利用平面绘图和编辑相关命令绘制截面。

（3）将截面图形生成多段线。

（4）利用"旋转网格"命令生成内外圈和滚动体。

（5）利用"环形阵列"命令阵列滚动体。

（6）删除辅助线。

# 实验 2　绘制小凉亭

## 1．目的要求

三维表面是构成三维图形的基本单元，灵活利用各种基本三维表面构建三维图形是三维绘图的关键技术与能力要求。如图 16-49 所示，通过本例，要求读者熟练掌握各种三维表面绘制方法，体会构建三维图形的技巧。

## 2．操作提示

（1）利用"三维视点"命令设置绘图环境。

（2）利用"平移曲面"命令绘制凉亭的底座。

（3）利用"平移曲面"命令绘制凉亭的支柱。

（4）利用"阵列"命令得到其他的支柱。

（5）利用"多段线"命令绘制凉亭顶盖的轮廓线。

（6）利用"旋转"命令生成凉亭顶盖。

图 16-49　小凉亭

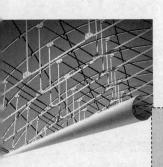

# 第 17 章

## 三维实体绘制

    实体模型具有边和面，还有在其表面内由计算机确定的质量。实体模型是最容易使用的三维模型，它的信息最完整，不会产生歧义。与线框模型和曲面模型相比，实体模型的信息最完整、创建方式最直接，所以，在 AutoCAD 三维绘图中，实体模型应用最为广泛。

    三维实体是绘图设计过程当中相当重要的一个环节。因为图形的主要作用是表达物体的立体形状，而物体的真实度则需三维建模进行绘制。本章将讲解三维实体的绘制。

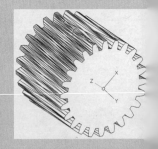

# 17.1　创建基本三维实体单元

复杂的三维实体都是由最基本的实体单元，如长方体、圆柱体等通过各种方式组合而成的。本节将简要讲解这些基本实体单元的绘制方法。

## 17.1.1　绘制多段体

通过 POLYSOLID 命令，用户可以将现有的直线、二维多段线、圆弧或圆转换为具有矩形轮廓的建模。多段体可以包含曲线线段，但是在默认情况下轮廓始终为矩形，如图 17-1 所示。

### 1．执行方式

命令行：POLYSOLID

菜单："绘图"→"建模"→"多段体"

工具栏：建模→多段体 🗊

### 2．操作步骤

命令行提示如下：

命令: POLYSOLID ↙
指定起点或 [对象(O)/高度(H)/宽度(W)/对正(J)] <对象>:（指定起点）
指定下一个点或 [圆弧(A)/放弃(U)]:（指定下一点）
指定下一个点或 [圆弧(A)/放弃(U)]:（指定下一点）
指定下一个点或 [圆弧(A)/闭合(C)/放弃(U)]: ↙

### 3．选项说明

（1）对象（O）：指定要转换为建模的对象。可以将直线、圆弧、二维多段线、圆等转换为多段体，如图 17-1 所示。

a 二维多段线　　　　　　　　　　b 对应的多段体

图 17-1　多段体

（2）高度（H）：指定建模的高度。

（3）宽度（W）：指定建模的宽度。

（4）对正（J）：使用命令定义轮廓时，可以将建模的宽度和高度设置为左对正、右对正或居中。对正方式由轮廓的第 1 条线段的起始方向决定。

## 17.1.2　长方体

长方体是最简单的实体单元。下面讲解其绘制方法。

### 1．执行方式

命令行：BOX

菜单栏："绘图"→"建模"→"长方体"

工具栏：建模→长方体▢

**2．操作步骤**

命令行提示如下：

> 命令：BOX✓
> 指定第 1 个角点或 [中心(C)] <0,0,0>：　指定第 1 点或按【Enter】键表示原点是长方体的角点，或输入"c"
> 表示中心点

**3．选项说明**

（1）指定第 1 个角点

用于确定长方体的一个顶点位置。选择该选项后，命令行继续命令提示如下：

> 指定其他角点或 [立方体(C)/长度(L)]：　指定第 2 点或输入选项

❶ 角点：用于指定长方体的其他角点。输入另一角点的数值，即可确定该长方体。如果输入的是正值，则沿着当前 UCS 的 $x$ 轴、$y$ 轴和 $z$ 轴的正向绘制长度。如果输入的是负值，则沿着 $x$ 轴、$y$ 轴和 $z$ 轴的负向绘制长度。图 17-2 所示为利用角点命令创建的长方体。

❷ 立方体（C）：用于创建一个长、宽、高相等的长方体。图 17-3 所示为利用立方体命令命令创建的长方体。

图 17-2　利用角点命令创建的长方体

图 17-3　利用立方体命令创建的长方体

❸ 长度（L）：按要求输入长、宽、高的值。图 17-4 所示为利用长、宽和高命令创建的长方体。

（2）中心点

利用指定的中心点创建长方体。图 17-5 所示为利用中心点命令创建的长方体。

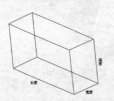

图 17-4　利用长、宽和高命令创建的长方体

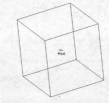

图 17-5　利用中心点命令创建的长方体

> 如果在创建长方体时选择"立方体"或"长度"选项，则还可以在单击以指定长度时指定长方体在 $xy$ 平面中的旋转角度；如果选择"中心点"选项，则可以利用指定中心点来创建长方体。

# 17.1.3　圆柱体

圆柱体也是一种简单的实体单元。下面讲解其绘制方法。

**1．执行方式**

命令行：CYLINDER（快捷命令：CYL）

菜单栏:"绘图"→"建模"→"圆柱体"

工具条:建模→圆柱体▢

### 2．操作步骤

命令行提示如下:

命令:CYLINDER✓

当前线框密度:ISOLINES=4

指定底面的中心点或[3 点(3P)/两点(2P)/切点、切点、半径(T)/椭圆（E）]<0,0,0>:

### 3．选项说明

（1）中心点:先输入底面圆心的坐标,然后指定底面的半径和高度,此选项为系统的默认选项。AutoCAD 按指定的高度创建圆柱体,且圆柱体的中心线与当前坐标系的 $z$ 轴平行,如图 17-6 所示。也可以指定另一个端面的圆心来指定高度,AutoCAD 根据圆柱体两个端面的中心位置来创建圆柱体,该圆柱体的中心线就是两个端面的连线,如图 17-7 所示。

（2）椭圆（E）:创建椭圆柱体。椭圆端面的绘制方法与平面椭圆一样,创建的椭圆柱体如图 17-8 所示。

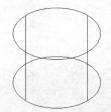

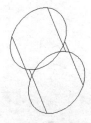

图 17-6　按指定高度创建圆柱体　　　图 17-7　指定圆柱体另一个端面的中心位置　　　图 17-8　椭圆柱体

其他的基本建模,如楔体、圆锥体、球体、圆环体等的创建方法与长方体和圆柱体类似,不再赘述。

> 　　建模模型具有边和面,还有在其表面内由计算机确定的质量。建模模型是最容易使用的三维模型,它的信息最完整,不会产生歧义。与线框模型和曲面模型相比,建模模型的信息最完整、创建方式最直接,所以,在 AutoCAD 三维绘图中,建模模型应用最为广泛。

## 17.1.4　实例——叉拨架

本例首先绘制长方体,完成架体的绘制,最后在架体不同位置绘制圆主体,利用差集运算,完成架体上孔的形成,结果如图 17-9 所示。

图 17-9　叉拨架

**绘制步骤**

1. 绘制架体。单击"建模"工具栏中的"长方体"按钮▢，绘制顶端立板长方体，命令行提示与操作如下：

命令:_BOX↙
指定第 1 个角点或 [中心(C)]: 0.5,2.5,0↙
指定其他角点或 [立方体(C)/长度(L)]: 0,0,3↙

2. 切换视图。单击"视图"工具栏中的"东南等轴测"按钮◈，设置视图角度将当前视图设为东南等轴测视图，结果如图 17-10 所示。

3. 绘制架体。单击"建模"工具栏中的"长方体"按钮▢，以角点坐标为 (0,2.5,0)（@2.72,-0.5,3）绘制连接立板长方体，结果如图 17-11 所示。

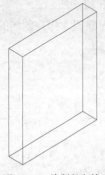
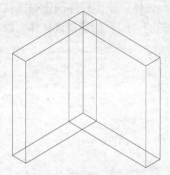

图 17-10　绘制长方体　　　　　　　　　　　图 17-11　绘制第二个长方体

4. 绘制架体。单击"建模"工具栏中的"长方体"按钮▢，以角点坐标为（2.72,2.5,0）（@-0.5,-2.5,3）（2.22,0,0）（@2.75,2.5,0.5）绘制其他部分长方体。

5. 缩放视图。选择菜单栏中的"视图"→"缩放"→"全部"命令，缩放图形，结果如图 17-12 所示。

6. 并集运算。单击"建模"工具栏中的"并集"按钮◉，将上步绘制的图形合并，结果如图 17-13 所示。

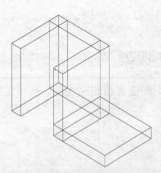
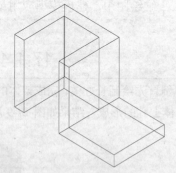

图 17-12　缩放图形　　　　　　　　　　　图 17-13　并集运算

7. 绘制横向孔。单击"建模"工具栏中的"圆柱体"按钮▢，绘制圆柱体，命令行提示与操作如下：

命令:_CYLINDER↙
指定底面的中心点或 [3 点(3P)/两点(2P)/切点、切点、半径(T)/椭圆(E)]: 0,1.25,2↙
指定底面半径或 [直径(D)]: 0.5↙
指定高度或 [两点(2P)/轴端点(A)]: a↙

指定轴端点：0.5,1.25,2✓

命令：_CYLINDER

指定底面的中心点或 [三点(3P)/两点(2P)/切点、切点、半径(T)/椭圆(E)]：2.22,1.25,2✓

指定底面半径或 [直径(D)]：0.5✓

指定高度或 [两点(2P)/轴端点(A)]：a✓

指定轴端点：2.72,1.25,2✓

结果如图 17-14 所示。

8. 绘制竖向孔。单击"建模"工具栏中的"圆柱体"按钮◎，以 (3.97,1.25,0) 为中心点，以 0.75 为底面半径，0.5 为高度绘制圆柱体，结果如图 17-15 所示，命令行提示与操作如下：

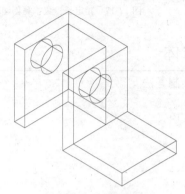

图 17-14  绘制圆柱体

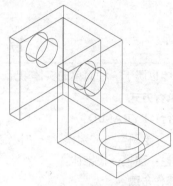

图 17-15  绘制圆柱体

9. 差集运算。单击"建模"工具栏中的"差集"按钮◎，将轮廓建模与 3 个圆柱体进行差集。单击"渲染"工具栏中的"隐藏"按钮◎，对实体进行消隐。消隐之后的图形如图 17-16 所示。

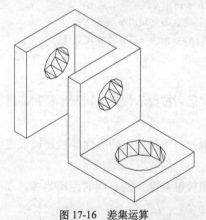

图 17-16  差集运算

## 17.1.5  楔体

楔体也属于一种简单的实体单元。下面讲解其绘制方法。

### 1. 执行方式

命令行：WEDGE

菜单："绘图" → "建模" → "楔体"

工具栏：建模→楔体◇

### 2. 操作步骤

命令行提示如下：

命令: WEDGE↙
指定第 1 个角点或[中心（C）]:

### 3. 选项说明

（1）指定楔体的第 1 个角点

指定楔体的第 1 个角点，然后按提示指定下一个角点或长、宽、高，结果如图 17-17 所示。

（2）指定中心点（C）

指定楔体的中心点，然后按提示指定下一个角点或长、宽、高。

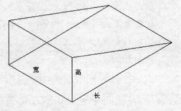

图 17-17　指定长、宽、高创建的楔体

# 17.1.6　棱锥体

棱锥体也属于一种简单的实体单元。下面讲解其绘制方法。

### 1. 执行方式

命令行：PYRAMID

菜单："绘图"→"建模"→"棱锥体"

工具栏：建模→棱锥体△

### 2. 操作步骤

命令行提示与操作如下：

命令: PYRAMID↙
　4 个侧面　外切
指定底面的中心点或 [边(E)/侧面(S)]: （指定中心点）
指定底面半径或 [内接(I)]: （指定底面外切圆半径）
指定高度或 [两点(2P)/轴端点(A)/顶面半径(T)]: （指定高度）

### 3. 选项说明

（1）指定底面的中心点

这是最基本的执行方式，然后按提示指定外切圆半径和高度，结果如图 17-18 所示。

（2）内接（I）

与上面讲的外切方式类似，只不过指定的底面半径是棱锥底面的内接圆半径。

（3）两点（2P）

通过指定两点的方式指定棱锥高度，两点间的距离为棱锥高度。该方式下，命令行提示：

指定第 1 个点: （指定第 1 个点）
指定第 2 个点: （指定第 2 个点，如图 17-19 所示）

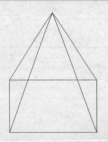

图 17-18　指定底面中心点、外切圆半径和高度创建的楔体

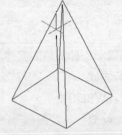

图 17-19　通过两点方式确定棱锥高度

（4）轴端点（A）

通过指定轴端点的方式指定棱锥高度和倾向，指定点为棱锥顶点。由于顶点与底面中心点连

线为棱锥高线，垂直于底面，所以底面方向随指定的轴端点位置不停地变动，如图 17-20 所示。

（5）顶面半径（T）

通过指定顶面半径的方式指定棱台上顶面外切圆或内接圆半径，如图 17-21 所示。该方式下，命令行提示：

指定顶面半径 <0.0000>:（指定半径）

指定高度或 [两点(2P)/轴端点(A)] <165.5772>:（指定棱台高度，同上面所述方法）

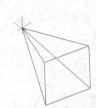

图 17-20　通过指定轴端点方式绘制棱锥

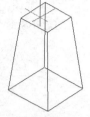

图 17-21　通过指定顶面半径方式绘制棱台

（6）边（E）

通过指定边的方式指定棱锥底面正多边形，如图 17-22 所示。该方式下，命令行提示：

命令:_PYRAMID

　4 个侧面　内接

指定底面的中心点或 [边(E)/侧面(S)]: e✓

指定边的第 1 个端点:（指定地面边的第 1 个端点，如图 17-22 中所示的点 1）

指定边的第 2 个端点:（指定地面边的第 2 个端点，如图 17-22 中所示的点 2）

指定高度或 [两点(2P)/轴端点(A)/顶面半径(T)] <102.1225>:（按上面所述方式指定高度）

（7）侧面（S）

通过指定侧面数目的方式指定棱锥的棱数，如图 17-23 所示。该方式下，命令行提示：

命令:_PYRAMID

　4 个侧面　内接

指定底面的中心点或 [边(E)/侧面(S)]: s✓

输入侧面数 <4>: 6✓（指定棱边数，图 17-22 为绘制的六棱锥）

指定底面的中心点或 [边(E)/侧面(S)]:（按上面讲述方式继续执行）

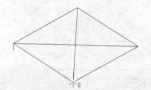

图 17-22　通过指定边的方式绘制棱锥底面

图 17-23　通过指侧面的方式绘制六棱锥

## 17.1.7　绘制圆锥体

圆锥体也属于一种简单的实体单元。下面讲解其绘制方法。

### 1．执行方式

命令行：CONE

菜单:"绘图"→"建模"→"圆锥体"

工具栏:建模→圆锥体△

### 2．操作步骤

命令行提示如下：

命令：CONE↙

指定底面的中心点或[三点（3P）/两点（2P）/切点、切点、半径（T）/椭圆（E）]：

### 3. 选项说明

（1）中心点

指定圆锥体底面的中心位置，然后指定底面半径和锥体高度或顶点位置。

（2）椭圆（E）

创建底面是椭圆的圆锥体。图 17-24 所示为绘制的椭圆圆锥体，其中图 17-24a 中所示的线框密度为 4。输入 ISOLINES 命令后增加线框密度至 16 后的图形如图 17-24b 中所示。

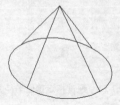 

a ISOLINES=4      b ISOLINES=16

图 17-24 椭圆圆锥体

## 17.1.8 绘制球体

球体也属于一种简单的实体单元。下面讲解其绘制方法。

### 1. 执行方式

命令行：SPHERE

菜单："绘图"→"建模"→"球体"

工具栏：建模→球体◎

### 2. 操作步骤

命令行提示如下：

SPHERE↙

指定中心点或[3 点（3P）/两点（2P）/切点、切点、半径（T）]：（输入球心的坐标值）

指定半径或[直径（D）]：（输入相应的数值）

## 17.1.9 绘制圆环体

圆环体也属于一种简单的实体单元。下面讲解其绘制方法。

### 1. 执行方式

命令行：TORUS

菜单："绘图"→"建模"→"圆环体"

工具栏：建模→圆环体◎

### 2. 操作步骤

命令行提示如下：

命令：TORUS↙

指定中心点或[3 点（3P）/两点（2P）/切点、切点、半径（T）]：（指定中心点）

指定半径或[直径（D）]：（指定半径或直径）

指定圆管半径或[两点（2P）/直径（D）]：（指定半径或直径）

图 17-25 所示为绘制的圆环体。

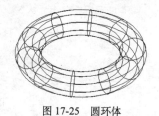

图 17-25 圆环体

# 17.1.10 实例——弯管接头

本例首先利用坐标在不同位置绘制圆柱体，在拐角处绘制球体，利用布尔运算完成图形，结果如图 17-26 所示。

图 17-26 弯管接头

 **绘制步骤**

1. 切换视图。单击"视图"工具栏中的"西南等轴测"按钮 。

2. 绘制管体。单击"建模"工具栏中的"圆柱体"按钮 ，绘制底面中心点为（0,0,0）半径为 20，高度为 40，绘制一个圆柱体。命令行提示与操作如下：

```
命令：CYL✓
指定底面的中心点或 [3 点(3P)/两点(2P)/切点、切点、半径(T)/椭圆(E)]：0,0,0✓
指定底面半径或 [直径(D)] <20.0000>：20✓
指定高度或 [两点(2P)/轴端点(A)] <10.0000>：40✓
```

3. 按上述步骤，绘制底面中心点为（0,0,40），半径为 25，高度为-10 的圆柱体。

4. 按上述步骤，绘制底面中心点为（0,0,0），半径为 20，轴端点为（40,0,0）的圆柱体。

5. 按上述步骤，绘制底面中心点为（40,0,0），半径为 25，轴端点为（@ -10,0,0）的圆柱体。

6. 绘制管头。单击"建模"工具栏中的"球体"按钮 ，绘制一个圆点在原点，半径为 20 的球。

7. 消隐处理。单击"渲染"工具栏中的"隐藏"按钮 ，对绘制的好的建模进行消隐。此时窗口图形如图 17-27 所示。

8. 并集运算。单击"建模"工具栏中的"并集"按钮 ，将上步绘制的所有建模组合为一个整体。此时窗口图形如图 17-28 所示。

9. 绘制竖直孔。单击"建模"工具栏中的"圆柱体"按钮 ，绘制底面中心点在原点，直径为 35，高度为 40 的圆柱体。

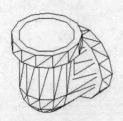

图 17-27  弯管主体

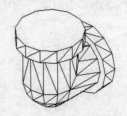

图 17-28  求并集后的弯管主体

10．绘制横向孔。单击"建模"工具栏中的"圆柱体"按钮□，绘制底面中心点在原点，直径为 35，轴端点为（40,0,0）的圆柱体。

11．绘制弯孔。单击"建模"工具栏中的"球体"按钮○，绘制一个圆点在原点，直径为 35 的球。

12．差集运算。单击"建模"工具栏中的"差集"按钮◎，对弯管和直径为 35 的圆柱体和球体进行布尔运算。

13．消隐处理。单击"渲染"工具栏中的"隐藏"按钮◎，对绘制的好的建模进行消隐。此时图形如图 17-29 所示。渲染后效果如图 17-26 所示。

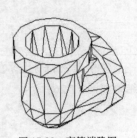

图 17-29  弯管消隐图

# 17.2  布尔运算

布尔运算在教学的集合运算中得到广泛应用，AutoCAD 也将该运算应用到了模的创建过程中。

## 17.2.1  三维建模布尔运算

用户可以对三维建模对象进行并集、交集、差集的运算。三维建模的布尔运算与平面图形类似。图 17-30 所示为 3 个圆柱体进行交集运算后的图形。

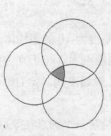

a 求交集前图

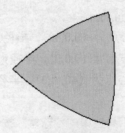

b 求交集后

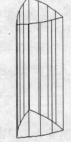

c 交集的立体图

图 17-30  3 个圆柱体交集后的图形

如果某些命令第一个字母都相同的话，那么对于比较常用的命令，其快捷命令取第一个字母，其他命令的快捷命令可用前面两个或三个字母表示。例如"R"表示 Redraw，"RA"表示 Redrawall；"L"表示 Line，"LT"表示 LineType，"LTS"表示 LTScale。

## 17.2.2 实例——密封圈立体图

本例绘制的密封圈主要是对阀心起密封作用，在实际应用中，其材料一般为填充聚四氟乙烯，如图 17-31 所示。

图 17-31 绘制密封圈

 **绘制步骤**

### 1．设置线框密度

在命令行中输入"ISOLINES"命令，设置线框密度为 10。单击"视图"工具栏中的"西南等轴测"按钮 ◎，切换到西南等轴测图。

### 2．绘制密封圈

❶ 绘制圆柱体。单击"建模"工具栏中的"圆柱体"按钮 □，采用指定底面圆心点、底面半径和高度的模式绘制圆柱体，原点为底面圆心，半径为 17.5，高度为 6，结果如图 17-32 所示。继续在命令行中输入"CYLINDER"命令，以坐标原点为圆心，创建半径为 10，高为 2 的圆柱，结果如图 17-33 所示。

❷ 绘制球体。单击"建模"工具栏中的"球体"按钮 ○，以点(0,0,19)为圆心，半径为 20 绘制一球，结果如图 17-34 所示。

❸ 差集处理。单击"实体编辑"工具栏中的"差集"按钮 ◎，将外形轮廓和内部轮廓进行差集处理，着色后结果如图 17-31 所示。

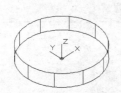

图 17-32 绘制的外形轮廓

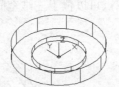

图 17-33 绘制圆柱体后的图形

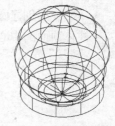

图 17-34 绘制的外形轮廓

## 17.3 通过二维图形生成三维实体

与三维网格的生成原理一样，也可以通过二维图形来生成三维实体。AutoCAD 提供了 5 种方法来实现目的。具体如下所述。

## 17.3.1 拉伸

拉伸是指在平面图形的基础上沿一定路径生成三维实体。

### 1．执行方式

命令行：EXTRUDE（快捷命令：EXT）。

菜单栏："绘图"→"建模"→"拉伸"

工具栏：建模→拉伸 □

## 2．操作步骤

命令行提示如下。

```
命令: EXTRUDE✓BT3
当前线框密度: ISOLINES=4
选择要拉伸的对象: 选择绘制好的二维对象
选择要拉伸的对象: 可继续选择对象或按<Enter>键结束选择
指定拉伸的高度或 [方向(D)/路径(P)/倾斜角(T)/表达式(E)]:
```

## 3．选项说明

（1）拉伸高度：按指定的高度拉伸出三维建模对象。输入高度值后，根据实际需要，指定拉伸的倾斜角度。如果指定的角度为 0，AutoCAD 则把二维对象按指定的高度拉伸成柱体；如果输入角度值，拉伸后建模截面沿拉伸方向按此角度变化，成为一个棱台或圆台体。图 17-35 所示为不同角度拉伸圆的结果。

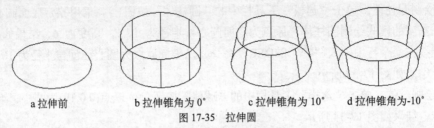

a 拉伸前　　　b 拉伸锥角为 0°　　　c 拉伸锥角为 10°　　　d 拉伸锥角为-10°
图 17-35　拉伸圆

（2）路径（P）：以现有图形作为拉伸创建三维建模的对象。图 17-36 所示为沿圆弧曲线路径拉伸圆的结果。

使用创建圆柱体的"轴端点"命令确定圆柱体的高度和方向。轴端点是圆柱体顶面的中心点，轴端点可以位于三维空间的任意位置。

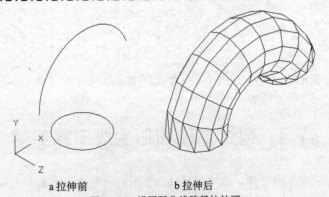

a 拉伸前　　　　　　b 拉伸后
图 17-36　沿圆弧曲线路径拉伸圆

（3）方向：可以指定两个点以设定拉伸的长度和方向。

（4）倾斜角：在定义要求成一定倾斜角的零件方面，倾斜拉伸非常有用，例如铸造车间用来制造金属产品的铸模。

（5）表达式：输入数学表达式可以约束拉伸的高度。

拉伸对象和拉伸路径必须是不在同一个平面上的两个对象，这里需要转换坐标平面。用户会经常发现无法拉伸对象，很可能就是出现拉伸对象和拉伸路径在一个平面上所导致的。

## 17.3.2 实例——绘图模板

本实例绘制的绘图模板，如图 17-37 所示。

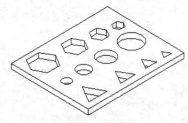

图 17-37 绘图模板

 **绘制步骤**

1. 启动系统。启动 AutoCAD，使用默认设置画图。

2. 设置线框密度。

> 命令: ISOLINES↙
> 输入 ISOLINES 的新值 <4>: 10↙

3. 创建长方体。

> 命令: BOX↙
> 指定第 1 个角点或 [中心(C)]: （在绘图窗口中任意点取一点）
> 指定其他角点或 [立方体(C)/长度(L)]: L↙BT3
> 指定长度: 100↙
> 指定宽度: 80↙
> 指定高度: 5↙

单击"标准"工具栏中的"实时缩放"按钮 ✍，上下拖动鼠标对其进行适当的放大，结果如图 17-38 所示。

4. 绘制平面图形。如图 17-39 所示，绘制不同大小的正六边形，圆及正三角形（也可以将其定义为块，然后设置不同的比例进行插入，需要注意的是，在插入后，还要将块分解，否则无法进行后续的拉伸操作）。

图 17-38 创建长方体

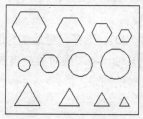

图 17-39 绘制二维图形

5. 拉伸绘制的二维图形。

> 命令: EXTRUDE↙
> 当前线框密度：ISOLINES=4，闭合轮廓创建模式=实体
> 选择要拉伸的对象或[模式（MO）]:（选取绘制的二维图形，然后按【Enter】键）

6. 切换到西南等轴测图。单击"视图"→"三维视图"→"西南等轴测"按钮，结果如图 17-40 所示。

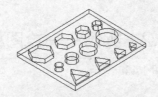

图 17-40　拉伸二维图形

### 7．差集运算。

命令: SUBTRACT↙

选择要从中减去的实体、曲面或面域...

选择对象: （选取长方体，然后【Enter】键）

选择要减去的实体、曲面或面域 ..

选择对象: （选取拉伸的实体，然后【Enter】键）

执行消隐命令 Hide 后的图形，如图 17-37 所示。

# 17.3.3　旋转

旋转是指一个平面图形围绕某个轴转过一定角度形成的实体。

### 1．执行方式

命令行：REVOLVE（快捷命令：REV）。

菜单栏："绘图" → "建模" → "旋转"

工具栏：建模→旋转

### 2．操作步骤

命令行提示如下。

命令: REVOLVE↙

当前线框密度: ISOLINES=4

选择对象: 选择绘制好的二维对象

选择对象: 继续选择对象或按【Enter】键结束选择

指定旋转轴的起点或定义轴依照[对象（O）/x 轴（x）/y 轴（y）]:

### 3．选项说明

（1）指定旋转轴的起点：通过两个点来定义旋转轴。AutoCAD 将按指定的角度和旋转轴旋转二维对象。

（2）对象（O）：选择已经绘制好的直线或用多段线命令绘制的直线段作为旋转轴线。

（3）$x$（$y$）轴：将二维对象绕当前坐标系（UCS）的 $x$（$y$）轴旋转。图 17-41 所示为矩形平面绕 $x$ 轴旋转的结果。

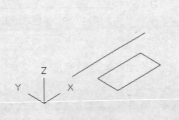
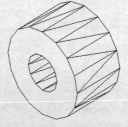

a 旋转界面　　　　　　　　b 旋转后的建模

图 17-41　旋转体

# 17.3.4　实例——锥齿轮

本节绘制的锥齿轮由轮毂、轮齿和轴孔及键槽等部分组成。锥齿轮通常用于垂直相交两轴之间的传动，由于锥齿轮的轮齿位于圆锥面上，所以齿厚是变化的。本实例的制作思路：首先绘制多段线来确定轮毂的轮廓，然后使用旋转命令绘制轮毂，然后再绘制轮齿，最后绘制轴孔及键槽，如图 17-42 所示。本例涉及的知识点比较多，下面将分别进行讲解。

 **绘制步骤**

1. 启动系统。启动 AutoCAD 2014，使用默认设置绘图环境。

2. 建立新文件。选择菜单栏中的"文件"→"新建"命令，打开"选择样板"对话框，单击"打开"按钮右侧的 ▾ 下拉按钮，以"无样板打开－公制"（毫米）方式建立新文件；将新文件命名为"锥齿轮.dwg"并保存。

3. 设置线框密度。设置对象上每个曲面的轮廓线数目，默认设置是 8，有效值的范围 0～2047。该设置保存在图形中。在命令行中输入"ISOLINES"，设置线框密度为 10。

4. 设置视图方向。选择菜单栏中的"视图"→"三维视图"→"前视"命令，将当前视图方向设置为前视图方向。

5. 绘制锥齿轮轮毂。

❶ 绘制多段线。单击"绘图"工具栏中的"多段线"按钮 ⌁，绘制齿轮轮廓。命令行提示与操作如下：

```
命令: PLINE↙
指定起点: 0,0↙
当前线宽为 0.0000
指定下一个点或 [圆弧(A)/半宽(H)/长度(L)/放弃(U)/宽度(W)]: @0,15↙
指定下一点或 [圆弧(A)/闭合(C)/半宽(H)/长度(L)/放弃(U)/宽度(W)]: @-1,1↙
指定下一点或 [圆弧(A)/闭合(C)/半宽(H)/长度(L)/放弃(U)/宽度(W)]: ↙
命令: PLINE↙
指定起点: 0,0↙
当前线宽为 0.0000
指定下一个点或 [圆弧(A)/半宽(H)/长度(L)/放弃(U)/宽度(W)]: 12,0↙
指定下一点或 [圆弧(A)/闭合(C)/半宽(H)/长度(L)/放弃(U)/宽度(W)]: @0,15↙
指定下一点或 [圆弧(A)/闭合(C)/半宽(H)/长度(L)/放弃(U)/宽度(W)]: @-2.5,0↙
指定下一点或 [圆弧(A)/闭合(C)/半宽(H)/长度(L)/放弃(U)/宽度(W)]: @0,6↙
指定下一点或 [圆弧(A)/闭合(C)/半宽(H)/长度(L)/放弃(U)/宽度(W)]: @-2,2↙
指定下一点或 [圆弧(A)/闭合(C)/半宽(H)/长度(L)/放弃(U)/宽度(W)]: ↙
命令: PLINE↙
指定起点: (在对象捕捉模式下用鼠标选择图 17-43 所示的点 A )
当前线宽为 0.0000
指定下一个点或 [圆弧(A)/半宽(H)/长度(L)/放弃(U)/宽度(W)]: (在对象捕捉模式下用鼠标选择图 17-43 所
示的点 B )
指定下一点或 [圆弧(A)/闭合(C)/半宽(H)/长度(L)/放弃(U)/宽度(W)]: ↙
```

结果如图 17-43 所示。

 注意

> 在绘制多段线时，采用了分步绘制，而没有一次绘制出，这是因为该多段线的坐标不好确定，分步可以减少绘制过程中的坐标计算量，使图形绘制得更加有效。

❷ 编辑多段线。单击"修改 II"工具栏中的"编辑多段线"按钮 ✎，将上步绘制的 3 条多段线合并成 1 条多段线。

❸ 设置视图方向。选择菜单栏中的"视图"→"三维视图"→"西南等轴测"命令，将当前视图方向设置为西南等轴测视图。

❹ 三维旋转多段线。单击"建模"工具栏中的"旋转"按钮 🕿，将上步创建的多段线绕 $x$ 轴旋转，旋转角度为 360°，命令行提示与操作如下：

```
命令：_REVOLVE
当前线框密度：ISOLINES=4，闭合轮廓创建模式 = 实体
选择要旋转的对象或 [模式(MO)]: _MO 闭合轮廓创建模式 [实体(SO)/曲面(SU)] <实体>: _SO
选择要旋转的对象或 [模式(MO)]: （选择多段线）
选择要旋转的对象或 [模式(MO)]: ↙
指定轴起点或根据以下选项之一定义轴 [对象(O)/X/Y/Z] <对象>: （捕捉截面左下端点）
指定轴端点：（捕捉截面右下端点）
指定旋转角度或 [起点角度(ST)/反转(R)/表达式(EX)] <360>: ↙
```

结果如图 17-44 所示。

图 17-42 锥齿轮

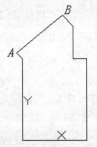

图 17-43 绘制多段线后的图形

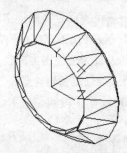

图 17-44 旋转多段线后的图形

**6．绘制锥齿轮的轮齿。**

❶ 设置视图方向。选择菜单栏中的"视图"→"三维视图"→"前视"命令，将当前视图方向设置为主视图方向，结果如图 17-45 所示。

❷ 绘制直线。单击"绘图"工具栏中的"直线"按钮 ✐，捕捉图 17-45 中所示的点 A 为起点，绘制端点为（@-3，3）的直线；重复"直线"命令，捕捉图 17-45 中所示的点 B 为起点，绘制端点为（@-4，4）的直线，结果如图 17-46 所示。

重复"直线"命令，分别连接图 17-46 中所示的点 A 和点 B，点 C 和点 D。

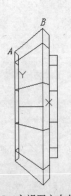

图 17-45 主视图方向的图形

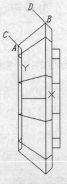

图 17-46 绘制直线后的图形

❸ 编辑多段线。单击"修改 II"工具栏中的"编辑多段线"按钮，将上步绘制的 4 条直线

合并成一条多段线。

❹ 设置视图方向。选择菜单栏中的"视图"→"三维视图"→"西南等轴测"命令，将当前视图方向设置为西南等轴测方向，结果如图 17-47 所示。

❺ 三维旋转多段线。单击"建模"工具栏中的"旋转"按钮🔄，将步骤❸创建的多段线绕 *x* 轴旋转，旋转角度为 18°。

 一定要注意，此处使用的是三维旋转命令，而不是拉伸命令，否则并集处理后，将不是一个完整的实体图形。

❻ 设置视图方向。选择菜单栏中的"视图"→"三维视图"→"左视"命令，将当前视图方向设置为左视图方向，结果如图 17-48 所示。

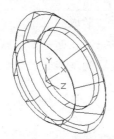 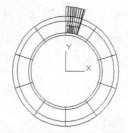

图 17-47　西南等轴测方向的图形　　　　图 17-48　左视图方向的图形

❼ 阵列轮齿。单击"修改"工具栏中的"环形阵列"按钮🔲，将步骤❺创建的旋转体进行阵列，设置个数为 10，填充角度为 360°。消隐后结果如图 17-49 所示。

❽ 设置视图方向。选择菜单栏中的"视图"→"三维视图"→"西南等轴测"命令，将当前视图方向设置为西南等轴测方向。

❾ 并集处理。单击"实体编辑"工具栏中的"并集"按钮◎，将视图中的所有图形合并为一个实体。

❿ 绘制圆柱体。单击"建模"工具栏中的"圆柱体"按钮⬜，以坐标点（0，0，0）为底面中心，绘制半径为 7，高度为-12 的圆柱体。

⓫ 差集处理。单击"实体编辑"工具栏中的"差集"按钮◎，分别将绘制的轮毂与轮齿进行差集处理。消隐后结果如图 17-50 所示。

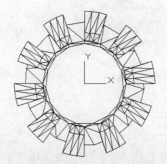 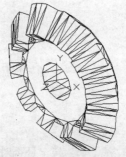

图 17-49　三维阵列后的图形　　　　图 17-50　差集后的图形

**7．绘制键槽。**

❶ 绘制长方体。单击"建模"工具栏中的"长方体"按钮⬜，以坐标点（2.5，0，0）和

（@-2.5，9.3，-12）为角点绘制长方体。

❷ 差集处理。单击"实体编辑"工具栏中的"差集"按钮 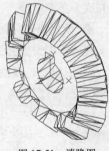，将绘制长方体前的图形与长方体做差集处理。消隐后结果如图 17-51 所示。

❸ 设置视图方向。选择菜单栏中的"视图"→"三维视图"→"东北等轴测"命令，将当前视图方向设置为东北等轴测方向。

❹ 渲染视图。单击"渲染"工具栏中的"渲染" 按钮 ，打开"渲染"对话框，完成视图渲染。渲染后的视图如图 17-42 所示。

图 17-51　消隐图

# 17.3.5　扫掠

扫掠是指某平面轮廓沿着某个指定的路径扫描过的轨迹形成的三维实体。与拉伸不同的是，拉伸是以拉伸对象为主体，以拉伸实体从拉伸对象所在的平面位置为基准开始生成。扫掠是以路径为主体，即扫掠实体是路径所在的位置为基准开始生成。并且路径可以是空间曲线。

### 1．执行方式

命令行：SWEEP

菜单栏："绘图"→"建模"→"扫掠"

工具栏：建模→扫掠

### 2．操作步骤

命令行提示如下：

命令：SWEEP↙

当前线框密度：　ISOLINES=2000

选择要扫掠的对象：选择对象，如图 17-52a 中的圆

选择要扫掠的对象：↙

选择扫掠路径或 [对齐(A)/基点(B)/比例(S)/扭曲(T)]：选择对象，如图 17-52a 中螺旋线

扫掠结果如图 17-52b 所示。

a 对象和路径

b 结果

图 17-52　扫掠

### 3．选项说明

（1）对齐（A）：指定是否对齐轮廓以使其作为扫掠路径切向的法向，默认情况下，轮廓是对齐的。选择该选项，命令行提示如下：

扫掠前对齐垂直于路径的扫掠对象 [是(Y)/否(N)] <是>：输入 "n"，指定轮廓无需对齐；按【Enter】键，指定轮廓将对齐

使用扫掠命令，可以通过沿开放或闭合的二维或三维路径扫掠开放或闭合的平面曲线（轮廓）来创建新建模或曲面。扫掠命令用于沿指定路径以指定轮廓的形状（扫掠对象）创建建模或曲面。可以扫掠多个对象，但是这些对象必须在同一平面内。如果沿一条路径扫掠闭合的曲线，则生成建模。

（2）基点（B）：指定要扫掠对象的基点。如果指定的点不在选定对象所在的平面上，则该点将被投影到该平面上。选择该选项，命令行提示如下：

指定基点：指定选择集的基点

（3）比例（S）：指定比例因子以进行扫掠操作。从扫掠路径的开始到结束，比例因子将统一应用到扫掠的对象上。选择该选项，命令行提示如下。

输入比例因子或 [参照(R)] <1.0000>: 指定比例因子，输入 "r"，调用参照选项；按【Enter】键，选择默认值

其中"参照（R）"选项表示通过拾取点或输入值来根据参照的长度缩放选定的对象。

（4）扭曲（T）：设置正被扫掠对象的扭曲角度。扭曲角度指定沿扫掠路径全部长度的旋转量。选择该选项，命令行提示如下：

输入扭曲角度或允许非平面扫掠路径倾斜 [倾斜(B)] <n>: 指定小于 360° 的角度值，输入 "b"，打开倾斜；按【Enter】键，选择默认角度值

其中"倾斜（B）"选项指定被扫掠的曲线是否沿三维扫掠路径（三维多线段、三维样条曲线或螺旋线）自然倾斜（旋转）。

图 17-53 所示为扭曲扫掠示意图。

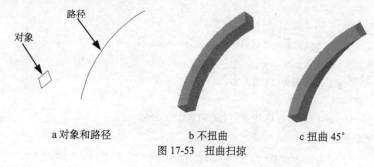

a 对象和路径　　　　　b 不扭曲　　　　　c 扭曲 45°

图 17-53　扭曲扫掠

## 17.3.6　实例——螺栓

绘制如图 17-54 所示的螺栓立体图。本绘制的六角头螺栓的型号为 AM10×40（GB 5782-86），其表示公称直径为 10，长度为 52，性能等级为 8.8 级，表面氧化，A 型的螺栓，如图 17-54 所示。

图 17-54　螺栓立体图

本实例的制作思路：首先利用"螺旋"命令绘制螺纹线，然后使用"扫掠"命令扫掠螺纹，再绘制中间的连接圆柱体，最后绘制螺栓头。

 **绘制步骤**

**1．启动 AutoCAD 2014，使用默认设置绘图环境**

**2．建立新文件**

单击"标准"工具栏中的"新建"按钮□，弹出"选择样板"对话框，单击"打开"按钮右侧的下拉按钮▼，以"无样板打开-公制"（毫米）方式建立新文件，将新文件命名为"螺栓立体图.dwg"，并保存。

**3．设置线框密度**

默认设置是 8，设置对象上每个曲面的轮廓线数目为 10。

**4．设置视图方向**

单击"视图"工具栏中的"西南等轴测"按钮 ◎，将当前视图方向设置为西南等轴测视图。

**5．创建螺纹**

❶ 绘制螺旋线。单击"建模"工具栏中的"螺旋"按钮▤，绘制螺纹轮廓，命令行提示与操作如下：

```
命令: _HELIX
圈数 = 3.0000      扭曲=CCW
指定底面的中心点: 0, 0, −1
指定底面半径或 [直径(D)] <1.0000>: 5
指定顶面半径或 [直径(D)] <5.0000>:
指定螺旋高度或 [轴端点(A)/圈数(T)/圈高(H)/扭曲(W)] <1.0000>: t
输入圈数 <3.0000>: 17
指定螺旋高度或 [轴端点(A)/圈数(T)/圈高(H)/扭曲(W)] <1.0000>: 17
```

结果如图 17-55 所示。

 这里绘制螺旋线时，必须严格按照图 17-55 所示进行绘制，使螺旋线的终点处于右上方，否则后面的扫掠操作容易出错。具体的操作方法是：在指定螺旋线中心后，将光标指向屏幕右上位置，表示螺旋线的起始位置。

❷ 切换视图方向。单击"视图"工具栏中的"前视"按钮 ▣，将视图切换到前视方向。

❸ 绘制牙型截面轮廓。单击"绘图"工具栏中的"直线"按钮 ╱，捕捉螺旋线的上端点绘制牙型截面轮廓，尺寸参照如图 17-56 所示；单击"绘图"工具栏中的"面域"按钮 ◎，将其创建成面域，结果如图 17-57 所示。

 这里螺距是 1，截面尺寸如果设置为 1，则在后面扫掠操作时，经常会报错，主要原因是系统在三维建模运算时容易出现干涉。

❹ 设置视图方向。单击"视图"工具栏中的"西南等轴测"按钮 ◎，将视图切换到西南等轴测视图。

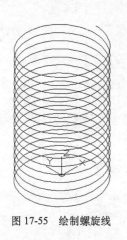

图 17-55　绘制螺旋线

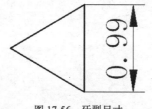

图 17-56　牙型尺寸

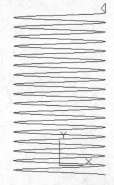

图 17-57　绘制牙型截面轮廓

❺ 扫掠形成实体。单击"建模"工具栏中的"扫掠"按钮 ，显示扫掠螺旋线，如图 17-58 所示。

❻ 创建圆柱体。单击"建模"工具栏中的"圆柱体"按钮 ，以坐标点（0，0，0）为底面中心点，创建半径为 5，轴端点为（@0，15，0）的圆柱体 1；以坐标点（0，0，0）为底面中心点，半径为 6，轴端点为（@0，-3，0）的圆柱体 2；以坐标点（0，15，0）为底面中心点，半径为 6，轴端点为（@0，3，0）的圆柱体 3，结果如图 17-59 所示。

❼ 布尔运算处理。

单击"实体编辑"工具栏中的"差集"按钮 ，将半径为 5 的圆柱体 1 中减去螺纹。

图 17-58　扫掠实体

单击"实体编辑"工具栏中的"差集"按钮 ，从主体中减去半径为 6 的两个圆柱体 2、3，消隐后结果如图 17-60 所示。

图 17-59　创建圆柱体

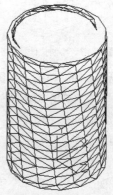

图 17-60　差集结果

### 6．绘制中间柱体

单击"建模"工具栏中的"圆柱体"按钮 ，绘制底面中心点在（0，0，0），半径为 5，轴端点为（@0，-25，0）的圆柱体 4，消隐后结果如图 17-61 所示。

### 7．绘制螺栓头部

❶ 设置坐标系。在命令行中输入"UCS"命令，返回世界坐标系，

❷ 绘制圆柱体。单击"建模"工具栏中的"圆柱体"按钮 ，以坐标点（0，0，-26）为底面中心点，创建半径为 7，高度为 1 的圆柱体 5，消隐后结果如图 17-62 所示。

图 17-61　绘制圆柱体 4

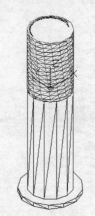

图 17-62　绘制圆柱体 5

❸ 绘制截面 1。单击"绘图"工具栏中的"多边形"按钮⬡，以坐标点（0，0，26）为中心点，创建内切圆半径为 8 的正六边形，如图 17-63 所示。

❹ 拉伸截面。单击"建模"工具栏中的"拉伸"按钮⬆，拉伸上步绘制的六边形截面，高度为5，消隐结果如图 17-64 所示。

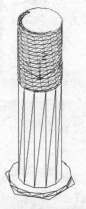

图 17-63　绘制拉伸截面 1

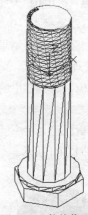

图 17-64　拉伸截面

❺ 设置视图方向。单击"视图"工具栏中的"前视"按钮▣，设置视图方向。

❻ 绘制截面 2。单击"绘图"工具栏中的"直线"按钮✎，绘制直角边长为 1 的等腰直角三角形，结果如图 17-65 所示。

❼ 创建面域。单击"绘图"工具栏中的"面域"按钮▣，将上步绘制的三角形截面创建为面域。

❽ 旋转截面。单击"建模"工具栏中的"旋转"按钮▣，选择上步绘制的三角形，选择 y 轴为旋转轴，旋转角度为 360°，消隐结果如图 17-66 所示。

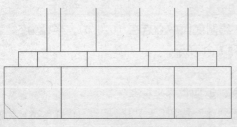

图 17-65　绘制旋转截面

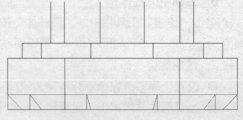

图 17-66　旋转截面

❾ 差集处理。单击"实体编辑"工具栏中的"差集"按钮 ◎，从拉伸实体中减去旋转实体，消隐结果如图 17-67 所示。

❿ 并集处理。单击"实体编辑"工具栏中的"并集"按钮 ◎，合并所有图形。

⓫ 设置视图方向。单击"视图"工具栏中的"西南等轴测"按钮 ◈，将当前视图方向设置为西南等轴测视图。

⓬ 三维消隐。选择菜单栏中的"视图"→"视觉样式"→"消隐"命令，对合并实体进行消隐，结果如图 17-68 所示。

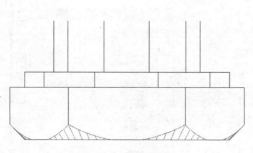

图 17-67　差集运算

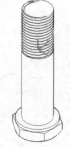

图 17-68　隐藏并集图形

⓭ 关闭坐标系。选择菜单栏中的"视图"→"显示"→"UCS 图标"→"开"命令，关闭坐标系。

⓮ 旋转实体。选择菜单栏中的"视图"→"动态观察"→"自由动态观察"命令，将实体旋转到易观察的角度。

⓯ 改变视觉样式。选择菜单栏中的"视图"→"视觉样式"→"概念"命令，最终效果如图 17-54 所示。

# 17.3.7　放样

放样是指按指定的导向线生成实体，使实体的某几个截面形状刚好是指定的平面图形形状。

## 1. 执行方式

命令行：LOFT。

菜单栏："绘图"→"建模"→"放样"

工具栏：建模→放样 ⬚

## 2. 操作步骤

命令行提示如下：

命令：LOFT✓
当前线框密度：ISOLINES=4，闭合轮廓创建模式=实体
按放样次序选择横截面或 [点(PO)/合并多条边(J)/模式(MO)]：_MO 闭合轮廓创建模式 [实体(SO)/曲面(SU)]
<实体>：_SO
　按放样次序选择横截面或[点(PO)/合并多条边(J)/模式(MO)]：找到 1 个( 依次选择如图 17-69 所示的 3 个截面 )
　按放样次序选择横截面或[点(PO)/合并多条边(J)/模式(MO)]：找到 1 个，总计 2 个
　按放样次序选择横截面或[点(PO)/合并多条边(J)/模式(MO)]：找到 1 个，总计 3 个
　按放样次序选择横截面或[点(PO)/合并多条边(J)/模式(MO)]：
　选中了 3 个横截面
　输入选项 [导向(G)/路径(P)/仅横截面(C)/设置(S)] <仅横截面>：

### 3. 选项说明

（1）仅横截面（C）：选择该选项，系统弹出"放样设置"对话框，如图 17-70 所示。其中有 4 个单选按钮，如图 17-71a 所示为点选"直纹"单选钮的放样结果示意图，图 17-71b 所示为点选"平滑拟合"单选钮的放样结果示意图，图 17-71c 所示为点选"法线指向"单选按钮并选择"所有横截面"选项的放样结果示意图，图 17-71d 所示为点选"拔模斜度"单选按钮并设置"起点角度"为 45°、"起点幅值"为 10、"端点角度"为 60°、"端点幅值"为 10 的放样结果示意图。

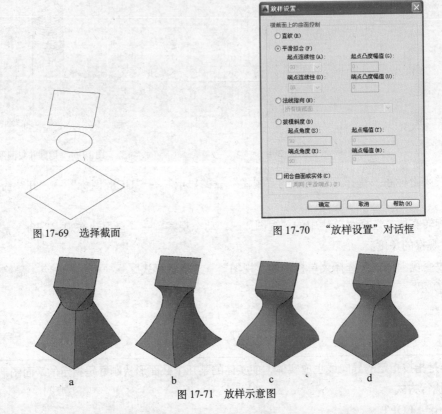

图 17-69　选择截面　　　　　　　　图 17-70　"放样设置"对话框

图 17-71　放样示意图

（2）导向（G）：指定控制放样建模或曲面形状的导向曲线。导向曲线是直线或曲线，可通过将其他线框信息添加至对象来进一步定义建模或曲面的形状，如图 17-72 所示。选择该选项，命令行提示如下：

> 选择导向曲线：选择放样建模或曲面的导向曲线，然后按【Enter】键

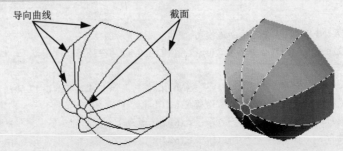

图 17-72　导向放样

技巧荟萃

每条导向曲线必须满足以下条件才能正常工作。

与每个横截面相交。

从第 1 个横截面开始。

到最后 1 个横截面结束。

可以为放样曲面或建模选择任意数量的导向曲线。

（3）路径（P）：指定放样建模或曲面的单一路径，如图 17-73 所示。选择该选项，命令行提示如下：

> 选择路径：指定放样建模或曲面的单一路径

技巧荟萃

路径曲线必须与横截面的所有平面相交。

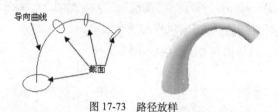

图 17-73　路径放样

# 17.3.8　拖曳

拖曳实际上是一种三维实体对象的夹点编辑，通过拖动三维实体上的夹持点来改变三维实体的形状。

## 1．执行方式

命令行：PRESSPULL

工具栏：建模→按住并拖动

## 2．操作步骤

命令行提示与操作如下：

> 命令：PRESSPULL↙

单击有限区域以进行按住或拖动操作。

选择有限区域后，按住鼠标左键并拖曳，相应的区域就会进行拉伸变形。图 17-74 所示为选择圆台上表面，按住并拖曳的结果。

a 圆台　　　　　b 向下拖动　　　　c 向上拖动

图 17-74　按住并拖曳

# 17.3.9 实例——斜齿轮轴

齿轮轴由齿轮和轴两部分组成，另外还需要绘制键槽。本实例的制作思路：首先绘制齿轮，然后绘制轴，再绘制键槽，最后通过并集命令将全部图形合并为一个整体，如图17-75 所示。

图 17-75　渲染后的图形

　**绘制步骤**

1．建立新文件。启动 AutoCAD，使用默认设置绘图环境。单击"标准"工具栏中的 "新建"按钮□，打开"选择样板"对话框，单击"打开"按钮右侧的▼下拉按钮，以"无样板打开－公制"（毫米）方式建立新文件；将新文件命名为"齿轮轴立体图.dwg"并保存。

2．设置绘图工具栏。调出"标准"、"图层"、"对象特性"、"绘图"、"修改"和"标注"这6个工具栏，并将它们移动到绘图窗口中的适当位置。

3．设置线框密度。默认值是4，更改设定值为10。

4．绘制齿轮。

❶ 绘制圆。单击"绘图"工具栏中的"圆"按钮⊙，绘制以原点为圆心，直径为43和52的两个圆，如图17-76所示。

❷ 绘制直线。单击"绘图"工具栏中的"直线"按钮／，绘制两条直线：

直线1，起点为（0，0），长度为30、角度为92°；

直线2，起点为（0，0），长度为30、角度为95°。

结果如图17-77所示。

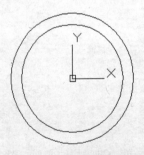

图 17-76　绘制圆后的图形

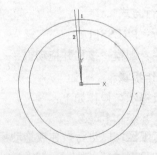

图 17-77　绘制直线后的图形

❸ 绘制圆弧。单击"绘图"工具栏中的"圆弧"按钮／，在图17-77中所示的1点和2点之间绘制一条半径为10的圆弧，如图17-78所示。

❹ 删除直线。删除图17-78中所示的两条直线，如图17-79所示。

❺ 镜像圆弧。单击"修改"工具栏中的"镜像"按钮⚊，将所绘制的圆弧沿（0,0）和（0,10）形成的直线作镜向处理，如图17-80所示。

❻ 修剪对象。单击"修改"工具栏中的"修剪"按钮／，将图17-80中所示的图形修剪成如图17-81所示。

❼ 阵列绘制的齿形：单击"修改"工具栏中的"环形阵列"按钮🔲，设置项目数为24，填充角度为360°，对绘制的齿的外形进行阵列，结果如图17-82所示。

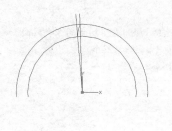

图 17-78 绘制圆弧后图形

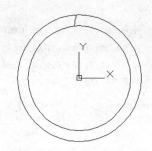

图 17-79 删除直线后图形

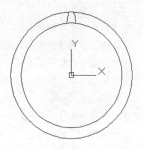

图 17-80 镜像圆弧后图形

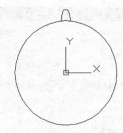

图 17-81 修剪后图形

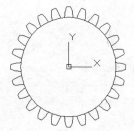

图 17-82 阵列后图形

❽ 修剪对象。单击"修改"工具栏中的"修剪"按钮，将图 17-82 中所示的图形修剪成如图 17-83 所示。

❾ 设置视图方向。将当前视图方向设置为西南等轴测视图，并利用自由动态观察器，将视图切换到如图 17-84 所示。

❿ 编辑多段线。利用编辑多段线命令（PEDIT），将图示中的 96 条线编辑成一条多段线，为后面拉伸做准备。

⓫ 复制多段线。单击"修改"工具栏中的"复制"按钮，将上一步所绘制的多段线进行向上分别移动 22.5 和 45，如图 17-85 所示。

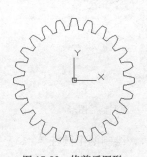

图 17-83 修剪后图形

图 17-84 西南等轴测后

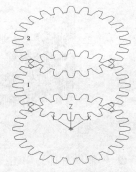

图 17-85 复制多段线

⓬ 旋转多段线。单击"修改"工具栏中的"旋转"按钮，分别将多段线 1 和多段线 2 绕 z 轴逆时针旋转 4° 和 8°，旋转后结果如图 17-86 所示。

⓭ 放样多段线。单击"建模"工具栏中的"放样"按钮，依次选择各个多段线，按照"仅横截面"方式生成放样特征。在"放样设置"对话框中选择"平滑拟合"点击确定。

```
命令：LOFT↙
当前线框密度： ISOLINES=4，闭合轮廓创建模式 = 实体
按放样次序选择横截面或 [点(PO)/合并多条边(J)/模式(MO)]: _MO 闭合轮廓创建模式 [实体(SO)/曲面
```

```
(SU)] <实体>: _SO
    按放样次序选择横截面或 [点(PO)/合并多条边(J)/模式(MO)]:（依次选择如图 17-86 所示的 3 个截面）
    按放样次序选择横截面或 [点(PO)/合并多条边(J)/模式(MO)]: 找到 1 个, 总计 2 个
    按放样次序选择横截面或 [点(PO)/合并多条边(J)/模式(MO)]: 找到 1 个, 总计 3 个
    按放样次序选择横截面或 [点(PO)/合并多条边(J)/模式(MO)]: ✓
    选中了 3 个横截面
    输入选项 [导向(G)/路径(P)/仅横截面(C)/设置(S)] <仅横截面>:✓
```

系统打开"放样设置"对话框，如图 17-87 所示，选择"平滑拟合"选项，单击"确定"
按钮，结果如图 17-88 所示。

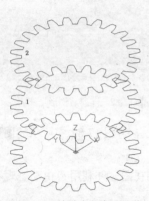

图 17-86　旋转多段线后图形

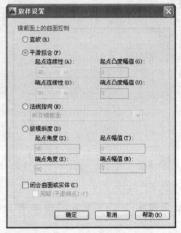

图 17-87　"放样设置"对话框

**5. 绘制齿轮轴。**

❶ 设置视图方向。并利用自由动态观察器，将视图切换到如图 17-89 所示。

图 17-88　放样多段线后图形

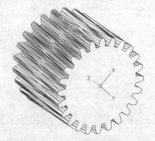

图 17-89　视图调整后图形

❷ 绘制圆柱体。单击"建模"工具栏中的"圆柱体"按钮□，绘制两个圆柱体：

以（0,0,0）为底面圆心，直径为 30、高度为-15；

以（0,0,-15）为底面圆心，直径为 25、高度为-15，消隐后结果如图 17-90 所示。

❸ 倒角处理。单击"修改"工具栏中的"倒角"按钮□，进行倒角处理，倒角长度为 1.5，
消隐后结果如图 17-91 所示。

❹ 设置视图方向。利用自由动态观察器，将视图切换到如图 17-92 所示。

❺ 绘制圆柱体。单击"建模"工具栏中的"圆柱体"按钮□，绘制圆柱体：

以（0,0,45）为底面圆心，直径为 30、高度为 15；

以（0,0,60）为底面圆心，直径为 25、高度为 15；

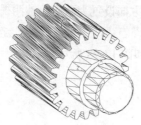
图 17-90　绘制圆柱体后的图形

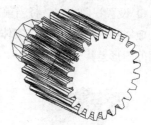
图 17-91　倒角后的图形　　　图 17-92　切换视图后的图形

以（0,0,75）为底面圆心，直径为 23、高度为 50；

以（0,0,125）为底面圆心，直径为 20、高度 35。

消隐后结果如图 17-93 所示。

❻ 倒角处理。单击"修改"工具栏中的"倒角"按钮 ▱，对最小的圆柱体边缘进行倒角处理，倒角长度为 1.5，消隐后结果如图 17-94 所示。

图 17-93　消隐后的图形　　　　　　图 17-94　倒角后的图形

❼ 移动坐标系。利用新建坐标命令（ucs），平移坐标系原点到（0，0，6），建立新的用户坐标系。

```
命令: UCS✓
当前 UCS 名称: *左视*
指定 UCS 的原点或 [面(F)/命名(NA)/对象(OB)/上一个(P)/视图(V)/世界(W)/x/y/z/z 轴(ZA)] <世界>: 0,0,6
✓
指定 x 轴上的点或 <接受>:✓
```

❽ 设置视图方向。将当前视图方向设置为左视图方向。

❾ 单击"绘图"工具栏中的"矩形"按钮 ▫，绘制圆角半径为 4，第 1 角点位 (-4，157)，以（@8，-30）为第 2 角点的矩形，结果如图 17-95 所示。

❿ 设置视图方向。利用自由动态观察器调整视图，如图 17-96 所示。

图 17-95　绘制矩形的图形　　　图 17-96　西南等轴测后的图形

拉伸多段线。单击"建模"工具栏中的"拉伸"按钮 ▣，将上一步绘制的多段线拉伸 14，如图 17-97 所示。

⑪ 设置视图方向。将当前视图方向设置为西南等轴测视图。

⑫ 差集处理。单击"实体编辑"工具栏中的"差集"按钮◎，分别将绘制的圆柱体与拉伸后的图形差集处理，消隐后结果如图 17-98 所示。

图 17-97　拉伸多段线后的图形

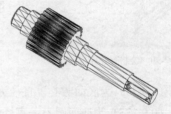

图 17-98　消隐后的图形

6. 渲染视图。选择菜单栏中的"视图"→"视觉样式"→"概念"命令，效果如图 17-75 所示。

# 17.4　建模三维操作

本节讲解一些基本的建模三维操作命令。这些命令有的是二维和三维绘制共有的命令，但会在三维绘制操作中与二维绘制操作中应用时有所不同，比如、倒角、圆角功能；有的命令是关于二维与三维或曲面与实体相互转换的命令。

## 17.4.1　倒角

三维造型绘制中的倒角与二维绘制中的倒角命令相同，但执行方法略有差别。

### 1. 执行方式

命令行：CHAMFER（快捷命令：CHA）

菜单栏："修改"→"倒角"

工具栏：修改→倒角◿

### 2. 操作步骤

命令行提示如下。

命令：CHAMFER↙

（"修剪"模式）当前倒角距离 1 = 0.0000，距离 2 = 0.0000 当前线框密度：ISOLINES=4

选择第 1 条直线或 [放弃(U)/多段线(P)/距离(D)/角度(A)/修剪(T)/方式(E)/多个(M)]：

择第 2 条直线，或按住 Shift 键选择直线以应用角点或 [距离(D)/角度(A)/方法(M)]：

### 3. 选项说明

（1）选择第 1 条直线

选择建模的 1 条边，此选项为系统的默认选项。选择某 1 条边以后，与此边相邻的两个面中的 1 个面的边框就变成虚线。选择建模上要倒直角的边后，命令行提示如下：

基面选择...

输入曲面选择选项 [下一个(N)/当前(OK)] <当前>：

该提示要求选择基面，默认选项是当前，即以虚线表示的面作为基面。如果选择"下一个(N)"选项，则以与所选边相邻的另一个面作为基面。

选择好基面后，命令行继续出现如下提示：

指定基面的倒角距离 <2.0000>：输入基面上的倒角距离

指定其他曲面的倒角距离 <2.0000>：　输入与基面相邻的另外一个面上的倒角距离

选择边或 [环(L)]:

❶ 选择边：确定需要进行倒角的边，此项为系统的默认选项。选择基面的某一边后，命令行提示如下：

选择边或 [环(L)]:

在此提示下，按【Enter】键对选择好的边进行倒直角，也可以继续选择其他需要倒直角的边。

❷ 选择环：对基面上所有的边都进行倒直角。

（2）其他选项

与二维斜角类似，此处不再赘述。

图 17-99 所示为对长方体倒角的结果。

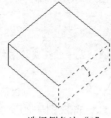 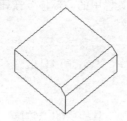 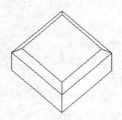

　　a 选择倒角边 "1"　　　　b 选择边倒角结果　　　　c 选择环倒角结果

图 17-99　对建模棱边倒角

## 17.4.2　实例——销

本节绘制的销型号为 A5×18，其表示为公称直径为 5，长度为 30，材料为 45 钢，热处理硬度为 28HRC～38HRC，表面氧化处理的 A 型圆柱销为圆柱型结构，一端倒角、一端为球头。本实例的制作思路：首先绘制一个圆柱体，然后在其一端绘制一球体，在另一端倒角处理，最后通过并集命令，将其合并为一个整体，如图 17-100 所示。

图 17-100　销的立体图

 **绘制步骤**

1．启动 AutoCAD 2014，使用默认绘图环境。

2．建立新文件。选择菜单栏中的"文件"→"新建"命令，打开"选择样板"对话框，单击"打开"按钮右侧的下拉按钮▾，以"无样板打开－公制"（毫米）方式建立新文件；将新文件命名为"销.dwg"并保存。

3．设置线框密度。默认设置是 8，有效值的范围为 0～2047。设置对象上每个曲面的轮廓线数目，命令行中的提示与操作如下：

命令: ISOLINES✓

输入 ISOLINES 的新值 <8>: 10✓

4．设置视图方向。选择菜单栏中的"视图"→"三维视图"→"西南等轴测"命令，将当前视图方向设置为西南等轴测视图。

5．创建圆柱体。单击"建模"工具栏中的"圆柱体"按钮▢，创建圆柱体，命令行中的提示与操作如下：

命令: _CYLINDER ✓
指定底面的中心点或 [三点(3P)/两点(2P)/切点、切点、半径(T)/椭圆(E)]: 0,0,0✓
指定底面半径或 [直径(D)]: 2.5✓
指定高度或 [两点(2P)/轴端点(A)]: A✓
指定轴端点: @18,0,0✓

结果如图 17-101 所示。

> **注意** 由于绘制的圆柱体尺寸比较小，不便于观看，可以选择菜单栏中的"视图"→"三维视图"→"西南等轴测"命令，使视充满绘图区域，当然也可以使用"缩放"命令，但是没有"西南等轴测"命令简便，而且不可改变视图方向。

6．创建球体。单击"建模"工具栏中的"球体"按钮○，创建球体，命令行中的提示与操作如下：

命令: _SPHERE✓
指定中心点或 [三点(3P)/两点(2P)/切点、切点、半径(T)]: （在对象捕捉模式下捕捉圆柱体右侧面的圆心或输入坐标（18,0,0））✓
指定半径或 [直径(D)]: 2.5✓

7．并集处理。单击"实体编辑"工具栏中的"并集"按钮⓪，将视图中的所有实体进行并集处理，消隐后的结果如图 17-102 所示。

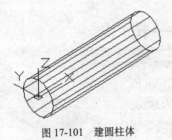

图 17-101　建圆柱体

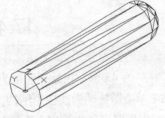

图 17-102　建球体并合并实体

8．倒角处理。单击"修改"工具栏中的"倒角"按钮◻，对销的一端进行倒角处理，命令行中的提示与操作如下：

命令: CHAMFER✓
（"修剪"模式）当前倒角距离 1 = 0.8000，距离 2 = 0.8000
选择第 1 条直线或 [放弃(U)/多段线(P)/距离(D)/角度(A)/修剪(T)/方式(E)/多个(M)]: D✓
指定第 1 个倒角距离 <0.0000>: 0.8✓
指定第 2 个倒角距离 <0>: 0.8✓
选择第 1 条直线或 [放弃(U)/多段线(P)/距离(D)/角度(A)/修剪(T)/方式(E)/多个(M)]: (用鼠标选择圆柱体左端的边)
基面选择...
输入曲面选择选项 [下一个(N)/当前(OK)] <当前>: ✓
指定基面倒角距离或[表达式(E)] <0.8000>: ✓
指定其他曲面倒角距离或[表达式(E)] <0.8000>: ✓
选择边或 [环(L)]: (用鼠标选择圆柱体左端的边)
选择边或 [环(L)]: ✓

倒角结果如图 17-103 所示。

9．设置视觉样式。单击"视觉样式"工具栏中"真实"按钮●，结果如图 17-100 所示。

图 17-103　倒角处理

## 17.4.3　圆角

三维造型绘制中的圆角与二维绘制中的圆角命令相同，但执行方法略有差别。

### 1．执行方式

命令行：FILLET（快捷命令：F）

菜单栏："修改"→"圆角"

工具栏：修改→圆角◻

### 2．操作步骤

命令行提示与操作如下：

> 命令：FILLET✓
> 当前设置：模式 = 修剪，半径 = 0.0000
> 选择第 1 个对象或 [放弃(U)/多段线(P)/半径(R)/修剪(T)/多个(M)]: 选择建模上的一条边
> 选择第 2 个对象，或按住 Shift 键选择对象以应用角点或 [半径(R)]: r:
> 选择边或 [链(C)/半径(R)]:

### 3．选项说明

选择"链（C）"选项，表示与此边相邻的边都被选中，并进行倒圆角的操作。图 17-104 所示为对长方体倒圆角的结果。

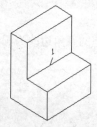　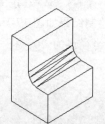　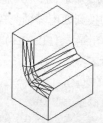

a 选择倒圆角边"1"　　　　b 边倒圆角结果　　　　c 链倒圆角结果

图 17-104　对建模棱边倒圆角

## 17.4.4　实例——马桶

分析图 17-105 所示的马桶，该例具体实现过程为：首先利用矩形、圆弧、面域和拉伸命令绘制马桶的主体，然后利用圆柱体、差集、交集绘制水箱，最后利用椭圆和拉伸命令绘制马桶盖。

　绘制步骤

1．设置绘图环境。用 LIMITS 命令设置图幅为 297×210。用 ISOLINES 命令，设置对象上每个曲面的轮廓线数目为 10。

图 17-105　马桶

2．用矩形命令（RECTANG），绘制角点为（0，0）（560，260）的矩形。绘制结果如图17-106所示。

3．用圆弧命令（ARC）绘制圆弧。

```
命令:_ARC
指定圆弧的起点或 [圆心(C)]: 400,0↙
指定圆弧的第 2 个点或 [圆心(C)/端点(E)]: 500,130↙
指定圆弧的端点: 400,260↙
```

用修建命令（TRIM）将多余的线段剪去，修剪之后结果如图17-107所示。

图 17-106　绘制矩形

图 17-107　绘制圆弧

4．用面域命令（REGION）将绘制的矩形和圆弧进行面域处理。

5．用拉伸命令将上步创建的面域拉伸处理。

```
命令:_EXTRUDE↙
当前线框密度: ISOLINES=10，闭合轮廓创建模式 = 实体
选择要拉伸的对象或 [模式(MO)]:_MO 闭合轮廓创建模式 [实体(SO)/曲面(SU)] <实体>:_SO↙
```

选择要拉伸的对象或 [模式(MO)]: ↙　找到 1 个

```
选择要拉伸的对象或 [模式(MO)]: ↙
指定拉伸的高度或 [方向(D)/路径(P)/倾斜角(T)/表达式(E)] <30.0000>: t↙
指定拉伸的倾斜角度或 [表达式(E)] <0>: 10↙
指定拉伸的高度或 [方向(D)/路径(P)/倾斜角(T)/表达式(E)] <30.0000>: 200↙
```

将视图切换到西南等轴测视图，绘制结果如图17-108所示。

6．用圆角命令（FILLET），圆角半径设为20，将马桶底座的直角边改为圆角边。命令行提示与操作如下：

```
命令: FILLET↙
当前设置: 模式 = 修剪，半径 = 0.0000
选择第 1 个对象或 [放弃(U)/多段线(P)/半径(R)/修剪(T)/多个(M)]: (选择一个边)
输入圆角半径或 [表达式(E)] <0.0000>:5↙
选择边或 [链(C)/环(L)/半径(R)]: (选择另一个边)
选择边或 [链(C)/环(L)/半径(R)]: ↙
```

绘制结果如图17-109所示。

7．用长方体命令（BOX），绘制马桶主体。

```
命令:_BOX↙
指定第一个角点或 [中心(C)]: 0,0,200↙
指定其他角点或 [立方体(C)/长度(L)]: 550,260,400↙
```

绘制结果如图17-110所示。

8．用圆角命令（FILLET），将圆角半径设为150，将长方体右侧的两条棱做圆角处理；左侧的两条棱的圆角半径为50，如图17-111所示。

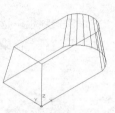 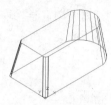  

图 17-108 拉伸处理     图 17-109 圆角处理     图 17-110 绘制长方体     图 17-111 圆角处理

9. 用长方体命令（BOX），绘制水箱主体。

```
命令:_BOX↙
指定第 1 个角点或 [中心(C)]: C↙
指定中心: 50,130,500↙
指定角点或 [立方体(C)/长度(L)]: l↙
指定长度: 100↙
指定宽度: 240↙
指定高度: 200↙
```

10. 用圆柱体命令（CYLINDER），绘制马桶水箱。

```
命令:_CYLINDER↙
指定底面的中心点或 [三点(3P)/两点(2P)/切点、切点、半径(T)/椭圆(E)]: 500,130,400↙
指定底面半径或 [直径(D)]: 500↙
指定高度或 [两点(2P)/轴端点(A)]: 200↙
命令:_CYLINDER↙
指定底面的中心点或 [三点(3P)/两点(2P)/切点、切点、半径(T)/椭圆(E)]: 500,130,400↙
指定底面半径或 [直径(D)]: 420↙
指定高度或 [两点(2P)/轴端点(A)]: 200↙
```

绘制结果如图 17-112 所示。

11. 利用差集命令（SUBTRACT），将上步绘制的大圆柱体与小圆柱体进行差集处理。用消隐命令（HIDE）对实体进行消隐处理，结果如图 17-113 所示。

图 17-112 绘制圆柱               图 17-113 差集处理

12. 交集处理。用交集命令（INTERSECT），选择长方体和圆柱环，将其进行交集处理，结果如图 17-114 所示。

13. 用椭圆命令（ELLIPSE），绘制椭圆。

```
命令:_ELLIPSE↙
指定椭圆的轴端点或 [圆弧(A)/中心点(C)]: c↙
指定椭圆的中心点: 300,130,400↙
指定轴的端点: 500,130↙
指定另一条半轴长度或 [旋转(R)]: 130↙
```

14. 用拉伸命令（EXTRUDE），拉伸高度为 10，将椭圆拉伸成为马桶，绘制结果如图 17-115

所示。

15．选择菜单栏中的"视图"→"渲染"→"材质浏览器"命令，在材质选项板中选择适当的材质。选择菜单栏中的"视图"→"渲染"→"渲染"命令，对实体进行渲染，渲染后的效果如图 17-116 所示。

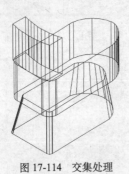 

图 17-114　交集处理　　　　图 17-115　绘制椭圆并拉伸　　　　图 17-116　马桶

## 17.4.5　提取边

利用 XEDGES 命令，通过从建模、面域或曲面中提取所有边，可以创建线框几何体。

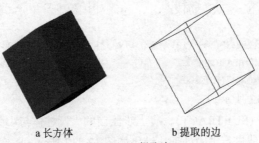

a 长方体　　　　　　　　b 提取的边

图 17-117　提取边

### 1．执行方式

命令行：XEDGES

菜单栏："修改"→"三维操作"→"提取边"

### 2．操作步骤

命令行提示与操作如下：

命令：XEDGES↙

选择对象：选择要提取线框几何体的对象，然后按【Enter】键

操作完成后，系统提取对象的边，形成线框几何体，如图 17-117 所示。

选择提取单个边和面。按住【Ctrl】键以选择边和面。

## 17.4.6　加厚

通过加厚曲面，可以从任何曲面类型中创建三维建模。

(a) 平面曲面　　　　(b) 加厚结果

图 17-118　加厚

### 1. 执行方式

命令行：THICKEN

菜单栏："修改" → "三维操作" → "加厚"

### 2. 操作步骤

命令行提示与操作如下：

命令：THICKEN✓
选择要加厚的曲面: 选择曲面
选择要加厚的曲面: ✓
指定厚度 <0.0000>: 10✓

图 17-118 所示为将平面曲面加厚的结果。

## 17.4.7　转换为建模（曲面）

在三维造型的设计过程中，可以利用相关命令将二维对象直接转换成三维曲面或实体。

### 1. 转换为建模

利用 CONVTOSOLID 命令，可以将具有厚度的统一宽度多段线、具有厚度的闭合零宽度多段线或具有厚度的圆对象转换为拉伸三维建模。图 17-119 所示为将厚为 1、宽为 2 的矩形框转换为拉伸建模的示例。

(1) 执行方式

命令行：CONVTOSOLID。

菜单栏 "修改" → "三维操作" → "转换为实体"

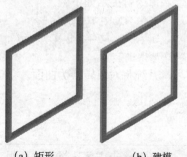

(a) 矩形　　　　　(b) 建模

图 17-119　转换为建模

(2) 操作步骤

命令行提示与操作如下：

命令：CONVTOSOLID✓
选择对象: 选择要转换为建模的对象
选择对象: ✓

系统将对象转换为建模。

### 2. 转换为曲面

利用 CONVTOSURFACE 命令，可以将二维建模、面域、具有厚度的开放零宽度多段线、直线、圆弧或三维平面转换为曲面，如图 17-120 所示。

(1) 执行方式

命令行：CONVTOSUFACE。

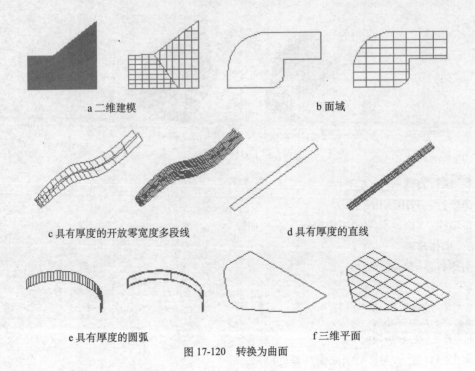

a 二维建模      b 面域

c 具有厚度的开放零宽度多段线      d 具有厚度的直线

e 具有厚度的圆弧      f 三维平面

图 17-120　转换为曲面

菜单栏:"修改"→"三维操作"→"转换为曲面"

(2) 操作步骤

命令行提示如下:

```
命令: CONVTOSUFACE✓
选择对象: 选择要转换为曲面的对象
选择对象: ✓。
```

系统将对象转换为曲面。

# 17.4.8　干涉检查

干涉检查主要通过对比两组对象或一对一地检查所有建模来检查建模模型中的干涉(三维建模相交或重叠的区域)。系统将在建模相交处创建和亮显临时建模。

干涉检查常用于检查装配体立体图是否干涉,从而判断设计是否正确。

## 1. 执行方式

命令行:INTERFERE(快捷命令:INF)

菜单栏:"修改"→"三维操作"→"干涉检查"

## 2. 操作步骤

在此以如图 17-121 所示的零件图为例进行干涉检查。命令行提示如下:

```
命令: INTERFERE✓
选择第 1 组对象或 [嵌套选择(N)/设置(S)]: 选择图 17-121b 中所示的手柄
选择第 1 组对象或 [嵌套选择(N)/设置(S)]: ✓
选择第 2 组对象或 [嵌套选择(N)/检查第一组(K)] <检查>: 选择图 17-121b 中所示的套环
选择第 2 组对象或 [嵌套选择(N)/检查第一组(K)] <检查>:✓
```

a 零件图　　　　　　　　　　　　　b 装配图

图 17-121　干涉检查

系统打开"干涉检查"对话框，如图 17-122 所示。在该对话框中列出了找到的干涉对数量，并可以通过"上一个"和"下一个"按钮来亮显干涉对，如图 17-123 所示。

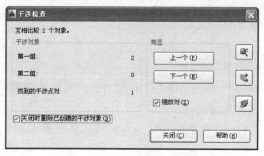

图 17-122　"干涉检查"对话框

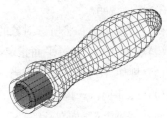

图 17-123　亮显干涉

### 3．选项说明

（1）嵌套选择（N）：选择该选项，用户可以选择嵌套在块和外部参照中的单个建模对象。

（2）设置（S）：选择该选项，系统打开"干涉设置"对话框，如图 17-124 所示，可以设置干涉的相关参数。

图 17-124　"干涉设置"对话框

## 17.5　剖切实体

利用假想的平面对实体进行剖切，是实体编辑的一种基本方法。

## 17.5.1　剖切

剖切功能操作是指将实体沿某个截面剖切后得到剩下的实体。

### 1. 执行方式

命令行：SLICE（快捷命令：SL）

菜单栏："修改"→"三维操作"→"剖切"

### 2. 操作步骤

命令行提示与操作如下：

> 命令：_SLICE
>
> 选择要剖切的对象：（选择要剖切的实体）找到 1 个
>
> 选择要剖切的对象：（继续选择或按<Enter>键结束选择）
>
> 指定 切面 的起点或 [平面对象(O)/曲面(S)/Z 轴(Z)/视图(V)/XY(XY)/YZ(YZ)/ZX(ZX)/三点(3)] <三点>：
>
> 指定平面上的第 2 个点：
>
> 在所需的侧面上指定点或 [保留两个侧面(B)] <保留两个侧面>：

### 3. 选项说明

(1) 对象（O）：将所选对象的所在平面作为剖切面。

(2) z 轴（Z）：通过平面指定一点与在平面的 z 轴（法线）上指定另一点来定义剖切平面。

(3) 视图（V）：以平行于当前视图的平面作为剖切面。

(4) $xy$ 平面（$xy$）/$yz$ 平面（$yz$）/$zx$ 平面（$zx$）：将剖切平面与当前用户坐标系（UCS）的 $xy$ 平面/$yz$ 平面/$zx$ 平面对齐。

(5) 三点（3）：根据空间的 3 个点确定的平面作为剖切面。确定剖切面后，系统会提示保留一侧或两侧。

图 17-125 所示为剖切三维实体图。

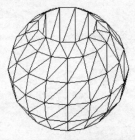 

a 剖切前的三维实体        b 剖切后的实体

图 17-125　剖切三维实体

## 17.5.2　剖切截面

剖切截面功能与剖切相对应，是指平面剖切实体后，截面的形状。

### 1. 执行方式

命令行：SECTION（快捷命令：SEC）

### 2. 操作步骤

命令行提示与操作如下：

> 命令：SECTION↙
>
> 选择对象：选择要剖切的实体
>
> 指定截面平面上的第 1 个点，依照 [对象(O)/z 轴(z)/视图(V)/xy/yz/zx/ 3 点(3)] < 3 点>：指定一点或输入一
> 个选项

图 17-126 所示为断面图形。

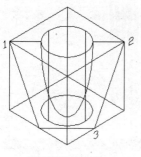

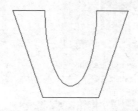

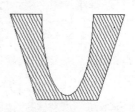

a 剖切平面与断面　　　　　　　　b 移出的断面图形　　　　　　c 填充剖面线的断面图形

图 17-126　断面图形

## 17.5.3　截面平面

通过截面平面功能可以创建实体对象的二维截面平面或三维截面实体。

 **执行方式**

命令行：SECTIONPLANE

菜单栏："绘图"→"建模"→"截面平面"

 **操作步骤**

命令行提示与操作如下：

命令: SECTIONPLANE↙
选择面或任意点以定位截面线或 [绘制截面(D)/正交(O)]:

 **选项说明**

### 1. 选择面或任意点以定位截面线

（1）选择绘图区的任意点（不在面上）可以创建独立于实体的截面对象。第 1 点可创建截面对象旋转所围绕的点，第 2 点可创建截面对象。如图 17-127 所示为在手柄主视图上指定两点创建一个截面平面，图 17-128 所示为转换到西南等轴测视图的情形，图中半透明的平面为活动截面，实线为截面控制线。

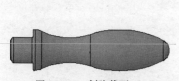

图 17-127　创建截面

图 17-128　西南等轴测视图

单击活动截面平面，显示编辑夹点，如图 17-129 所示，其功能分别介绍如下。

1）截面实体方向箭头：表示生成截面实体时所要保留的一侧，单击该箭头，则反向。

2）截面平移编辑夹点：选中并拖动该夹点，截面沿其法向平移。

3）宽度编辑夹点：选中并拖动该夹点，可以调节截面宽度。

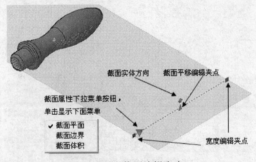

图 17-129　截面编辑夹点

4）截面属性下拉菜单按钮：单击该按钮，显示当前截面的属性，包括截面平面、截面边界、截面体积 3 种，如图 17-129～图 17-131 所示，分别显示截面平面相关操作的作用范围，调节相关夹点。

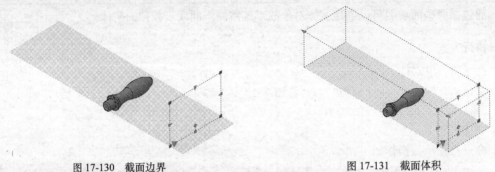

图 17-130　截面边界　　　　　　　　　　　图 17-131　截面体积

（2）选择实体或面域上的面可以产生与该面重合的截面对象。

（3）快捷菜单。在截面平面编辑状态下用鼠标右键单击，系统打开快捷菜单，如图 17-132 所示。其中几个主要选项介绍如下。

1）激活活动截面：选择该选项，活动截面被激活，可以对其进行编辑，同时原对象不可见，如图 17-133 所示。

图 17-132　快捷菜单

图 17-133　编辑活动截面

2）活动截面设置：选择该选项，弹出"截面设置"对话框，可以设置截面各参数，如图 17-134 所示。

3）生成二维/三维截面：选择该选项，系统弹出"生成截面/立面"对话框，如图 17-135 所示。设置相关参数后，单击"创建"按钮，即可创建相应的图块或文件。在图 17-136 所示的截面平面位置创建的三维截面如图 17-137 所示，图 17-138 所示为对应的二维截面。

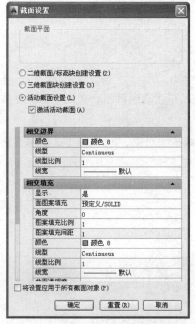

图 17-134　"截面设置"对话框

图 17-135　"生成截面/立面"对话框

图 17-136　截面平面位置

图 17-137　三维截面

4）将折弯添加至截面：选择该选项，系统提示添加折弯到截面的一端，并可以编辑折弯的位置和高度。在如图 17-139 所示的基础上添加折弯后的截面平面如图 17-140 所示：

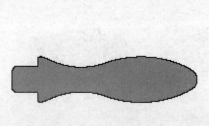

图 17-138　二维截面

图 17-139　折弯截面

## 2．绘制截面（D）

定义具有多个点的截面对象以创建带有折弯的截面线。选择该选项，命令行提示如下：

图 17-140　折弯后的截面平面

> 指定起点: 指定点 1
> 指定下一点: 指定点 2
> 指定下一点或按 【Enter】键完成: 指定点 3 或按【Enter】键
> 指定截面视图方向上的下一点: 指定点以指示剪切平面的方向

该选项将创建处于"截面边界"状态的截面对象，并且活动截面会关闭，该截面线可以带有折弯，如图 17-140 所示。

图 17-141 所示为按图 17-140 设置截面生成的三维截面对象，如图 17-142 所示为对应的二维截面。

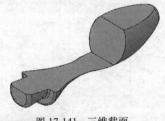

图 17-141　三维截面

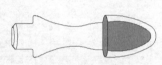

图 17-142　二维截面

### 3. 正交（O）

将截面对象与相对于 UCS 的正交方向对齐。选择该选项，命令行提示与操作如下:

> 将截面对齐至 [前(F)/后(B)/顶部(T)/底部(B)/左(L)/右(R)]:

选择该选项后，将以相对于 UCS（不是当前视图）的指定方向创建截面对象，并且该对象将包含所有三维对象。该选项将创建处于"截面边界"状态的截面对象，并且活动截面会打开。

选择该选项，可以很方便地创建工程制图中的剖视图。UCS 处于如图 17-143 所示的位置，图 17-144 所示为对应的左向截面。

图 17-143　UCS 位置

图 17-144　左向截面

## 17.5.4　实例——阀杆

本例绘制的阀杆，是阀杆和阀心之间的连接件，其对阀心作用，开关球阀。本实例的制作

思路：首先绘制一系列圆柱体，然后绘制一球体，对其进行剖切
处理，绘制出阀心的上端部分；阀心的下端通过绘制一长方体和
最下面的圆柱体进行交集获得，最后对整个视图进行并集处理，
得到阀心实体，如图 17-145 所示。

 **绘制步骤**

图 17-145　阀杆立体图

1．设置线框密度。在命令行中输入 ISOLINES，设置线框密度为 10。单击"视图"工具
栏中的"西南等轴测"按钮 ◇，切换到西南等轴测图。

2．设置用户坐标系。

> 命令: UCS ✓
> 当前 UCS 名称: *西南等轴测*
> UCS 的原点或 [面(F)/命名(NA)/对象(OB)/上一个(P)/视图(V)/世界(W)/X/Y/Z/z 轴(ZA)] <世界>: X✓
> 指定绕 x 轴的旋转角度 <90>:✓

3．绘制阀杆主体。

❶ 创建圆柱，单击"建模"工具栏中的"圆柱体"按钮 🔲，采用指定底面圆心点、底面
半径和高度的模式绘制圆柱体，绘制以原点为圆心，半径为 7，高度为 14 的圆柱体。

接续该圆柱分别创建直径为 14，高 24 和两个直径为 18，高 5 的圆柱,结果如图 17-146 所
示。

❷ 创建球，单击"建模"工具栏中的"球体"按钮 ○，在点(0,0,30)处绘制半径为 20 的
球体，结果如图 17-147 所示。

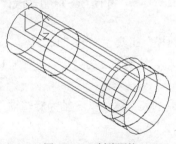

图 17-146　创建圆柱

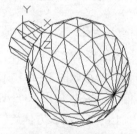

图 17-147　创建球

❸ 剖切球及直径为 18 的圆柱，将视图切换到左视图。选择菜单栏中的"修改"→"三维操作"
→"剖切"命令，命令行提示与操作如下：

> 命令: SLICE ✓
> 选择要剖切的对象: （选择球及右部直径为 18 的圆柱）✓
> 选择要剖切的对象: ✓
> 指定 切面 的起点或 [平面对象(O)/曲面(S)/z 轴(Z)/视图(V)/XY/YZ/ZX/三点(3)] <三点>:ZX✓
> 指定 zx 平面上的点 <0,0,0>: 0,4.25✓
> 选择要保留的剖切对象或 [保留两个侧面(B)] <保留两个侧面>: （选择实体中部的一侧）✓

同样方法，选取球及右部直径为 18 的圆柱，以
zx 为剖切面，分别指定剖切面上的点（0，-4.25），对
实体进行对称剖切，保留实体中部,结果如图 17-148
所示。

❹ 剖切球，选择菜单栏中的"修改"→"三维操

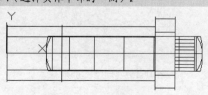

图 17-148　剖切后的实体

作"→"剖切"命令，选取球，以 YZ 为剖切面，指定剖切面上的点（48,0），对球进行剖切，保留球的右部，结果如图 17-149 所示。

4. 绘制细部特征

❶ 对左端直径为 14 的圆柱，进行倒角操作。单击"视图"工具栏中的"西南等轴测"按钮⚬，切换到西南等轴测图。单击"修改"工具栏中的"倒角"按钮◻，对齿轮边缘进行倒直角操作，结果如图 17-150 所示。命令行提示与操作如下：

命令: CHAMFER ↙
（"修剪"模式）当前倒角距离 1=0.0000，距离 2=0.0000
选择第 1 条直线或 [放弃(U)/多段线(P)/距离(D)/角度(A)/修剪(T)/方式(E)/多个(M)]: (选择齿轮边缘)基面选择...
输入曲面选择选项 [下一个(N)/当前(OK)] <当前>: (选择齿轮侧面)
指定 基面 倒角距离或 [表达式(E)]:3.0↙
指定 其他曲面 倒角距离或 [表达式(E)] <3.0000>: 2↙
选择边或 [环(L)]: ↙(左端直径为 14 的圆柱左端面)
选择边或 [环(L)]: ↙(完成倒直角操作)

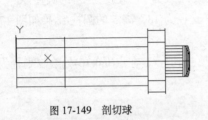

图 17-149　剖切球　　　　　　　图 17-150　倒角后的实体

❷ 创建长方体，将视图切换到后视图。单击"建模"工具栏中的"长方体"按钮◻，采用角点，长度的模式绘制长方体，以坐标(0,0,-7)为中心，绘制长度为 11，宽度为 11，高度为 14 的长方体。结果如图 17-151 所示。

❸ 旋转长方体。使用 ROTATE3D，将上一步绘制的长方体，以 z 轴为旋转轴，以坐标原点为旋转轴上的点，将长方体旋转 45°,结果如图 17-152 所示。

❹ 交集运算，将视图切换到西南等轴测图。单击"实体编辑"工具栏中的"交集"按钮⚬，将直径为 14 的圆柱与长方体进行交集运算。

❺ 并集运算，单击"实体编辑"工具栏中的"并集"按钮⚬，将实体进行并集运算。单击"渲染"工具栏中的"隐藏"⬡命令，进行消隐处理后的图形，如图 17-153 所示。

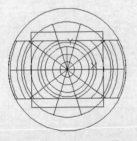

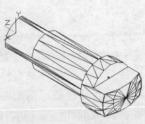

图 17-151　创建长方体　　　图 17-152　旋转长方体　　　图 17-153　并集后的实体

# 17.6　综合演练——脚踏座

经过前面的学习，已经相对完整地讲解了三维造型设计和编辑的相关功能，为了进一步巩固和加深读者的认识，下面绘制如图 17-154 所示的脚踏座。

**绘制步骤**

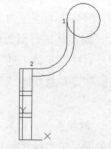
图 17-154　脚踏

1．设置线框密度。在命令行中输入 Isolines，设置线框密度为 10。单击"视图"工具栏中的"西南等轴测"按钮 ◎，切换到西南等轴测图。

2．创建长方体。单击"建模"工具栏中的"长方体"按钮 □，以坐标原点为角点，创建长 15、宽 45、高 80 的长方体。

3．创建面域。

❶ 单击"视图"工具栏中的"左视"按钮 □，切换到左视图，绘制矩形及二维图形

❷ 单击"绘图"工具栏中的"矩形"按钮 □，捕捉长方体左下角点为第 1 个角点，以 80）为第 2 个角点，绘制矩形。

❸ 单击"绘图"工具栏中的 ╱ 按钮，从（-10，30）到（@0，20）绘制直线。

❹ 单击"修改"工具栏中的"偏移"按钮 ◢，将直线向左偏移 10。

❺ 单击"修改"工具栏中的"圆角"按钮 □，对偏移的两条平行线进行倒圆角操作

❻ 单击"绘图"工具栏中的"面域"按钮 ◎，将直线与圆角组成的二维图形创建为结果如图 17-155 所示。

4．创建拉伸实体。单击"视图"工具栏中的"西南等轴测图"按钮 ◎，切换到西南测图。单击"建模"工具栏中的"拉伸"按钮 ◎，分别将矩形拉伸-4，将面域拉伸-15。

5．差集运算。单击"实体编辑"工具栏中的"差集"按钮 ◎，将长方体与拉伸实体进差集运算，结果如图 17-156 所示。

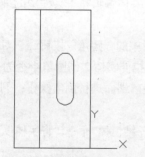
图 17-155　绘制矩形及二维图形

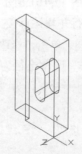
图 17-156　差集后的实体

图 17-157　偏移多段线

6．设置用户坐标系。在命令行输入 Ucs，将坐标系统系统 y 轴旋转 90°并将坐标原点移动到（74，135，-45）。

7．绘制二维图形，并创建为面域。

❶ 单击"绘图"工具栏中的"圆"按钮 ◎，以（0，0）为圆心，绘制直径为 38 的圆。单击"视图"工具栏中按钮 ◎，切换到前视图。

❷ 单击"绘图"工具栏中的"多段线"按钮 ◢，如图 17-157 所示，从直径为 38 的圆的左象限

（@0，-55）→长方体角点 2，绘制多段线。

❸ 单击"修改"工具栏中的"圆角"按钮◻，对多段线进行倒圆角操作，圆角半径为30。

❹ 单击"修改"工具栏中的"偏移"按钮◱，将多段线向下偏移8。

❺ 单击"绘图"工具栏中的"多段线"按钮⊃，如图 17-158 所示，从点 3（端点）→点 4（限点），绘制直线；从点 4→点 5，绘制半径为 100 的圆弧；从点 5→点 6（端点），绘制直线。

❻ 单击"绘图"工具栏中的"直线"按钮／，如图 17-158 所示，从点 6→点 2，从点 1→点绘制直线。单击"修改"工具栏中的"复制"按钮℃，在原位置复制多段线36。

❼ 单击"修改"工具栏中的"删除"按钮✎，删除直径为 38 的圆。在命令行中输入 pedit 命令，将绘制的二维图形创建为面域 1 及面域 2，结果如图 17-159 所示。

8．拉伸面域。单击"视图"工具栏中的"西南等轴测"按钮◎，切换到西南等轴测图。单击"建模"工具栏中的"拉伸"按钮⬚，将面域 1 拉伸 20，面域 2 拉伸 4，结果如图 17-160 所示。

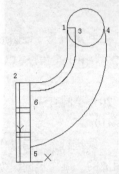
图 17-158　绘制多段线及直线

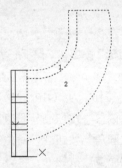
图 17-159　创建面域

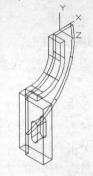
图 17-160　拉伸面域

9．设置用户坐标系。在命令行输入 Ucs，将坐标原点移动到（74，135，-45）。

10．创建圆柱。单击"建模"工具栏中的"圆柱体"按钮▢，以（0，0）为圆心，分别创建直径为38、20，高 30 的圆柱。

11．布尔运算。单击"实体编辑"工具栏中的"差集"按钮◎，将直径为 38 的圆柱与直径为 20 的圆柱进行差集运算，结果如图 17-161 所示。单击"实体编辑"工具栏中的"并集"按钮◎，将实体与直径为 38 的圆柱进行并集运算。

12．对实体进行倒圆角及倒角处理。单击"修改"工具栏中的"圆角"按钮◻，对长方体前端面及对拉伸实体 1 进行倒圆角操作，圆角半径为 R10，对拉伸实体 2 倒圆角半径为 20；单击"修改"工具栏中的"倒角"按钮◻，对直径为 20 的圆柱前端面进行倒角操作，倒角距离为 1。

13．镜像实体。选择菜单栏中的"修改"→"三维操作"→"三维镜像"命令，将实体以当前 xy 面为镜像面，进行镜像操作。

单击"实体编辑"工具栏中的"并集"按钮◎，将所有物体进行并集处理。

单击"渲染"工具栏中的"消隐"按钮◎，进行消隐处理后的图形，如图 17-162 所示。

14．设置用户坐标系。将坐标原点移动到（0，15，0），并将其绕 x 轴旋转-90°。

15．创建圆柱。单击"建模"工具栏中的"圆柱体"按钮▢，以（0，0）为圆心，分别创建直径为16、高 10 及直径为 8、高 20 的圆柱。

16．差集运算。单击"实体编辑"工具栏中的"差集"按钮◎，将实体及直径为 16 的圆柱与直径为 8 的圆柱进行差集运算。

17．并集运算。单击"实体编辑"工具栏中的"并集"按钮，将所有物体进行并集处理。

18．渲染处理。选择菜单栏中的"视图"→"渲染"→"材质浏览器"命令，打开"材质"选项板，如图 17-163 所示。

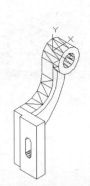

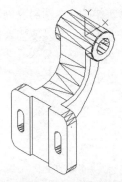

图 17-161　布尔运算后的实体　　　图 17-162　镜像实体　　　图 17-163　"材质"选项板

19．在"材质"窗口中，单击样品下的按钮条中的"创建新材质"按钮，下拉列表中选择所需材质。打开"创建材质"对话框如图 17-164 所示。

20．在"材质浏览器"中选择创建的材质球单击鼠标右键弹出的菜单中选择"指定给当前选择"。

21．渲染设置。选择菜单栏中的"视图"→"渲染"→"高级渲染设置"命令，打开"高级渲染设置"选项板，如图 17-165 所示。设置相关的渲染参数后，关闭"高级渲染设置"选项板。

22．图形渲染。选择菜单栏中的"视图"→"渲染"→"渲染"命令打开"渲染"对话框，并进行自动渲染，结果如图 17-154 所示。

图 17-164　"创建新材质"对话框　　　图 17-165　"高级渲染设置"选项板

# 17.7　上机实验

通过前面的学习，读者对本章知识也有了大体的了解，本节将通过几个操作练习使读者更进一步地掌握本章知识要点。

## 实验 1　创建建筑拱顶

### 1．目的要求

如图 17-166 所示，拱顶是最常见的建筑结构。本例需要创建的拱顶需要用到的三维命令比较多。通过本例的练习，可以使读者进一步熟悉三维绘图的技能。

图 17-166　六角形拱顶

### 2．操作提示

（1）绘制正六边形并拉伸。

（2）绘制直线。

（3）绘制圆弧。

（4）旋转曲面。

（5）绘制圆并拉伸。

（6）阵列处理。

（7）创建圆锥体。

（8）创建球体。

（9）渲染处理。

## 实验 2　创建三通管

### 1．目的要求

三维图形具有形象逼真的优点，但是三维图形的创建比较复杂，需要读者掌握的知识比较多。如图 17-167 所示，本例要求读者熟悉三维模型创建的步骤，掌握三维模型的创建技巧。

### 2．操作提示

（1）创建 3 个圆柱体。

（2）镜像和旋转圆柱体。

（3）圆角处理。

## 实验 3　创建轴

### 1．目的要求

如图 17-168 所示，轴是最常见的机械零件。本例需要创建的轴集中了很多典型的机械结构形式，如轴体、孔、轴肩、键槽、螺纹、退刀槽、倒角等，因此需要用到的三维命令也比较多。

图 17-167 三通管

图 17-168　轴

**2．操作提示**

（1）顺次创建直径不等的 4 个圆柱。

（2）对 4 个圆柱进行并集处理。

（3）转换视角，绘制圆柱孔。

（4）镜像并拉伸圆柱孔。

（5）对轴体和圆柱孔进行差集处理。

（6）采用同样的方法创建键槽结构。

（7）创建螺纹结构。

（8）对轴体进行倒角处理。

（9）渲染处理。

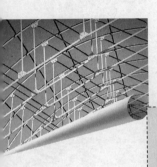

# 第18章

## 三维实体编辑

　　三维实体编辑主要是对三维物体进行编辑。主要内容包括编辑三维网面，特殊视图、编辑实体、显示形式、渲染实体。对消隐及渲染页进行了详细的讲解。

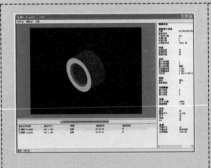

# 18.1 网格编辑

AutoCAD 2014 大大加强了在网格编辑方面的功能，本节简要讲解这些新功能。

## 18.1.1 提高（降低）平滑度

利用 AutoCAD 2014 提供的新功能，可以提高（降低）网格曲面的平滑度。

**1. 执行方式**

命令行：MESHSMOOTHMORE（MESHSMOOTHLESS）

菜单栏："修改"→"网格编辑"→"提高平滑度"（或"降低平滑度"）命令

工具栏：平滑网格→提高网格平滑度🔘或降低网格平滑度🔘

**2. 操作步骤**

命令行提示与操作如下：

命令：MESHSMOOTHMORE✓

选择要提高平滑度的网格对象：选择网格对象✓

选择要提高平滑度的网格对象：✓

选择对象后，系统就将提高对象网格平滑度，图 18-1 和图 18-2 所示为提高网格平滑度前后的对比。

图 18-1 提高平滑度前

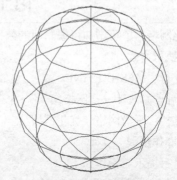

图 18-2 提高平滑度后

## 18.1.2 锐化（取消锐化）

锐化功能能使平滑的曲面选定的局部变得尖锐。取消锐化功能则是锐化功能的逆过程。

**1. 执行方式**

命令行：MESHCREASE（MESHUNCREASE）

菜单："修改"→"网格编辑"→"锐化"（取消锐化）

工具栏：平滑网格→锐化🔘（取消锐化🔘）

**2. 操作步骤**

命令行提示与操作如下：

命令: _.MESHCREASE
选择要锐化的网格子对象: (选择曲面上的子网格, 被选中的子网格高亮显示, 如图 18-3 所示)
选择要锐化的网格子对象: ↙
指定锐化值 [始终(A)] <始终>: 12↙

结果如图 18-4 所示。图 18-5 则为渲染后的曲面锐化前后的对比。

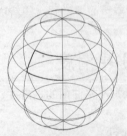 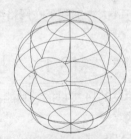

图 18-3　选择子网格对象　　　　　　　　　图 18-4　锐化结果

图 18-5　渲染后的曲面锐化前后对比

# 18.1.3　优化网格

优化网格对象可增加可编辑面的数目, 从而提供对精细建模细节的附加控制。

## 1. 执行方式

命令行: MESHREFINE
菜单: "修改" → "网格编辑" → "优化网格"
工具栏: 平滑网格 → 优化网格

## 2. 操作步骤

命令行提示与操作如下。

命令: _.MESHREFINE
选择要优化的网格对象或面子对象: (选择如图 18-6 所示的球体曲面)
选择要优化的网格对象或面子对象: ↙

结果如图 18-7 所示, 可以看出可编辑面增加了。

 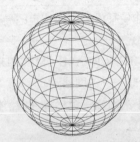

图 18-6　优化前　　　　　　　　　　　图 18-7　优化后

## 18.1.4　分割面

分割面功能可以把一个网格分割成两个网格，从而增加局部网格数。

### 1. 执行方式

命令行：MESHREFINE

菜单："修改" → "网格编辑" → "分割面"

### 2. 操作步骤

命令行提示与操作如下：

> 命令: _.MESHSPLIT
> 选择要分割的网格面：（选择如图 18-8 所示的网格面）
> 指定第 1 个分割点：（指定一个分割点）
> 指定第 2 个分割点：（指定另一个分割点，如图 18-9 所示）

结果如图 18-10 所示，一个网格面被以指定的分割线为界线分割成两个网格面，并且生成的新网格面与原来的整个网格系统匹配。

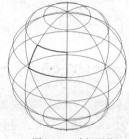
图 18-8　选择网格面

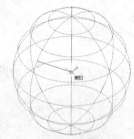
图 18-9　指定分割点

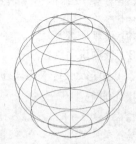
图 18-10　分割结果

## 18.1.5　其他网格编辑命令

AutoCAD 2014 的修改菜单下网格编辑子菜单还提供以下几个菜单命令。

（1）转换为具有镶嵌面的实体：将图 18-11 所示网格转换成图 18-12 所示的具有镶嵌面的实体。

（2）转换为具有镶嵌面的曲面：将图 18-11 所示网格转换成图 18-13 所示的具有镶嵌面的曲面。

（3）转换成平滑实体：将图 18-13 所示网格转换成图 18-14 所示的平滑实体。

（4）转换成平滑曲面：将图 18-14 所示网格转换成图 18-15 所示的平滑曲面。

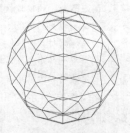
图 18-11　网格

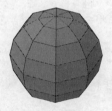
图 18-12　具有镶嵌面的实体

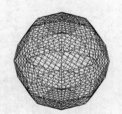
图 18-13　具有镶嵌面的曲面

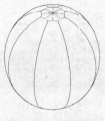
图 18-14　平滑实体

图 18-15　平滑曲面

## 18.2　编辑三维实体

和二维图形的编辑功能相似，在三维造型中，也有一些对应编辑功能，对三维造型进行相应的编辑。

## 18.2.1　三维阵列

### 1．执行方式

命令行：3DARRAY

菜单栏："修改"→"三维操作"→"三维阵列"

### 2．操作步骤

命令行提示如下：

命令：3DARRAY↙

选择对象：选择要阵列的对象

选择对象：选择下一个对象或按【Enter】键

输入阵列类型[矩形（R）/环形（P）]<矩形>：

### 3．选项说明

（1）矩形（R）：对图形进行矩形阵列复制，是系统的默认选项。选择该选项后，命令行提示与操作如下：

输入行数（---）<1>：输入行数

输入列数（|||）<1>：输入列数

输入层数（...）<1>：输入层数

指定行间距（---）：输入行间距

指定列间距（|||）：输入列间距

指定层间距（...）：输入层间距

（2）环形（P）：对图形进行环形阵列复制。选择该选项后，命令行提示与操作如下：

输入阵列中的项目数目：输入阵列的数目

指定要填充的角度（+=逆时针，－=顺时针）<360>：输入环形阵列的圆心角

旋转阵列对象？[是（Y）/否(N)]<是>：确定阵列上的每一个图形是否根据旋转轴线的位置进行旋转

指定阵列的中心点：输入旋转轴线上一点的坐标

指定旋转轴上的第2点：输入旋转轴线上另一点的坐标

图 18-16 所示为 3 层 3 行 3 列间距分别为 300 的圆柱的矩形阵列，图 18-17 所示为圆柱的环形阵列。

图 18-16　三维图形的矩形阵列　　　　　　　　图 18-17　三维图形的环形阵列

## 18.2.2　实例——法兰盘

　　本实例绘制的法兰盘，主要运用了圆柱体命令 CYLINDER，三维阵列命令 3DARRAY，布尔运算的差集命令 SUBTRACT，以及并集命令 UNION，来完成图形的绘制。

　　布尔运算有并集处理、差集处理和交集 3 种处理方式，本讲将结合法兰盘的绘制重点讲解并集处理和差集处理，如图 18-18 所示。

图 18-18　法兰盘

 **绘制步骤**

　　1．启动系统。启动 AutoCAD 2014，使用默认设置绘图环境。

　　2．设置线框密度。设置对象上每个曲面的轮廓线数目为 10。

　　3．设置视图方向。选择菜单栏中的"视图"→"三维视图"→"西南等轴测"命令，或单击"视图"工具栏中的"西南等轴测"按钮 ◎ ，将当前视图方向设置为西南等轴测视图。

　　4．绘制圆柱体。

> 命令: CYLINDER↙
> 指定底面的中心点或 [3 点(3P)/两点(2P)/切点、切点、半径(T)/椭圆(E)]:0，0，0↙
> 指定底面半径或 [直径(D)]: 120↙
> 指定高度或 [两点(2P)/轴端点(A)]: 40↙

　　同样方法，分别指定底面中心点的坐标为（0,0,40），底面半径为 50，圆柱体高度为 60；指定底面中心点的坐标为（0,0,0），底面半径为 30，圆柱体高度为 100；指定底面中心点的坐标为（85,0,0），底面半径为 10，圆柱体高度为 40；指定底面中心点的坐标为（85,0,20），底面半径为 20，圆柱体高度为 20，绘制圆柱体，绘制如图 18-19 所示。

　　5．并集处理。

> 命令:UNION↙
> 选择对象:（选择半径为 120 与 50 的两个圆柱）
> 选择对象: ↙
> 同样方法，选择半径为 10 与 20 的两个圆柱，进行并集处理。

　　6．三维阵列。

> 命令: ARRAYPOLAR↙
> 选择对象:（选择半径 10 与半径 20 圆柱并集的图形元素）
> 选择对象: ↙
> 类型 = 极轴　关联 = 否
> 指定阵列的中心点或 [基点(B)/旋转轴(A)]:
> 选择夹点以编辑阵列或 [关联(AS)/基点(B)/项目(I)/项目间角度(A)/填充角度(F)/行(ROW)/层(L)/旋转项目(ROT)/退出(X)] <退出>: i
> 输入阵列中的项目数或 [表达式(E)] <6>:6
> 选择夹点以编辑阵列或 [关联(AS)/基点(B)/项目(I)/项目间角度(A)/填充角度(F)/行(ROW)/层(L)/旋转项目(ROT)/退出(X)] <退出>: as
> 创建关联阵列 [是(Y)/否(N)] <否>:
> 选择夹点以编辑阵列或 [关联(AS)/基点(B)/项目(I)/项目间角度(A)/填充角度(F)/行(ROW)/层(L)/旋转项目(ROT)/退出(X)] <退出>: f
> 指定填充角度(+=逆时针、-=顺时针)或 [表达式(EX)] <360>:

选择夹点以编辑阵列或 [关联(AS)/基点(B)/项目(I)/项目间角度(A)/填充角度(F)/行(ROW)/层(L)/旋转项目(ROT)/退出(X)] <退出>:✓

绘制如图 18-20 所示。

**7．差集处理。**

命令: SUBTRACT✓
选择要从中减去的实体、曲面和面域...
选择对象:（选择半径 120 与半径 50 圆柱的并集体）
选择对象: ✓
选择要减去的实体、曲面和面域...
选择对象:（选择 6 个阵列之后的对象和半径为 30 的圆柱体）
选择对象: ✓

消隐后结果如图 18-21 所示。

**8．渲染处理。** 选择菜单栏中的"视图"→"渲染"→"材质浏览器"命令，选择适当的材质，然后选择菜单栏中的"视图"→"渲染"→"渲染"命令，对图形进行渲染。渲染后结果如图 18-18 所示。

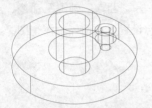 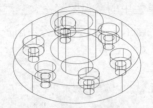 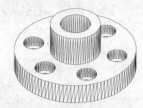

图 18-19　绘制圆柱体　　　　图 18-20　阵列处理　　　　图 18-21　消隐后的法兰盘

## 18.2.3　三维镜像

### 1．执行方式

命令行：MIRROR3D。

菜单栏："修改"→"三维操作"→"三维镜像"

### 2．操作步骤

命令行提示与操作如下：

命令: MIRROR3D✓
选择对象: 选择要镜像的对象
选择对象: 选择下一个对象或按【Enter】键
指定镜像平面 (三点) 的第 1 个点或
[对象(O)/最近的(L)/z 轴(z)/视图(V)/xy 平面(xy)/yz 平面(yz)/zx 平面(zx)/3 点(3)] <3 点>:
在镜像平面上指定第一点:

### 3．选项说明

（1）点：输入镜像平面上点的坐标。该选项通过 3 个点确定镜像平面，是系统的默认选项。

（2）最近的：相对于最后定义的镜像平面对选定的对象进行镜像处理。

（3）z 轴（z）：利用指定的平面作为镜像平面。选择该选项后，命令行提示与操作如下：

在镜像平面上指定点: 输入镜像平面上一点的坐标
在镜像平面的 z 轴（法向）上指定点: 输入与镜像平面垂直的任意一条直线上任意一点的坐标
是否删除源对象? [是（Y）/否（N）]: 根据需要确定是否删除源对象

（4）视图（V）：指定一个平行于当前视图的平面作为镜像平面。

（5）*xy*（*yz*、*zx*）平面：指定一个平行于当前坐标系的 *xy*（*yz*、*zx*）平面作为镜像平面。

## 18.2.4 实例——齿轮齿条传动

本实例绘制的齿轮齿条传动，主要应用绘制多线段命令 PLINE，绘制圆柱体命令 CYLINDER，拉伸命令 EXTRUDE，三维镜像命令 MIRROR3D，移动命令 MOVE 以及布尔运算的差集命令 SUBTRACT 和并集命令 UNION 等，来完成图形的绘制，结果如图 18-22 所示。

 绘制步骤

图 18-22 齿轮齿条传动

1. 启动系统。启动 AutoCAD 2014，使用默认设置绘图环境。
2. 设置线框密度。设置对象上每个曲面的轮廓线数目为 10。
3. 绘制多线段。

```
命令:PLINE↙
指定起点: 395,25↙
当前线宽为 0.0000
指定下一个点或 [圆弧(A)/半宽(H)/长度(L)/放弃(U)/宽度(W)]: A↙
指定圆弧的端点或[角度(A)/圆心(CE)/方向(D)/半宽(H)/直线(L)/半径(R)/第 2 个点(S)/放弃(U)/宽度(W)]: R↙
指定圆弧的半径: 45↙
指定圆弧的端点或[角度(A)]: 390,0↙
指定圆弧的端点或[角度(A)/圆心(CE)/闭合(CL)/方向(D)/半宽(H)/直线(L)/半径(R)/第 2 个点(S)/放弃(U)/宽度(W)]: l↙
指定下一点或 [圆弧(A)/闭合(C)/半宽(H)/长度(L)/放弃(U)/宽度(W)]: @20,0↙
指定下一点或 [圆弧(A)/闭合(C)/半宽(H)/长度(L)/放弃(U)/宽度(W)]: A↙
指定圆弧的端点或[角度(A)/圆心(CE)/闭合(CL)/方向(D)/半宽(H)/直线(L)/半径(R)/第 2 个点(S)/放弃(U)/宽度(W)]: R
指定圆弧的半径: 45↙
指定圆弧的端点或 [角度(A)]: 405,25↙
指定圆弧的端点或[角度(A)/圆心(CE)/闭合(CL)/方向(D)/半宽(H)/直线(L)/半径(R)/第 2 个点(S)/放弃(U)/宽度(W)]: l
指定下一点或 [圆弧(A)/闭合(C)/半宽(H)/长度(L)/放弃(U)/宽度(W)]: C↙
```

绘制如图 18-23 所示。

4. 绘制圆柱体。单击"建模"工具栏中的"圆柱体"按钮 ，以（0,0,0）为底面中心点，分别创建半径为 100，高 300；半径为 120，高 50 及半径为 200，高 20 的圆柱体。

5. 设置视图方向。选择菜单栏中的"视图"→"三维视图"→"西南等轴测"命令，或单击"视图"工具栏中的"西南等轴测"按钮 ，将当前视图设置为西南等轴测视图，消隐后结果如图 18-24 所示。

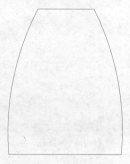

图 18-23 绘制多线段

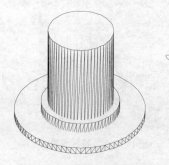

图 18-24 西南视图后的图形

6. 并集处理。单击"实体编辑"工具栏中"并集"按钮⑩，将以上 3 个圆柱体合并。

7. 绘制齿轮轮廓圆柱体。单击"建模"工具栏中的"圆柱体"按钮◻，分别绘制圆心为 (0，-400，0)，半径为 200，高为 50 的圆柱体；圆心为 (0，-400，0)、半径为 240、高为 50 的圆柱体。

8. 差集处理。单击"实体编辑"工具栏中的"差集"按钮⑩，从半径为 240 的圆柱中减去半径为 200 的圆柱。

9. 缩放图形。

> 命令: ZOOM
> 指定窗口的角点，输入比例因子 (nX 或 nXP)，或者[全部(A)/中心(C)/动态(D)/范围(E)/上一个(P)/比例(S)/窗口(W)/对象(O)] <实时>: ALL↙

消隐后如图 18-25 所示。

10. 移动处理。单击"修改"工具栏中的"移动"按钮✛，将上述实体由点 (0，-400，0) 移动至点 (0，0，0)，结果如图 18-26 所示。

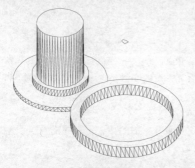
图 18-25　消隐后的图形

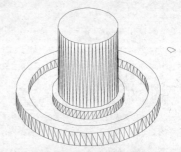
图 18-26　移动后的图形

11. 齿轮主体结构并集处理。单击"实体编辑"工具栏中的"并集"按钮⑩，将除了多线段之外的所有图形合并。

12. 复制处理。

> 命令: COPY↙
> 选择对象:（选择最初绘制的多线段）
> 当前设置：复制模式 = 多个
> 指定基点或 [位移(D)/模式(O)] <位移>: 400,0,0↙
> 指定第 2 个点或 [阵列(A)] <使用第一个点作为位移>: 0,240,0↙
> 指定第 2 个点或 [阵列(A)/退出(E)/放弃(U)] <退出>:

结果如图 18-27 所示。

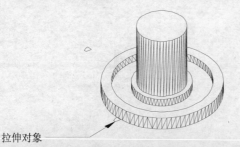
拉伸对象
图 18-27　复制后图形

图 18-28　俯视图

13. 设置视图方向。选择菜单栏中的"视图"→"三维视图"→"西北等轴测"命令，或单击"视图"工具栏中的"西南等轴测"按钮 ◎，将当前视图设置为西北等轴测视图。

14．拉伸操作。

> 命令：EXTRUDE↙
> 当前线框密度：ISOLINES=4，闭合轮廓创建模式 = 实体
> 选择要拉伸的对象或 [模式(MO)]：_MO
> 闭合轮廓创建模式 [实体(SO)/曲面(SU)] <实体>：_SO
> 要拉伸的对象或 [模式(MO)]：（选择图 18-86 所示的拉伸对象，即上述复制的多线段）
> 要拉伸的对象或 [模式(MO)]：↙
> 拉伸的高度或 [方向(D)/路径(P)/倾斜角(T)/表达式(E)] 50↙

结果如图 18-28 所示。

15．设置视图方向。选择菜单栏中的"视图"→"三维视图"→"俯视"命令，或单击"视图"工具栏中的"俯视"按钮 ▭，将当前视图设置为俯视图。

16．三维阵列处理。单击"建模"工具栏中的"三维阵列"按钮 ⊞，阵列第 14 步拉伸的对象，命令行提示与操作如下：

> 命令：3DARRAY↙
> 选择对象：（选择图 18-87 所示的拉伸对象）
> 选择对象：↙
> 输入阵列类型 [矩形(R)/环形(P)] <矩形>：P↙
> 输入阵列中的项目数目：30↙
> 指定要填充的角度 (+=逆时针, -=顺时针) <360>：↙
> 旋转阵列对象？ [是(Y)/否(N)] <Y>：↙
> 指定阵列的中心点：0,0,0↙
> 指定旋转轴上的第 2 点：0,0,50 ↙

17．设置视图方向。选择菜单栏中的"视图"→"三维视图"→"东北等轴测"命令，将当前视图设为东北等轴测视图，结果如图 18-29 所示。

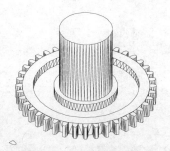
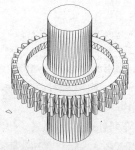

图 18-29　东北等轴测视图　　　　图 18-30　三维镜像后的图形

18．三维镜像处理。

> 命令：MIRROR3D↙
> 选择对象：（选择并集之后的实体）
> 选择对象：↙
> 指定镜像平面 (3点) 的第1个点或　[对象(O)/最近的(L)/z 轴(z)/视图(V)/XY 平面(xy)/yz 平面(yz)/zx 平面(zx)/3 点(3)] <3 点>：XY↙
> 指定 xy 平面上的点 <0,0,0>：↙
> 是否删除源对象？ [是(Y)/否(N)] <否>：↙

结果如图 18-30 所示。

19．轮齿结构并集处理。单击"实体编辑"工具栏中的"并集"按钮 ◎，将除多线段除外

的所有实体合并。

**20．拉伸多线段。**

```
命令: EXTRUDE↙
当前线框密度： ISOLINES=4，闭合轮廓创建模式 = 实体
选择要拉伸的对象或 [模式(MO)]: _MO
闭合轮廓创建模式 [实体(SO)/曲面(SU)] <实体>: _SO
要拉伸的对象或 [模式(MO)]:（选择上述复制的多线段）
要拉伸的对象或 [模式(MO)]: ↙
拉伸的高度或 [方向(D)/路径(P)/倾斜角(T)/表达式(E)]: 200↙
```

绘制如图 18-31 所示。

**21．绘制长方体。** 单击"建模"工具栏中的"长方体"按钮▢，命令行提示与操作如下：

```
命令:BOX↙
指定第 1 个角点或 [中心(C)]: -375,-275,75↙
指定其他角点或 [立方体(C)/长度(L)]: @800,-50,-200↙
```

结果如图 18-32 所示。

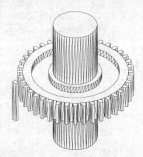

图 18-31　拉伸多线段后的图形

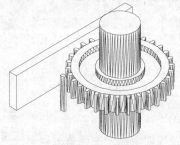

图 18-32　绘制长方体

**22．移动图形。**

```
命令: MOVE↙
选择对象:（选择多线段生成的柱体）
选择对象: ↙
指定基点或 [位移(D)] <位移>: 410,0,0↙
指定第 2 个点或 <使用第 1 个点作为位移>: 425,-275,-125↙
```

结果如图 18-33 所示。

**23．三维阵列处理。**

```
命令: 3DARRAY↙
选择对象:（选择齿牙）
选择对象: ↙
输入阵列类型 [矩形(R)/环形(P)] <矩形>:↙
输入行数 (---) <1>:↙
输入列数 (|||) <1>: 22↙
输入层数 (...) <1>:↙
指定列间距 (|||): -35↙
```

**24．并集处理。** 单击"实体编辑"工具栏中的"并集"按钮◎，将齿条与齿牙做并集处理，绘制如图 18-34 所示。

**25．渲染处理。** 选择菜单栏中的"视图"→"渲染"→"材质浏览器"命令，选择适当的材质，然后选择菜单栏中的"视图"→"渲染"→"渲染"命令，对图形进行渲染。渲染后的

效果如图 18-22 所示。

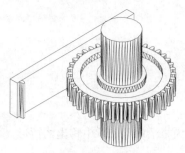

图 18-33　移动齿牙

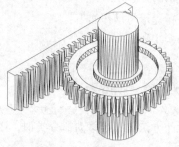

图 18-34　矩形阵列

## 18.2.5　对齐对象

### 1. 执行方式

命令行：ALIGN（快捷命令：AL）。

菜单栏："修改" → "三维操作" → "对齐"

### 2. 操作步骤

命令行提示与操作如下：

命令：ALIGN↙

选择对象： 选择要对齐的对象

选择对象： 选择下一个对象或按【Enter】键

指定一对、两对或 3 对点，将选定对象对齐。

指定第 1 个源点: 选择点 1

指定第 1 个目标点: 选择点 2

指定第 2 个源点: ↙

对齐结果如图 18-35 所示。两对点和三对点与一对点的情形类似。

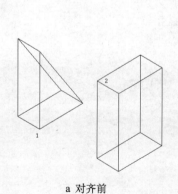

a　对齐前

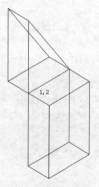

b　对齐后

图 18-35　一点对齐

## 18.2.6　三维移动

### 1. 执行方式

命令行：3DMOVE。

菜单栏：选择菜单栏中的"修改" → "三维操作" → "三维移动"命令。

工具栏：建模→三维移动⊕。

### 2．操作步骤

命令行提示与操作如下：

命令：　3DMOVE↙

选择对象：找到 1 个

选择对象：↙

指定基点或 [位移(D)] <位移>：指定基点

指定第 2 个点或 <使用第 1 个点作为位移>：指定第 2 点

其操作方法与二维移动命令类似，图 18-36 所示为将滚珠从轴承中移出的情形。

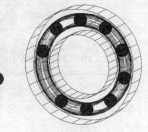

图 18-36　三维移动

# 18.2.7　三维旋转

### 1．执行方式

命令行：3DROTATE。

菜单栏：选择菜单栏中的"修改"→"三维操作"→"三维旋转"命令。

工具栏：建模→三维旋转◎。

### 2．操作步骤

命令行提示与操作如下：

命令：　3DROTATE↙

UCS 当前的正角方向：　ANGDIR=逆时针　ANGBASE=0

选择对象：选择一个滚珠

选择对象：↙

指定基点：指定圆心位置

拾取旋转轴：选择如图 18-37 所示的轴

指定角的起点：选择如图 18-37 所示的中心点

指定角的端点：指定另一点

旋转结果如图 18-38 所示。

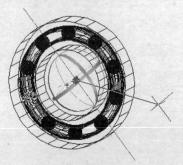

图 18-37　指定参数

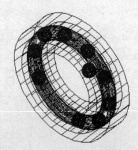

图 18-38　旋转结果

## 18.2.8　实例——压板

本实例绘制的压板，主要应用绘制长方体命令 BOX，三维旋转命令 ROTATE3D，来绘制压板的外形；用绘制圆柱命令 CYLINDER，拉伸命令 EXTRUDE，三维阵列命令 3DARRAY，来绘制压板内部结构，此外还将使用布尔运算的差集命令 SUBTRACT，以及并集命令 UNION，完成图形的绘制，结果如图 18-39 所示。

图 18-39　压板

 **绘制步骤**

1．启动系统。启动 AutoCAD 2014，使用默认设置绘图环境。

2．设置线框密度。

> 命令: ISOLINES↙
>
> 输入 ISOLINES 的新值 <4>: 10↙

3．设置视图方向。选择菜单栏中的"视图"→"三维视图"→"前视"命令，或单击"视图"工具栏中的"前视"按钮◙，将当前视图方向设置为前视图。

4．绘制长方体。

> 命令: BOX↙（或选择菜单栏中的"绘图"→"建模"→"长方体"命令，也可单击"建模"工具栏中的"长方体"按钮▢，下同）
>
> 指定第 1 个角点或 [中心(C)]: ↙
>
> 指定其他角点或 [立方体(C)/长度(L)]: L↙
>
> 指定长度:200↙
>
> 指定宽度:30↙
>
> 指定高度[两点(2P)]: 10↙

继续以该长方体的左上端点为角点，创建长 200、宽 60、高 10 的长方体，依次类推，创建长 200，宽 30、20，高 10 的另两个长方体，结果如图 18-40 所示。

5．设置视图方向。选择菜单栏中的"视图"→"三维视图"→"左视"命令，将当前视图方向设置为左视图。

6．旋转长方体。

> 命令: ROTATE3D↙
>
> 当前正向角度: ANGDIR=逆时针 ANGBASE=0
>
> 选择对象:（选取上部的 3 个长方体，如图 18-41 所示）
>
> 指定轴上的第 1 个点或定义轴依据[对象(O)/最近的(L)/视图(V)/x 轴(x)/y 轴(y)/z 轴(z)/两点(2)]: Z↙
>
> 指定 z 轴上的点 <0,0,0>:_endp 于 （捕捉第 2 个长方体的右下端点，如图 18-42 所示 1 点）
>
> 指定旋转角度或 [参照(R)]: 30↙

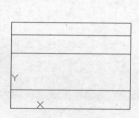

图 18-40　创建长方体

图 18-41　选取旋转的实体

结果如图 18-43 所示。

7. 旋转长方体。方法同前,继续旋转上部两个长方体,分别绕 $z$ 轴旋转 $60°$ 及 $90°$,结果如图 18-44 所示。

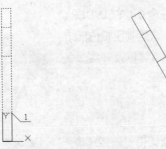
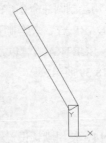
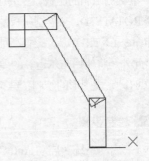

| 图 18-42 选取旋转轴上的 1 点 | 图 18-43 旋转上部实体 | 图 18-44 旋转后的实体 |

8. 设置视图方向。选择菜单栏中的"视图"→"三维视图"→"前视"命令,或单击"视图"工具栏中的"前视"按钮█,将当前视图方向设置为前视图。

9. 激活主视图。在命令行中输入 UCS 命令,修改坐标系。命令行提示与操作如下:

命令: UCS↙
当前 UCS 名称: *前视*
指定 UCS 的原点或 [面(F)/命名(NA)/对象(OB)/上一个(P)/视图(V)/世界(W)/X/Y/Z/Z 轴(ZA)] <世界>:
(捕捉压板的左下角点)
指定 $x$ 轴上的点或 <接受>:↙

10. 绘制圆柱体。

命令: CYLINDER (或选择菜单栏中的"绘图"→"建模"→"圆柱体"命令,也可单击"建模"工具栏中的"圆柱体"按钮█,下同)
指定底面的中心点或 [3 点(3P)/两点(2P)/切点、切点、半径(T)/椭圆(E)] <0,0,0>: 20, 15↙
指定底面半径或 [直径(D)]: 8↙
指定高度或 [两点(2P)/轴端点(A)]: 10↙

11. 阵列圆柱体。在命令行输入 3DARRAY,或选择菜单栏中的"修改"→"三维操作"→"三维阵列"命令,命令行提示与操作如下:

命令: _3DARRAY
正在初始化... 已加载 3DARRAY。
选择对象: (选择圆柱体)
选择对象: ↙
输入阵列类型 [矩形(R)/环形(P)] <矩形>:↙
输入行数 (---) <1>: 1↙
输入列数 (|||) <1>: 5↙
输入层数 (...) <1>:↙
指定列间距 (|||): 40↙

结果如图 18-45 所示。

12. 差集处理。

命令: SUBTRACT↙ (或选择菜单栏中的"修改"→"实体编辑"→"差集",也可单击"实体编辑"工具栏中的"差集"按钮█,下同)
选择要从中减去的实体、曲面和面域...
选择对象: (用鼠标选取下部长方体)
选择对象: ↙
选择对象: 选择要减去的实体、曲面和面域...
选择对象: (用鼠标阵列的圆柱体)
选择对象: ↙

13. 设置视图方向。选择菜单栏中的"视图"→"三维视图"→"俯视"命令，或单击"视图"工具栏"俯视"按钮，将当前视图方向设置为俯视图。

14. 绘制二维图形。绘制如图 18-46 所示的二维图形，图形下部为半径为 4 的圆弧。

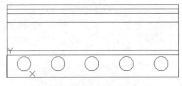

图 18-45　阵列圆柱图

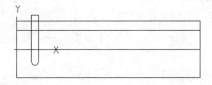

18-46　绘制二维图形

15. 创建面域。在命令行输入 REGION，或者选择菜单栏中的"绘图"→"面域"命令，或单击"绘图"工具栏中的"面域"按钮，将绘制的二维图形创建为面域。

16. 设置视图方向。选择菜单栏中的"视图"→"三维视图"→"西南等轴测"命令，或者单击"视图"工具栏中的"西南等轴测"按钮，将当前视图方向设置为西南等轴测视图，然后单击"修改"工具栏中的"移动"按钮，将其移动到图中合适的位置。

17. 拉伸面域。

命令:EXTRUDE✓　（或选择菜单栏中的"修改"→"拉伸"，也可单击"建模"工具栏中的"拉伸"按钮，下同）

当前线框密度：ISOLINES=10，闭合轮廓创建模式 = 实体

选择要拉伸的对象或 [模式(MO)]: _MO

闭合轮廓创建模式 [实体(SO)/曲面(SU)] <实体>: _SO

选择要拉伸的对象或 [模式(MO)]: （选取创建的面域）

选择要拉伸的对象或 [模式(MO)]: ✓

指定拉伸的高度或 [方向(D)/路径(P)/倾斜角(T)/表达式(E)]:20✓

18. 阵列拉伸的实体。将拉伸形成的实体，进行 1 行、5 列的矩形阵列，列间距为 40，结果如图 18-47 所示。

19. 并集处理。在命令行输入 UNION，或选择菜单栏中的"修改"→"实体编辑"→"并集"命令，也可单击"实体编辑"工具栏中的"并集"按钮，将创建的长方体进行并集运算。

20. 差集处理。单击"实体编辑"工具栏中"差集"按钮，将并集后实体与拉伸实体进行差集运算。

21. 渲染处理。选择菜单栏中的"视图"→"渲染"→"材质浏览器"命令，选择适当的材质，然后选择菜单栏中的"视图"→"渲染"→"渲染"命令，对图形进行渲染。渲染后的效果如图 18-39 所示。

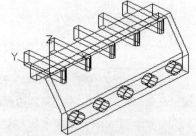

图 18-47　阵列拉伸的实体

## 18.3　对象编辑

对象编辑是指对单个三维实体本身的某些部分或某些要素进行编辑，从而改变三维实体造型。

## 18.3.1 复制边

### 1. 执行方式

命令行：SOLIDEDIT

菜单："修改"→"实体编辑"→"复制边"

工具栏：实体编辑→复制边 🔲

### 2. 操作步骤

命令行提示与操作如下：

```
命令: _SOLIDEDIT
实体编辑自动检查:  SOLIDCHECK=1
输入实体编辑选项 [面（F）/边（E）/体（B）/放弃（U）/退出（×）]<退出>: _edge
输入边编辑选项 [复制（C）/着色（L）/放弃（U）/退出（×）]<退出>: _copy
选择边或 [放弃（U）/删除（R）]:（选择曲线边）
选择边或 [放弃（U）/删除（R）]:（按【Enter】键）
指定基点或位移:（单击确定复制基准点）
指定位移的第2点:（单击确定复制目标点）
```

图 18-48 所示为复制边的图形结果。

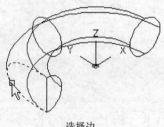 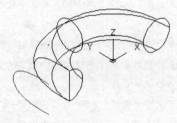

选择边        复制边

图 18-48 复制边

## 18.3.2 实例——泵盖

本实例绘制的泵盖如图 18-49 所示。应用创建圆柱体命令 CYLINDER，长方体命令 BOX，实体编辑命令 SOLIDEDIT 中的复制边操作，拉伸命令 EXTRUDE，倒圆角命令 FILLET，倒角命令 CHAMFER 以及布尔运算的差集命令 SUBTRACT 和并集命令 UNION 等，来完成图形的绘制。

图 18-49 泵盖

 绘制步骤

1. 启动系统。启动 AutoCAD 2014，使用默认设置绘图环境。

2. 设置线框密度。设置对象上每个曲面的轮廓线数目为 10。

3. 设置视图方向。选择菜单栏中的"视图"→"三维视图"→"西南等轴测"命令，或单击"视图"工具栏"西南等轴测"按钮 ◈，将当前视图方向设置为西南等轴测视图。

4. 绘制长方体。单击"建模"工具栏中的"长方体"按钮 🔲，以（0,0,0）为角点，创建长 36，宽 80，高 12 的长方体。

5. 绘制圆柱体。单击"建模"工具栏中的"圆柱体"按钮 ⬚，分别以（0,40,0）和（36,40,0）为底面中心点，创建半径为 40，高 12 的圆柱体，结果如图 18-50 所示。

6. 并集处理。单击"实体编辑"工具栏中的"并集"按钮 ⬚，将第 4 步绘制的长方体以及第 5 步绘制的两个圆柱体进行并集运算，结果如图 18-51 所示。

7. 复制实体底边。

> 命令:SOLIDEDIT↙（或选择菜单栏中的"修改"→"实体编辑"→"复制边"命令，也可单击"实体编辑"工具栏中的"复制边"按钮 ⬚，下同）
>
> 实体编辑自动检查： SOLIDCHECK=1
>
> 输入实体编辑选项 [面(F)/边(E)/体(B)/放弃(U)/退出(X)] <退出>:_edge
>
> 输入边编辑选项 [复制(C)/着色(L)/放弃(U)/退出(X)] <退出>: _copy
>
> 选择边或 [放弃(U)/删除(R)]:(用鼠标依次选择并集后实体底面边线)
>
> 选择边或 [放弃(U)/删除(R)]: ↙ vd
>
> 指定基点或位移: 0,0,0↙
>
> 指定位移的第 2 点: 0,0,0↙
>
> 输入边编辑选项 [复制(C)/着色(L)/放弃(U)/退出(X)] <退出>:↙
>
> 实体编辑自动检查： SOLIDCHECK=1
>
> 输入实体编辑选项 [面(F)/边(E)/体(B)/放弃(U)/退出(X)] <退出>:↙

结果如图 18-52 所示。

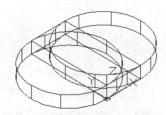 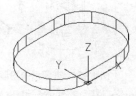 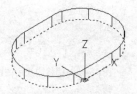

图 18-50　创建圆柱体后的图形　　　图 18-51　并集后的图形　　　图 18-52　选取复制的边

8. 合并多段线。

> 命令:PEDIT↙
>
> 选择多段线或 [多条(M)]:（用鼠标选择复制底边后的任意一个线段）
>
> 选定的对象不是多段线，是否将其转换为多段线?<Y>↙
>
> 输入选项 [闭合(C)/合并(J)/宽度(W)/编辑顶点(E)/拟合(F)/样条曲线(S)/非曲线化(D)/线型生成(L)/反转(R)/放弃(U)]: J↙
>
> 选择对象:（用鼠标依次选择复制底边的 4 个线段）
>
> 选择对象: ↙
>
> 3 条线段已添加到多段线
>
> 输入选项 [打开(O) /合并(J)/宽度(W)/编辑顶点(E)/拟合(F)/样条曲线(S)/非曲线化(D)/线型生成(L)/反转(R)/放弃(U)]: ↙

9. 偏移边线。

> 命令: OFFSET↙
>
> 当前设置: 删除源=否 图层=源 OFFSETGAPTYPE=0
>
> 指定偏移距离或 [通过(T)/删除(E)/图层(L)] <通过>: 22↙
>
> 选择要偏移的对象，或 [退出(E)/放弃(U)] <退出>:（用鼠标选择合并后的多段线）
>
> 指定要偏移的那一侧上的点，或 [退出(E)/多个(M)/放弃(U)] <退出>:（单击多段线内部任意一点）
>
> 选择要偏移的对象，或 [退出(E)/放弃(U)] <退出>:↙

结果如图 18-53 所示。

10. 拉伸偏移的边线。

命令: EXTRUDE↙
当前线框密度: ISOLINES=10, 闭合轮廓创建模式 = 实体
选择要拉伸的对象或 [模式(MO)]: _MO
闭合轮廓创建模式 [实体(SO)/曲面(SU)] <实体>: _SO
选择要拉伸的对象或 [模式(MO)]: (用鼠标选择上一步偏移的直线)
选择要拉伸的对象或 [模式(MO)]: ↙
指定拉伸的高度或 [方向(D)/路径(P)/倾斜角(T)/表达式(E)]:24↙

11．绘制圆柱体。单击"建模"工具栏中的"圆柱体"按钮□，捕捉拉伸形成的实体左边顶端圆的圆心为中心点，创建半径为 18、高 36 的圆柱。

12．并集处理。单击"实体编辑"工具栏中的"并集"按钮◎，将绘制的所有实体进行并集运算，结果如图 18-54 所示。

13．设置视图方向。选择菜单栏中的"视图"→"三维视图"→"俯视"命令，将当前视图方向设置为俯视图。

14．偏移边线。单击"修改"工具栏中的"偏移"按钮△，将复制的边线，向内偏移 11。

15．绘制圆柱体。单击"建模"工具栏中的"圆柱体"按钮□，捕捉偏移形成的辅助线左边圆弧的象限点为中心点，创建半径为 4，高 6 的圆柱，结果如图 18-55 所示。

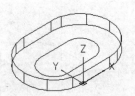

图 18-53 偏移边线后的图形

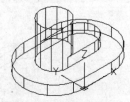

图 18-54 并集后的图形

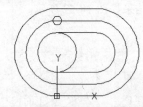

图 18-55 绘制圆柱后的图形

16．设置视图方向。选择菜单栏中的"视图"→"三维视图"→"西南等轴测"命令，或单击"视图"工具栏中的"西南等轴测"按钮◎，将当前视图方向设置为西南等轴测视图。

17．绘制圆柱体。单击"建模"工具栏中的"圆柱体"按钮□，捕捉半径为 4 的圆柱顶面圆心为中心点，创建半径为半径为 7、高 6 的圆柱。

18．并集处理。单击"实体编辑"工具栏中的"并集"按钮◎，将创建的半径为 4 与半径为 7 的圆柱体进行并集运算。

19．复制圆柱体。

命令: COPY↙
选择对象: (用鼠标选择并集后的圆柱体)
选择对象: ↙
当前设置: 复制模式 = 多个
指定基点或 [位移(D)/模式(O)] <位移>: (在对象捕捉模式下用鼠标选择圆柱体的圆心)
指定第 2 个点或 [阵列(A)] <使用第 1 个点作为位移>: (在对象捕捉模式下用鼠标选择圆弧象限点)
指定第 2 个点或 [阵列(A)/退出(E)/放弃(U)] <退出>:↙

结果如图 18-56 所示。

20．差集处理。单击"实体编辑"工具栏中的"差集"按钮◎，将并集的圆柱体从并集的实体中减去。

21．删除边线。

命令: ERASE↙
选择对象: (用鼠标选择复制及偏移的边线)
选择对象: ↙

**22.** 设置用户坐标系。将坐标原点移动到半径为 18 的圆柱体顶面中心点。

**23.** 绘制圆柱体。单击"建模"工具栏中的"圆柱体"按钮▢，以坐标原点为圆心，创建直径为 17、高-60 的圆柱体；以（0，0，-20）为圆心，创建直径为 25，高-7 的圆柱；以实体右边半径为 18 的柱面顶部圆心为中心点，创建直径为 17、高-24 的圆柱，结果如图 18-57 所示。

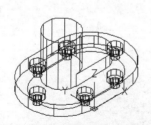　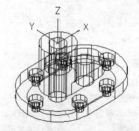

图 18-56　复制圆柱体后的图形　　　　图 18-57　绘制圆柱体后的图形

**24.** 差集处理。单击"实体编辑"工具栏中的"差集"按钮◎，将实体与绘制的圆柱体进行差集运算。消隐处理后的图形，如图 18-58 所示。

**25.** 圆角处理。

命令:FILLET↙
当前设置: 模式 = 修剪，半径 = 0.0000
选择第 1 个对象或[放弃(U)/多段线(P)/半径(R)/修剪(T)/多个(M)]:（用鼠标选择要圆角的对象）
输入圆角半径或 [表达式(E)]: 4↙
选择边或 [链(C)/环(L)/半径(R)]:（用鼠标选择要圆角的边）
已拾取到边。
选择边或 [链(C)/环(L)/半径(R)]:（依次用鼠标标选择要圆角的边）
选择边或 [链(C)/环(L)/半径(R)]: ↙

**26.** 倒角处理。

命令: CHAMFER↙
.（"修剪"模式）当前倒角距离 1 = 0.0000，距离 2 = 0.0000
选择第 1 条直线或[放弃(U)/多段线(P)/距离(D)/角度(A)/修剪(T)/方式(E)/多个(M)]:（用鼠标选择要倒角的直线）
基面选择...
输入曲面选择选项 [下一个(N)/当前(OK)] <当前>:↙
指定 基面 倒角距离或 [表达式(E)]: 2↙
指定 其他曲面 倒角距离或 [表达式(E)] <2.0000>:↙
选择边或 [环(L)]:（用鼠标选择要倒角的边）
选择边或 [环(L)]: ↙

消隐处理后的图形，如图 18-59 所示。

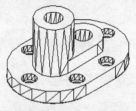　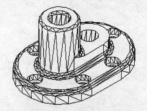

图 18-58　差集后的图形　　　　图 18-59　倒角后的图形

**27.** 渲染处理。选择菜单栏中的"视图"→"渲染"→"材质浏览器"命令，选择适当的材质，然后选择菜单栏中的"视图"→"渲染"→"渲染"命令，对图形进行渲染。渲染后的效果如图 18-49 所示。

### 18.3.3　着色边

#### 1. 执行方式

命令行：SOLIDEDIT

菜单："修改"→"实体编辑"→"着色边"

工具栏：实体编辑→着色边 🔲

#### 2. 操作步骤

命令行提示与操作如下：

命令:_SOLIDEDIT
实体编辑自动检查: SOLIDCHECK=1
输入实体编辑选项 [面(F)/边(E)/体(B)/放弃(U)/退出(X)] <退出>: _edge
输入边编辑选项 [复制(C)/着色(L)/放弃(U)/退出(X)] <退出>: _color
选择边或 [放弃(U)/删除(R)]:（选择要着色的边）
选择边或 [放弃(U)/删除(R)]:（继续选择或按【Enter】键结束选择）

选择好边后，AutoCAD 将打开"选择颜色"对话框。根据需要选择合适的颜色作为要着色边的颜色。

### 18.3.4　压印边

#### 1. 执行方式

命令行：SOLIDEDIT

菜单："修改"→"实体编辑"→"压印边"

工具栏：实体编辑→压印 🔲

#### 2. 操作步骤

命令行提示与操作如下：

命令:imprint
选择三维实体:
选择要压印的对象:
是否删除源对象 [是(Y)/否(N)] <N>:

依次选择三维实体、要压印的对象和设置是否删除源对象。图 18-60 所示为将五角星压印在长方体上的图形。

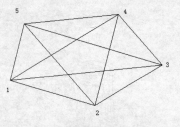
五角星和五边形

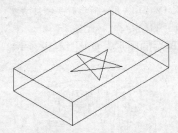
压印后长方体和五角星

图 18-60　压印对象

### 18.3.5　拉伸面

#### 1. 执行方式

命令行：SOLIDEDIT

菜单栏:"修改"→"实体编辑"→"拉伸面"

工具栏:实体编辑→拉伸面按钮

### 2.操作步骤

命令行提示与操作如下:

```
命令: _SOLIDEDIT
实体编辑自动检查: SOLIDCHECK=1
输入实体编辑选项 [面(F)/边(E)/体(B)/放弃(U)/退出(X)] <退出>: _face
输入面编辑选项[拉伸(E)/移动(M)/旋转(R)/偏移(O)/倾斜(T)/删除(D)/复制(C)/着色(L)/放弃(U)] <退出>: _extrude
选择面或 [放弃(U)/删除(R)]: 选择要进行拉伸的面
选择面或 [放弃(U)/删除(R)/全部(ALL)]:
指定拉伸高度或[路径(P)]:
```

### 3.选项说明

(1)指定拉伸高度:按指定的高度值来拉伸面。指定拉伸的倾斜角度后,完成拉伸操作。

(2)路径(P):沿指定的路径曲线拉伸面。图 18-61 所示为拉伸长方体顶面和侧面的结果。

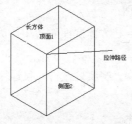 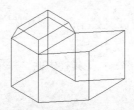

(a)拉伸前的长方体      (b)拉伸后的三维实体

图 18-61 拉伸长方体

# 18.3.6 实例——壳体

本例主要采用的绘制方法是拉伸绘制实体的方法与直接利用三维实体绘制实体的方法。本例设计思路:先通过上述两种方法建立壳体的主体部分,然后逐一建立壳体上的其他部分,最后对壳体进行圆角处理。要求读者对前几节讲解的绘制实体的方法有明确的认识。主要应用创建圆柱体命令 CYLINDER,长方体命令 BOX,拉伸命令 EXTRUDE,三维镜像命令 MIRROR3D,实体编辑命令 SOLIDEDIT 中的拉伸面操作及复制边操作,以及布尔运算的差集命令 SUBTRACT 和并集命令 UNION 等,来完成图形的绘制。其绘制流程如图 18-62 所示。

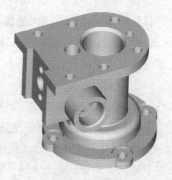

图 18-62 壳体

**绘制步骤**

1.启动系统。启动 AutoCAD,使用默认设置画图。

2.设置线框密度。在命令行中输入 ISOLINES,设置线框密度为 10。切换视图到西南等轴测图。

3.创建底座圆柱。

❶ 单击"建模"工具栏中的"圆柱体"按钮,以(0,0,0)为圆心,创建直径为 84,高 8 的圆柱。

❷ 单击"绘图"工具栏中的"圆"按钮,以(0,0)为圆心,绘制直径为 76 的辅助圆。

❸ 单击"建模"工具栏中的"圆柱体"按钮,捕捉直径为 76 的圆的象限点为圆心,创建直

径为 16、高 8 及直径为 7、高 6 的圆柱；捕捉直径为 16 的圆柱顶面圆心为中心点，创建直径为 16、高-2 的圆柱。

❹ 单击"修改"工具栏中的"阵列"按钮 ▦，将创建的 3 个圆柱进行环形阵列，阵列角度为 360°，阵列数目为 4，阵列中心为坐标原点。

❺ 单击"实体编辑"工具栏中的"并集"按钮 ◎，将直径为 84 的圆柱体与高为 8 的直径为 16 的圆柱体进行并集运算；单击"实体编辑"工具栏中的"差集"按钮 ◎，将实体与其余圆柱进行差集运算。消隐后结果如图 18-63 所示。

❻ 单击"建模"工具栏中的"圆柱体"按钮 ▢，以（0，0，0）为圆心，分别创建直径为 60、高为 20 及直径为 40、高为 30 的圆柱。

❼ 单击"实体编辑"工具栏中的"并集"按钮 ◎，将所有实体进行并集运算。

❽ 删除辅助圆，消隐后结果如图 18-64 所示。

4. 创建壳体中间部分。

❶ 单击"建模"工具栏中的"长方体"按钮 ▢，在实体旁边，创建长 35、宽 40、高 6 的长方体。

❷ 单击"建模"工具栏中的"圆柱体"按钮 ▢，长方体底面右边中点为圆心，创建直径为 40、高-6 的圆柱。

❸ 单击"实体编辑"工具栏中的"并集"按钮 ◎，将实体进行并集运算，如图 18-65 所示。

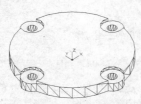
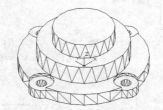

图 18-63　壳体底板　　　　　　　图 18-64　壳体底座　　　　　　　图 18-65　壳体中部

❹ 单击"修改"工具栏中的"复制"按钮 ▒，以创建的壳体中部实体底面圆心为基点，将其复制到壳体底座顶面的圆心处。

❺ 单击"实体编辑"工具栏中的"并集"按钮 ◎，将壳体底座与复制的壳体中部进行并集运算，如图 18-66 所示。

5. 创建壳体上部。

❶ 单击"实体编辑"工具栏中的"拉伸面"按钮 ▤，将创建的壳体中部，顶面拉伸 30，左侧面拉伸 20，结果如图 18-67 所示。

❷ 单击"建模"工具栏中的"长方体"按钮 ▢，以实体左下角点为角点，创建长 5、宽 28、高 36 的长方体。

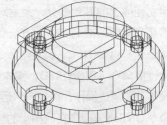

图 18-66　并集壳体中部后的实体

❸ 单击"修改"工具栏中的"移动"按钮 ✛，以长方体左边中点为基点，将其移动到实体左边中点处，结果如图 18-68 所示。

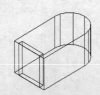

图 18-67　拉伸面操作后的实体　　　　　　图 18-68　移动长方体

❹ 单击"实体编辑"工具栏中的"差集"按钮◎，将实体与长方体进行差集运算。

❺ 单击"绘图"工具栏中的"圆"按钮◉，捕捉实体顶面圆心为圆心，绘制半径为 22 的辅助圆。

❻ 单击"建模"工具栏中的"圆柱体"按钮▢，捕捉半径为 22 的圆的右象限点为圆心，创建半径为 6，高-16 的圆柱。

❼ 单击"实体编辑"工具栏中的"并集"按钮◎，将实体进行并集运算，如图 18-69 所示。

❽ 删除辅助圆。

❾ 单击"修改"工具栏中的"移动"按钮✛，以实体底面圆心为基点，将其移动到壳体顶面圆心处。

❿ 单击"实体编辑"工具栏中的"并集"按钮◎，将实体进行并集运算，如图 18-70 所示。

6. 创建壳体顶板

❶ 单击"建模"工具栏中的"长方体"按钮▢，在实体旁边，创建长 55、宽 68、高 8 的长方体。

❷ 单击"建模"工具栏中的"圆柱体"按钮▢，长方体底面右边中点为圆心，创建直径为 68、高 8 的圆柱。

❸ 单击"实体编辑"工具栏中的"并集"按钮◎，将实体进行并集运算。

❹ 单击"实体编辑"工具栏中的"复制边"按钮▢，如图 18-71 所示，选取实体底边，在原位置进行复制。

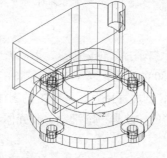
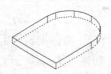

图 18-69　并集圆柱后的实体　　　图 18-70　并集壳体上部后的实体　　　图 18-71　选取复制的边线

❺ 利用合并多段线命令(PEDIT)，将复制的实体底边合并成一条多段线。

❻ 单击"修改"工具栏中的"偏移"按钮▱，将多段线向内偏移 7。

❼ 单击"绘图"工具栏中的"构造线"按钮◢，过多段线圆心绘制竖直辅助线及 45°辅助线。

❽ 单击"修改"工具栏中的"偏移"按钮▱，将竖直辅助线分别向左偏移 12 及 40，如图 18-72 所示。

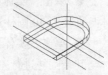

图 18-72　偏移辅助线

❾ 单击"建模"工具栏中的"圆柱体"按钮▢，捕捉辅助线与多段线的交点为圆心，分别创建直径为 7、高 8，及直径为 14、高 2 的圆柱；选择菜单栏中的"修改"→"三维操作"→"三维镜像"，将圆柱以 zx 面为镜像面，以底面圆心为 zx 面上的点，进行镜像操作；单击"实体编辑"工具栏中的"差集"按钮◎，将实体与镜像后的圆柱进行差集运算。

❿ 删除辅助线；单击"修改"工具栏中的"移动"按钮✛，以壳体顶板底面圆心为基点，将其移动到壳体顶面圆心处。

⓫ 单击"实体编辑"工具栏中的"并集"按钮◎，将实体进行并集运算，如图 18-73 所示。

**7.** 拉伸壳体面。单击"实体编辑"工具栏中的"拉伸面"按钮■，命令行提示与操作如下：

```
命令: _SOLIDEDIT
实体编辑自动检查: SOLIDCHECK=1
输入实体编辑选项 [面(F)/边(E)/体(B)/放弃(U)/退出(X)] <退出>: _face
输入面编辑选项 [拉伸(E)/移动(M)/旋转(R)/偏移(O)/倾斜(T)/删除(D)/复制(C)/颜色(L)/材质(A)/放弃(U)/退
出(X)] <退出>: _extrude
选择面或 [放弃(U)/删除(R)]: （选取如图 18-74 所示的面）
指定拉伸高度或 [路径(P)]: -8✓
指定拉伸的倾斜角度 <0>: ✓
```

消隐后结果如图 18-75 所示。

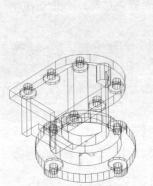
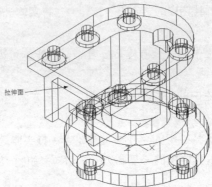
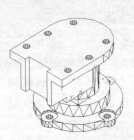

图 18-73　并集壳体顶板后的实体　　　　图 18-74　选取拉伸面　　　　图 18-75　拉伸面后的壳体

**8.** 创建壳体竖直内孔。

❶ 单击"建模"工具栏中的"圆柱体"按钮■，以（0，0，0）为圆心，分别创建直径为 Φ18，高 14，及直径为 30，高 80 的圆柱；以（-25，0，80）为圆心，创建直径为 12，高-40 的圆柱；以（22，0，80）为圆心，创建直径为 6，高-18 的圆柱，

❷单击"实体编辑"工具栏中的"差集"按钮■，将壳体与内形圆柱进行差集运算。

**9.** 创建壳体前部凸台及孔。

❶ 设置用户坐标系。在命令行输入 UCS，将坐标原点移动到（-25，-36，48），并将其绕 $x$ 轴旋转 90°。

❷ 单击"建模"工具栏中的"圆柱体"按钮■，以（0，0，0）为圆心，分别创建直径为 30、高-16，直径为 20、高-12 及直径为 12，高-36 的圆柱。

❸ 单击"实体编辑"工具栏中的"并集"按钮■，将壳体与直径为 30 圆柱进行并集运算。

❹ 单击"实体编辑"工具栏中的"差集"按钮■，将壳体与其余圆柱进行差集运算。如图 18-76 所示。

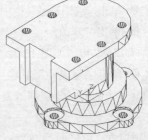

图 18-76　壳体凸台及孔

**10.** 创建壳体水平内孔。

❶ 设置用户坐标系。将坐标原点移动到（-25，10，-36），并绕 $y$ 轴旋转 90°。

❷ 单击"建模"工具栏中的"圆柱体"按钮■，以（0，0，0）为圆心，分别创建直径为 12，高 8，及直径为 8，高 25 的圆柱；以（0，10，0）为圆心，创建直径为 6，高 15 的圆柱。

❸ 选择菜单栏中的"修改"→"三维操作"→"三维镜像"命令，将直径为 6 的圆柱以

当前 $zx$ 面为镜像面，进行镜像操作。

❹ 单击"实体编辑"工具栏中的"差集"按钮 ◎ ，将壳体与内形圆柱进行差集运算，如图 18-77 所示。

11．创建壳体肋板。

❶ 切换视图到前视图。

❷ 单击"绘图"工具栏中的"多段线"按钮 ⌐ ，如图 18-78 所示，从点 1（中点）→点 2（垂足）→点 3（垂足）→点 4（垂足）→点 5（@0,-4）→点 1，绘制闭合多段线。

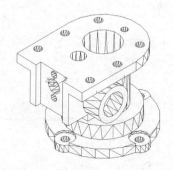

图 18-77　差集水平内孔后的壳体

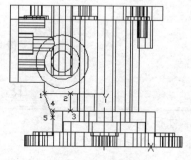

图 18-78　绘制多段线

❸ 单击"建模"工具栏中的"拉伸"按钮 ⬆ ，将闭合的多段线拉伸 3。

❹ 选择菜单栏中的"修改"→"三维操作"→"三维镜像"，将拉伸实体，以当前 $xy$ 面为镜像面，进行镜像操作。

❺ 单击"实体编辑"工具栏中的"并集"按钮 ◎ ，将壳体与肋板进行并集运算。

❻ 圆角操作。单击"修改"工具栏中的"圆角"按钮 ◻ ，对壳体进行倒角及倒圆角操作。

❼ 渲染处理。选择菜单栏中的"视图"→"渲染"→"材质浏览器"命令，选择适当的材质，然后选择菜单栏中的"视图"→"渲染"→"渲染"命令，对图形进行渲染，渲染后的效果如图 18-62 所示。

# 18.3.7　移动面

### 1．执行方式

命令行：SOLIDEDIT。

菜单栏："修改"→"实体编辑"→"移动面"

工具栏：实体编辑→移动面按钮 ⁺ₒ

### 2．操作步骤

命令行提示与操作如下：

命令:_SOLIDEDIT
实体编辑自动检查: SOLIDCHECK=1
输入实体编辑选项 [面(F)/边(E)/体(B)/放弃(U)/退出(X)] <退出>:_face
输入面编辑选项[拉伸(E)/移动(M)/旋转(R)/偏移(O)/倾斜(T)/删除(D)/复制(C)/颜色(L)/材质（A）/放弃(U)/退出（X）] <退出>:_move
选择面或 [放弃(U)/删除(R)]: 选择要进行移动的面
选择面或 [放弃(U)/删除(R)/全部(ALL)]: 继续选择移动面或按【Enter】键结束选择
指定基点或位移: 输入具体的坐标值或选择关键点
指定位移的第 2 点: 输入具体的坐标值或选择关键点

各选项的含义在前面介绍的命令中都有涉及，如有问题，请查询相关命令（拉伸面、移动等）。图 18-79 所示为移动三维实体的结果。

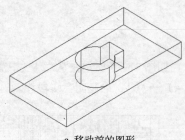
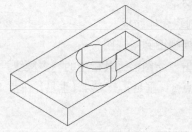

a 移动前的图形         b 移动后的图形

图 18-79   移动三维实体

## 18.3.8   偏移面

### 1．执行方式

命令行：SOLIDEDIT

菜单栏："修改"→"实体编辑"→"偏移面"

工具栏：实体编辑→偏移面按钮

### 2．操作步骤

命令行提示与操作如下：

命令：_SOLIDEDIT

实体编辑自动检查：SOLIDCHECK=1

输入实体编辑选项 [面(F)/边(E)/体(B)/放弃(U)/退出(X)] <退出>：_face

输入面编辑选项[拉伸(E)/移动(M)/旋转(R)/偏移(O)/倾斜(T)/删除(D)/复制(C)/颜色(L)/材质（A）/放弃(U)/退出（X）] <退出>：_offset

选择面或 [放弃(U)/删除(R)]：选择要进行偏移的面

指定偏移距离： 输入要偏移的距离值

图 18-80 所示为通过偏移命令改变哑铃手柄大小的结果。

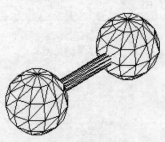
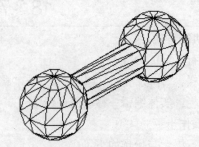

a 偏移前           b 偏移后

图 18-80   偏移对象

## 18.3.9   删除面

### 1．执行方式

命令行：SOLIDEDIT

菜单："修改"→"实体编辑"→"删除面"

工具栏：实体编辑→删除面 ✕

### 2．选项说明

命令行提示与操作如下：

命令：_SOLIDEDIT

实体编辑自动检查：SOLIDCHECK=1

输入实体编辑选项 [面(F)/边(E)/体(B)/放弃(U)/退出(X)] <退出>：_face

输入面编辑选项

[拉伸(E)/移动(M)/旋转(R)/偏移(O)/倾斜(T)/删除(D)/复制(C)/颜色(L)/材质(A)/放弃(U)/退出(X)] <退出>：

_delete 选择面或 [放弃(U)/删除(R)]：（选择要删除的面）

图 18-81 所示为删除长方体的一个圆角面后的结果。

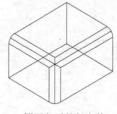 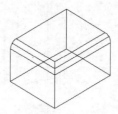

倒圆角后的长方体　　　　　　　　　　删除倒角面后的图形

图 18-81　删除圆角面

## 18.3.10　实例——镶块

利用刚学习的删除面功能绘制镶块，如图 18-82 所示。本例主要利用拉伸、镜像等命令绘制主体，再利用圆柱体、差集操作进行局部切除，以完成图形的绘制。

 **绘制步骤**

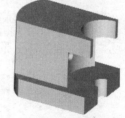

图 18-82　绘制镶块

1．启动系统。启动 AutoCAD，使用缺省设置画图。

2．设置线框密度。在命令行中输入 ISOLINES 命令，设置线框密度为 10。单击"视图"工具栏中的"西南等轴测"按钮 ◈，切换到西南等轴测图。

3．绘制长方体。单击"建模"工具栏中的"长方体"按钮 ▢，以坐标原点为角点，创建长 50，宽 100，高 20 的长方体。

4．绘制圆柱体。单击"建模"工具栏中的"圆柱体"按钮 ▢，以长方体右侧面底边中点为圆心，创建半径为 50，高 20 的圆柱。

5．并集运算。单击"建模"工具栏中的"并集"按钮 ◉，将长方体与圆柱进行并集运算，结果如图 18-83 所示。

6．剖切处理。选择菜单栏中的"修改"→"三维操作"→"剖切"命令，以 zx 为剖切面，分别指定剖切面上的点为（0，10，0）及（0，90，0），对实体进行对称剖切，保留实体中部，结果如图 18-84 所示。

7．复制对象。单击"修改"工具栏中的"复制"按钮 ◌，如图 18-85 所示，将剖切后的实体向上复制一个。

8．拉伸面处理。单击"实体编辑"工具栏中的"拉伸面"按钮 ▣。选取实体前端面拉伸高度为-10 继续将实体后侧面拉伸-10，如图 18-86 所示。结果如图 18-87 所示。

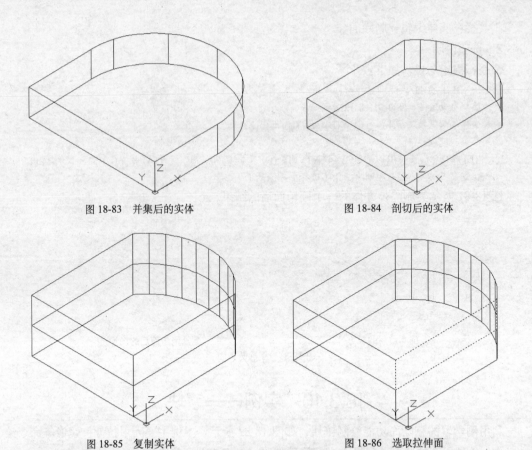

图 18-83　并集后的实体　　　　　　　　　图 18-84　剖切后的实体

图 18-85　复制实体　　　　　　　　　　　图 18-86　选取拉伸面

9. 删除面。单击"实体编辑"工具栏中的"删除面"按钮，删除实体上的面，如图 18-88 所示。继续将实体后部对称侧面删除，结果如图 18-89 所示。

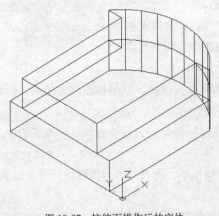

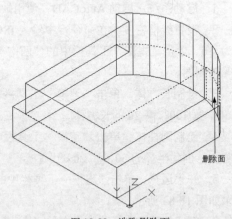

图 18-87　拉伸面操作后的实体　　　　　　图 18-88　选取删除面

10. 拉伸面。单击"实体编辑"工具栏中的"拉伸面"按钮，将实体顶面向上拉伸 40，结果如图 18-90 所示。

11. 绘制圆柱体。单击"建模"工具栏中的"圆柱体"按钮，以实体底面左边中点为圆心，创建半径为 10，高 20 的圆柱。同理，以半径为 10 的圆柱顶面圆心为中心点继续创建半径为 40，高 40 及半径为 25，高 60 的圆柱。

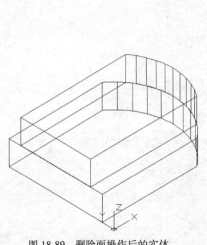

图 18-89　删除面操作后的实体

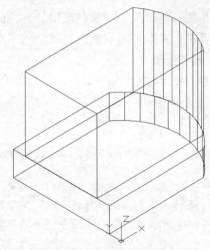

图 18-90　拉伸顶面操作后的实体

**12.** 差集运算。单击"建模"工具栏中的"差集"按钮 ◎ ，将实体与 3 个圆柱进行差集运算，结果如图 18-91 所示。

**13.** 坐标设置。在命令行输入 UCS，将坐标原点移动到（0，50，40），并将其绕 $y$ 轴选择 90°。

**14.** 绘制圆柱体。单击"建模"工具栏中的"圆柱体"按钮 □ ，以坐标原点为圆心，创建半径为 5，高 100 的圆柱，结果如图 18-92 所示。

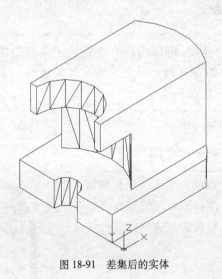

图 18-91　差集后的实体

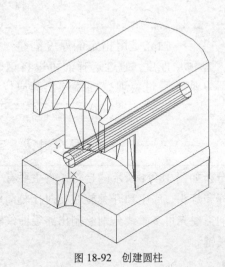

图 18-92　创建圆柱

**15.** 差集运算。单击"建模"工具栏中的"差集"按钮 ◎ ，将实体与圆柱进行差集运算。

**16.** 渲染处理。单击"渲染"工具栏中的"渲染"按钮 ⬡ ，渲染图形。渲染后的结果如图 18-82 所示。

## 18.3.11　抽壳

### 1. 执行方式

命令行：SOLIDEDIT

菜单栏:"修改"→"实体编辑"→"抽壳"

工具栏:实体编辑→抽壳按钮

### 2．操作步骤

命令行提示与操作如下:

命令:_SOLIDEDIT

实体编辑自动检查: SOLIDCHECK=1

输入实体编辑选项 [面(F)/边(E)/体(B)/放弃(U)/退出(X)] <退出>: _body

输入体编辑选项[压印(I)/分割实体(P)/抽壳(S)/清除(L)/检查(C)/放弃(U)/退出(X)] <退出>: _shell

选择三维实体: 选择三维实体

删除面或 [放弃(U)/添加(A)/全部(ALL)]: 选择开口面

输入抽壳偏移距离: 指定壳体的厚度值

图 18-93 所示为利用抽壳命令创建的花盆。

a 创建初步轮廓　　　　　　b 完成创建　　　　　　c 消隐结果

图 18-93 花盆

抽壳是用指定的厚度创建一个空的薄层。可以为所有面指定一个固定的薄层厚度,通过选择面可以将这些面排除在壳外。一个三维实体只能有一个壳,通过将现有面偏移出其原位置来创建新的面。

# 18.3.12 实例——台灯

分析如图 18-94 所示的台灯,它主要有 4 部分组成:底座、开关旋钮、支撑杆和灯头。底座和开关旋钮相对比较简单。支撑杆和灯头的难点之处在于它们需要先用多段线分别绘制出路径曲线和截面轮廓线,这是完成台灯设计的关键。

图 18-94 台灯

### 绘制步骤

1．设置视图方向:绘图→三维视图→西南等轴测。

2．用绘制圆柱体命令(CYLINDER)绘制一个圆柱体。

命令: CYLINDER↙

指定底面的中心点或 [3 点(3P)/两点(2P)/切点、切点、半径(T)/椭圆(E)]:0,0,0↙

指定底面半径或 [直径(D)]: D↙

指定底面直径:150↙

指定高度或 [两点(2P)/轴端点(A)]: 30↙

3．用绘制圆柱体命令(CYLINDER)绘制底面中心点在原点,直径为10,轴端点为 (15,0,0)

的圆柱体。

4．用绘制圆柱体命令（CYLINDER）绘制底面中心点在原点,直径为 5,轴端点为（15,0,0）的圆柱体。此时窗口图形如图 18-95 所示。

5．用差集命令（SUBTRACT）求直径为 10 和 5 的两个圆柱体的差集。

6．用移动命令（MOVE）将求差集后所得的实体导线孔从（0,0,0）移动到（−85,0,15）。此时结果如图 18-96 所示。

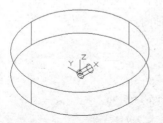
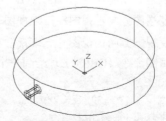

图 18-95　底座雏形　　　　　　　　　　　图 18-96　移动后的图形

7．用倒圆角命令（FILLET）对底座的上边缘倒半径为 12 的圆角。

8．用消隐命令（HIDE）对实体进行消隐。

此时结果如图 18-97 所示。

9．用绘制圆柱体命令（CYLINDER）绘制底面中心点为（40,0,30），直径为 20，高 25 的圆柱体。

10．将刚绘制的直径为 20 的圆柱体外表面倾斜 2°。用鼠标单击实体编辑工具栏的倾斜面图标，根据命令行的提示完成面倾斜操作。

11．用消隐命令（HIDE）对实体进行消隐，此时结果如图 18-98 所示。

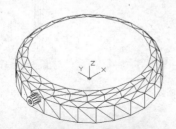
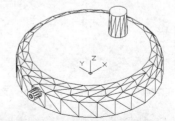

图 18-97　倒圆角后的底座　　　　　　　　图 18-98　开关旋钮和底座

12．改变视图方向：视图→三维视图→前视。

13．用旋转命令（ROTATE）将绘制的所有实体顺时针旋转−90°，图形如图 18-99 所示。

14．用多段线命令（PLINE）绘制支撑杆的路径曲线。

命令:PLINE↙
指定起点: 30,55↙
当前线宽为 0.0000
指定下一个点或 [圆弧(A)/半宽(H)/长度(L)/放弃(U)/宽度(W)]: @150,0↙
指定下一个点或 [圆弧(A)/闭合(C)/半宽(H)/长度(L)/放弃(U)/宽度(W)]: A↙
指定圆弧的端点或[角度(A)/圆心(CE)/闭合(CL)/方向(D)/半宽(H)/直线(L)/半径(R)/第 2 个点(S)/放弃(U)/宽度(W)]: S↙
指定圆弧上的第 2 个点: 203.5,50.7↙
指定圆弧的端点: 224,38↙

指定圆弧的端点或[角度(A)/圆心(CE)/闭合(CL)/方向(D)/半宽(H)/直线(L)/半径(R)/第 2 个点(S)/放弃(U)/宽度(W)]: 248,8↙

指定圆弧的端点或[角度(A)/圆心(CE)/闭合(CL)/方向(D)/半宽(H)/直线(L)/半径(R)/第 2 个点(S)/放弃(U)/宽度(W)]: L↙

指定下一点或 [圆弧(A)/闭合(C)/半宽(H)/长度(L)/放弃(U)/宽度(W)]: 269,-28.8↙

指定下一点或 [圆弧(A)/闭合(C)/半宽(H)/长度(L)/放弃(U)/宽度(W)]: ↙

此时窗口图形如图 18-100 所示。

15. 用三维旋转命令（3DROTATE）将图中的所有实体逆时针旋转 90°。

16. 改变视图方向：视图→三维视图→西南等轴测。

17. 改变视图方向：视图→三维视图→俯视。

18. 用画圆命令（CIRCLE）绘制一个圆。

命令: CIRCLE↙

指定圆的圆心或 [3 点(3P)/两点(2P)/切点、切点、半径(T)]: -55,0,30↙

指定圆的半径或 [直径(D)]:D↙

指定圆的直径: 20↙

19. 改变视图方向：视图→三维视图→西南等轴测。用拉伸命令（EXTRUDE）沿支撑杆的路径曲线拉伸直径为 20 的圆。

20. 用消隐命令（HIDE）对实体进行消隐。

此时结果如图 18-101 所示。

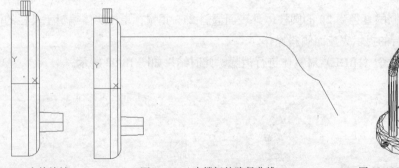

图 18-99 实体旋转　　　图 18-100 支撑杆的路径曲线　　　图 18-101 拉伸成支撑杆

21. 改变视图方向：视图→三维视图→前视。

22. 用旋转命令（ROTATE）将绘制的所有实体逆时针旋转-90°。

23. 用多段线命令（PLINE）绘制截面轮廓线。

命令: PLINE↙

指定起点:(选择支撑杆路径曲线的上端点) ↙

当前线宽为 0.0000

指定下一个点或 [圆弧(A)/半宽(H)/长度(L)/放弃(U)/宽度(W)]: @20<30↙

指定下一点或 [圆弧(A)/闭合(C)/半宽(H)/长度(L)/放弃(U)/宽度(W)]: A↙

指定圆弧的端点或[角度(A)/圆心(CE)/闭合(CL)/方向(D)/半宽(H)/直线(L)/半径(R)/第 2 个点(S)/放弃(U)/宽度(W)]: 316,-25↙

指定圆弧的端点或[角度(A)/圆心(CE)/闭合(CL)/方向(D)/半宽(H)/直线(L)/半径(R)/第 2 个点(S)/放弃(U)/宽度(W)]: L

指定下一点或 [圆弧(A)/闭合(C)/半宽(H)/长度(L)/放弃(U)/宽度(W)]: 200,-90↙

指定下一点或 [圆弧(A)/闭合(C)/半宽(H)/长度(L)/放弃(U)/宽度(W)]: 177,-48.66↙

指定下一点或 [圆弧(A)/闭合(C)/半宽(H)/长度(L)/放弃(U)/宽度(W)]: A↙

指定圆弧的端点或[角度(A)/圆心(CE)/闭合(CL)/方向(D)/半宽(H)/直线(L)/半径(R)/第 2 个点(S)/放弃(U)/宽度(W)]: S↙

　指定圆弧上的第 2 个点: 216,-28↙

　指定圆弧的端点: 257.5,-34.5↙

　指定圆弧的端点或[角度(A)/圆心(CE)/闭合(CL)/方向(D)/半宽(H)/直线(L)/半径(R)/第 2 个点(S)/放弃(U)/宽度(W)]: L↙

　指定下一点或 [圆弧(A)/闭合(C)/半宽(H)/长度(L)/放弃(U)/宽度(W)]: C↙

此时窗口结果如图 18-102 所示。

24．用旋转命令（REVOLVE）旋转截面轮廓。

命令:REVOLVE↙

当前线框密度:　ISOLINES=4

选择要旋转的对象：（选择截面轮廓）

选择要旋转的对象：↙

指定轴起点或根据以下选项之一定义轴 [对象(O)/X/Y/Z]<对象>:

指定轴端点:

指定旋转角度 <360>:↙

25．三维旋转命令（ROTATE）将绘制的所有实体逆时针旋转 90°。

26．改变视图方向：视图→三维视图→西南等轴测。

27．用消隐命令（HIDE）对实体进行消隐。

此时窗口图形如图 18-103 所示。

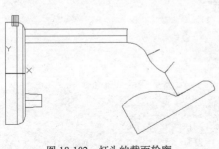

图 18-102　灯头的截面轮廓　　　　　图 18-103　消隐图

28．用三维动态观察旋转实体，使灯头的大端面朝外。用鼠标直接单击三维动态观察器工具栏的三维动态观察图标或菜单：视图→动态观察→自由动态观察。

29．对灯头进行抽壳。用鼠标单击实体编辑工具栏的抽壳图标,根据命令行的提示完成抽壳操作：

命令: _SOLIDEDIT↙

实体编辑自动检查:　SOLIDCHECK=1

输入实体编辑选项 [面(F)/边(E)/体(B)/放弃(U)/退出(X)] <退出>: _body↙

输入体编辑选项[压印(I)/分割实体(P)/抽壳(S)/清除(L)/检查(C)/放弃(U)/退出(X)] <退出>: _shell↙

选择三维实体: (选择灯头) ↙

删除面或 [放弃(U)/添加(A)/全部(ALL)]：（选择灯头的大端面）

找到一个面，已删除 1 个

删除面或 [放弃(U)/添加(A)/全部(ALL)]：↙

输入抽壳偏移距离: 2↙

已开始实体校验。

已完成实体校验。

输入体编辑选项[压印(I)/分割实体(P)/抽壳(S)/清除(L)/检查(C)/放弃(U)/退出(X)] <退出>:X✓

实体编辑自动检查： SOLIDCHECK=1

输入实体编辑选项 [面(F)/边(E)/体(B)/放弃(U)/退出(X)] <退出>: X✓

30．将台灯的不同部分着上不同的颜色。用鼠标单击实体编辑工具栏中的着色面的图标，根据命令行的提示，将灯头和底座着上红色，灯头内壁着上黄色，其余部分着上蓝色。

31．用渲染命令（RENDER）对台灯进行渲染。渲染结果如图 18-104 所示。

西南等轴测　　　　　　　　　　某个角度

图 18-104　不同角度的台灯效果图

# 18.3.13　旋转面

## 1．执行方式

命令行：SOLIDEDIT

菜单："修改" → "实体编辑" → "旋转面"

工具栏：实体编辑→旋转面

## 2．选项说明

命令行提示与操作如下：

命令: _SOLIDEDIT

实体编辑自动检查: SOLIDCHECK=1

输入实体编辑选项 [面(F)/边(E)/体(B)/放弃(U)/退出(X)] <退出>: _face

输入面编辑选项[拉伸(E)/移动(M)/旋转(R)/偏移(O)/倾斜(T)/删除(D)/复制(C)/颜色(L)/材质(A)/放弃(U)/退出(X)] <退出>: _rotate

选择面或 [放弃(U)/删除(R)]: （选择要旋转的面）

选择面或 [放弃(U)/删除(R)/全部(ALL)]: （继续选择或按 ENTER 键结束选择）

指定轴点或 [经过对象的轴(A)/视图(V)/x 轴(x)/y 轴(y)/z 轴(z)] <两点>: （选择一种确定轴线的方式）

指定旋转角度或 [参照(R)]: （输入旋转角度）

图 18-105 所示的图为将如图 18-105 中开口槽的方向旋转 90°后的结果。

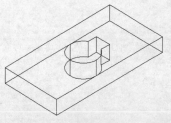 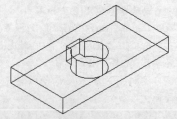

旋转前　　　　　　　　　　　　　旋转后

图 18-105　开口槽旋转 90°前后的图形

# 18.3.14　实例——轴支架

本例主要利用长方体、圆角绘制底座，其余部分的绘制主要利用拉伸操作，结果如图 18-106 所示。

图 18-106　绘制轴支架

　**绘制步骤**

1．启动 AutoCAD 2014，使用默认设置绘图环境。

2．设置线框密度。在命令行中输入 ISOLINES 命令，命令行提示与操作如下：

> 命令: ISOLINES
> 输入 ISOLINES 的新值 <4>: 10↙

3．切换视图。单击"视图"工具栏中的"西南等轴测"按钮◎，将当前视图方向设置为西南等轴测视图。

4．绘制底座。单击"建模"工具栏中的"长方体"按钮▱，以角点坐标为（0,0,0）长宽高分别为80、60、10 绘制连接立板长方体，绘制长方体。

5．圆角操作。单击"修改"工具栏中的"圆角"按钮▱，选择要圆角的长方体进行圆角处理，半径为 10。

6．绘制圆柱体。单击"建模"工具栏中的"圆柱体"按钮▱，绘制底面中心点为（10，10，0）半径为6，指定高度为10，绘制圆柱体，结果如图 18-107 所示。

7．复制对象。单击"修改"工具栏中的"复制"按钮▨，选择上一步绘制的圆柱体复制到其他 3 个圆角处，结果如图 18-108 所示。

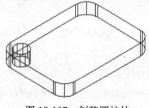　　　　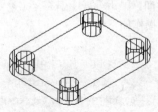

图 18-107　创建圆柱体　　　　图 18-108　复制圆柱体

8．差集运算。单击"建模"工具栏中的"差集"按钮◉，将长方体和圆柱体进行差集运算。

9．设置用户坐标系。在命令行中输入 UCS 命令行提示与操作如下：

> 命令: UCS↙
> 当前 UCS 名称: *世界*
> 指定 UCS 的原点或 [面(F)/命名(NA)/对象(OB)/上一个(P)/视图(V)/世界(W)/x/y/z/z 轴(ZA)] <世界>: 40, 30, 60↙
> 指定 x 轴上的点或 <接受>:↙

10．绘制长方体。单击"建模"工具栏中的"长方体"按钮▱，以坐标原点为长方体的中心点，分别创建长宽高为40、10、100 及长宽高为10、40、100 的长方体，结果如图 18-109 所示。

11．坐标系设置。在命令行中输入命令 UCS，移动坐标原点到（0，0，50），并将其绕 y 轴旋转 90°。

12. 绘制圆柱体。单击"建模"工具栏中的"圆柱体"按钮 🔲，以坐标原点为圆心，创建半径为 20、高 25 的圆柱体。

13. 镜像处理。选择"修改"→"三维操作"→"三维镜像"命令。选取圆柱绕 $xy$ 轴进行选装，结果如图 18-110 所示。

14. 并集运算。单击"建模"工具栏中的"并集"按钮 ⚙，选择两个圆柱体与两个长方体进行并集运算。

15. 绘制圆柱体。单击"建模"工具栏中的"圆柱体"按钮 🔲，捕捉半径为 20 的圆柱的圆心为圆心，创建半径为 10、高 50 的圆柱体。

16. 差集运算。单击"建模"工具栏中的"差集"按钮 ⚙，将并集后的实体与圆柱进行差集运算。消隐处理后的图形，如图 18-111 所示。

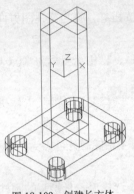 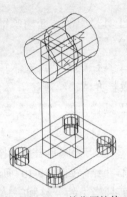 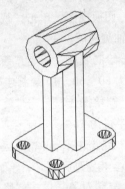

图 18-109  创建长方体　　　　图 18-110  镜像圆柱体　　　　图 18-111  消隐后的实体

17. 旋转面。单击"实体编辑"工具栏中的"旋转面" 🔧 按钮，旋转支架上部十字形底面。命令行提示与操作如下：

命令: SOLIDEDIT↙

实体编辑自动检查:SOLIDCHECK=1

输入实体编辑选项 [面(F)/边(E)/体(B)/放弃(U)/退出(X)] <退出>: F↙

输入面编辑选项[拉伸(E)/移动(M)/旋转(R)/偏移(O)/倾斜(T)/删除(D)/复制(C)/颜色(L)/材质(A)/放弃(U)/退出(X)] <退出>: R↙

选择面或 [放弃(U)/删除(R)]: （如图 18-107 所示，选择支架上部十字形底面）

指定轴点或 [经过对象的轴(A)/视图(V)/X 轴(X)/Y 轴(Y)/Z 轴(Z)] <两点>: Y↙

指定旋转原点 <0,0,0>:_endp 于 （捕捉十字形底面的右端点）

指定旋转角度或 [参照(R)]: 30↙

结果如图 18-112 所示。

18. 在命令行中输入"ROTATE3D"命令，旋转底板。命令行提示与操作如下：

命令: ROTATE3D↙

选择对象: (选取底板)

指定轴上的第一个点或定义轴依据 [对象(O)/最近的(L)/视图(V)/$x$ 轴($x$)/$y$ 轴($y$)/$z$ 轴($z$)/两点(2)]: Y↙

指定 $y$ 轴上的点 <0,0,0>:_endp 于 （捕捉十字形底面的右端点）

指定旋转角度或 [参照(R)]: 30↙

19. 设置视图方向

单击"视图"工具栏"前视" 🔲 按钮，将当前视图方向设置为主视图。消隐处理后的图形，如图 18-113 所示。

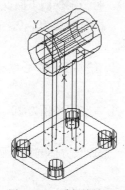

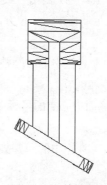

图 18-112  选择旋转面      图 18-113  旋转底板

**20.** 渲染处理。单击"渲染"工具栏"材质浏览器"按钮🔳，对图形进行渲染。渲染后的结果如图 18-106 所示。

## 18.3.15  倾斜面

### 1. 执行方式

命令行：SOLIDEDIT

菜单："修改"→"实体编辑"→"倾斜面"

工具栏：实体编辑→倾斜面🔲

### 2. 操作步骤

命令行提示与操作如下：

命令：_SOLIDEDIT

实体编辑自动检查: SOLIDCHECK=1

输入实体编辑选项 [面(F)/边(E)/体(B)/放弃(U)/退出(X)] <退出>: _face

输入面编辑选项[拉伸(E)/移动(M)/旋转(R)/偏移(O)/倾斜(T)/删除(D)/复制(C)/颜色(L)/材质(A)/放弃(U)/退出(X)] <退出>: _taper

选择面或 [放弃(U)/删除(R)]: （选择要倾斜的面）

选择面或 [放弃(U)/删除(R)/全部(ALL)]: （继续选择或按【Enter】键结束选择）

指定基点: （选择倾斜的基点（倾斜后不动的点））

指定沿倾斜轴的另一个点: （选择另一点（倾斜后改变方向的点））

指定倾斜角度: （输入倾斜角度）

## 18.3.16  实例——机座

本实例绘制的机座，主要应用了创建长方体命令 BOX，创建圆柱体命令 CYLINDER，实体编辑命令 SOLIDEDIT 中的倾斜面操作，以及布尔运算的差集命令 SUBTRACT，并集命令 UNION，来完成图形的绘制，如图 18-114 所示。

**绘制步骤**

**1.** 启动 AutoCAD 2014，使用默认设置绘图环境。

**2.** 设置线框密度。设置对象上每个曲面的轮廓线数目为 10。

图 18-114  机座

3. 单击"视图"工具栏"西南等轴测"按钮 ◈，将当前视图方向设置为西南等轴测视图。

4. 单击"建模"工具栏中的"长方体"按钮 ▢，指定角点（0，0，0），长宽高为80、50、20绘制长方体。

5. 单击"建模"工具栏中的"圆柱体"按钮 ▢，绘制底面中心点长方体底面右边中点，半径为25，指定高度为20。

同样方法，指定底面中心点的坐标为（80，25,0），底面半径为20，圆柱体高度为80，绘制圆柱体。

6. 单击"建模"工具栏中的"并集"按钮 ◉，选取长方体与两个圆柱体进行并集运算，结果如图18-115所示。

7. 设置用户坐标系。命令行提示与操作如下：

命令: UCS↙
当前 UCS 名称: *世界*
指定 UCS 的原点或 [面(F)/命名(NA)/对象(OB)/上一个(P)/视图(V)/世界(W)/x/y/z/z 轴(ZA)] <世界>:（用鼠标点取实体顶面的左下顶点）
指定 x 轴上的点或 <接受>:↙

8. 单击"建模"工具栏中的"长方体"按钮 ▢，以（0，10）为角点，创建长宽高为80、30、30的长方体，结果如图18-116所示。

9. 单击"实体编辑"工具栏中的"倾斜面"按钮 ◈，对长方体的左侧面进行倾斜操作。命令行提示与操作如下：

命令: SOLIDEDIT↙
实体编辑自动检查: SOLIDCHECK=1
输入实体编辑选项 [面(F)/边(E)/体(B)/放弃(U)/退出(X)] <退出>: F↙
输入面编辑选项[拉伸(E)/移动(M)/旋转(R)/偏移(O)/倾斜(T)/删除(D)/复制(C)/颜色(L)/材质(A)/放弃(U)/退出(X)] <退出>: T↙
选择面或 [放弃(U)/删除(R)]:（如图18-117所示，选取长方体左侧面）
指定基点: _endp 于 （如图18-117所示，捕捉长方体端点2）
指定沿倾斜轴的另一个点: _endp 于 （如图18-117所示，捕捉长方体端点1）
指定倾斜角度: 60↙

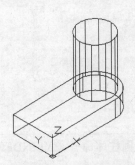
图18-115 并集后的实体

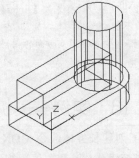
图18-116 创建长方体

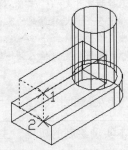
图18-117 选取倾斜面

结果如图18-118所示。

10. 单击"建模"工具栏中"并集"按钮 ◉，将创建的长方体与实体进行并集运算。

11. 方法同前，在命令行输入 UCS，将坐标原点移回到实体底面的左下顶点。

12. 单击"建模"工具栏中的"长方体"按钮 ▢，以（0，5）为角点，创建长宽高为50、40、5的长方体；继续以（0，20）为角点，创建长宽高为30、10、50的长方体。

13．单击"建模"工具栏中的"差集"按钮◎，将实体与两个长方体进行差集运算，结果如图 18-119 所示。

14．单击"建模"工具栏中的"圆柱体"按钮◻，捕捉半径为 20 的圆柱顶面圆心为中心点，分别创建半径为 15、高-15 及半径为 10、高-80 的圆柱体。

15．单击"建模"工具栏中的"差集"按钮◎，将实体与两个圆柱进行差集运算。消隐处理后的图形，如图 18-120 所示。

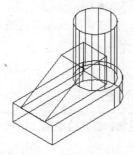
图 18-118　倾斜面后的实体

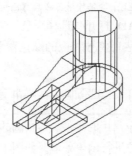
图 18-119　差集后的实体

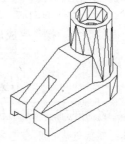
图 18-120　消隐后的实体

16．渲染处理。单击"渲染"工具栏"材质浏览器"按钮🔒，选择适当的材质，然对图形进行渲染。渲染后的结果如图 18-114 所示。

## 18.3.17　复制面

### 1．执行方式

命令行：SOLIDEDIT

菜单："修改"→"实体编辑"→"复制面"

工具栏：实体编辑→复制面🗗

### 2．操作步骤

命令行提示与操作如下：

命令：_SOLIDEDIT

实体编辑自动检查: SOLIDCHECK=1

输入实体编辑选项 [面(F)/边(E)/体(B)/放弃(U)/退出(X)] <退出>: _face

输入面编辑选项[拉伸(E)/移动(M)/旋转(R)/偏移(O)/倾斜(T)/删除(D)/复制(C)/颜色(L)/材质(A)/放弃(U)/退出(X)] <退出>: _copy

选择面或 [放弃(U)/删除(R)]: (选择要复制的面)

选择面或 [放弃(U)/删除(R)/全部(ALL)]: (继续选择或按【Enter】键结束选择)

指定基点或位移: (输入基点的坐标)

指定位移的第 2 点: (输入第 2 点的坐标)

## 18.3.18　着色面

### 1．执行方式

命令行：SOLIDEDIT

菜单："修改"→"实体编辑"→"着色面"

工具栏：实体编辑→着色面🖲

### 2．操作步骤

命令行提示与操作如下：

```
命令: _SOLIDEDIT
实体编辑自动检查: SOLIDCHECK=1
输入实体编辑选项 [面(F)/边(E)/体(B)/放弃(U)/退出(X)] <退出>: _face
输入面编辑选项[拉伸(E)/移动(M)/旋转(R)/偏移(O)/倾斜(T)/删除(D)/复制(C)/颜色(L)/材质(A)/放弃(U)/退
出(X)] <退出>: _color
   选择面或 [放弃(U)/删除(R)]: (选择要着色的面)
   选择面或 [放弃(U)/删除(R)/全部(ALL)]: (继续选择或按【Enter】键结束选择)
```

选择好要着色的面后，AutoCAD 打开"选择颜色"对话框，根据需要选择合适颜色作为要着色面的颜色。操作完成后，该表面将被相应的颜色覆盖。

# 18.3.19 实例——轴套立体图

本节绘制的轴套，是机械工程中常用的零件。本实例的制作思路：首先绘制两个圆柱体，然后再进行差集处理，再在需要的部位进行倒角处理，如图 18-121 所示。

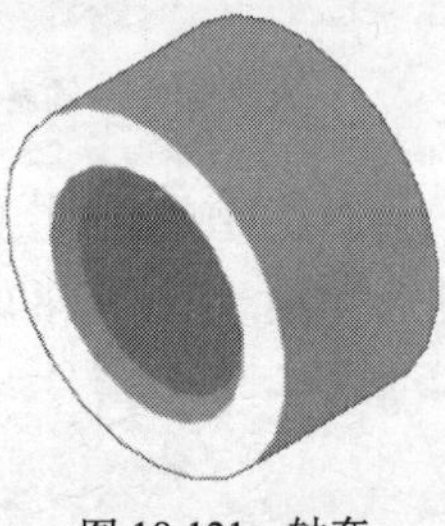

**绘制步骤**

1．启动 AutoCAD 2014，使用默认绘图环境。

2．建立新文件。选择菜单栏中的"文件"→"新建"命令，弹出"选择样板"对话框，单击"打开"按钮右侧的下拉按钮 ▾，以"无样板打开－公制"（毫米）方式建立新文件，将新文件命名为"轴套.dwg"并保存。

图 18-121 轴套

3．设置线框密度。默认设置是 8，有效值的范围为 0~2047。设置对象上每个曲面的轮廓线数目，命令行中的提示与操作如下：

```
命令: ISOLINES✓
输入 ISOLINES 的新值 <8>: 10✓
```

4．设置视图方向。选择菜单栏中的"视图"→"三维视图"→"西南等轴测"命令，或单击"视图"工具栏中的"西南等轴测"按钮 ◈，将当前视图方向设置为西南等轴测方向。

5．创建圆柱体。单击"建模"工具栏中的"圆柱体"按钮 ▣，以坐标原点（0，0，0）为底面中心点，创建半径分别为 6 和 10，轴端点为（@11，0，0）的两圆柱体，消隐后的结果如图 18-122 所示。

6．差集处理。单击"实体编辑"工具栏中的"差集"按钮 ◉，将创建的两个圆柱体进行差集处理，结果如图 18-123 所示。

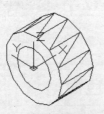

图 18-122 创建圆柱体

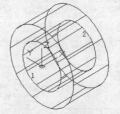

图 18-123 差集处理

7．倒角处理。单击"修改"工具栏中的"倒角"按钮 ◁，对孔两端进行倒角处理，倒角距离为 1，命令行中的提示与操作如下：

```
命令: _CHAMFER✓
```

（"修剪"模式）当前倒角距离　1 = 0.0000，距离　2 = 0.0000
选择第一条直线或 [多段线(P)/距离(D)/角度(A)/修剪(T)/方式(M)/多个(U)]：（用鼠标选择图 18-123 中的边 1）
基面选择...
输入曲面选择选项 [下一个(N)/当前(OK)]<当前>：N↙（此时如图 18-124 所示）
输入曲面选择选项 [下一个(N)/当前(OK)]<当前>：↙（此时如图 18-125 所示）
指定基面倒角距离或 [表达式(E)]：1↙
指定其他曲面倒角距离或 [表达式(E)] <1.0000>：↙
选择边或 [环(L)]：（用鼠标选择图 18-123 中的边 1）
选择边或 [环(L)]：（用鼠标选择图 18-123 中的边 2）
选择边或 [环(L)]：↙

结果如图 18-126 所示。

8. 设置视图方向。选择菜单栏中的"视图"→"动态观察"→"自由动态观察"命令，将当前视图调整到能够看到轴孔的位置，结果如图 18-127 所示。

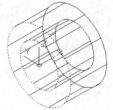
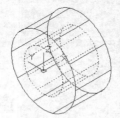
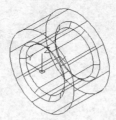
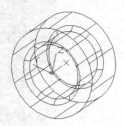

图 18-124　选择基面　　　图 18-125　选择另一基面　　　图 18-126　倒角处理　　　图 18-127　设置视图方向

9. 着色处理。选择菜单栏中的"修改"→"实体编辑"→"着色面"命令，对相应的面进行着色处理，命令行中的提示和操作如下：

命令: _SOLIDEDIT↙
实体编辑自动检查：SOLIDCHECK=1
输入实体编辑选项 [面(F)/边(E)/体(B)/放弃(U)/退出(X)] <退出>：F↙
输入面编辑选项
[拉伸(E)/移动(M)/旋转(R)/偏移(O)/倾斜(T)/删除(D)/复制(C)/颜色(L)/材质(A)/放弃(U)/退出(X)] <退出>：L↙
选择面或 [放弃(U)/删除(R)]：（拾取倒角面，弹出如图 18-128 所示的"选择颜色"对话框，在该对话框中选择红色为倒角面颜色）。
选择面或 [放弃(U)/删除(R)/全部(ALL)]：↙
输入面编辑选项
[拉伸(E)/移动(M)/旋转(R)/偏移(O)/倾斜(T)/删除(D)/复制(C)/颜色(L)/材质(A)/放弃(U)/退出(X)] <退出>：↙
实体编辑自动检查：SOLIDCHECK=1
输入实体编辑选项 [面(F)/边(E)/体(B)/放弃(U)/退出(X)] <退出>：↙

图 18-128　"选择颜色"对话框

重复"着色面"命令,对其他面进行着色处理。

注意　　　着色处理在图形渲染中有着很重要用途,尤其是在绘制效果图中,这个命令的具体运用将在后面章节中重点讲解。

10.渲染视图。单击"渲染"工具栏中的"渲染"按钮🗨,弹出"渲染"对话框,对轴套进行渲染,如图 18-129 所示。

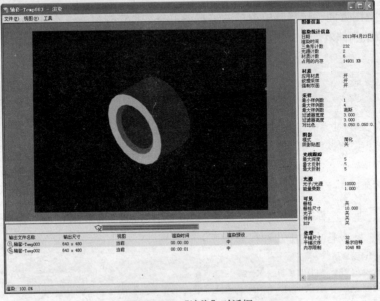

图 18-129　　"渲染"对话框

## 18.3.20　清除

### 1. 执行方式
命令行:SOLIDEDIT

菜单:修改→实体编辑→清除

工具栏:实体编辑→清除🗎

### 2. 操作步骤
命令行提示与操作如下:

```
命令: _SOLIDEDIT
实体编辑自动检查: SOLIDCHECK=1
输入实体编辑选项 [面(F)/边(E)/体(B)/放弃(U)/退出(X)] <退出>: _body
输入体编辑选项[压印(I)/分割实体(P)/抽壳(S)/清除(L)/检查(C)/放弃(U)/退出(X)] <退出>: _clean
选择三维实体: (选择要删除的对象)
```

## 18.3.21　分割

### 1. 执行方式
命令行:SOLIDEDIT

菜单："修改"→"实体编辑"→"分割"

工具栏：实体编辑→分割⑩

**2．操作步骤**

命令行提示与操作如下：

命令：_SOLIDEDIT

实体编辑自动检查：　SOLIDCHECK=1

输入实体编辑选项 [面(F)/边(E)/体(B)/放弃(U)/退出(X)] <退出>：_body

输入体编辑选项[压印(I)/分割实体(P)/抽壳(S)/清除(L)/检查(C)/放弃(U)/退出(X)] <退出>：_sperate

选择三维实体：(选择要分割的对象)

## 18.3.22　检查

### 1．执行方式

命令行：SOLIDEDIT

菜单："修改"→"实体编辑"→"检查"

工具栏：实体编辑→检查◩

### 2．操作步骤

命令行提示与操作如下：

命令：_SOLIDEDIT

实体编辑自动检查：　SOLIDCHECK=1

输入实体编辑选项 [面(F)/边(E)/体(B)/放弃(U)/退出(X)] <退出>：_body

输入体编辑选项[压印(I)/分割实体(P)/抽壳(S)/清除(L)/检查®/放弃(U)/退出(X)] <退出>：_check

选择三维实体：(选择要检查的三维实体)

选择实体后，AutoCAD 将在命令行中显示出该对象是否是有效的 ACIS 实体。

## 18.3.23　夹点编辑

利用夹点编辑功能，可以很方便地三维实体进行编辑，与二维对象夹点编辑功能相似。

其方法很简单，单击要编辑的对象，系统显示编辑夹点，选择某个夹点，按住鼠标拖动，则三维对象随之改变，选择不同的夹点，可以编辑对象的不同参数，红色夹点为当前编辑夹点，如图 18-130 所示。

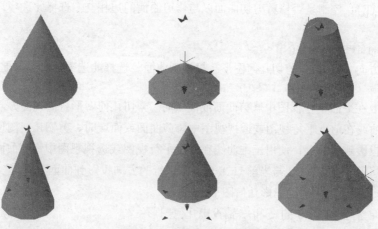

图 18-130　圆锥体及其夹点编辑

# 18.4　编辑曲面

一个曲面绘制完成后，有时需要修改其中的错误或者在此基础形成更复杂的造型，本节主要讲解如何修剪曲面和延伸曲面。

## 18.4.1　修剪曲面

### 1．执行方式

命令行：SURFTRIM

菜单："修改"→"曲面编辑"→"修剪"

工具栏：曲面编辑→修剪 ⊞

### 2．操作格式

命令：SURFTRIM↙

延伸曲面 = 是，投影 = 自动

选择要修剪的曲面或面域或 [延伸(E)/投影方向(PRO)]：（选择图 18-131 中的曲面）

选择剪切曲线、曲面或面域：（选择图 18-131 中的曲线）

选择要修剪的区域 [放弃(U)]：（选择图 18-131 中的区域，修剪结果如图 18-132 所示）

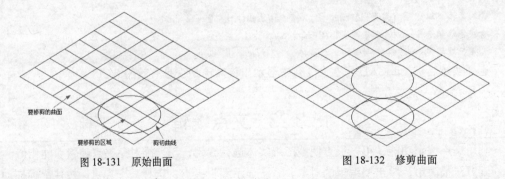

图 18-131　原始曲面　　　　　图 18-132　修剪曲面

### 3．选项说明

（1）要修剪的曲面或面域：选择要修剪的一个或多个曲面或面域。

（2）延伸（E）：控制是否修剪剪切曲面以与修剪曲面的边相交。选择此选项，命令行提示如下：

延伸修剪几何图形 [是(Y)/否(N)] <是>：

（3）投影方向（PRO）：剪切几何图形会投影到曲面。选择此选项，命令行提示如下：

指定投影方向 [自动(A)/视图(V)/UCS(U)/无(N)] <自动>：

自动（A）：在平面平行视图中修剪曲面或面域时，剪切几何图形将沿视图方向投影到曲面上；使用平面曲线在角度平行视图或透视视图中修剪曲面或面域时，剪切几何图形将沿曲线平面垂直的方向投影到曲面上；使用三维曲线在角度平行视图或透视视图中修剪曲面或面域时，剪切几何图形将沿与当前 UCS 与当前 UCS 的 $z$ 轴平行的方向投影到曲面上。

视图（V）：基于当前视图投影几何图形。

UCS（U）：沿当前 UCS 的+$z$ 和−$z$ 轴投影几何图形。

无（N）：将当剪切曲线位于曲面上时，才会修剪曲面。

## 18.4.2　取消修剪曲面

### 1．执行方式

命令行：SURFUNTRIM

菜单："修改"→"曲面编辑"→"取消修剪"

工具栏：曲面编辑→修剪⊚

### 2．操作格式

命令行提示如下：

命令：SURFUNTRIM✓

选择要取消修剪的曲面边或 [曲面(SUR)]:（选择图 18-132 中的曲面，修剪结果如图 18-131 所示）

## 18.4.3　延伸曲面

### 1．执行方式

命令行：SURFEXTEND

菜单："修改"→"曲面编辑"→"延伸"

工具栏：曲面编辑→延伸◢

### 2．操作格式

命令行提示如下：

命令：SURFEXTEND✓

模式 = 延伸，创建 = 附加

选择要延伸的曲面边：（选择图 18-133 中的边）

指定延伸距离或 [模式(M)]:（输入延伸距离，或拖动鼠标到适当位置，如图 18-134 所示）

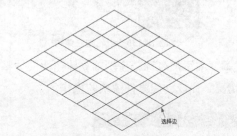

图 18-133　选择延伸边

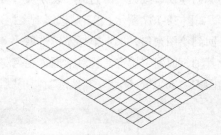

图 18-134　延伸曲面

### 3．选项说明

（1）指定延伸距离：指定延伸长度。

（2）模式（M）：选择此选项，命令行提示如下：

延伸模式 [延伸(E)/拉伸(S)] <延伸>:S

创建类型 [合并(M)/附加(A)] <附加>:

延伸（E）：以尝试模仿并延续曲面形状的方式拉伸曲面。

拉伸（S）：拉伸曲面，而不尝试模仿并延续曲面形状。

合并（M）：将曲面延伸指定的距离，而不创建新曲面。如果原始曲面为 NURBS 曲面，则延伸的曲面也为 NURBS 曲面。

附加（A）：创建与原始曲面相邻的新延伸曲面。

## 18.5　综合演练——变速器齿轮组件装配

与其他 CAD 软件相比，AutoCAD 的三维装配功能相对比较弱，目前还不具备智能装配功能，绘制起来比较麻烦，因此可以通过本例体会一下。齿轮组件包括齿轮、齿轮轴、轴承和平键等，如图 18-135 所示。

图 18-135　变速箱齿轮组件装配

绘制步骤

## 18.5.1　创建小齿轮及其轴图块

1. 打开文件。单击"标准"工具栏中的 "打开"按钮☞，找到"齿轮轴立体图.dwg"文件，如图 18-136 所示。

2. 创建零件图块。单击"绘图"工具栏中的"创建块"按钮⬚，打开"块定义"对话框，如图 18-137 所示。单击"选择对象"按钮，回到绘图窗口，单击鼠标左键选取小

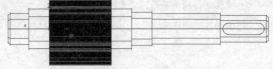

图 18-136　齿轮轴立体图

齿轮及其轴，回到"块定义"对话框，在名称文本框中添加名称"齿轮轴立体图块"，"基点"设置为图 18-136 中的 O 点，其他选项使用默认情况，完成创建零件图块的操作。

图 18-137　"块定义"对话框

3. 保存零件图块。在命令行中输入 WBLOCK 命令，打开"写块"对话框，如图 18-138

所示，在"源"选项区中选择"块"模式，从下拉列表中选择"齿轮轴立体图块"，在"目标位置"选项区中选择文件名和路径，完成零件图块的保存。至此，在以后使用小齿轮及其轴零件时，可以直接以块的形式插入到目标文件中。

图 18-138　"写块"对话框

## 18.5.2　创建大齿轮图块

1. 打开文件。单击"标准"工具栏中的 "打开"按钮 ，找到"大齿轮立体图.dwg"文件。
2. 创建并保存大齿轮图块。仿照前面创建与保存图块的操作方法，依次调用"BLOCK"和"WBLOCK"命令，将图 18-139 所示的 A 点设置为"基点"，其他选项使用默认情况，创建并保存"大齿轮立体图块"，结果如图 18-139 所示。

图 18-139　三维大齿轮图块

## 18.5.3　创建大齿轮轴图块

1. 打开文件。单击"标准"工具栏中的"打开"按钮 ，找到"轴立体图.dwg"文件。
2. 创建并保存大齿轮轴图块。仿照前面创建与保存图块的操作方法，依次调用"BLOCK"

和"WBLOCK"命令，将图 18-140 所示的 B 点设置为"基点"，其他选项使用默认情况，创建并保存"轴立体图块"，如图 18-140 所示。

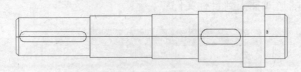

图 18-140　三维大齿轮轴图块

## 18.5.4　创建轴承图块

1. 打开文件。单击"标准"工具栏中的 "打开"按钮，分别打开大、小圆柱滚子轴承文件。

2. 创建并保存大、小轴承图块。仿照前面创建与保存图块的操作方法，依次调用"BLOCK"和"WBLOCK"命令，大轴承图块的"基点"设置为 (0,0,0)，小轴承图块的"基点"设置为 (0,0,0)，其他选项使用默认情况，创建并保存"大轴承立体图块"和"小轴承立体图块"，结果如图 18-141 所示。

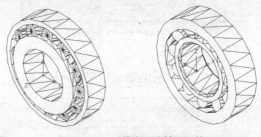

图 18-141　三维大、小轴承图块

## 18.5.5　创建平键图块

1. 打开文件。单击"标准"工具栏中的 "打开"按钮，找到"平键立体图.dwg"文件。

2. 创建并保存平键图块。仿照前面创建与保存图块的操作方法，依次调用"BLOCK"和"WBLOCK"命令，平键图块的"基点"设置为 (0, 0, 0)，其他选项使用默认情况，创建并保存"平键立体图块"，如图 18-142 所示。

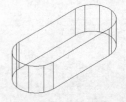

图 18-142　三维平键图块

## 18.5.6　装配小齿轮组件

1. 建立新文件。打开 AutoCAD 2014 应用程序，以"无样板打开－公制"（毫米）方式建立新文件；将新文件命名为"齿轮轴装配图.dwg"并保存。

2. 配置绘图环境。将常用的二维和三维编辑与显示工具栏调出来，例如修改、视图、对象捕捉、着色和渲染工具栏，放置在绘图窗口中。

3. 插入"齿轮轴立体图块"。单击"绘图"工具栏中的"插入块"按钮，打开"插入"对话框，如图 18-143 所示。单击"浏览"按钮，弹出"选择图形文件"对话框，如图 18-144 所示，选择"齿轮轴立体图块.dwg"，单击"打开"按钮，返回"插入"对话框。设定"插入点"坐标为 (0, 0, 0)，缩放比例和旋转使用默认设置，单击"确定"按钮完成块插入操作。

图 18-143 "插入"对话框

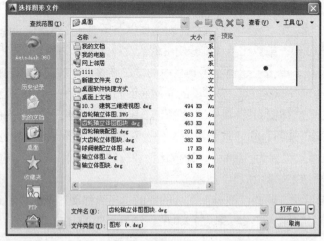

图 18-144 "选择图形文件"对话框

4．插入"小轴承图块"。单击"绘图"工具栏中的"插入块"按钮，打开"插入"对话框，单击"浏览"按钮，在"选择图形文件"对话框中选择"轴承轴图块.dwg"。设定插入属性："插入点"设置为 (0,0,0)，缩放比例和旋转使用默认设置。单击"确定"按钮完成块插入操作，俯视结果如图 18-145 所示。

5．旋转小轴承图块。单击"建模"工具栏中的"三维旋转"按钮，将小轴承图块绕 z 轴旋转 90°，旋转结果如图 18-146 所示。

6．复制小轴承图块。单击"修改"工具栏中的"复制"按钮，将小轴承从 C 点复制到 D 点，结果如图 18-147 所示。

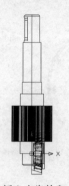  

图 18-145 插入小齿轮和小轴承图块　　图 18-146 旋转小轴承图块　　图 18-147 复制小轴承图块

# 18.5.7 装配大齿轮组件

1．建立新文件。打开 AutoCAD 2014 应用程序，以"无样板打开－公制"（毫米）方式建立新文件；将新文件命名为"大齿轮装配图.dwg"并保存。

2．配置绘图环境。将常用的二维和三维编辑与显示工具栏调出来，例如"修改"、"视图"、"对象捕捉"、"着色"和"渲染"工具栏，放置在绘图窗口中。

3．插入"轴立体图块"。单击"绘图"工具栏中的"插入块"按钮，打开"插入"对话框，单击"浏览"按钮，在"选择图形文件"对话框中选择"轴立体图块.dwg"。设定插入属性："插入点"设置为（0,0,0），缩放比例和旋转使用默认设置。单击"确定"按钮完成块插入操作。

4．插入"键立体图块"。单击"绘图"工具栏中的"插入块"按钮，打开"插入"对话框，单击"浏览"按钮，在"选择图形文件"对话框中选择"键立体图块.dwg"。设定插入属性："插入点"设置为（0,0,0），缩放比例和旋转使用默认设置。单击"确定"按钮完成块插入操作。

5．移动平键图块。单击"建模"工具栏中的"三维移动"按钮，选择键图块，选择键图块的左端底面圆心，"相对位移"为键槽的左端底面圆心，如图 18-148 所示。

6．插入"大齿轮立体图块"。单击"绘图"工具栏中的"插入块"按钮，打开"插入"对话框，单击"浏览"按钮，在"选择图形文件"对话框中选择"大齿轮立体图块.dwg"。设定插入属性："插入点"设置为（0,0,0），缩放比例和旋转使用默认设置。单击"确定"按钮完成块插入操作，俯视结果如图 18-149 所示。

7．移动大齿轮图块。单击"建模"工具栏中的"三维移动"按钮，选择大齿轮图块，"基点"任意选取，"相对位移"是"@-57.5,0,0"，结果如图 18-150 所示。

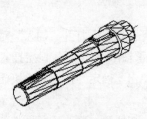
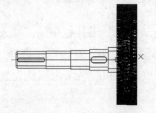
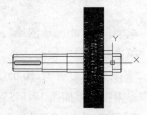

图 18-148　安装平键　　　　图 18-149　插入大齿轮图块　　　　图 18-150　移动大齿轮图块

8．切换观察视角。切换到右视图，如图 18-151 所示。

9．旋转大齿轮图块。单击"建模"工具栏中的"三维旋转"按钮，将大齿轮图块绕轴旋转 180°，如图 18-152 所示。

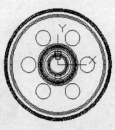
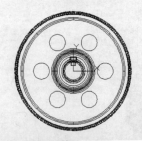

图 18-151　切换观察视角　　　　图 18-152　旋转大齿轮图块

10．为了方便装配，将大齿轮隐藏。新建图层 1，将大齿轮切换到图层 1 上，并将图层 1 冻结。

11．插入"大轴承立体图块"。单击"绘图"工具栏中的"插入块"按钮🖼，打开"插入"对话框，单击"浏览"按钮，在"选择图形文件"对话框中选择"大轴承立体图块.dwg"。设定插入属性："插入点"设置为（0,0,0），缩放比例和旋转使用默认设置。单击"确定"按钮完成块插入操作，如图 18-153 所示。

12．旋转大轴承图块。单击"建模"工具栏中的"三维旋转"按钮◎，对轴承图块进行三维旋转操作，将轴承的轴线与齿轮轴的轴线相重合，即将大轴承图块绕 $y$ 轴旋转 90°，如图 18-154 所示。

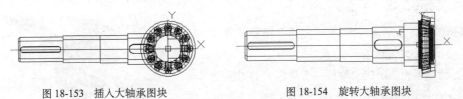

图 18-153　插入大轴承图块　　　　　　图 18-154　旋转大轴承图块

13．复制大轴承图块。单击"修改"工具栏中的"复制"按钮🖾，将大轴承图块从原点复制到（−91,0,0），结果如图 18-155 所示。

14．绘制圆柱体。单击"建模"工具栏中的"圆柱体"按钮◻，采用指定两个底面圆心点和底面半径的模式绘制两个圆柱体：

❶ 以（0,0,300）为底面中心点，半径为 17.5，顶圆圆心为（@-16.5,0,0）；

❷ 以（0,0,300）为底面中心点，半径为 22，顶圆圆心为（@-16.5,0,0）。

如图 18-156 所示。

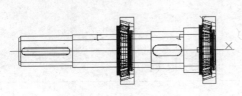

图 18-155　复制大轴承图块　　　　　　　　　图 18-156　绘制圆柱体

15．绘制定距环。单击"实体编辑"工具栏中的"差集"按钮◎，从大圆柱体中减去小圆柱体，得到定距环实体。

16．移动定距环实体。单击"建模"工具栏中的"三维移动"按钮⊕，选择大轴承图块，"基点"任意选取，如图 18-157 所示。

17．更改大齿轮图层属性。打开大齿轮图层，显示大齿轮实体，更改其图层属性为实体层。至此完成大齿轮组件装配立体图的设计，如图 18-158 所示。

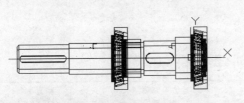

图 18-157　移动定距环　　　　　　图 18-158　大齿轮组件装配立体图

## 18.5.8　绘制爆炸图

爆炸图，就好像在实体内部产生爆炸一样，各个零件按照切线方向向外飞出，既可以直观地显示装配图中各个零件的实体模型,又可以表征各个零件的装配关系。在其他绘图软件,例如 SolidWorks 中集成了爆炸图自动生成功能,系统可以自动生成装配图的爆炸效果图。而 AutoCAD 2014 暂时还没有集成这一功能,不过利用实体的编辑命令,同样可以在 AutoCAD 2014 种创建爆炸效果图。

1．剥离左右轴承。单击"建模"工具栏中的"三维移动"按钮⊙,选择右侧轴承图块,"基点"任意选取,"相对位移"是"@50,0,0";选择左侧轴承图块,"基点"任意选取,"相对位移"是"@-400,0,0"。

2．剥离定距环。单击"建模"工具栏中的"三维移动"按钮⊙,选择定距环图块,"基点"任意选取,"相对位移"是"@-350,0,0"。

3．剥离齿轮。单击"建模"工具栏中的"三维移动"按钮⊙,选择齿轮图块,"基点"任意选取,"相对位移"是"@-220,0,0"。

图 18-159　大齿轮组件爆炸图

4．剥离平键。单击"建模"工具栏中的"三维移动"按钮⊙,选择平键图块,"基点"任意选取,"相对位移"是"@0,50,0"。爆炸效果如图 18-159 所示。

# 18.6　上机实验

通过前面的学习,读者对本章知识也有了大体的了解,本节将通过几个操作练习使读者更进一步地掌握本章知识要点。

## 实验 1　创建顶针

### 1．目的要求

通过创建如图 18-160 所示的顶针,可以使读者进一步熟悉三维对象编辑。

### 2．操作提示

（1）绘制圆柱和圆锥。

（2）对圆锥进行剖切处理。

（3）并集操作。

（4）拉伸面。

（5）绘制圆柱和长方体。

（6）差集运算。

图 18-160　顶针

## 实验 2　创建摇杆

### 1．目的要求

通过创建如图 18-162 所示的固定板,可以使读者进一步熟悉三维对象编辑。

### 2．操作提示

（1）绘制圆柱并进行差集运算。

图 18-162　摇杆

(2) 复制边线。

(3) 绘制辅助线并创建面域。

(4) 拉伸面域。

(5) 布尔运算。

(6) 圆角和倒角处理。

# 实验 3　创建固定板

## 1．目的要求

通过创建如图 18-162 所示的固定板，可以使读者进一步熟悉三维对象编辑。

## 2．操作提示

(1) 绘制长方体并进行圆角处理。

(2) 对长方体进行抽壳处理。

(3) 对长方体进行剖切。

(4) 绘制圆柱体，并进行三维阵列。

(5) 将长方体与圆柱体进行差集运算。

(6) 渲染处理

图 18-162　固定板

# 第19章

# 由三维实体生成二维视图

　　前面章节中介绍了利用 AutoCAD 2014 创建三维实体模型的命令及方法，并创建了阀盖的三维实体模型，那么，能否根据已有的三维实体模型来获得它们的二维视图呢？答案是肯定的，本章将讲解利用 AutoCAD 2014 所提供的一些命令，由三维实体模型生成二维视图的方法。

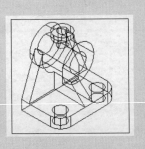

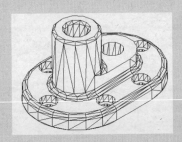

# 19.1　由三维实体生成三视图

在 AutoCAD 2014 中，由三维实体模型生成二维视图，可以采用以下两种方法：

（1）用 VPORTS 或 MVIEW 命令，在图纸空间中为创建多个二维视图视口，然后使用创建实体轮廓线命令 SOLPROF，在每个视口中分别生成实体模型的轮廓线。

（2）用创建实体视图命令 SOLVIEW，在图纸空间中生成实体模型的各个二维视图视口，然后使用创建实体图形命令 SOLDRAW（该命令仅适用于 SOLVIEW 命令创建的视口），在每个视口中分别生成实体模型的轮廓线。

## 19.1.1　创建实体视图命令 SOLVIEW

### 1．执行方式

命令行：SOLVIEW

工具栏：绘图→建模→设置→视图🔲

### 2．操作格式

命令：SOLVIEW↙

输入选项 [UCS(U)/正交(O)/辅助(A)/截面(S)]:

### 3．选项说明

（1）UCS（U）：基于当前 UCS 或保存的 UCS 创建新视口。视口中的视图，是三维实体模型在平行于 $xy$ 平面（$x$ 轴指向右，$y$ 轴垂直向上）的投影面上，投影所得到的平面视图。

（2）正交（O）：根据已生成的视图创建新的正交视图。

（3）辅助（A）：在已生成的视图中指定两个点，来定义一个倾斜平面，系统将创建该倾斜平面内的斜视图。

（4）截面（S）：在已生成的视图中指定两个点，来定义剖切平面的位置，系统将根据该剖切平面创建剖视图。

利用 SOLVIEW 命令创建浮动视口后，系统还将创建多个图层，如表 19-1 所示，分别用于放置视口边框、视口中的可见轮廓线、不可见轮廓线、尺寸标注和填充图案等。

表 19-1　　　　　　　　　　　使用 SOLVIEW 命令后自动创建的图层

| 图　层　名 | 对　象　类　型 |
|---|---|
| VPORTS | 视口边框 |
| 视图名－VIS | 可见轮廓线 |
| 视图名－HID | 不可见轮廓线 |
| 视图名－DIM | 尺寸标注 |
| 视图名－HAT | 填充图案 |

## 19.1.2　实例——轴承座实体模型

用前面讲解的方法及命令，生成轴承座实体模型，如图 19-1 所示的三视图及轴测图，结果如图 19-2 所示。

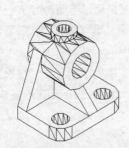

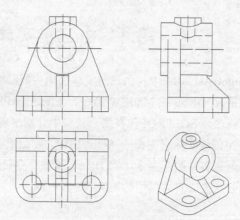

图 19-1 轴承座实体模型 　　　　图 19-2 轴承座三视图及轴测图

 **绘制步骤**

1. 使用 VPORTS（或 MVIEW）及 SOLPROF 命令。

❶ 单击"标准"工具栏中的"打开"按钮，弹出"选择文件"对话框，从中选择保存的"轴承座实体.dwg"文件，单击"打开"按钮，或双击该文件名，即可将该文件打开，并将其另存为"轴承座三视图.dwg"。

❷ 进入图纸空间，删除视口。单击"布局 1"选项卡，进入图纸空间，如图 19-3 所示。单击"修改"工具栏中的"删除"按钮，命令行提示与操作如下：

```
命令:（删除整个视口）
_erase 选择对象:（单击视口边框上任一点，如图 19-3 所示"1"点）
找到 1 个
选择对象:↙
```

❸ 使用 VPORTS（或 MVIEW）命令创建多个视口。选择菜单栏中的"视图"→"视口"→"新建视口"命令，弹出"视口"对话框，如图 19-4 所示设置 4 个视口，设置完成后，单击"确定"按钮，命令行提示与操作如下：

```
指定第 1 个角点或 [布满(F)] <布满>:↙
正在重生成模型。
```

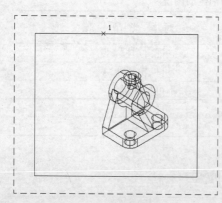

图 19-3 图纸空间中的视口

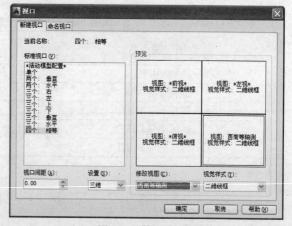

图 19-4 "视口"对话框

结果如图 19-5 所示。

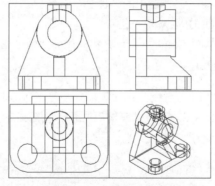

图 19-5　创建多个视口

❹ 使用 SOLPROF 命令创建实体轮廓线。

命令: MSPACE✓ （在图纸布局中切换到模型空间）

命令: SOLPROF✓ （创建实体模型的轮廓线）

选择对象: （在左上角的主视图视口中单击鼠标左键，激活该视口，激活后视口边框显示为黑色粗实线。在视口中选择实体对象）

找到 1 个

选择对象: ✓

是否在单独的图层中显示隐藏的轮廓线？ [是(Y)/否(N)] <是>:✓

是否将轮廓线投影到平面？ [是(Y)/否(N)] <是>:✓

是否删除相切的边？ [是(Y)/否(N)] <是>:✓

已选定一个实体。

命令:✓ （继续创建其他视口实体模型的轮廓线）

选择对象: （激活左下角的俯视图视口。在视口中选择实体对象）

找到 1 个

选择对象: ✓

是否在单独的图层中显示隐藏的轮廓线？ [是(Y)/否(N)] <是>:✓

是否将轮廓线投影到平面？ [是(Y)/否(N)] <是>:✓

是否删除相切的边？ [是(Y)/否(N)] <是>:✓

已选定一个实体。

（方法同前，分别创建剩余左视图及轴测图中实体模型的轮廓线）

❺ 激活主视图视口，在"视口"工具栏中的"视口缩放控制"下拉列表中选择 1:1，方法同前，分别设置俯视图、左视图视口缩放比例均为 1:1，轴测图视口不变。

命令: PSPACE✓ （在图纸布局中切换到图纸空间）

❻ 单击"图层"工具栏中的"图层特性管理器"按钮，关闭"0"层（该层中为实体模型）和"PH-205"层（该层中为轴测图不可见轮廓线），并将其余以"PH-"开头的图层的线型设置为 ACAD_ISO02W100，结果如图 19-6 所示。

❼ 单击"图层"工具栏中的"图层特性管理器"按钮，新建一个图层"DHX"，用于绘制三视图中的轴线及对称中心线，线型设置为 ACAD_ISO04W100，其余不变，并将其设置为当前层。

❽ 单击"绘图"工具栏中的"直线"按钮，画出三视

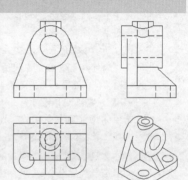

图 19-6　三视图及轴测图

图中的轴线及对称中心线。

❾ 保存图形。单击"标准"工具栏中的"保存"按钮■。

2. 使用 SOLVIEW 及 SOLDRAW 命令。

❶ 打开图形文件"轴承座实体.dwg",并将其另存为"轴承座三视图 1.dwg"。

```
命令:UCS✓（更改用户坐标系）
当前 UCS 名称:*没有名称*
指定 UCS 的原点或 [面(F)/命名(NA)/对象(OB)/上一个(P)/视图(V)/世界(W)/x/y/z/z 轴(ZA)] <世界>:V✓（更改用户坐标系为视图，即原点不变，xy 平面与屏幕平行）
命令: UCS
当前 UCS 名称:*右视*
指定 UCS 的原点或 [面(F)/命名(NA)/对象(OB)/上一个(P)/视图(V)/世界(W)/x/y/z/z 轴(ZA)] <世界>: NA✓
输入选项 [恢复(R)/保存(S)/删除(D)/?]: S✓
输入保存当前 UCS 的名称或 [?]: 轴测✓
```

❷ 进入图纸空间，删除视口（方法同前）。

❸ 使用 SOLVIEW 命令创建视口。

```
命令: SOLVIEW✓（创建视口命令）
输入选项 [UCS(U)/正交(O)/辅助(A)/截面(S)]: U✓（选择用户坐标系）
输入选项 [命名(N)/世界(W)/当前(C)] <当前>: W✓（使用世界坐标系创建视口）
输入视图比例 <1>:✓（按【Enter】键，取缺省值）
指定视图中心:（在图纸空间左下角适当位置处单击鼠标左键，确定俯视图视口的中心位置）
指定视图中心 <指定视口>:✓（按【Enter】键，指定视口）
指定视口的第 1 个角点:（指定俯视图视口的左上角点）
指定视口的对角点:（指定俯视图视口的右下角点，这两个点确定了俯视图视口的范围）
输入视图名: 俯视图✓（指定视口的名称）
UCSVIEW = 1   UCS 将与视图一起保存，结果如图 19-7 所示
输入选项 [UCS(U)/正交(O)/辅助(A)/截面(S)]: O✓（选择正交选项，由俯视图视口创建主视图）
指定视口要投影的那一侧: <对象捕捉 开>（打开对象捕捉功能，如图 19-7 所示，选择俯视图视口下边框的中点"1"）
指定视图中心:（在俯视图视口上方适当位置处单击鼠标左键，确定主视图视口的中心位置）
指定视图中心 <指定视口>:✓
指定视口的第 1 个角点:（指定主视图视口的左上角点）
指定视口的对角点:（指定主视图视口的左上角点）
输入视图名: 主视图✓（指定视口的名称）
UCSVIEW = 1   UCS 将与视图一起保存
输入选项 [UCS(U)/正交(O)/辅助(A)/截面(S)]: O✓（选择正交选项，由主视图视口创建左视图）
指定视口要投影的那一侧:（如图 19-8 所示，选择主视图视口左边框的中点"1"）
指定视图中心:（在主视图视口右边适当位置处单击鼠标左键，确定俯视图视口的中心位置）
指定视图中心 <指定视口>:✓
指定视口的第 1 个角点:（指定左视图视口的左上角点）
指定视口的对角点:（指定左视图视口的左上角点）
输入视图名: 左视图✓（指定视口的名称）
UCSVIEW = 1   UCS 将与视图一起保存，结果如图 19-9 所示
输入选项 [UCS(U)/正交(O)/辅助(A)/截面(S)]: U✓
输入选项 [命名(N)/世界(W)/?/当前©] <当前>: N✓（使用保存的用户坐标系，创建轴测图视口）
输入要恢复的 UCS 名: 轴测✓（输入坐标系名称）
输入视图比例 <1>:0.7✓（输入视图比例）
指定视图中心:（在左视图视口下方适当位置处单击鼠标左键，确定轴测图视口的中心位置）
指定视图中心 <指定视口>:✓
```

指定视口的第 1 个角点:（指定轴测图视口的左上角点）
指定视口的对角点:（指定轴测图视口的左上角点）
输入视图名：轴测图↙（指定视口的名称）
UCSVIEW＝1　UCS 将与视图一起保存，结果如图 19-10 所示
输入选项 [UCS(U)/正交(O)/辅助(A)/截面(S)]:↙（按【Enter】，结束命令）

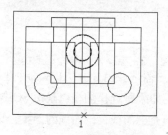

图 19-7　创建的俯视图视口

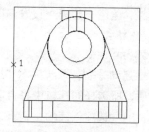

图 19-8　创建的主视图视口

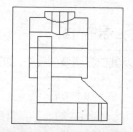

图 19-9　创建的左视图视口

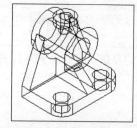

图 19-10　创建的轴测图视口

❹ 在命令行中输入 SOLDRAW 命令，生成实体轮廓线，命令行提示与操作如下：

命令: SOLDRAW↙（创建实体图形命令）
选择要绘图的视口...
选择对象:（分别单击主视图、俯视图、左视图及轴测图视口边框，选择视口）
……
找到 1 个，总计 4 个
选择对象:↙

❺ 单击"图层"工具栏中的"图层特性管理器"按钮，关闭"0"层（该层中为实体模型）、"轴测图-HID"层（该层中为轴测图不可见轮廓线）和"VPORTS"层（该层中为视口边框），并分别将"主视图-HID"、"俯视图-HID"、"左视图-HID"图层的线型设置为 ACAD_ISO02W100，结果如图 19-11 所示。

❻ 单击"图层"工具栏中的"图层特性管理器"按钮，新建一个图层"DHX"，用于绘制三视图中的轴线及对称中心线，设置线型为 ACAD_ISO04W100，其余不变，并将其设置为当前层。

❼ 单击"绘图"工具栏中的"直线"按钮，画出三视图中的轴线及对称中心线。

如果创建的主视图、俯视图及左视图没有对齐，即不满足"主俯视图长对正、主左视图高平齐、俯左视图宽相等"的原则，则可以使用对齐视图命令 MVSETUP，分别将其对齐。

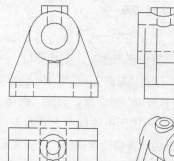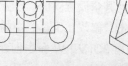

图 19-11　获得的三视图及轴测图

❽ 保存图形。单击"标准"工具栏中的"保存"按钮。

### 19.1.3　创建实体图形命令 SOLDRAW

#### 1．执行方式

命令行：SOLDRAW

工具栏：绘图→建模→设置→图形

#### 2．操作格式

命令：SOLDRAW✓

执行上述命令后，系统提示"选择视口"，此时用户需选择由 SOLVIEW 命令生成的视口，选择完成后，所选择的视口中将自动生成实体轮廓线。如果所选择的视口是由 SOLVIEW 命令的"截面（S）"选项创建的，则将自动生成剖视图并填充剖面线，剖面线的图案、比例、角度等属性分别由系统变量 HPNAME、HPSCALE、HPANG 控制。

### 19.1.4　实例——创建泵盖视图

用所学过的命令，生成如图 19-12 所示的泵盖实体模型，及其俯视图及剖视图，如图 19-13 所示。

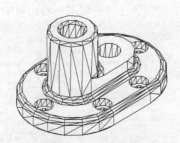

图 19-12　泵盖实体模型

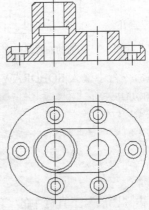

图 19-13　泵盖俯视图

**绘制步骤**

1．打开图形文件"泵盖实体.dwg"，并将其另存为"泵盖视图.dwg"。

2．进入图纸空间，删除视口。

❶ 单击"布局 1"选项卡，选择菜单栏中的"文件"→"页面设置管理器"命令，弹出"页面设置管理器"对话框，选择"布局 1"，单击"修改"按钮 ，打开"页面设置-布局 1"对话框，依前面所讲解的方法对图纸空间进行设置，选择图纸尺寸为 ISO A4（297.00mm×210.00mm），其余设置同前，设置完成后，单击"确定"按钮，进入图纸空间。

❷ 单击"修改"工具栏中的"删除"按钮 ，删除整个视口。

3．使用 SOLVIEW 命令创建视口。

命令：SOLVIEW✓

输入选项 [UCS(U)/正交(O)/辅助(A)/截面(S)]: U✓（选择用户坐标系）

输入选项 [命名(N)/世界(W)/?/当前(C)] <当前>: W✓（使用世界坐标系创建视口）

输入视图比例 <1>:✓（按【Enter】键，取默认值）

指定视图中心:（在图纸空间下方适当位置处单击鼠标左键,确定俯视图视口的中心位置）

指定视图中心 <指定视口>:✓（按【Enter】键,指定视口）

指定视口的第 1 个角点:（指定俯视图视口的左上角点）

指定视口的对角点:（指定俯视图视口的右下角点）

输入视图名:俯视图✓（指定视口的名称）

UCSVIEW = 1　UCS 将与视图一起保存,结果如图 19-14 所示

输入选项 [UCS(U)/正交(O)/辅助(A)/截面(S)]: S✓（选择截面选项,由俯视图视口创建剖视图）

指定剖切平面的第 1 个点:（如图 19-15 所示,选择俯视图中左边的圆心"1"点）

指定剖切平面的第 2 个点:（如图 19-15 所示,选择俯视图中右边圆的圆心"2"点,则"12"点连线确定了剖切平面的位置和角度）

指定要从哪侧查看:（选择"12"点连线下方任一点）

输入视图比例 <1>:✓

指定视图中心:（在俯视图视口上方适当位置处单击鼠标左键,确定剖视图视口的中心位置）

指定视图中心 <指定视口>:✓

指定视口的第 1 个角点:（指定剖视图视口的左上角点）

指定视口的对角点:（指定剖视图视口的左上角点）

输入视图名:剖视图✓（指定视口的名称）

UCSVIEW = 1　UCS 将与视图一起保存结果如图 19-16 所示

输入选项 [UCS(U)/正交(O)/辅助(A)/截面(S)]:✓（按【Enter】键,结束命令）

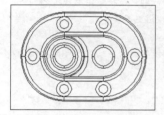
图 19-14　创建的俯视图

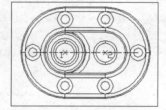
图 19-15　指定剖切平面

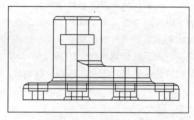
图 19-16　创建的剖视图

4．在命令行中输入 SOLDRAW 命令,生成实体轮廓线及剖视图中的剖面线,命令行提示与操作如下:

命令: HPNAME✓（修改剖面线样式）

输入 HPNAME 的新值 <"ANGLE">: ansi31✓（输入新的剖面线样式名）

命令: SOLDRAW✓

选择要绘图的视口...

选择对象:（分别单击俯视图及剖视图视口边框,选择视口）

......

找到 1 个,总计 2 个

选择对象:✓

5．单击"图层"工具栏中的"图层特性管理器"按钮，关闭"0"层（该层中为实体模型）、"剖视图-HID"层（该层中为剖视图不可见轮廓线）、"VPORTS"层（该层中为视口边框）及"俯视图-HID"（该层中为俯视图不可见轮廓线）,结果如图 19-17 所示。

6．单击"图层"工具栏中的"图层特性管理器"按钮，新建一个图层"DHX",用于绘制三视图中的轴线及对称中心线,设置线型为 ACAD_ISO04W100,其余不变,并将其设置为当前层。

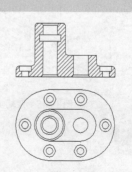
图 19-17　创建的俯视图及剖视图

7. 单击"绘图"工具栏中的"直线"按钮✎，画出视图中的轴线及对称中心线。

如果创建的主视图与剖视图没对齐，则可使用对齐视图命令 MVSETUP，分别将其对齐。

8. 保存图形。单击"标准"工具栏中的"保存"按钮🖫。

## 19.1.5　创建实体轮廓线命令 SOLPROF

### 1. 执行方式

命令行：SOLPROF

工具栏：绘图→建模→设置→轮廓 📷

### 2. 操作格式

命令：SOLPROF✎

执行上述命令后，系统将要求选择实体目标，用户可以一次选择多个实体。选择完成后，将出现以下提示：

"是否在单独的图层中显示隐藏的轮廓线？[是（Y）/否（N）] <是>："：如果输入"Y"，则系统将创建两个新的图层：名称以"PH"开头的图层和名称以"PV"开头的图层，分别用于放置可见轮廓线和不可见轮廓线；如果输入"N"，则系统把所有轮廓线都当作是可见的，并且放置在一个图层上。通常选择"Y"，以便于观察和编辑。

"是否将轮廓线投影到平面？[是（Y）/否（N）] <是>："：如果输入"Y"，则系统将把轮廓线投影到一个与视图方向垂直并通过用户坐标系原点的平面上，生成 2D 轮廓线；否则，将生成三维实体模型的 3D 轮廓线，也就是三维实体的线框模型。

"是否删除相切的边？[是（Y）/否（N）] <是>："：如果输入"Y"，则系统将删除相切边，即两个相切表面之间的分界线；否则，不删除相切边。

提示

> SOLPROF 命令生成的轮廓线不是单一的线条，而是作为图块被保存的。

## 19.1.6　实例——创建泵轴视图

用所学过的命令生成如图 19-18 所示的泵轴实体模型，及其主视图及剖面图，结果如图 19-19 所示。

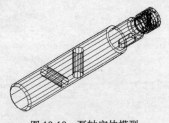

图 19-18　泵轴实体模型

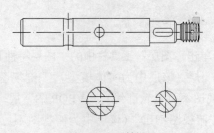

图 19-19　泵轴视图

绘制步骤

1. 打开图形文件"泵轴实体.dwg"，并将其另存为"泵轴视图.dwg"。

2．进入图纸空间，删除视口。单击"布局 1"选项卡，选择菜单栏中的"文件"→"页面设置管理器"命令，弹出"页面设置管理器"对话框，选择"布局 1"，单击"修改"按钮，打开"页面设置-布局 1"对话框，弹出如图所示的"页面设置"对话框，依前面所介绍的方法对图纸空间进行设置，选择图纸尺寸为 ISO A4（297.00mm×210.00mm），其余设置同前，设置完成后，单击"确定"按钮，进入图纸空间。

单击"修改"工具栏中的"删除"按钮 ✍，删除整个视口。

3．在命令行中输入 SOLVIEW 命令，创建视口，命令行提示与操作如下：

```
命令: SOLVIEW✓
输入选项 [UCS(U)/正交(O)/辅助(A)/截面(S)]: U✓（选择用户坐标系）
输入选项 [命名(N)/世界(W)/?/当前(C)] <当前>:✓（使用当前用户坐标系创建视口）
输入视图比例 <1>:2✓（输入视图比例）
指定视图中心:（在图纸空间上方适当位置处单击鼠标左键，确定主视图视口的中心位置）
指定视图中心 <指定视口>:✓（按【Enter】键，指定视口）
指定视口的第 1 个角点:（指定主视图视口的左上角点）
指定视口的对角点:（指定主视图视口的右下角点）
输入视图名:主视图✓（指定视口的名称）
UCSVIEW = 1  UCS 将与视图一起保存，结果如图 19-20 所示
输入选项 [UCS(U)/正交(O)/辅助(A)/截面(S)]: S✓（选择截面选项，由主视图视口创建剖面图）
指定剖切平面的第 1 个点:（如图 19-21 所示，选择主视图中"1"点）
指定剖切平面的第 2 个点:（如图 19-21 所示，选择主视图中"2"点）
指定要从哪侧查看:（选择"12"点连线左方任一点）
输入视图比例 <1>:2✓
指定视图中心:（在主视图视口右边适当位置处单击鼠标左键，确定剖面图视口的中心位置）
指定视图中心 <指定视口>:✓
指定视口的第 1 个角点:（指定剖面图视口的左上角点）
指定视口的对角点:（指定剖面图视口的左上角点）
输入视图名:剖面图 1✓（指定视口的名称）
UCSVIEW = 1  UCS 将与视图一起保存
输入选项 [UCS(U)/正交(O)/辅助(A)/截面(S)]:✓（按【Enter】键，结束命令）
```

4．单击"修改"工具栏中的"移动"按钮 ✛，移动生成的剖面图 1，命令行提示与操作如下：

```
move 选择对象:（选择剖面图 1 视口边框）
找到 1 个
选择对象: ✓
指定基点或 [位移(D)] <位移>:（选择剖面图 1 视口边框上任一点）
指定位移的第 2 点或 <用第一点作位移>:（拖动鼠标，将剖面图 1 视口放置在主视图下方适当位置处，结
果如图 19-22 所示）
命令: SOLVIEW✓
输入选项 [UCS(U)/正交(O)/辅助(A)/截面(S)]:S✓（回车，结束命令）
指定剖切平面的第 1 个点:（如图 19-21 所示，选择主视图中"3"点）
指定剖切平面的第 2 个点:（如图 19-21 所示，选择主视图中"4"点）
指定要从哪侧查看:（选择"34"点连线左边任一点）
输入视图比例 <1>:2✓
指定视图中心:（在主视图视口左边适当位置处单击鼠标左键，确定剖面图视口的中心位置）
指定视图中心 <指定视口>:✓
指定视口的第 1 个角点:（指定剖面图视口的左上角点）
指定视口的对角点:（指定剖面图视口的左上角点）
输入视图名:剖面图 2✓（指定视口的名称）
```

UCSVIEW = 1    UCS 将与视图一起保存
输入选项 [UCS(U)/正交(O)/辅助(A)/截面(S)]:✓

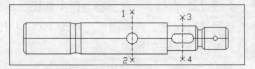

图 19-20    创建的主视图 　　　　　　　　　　　　　　图 19-21    指定剖切平面

**5.** 单击"修改"工具栏中的"移动"按钮⊕，移动生成的剖面图 2，结果如图 19-23 所示。

图 19-22    创建的剖面图 1 　　　　　　　　　图 19-23    创建的剖面图 2

**6.** 使用 SOLDRAW 命令创建实体轮廓线及剖面图中的剖面线，命令行提示与操作如下：

命令: HPNAME✓（修改剖面线样式）
输入 HPNAME 的新值 <"ANGLE">: ansi31✓（输入新的剖面线样式名）
命令: SOLDRAW✓（创建实体图形命令）
选择要绘图的视口...
选择对象:（分别单击主视图、剖面图 1 及剖面图 2 视口边框，选择视口）
……
找到 1 个，总计 3 个
选择对象:✓

**7.** 单击"图层"工具栏中的"图层特性管理器"按钮 ⧉，关闭"0"层（该层中为实体模型）、"剖面图 19-HID"层（该层中为剖面图 1 不可见轮廓线）、及"剖面图 2-HID"层（该层中为剖面图 2 不可见轮廓线），将"主视图-HID"层中线型设置为 ACAD_ISO02W100。

**8.** 单击"修改"工具栏中的"删除"按钮 ⧄，激活剖面图 2 视口，删除多余线条。

**9.** 单击"图层"工具栏中的"图层特性管理器"按钮 ⧉，关闭"VPORTS"层（该层中为视口边框），结果如图 19-24 所示。然后新建一个图层"DHX"，用于绘制三视图中的轴线及对称中心线，设置线型为 ACAD_ISO04W100，其余不变，并将其设置为当前层。

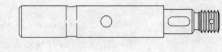

**10.** 单击"绘图"工具栏中的"直线"按钮 ⧄，画出视图中的轴线及对称中心线。

如果创建的主视图与剖面图没有对齐，可以使用对齐视图命令 MVSETUP，分别将其对齐。

图 19-24    创建的主视图与剖面图

命令: MVSETUP✓（对齐视图命令，对齐剖面图与主视图）
输入选项 [对齐(A)/创建(C)/缩放视口(S)/选项(O)/标题栏(T)/放弃(U)]: A✓
输入选项 [角度(A)/水平(H)/垂直对齐(V)/旋转视图(R)/放弃(U)]: V✓（竖直对齐）
指定基点:（激活主视图视口，选择小圆圆心）
指定视口中平移的目标点:（激活剖面图 1 视口，选择圆心）
输入选项 [角度(A)/水平(H)/垂直对齐(V)/旋转视图(R)/放弃(U)]: V✓
指定基点:（激活主视图视口，选择右边键槽上任一点）

指定视口中平移的目标点：（激活剖面图 2 视口，选择圆心）
输入选项 [角度(A)/水平(H)/垂直对齐(V)/旋转视图(R)/放弃(U)]:✓

11．保存图形。单击"标准"工具栏中的"保存"按钮▣。

# 19.2　创建视图

## 19.2.1　基础视图

从模型空间或 Autodesk Inventor 模型创建基础视图。基础视图是指在图形中创建的第 1 个视图。其他所有视图都源于基础视图。基础视图中包含模型空间中所有可见的实体和曲面。如果模型空间不包含任何可见实体或曲面，将显示"选择文件"对话框，以使用户可以选择 Inventor 模型。

### 1．执行方式

命令行：VIEWBASE

功能区："布局"→"创建视图"→"基点"

### 2．操作格式

命令：VIEWBASE✓
输入要置为当前的新的或现有布局名称或 [?] <布局 1>:指定名称或接受选项
类型 = 基础和投影　隐藏线 = 可见线和隐藏线(I)　比例 =1:1
指定基础视图的位置或 [类型(T)/表达(R)/方向(O)/隐藏线(H)/比例(S)/可见性(V)] <类型>:
选择选项 [表达(R)/方向(O)/隐藏线(H)/比例(S)/可见性(V)/移动(M)/退出(X)] <退出>:
指定投影视图的位置或 <退出>:

### 3．选项说明

（1）模型空间

1）型空间中，系统将提示可选择单个对象或选择所有实体和曲面。

2）布局中，系统将选择模型空间中可用的所有实体和曲面并指定基础视图的位置。

（2）文件：打开"选择文件"对话框。

1）模型空间中系统将提示您选择基础视图的布局。

2）布局中，系统将提示您指定基础视图的位置。

（3）选择

1）如果模型空间不包含任何可见实体或曲面，将显示"选择文件"对话框，以使用户可以选择 Inventor 模型。

2）基础视图包含模型空间中所有可用的实体和曲面。可以使用"选择"选项从基础视图排除实体和曲面。

（4）类型：指定在创建基础视图后是退出命令还是继续创建投影视图。

（5）表达：显示表达类型，可以选择要显示在基础视图中的表达。

（6）方向：指定要用于基础视图的方向。

要为模型使用模型空间中的相同方向，可以选择当前选项。否则，可以从图 19-25 所示的方向选择。

（7）隐藏线：指定要用于基础视图的显示样式，如图 19-26 所示。

（8）比例：指定要用于基础视图的绝对比例。从此视图自动导出的投影视图继承指定的比例。

（9）可见性：显示要为基础视图设置的可见性选项。对象可见性选项是特定于模型的，某些选项在选定的模型中可能不可用。

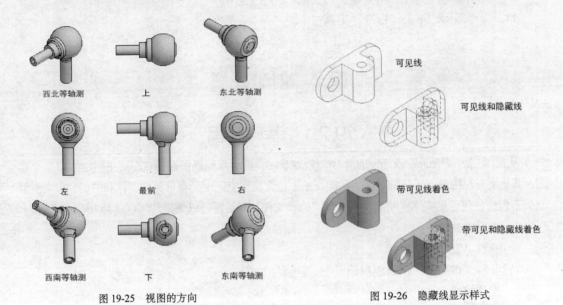

西北等轴测　　　　　　上　　　　　　东北等轴测　　　　　　可见线

　　　　　　　　　　　　　　　　　　　　　　　　　　　　　　　可见线和隐藏线

左　　　　　　最前　　　　　　右　　　　　　带可见线着色

　　　　　　　　　　　　　　　　　　　　　　　　　　　　　　　带可见和隐藏线着色

西南等轴测　　　　　　下　　　　　　东南等轴测

图 19-25　视图的方向　　　　　　　　　　图 19-26　隐藏线显示样式

（10）移动：将其放置在绘图区域中，可以移动基础视图，而无需强制退出该命令。

（11）退出：返回上一提示或完成命令，具体取决于选项在命令循环中的显示位置。

# 19.2.2　投影视图

从现有工程视图创建一个或多个投影视图。投影视图继承父视图的比例、显示设置和对齐。不能使用过期的工程视图或无法读取的工程视图作为父视图。

退出该命令后，显示"已成功创建 n 个投影视图"提示。

### 1. 执行方式

命令行：VIEWPROJ

功能区："布局"→"创建视图"→"投影"

快捷菜单：选择工程视图作为父视图，在绘图区域中单击鼠标右键，然后单击"创建投影视图"

### 2. 操作格式

命令：WPROJ↙

选择父视图：单击视图以用作父视图。

指定投影视图位置：投影类型取决于放置投影视图的位置。以所需的方向拖动预览。随着靠近正交视图位置，预览捕捉到位。单击以放置该视图。提示将一直重复，直到选择退出选项。

# 19.2.3　截面视图

创建选定三维模型的截面视图。

创建选定的 AutoCAD 或 Inventor 三维模型的截面视图。如果"推断约束"处于启用状态，将基于对象捕捉点将剖切线约束到父视图几何图形。如果"推断约束"处于禁用状态时，不会将剖切线约束到父视图几何图形。但是，可以在创建截面视图后手动添加约束。

一旦指定了剖切线，截面预览以及按字母顺序排序的截面标签标识符将附着到光标上。默认情况下，截面视图的预览将与剖切线的第 1 段或最后 1 段对齐，具体取决于与父视图和剖切线相对的光标位置。将显示从父视图中心绘制的且与剖切线垂直的对齐指示线。按【Shift】键可打断对齐。

程序始终从图形中确定下一个可用截面标签。默认情况下，将排除标签 I、O、Q、S、X 和 Z，但可以手动覆盖这些标签。可以在"截面视图样式管理器"对话框中指定要排除的字母。

### 1. 执行方式

命令行：VIEWSECTION

功能区："布局"→"创建视图"→"截面"

快捷菜单：在父视图上单击鼠标右键，然后选择"创建视图"→"截面视图"

### 2. 操作格式

命令：WSECTION↙
选择父视图:为截面详图选择一个视图
指定起点或 [类型(T)/表达(R)/隐藏线(H)/比例(S)/可见性(V)/注释(A)/图案填充(C)/退出(X)] <类型>:指定剖切线的起点或输入选项

### 3. 选项说明

（1）类型：截面视图的类型。可供查看的选项取决于所选的类型。

1）全剖：使用完整的视图进行剖切。

2）半剖：指定一半的视图用于剖切。一旦指定了剖切线的端点，截面预览以及按字母顺序排序的截面标签标识符将附着到光标上。

3）阶梯剖：指定由截面指定的偏移将用于剪切模型。系统将提示指定下一个点，直到用户选择"完成"。一旦选择了"完成"，截面视图预览以及按字母顺序排序的截面标签标识符将附着到光标上。

4）旋转剖：指定截面视图始终与第 1 条或最后 1 条剖切线垂直对齐。指定第 1 个点后，系统将提示指定下一个点，直到用户选择"完成"。一旦选择了"完成"，截面视图预览以及按字母顺序排序的截面标签标识符将附着到光标上。

5）对象：指定视图中要用作剖切线的现有几何图形。如果已选定现有几何图形并已创建截面视图，将删除选定的几何图形。从几何图形创建的剖切线将关联到父视图，但它不会约束到视图几何图形。

6）退出：返回到上一个提示而不选择截面类型。

（2）表达：此面板仅当已从 Inventor 模型创建了截面视图时才可见。创建截面视图时，仅可以编辑设计视图的值。

（3）隐藏线：指定截面视图的显示选项。

1）可见线：在仅显示可见线的线框中显示截面视图。

2）可见线和隐藏线：在同时显示可见线和隐藏线的线框中显示截面视图。

3）带可见线着色：将截面视图显示为着色，且仅显示可见线。

4）带可见线和隐藏线着色：将截面视图显示为着色，同时显示可见线和隐藏线。

5）从俯视图：显示带有从父基础视图或投影视图继承的特性的截面视图。

（4）比例：指定截面视图的比例。默认情况下，父视图的比例是继承的。

1）输入比例：指定截面视图的比例。

2）来自父视图：指定与父视图相同的比例。这是默认行为。

（5）可见性：指定要为截面视图设置的可见性选项，对象可见性选项是特定于模型的，某些选项在选定的模型中可能不可用。

1）干涉边：打开或关闭干涉边的可见性。打开后，基础视图会显示由于干涉条件而被排除的隐藏边和可见边。

2）相切边：打开或关闭相切边的可见性。打开时，选定的视图显示一条线以表示相切曲面的相交处。

相切边省略线。缩短相切边的长度，以区别于可见边。此选项仅当相切边处于选中状态时才可用。

3）折弯范围：打开或关闭钣金折弯范围线的可见性。钣金折弯范围线表示在展开钣金视图中折弯平开或折叠所围绕的变换位置。

此选项仅当相应的模型具有定义的展开钣金视图时才可用。

4）螺纹特征：打开或关闭螺栓和螺纹孔上的螺纹线的可见性。

5）表达轨迹线：打开或关闭表达轨迹线的可见性。表达轨迹线是分解视图（在表达文件中）中的线，用来显示零部件移动到装配位置所用的方向。

（6）注释

1）标识符：为剖切线和生成的截面视图指定标签。程序始终从图形中确定下一个可用截面标签。默认情况下，将排除标签 I、O、Q、S、X 和 Z，但可以手动覆盖这些标签。可以在"截面视图样式管理器"对话框中指定要排除的字母。

2）标签：指定是否显示截面视图标签文字。

（7）图案填充：指定图案填充是否显示在截面视图中。

（8）退出：返回上一提示或完成命令，具体取决于选项在命令循环中的显示位置。

# 19.2.4　局部视图

创建部分工程视图的大型局部视图。可以使用圆形或矩形局部视图。此命令仅可用于布局中，因而必须有工程视图

### 1. 执行方式

命令行：VIEWDETAIL

功能区："布局"→"创建视图"→"局部"

快捷菜单：在父视图上单击鼠标右键，然后选择"创建视图"→"局部视图"

### 2. 操作格式

命令：VIEWDETAIL↙
选择父视图：选择视图以创建局部视图
指定圆心或 [表达(R)/隐藏线(H)/比例(S)/可见性(V)/边界(B)/模型边(E)/注释(A)] <边界>：指定局部视图的中心点
指定边界的尺寸或 [矩形(R)/放弃(U)]：使用定点设备指定局部视图边界尺寸，并指定边界类型
指定局部视图的位置：使用定点设备来指定放置局部视图的位置
选择选项 [表达(R)/隐藏线(H)/比例(S)/可见性(V)/边界(B)/模型边(E)/注释(A)/移动(M)/退出(X)] <退出>：

### 3. 选项说明

（1）表达：此面板仅当已从 Inventor 模型创建局部视图时才可见。在创建局部视图时，仅可以编辑设计视图的值。

（2）隐藏线：指定局部视图的显示选项。

1）可见线：在仅显示可见线的线框中显示局部视图。

2）可见线和隐藏线：在可见线和隐藏线都显示的线框中显示局部视图。

3）带可见线着色：将局部视图显示为着色，仅显示可见线。

4）带可见线和隐藏线着色：将局部视图显示为着色，可见线和隐藏线都显示。

5）来自父视图：显示具有从父视图继承的特性的局部视图。

（3）比例：指定局部视图的比例。默认情况下，局部视图的比例将是父视图的两倍或是功能区中"外观"面板上的"比例"列表中的下一个较大值。

1）输入比例：输入局部视图的比例。

2）来自父视图：指定与父视图相同的比例。

（4）可见性：指定要为局部视图设置的可见性选项。对象可见性选项是模型特定的，而且某些选项可能在选定的模型和从该模型创建的视图中不可用。

1）干涉边：打开或关闭干涉边的可见性。打开后，视图会显示由于干涉条件而被排除的隐藏边和可见边。

2）相切边：打开或关闭相切边的可见性。打开时，视图会显示一条线以表示相切曲面的相交处。相切边省略线。缩短相切边的长度，以区别于可见边。此选项仅当相切边处于选中状态时才可用。

3）折弯范围：打开或关闭钣金折弯范围线的可见性。钣金折弯范围线表示在展开钣金视图中折弯平开或折叠所围绕的变换位置。此选项仅当相应的模型具有定义的展开钣金视图时才可用。

4）螺纹特征：打开或关闭螺栓和螺纹孔上的螺纹线的可见性。

5）表达轨迹线：打开或关闭表达轨迹线的可见性。表达轨迹线是分解视图（在表达文件中）中的线，用来显示零部件移动到装配位置所用的方向。

（5）边界：指定局部视图边界类型。

1）圆形：指定用于创建局部视图的圆形边界。这是默认边界类型。如果"推断约束"处于启用状态，则圆形详图边界的中心关联到父视图上的点。如果"推断约束"处于禁用状态，则圆形详图边界的中心不关联到父视图上的点。

2）矩形：指定用于创建局部视图的矩形边界。如果"推断约束"处于启用状态，则矩形详图边界的角关联到父视图上的点。如果"推断约束"处于禁用状态，则矩形详图边界的角不关联到父视图上的点。

（6）注释

1）标识符：为详图边界和生成的局部视图指定标签。程序始终从图形中确定下一个可用局部标签。

2）标签：指定是否显示局部视图标签文字。

（7）模型边

1）平滑：指定局部视图中模型上的裁切线为平滑。

2）平滑带边框：指定局部视图中模型上的裁切线为平滑，而且在局部视图周围绘制边界。

3）平滑带连接线：指定局部视图中模型上的裁切线为平滑、在局部视图周围绘制边界以及指定将局部视图连接到父视图中的详图边界的引线。

4）锯齿状：指定局部视图中模型上的裁切线为锯齿状。局部视图没有边框，而且在父视图中的局部视图和详图边界之间没有引线。

（8）移动：将其放置在绘图区域中后，可以移动局部视图，而无需强制退出该命令。

（9）退出：返回上一提示或完成命令，具体取决于选项在命令循环中的显示位置。

# 19.3　修改视图

## 19.3.1　编辑视图

### 1．执行方式

命令行：VIEWEDIT

功能区："布局"→"修改视图"→"编辑视图"

定点设备：双击工程视图对象

快捷菜单：选择要编辑的工程视图，在绘图区域中单击鼠标右键，然后选择"编辑视图"

### 2．操作格式

命令：VIEWEDIT✓

选择视图:单击要编辑的视图。

选择选项 [表达(R)/隐藏线(H)/比例(S)/可见性(V)/退出(X)] <退出>:指定点或输入选项

### 3．选项说明

（1）选择。

1）模型空间选择：切换到模型空间以选择要在布局中使用的实体和曲面。

2）返回到布局：切换到包含工程视图的布局。

（2）表达：指定表达类型，可以选择要显示在选定视图中的表达。表达仅受 Inventor 模型支持。

（3）隐藏线：指定要用于基础视图的显示样式。

（4）比例：指定用于选定视图的绝对比例。要更改比例，可以从下拉列表中选择标准比例，或直接输入非标准比例。默认情况下，投影视图和截面视图继承与父视图相同的比例；局部视图比父视图的比例大一个等级。

（5）可见性：指定要为基础视图设置的可见性选项。

（6）退出：返回上一提示或完成命令，具体取决于选项在命令循环中的显示位置。

## 19.3.2　编辑部件

从工程视图中选择部件进行编辑。将光标悬停在工程视图上时可选定的部件将亮显。

当前，仅可编辑控制从截面视图包含或排除的特性。

### 1．执行方式

命令行：VIEWCOMPONENT

功能区："布局"→"修改视图"→"编辑部件"

### 2．操作格式

命令：VIEWCOMPONENT✓

选择部件:从工程视图中拾取部件

选择截面参与方式:[无(N)/截面(S)/切片(L)] <截面>:

### 3．选项说明

（1）无：指定在创建此部件的截面视图或局部视图时，该部件没有拆分，而是以其完整的形式显示。

(2) 截面：指定在使用截面视图或局部视图时，用户可以剖切选定的部件。

(3) 剖切：指定在剖切部件时，将创建一个真正的零深度几何图形。

### 19.3.3　符号草图

将剖切线和详图边界约束到工程视图几何图形。

#### 1. 执行方式

命令行：VIEWSYMBOLSKETCH

功能区："布局" → "修改视图" → "符号草图"

#### 2. 操作格式

命令：VIEWSYMBOLSKETCH

选择截面或详图符号：拾取要约束的剖切线或详图边界

选择剖切线或详图边界将在功能区中显示"参数化"选项卡。您可以将几何约束和标注约束添加到剖切线或详图边界。这有助于约束剖切线和详图边界，以便在图形中查看更改时以可预测的方式操作。

如果需要，可以添加其他几何图形来约束符号。该几何图形将被视为该符号的构造几何图形，而且仅在编辑该符号时可见。当退出草图模式或编辑其他符号时，该几何图形不可见。

## 19.4　综合演练——创建手压阀阀体视图

本例将手压阀实体转换成三视图，如图 19-27 所示。

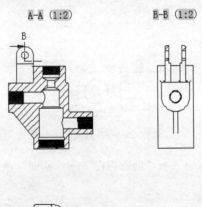

图 19-27　手压阀阀体视图

**绘制步骤**

1. 单击"标准"工具栏中的"打开"按钮，打开图形文件"手压阀阀体.dwg"，选择菜单栏中的"视图" → "视觉样式" → "消隐"命令，消隐后的"手压阀阀体"如图 19-28 所示。

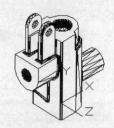

图 19-28　手压阀阀体

2. 选择菜单栏中的"布局"→"创建视图"→"基点"→"从模型空间"命令，将"手压阀阀体俯视图"放置到适当位置，命令行提示与操作如下：

命令：_VIEWBASE
指定模型源 [模型空间(M)/文件(F)] <模型空间>：_M
选择对象或 [整个模型(E)] <整个模型>：找到 1 个（选择手压阀阀体）
选择对象或 [整个模型(E)] <整个模型>：
输入要置为当前的新的或现有布局名称或 [?] <布局 1>：布局 2
正在重生成布局。
正在重生成布局。
类型 = 基础和投影　隐藏线 = 可见线和隐藏线　比例 = 1:2
指定基础视图的位置或 [类型(T)/选择(E)/方向(O)/隐藏线(H)/比例(S)/可见性(V)] <类型>：h↙
选择样式 [可见线(V)/可见线和隐藏线(I)/带可见性着色(S)/带可见线和隐藏线着色(H)] <可见线和隐藏线>：v↙
指定基础视图的位置或 [类型(T)/表达(R)/方向(O)/隐藏线(H)/比例(S)/可见性(V)] <类型>：o↙
选择方向 [当前(C)/俯视(T)/仰视(B)/左视(L)/右视(R)/前视(F)/后视(BA)/西南等轴测(SW)/东南等轴测(SE)/东北等轴测(NE)/西北等轴测(NW)] <前视>：t↙
指定基础视图的位置或 [类型(T)/选择(E)/方向(O)/隐藏线(H)/比例(S)/可见性(V)] <类型>：（放置适当位置）
选择选项 [表达(R)/方向(O)/隐藏线(H)/比例(S)/可见性(V)/移动(M)/退出(X)] <退出>：↙
指定投影视图的位置或 <退出>：↙
已成功创建基础视图。

结果如图 19-29 所示。

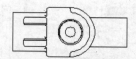

图 19-29　手压阀阀体俯视图

3. 选择菜单栏中的"布局"→"创建视图"→"截面"命令，绘制主视图的全剖视图，命令行提示与操作如下：

命令：_VIEWSECTION
选择父视图：找到 1 个（选择手压阀阀体俯视图）
隐藏线 = 可见线　比例 = 1:2（来自父视图）
指定起点或 [类型(T)/隐藏线(H)/比例(S)/可见性(V)/注释(A)/图案填充(C)] <类型>：h
选择样式 [可见线(V)/可见线和隐藏线(I)/带可见线着色(S)/带可见线和隐藏线着色(H)/来自父视图(F)] <可见线>：v
指定起点或 [类型(T)/隐藏线(H)/比例(S)/可见性(V)/注释(A)/图案填充(C)] <类型>：t
选择类型 [全剖(F)/半剖(H)/阶梯剖(OF)/旋转剖(A)/对象(OB)/退出(X)] <退出>：f
指定起点：（指定手压阀阀体俯视图中左侧直线重点为起点）
指定端点或 [放弃(U)]：（指定手压阀阀体俯视图中右侧直线重点为端点）
指定截面视图的位置或：（指定适当位置）

选择选项 [隐藏线(H)/比例(S)/可见性(V)/投影(P)/深度(D)/注释(A)/图案填充(C)/移动(M)/退出(X)] <退出>:↙
已成功创建截面视图。

结果如图 19-30 所示。

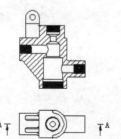

图 19-30　主视图全剖视图

4．选择菜单栏中的"布局"→"创建视图"→"截面"命令，以主视图为父视图绘制左视图，命令行提示与操作如下：

命令:_VIEWSECTION
选择父视图:找到 1 个
隐藏线 = 可见线　比例 = 1:2 (来自父视图)
指定起点或 [类型(T)/隐藏线(H)/比例(S)/可见性(V)/剪切(U)/注释(A)/图案填充(C)]<类型>: t
选择类型 [全剖(F)/半剖(H)/阶梯剖(OF)/旋转剖(A)/对象(OB)/退出(X)] <退出>: h
指定起点:
指定下一个点或 [放弃(U)]:
指定端点或 [放弃(U)]:
指定截面视图的位置或:
选择选项 [隐藏线(H)/比例(S)/可见性(V)/剪切(U)/投影(P)/深度(D)/注释(A)/图案填充(C)/移动(M)/退出(X)] <退出>:
已成功创建截面视图。

结果如图 19-27 所示。

## 19.5　上机实验

通过前面的学习，读者对本章知识也有了大体的了解，本节将通过几个操作练习使读者更进一步掌握本章知识要点。

### 实验 1　创建镶块三视图

#### 1．目的要求

通过三维模型生成二维工程图是大多数三维 CAD 软件具备的功能，AutoCAD 也完善了这方面的功能。如图 19-28 所示，本例要求读者熟悉从三维模型创建二维工程图的方法和技巧。

#### 2．操作提示

（1）打开 18.3.10 节创建的镶块三维模型。

（2）创建图纸空间视图。

图 19-28 绘制镶块

(3) 利用 SOLPROF 命令或 SOLDRAW 命令生成实体轮廓线。

# 实验 2　创建机座视图

## 1．目的要求

如图 19-29 所示，机座可以通过剖视图进行表达。通过本例练习，要求读者掌握基本视图和截面视图生成方法。

图 19-29 机座

## 2．操作提示

(1) 创建俯视图和左视图基本视图。

(2) 创建主视图剖视图。